光盘界面

实例欣赏
网站链接
视频教程
素材下载
创意+：Photoshop CS4
中文版图像处理技术精粹

案例欣赏

案例欣赏

素材下载

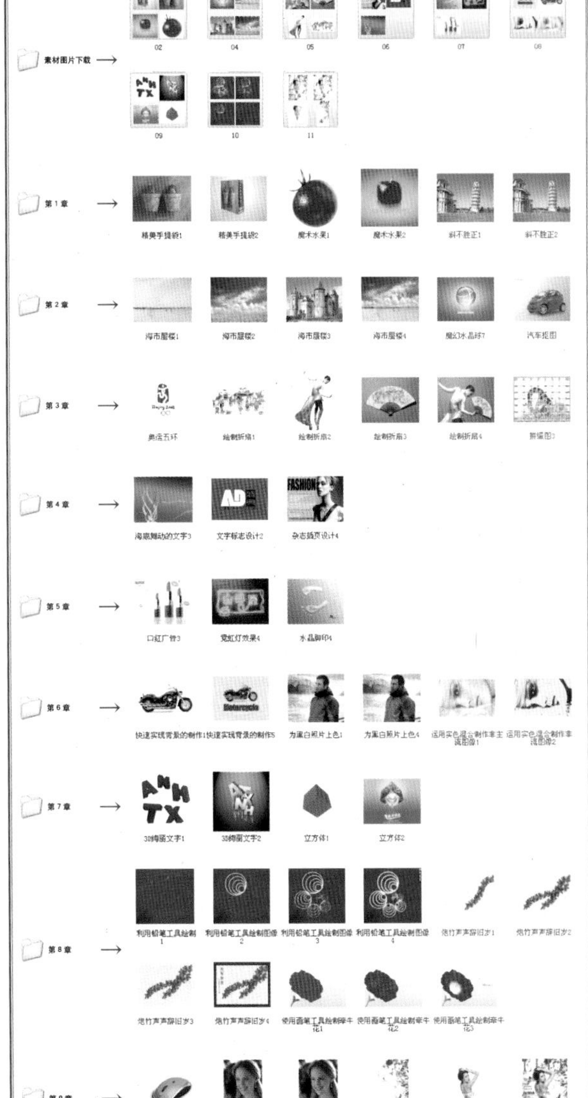

视频文件

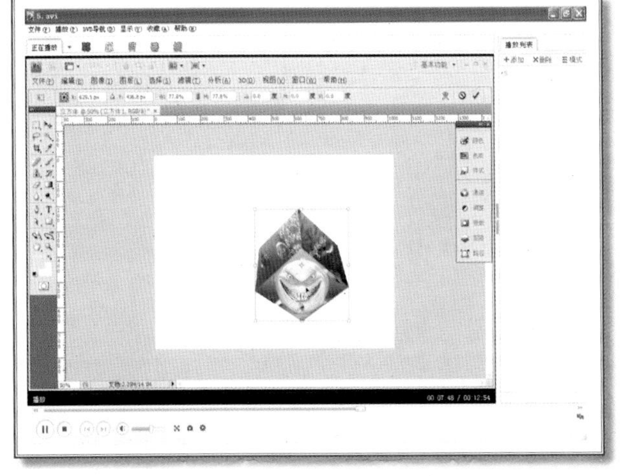

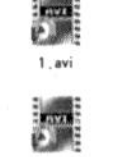

第8章　运用实色混合制作非主流图像

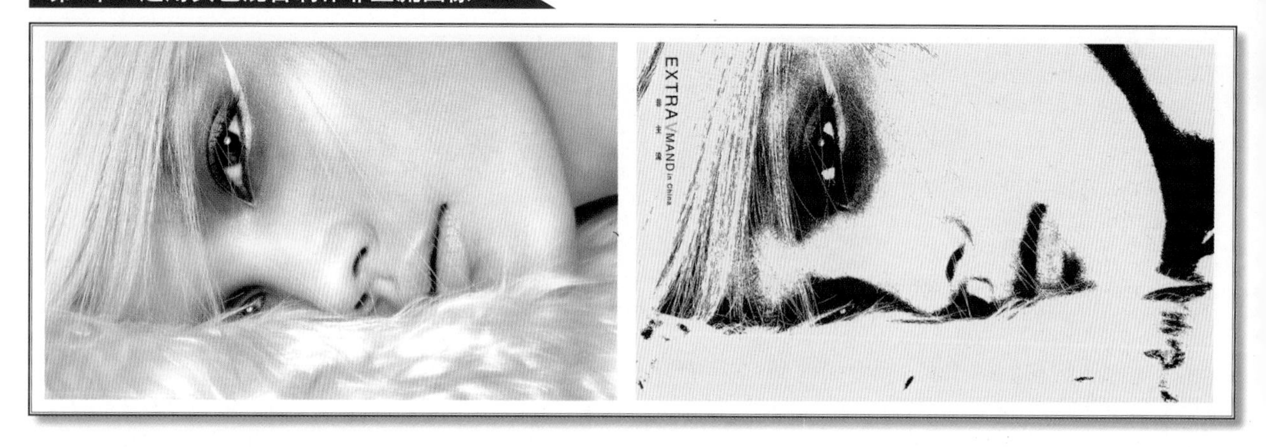

第5章　拼缀图

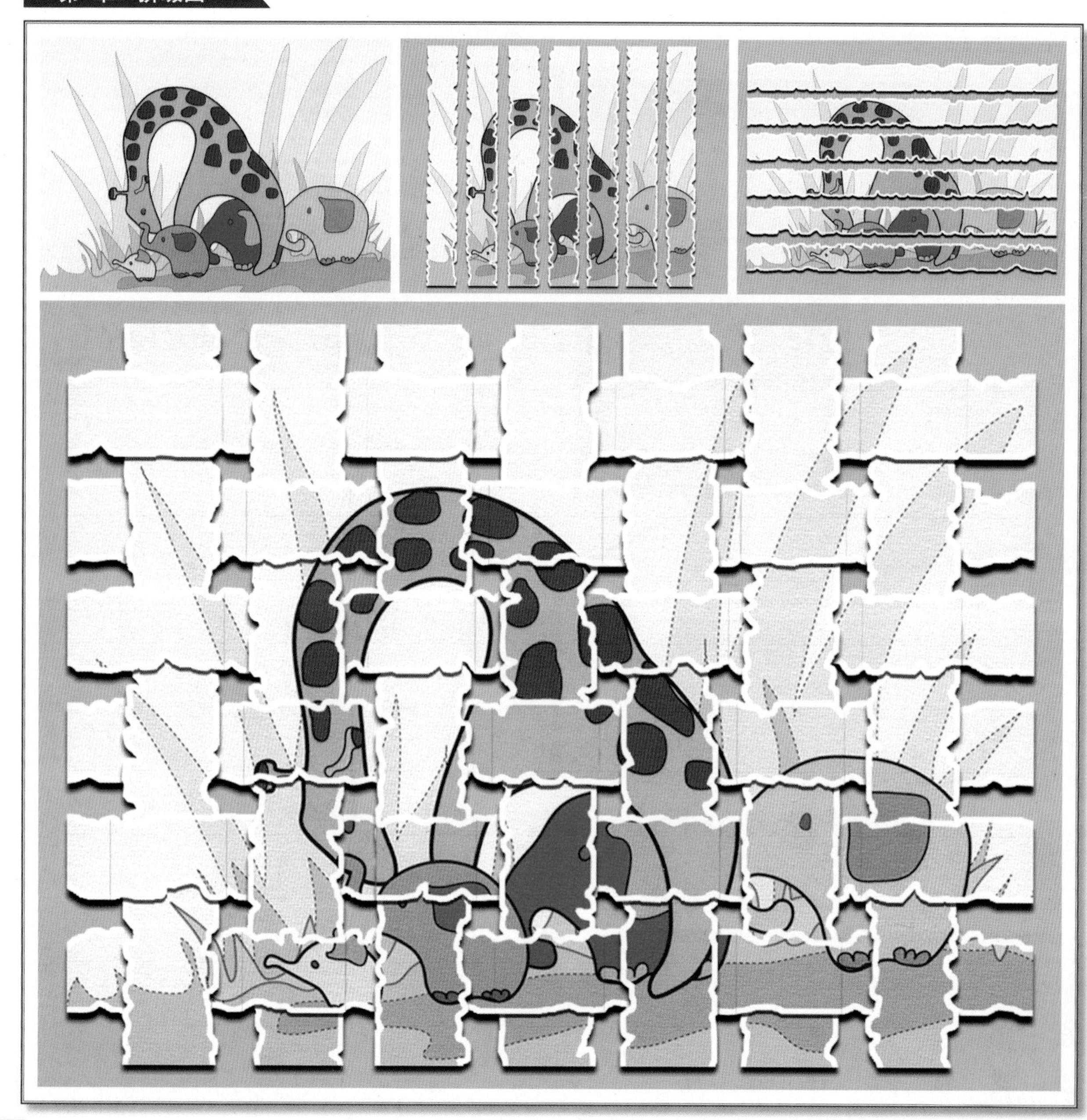

第13章　调整怀旧照片

第14章　变换照片季节

第4章　海市蜃楼

第12章　几何素描

第17章　使用喷溅滤镜制作撕脸效果

第13章　暴风雨来临前景象

第10章　使用画笔工具绘制牵牛花

第20章　婚纱照片设计

第20章　梦幻风景处理

第2章　斜不胜正

第15章　未来战士

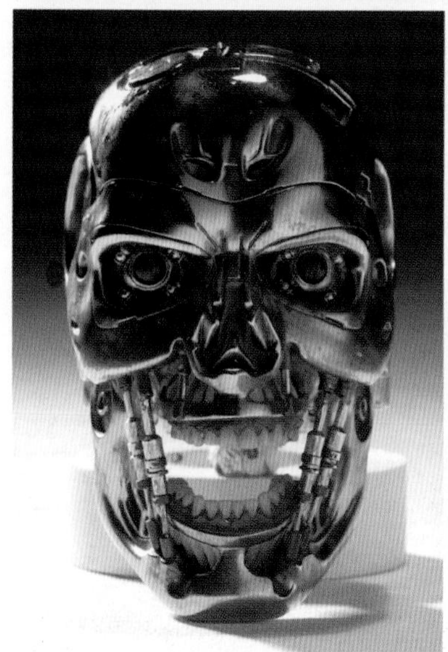

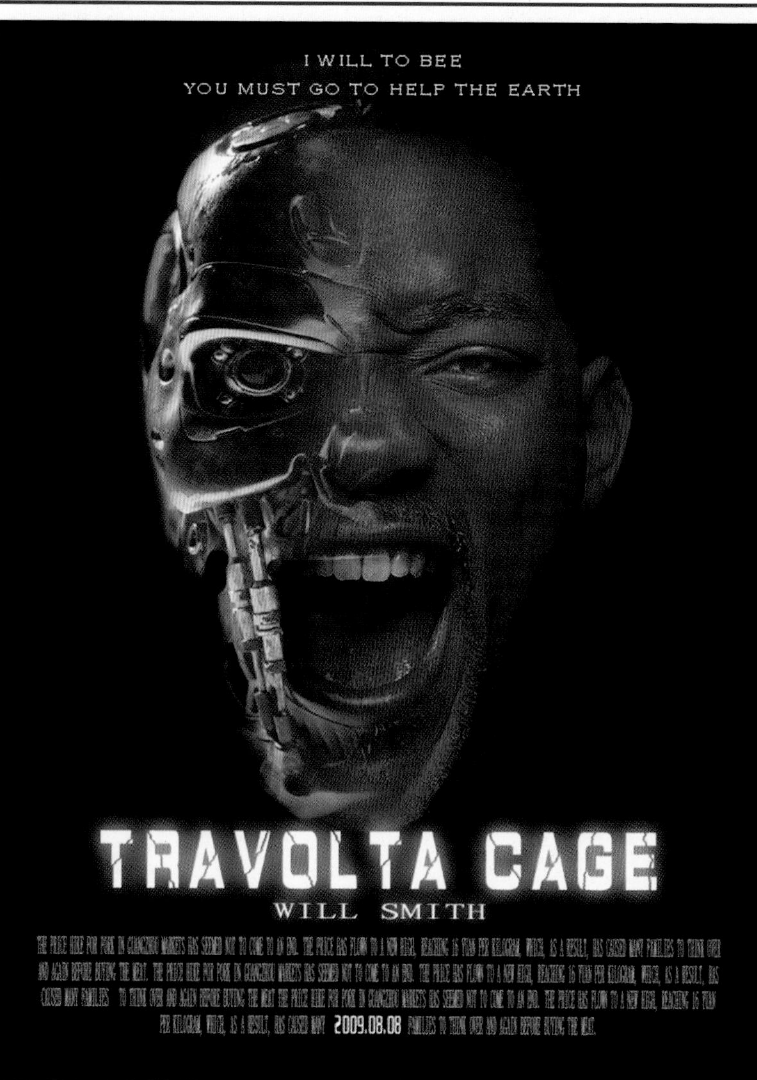

第18章　产品全方位展示动画

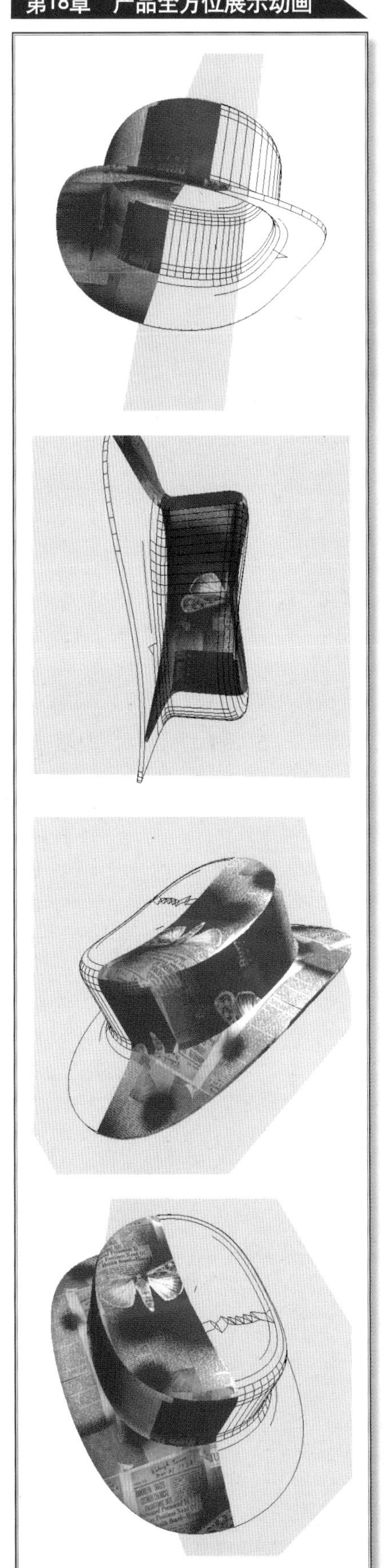

第11章　杂志封面设计

虞美人
MADE IN HUIGE LEE

DVD ROM 全彩印刷

创意+ Photoshop CS4 中文版 图像处理技术精粹

曲思伟　李霞　等编著

- 43 个视频教学文件
- 近 50 个完整实例
- 近 100 个相关知识点
- 2000 多个 Photoshop 相关素材

清华大学出版社
北京

内 容 简 介

本书通过大量典型案例，全面介绍Photoshop CS4的强大功能和精湛的图像处理技术。全书共分20章，内容涉及色彩理论、选区、图层、通道和蒙版、Photoshop CS4新增的3D图层、利用色彩调整命令改变图像色调、使用滤镜命令为图像添加特殊效果、动画面板的使用方法、在Photoshop中创建和编辑网页元素等知识。本书全彩印刷，版式紧凑精美，配书光盘提供了大容量多媒体语音视频讲解，以及全套素材图、效果图和图层模板等文件。

本书适合作为Photoshop培训教程，也可以供从事Photoshop广告设计、平面创意、插画设计、数码照片处理、网页设计的人员自学和参考。

图书在版编目（CIP）数据

创意⁺：Photoshop CS4中文版图像处理技术精粹/曲思伟，李霞等编著.— 北京：清华大学出版社，2009.6

ISBN 978-7-302-20016-1

Ⅰ.创… Ⅱ.①曲…②李… Ⅲ.图形软件，Photoshop CS4 Ⅳ.TP391.41

中国版本图书馆CIP数据核字（2009）第061019号

责任编辑：冯志强
责任校对：徐俊伟
责任印制：何 芊
出版发行：清华大学出版社　　**地　址**：北京清华大学学研大厦A座
http://www.tup.com.cn　　**邮　编**：100084
社 总 机：010-62770175　　**邮　购**：010-62786544
投稿与读者服务：010-62776969，c-service@tup.tsinghua.edu.cn
质 量 反 馈：010-62772015，zhiliang@tup.tsinghua.edu.cn
印 刷 者：北京嘉实印刷有限公司
装 订 者：三河市溧源装订厂
经　销：全国新华书店
开　本：190×260　**印　张**：25　**插　页**：4　**字　数**：618千字
附光盘1张
版　次：2009年6月第1版　　**印　次**：2009年6月第1次印刷
印　数：1～5000
定　价：79.80元

本书如存在文字不清、漏印、缺页、倒页、脱页等印装质量问题，请与清华大学出版社出版部联系调换。联系电话：(010)62770177 转 3103　　产品编号：032217-01

前 言 Preface

Photoshop软件被业界公认为是图形图像处理专家，也是全球性的专业图像编辑行业标准。随着Photoshop软件的不断升级，其功能越来越完善，应用领域也越来越广泛。Photoshop软件广泛应用于数码照片处理、平面和网页设计、建筑效果处理、彩色印前处理等诸多领域。随着计算机技术的飞速发展，现代艺术与计算机技术紧密联系，利用Photoshop软件进行平面创作能够让设计者的想象力得到无障碍的完美体现，使得更多的用户投身于对该软件的学习与研究之中。

作者汇总了自己多年的专业应用知识，以全新的认识和角度编写了本书，力争全面解决读者在学习Photoshop过程中遇到的问题和困惑，并深入剖析了Photoshop图像处理的原理和方法。

1．本书特色

传统的案例教程类图书可以帮助读者掌握软件功能的使用方法，但是读者难以获取面向应用的知识。本书从全新的角度介绍软件知识，增加了相关行业知识，在学习基础知识的同时，了解CorelDRAW软件在实际工作中的应用，具有鲜明的特色。

- **全面系统 专业品质** 本书全面介绍了Photoshop软件应用的全部命令和工具，涉及Photoshop应用的五大领域，书中实例经典，创意独特，效果精美。
- **版式美观 图文并茂** 本书采用全彩印刷，版式风格活泼、紧凑美观；图解和图注内容丰富，抓图清晰考究。
- **虚实结合 超值实用** 本书知识点根据实际应用合理安排，重点和难点突出，对主要理论和技术进行了深入的剖析。
- **书盘结合 相得益彰** 随书配有大容量DVD光盘，提供多媒体语音视频讲解以及全套素材图、效果图和图层模板等文件。书中内容与配套光盘紧密结合，读者可以通过交互方式，循序渐进地学习。

2．本书内容

第1章和第2章介绍Photoshop入门和图像编辑的相关知识与基本操作。第3章主要讲述色彩理论，介绍在图像设计实践中如何应用颜色。第4章介绍如何根据不同的图像特点来使用不同的方法建立选区。

第5章～第8章由浅入深地讲解Photoshop中有关图层的各种知识点，其中，文本图层属于特殊图层，具有自身的各种选项；混合模式是图层的一个属性；而图层样式是依附于图层的一种修饰功能。

第9章主要介绍Photoshop CS4新增的3D图层使用方法。3D工具主要用来操作3D对象；3D面板主要用来设置3D对象的各种属性。

第10章和第11章介绍如何在Photoshop中绘制图像，以及如何利用各种修饰工具对绘制的图像进行修复和润饰。第12章主要介绍路径在绘制图像过程中的各种应用。

前 言

第13章介绍利用强大的色彩调整命令改变图像的色调。第14章介绍使用色彩校正命令对颜色进行细微的调整。

第15章介绍如何使用蒙版创建并编辑选区，并且详细讲解了Photoshop CS4新增的【蒙版】面板和颜色调整图层中的【调整】面板在蒙版和调整图层中的应用。第16章介绍通道的使用方法以及在通道中进行的各种编辑方法。

第17章介绍使用Photoshop中各种滤镜命令为图像添加特殊效果的方法和技巧。第18章讲解Photoshop中不同动画面板的使用方法，其中3D动画是Photoshop CS4新增的动画效果。第19章介绍如何在Photoshop中创建和编辑网页元素。

第20章综合Photoshop中的各种功能，列举了Photoshop在不同应用领域中的实例，让读者能够灵活掌握并运用所学知识。

3．读者对象

本书针对Photoshop用户在学习过程中遇到的问题，深入剖析了Photoshop图像处理的原理和方法。本书创意独特，内容丰富，适合平面设计、数码照片处理等领域的读者参考学习。无论是从事平面设计的专业人员，还是对Photoshop有浓厚兴趣的爱好者，都可以通过阅读本书迅速提高Photoshop应用水平。

参与本书编写的除了封面署名人员外，还有王峥、秦婕、李海庆、王树兴、许勇光、李海峰、王敏、张瑞萍、李乃文、赵振江、李振山、王咏梅、张勇、安征、邵立新、辛爱军、郑霞、祁凯、马海军、王泽波、康显丽、张仕禹、孙岩、王黎、吴俊海、亢凤林、徐凯、肖新峰、牛仲强、王磊、张银鹤等。

由于时间仓促，水平有限，疏漏之处在所难免，敬请读者朋友批评指正，可以登录清华大学出版社网站www.tup.com.cn与我们联系。

编者

2009年1月

目 录 Contents

01 Photoshop入门精解

02 编辑图像

03 色彩理论

04 选区

05 图层

06 文本编辑

目 录

07 图层样式

08 图层混合模式

09 3D图层

10 绘制图像

11 修复工具

12 路径

目 录

目 录

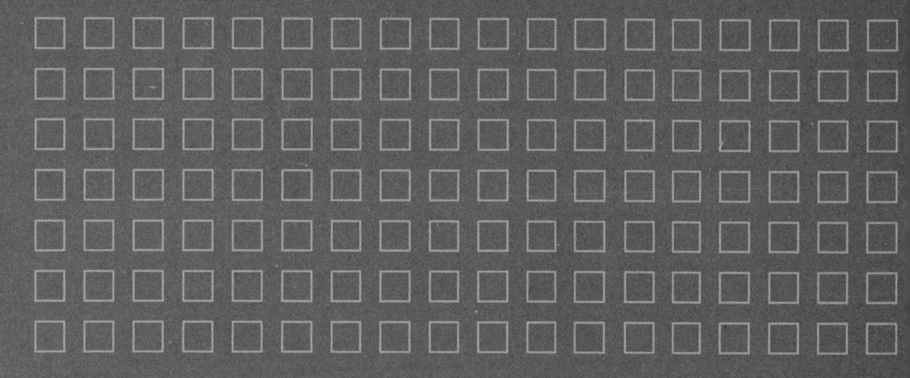

Photoshop入门精解

Photoshop是Adobe公司开发的专业数字化图像编辑软件，是目前最流行的图像设计和制作工具软件之一，被广泛地应用到各个领域中。利用Photoshop，可以真实地再现现实生活中的图像，也可以创建出现实生活中并不存在的虚幻景象。它能够轻松地将人们带入无与伦比的、崭新的图形图像创作的艺术空间，能够激发人们思维和创作欲望。

本章将介绍Photoshop CS4的界面构成、特点和新增功能，以及Photoshop的应用前景，从而使读者能够快速地了解该软件。

Photoshop CS4

1.1 图像编辑技术

图像编辑技术是一种用来处理和产生图片的方法，它作为一门学科大约形成于20世纪60年代初期。早期图像处理的目的是改善图像的质量，它以人为对象，以改善人的视觉效果为目的。在图像处理中，输入的是质量低的图像，输出的是改善质量后的图像。首次获得实际成功应用的是美国喷气推进实验室（JPL），它们利用航天探测器徘徊者7号发回的几千张月球照片，由计算机成功地绘制出月球表面地图。从此，图像处理技术开始在许多应用领域内被广泛重视，使图像处理成为一门引人注目、前景远大的新型学科。

从20世纪70年代中期开始，随着计算机技术人工智能和思维科学研究的迅速发展，数字图像处理向更高、更深层次发展。而到了20世纪80年代，由于大规模集成电路技术的发展，32位CPU、1MB存储芯片以及专用的图形芯片被应用于计算机图形系统中，出现了分辨率达到1400×1200的彩色光栅显示器。计算机硬件价格的下降推动了计算机图形设备如数字化仪、扫描仪、彩色喷墨打印机、绘图仪的发展，同时也推动了计算机图形应用程序的开发。到了20世纪90年代，计算机图形学朝着标准化、集成化、智能化的方向发展。计算机图形学与多媒体技术、人工智能技术、专家系统技术结合产生了更大的应用前景。

各类图形应用软件都是为各个应用领域而开发的，如图像处理软件Photoshop、图形处理软件Illustrator、三维动画软件3ds Max、绘画软件Painter、制图软件AutoCAD等。使用者往往都是非计算机专业的人员，因此这类软件非常强调人机界面的人性化设计。图1-1所示为使用计算机创作的二维和三维艺术作品。

图1-1　二维和三维艺术作品

提示

数字图像处理（Digital Image Processing）又称为计算机图像处理，它是指将图像信号转换成数字信号并利用计算机对其进行处理的过程。数字图像处理最早出现于20世纪50年代，当时的电子计算机已经发展到一定水平，人们开始利用计算机来处理图形和图像信息。

在二维图像编辑技术中，Photoshop已经成为一个划时代的象征，它为专业或业余图像设计爱好者提供了无限广阔的创作空间。该软件可以说是艺术工作室、暗室或印刷车间的综合体，在这个虚拟的环境中，可以用任何一种尺寸、内容或配置来创建和编辑图像，如图1-2所示。

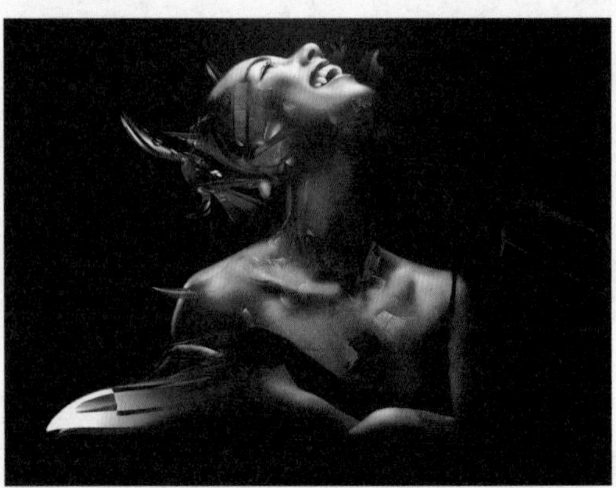

图1-2　在Photoshop中创作的图像

1.2 Photoshop的特点

图像编辑是图像处理的基础，在Photoshop中可以对图像做各种变换。如放大、缩小、旋转、倾斜、镜像、透视等，也可进行复制、去除斑点、修补、修饰图像的残损等编辑内容，还可以将几幅图像通过图层操作、工具应用等编辑手法，合成完整的、意义明确的设计作品。

1. 支持多种图像格式

Photoshop支持多种高质量的图像格式，包括PSD、TIF和JPG等20多种格式。在实际操作中，可以根据工作内容的需要，选取或生成各种图像格式。表1-1中列举了编辑图像时常用的文件格式，其中主要介绍了Photoshop支持的文件格式和常用图像格式的特点，以及在Photoshop中进行图像格式转换时应注意的问题。

表1-1 图像文件格式及应用说明

文件格式	后缀名	应用说明
PSD	.psd	该格式是Photoshop自身默认生成的图像格式，PSD文件自动保留图像编辑的所有数据信息，便于进一步修改
TIFF	.tif	TIFF格式是一种应用非常广泛的无损压缩图像格式，TIFF格式支持RGB、CMYK和灰度3种颜色模式，还支持使用通道、图层和裁切路径的功能
BMP	.bmp	BMP图像文件是一种Windows标准的点阵式图形文件格式，这种格式的特点是包含的图像信息较丰富，几乎不进行压缩，但占用磁盘空间较大
JPEG	.jpg	JPEG是目前所有格式中压缩率最高的格式，普遍用于图像显示和一些超文本文档中
GIF	.gif	GIF格式是CompuServe提供的一种图形格式，只能保存最多256色的RGB色阶数，还可以支持透明背景及动画格式
PNG	.png	PNG是一种新兴的网络图形格式，采用无损压缩的方式，与JPG格式类似，网页中有很多图片都是这种格式，压缩比高于GIF，支持图像半透明
RAW	.raw	RAW是拍摄时将影像传感器上得到的信号转换后，不经过其他处理而直接存储的影像文件格式
PDF	.pdf	PDF格式是应用于多个系统平台的一种电子出版物软件的文档格式
EPS	.eps	EPS是一种包含位图和矢量图的混合图像格式，主要用于矢量图像和光栅图像的存储
3D文件	.3ds	Photoshop支持由3ds Max创建的三维模型文件，在Photoshop中可以保留三维模型文件的特点，并可对模型的纹理、渲染角度或位置进行调整
视频文件	AVI	Photoshop可以编辑QuickTime视频格式的文件，如MPEG-1、MPEG-4、MOV、AVI

2. 堆叠功能

该软件支持多图层堆叠工作方式，可以对图层进行合并、复制或移动等操作。利用选区可以设定添加的编辑是添加在图层的部分或是全部，而利用调整图层可以在不损失图像颜色的前提下，控制图层中图像的颜色、渐变和不透明度等属性，如图1-3所示。

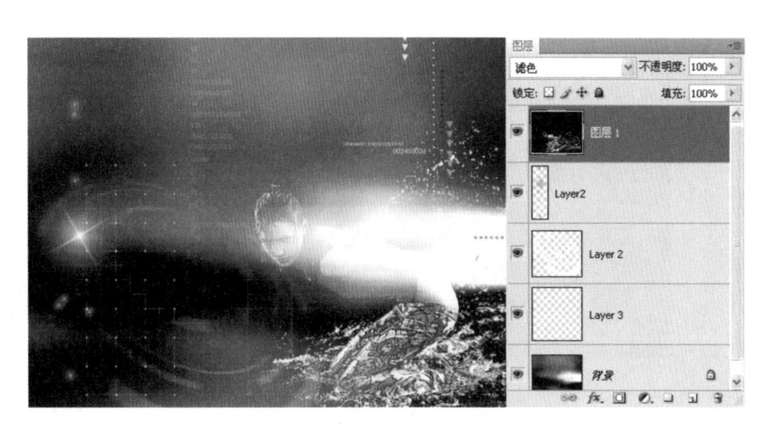

图1-3 图层堆叠功能

3. 绘画功能

通过使用Photoshop中的【钢笔工具】、【画笔工具】、【铅笔工具】或是【直线工具】，可以绘制出任何所能想象到的图像。并且还可以自行设定画笔笔刷、形状、不透明度等属性，以及设定笔刷的压力、笔刷边缘和笔刷的大小，如果配有绘图板，则可以像在纸上作画一样，如图1-4所示。

图1-4　绘画作品

4. 颜色调整功能

校正颜色是Photoshop最具特色的功能之一，它可以便捷地对图像颜色进行明暗、色偏的调整和校正，也可以在不同的颜色之间进行切换，以满足图像在广告、网页、印刷、多媒体等方面的应用，如图1-5所示。

图1-5　图像颜色调整

5. 特效制作

在该软件中可以轻松地创建出各种丰富的视觉特效图像，它们主要由【滤镜】、【通道】及其他工具综合应用完成。包括图像的特效创意和特效字的制作，如油画、浮雕、石膏画、素描等常用的传统美术技巧，都可通过在Photoshop中创建特效来完成，如图1-6所示。

图1-6　水墨画图像特效

6. 色彩模式

在该软件中可以根据工作需要，有弹性地在多种色彩模式中转换，包括RGB、CMYK、灰度、索引色、HSB和Lab等。可以利用多种调色板选择颜色，不但可以使用系统默认提供的颜色，还可以通过自定义以选择所需要的颜色。而利用PANTONE色混合则可以制作高质量的双色调、三色调和四色调图像，如图1-7所示。

图1-7 RGB与双色调

7. 开放式结构

支持TWAIN_32界面，可以接受广泛的图像输入设备，如扫描仪和数码照相机，还支持第三方滤镜的加入和使用，使得图像处理功能得到无限的扩展。

1.3 多领域的应用前景

Photoshop在各种图形编辑工作领域中处于主导地位，它跨越了平面印刷、广告设计、建筑装潢、数码影像、网页美工和婚纱摄影等诸多行业，并且已经成为这些行业中不可或缺的一个组成部分。

1. 平面印刷

无论是平面广告、包装装潢，还是印刷制版，自Photoshop诞生之日起，就引发了这些行业的技术革命。Photoshop丰富而强大的功能，使设计师的各种奇思妙想得以实现，使工作人员从繁琐的手工拼贴操作中解放出来，如图1-8所示。

图1-8 创意广告作品

2. 数码后期处理

运用Photoshop可以针对照片问题进行修饰和美化。它可以修复旧照片，如修复边角缺损、裂痕、印刷网纹等，使照片恢复原来的面貌；或者是美化照片中的人物，比如去斑、去皱、改善肤色等，使人物更加完美，如图1-9所示。

3．建筑装潢领域

Photoshop使建筑效果图的后期处理工作变得更为简单和便于操纵。在设计制作建筑和装潢效果图时，使用三维渲染软件渲染出的图片颜色或是主体边缘可能会存在一些缺陷，而对于人物、植物等配景一般不在三维软件里渲染，因为无论是建模还是渲染都会耗费很多时间。而在Photoshop中则可以轻松地完成这些工作，并可随时对效果图的各部分颜色、配景进行调整，如图1–10所示。

图1–9　美化人物

图1–10　建筑效果图

4．网页美工

互联网技术的飞速发展，上网冲浪、查阅资料、在线咨询或者学习已经成为人们生活的习惯和需要。而优秀的网站设计，精美的网页动画，恰当的色彩搭配，能够给人们带来更好的视听享受，为浏览者留下难忘的印象。这一切得益于Photoshop的强大网页制作功能，它在网页美工设计中起着不可替代的作用，图1–11展示了使用Photoshop制作的网页界面设计。

5．设计游戏人物或场景

利用Photoshop可以制作游戏人物或进行场景设定，这个过程可以像使用画笔在纸上作画一样随心所欲，但要比纸上绘画更易于修改，如图1–12所示。

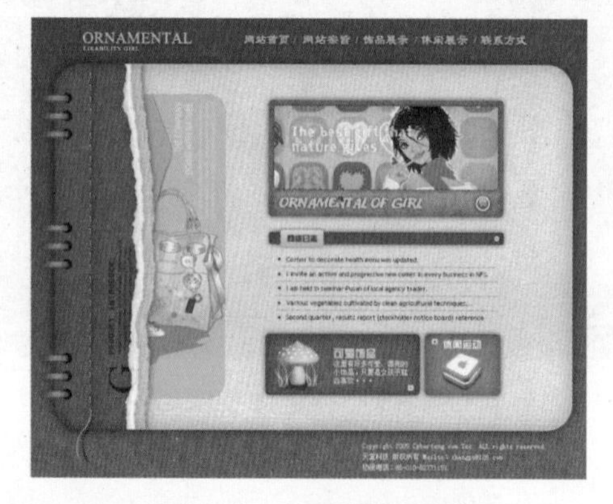

图1–11　网页图像设计

图1–12　游戏人物设计

1.4 Photoshop工作环境

在开始使用Photoshop处理和绘制图像之前，首先要了解该软件的界面构成，以帮助用户快速地进行操作。启动Photoshop，将显示如图1-13所示的操作界面，该软件的窗口由菜单栏、工具选项栏、工具箱、图像编辑窗口和控制面板组成。

图1-13　Photoshop CS4全新的操作界面

Photoshop CS4与Photoshop CS3相同，在工具条与面板布局上引入了全新的可伸缩的组合方式，使编辑操作更加方便、快捷。下面对各部分组成进行简要的描述。

>> 菜单栏

Photoshop的菜单栏中包括10个菜单，分别是文件、编辑、图像、图层、选择、滤镜、分析、视图、窗口和帮助。使用这些菜单中的菜单选项可以执行大部分Photoshop中的操作。

>> 工具箱

工具箱中列出了Photoshop常用的工具，单击工具按钮或者按工具快捷键即可使用这些工具。对于存在子工具的工具组（在工具右下角有一个小三角标志，说明该工具中有子工具）来说，只要在图标上右击或按住左键不放，就可以显示出该工具组中的所有工具。

>> 工具选项栏

工具选项栏是从Photoshop 6.0版本开始出现的，用于设置工具箱中当前工具的参数。不同的工具所对应的选项栏也有所不同。

>> 面板

控制面板的功能非常全面，主要用于基本操作的控制和参数的设置。在面板上单击右键，通过打开的一些快捷菜单可以进行一些常规的操作，如设置面板状态等。

>> 图像文件

在打开一幅图像时就会出现图像窗口，它是显示和编辑图像的区域。

>> 视图快捷按钮

Photoshop左上角位置不仅包括了视图布局的快捷按钮、查看视图的各种工具，还准备了辅助功能的快速启用方式。

在Photoshop CS4中，还专门为不同的应用领域准备了相应的工作环境。其中，主要包括基本功能、高级3D、颜色和色调、绘画、排版、视频和Web等工作环境。只要在界面右上角位置单击【工作环境】按钮，即可在下拉列表框中选择不同的选项，切换到相应的工作环境。图1-14所示为高级3D与Web两个不同领域的工作环境展示。

图1-14 不同领域的工作环境

1.5 新增功能

在Photoshop CS4中增加了一系列的新功能，从直观的用户界面、可充分掌握的全新非破损编辑功能、创新的内容感知型缩放功能、令景深更远的高级自动混合功能以及包含经过重新设计的颜色等，都在不同程度上有所增强，使该软件在图像处理的便利性和图像编辑能力上越来越强大。

1. 流体画布旋转

Photoshop CS4中新增的旋转功能是针对视图，不是针对图像的。因为在旋转后绘制矩形选区是按照原先视图的方向显示的，如图1-15所示。

2. 非破坏图像调整的面板

新版本继续沿用了非破坏图像调整功能，而且还针对用户日常的使用习惯做出友好面板。非破坏图像调整面板主要包括【蒙版】面板和【调整】面板，前者将针对蒙版的一些操作按钮化，并且还加入了蒙版不透明度及蒙版边缘羽化的调节选项，如图1-16所示。

后者是将调整图层与颜色调整命令进行分离，单独列出了调整图层的面板，并且还准备了一些常用的调整方案，以方便用户使用，如图1-17所示。

图1-15 旋转视图

图1—16　【蒙版】面板

图1—17　【调整】面板

3. 2D转换为3D功能

3D对象的加入不仅能够导入外部的3D文件，还可以将2D图像转换为3D对象，并且能够在3D空间移动、旋转，从而得到正确的透视效果，如图1—18所示。

图1—18　2D图像转换为3D对象

4. 可编辑3D的属性

在新增的3D图层中，不仅能够变换3D对象与3D相机的视图位置，还能够为3D对象添加各种材料纹理映射以及灯光效果，实现真实的三维空间效果，如图1—19所示。

图1—19　为3D对象添加属性

5. 3D动画

Photoshop CS4根据3D对象中的3D位置变换、相机视图变换、渲染设置与横截面等功能，结合时间轴动画，能够创建不同效果的3D动画，如图1—20所示。

创意+：Photoshop CS4中文版图像处理技术精粹

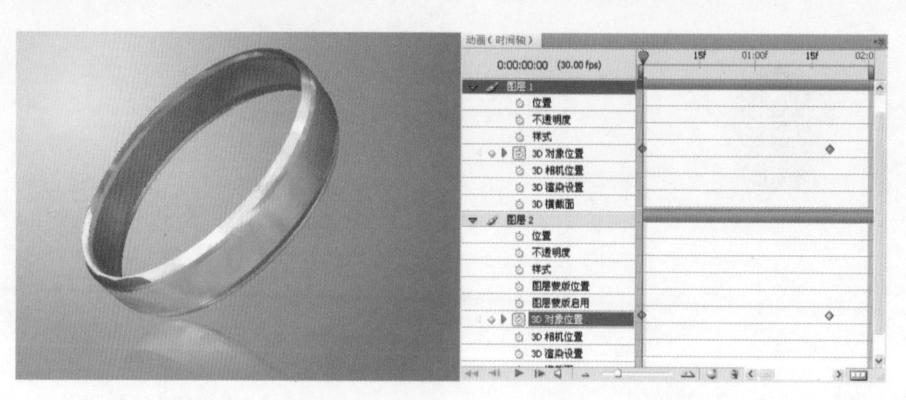

图1-20　【动画（时间轴）】面板中的3D图象

在【动画（时间轴）】面板中，只要创建其中一个3D动画属性的关键帧，即可完成3D动画的制作。图1-21所示为3D对象位置变换动画过程图的展示。

图1-21　3D动画过程

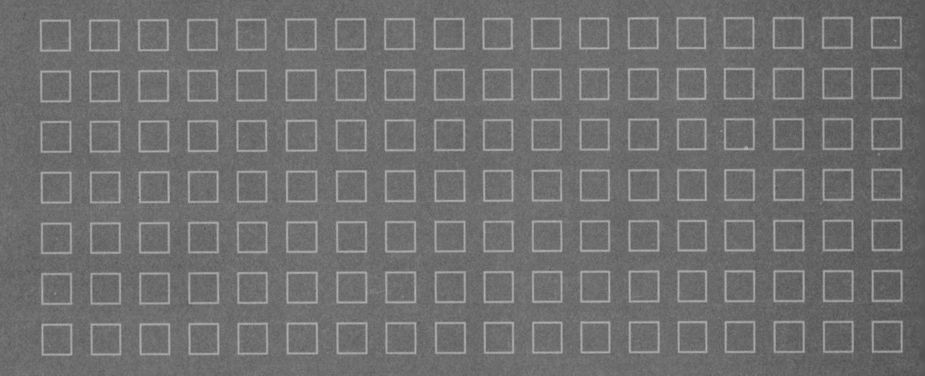

编辑图像

在现实生活中，经常会使用数码照相机拍摄图片，这就不可避免地遇到图片分辨率低、图片太大、图片主题位置不正等问题，这时就可以将图片导入Photoshop软件中，对其进行编辑，改变图像的参数值，以得到一幅完美的图片。在Photoshop中，可以对图像执行的操作包含改变图像分辨率、改变图像尺寸、改变画布大小、裁切图像和变换图像等。

本章介绍如何在Photoshop中进行编辑图像操作。

2.1 矢量图和位图

计算机的图形图像表现形式有两种：位图图像和矢量图形。其中，位图也称为栅格图像，或像素图像，它的最小单位由像素构成，缩放会失真，图像的清晰度与分辨率有关，一般用于照片品质的图像处理。当放大位图时，会显示出构成整个图像的无数像素方块。缩小位图尺寸也会使原图变形。由于位图图像是以排列的像素集合体形式创建的，所以不能单独操作（如移动）局部位图。

矢量图也叫做向量图，采用线条和填充的方式，可以随意改变形状和填充颜色，无论放大或缩小都不会失真，且与分辨率无关。矢量文件中的图形元素称为对象。每个对象都是一个自成一体的实体，它具有颜色、形状、轮廓、大小和屏幕位置等属性。多次移动和改变它可以维持它原有的清晰度和弯曲度，如图2-1所示。

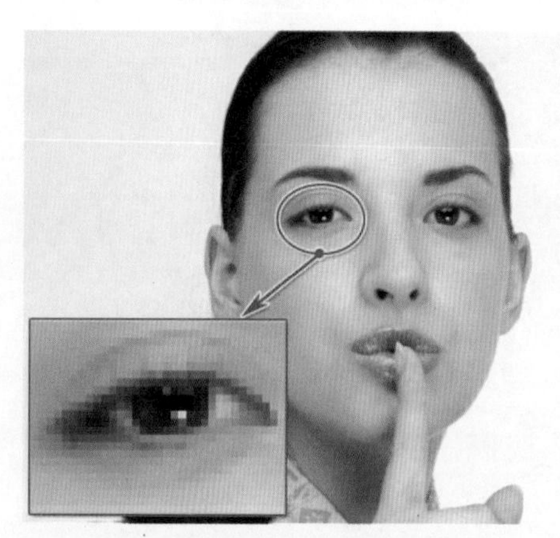

分辨率为200dpi，放大300%

分辨率为200dpi，放大300%

图2-1　位图和矢量图缩放效果

2.2 图像基本操作

图像基本操作是操控Photoshop软件的“奠基石”。作为Photoshop工作区域的图像文件窗口，它在默认状态下并不出现，用户必须新建或打开一个图像文件至窗口，才能进行图像创作，所有的相关操作都称之为“基本操作”。

1．打开图像

如果要编辑一幅图像，首先需要在Photoshop中打开，然后才可以对其进行各项操作。打开图像的方法有以下几种。

从【打开方式】中选择程序

选择需要打开的图像并右击，在【打开方式】下一级菜单中选择Adobe Photoshop CS4即可，如图2-2所示。

程序中打开图像

打开Photoshop软件，执行【文件】|【打开】命令（快捷键Ctrl+O），在打开的对话框中选择图像所在的路径，单击【打开】按钮即可，如图2-3所示。

图2-2　从右键菜单中打开

图2—3 在Photoshop中打开图像

拖动图像到软件中

在图像窗口中，选择需要打开的图像同时拖动鼠标到Photoshop空白区域中，当鼠标指针变为▣时，释放鼠标即可，如图2—4所示。

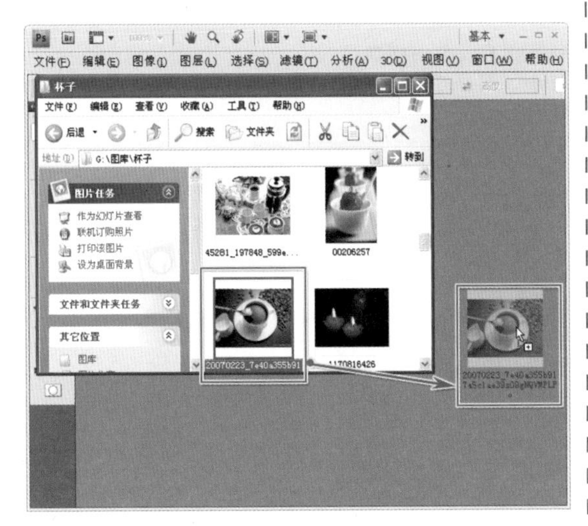
图2—4 通过拖动打开图像

注意

如果用户打开的是Photoshop支持的PSD文件，则只需要选择该文件，然后双击即可在Photoshop中打开该文件。

2. 复制图像

在编辑图像的过程中，为了可以重复利用素材图片，需要对素材图片进行复制，对副本素材图片进行编辑从而可以保护源素材。方法是执行【图像】|【复制】命令，如图2—5所示。

图2—5 复制图像

技巧

在图像窗口上右击，选择【复制】命令，也可以复制图像。

3. 存储图像

如果要将编辑好的图像进行存储，可按Ctrl＋S快捷键，在打开的对话框中，选择存储路径和存储格式即可，如图2—6所示。

图2—6 存储图像

提示

要在已编辑图像中保留所有Photoshop功能（图层、效果、蒙版、通道、样式等），建议用PSD格式存储图像，与大多数文件格式一样，PSD只能支持最大2GB的文件。

创意+：Photoshop CS4中文版图像处理技术精粹

2.3 更改图像大小

图像的文件大小是图像文件的数字大小，以千字节（KB）、兆字节（MB）或千兆字节（GB）为度量单位。文件大小与图像的像素大小成正比。图像中包含的像素越多，在给定的打印尺寸上显示的细节也就越丰富，但需要的磁盘存储空间也会增多，而且编辑和打印的速度可能会变慢。因此，更改图像大小不仅会影响图像像素大小，还会影响图像的品质、打印特性以及打印尺寸或图像分辨率。

无论是改变图像分辨率、尺寸还是像素大小，都需要使用【图像大小】对话框来完成，执行【图像】|【图像大小】命令（快捷键Ctrl+Alt+I），打开该对话框，如图2-7所示。

其中，【像素大小】选项组控制图像像素的尺寸，而【文档大小】选项组控制打印文档的尺寸。而【像素大小】与【文档大小】之间的联系是，像素大小等于文档（输出）大小乘以分辨率。

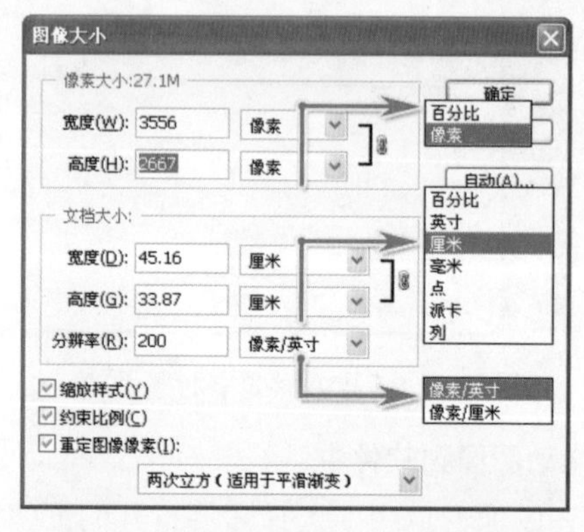

图2-7 【图像大小】对话框

注意

在图像窗口下方用户可以看到这样的信息 文档:27.1M/54.3M ▶，前面的数字代表将所有图层合并后的图像大小，后面的数字代表着当前包含所有图层的图像大小。用户可以单击右侧下三角按钮，选择【显示】命令，在其下拉菜单中可以选择所需要显示的图像的其他信息。

另外，当禁用【重定图像像素】复选框时，降低分辨率而不改变像素大小，即不重新取样；当启用该复选框时，降低分辨率而保持相同的文档大小，将减小像素大小，即重新取样，如图2-8所示。

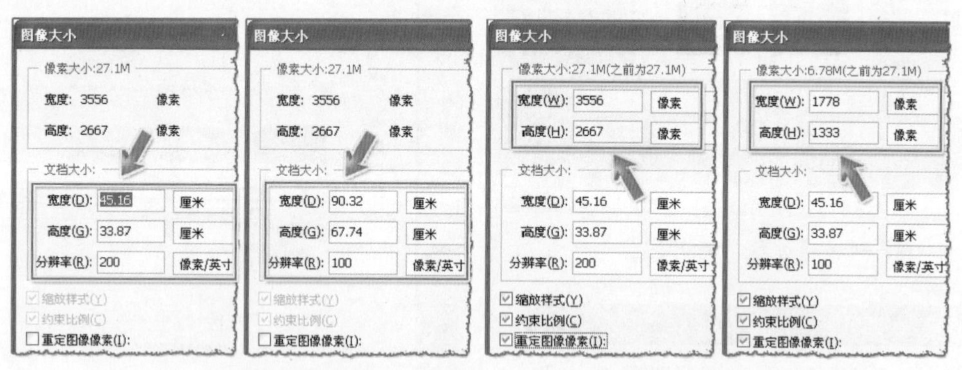

禁用【重定图像像素】复选框　　　启用【重定图像像素】复选框

图2-8 使用【重定图像像素】复选框

启用【重定图像像素】复选框后，还可以激活其右下角的下拉列表框，该列表框中提供了5种重定图像像素的方式，它们的具体功能见表2-1。

表2-1　5种重定图像像素的方式

名称	功能
邻近	一种速度快但精度低的图像像素模拟方法。用于放大或缩小包含未消除锯齿边缘的插图，以保留硬边缘并生成较小的文件。但是，该方法可能产生锯齿状效果，在对图像进行扭曲或缩放时或在某个选区上执行多次操作时，这种效果会变得非常明显
两次线性	一种通过平均周围像素颜色值来添加像素的方法。该方法可生成中等品质的图像
两次立方	一种将周围像素值分析作为依据的方法，速度较慢，但精度较高。【两次立方】使用更复杂的计算，产生的色调渐变比【邻近】或【两次线性】更为平滑
两次立方（较平滑）	一种基于两次立方插值且旨在产生更平滑效果的有效图像放大方法
两次立方（较锐利）	一种基于两次立方插值且具有增强锐化效果的有效图像减小方法。此方法在重新取样后的图像中保留细节。如果使用【两次立方（较锐利）】会使图像中某些区域的锐化程度过高，可尝试使用【两次立方】

2.4 调整画布

画布是指当前操作的图像的“背景”图层，画布大小可以决定图像的完全可编辑区域。执行【图像】|【画布大小】命令（快捷键Alt+Ctrl+C），打开【画布大小】对话框，如图2-9所示。

1. 增减画布

在该对话框中启用【相对】复选框后，在【新建大小】的【宽度】和【高度】文本框中输入一个正数将为画布添加一部分，而输入一个负数将从画布中裁切一部分，如图2-10所示。

另外，在【画布扩展颜色】下拉列表框中，用户可以设置扩展后的画布颜色。扩展画布与收缩画布的道理是一样的，都是通过控制箭头的方向来设置的。如果图像不包含背景图层，则【画布扩展颜色】下拉列表框是被禁用的。

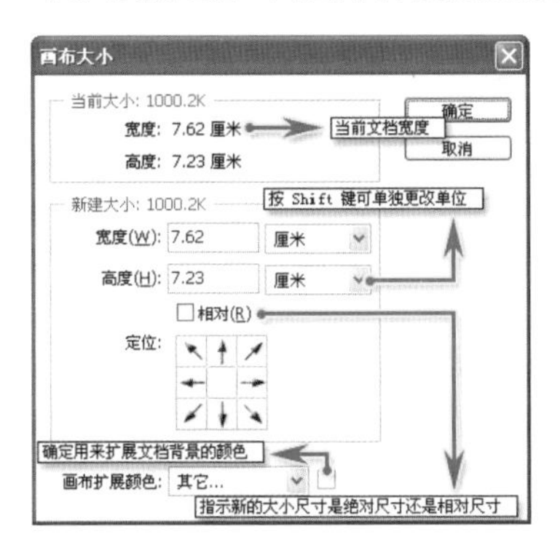

图2-9　【画面大小】对话框

源素材

宽度和高度设为5厘米

宽度和高度设为-5厘米

图2-10　增减画布

提示

默认情况下，在【画布大小】对话框中启用【相对】复选框后，【新建大小】选项中的【宽度】和【高度】参数会以0开始计算。

2. 定位画布

打开一张素材图片，在【图像大小】对话框中将宽度和高度分别减去5cm。在【定位】选项中设置不同的位置，如图2-11所示。

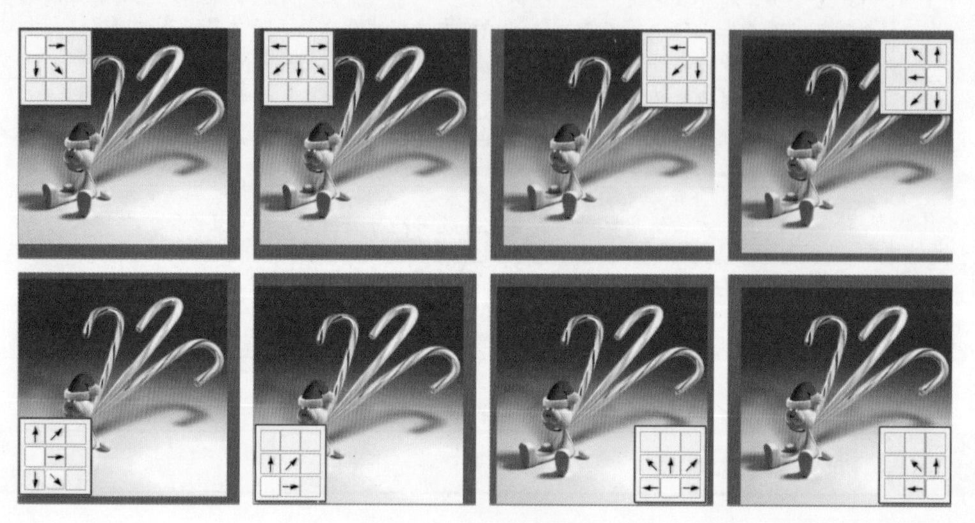

图2-11　定位画布

3. 旋转画布

该项是Photoshop CS4新增加的功能，新的旋转功能是针对视图的，而不是针对图像的。例如，在旋转后绘制矩形选区，则仍然会按照原先视图的方向进行，如图2-12所示。直接绘制图形及输入文字时也是如此。

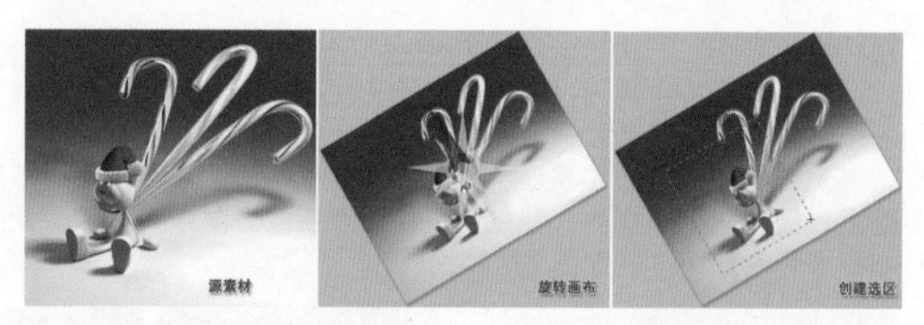

图2-12　旋转画布效果

使用该功能，用户可以对设计方案进行多角度的浏览，以提高作图的效率。对于该功能，并不是所有用户都可以使用。在使用之前，需要先执行【编辑】|【首选项】|【性能】命令，打开【性能】对话框。在此对话框中启用【启用OpenGL绘图】复选框，并单击【高级设置】按钮，进行选项设置，如图2-13所示。

设置完毕后，在窗口顶部单击【旋转视图工具】按钮，在窗口中间按住鼠标左键不放，进行拖动即可旋转画布。

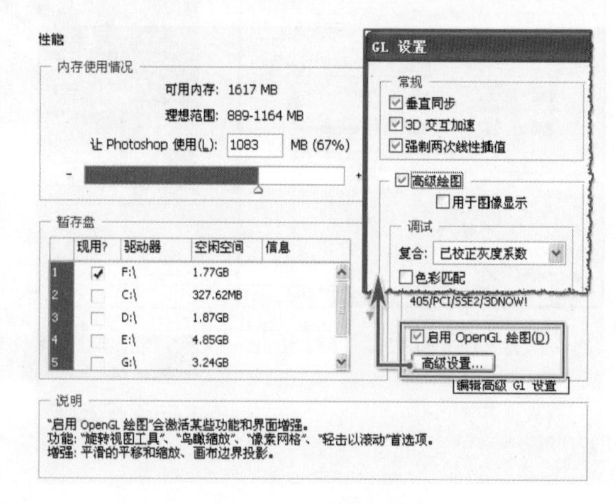

图2-13　配置性能

技巧

使用该工具的同时，在工具选项栏中可以精确输入旋转的角度，也可以单击【视图复位】按钮，将视图方向进行恢复，还可以启用【旋转所有窗口】复选框，在旋转当前窗口的视图时，旋转所有已打开的窗口视图。

2.5 裁剪工具

利用【裁剪工具】可以通过手动的方式，快速达到裁切图像的目的，同时也可以自由控制裁剪的大小和位置，而且还可以在裁剪的同时，对图像进行旋转、变形，以及改变图像分辨率等操作。打开一张素材图片，单击【裁剪工具】按钮，然后在图片上拖动以得到一个裁剪框作为选择的裁剪区域，如图2-14所示。

图2-14　使用【裁剪工具】在图像中拖动

选择【裁剪工具】后，弹出【裁剪】工具选项栏A，通过它可以设置裁剪选区的尺寸以及裁剪后图像的分辨率。通过拖动拉出裁剪框后，又会弹出【裁剪区域】工具选项栏B，选项栏中各选项的功能见表2-2。

表2-2　裁剪工具选项栏

名称	功能
删除	选中此单选按钮，可以将被裁剪的区域从当前文件中删除
隐藏	选中此单选按钮，可以将被裁剪的区域隐藏起来，但没有从当前文件中删除。另外，选中此单选按钮后，裁剪区域最右侧的【透视】复选框将被禁用
屏蔽	启用此复选框，在素材图像中选择裁剪区域时，被裁剪的区域将被屏蔽起来；如果禁用该复选框，被裁剪的区域将呈原色显示
透视	启用【透视】复选框，在裁剪图像时用户可以对变形的图像进行校正

裁剪工具不但可以对图像进行裁剪，而且还具有图像校正功能，如图2-15所示。拖出控制框后，选择一个控制点顺时针旋转，按Enter键即可完成裁剪工作。

技巧

如果希望裁切后的内容能够自动放大，达到原来图片的大小，那么可以在选项栏中单击【前面的图像】按钮，这时在选项栏中将出现宽度、高度和分辨率。这时再进行裁切，裁切后的内容将会自动放大到原来图片的大小。要取消这个功能，可以单击选项栏中的【清除】按钮。

图2-15　设置裁剪区域选项及裁剪图像后的效果

创意+：Photoshop CS4中文版图像处理技术精粹

2.6 裁切命令

在编辑图像的过程中，如果遇到图像中存有大面积的纯色区域或透明区域，则可以利用【裁切】命令去除边缘纯色或透明像素，达到快速裁切图像边缘的目的。

打开一张素材图片，执行【图像】|【裁切】命令（快捷键Alt+I+R），打开【裁切】对话框，如图2-16所示。

图2-16　【裁切】对话框

该对话框中各选项的功能如下。

1.【基于】选项组

- **透明像素**　选中该单选按钮，可以裁切掉图像边缘的透明区域，留下包含非透明像素的最小图像。
- **左上角像素颜色**　选中该单选按钮，可以从图像中移去左上角像素颜色的区域。
- **右下角像素颜色**　选中该单选按钮，可以从图像中移去右下角像素颜色的区域。

2.【裁切掉】选项组

该选项组的4个复选框用于控制需要裁切的边缘，如果4个复选框全部启用，执行【裁切】命令时可以同时对图像的4个边进行裁切；如果其中一个选项没有启用，那么对象的其他边缘就不会被裁切掉，如图2-17所示。

裁切顶边　　裁切左边

裁切右边　　裁切底边

图2-17　裁切边缘的效果

2.7 变换图像

在实际的工作过程中，用户可以对选区、整个图层、多个图层或图层蒙版进行变换，也可以对路径、矢量形状、矢量蒙版、选区边界或Alpha通道进行变换。

1. 传统变换

执行【编辑】|【变换】命令，在其子菜单中包含以下几种变换操作。

- **缩放图像**　缩放操作通过沿着水平和垂直方向拉伸或挤压图像内的一个区域来修改该区域的大小。
- **旋转图像**　旋转允许用户改变一个图层内容或一个选择区域的对角方向。

- **斜切**　沿着单个轴，即水平或垂直轴，倾斜一个选择区域。斜切的角度影响最终图像将变得有多么倾斜。要想斜切一个选择区域，拖动边界框的节点即可。
- **扭曲**　当扭曲一个选择区域时，用户可以沿着它的每个轴进行拉伸操作。和斜切不同的是，倾斜不再局限于每次一条边。拖动一个角时，两条相邻边将沿着该角拉伸。
- **透视**　透视变换将挤压或拉伸一个图层或选区的单条边，进而向内外倾斜两条相邻边。
- **变形**　该命令可以对图像进行任意拉伸从而产生各种变换，如图2-18所示。

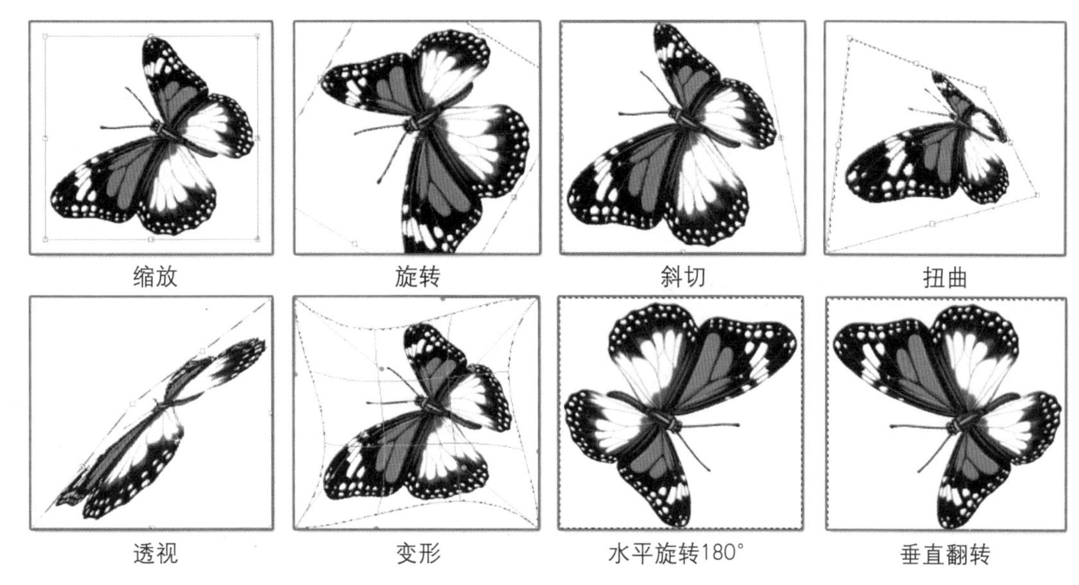

图2-18　变换图像

2. 内容感知型变换

该功能也是Photoshop CS4新增加的变换图像功能。它可以通过对图像中的内容进行自动判断后决定如何缩放图像。虽然这种判断并不是百分百准确，但确实是Photoshop通往智能化的一个标志。

打开一个素材图片，将其复制出一个副本，然后对副本执行【编辑】|【内容识别比例】命令（快捷键Alt+Shift+Ctrl+C），即可对该副本进行变换。变换后的图像，主体物不会进行很大变形，而对大面积的天空或水面等，Photoshop会智能地将其进行缩放，这点也是该项功能与普通变换工具的不同之处，如图2-19所示。

图2-19　内容感知型变换和普通变换的对比

2.8 图像恢复

在实际设计创作时，一幅成功的作品需要数十次甚至上百次的反复修改，才能锤炼出一件精品。这样的创作过程如果在图纸或画板上进行，是要浪费很大的财力和精力的。而在Photoshop软件中，则可以轻松地撤销最后一个步骤之前的操作，以达到重复修改自己设计方案的目的。

1. 恢复命令

执行【编辑】|【还原】命令（快捷键Ctrl+Z），可以将图像恢复到最后一次操作之前的状态，可以撤销一次描绘或编辑工具的处理效果，还可以撤销一条特定效果或颜色校正命令。

另外，现在Photoshop软件支持按Ctrl+Alt+Z快捷键进行后退一步操作，或按Ctrl+Shift+Z快捷键进行前进一步操作。这样很容易进行状态比较，同样也可以很容易改变方案。例如将图2-20中的素材图调换一下图层位置，然后按Ctrl+Alt+Z快捷键和Ctrl+Shift+Z快捷键可反复观察对比效果。

按Ctrl+Alt+Z快捷键还原效果

按Ctrl+Shift+Z快捷键还原效果

图2-20 使用恢复命令看对比图

注意

在Photoshop中，不能恢复磁盘操作，如打开或保存文件。但是Photoshop支持恢复打印图像之后的编辑操作。可以通过打印图像来测试观察这种效果，如果看起来不满意，可以将操作还原。

2. 使用【历史记录】面板

使用该面板可以将时间逆转，并顺序撤销一系列步骤或作为一个组来撤销一系列步骤。首次打开软件时，在窗口中是看不到该面板的，执行【窗口】|【历史记录】命令，打开【历史记录】面板，如图2-21所示。

在该面板中，记录着每次重要的操作，除了设置值和首选项（例如选择一个新的前景色）之外，其他的每一步都被添加到历史记录列表中。最早的操作显示在列表的最上方，而最近的操作显示在列表的下方。

面板中的每个项目表示图像处理过程的一个手段，也就是某个时刻的一个情况，列表中的每个项目被称为“状态”。如果需要将图像恢复到最初打开时的状态，可以在最后一次保存之前，到【历史记录】面板的顶部单击最上面的项目即可。

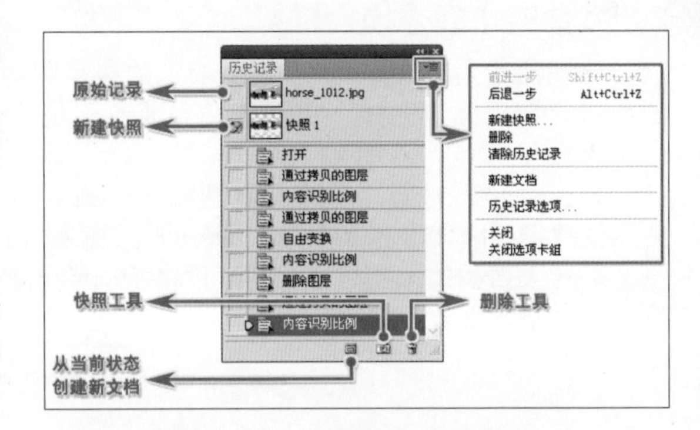

图2-21 【历史记录】面板

技巧

在【历史记录】面板中，确定状态的内容，只需单击该状态，Photoshop就会立刻撤销该状态之后执行的所有操作，从而返回到该状态。

如果用户编辑图像到一定状态时，为了能够定格此状态下的图像效果，可以单击【历史记录】面板中的【创建新快照】按钮，创建出一个快照。当对图像再次编辑了很多步骤，而又想回头比较一下刚才状态下的效果时，只需要在该面板中单击此快照即可显示出此状态下的效果，如图2–22所示。

提示

Photoshop在内存足够的情况下，可以保存任意多个快照，以方便在图像处理过程中不断地对比前后效果。

单击“快照1”

图像处理效果

图2–22 使用快照查看对比效果

2.9 图像视图布局

Photoshop CS4提供了一个窗口布局功能，以便能够快速做完多组照片的快速布局。除此之外，在窗口最右端，Photoshop CS4还特意加入了一项菜单布局功能。能够为不同的使用者，快速排版出合适他们的界面布局，如图2–23所示。

可以看到，在新版Photoshop CS4中，文件打开已经默认采用了多标签形式。用户只要在标签栏上进行单击，就能迅速找到某个已打开的图像文件。同时，使用鼠标在【视图布局】下拉列表中单击某个选项按钮，就能迅速把所有图像文件按既定的方式进行快速排版。

此外，为了方便多个图像的编辑和观察，Photoshop CS4还特意在其中加入了一项“Shift+”工具，能够同时对视图中的所有图像文件进行拖动，而这些设计大大方便了原本十分繁琐的多图编辑操作。

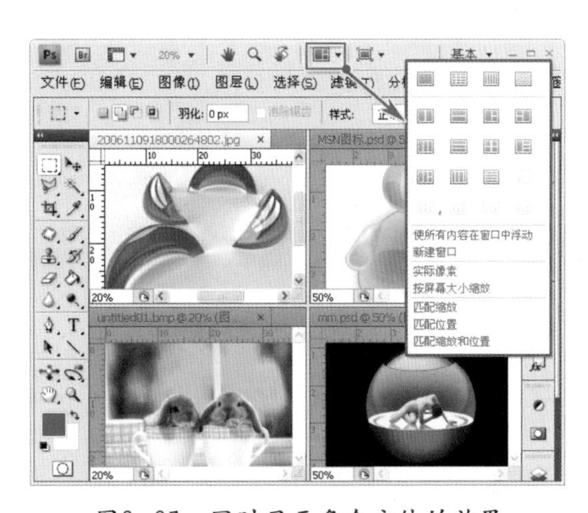

图2–23 同时显示多个文件的效果

技巧

在【视图布局】下拉列表中选择【使所有的内容在窗口中浮动】选项，就可以转换回传统显示模式。

2.10 实例：改斜归正

本实例为校正倾斜的铁塔，主要使用【裁剪工具】对倾斜的图像进行校正，然后将校正后的铁塔图片放在源素材图上，并将其位置对正，最后使用【橡皮擦工具】清除边缘，效果如图2-24所示。

图2-24　校正斜塔对比图

操作步骤：

STEP|01　选择【矩形选框工具】，在图像副本文档中建立矩形选区，如图2-25所示。

图2-25　建立选区

STEP|02　执行【图像】|【裁切】命令，以矩形选区为边缘进行裁剪，如图2-26所示。

STEP|03　选择工具箱中的【裁剪工具】，在画布中绘制，拉出裁切框，如图2-27所示。

图2-26　裁剪图像

图2-27　绘制裁切框

STEP|04 按Ctrl+-快捷键缩小画布后，将鼠标指向裁切框外部，顺时针旋转裁切框，如图2-28所示。

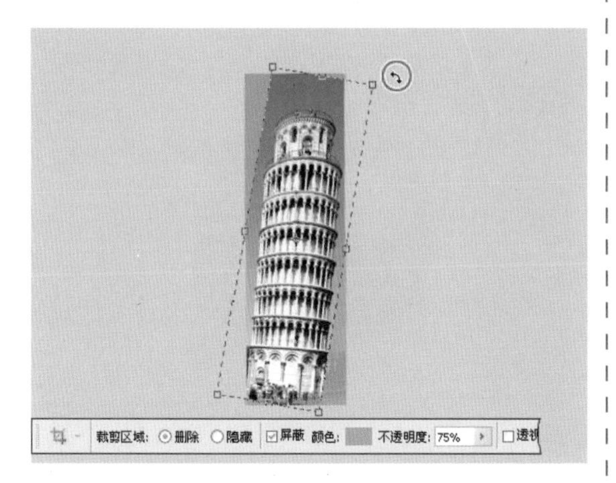

图2-28 旋转裁切框

STEP|05 旋转后单击工具选项栏中的【提交当前裁剪操作】按钮✓，完成裁切操作，如图2-29所示。

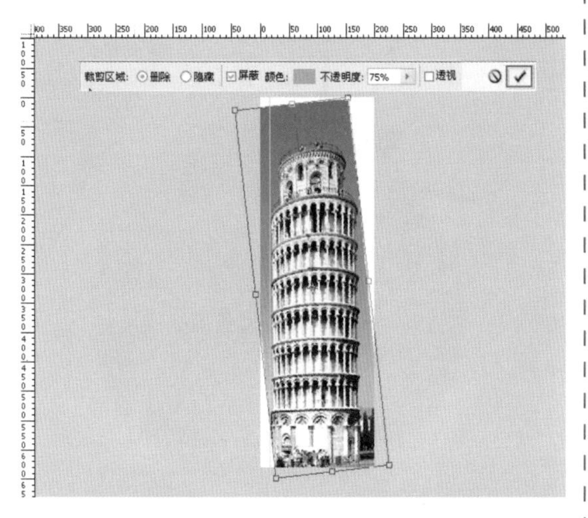

图2-29 完成旋转操作

技巧

完成旋转后，打开标尺，垂直拉出参考线，确定斜塔校正。

STEP|06 再次使用【裁剪工具】，在图像区域创建裁切框，进行裁切，将白色区域删除，如图2-30所示。

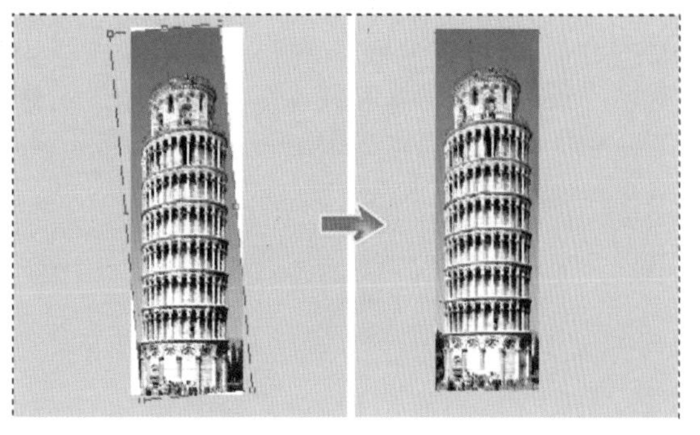

图2-30 删除白色区域

STEP|07 再次打开素材图像，将校正的图像拖至适当位置，使用【橡皮擦工具】，将边缘擦除，使其衔接自然，如图2-31所示。

图2-31 拼合图像

提示

【橡皮擦工具】可将像素更改为背景色或透明。如果在背景中或已锁定透明度的图层中工作，像素将更改为背景色；否则，像素将被抹成透明。

2.11 实例：魔法水果

本实例为制作魔术水果，首先使用【裁剪工具】校正图像，然后对图像进行自由变换，最后使用加深和减淡工具对图像进行修饰，制作出一幅创意水果作品，效果如图2—32所示。

图2—32 最终效果图

操作步骤：

STEP|01 打开配套光盘的素材图片，为了保护原图，右击鼠标复制图像，将原图关闭，如图2—33所示。

图2—33 复制图像

STEP|02 选择【裁剪工具】，将图像校正，用鼠标选中变换选框中的一个节点进行旋转，如图2—34所示。

STEP|03 使用【魔棒工具】将3主题物抠取出来，填充色背景为白色，如图2—35所示。

图2—34 旋转节点

技巧

应用【裁剪工具】时按住Ctrl键，可以进行细节调整。

提示

在编辑图像时，按住Ctrl键加一号或+号，变换图像的大小，在编辑图像过程中要经常调整图像的大小，以便观察图像。

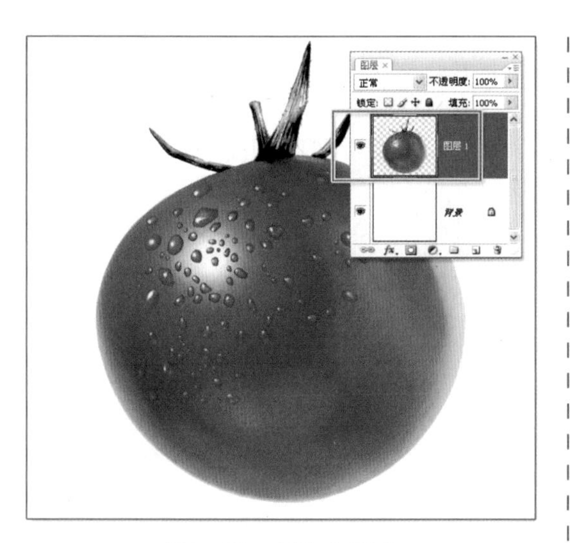

图2-35　抠取主题物

STEP|04 执行【编辑】|【变换】|【变形】命令（快捷键Ctrl+T），在菜单栏下方单击【在自由变换和变形模式之间切换】按钮，如图2-36所示。

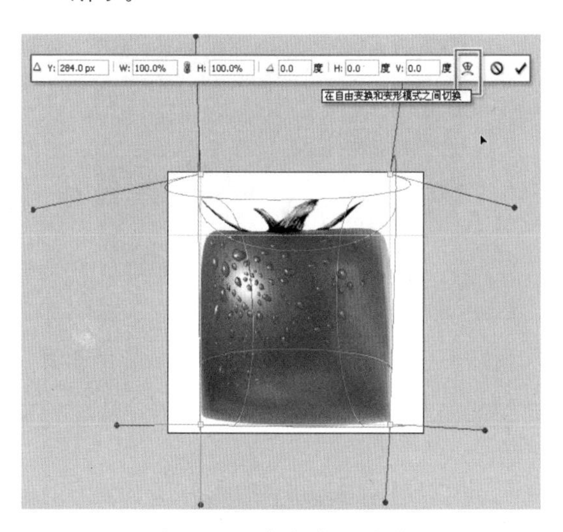

图2-36　自由变形图像

STEP|05 在新建图层上使用【画笔工具】，右击鼠标将主直径设置为10个像素，在标尺上面拉出辅助线，按照辅助线的位置绘制出一个矩形透视轮廓，如图2-37所示。

STEP|06 使用【钢笔工具】将框架外的区域删除，设置【羽化半径】为1像素，如图2-38所示。

STEP|07 将边缘区域圆滑，将框架图层的不透明度设置为20%，使用【画笔工具】绘制出水果高光区域，如图2-39所示。

图2-37　绘制轮廓线

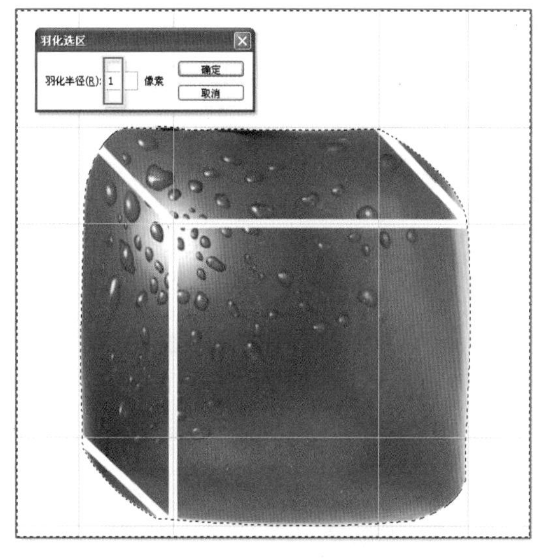

图2-38　删除多余区域

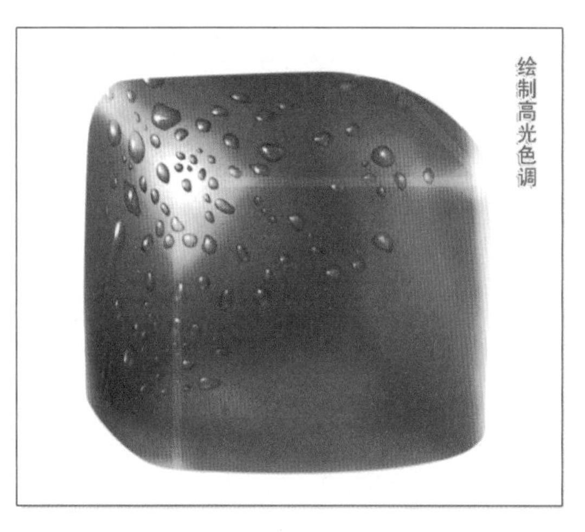

图2-39　绘制高光色调

STEP|08 使用【套索工具】框选水果暗部色调，执行【羽化】命令，然后使用【色阶】命令提高图像亮度，如图2-40所示。

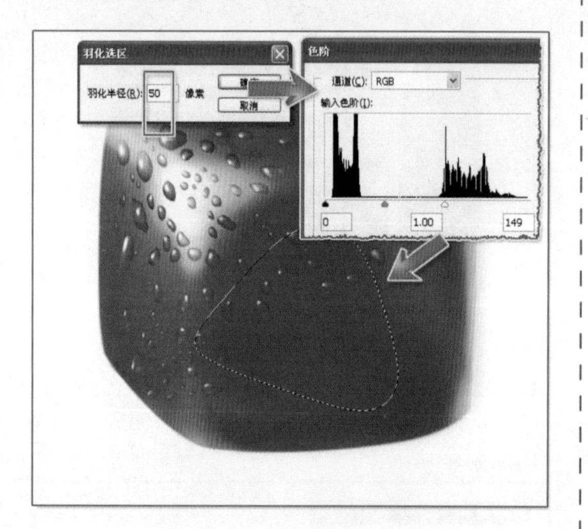

图2-40 提高图像亮度

STEP|09 打开源素材图片，将叶柄抠取出来，放到已经做好的水果顶部，如图2-41所示。

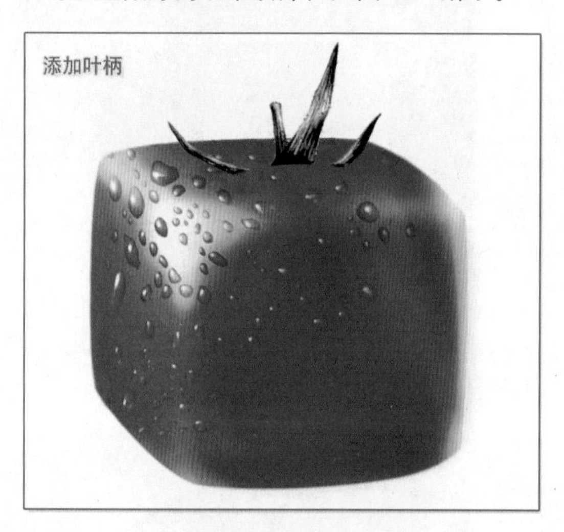

图2-41 添加叶柄

STEP|10 使用【套索工具】将叶柄合在一起，效果如图2-42所示。

STEP|11 使用【画笔工具】绘制叶柄投影以及水果的暗部色调，效果如图2-43所示。

STEP|12 复制水果并垂直翻转，执行【自由变换】命令，对图形进行变形，结合【橡皮擦工具】制作出水果的投影，如图2-44所示。

图2-42 合并叶柄

图2-43 绘制叶柄投影以及水果暗部色调

图2-44 制作水果投影

STEP|13 使用【渐变工具】结合【画笔工具】制作出图像的背景，然后使用文本工具为画面添加修饰性的文字效果。

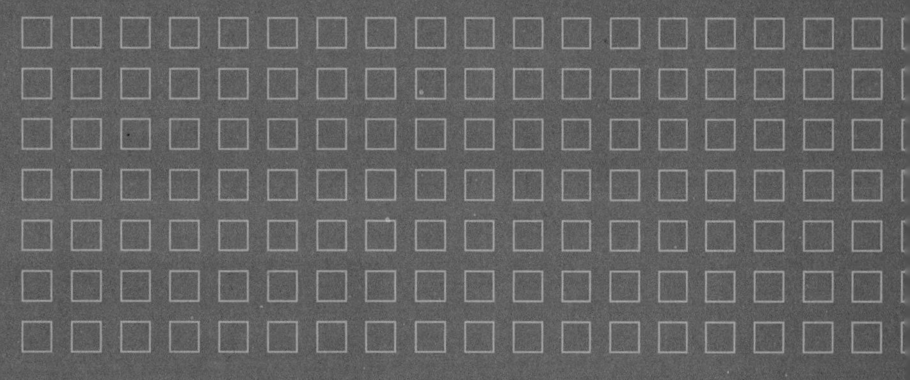

色彩理论

颜色可以激发人的感情。它产生的对比效果，使得图像显得更加美丽，使一幅本来毫无生气的图像充满活力。对图像设计者来说，创建完美的颜色是至关重要的。当颜色运用得不正确时，图像便不能成功地表达它所传达的信息。

要创建完美的颜色不是一件容易的事。画家必须混合和再混合颜料，直到调出的颜色与所看见的或所想像的色泽完全相符。摄影师和电影制作者必须花费很多时间来测试、重调焦距和增加光线，直到创建出一幅恰当的景观。在计算机上使用颜色也是如此。在Photoshop中要创建合适的颜色，首先需要深入了解有关颜色的理论知识。一旦对颜色理论知识有所了解，就会认识遍及Photoshop中的对话框、菜单及调色板等所用到的颜色术语，也将懂得增色及减色的过程，从而使自己创建出多彩的计算机作品。

3.1 色彩感觉

颜色是人类视觉系统的一种感觉，它是因为光的辐射经过物体的反射，刺激视网膜而引起观察者通过视觉而获得的景象。在日常生活中所看到的颜色一般取决于3个方面：光源照射、物体本身反射的色光、眼睛和大脑对色光的识别。

1. 光源照射

光源可分为自然光和人造光两大类。自然光是指日光、月光、星光，以日光为主。人造光是指人工制造的发光体，如闪光灯、碘钨灯、白炽灯等光源，如图3-1所示。

图3-1 光源照射

从物理学的角度来讲，色彩学的研究实质上就是对光的研究。如果用三棱镜做一个试验，使阳光通过三棱镜射在白色的墙面上，就可以看到一条类似“彩虹”的光带，这条光带上系统地并列着7种色光，即红、橙、黄、绿、青、蓝、紫，如图3-2所示。

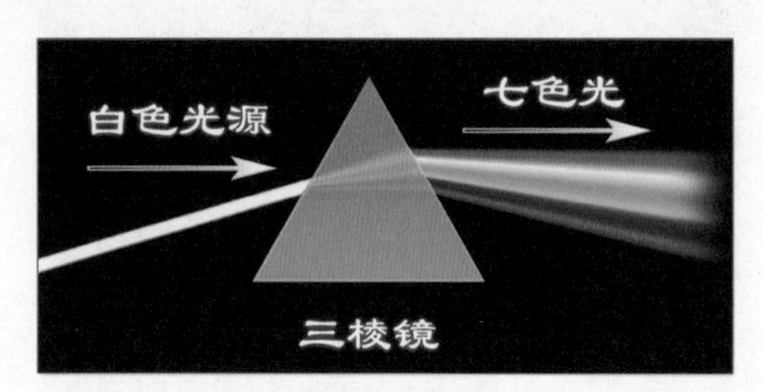

图3-2 光带

2. 物体本身色光

如果物体本身没有色光，那么世界上就只有黑、白、灰3种色光，之所以人们能够看到绿色的草地、红色的苹果，是因为它们将光谱中的其他颜色吸收，把本身色光反射到人们的视觉系统，如图3-3所示。

图3-3 物体本身色光

提示

色彩的恰当应用，不仅能带来形式或外在的美感，而且还能给人留下难忘的视觉印象。因此，色彩是形成视觉印象的最直接因素。设计平面作品时，合理的色彩应用，恰当的色彩搭配，巧妙的色彩氛围，可以给人一种赏心悦目的感觉。

3. 眼睛与大脑视觉识别

人类的眼睛就好似一架相机，光线经过角膜及光圈（瞳孔），再由镜头（晶体）聚焦到菲林（视网膜）上，如图3-4所示。

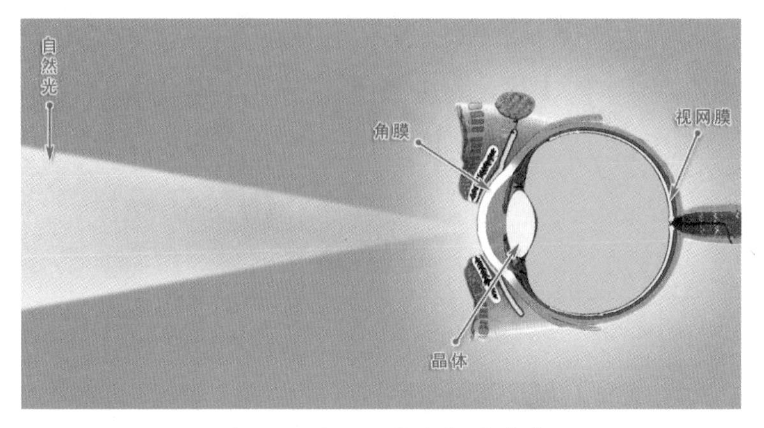

图3-4　光线照射与视觉系统

> **提示**
>
> 光在物理学上是一种客观存在的物质（而不是物体），它是一种电磁波，主要包括宇宙射线、X射线、紫外线、可见光、红外线和无线电波等。它们都各有不同的波长和振动频率。在整个电磁波范围内，并不是所有光的色彩都可以通过肉眼分辨。只有波长在380～780纳米之间的电磁波才能引起人的色知觉。这段波长的电磁波叫可见光谱，或叫做光。

3.2 色彩三要素

色彩可分为无彩色和有彩色两大类，前者如黑、白、灰；后者如红、绿、蓝等。自然界的色彩虽然各不相同，但任何有彩色的色彩都具有色相、亮度、饱和度这 3 个基本属性，也称为色彩的三要素。

1. 色相

色相指的是色彩的相貌。在可见光谱上，人的视觉能感受到红、橙、黄、绿、青、蓝、紫这些不同特征的色彩。例如，雨后彩虹是在空气中滞留大量的水蒸气，折射太阳光线从而生成的多彩的光线，如图3-5所示。

图3-5　雨后彩虹

如果把光谱的红、橙、黄、绿、蓝、紫诸色带首尾相连，制成一个圆环，在红和紫之间插入半幅，构成环形的色相关系，便称为色相环。在 6 种基本色相各色中间加插一个中间色，其首尾相连构成十二基本色相，这十二色相的彩调变化，在光谱色感上是均匀的。如果进一步再找出其中间色，便可以得到24个色相，如图3-6所示。

创意+：Photoshop CS4中文版图像处理技术精粹

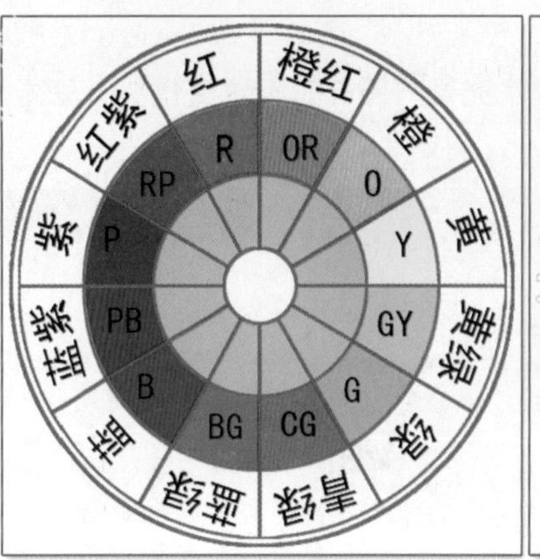

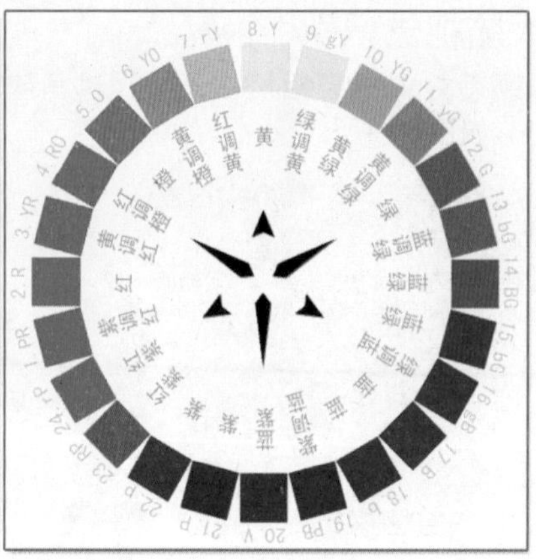

图3-6　色相环

在色相环的圆圈里，各彩调按不同角度排列。十二色相环每一色相间距为30°，二十四色相环每一色相间距为15°。在诸多颜色中，红、橙、黄、绿、青、蓝、紫等7种色相是最易被感觉的基本色相。以它们为基础，依圆周的色相差环列，可得出高纯度色彩的色相环。

> **技巧**
>
> 在Photoshop中可以通过【色相/饱和度】命令，对物体的相貌进行修改，以达到所需效果。

2. 饱和度

饱和度是指色彩的鲜艳程度，也称色彩的饱和度，或者彩度。饱和度常用高低来描述，饱和度越高，色越纯，越艳；饱和度越低，色越涩，越浊。纯色是饱和度最高的一级，如图3-7所示。

图3-7　鲜艳的橙子

光谱中红、橙、黄、绿、蓝、紫等色光是最纯的高饱和度的光；色料中红色的饱和度最高，橙、黄、紫等饱和度较高，蓝、绿色是饱和度最低，如图3-8所示。

图3-8　绘画色料

饱和度取决于该颜色中含色成分和消色成分(黑、白、灰)的比例，含色成分越大，饱和度越大；消色成分越大，饱和度越小，如图3-9所示。

向任何一种色彩中加入黑、白、灰都会降低它的饱和度，加得越多就降得越多，如图3-10所示。

图3-9 最高与最低饱和度

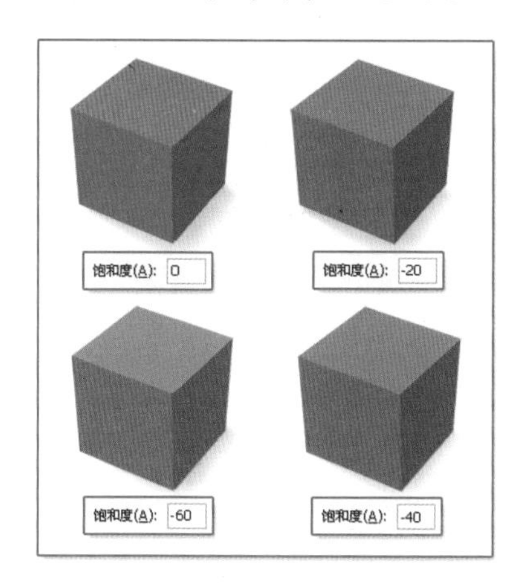

图3-10 降低饱和度

3. 亮度

亮度是色彩形成空间感与体量感的主要依据，起着“骨架”的作用。在无彩色中，亮度最高的色为白色，亮度最低的色为黑色，中间存在一个从亮到暗的灰色系列，如图3-11所示。

图3-11 亮度色标

亮度在三要素中具有较强的独立性，它可以不带任何色相的特征而通过黑白灰的关系单独呈现出来，如图3-12所示。

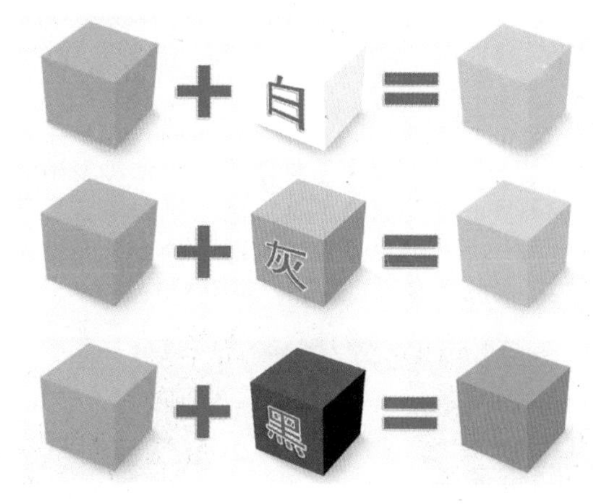

图3-12 颜色与三大调的关系

色相与饱和度则必须依赖一定的明暗才能显现，色彩一旦发生，明暗关系就会同时出现，在进行素描的过程中，需要把对象的有彩色关系抽象为明暗色调，这就需要有对明暗的敏锐判断力。可以把这种抽象出来的亮度关系看作色彩的“骨骼”，它是色彩结构的关键，如图3-13所示。

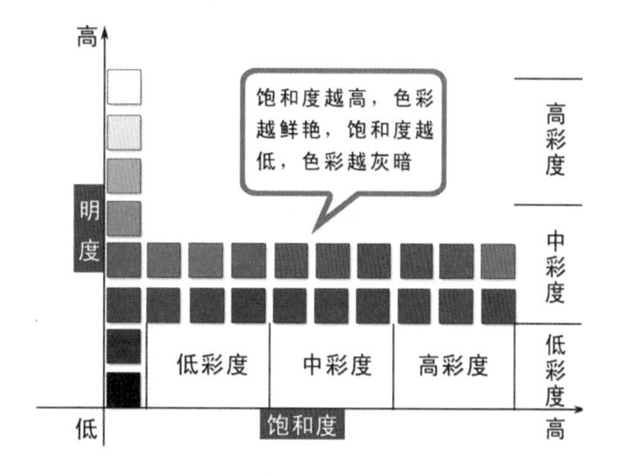

图3-13 亮度与饱和度之间的关系

提示

亮度色标加黑色降低亮度，加白色提高亮度，将12个主要色相的亮度序列排列在一起，即是12色相亮度序列表。为了使设计者方便判断色彩的亮度变化，需要设立一个衡量亮度的标准，即亮度色标。

3.3 色彩生成原理

色彩是通过光线的照射，由物体吸收和反射而产成的，而在计算机中的颜色，是通过不同的发光体叠加在一起，从而产生其他色彩。颜色的生成原理大致可分为加色模式和减色模式两种。

1. 加色模式

加色模式也称为正色模式，它依靠发射和叠加不同的色光而产生结果色，例如电脑显示屏上每一点的颜色都是由内部不同电子元件发射的不同色光叠加产生的，如图3–14所示。

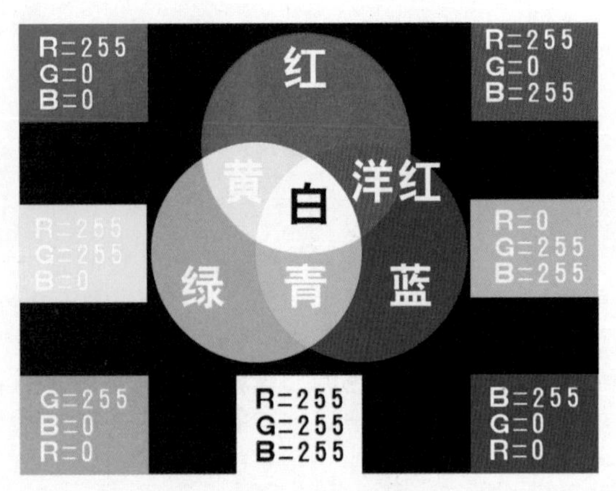

图3–14　加色模式

2. 减色模式

减色模式也称为负色模式，它是物体表面吸收入射光光谱中的某些成分，未吸收的部分被反射到人眼而产生颜色。大多数自身不发光物体的颜色都依赖于减色模式，印刷工艺重现颜色时，也依赖于减色模式，如图3–15所示。

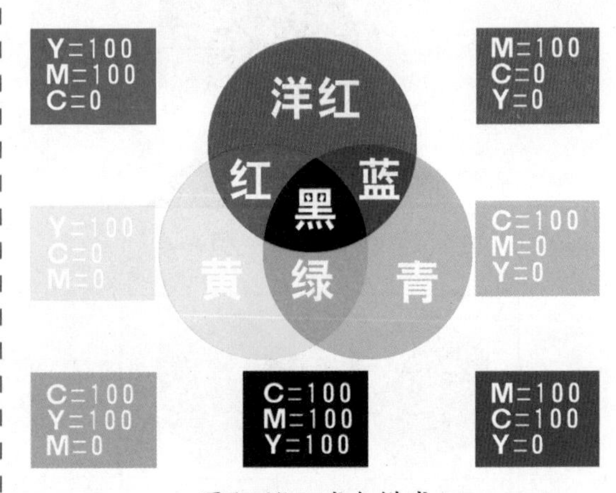

图3–15　减色模式

提示

根据三原色理论，可知光谱内任何颜色都可由红、绿、蓝3色组成。不能分辨红色者为红色盲，不能分辨绿色者为绿色盲，不能分辨蓝色者为蓝色盲，红绿色盲的情况最为常见。色盲主要是由遗传导致的，其中男性比例较高。

3.4 色彩的表现手法

从物理学的角度上来讲，自然界所呈现的各种色彩，都可以用红、黄、蓝三原色按不同的比例混合而成。但是，这仅仅是理论上的设想，实际上有许多色彩用这三色是混合不出来的，如翠绿、玫瑰红与紫罗兰等。尽管如此，用这 3 种色加以适当混合后，的确能产生多种多样的色相，所以在绘画上还是称之为三原色。

1. 三原色

所谓原色，又称为第一次色，或称为基色，即用以调配其他色彩的基本色。原色的色纯度最高、最纯净、最鲜艳。三原色可以调配出绝大多数色彩，而其他颜色不能调配出三原色，如图3–16所示。

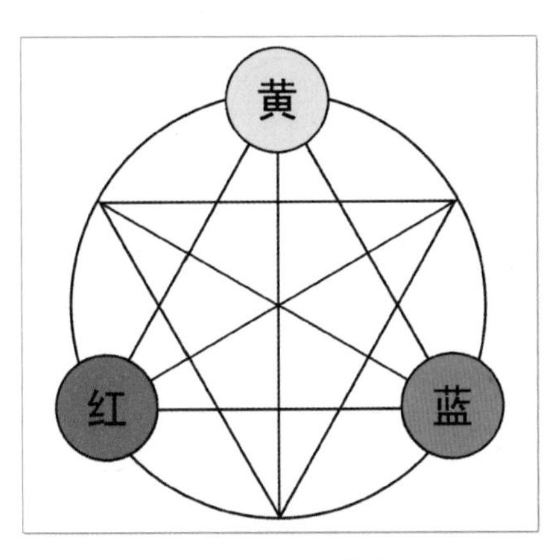

图3-16　三原色

提示

三原色的视觉冲击力最强，也是最刺目的，容易造成冲突、烦燥、不舒适的心情，所以是较难掌握的配色，大面积大范围使用时要慎重。

根据三原色的特性做出相应的色彩搭配，具有最迅速最有力最强烈地传达视觉信息的效果，图3-17所示为三原色在网页上的运用。

图3-17　三原色运用

2. 间色

间色又叫“二次色”，它是由三原色调配出来的颜色，红与黄调配出橙色；黄与蓝调配出绿色；红与蓝调配出紫色，橙、绿、紫3种颜色又叫“三间色”，如图3-18所示。

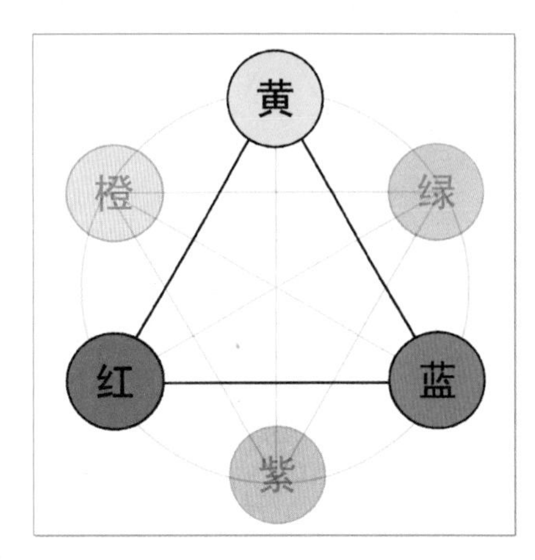

图3-18　间色

间色是由三原色中的两原色调配而成的，因此在视觉刺激的强度上相对三原色来说缓和不少，属于较易搭配之色。间色尽管是二次色，但仍有很强的视觉冲击力，容易带来轻松、明快、愉悦的气氛，如图3-19所示。

图3-19　间色运用

3. 复色

复色也叫“复合色”，它是由原色与间色相调或间色与间色相调而成的“三次色”，复色的纯度最低，含灰色成分。它包括了除原色和间色以外的所有颜色，如图3-20所示。

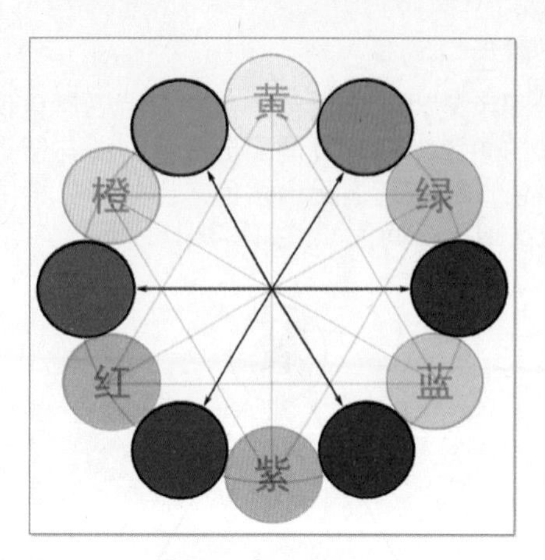

图3-20　复色

复色是由两种间色或原色与间色混合而成的，因此色相倾向较微妙、不明显，视觉刺激度缓和，如果搭配不当，页面便容易呈现出易脏或易灰朦朦的效果，使人感到沉闷、压抑，属于不好搭配的色彩。但有时复色加深色的搭配能很好地表达出神秘感、纵深感空间感；明度高的多复色多用来表示宁静柔和、细腻的情感，易于长时间的浏览，如图3-21所示。

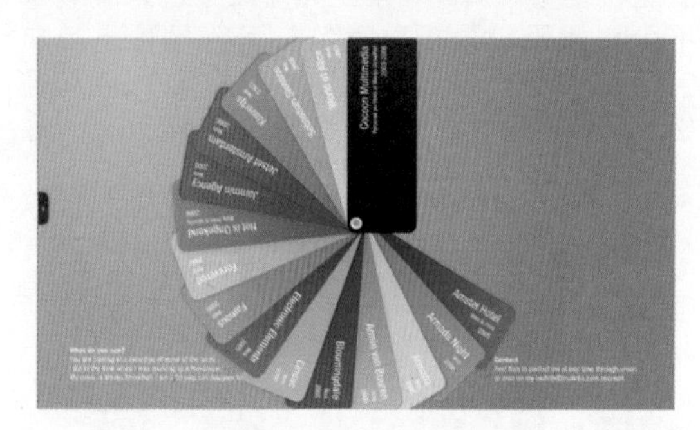

图3-21　复色运用

4．补色

补色是广义上的对比色。在色环上画直径，正好相对（即距离最远）的两种色彩互为补色。例如，红色是绿色的补色；橙色是蓝色的补色；黄色是紫色的补色，如图3-22所示。

补色最能传达强烈、个性的情感。纯度稍低的绿色作为背景的大面积使用，对比并突出了前景纯度明度较高的面积较小的红色图形，形成了视觉中心重点突出、主次分明的主题效果，如图3-23所示。

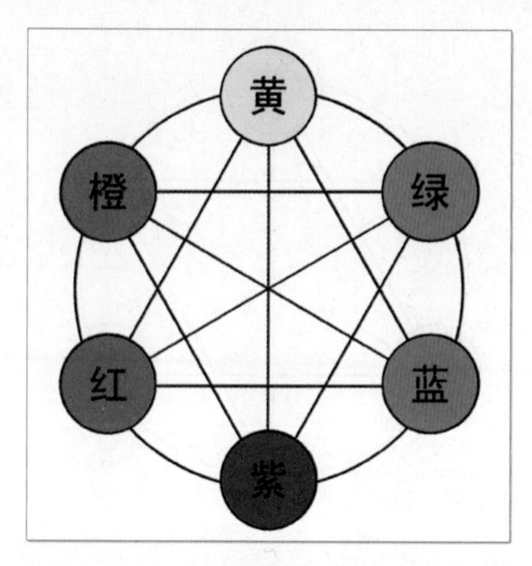

图3-22　补色

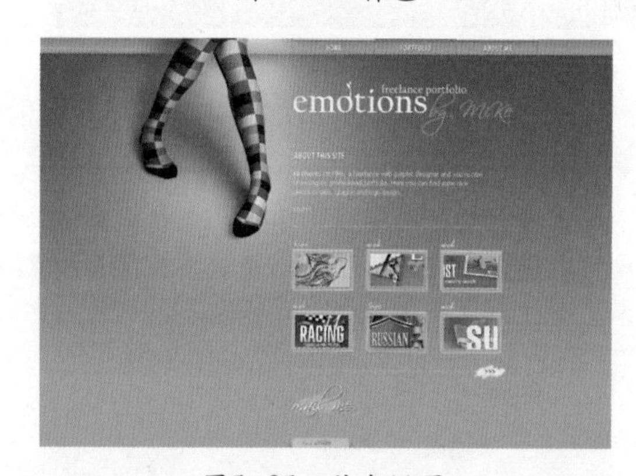

图3-23　补色运用

5．邻近色

邻近色是在色环上任一颜色同其毗邻之色。邻近色也是类似色关系，只是范围缩小了一点。例如：红色和黄色、绿色和蓝色互为邻近色。在色相环中，凡在60°范围之内的颜色都属邻近色的范围，如图3-24所示。

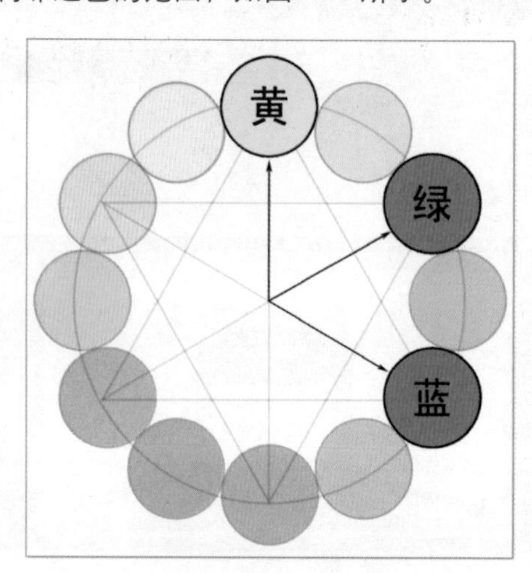

图3-24　邻近色

由于是相邻色系，因此视觉反差不大。将它们统一、调和，形成协调的视觉韵律美，会在显得安定、稳重的同时又不失活力，是一种恰到好处的配色类型，如图3–25所示。

图3–25　邻近色运用

6．同类色

同类色是比邻近色更加接近的颜色，主要指在同一色相中不同的颜色变化。例如，黄颜色中又有深黄、土黄、中黄、桔黄、淡黄、柠檬黄等区别，如图3–26所示。

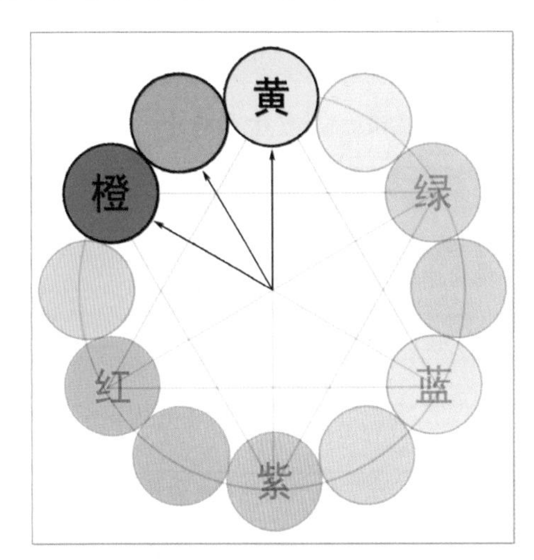

图3–26　同类色

若一组同类色看上去给人温柔、雅致、安宁的感受，便可知该组同类色系非常调和、统一。只运用同类色系进行配色，是十分谨慎、稳妥的做法，但是有时会有单调感。添加少许相邻或对比色系，可以体现出页面的活跃感和强度，如图3–27所示。

图3–27　同类色运用

7．暖色

暖色是指红、橙、黄这类颜色。暖色系的饱和度越高，其温暖特性越明显。它可以刺激人的兴奋性，使体温有所升高，如图3–28所示。

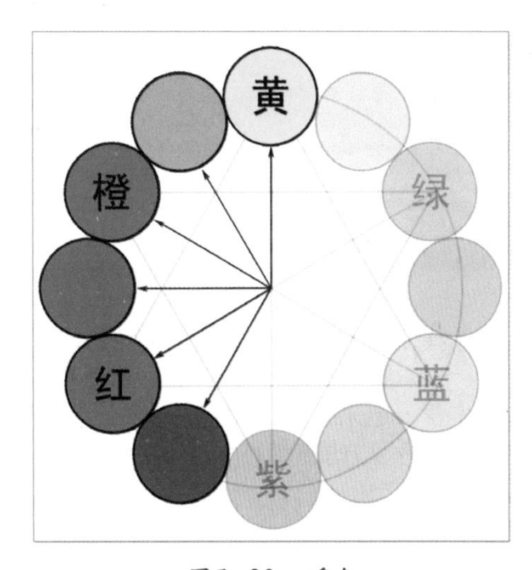

图3–28　暖色

高明度、高纯度的色彩搭配，能够把页面表达得鲜艳炫目，是有非常强烈的视觉表现力。这充分体现出暖色系的饱和度越高，其温暖特性越明显，如图3–29所示。

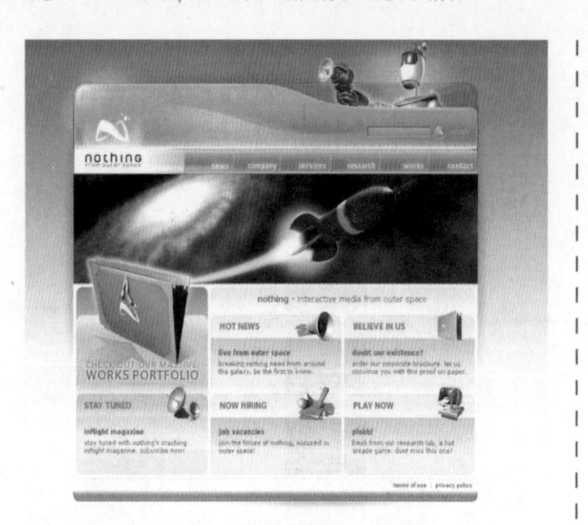

图3-29 暖色运用

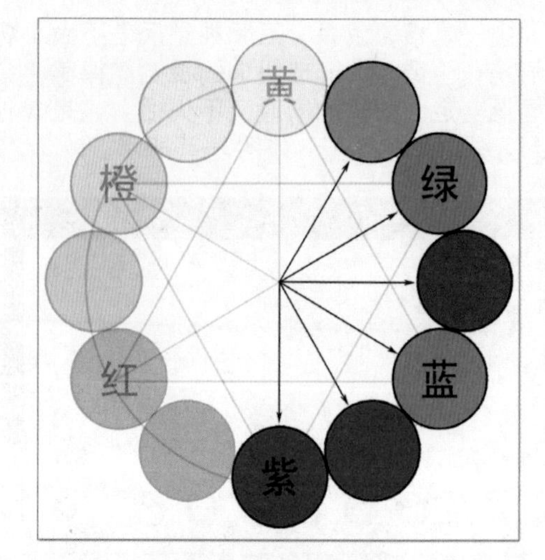

图3-30 冷色

8. 冷色

冷色是指绿、青、蓝、紫等颜色，冷色系亮度越高，其特性越明显。它能够使人的心情平静、清爽、恬雅，如图3-30所示。

冷色系的亮度越高，其特性越明显。单纯冷色系搭配的视觉感比暖色系舒适，不易造成视觉疲劳。蓝色、绿色是冷色系的主要系，是设计中较常用的颜色，也是大自然之色，能够带来一股清新、祥和、安宁的空气，如图3-31所示。

图3-31 冷色运用

提示

由上可知，颜色相互混合的越多，其饱和度越低，视觉冲击力越弱。

3.5 颜色模式

颜色模式是一个非常重要的概念。只有了解了不同的颜色模式才能精确地描述、修改和处理色调。Photoshop提供了一组描述自然界中光和它的色调的模式，通过它们可以将颜色以一种特定的方式表示出来，而这种色彩又可以用一定的颜色模式存储。每一种颜色模式都针对特定的目的，例如，为了方便打印，可以采用CMYK模式；为了给黑白相片上色，可以先将灰度图像转换到彩色模式等。

1. 灰度模式

灰度模式在图像中使用不同的灰度级。在 8 位图像中，最多有256级灰度。灰度图像中的每个像素都有一个0（黑色）到255（白色）之间的亮度值。在16位和32位图像中，图像中的级数比8位图像要大得多，如图3-32所示。

图3–32　灰度模式

2．位图模式

位图实际上是由一个个黑色和白色的点组成的，也就是说它只能用黑白来表示图像的像素。它的灰度需要通过点的抖动来实现，即通过调整黑点的大小与疏密在视觉上形成灰度，如图3–33所示。

图3–33　位图模式

3．双色调模式

它是一种为打印而制定的色彩模式，主要用于输出适合专业印刷的图像，是8 位的灰度、单通道图像，如图3–34所示。

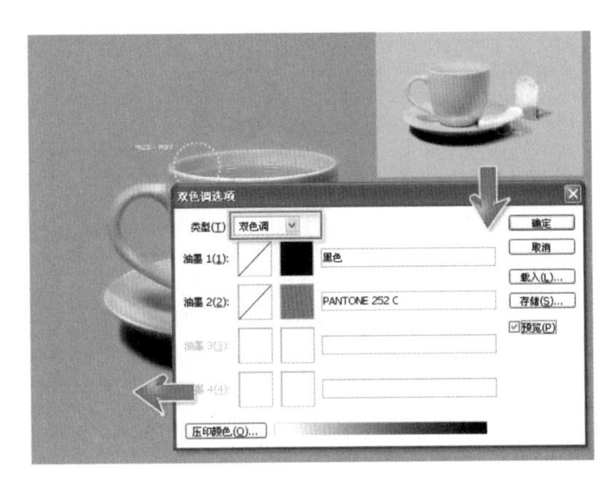

图3–34　双色调模式

4．索引颜色

它采用一个颜色表存放并索引图像中的颜色。如果原图像中的一种颜色没有出现在查调表中，程序会选取已有颜色中最相近的颜色或使用已有颜色模拟该种颜色。它只支持单通道图像（8位/像素），因此，它通过限制调色板、索引颜色来减小文件大小，同时又可以保持视觉上的品质不变。例如，用于多媒体动画的应用或网页，如图3–35所示。

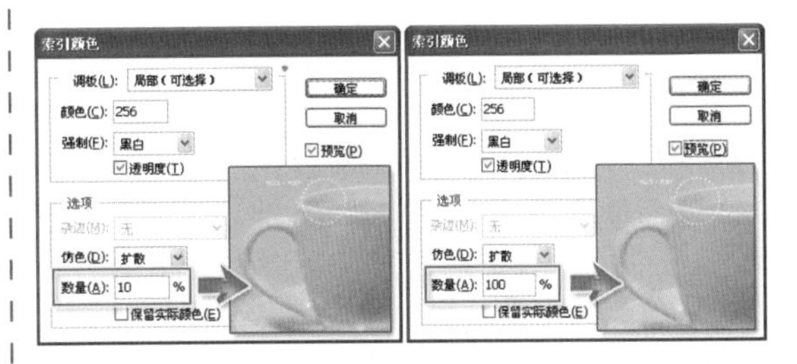

图3–35　索引颜色

5．RGB颜色

它是Photoshop默认的图像模式，它将自然界的光线视为由红（Red）、绿（Green）、蓝（Blue）3 种基本颜色组合而成，因此，它是24（8×3）位/像素的三通道图像模式。在颜色功能面板中，可以看到R、G、B 3 个颜色条下都有一个三角形的滑块，通过对这 3 种颜色的亮度值进行调节，可以组合出16777216种颜色（即通常所说的16M色），如图3–36所示。

6．CMYK颜色模式

它是一种基于印刷处理的颜色模式。由于印刷机通常采用青（Cyan）、洋红（Magenta）、黄（Yellow）、黑（Black）4 种油墨来组合出一幅彩色图像，因此CMYK模式就由这 4 种用于打印分色的颜色组成。它是32（8×4）位/像素的四通道图像模式，如图3–37所示。

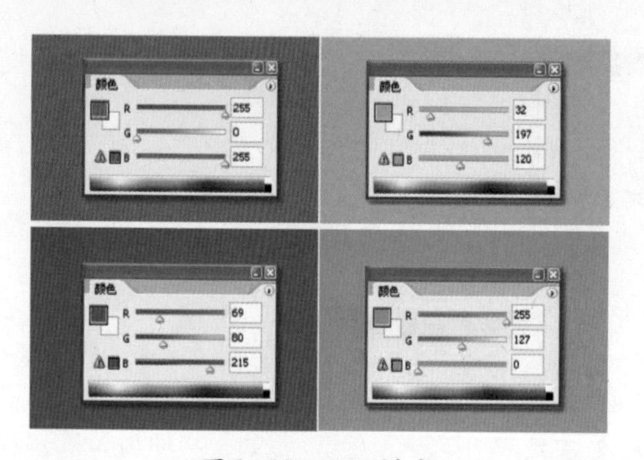

图3–36　RGB模式

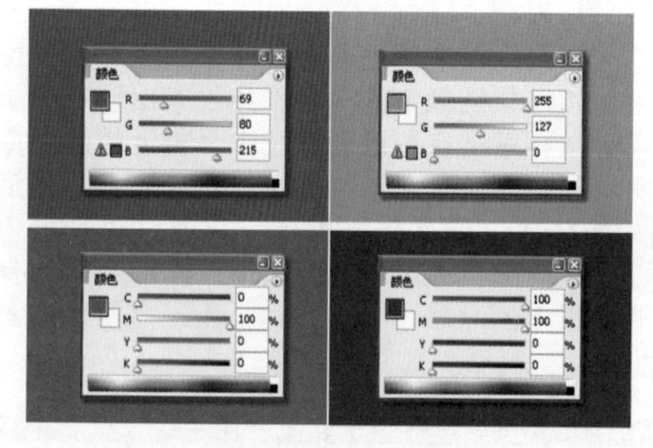

图3–37　CMYK模式

7. Lab模式

Lab模式所定义的色彩最多，且与光线及设备无关.它的处理速度与RGB模式相同，比CMYK模式快很多。因此，可以放心大胆地在图像编辑中使用Lab模式。它由亮度（Lightness）和a、b两个颜色轴组成，是24（8×3）位/像素的三通道图像模式，如图3–38所示。

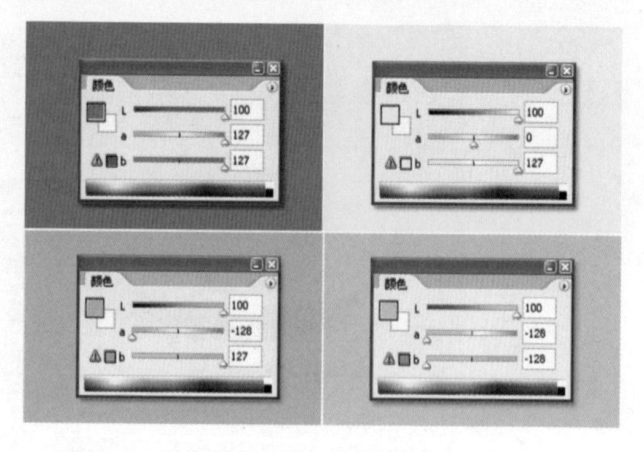

图3–38　Lab模式

8. 多通道模式

多通道图像为8位/像素，用于特殊打印用途，如转换双色调用于以Scitex CT格式打印，如图3–39所示。

图3–39　多通道模式

3.6 Adobe拾色器

拾色器是工作中最常用的颜色选择工具，Photoshop默认拾色器为Adobe拾色器，对于习惯Windows操作的用户，可以选择Windows拾色器。执行【编辑】|【首选项】|【常规】命令，打开【常规】对话框，在【拾色器】下拉列表框中选择【Windows拾色器】即可。

Photoshop中的许多地方都要用到【拾色器】对话框。打开该对话框最简单的方法是单击【前景色】按钮或【背景色】按钮，如图3–40所示。

图3–40　前景色与背景色

使用Adobe拾色器可以通过从色谱中选取或者通过以数字形式定义颜色来选取颜色。Adobe拾色器可用于设置前景色、背景色和文本颜色，如图3-41所示。

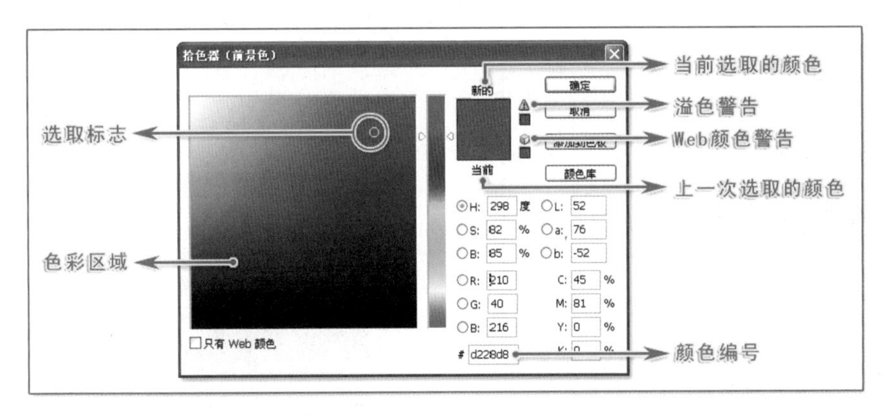

图3-41　【拾色器】对话框

1. 通过色域选择颜色

通常来说，选择颜色最简单的方法是在【拾色器】对话框中单击竖直渐变条，选择用户想要的基本颜色。然后在左边的大正方形区域中单击并拖动鼠标来选择颜色，如图3-42所示。

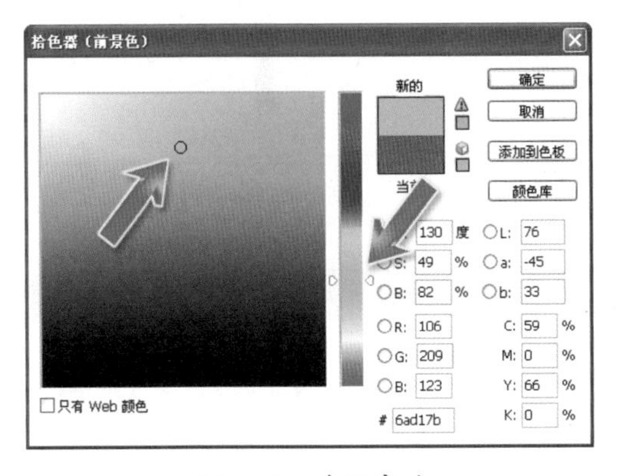

图3-42　选取颜色

要注意色域超出警告，这些警告由【拾色器】对话框左边上的小三角形发出。这个三角形警告用户：所选择的颜色不能在CMYK模式下复制，这意味着无法准确打印出这种颜色，它只能转换为稍有差别的其他颜色。幸运的是，Photoshop提供了颜色预览功能，它能说明哪些颜色必须转换后才能打印。在三角形图标的正下方有一个小的颜色色板，在这个小色板中可以预览转换到的颜色，单击该色板就可以选择可打印颜色。

2. 使用Web安全颜色

Web安全颜色是一组特殊颜色，用于在Web站点上显示大面积的纯色。使用Web安全颜色可以防止在低端计算机上浏览这些区域时出现抖动（也就是用两种纯色模式来模拟一种颜色。例如，向黄色区域中添加红模式点来创建橙色）。因此，当为Web页面上很大一个区域选择颜色时，要检查一下颜色立方体符号。Web安全颜色也被看成是包含在这个颜色立方体中的颜色，这就是为什么Adobe用立方体符号表示该功能的原因。单击这个立方体符号就会把所选择的颜色稍做转换，使它变为一种Web安全颜色，如图3-43所示。

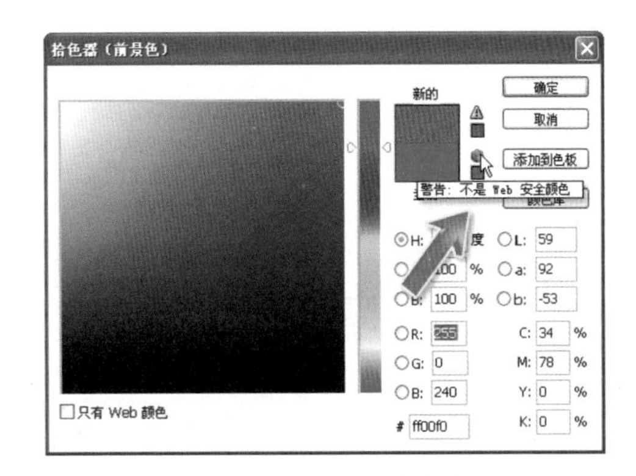

图3-43　Web安全颜色

在Photoshop中启用【拾色器】对话框左下角的【只有Web颜色】复选框，然后在拾色器中选取的任何颜色，都是Web安全颜色，如图3-44所示。

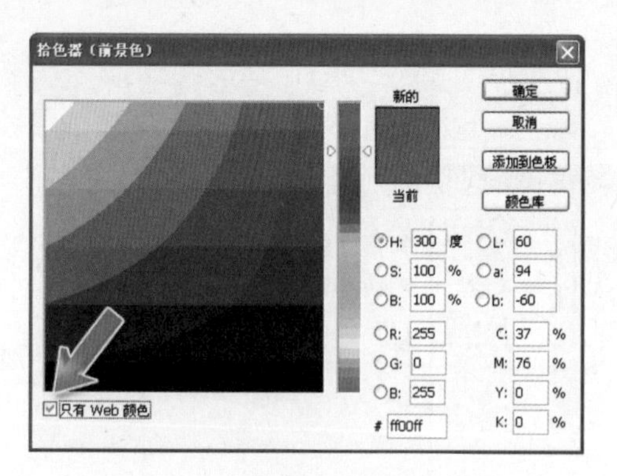

图3-44　只选取Web安全颜色

技巧

如果要从色板库（PANTONE、TruMatch等）中选取颜色，单击【颜色库】按钮，在打开的对话框顶部的下拉列表框中选择要用的色板库，然后滚动列表找到要使用的颜色，也可以输入数字来选择指定的颜色，如图3-45所示。

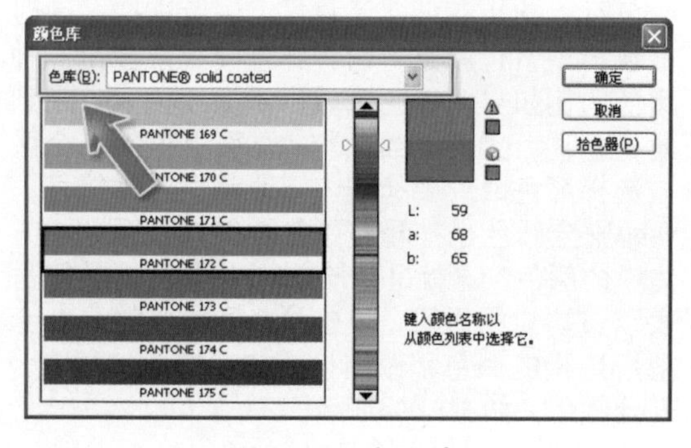

图3-45　颜色库

3. 选择色相、饱和度、亮度

在【拾色器】对话框中，H代表色相，S代表饱和度，B代表亮度。右边的数字描述用户选择的颜色（当两个人不在同一个地方时，用这些数字描述一种颜色非常方便），如图3-46所示。

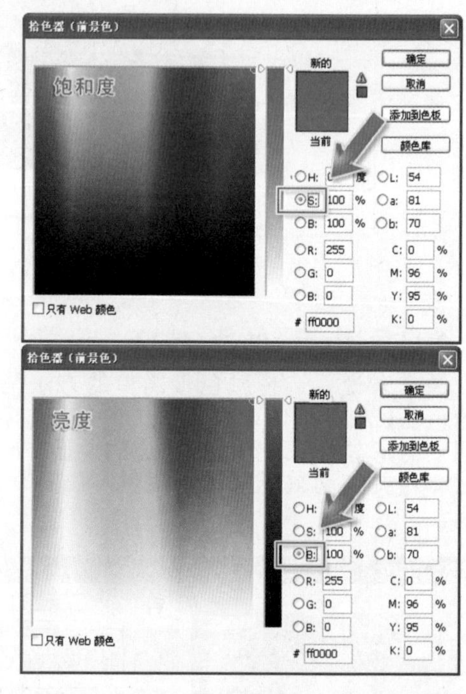

图3-46　色相、饱和度、亮度颜色

提示

在【拾色器】对话框中，不但可以用鼠标选取颜色，而且还可以在对话框右侧的文本框中输入数字，进行颜色选取，比如R：255、G：0、B：0是红色。

3.7 颜色调板

使用【颜色】调板选择颜色与在【拾色器】对话框中选择颜色一样，并且也可以选择不同的颜色模式进行选色。在默认情况下，【颜色】调板所提供的是RGB颜色模式滑杆，按F6快捷键可打开该调板，如图3-47所示。

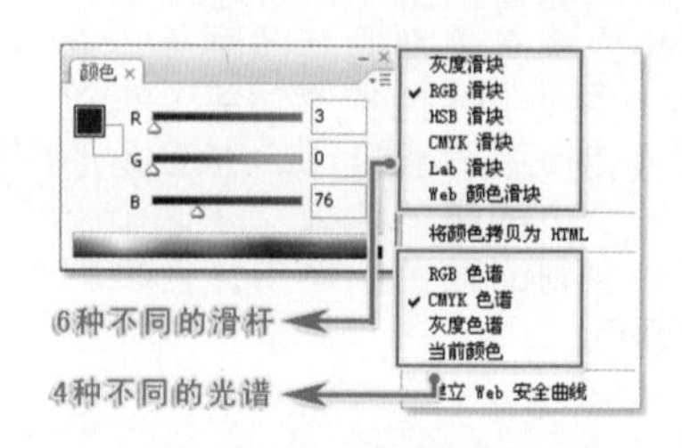

图3-47　颜色调板

在【颜色】调板的下拉列表中，用户可以选择6种不同的滑块，以进行颜色选取，如图3–48所示。

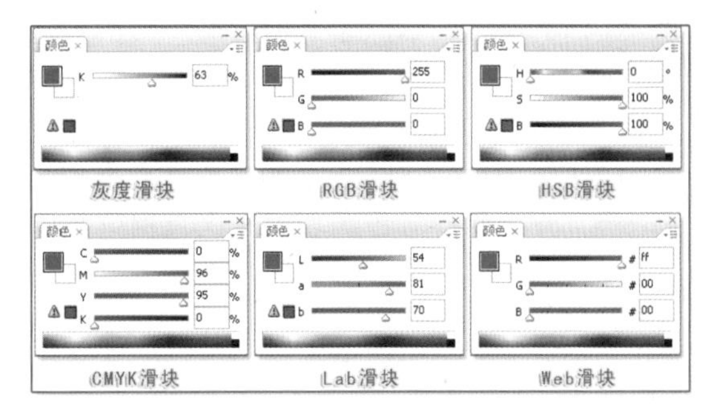

图3–48　使用滑块选取颜色

3.8 色板调板

Photoshop提供了一个【色板】调板，用于快速选择前景色和背景色。该调板中的颜色都是预设好的，可以直接选取颜色使用。执行【窗口】｜【色板】命令显示该调板，如图3–49所示，然后移动鼠标指针至调板的色板方格中，当指针变成吸管形状时，单击即可选定当前指定颜色。

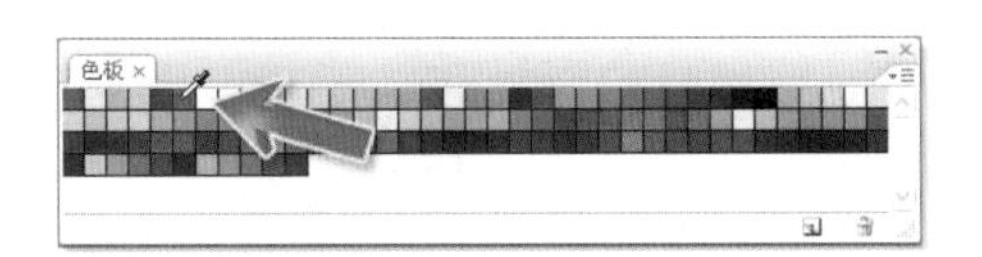

图3–49　色板调板

1. 添加色样

在【色板】调板中，可以添加一些常用的颜色。如果要在【色板】调板中添加颜色，可直接将鼠标指针移至【色板】调板的空白处，当指针变为油漆桶形状时，单击即可将当前选取的前景色添加到色板中。在弹出的对话框中可以设置颜色的名称，如图3–50所示。

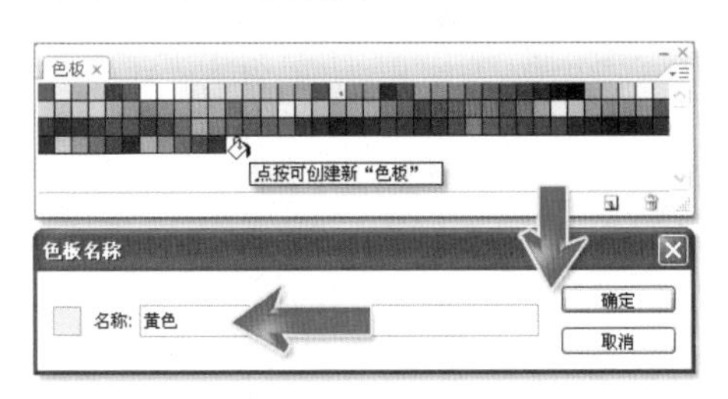

图3–50　添加色样

Photoshop提供了许多种预设的色板集，可以方便用户选取颜色。在预设的【色板】调板中单击任意一个选项，就可以追加该色板集中的所有色板。在扩展的【色板】调板中，用户可以选择所需要的颜色，如图3–51所示。

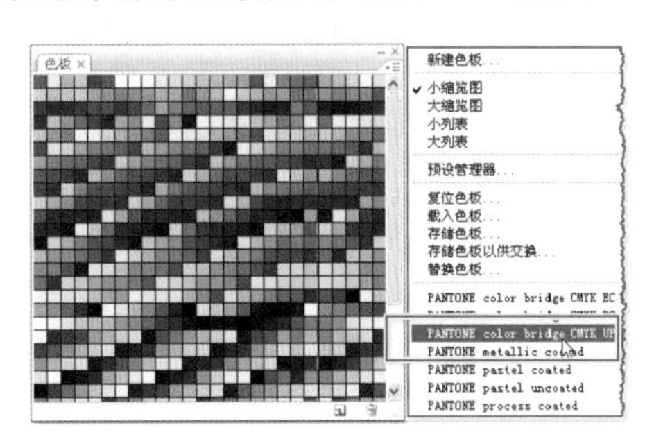

图3–51　颜色色板

2. 删除色样

在【色板】调板中将鼠标放在需要删除的色样上面，单击鼠标，当鼠标指针变为小手形状时，就可以激活【删除色板】按钮，将小手移至到【删除色板】按钮上单击即可删除色板中所选择的颜色，如图3–52所示。

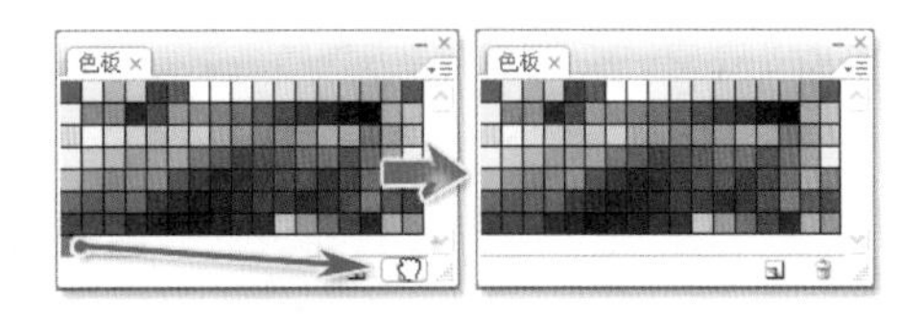

图3–52　删除色样

技巧

将鼠标指针放置在色板上面，按住Alt键当鼠标显示为剪刀图标时，单击鼠标，即可删除所选择的色样。

3.9 吸管工具

【吸管工具】可以在图像区域中进行颜色采样，并用采样颜色重新定义前景色或背景色。当需要在一幅图像上选取颜色时，可以按键盘上的I键，选择【吸管工具】将鼠标指针移动到图像上并单击所需选择的颜色，便完成了前景色的取色操作，如图3-53所示。

图3-53 使用【吸管工具】选取颜色

技巧

选择【吸管工具】后，按住Alt键在图像上单击，可以选择背景色。按Shift键可以切换到【颜色取样器工具】，方便查看颜色信息。

1. 取样大小

在使用【吸管工具】时，可以在工具选项栏中设定其参数，以便更准确地选取颜色，如图3-54所示。

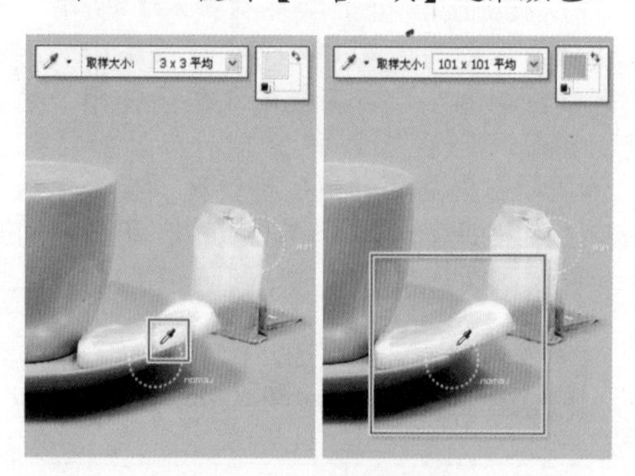

图3-54 设置取样大小

在工具选项栏中有6种模式可供选择。

- **取样点** Photoshop中的默认设置，选中它即表示选取颜色精确到一个像素，单击的位置为当前选取的颜色。
- **3×3平均** 选中此项表示用3×3个像素的平均值来选取颜色。以此类推，5×5平均、11×11平均、31×31平均、51×51平均、101×101平均，参数越大所吸取颜色的范围越大。

2. 颜色取样工具

Photoshop除提供【吸管工具】之外，还提供了一个很方便查看颜色信息的工具，即【颜色取样器工具】，该工具可以帮助用户定位查看图像中任一位置的颜色信息，操作方法是，执行【窗口】|【信息】命令，将鼠标指针移动到图像上单击，即可获取该区域的颜色参数，如图3-55所示。

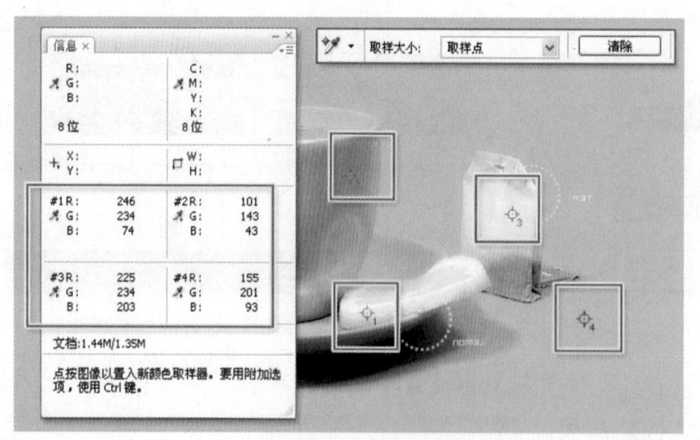

图3-55 定点取样

技巧

若要删除取样点，可以按住Alt键单击取样点，或者将取样点拖动至图像窗口之外的区域，还可以通过在工具选项栏中（需要选中【颜色取样器工具】）单击【清除】按钮的方法来删除取样点。

选区

在Photoshop中处理图像时，区域的选取是一项最基本、最需要熟练掌握的技能。使用适当的工具对图像进行精确的选取，能够提高工作效率和图像质量，对此后的图像处理的质量和效果有重要影响。如何在最短时间内进行有效地、精确地建立选区是本章要学习的重点，可为以后的图像处理工作奠定基础。

Photoshop CS4

4.1 选区概述

无论使用什么样的工具软件进行图形图像创作，都要选择指定的对象或区域，Photoshop也不例外。不同在于Photoshop的选择工具大多数是由蚂蚁线所圈定的区域来完成的，也就是选区。

为了满足各种选择任务的需要，Photoshop提供了3种类型的选区工具：选框工具、套索工具、魔棒工具。可以将它们归为两大类，即根据形状创建的选区和根据颜色创建的选区。这些作为常用工具多数都存在于工具箱中。通常只有被选择的工具为显示状态，其他的为隐藏状态，用户可以通过用鼠标右击来显示出所有的按钮，如图4-1所示。

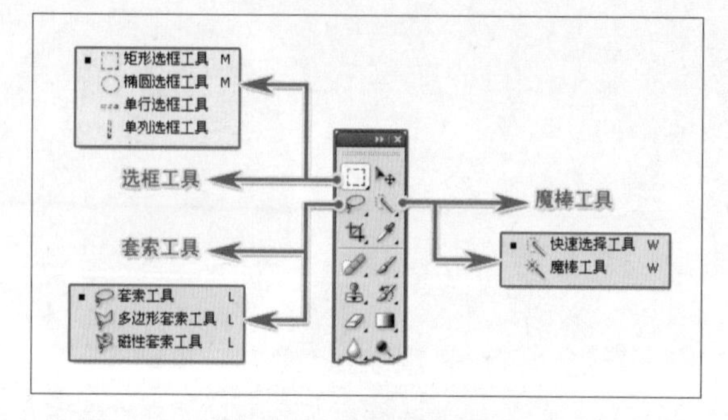

图4-1　工具按钮选项

每个选区工具都有自己的选项，在使用选区工具之前通常先在【选项】面板中进行必要的设置。图4-2是将所有的选区工具的选项集中在一起，这样可以通过它们之间的比较更直观地掌握其使用方法。

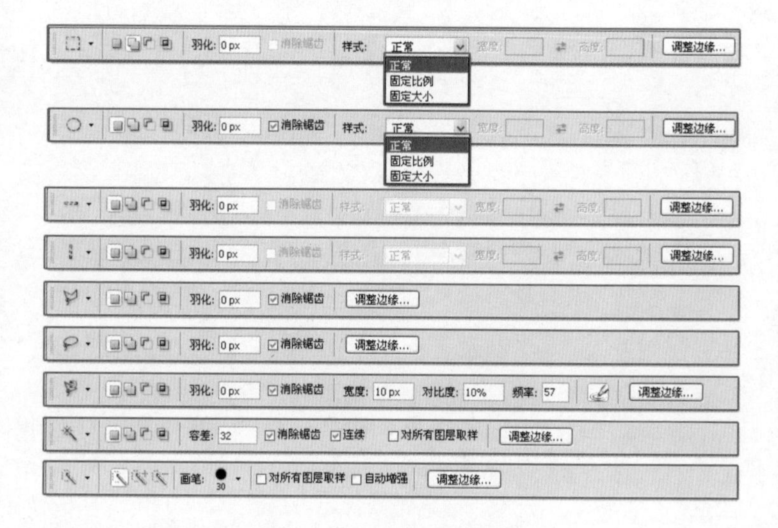

图4-2　选区工具选项栏

4.2 根据形状创建选区

图像是由形状和颜色组成的，按照这些图形轮廓或外形选择选区的方式称为根据形状创建选区。在根据形状建立选区时又按照选区的形状不同可分为两类：规则选区和不规则选区。

1. 规则选区

所谓规则选区是指选取工具所选择的区域类似规则的几何图形，例如矩形、正方形、椭圆、圆等。规则选区的工具主要是【矩形选框工具】、【椭圆选框工具】、【单行选区工具】、【单列选区工具】，如图4-3所示。

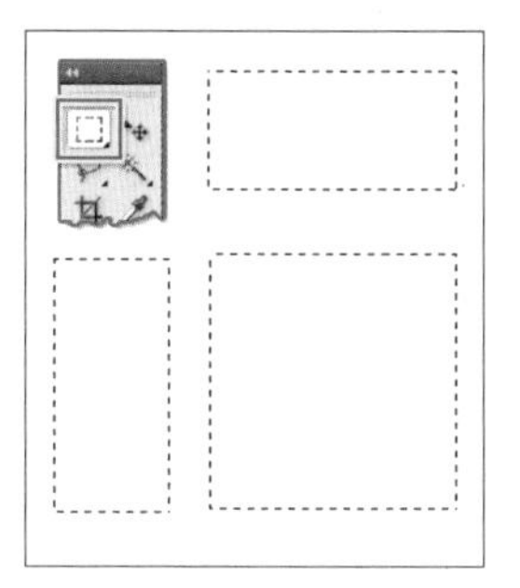

【矩形选框工具】

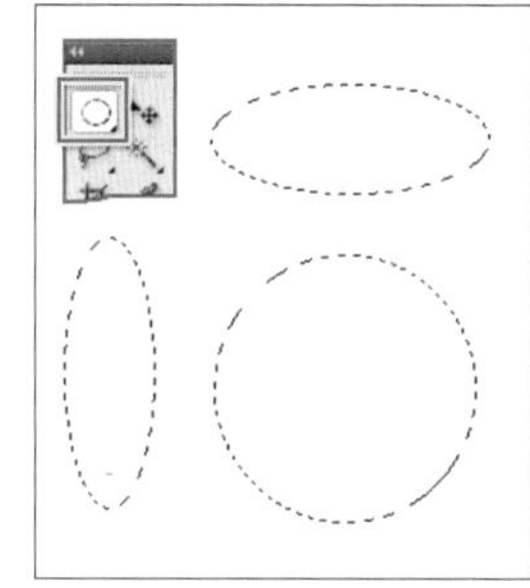

【椭圆选框工具】

【单行选区工具】

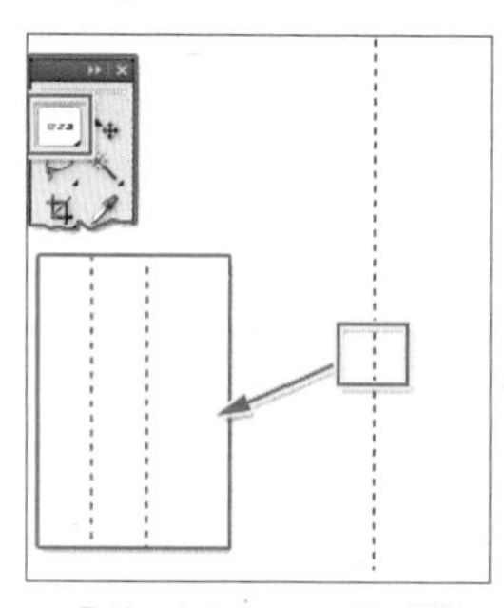

【单列选区工具】

图4-3 规则选区工具

【单行选框工具】和【单列选框工具】属于矩形选区中最特殊的规则选区，它们是以1个像素为单位创建选区的，可以绘制1行像素或1列像素。主要应用于网页边缘和光线的表现。按住Shift键单击，可以创建多条1像素的选区，如图4-4所示。

图4-4 绘制

技巧

使用选区工具绘制圆形和矩形选区时，按住Shift键可以绘制正方形选区（或者正圆形选区）。按Shift＋Alt快捷键可以绘制以起点为中心的正方形（或者正圆形选区）。

在工具选项栏中的【样式】选项中，用户可以选择【固定比例】和【固定大小】两个选项。【固定比例】选项是按一定比例扩大或缩小创建选区；【固定大小】选项启用时，可以为选框的高度和宽度指定固定的值，如图4-5所示。

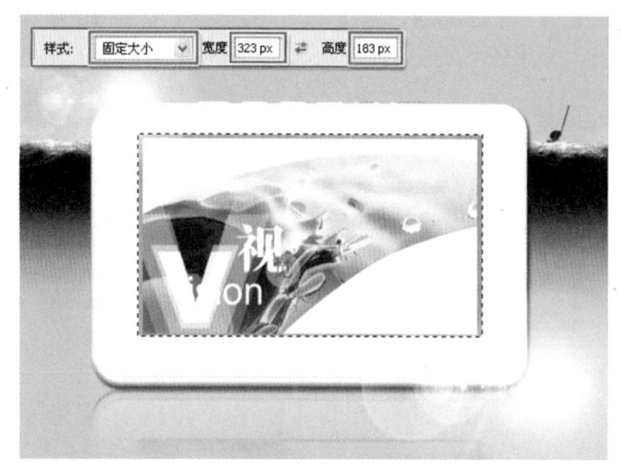

图4-5 设置【固定比例】和【固定大小】

2. 不规则选区

在某些情况下，要选取的范围并不是规则的区域，这时就需要使用创建不规则选区的工具。此类工具在建立选区时具有灵活性，选区的精确度和质量也比较高，有【套索工具】、【多边形套索工具】、【磁性套索工具】，如图4-6所示。

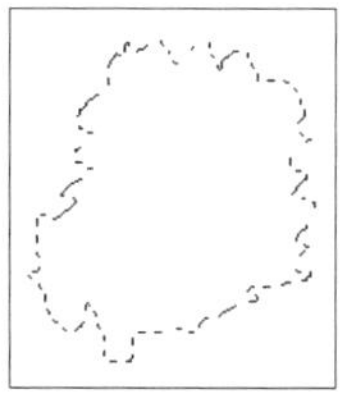

【套索工具】

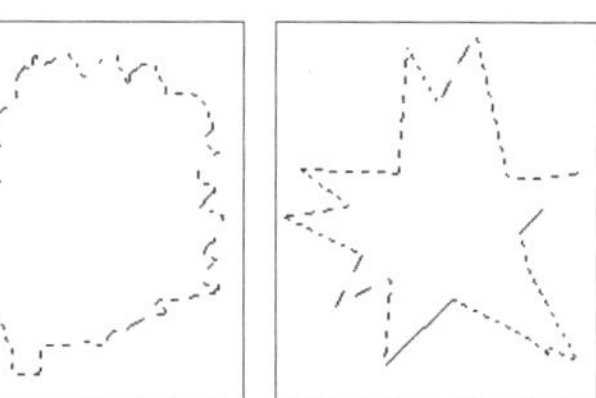

【多边形套索工具】

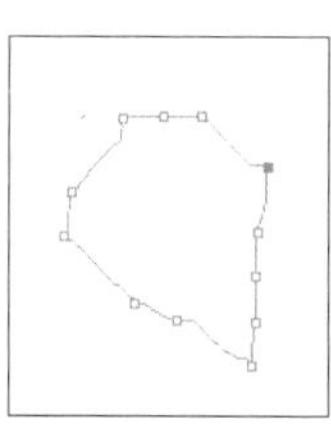

【磁性套索工具】

图4-6 不规则选区工具

技巧

在使用【多边形套索工具】创建多边形选区时，按住Shift键同时拖动鼠标可以创建水平、垂直或45°方向的选择线。

4.3 根据颜色创建选区

根据颜色创建选区时，选区的范围与颜色和容差有密切的关系，选择的颜色越多或容差的数值越大，所建立的选区越大。

1．使用魔棒工具

【魔棒工具】是根据颜色和容差来创建选区。以热点的像素颜色值为标准，寻找容差范围内的其他颜色像素，然后把它们变为选区。在工具选项栏中，用户可以设置【容差】、【连续】、【对所有图层取样】等选项，如图4-7所示。

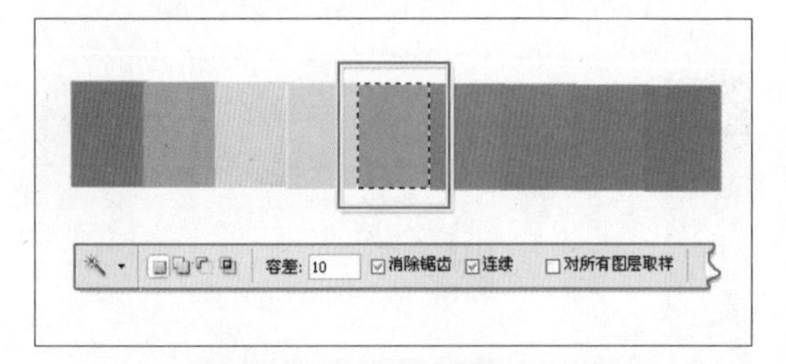

图4-7　使用【魔棒工具】

【容差】范围就是色彩的包容度，容差越大，色彩包容度越大，选中的部分也会越多，容差越小选中部分也就越小，如图4-8所示。

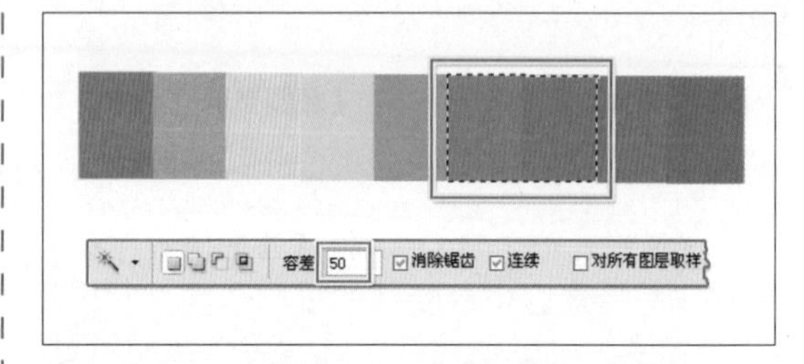

图4-8　调整容差后使用【魔棒工具】

在工具选项栏中，启用【连续】复选框，可以选择颜色相连接的单个区域。禁用该复选框，将会选择整个图像中使用相同颜色的所有区域，如图4-9所示。

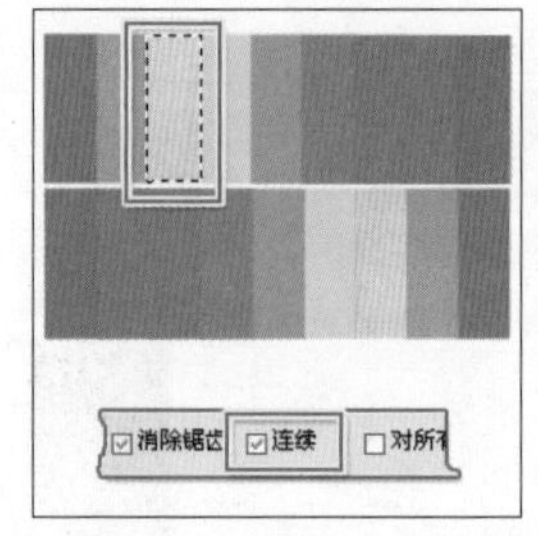
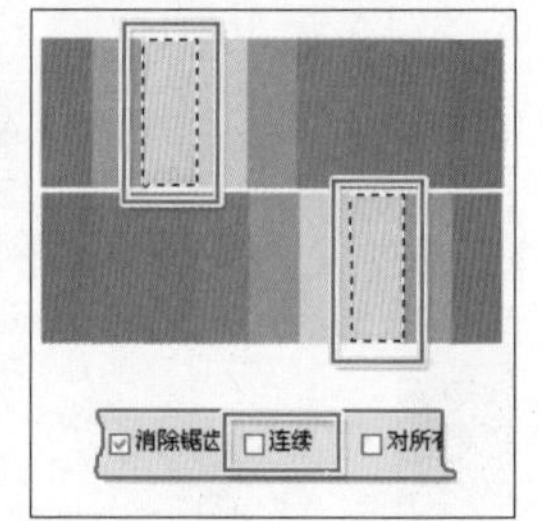

启用【连续】复选框　　禁用【连续】复选框

图4-9　启用和禁用复选框

【对所有图层取样】使用所有可见图层中的数据选择颜色。否则，【魔棒工具】将只从现用图层中选择颜色。

2．使用快速选择工具

【快速选择工具】的工作原理是利用可调整的圆形画笔笔尖快速绘制选区。它可以像画笔一样调整直径、硬度等设置。它的选取方式与【魔棒工具】相似。拖动鼠标时，笔尖覆盖的选区会根据一定的色彩范围向外扩展并自动查找边缘，建立成选区，如图4-10所示。

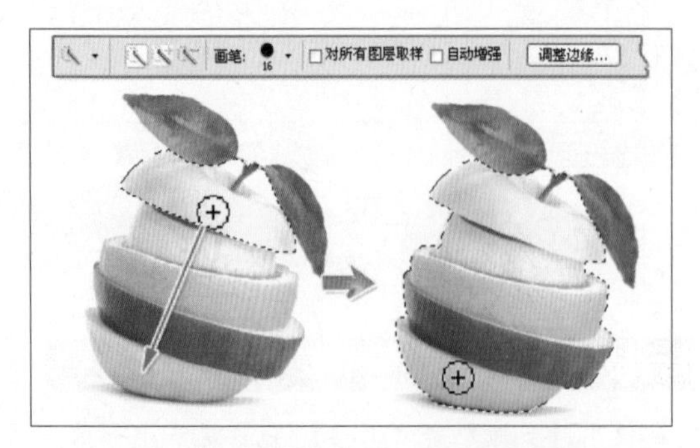

图4-10　使用【快速选择工具】

技巧

使用【快速选择工具】创建选区后，按住Alt键可以切换到【从选区减去】，同时单击选区，即从原有的基础上减少选区。

3. 色彩范围建立选区

利用【选择】菜单中的【色彩范围】命令建立选区的方法与【魔棒工具】类似，都是根据颜色范围来创建选区的。它可以使用默认颜色范围也可以自定义颜色范围，如图4—11所示。

提示

当【色彩范围】对话框打开后，图像窗口中的光标会变成吸管图标。

图4—11　【色彩范围】对话框

默认【选择】共有10种，前6种比较容易理解，因此不多做介绍。【高光】、【中间调】、【阴影】选项是根据颜色的色调划分的，选择不同选项后的效果如图4—12所示。

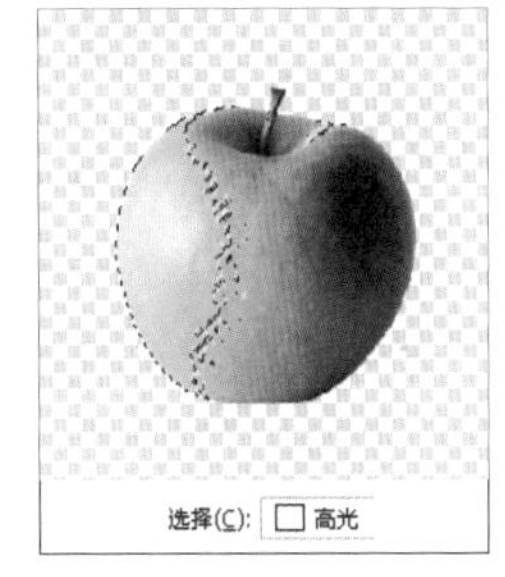

高光　　中间调　　阴影

图4—12　选择【高光】、【中间调】、【阴影】选项建立的选区

当计算机中显示的颜色超出了CMYK模式的色域范围时，就会出现溢色，也就是计算机可以显示，但打印机无法打印出来的颜色称之为溢色。选择【溢色】选项确定建立选区后，所有图像中的溢色都被建立成新的选区，如图4—13所示。

提示

当【色彩范围】对话框打开后，图像窗口中的光标会变成吸管图标。

图4—13　选择【溢色】选项建立选区

【选区预览】中有"灰度"、"黑色杂边"、"白色杂边"、"快速蒙版"4个预览模式，它有助于看清楚选择的范围，如图4—14所示。

"灰度"预览

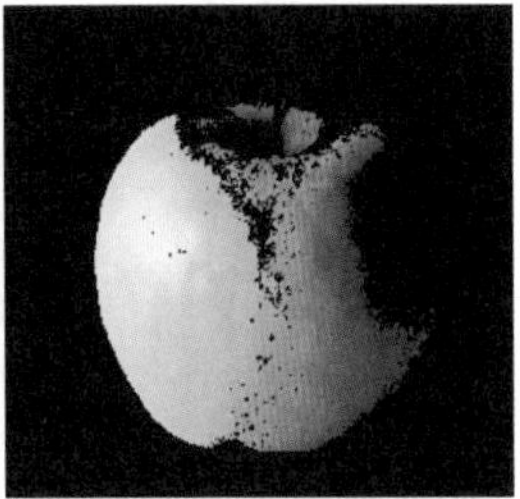

"黑色杂边"预览

"白色杂边"预览

"快速蒙版"预览

图4—14　预览模式效果图

4.4 选区操作技巧

本节将介绍一些选区的操作技巧。通过讲解使选区的应用更加灵活，例如，如何移动选区的位置、如何选择所有图像、如何在选区外建立新的选区和选区怎样缩放变换等。

1. 移动选区

根据绘图的需要对选区进行移动调整，除【快速选择工具】以外其他选区工具均可以移动选区，在使用选区工具移动选区时，选区内的图像不会随之移动。操作方法是：将鼠标移动到选区内按住鼠标左键可以随意移动选区。也可以使用键盘上的↑、↓、←、→方向键，精确调整选区方向，每按一次移动1个像素。按住Shift键，然后按方向键，每次移动10个像素，如图4-15所示。

另外一种移动方式是使用【移动工具】移动选区，与使用选区工具移动方法不同的是，使用【移动工具】移动选区时选区内的图像也会随之移动，如图4-16所示。

图4-15 移动选区

图4-16 使用【移动工具】移动选区

2. 全选与反选

全选

在处理图像过程中，有时需要选取全部图像。此时先将图像缩小，然后使用【矩形选框工具】从图像外的非编辑区左上方拖动鼠标到右下方，如图4-17所示。按Ctrl+A快捷键也可以实现选择全部图像。

图4-17 选择全部图像

反选

反选即选择当前选区以外的图像。建立选区，执行【选择】|【反向】命令后，会在原先未被选中的区域建立新的选区，此后的所有操作都只能在新的区域进行，如图4-18所示。

图4-18 反选选区的效果

3. 变换选区

在处理图像过程中，单纯使用选取工具很难一次创建出精确的选区。此时，就可以通过变换选区，达到选择图形的目的。操作方法是：在建立选区后，执行【选择】|【变换】命令后会出现

自由变形调整框和控制点，调整方法和变换图层方法相同，如图4-19所示。并且在工具栏中会出现对象的选项，其作用见表4-1。

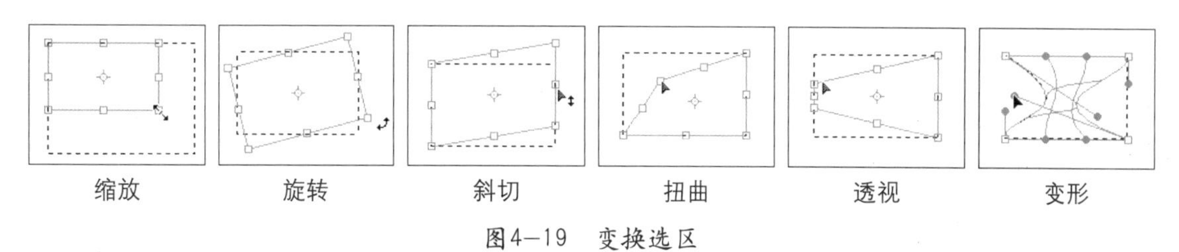

图4-19　变换选区

表4-1　【变换选区】选项栏功能表

选项图标	名称	功能
	参考点位置	此选项图标中的9个点对应调整框中的8个节点和中线点，单击选中相应的点，可以确定为变换选区的参考点
X: 262.5 px Δ Y: 169.5 px	位移选项	输入数值，精确调整水平方向和垂直方向位移的距离
W: 100.0% H: 100.0%	缩放选项	输入数值，控制选区高度和宽度的缩放比例
⊿ 0.0 度	旋转选项	输入数值，控制选区旋转的角度
H: 0.0 度 V: 0.0 度	斜切选项	输入数值，控制水平方向的斜切角度或垂直方向的斜切角度

选区变形，单击工具选项栏中的【在自由变换和变形模式之间切换】按钮。然后在其右侧【变形】下拉列表框中选择各项定义好的形状，可以对选区进行各种形态的变形，如图4-20所示。

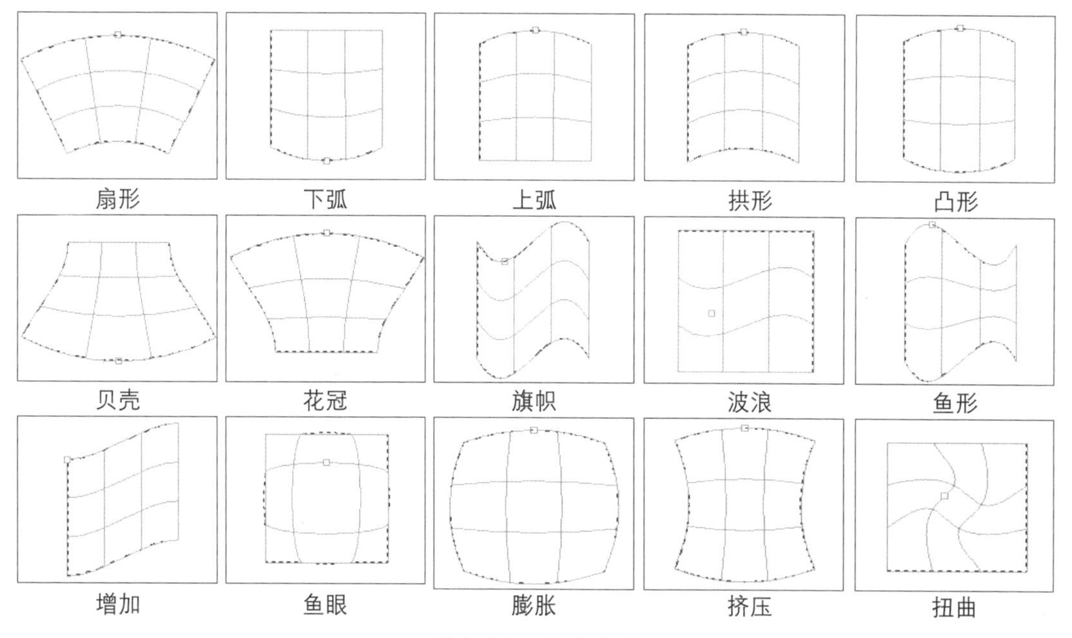

图4-20　选区变形

4.5 选区运算

选区的运算就像是平常的逻辑运算，通过选区的相加、相减和相交来完成对选区的进一步调整，运算后的效果如图4－21所示。各个运算模式按钮的功能见表4－2。

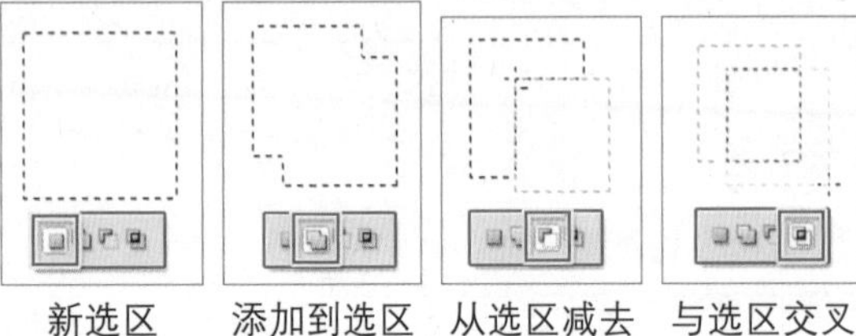

新选区　添加到选区　从选区减去　与选区交叉

图4－21　选区运算效果

表4－2　选区运算按钮功能表

图标	功能
◻	使用选区工具创建新选区时，原有选区会消失，只保留新选区
◻	新建立的选区与原有选区合并为一个选区
◻	从原有的选区中删除新建的选区
◻	后建立的选区与原有选区相交的部分作为保留选区

技巧

在使用选区工具建立选区前，按住Shift键不放就会临时切换到【添加到选区】选项，如果按住Alt键不放就会临时切换到【从选区减去】选项。

4.6 修改选区

多数情况下无法一次性得到满意的选区，对于这样的选区，用户可以首先创建一个基本选区，在原有选区的基础上进行一定程度的调整，更改选区的外观，以达到最终所需要的选区。在图像中建立选区后，可以利用【选择】|【修改】菜单下的【边界】、【平滑】、【扩展】等修改命令，这些命令对选区进行修改和调整具有特殊的效果，可以使选区更加精确和特殊。

1．【边界】命令

【边界】命令可以以当前选区为中心选取更宽的像素边界。在建立选区后执行【选择】|【修改】|【边界】命令，以原选区的边缘为基础向外扩展，会出现两条闪烁的虚线（蚂蚁线），两条蚂蚁线之间为新选区。利用【边界】命令给图形添加一个边缘，在弹出的对话框中设置选区宽度为10像素，然后填充红色，如图4－22所示。

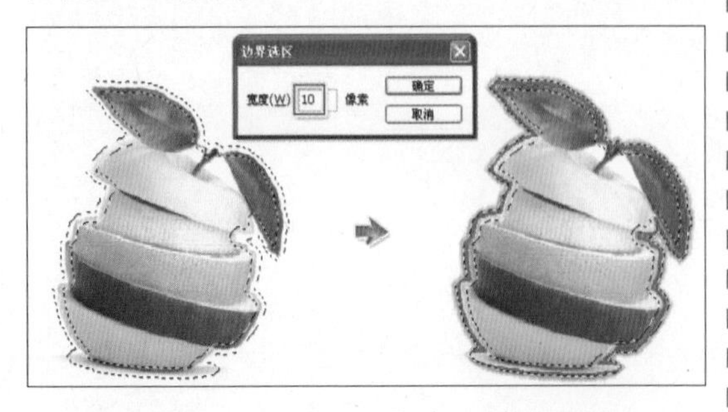

图4－22　利用【边界】命令给图像描边

提示

执行【边界】命令后，在弹出的对话框中设置选区宽度为1～200的像素值。

2．【平滑】命令

当遇到选区带有尖角，想使尖角变得平滑时，可以使用【平滑】命令，至于尖角平滑程度与【平滑选区】对话框中的【取样半径】值有关，像素值越大，选区的轮廓线就越平滑，如图4－23所示。

3．【扩展】命令

【扩展】命令可以放大当前选区，并能够保持选区原有形状。该命令比较适用于光滑的自由形状选区。在【扩展量】文本框中输入需要扩展的像素值，输入的数值越大，选区被扩展得越大，如图4－24所示。

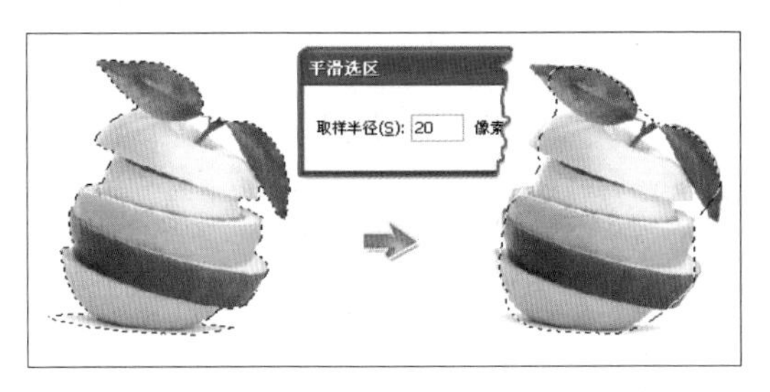

图4-23 平滑选区

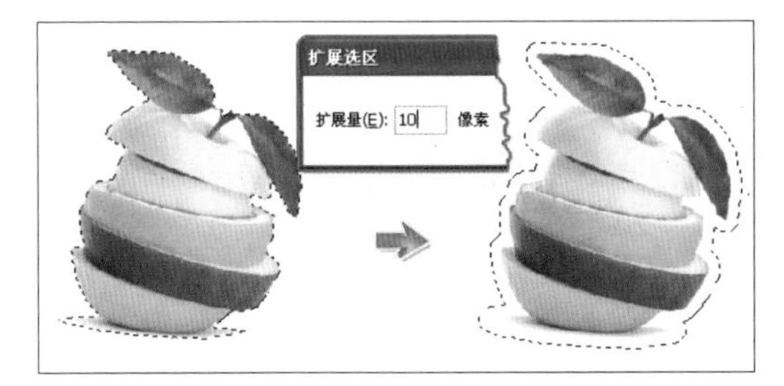

图4-24 扩展选区

4. 【收缩】命令

与【扩展】命令作用相反，【收缩】命令可以在选区原有形状的基础上将选区缩小一定的像素值。在【收缩量】文本框中输入适当的参数，输入的数值越大，选区被收缩得越小，如图4-25所示。

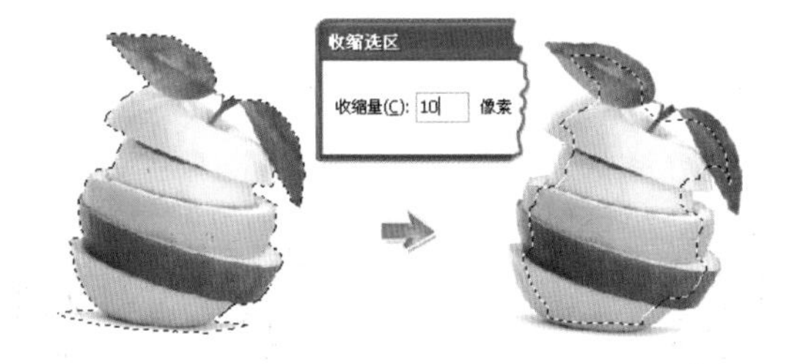

图4-25 收缩选区

5. 【羽化】命令

【羽化】命令可以将生硬边缘的选区处理得更加柔和，也可以使选区边缘具有很好的过渡效果，执行【选择】|【修改】|【羽化】命令，根据【羽化半径】值的大小不同，选区的轮廓线也会发生不同的变化。图4-26所示为【羽化半径】值为10像素时，移动选区的效果。

技巧

如果想创建带有羽化效果的选区，需要在选择选区工具后，建立选区前，在选项栏中设置【羽化】数值，这样在此后建立的选区都会有羽化效果。

图4-26 执行【羽化】命令后移动选区效果

6. 【扩大选取】命令

【扩大选取】命令是将图像中与原有选区颜色接近，并且相连的区域扩大为新的选区，扩大的程度是由【魔棒工具】选项栏中的【容差】值决定的。建立选区后，选择【魔棒工具】并在选项栏中设置【容差】值为40，然后执行【选择】|【扩大选区】命令，如图4-27所示。

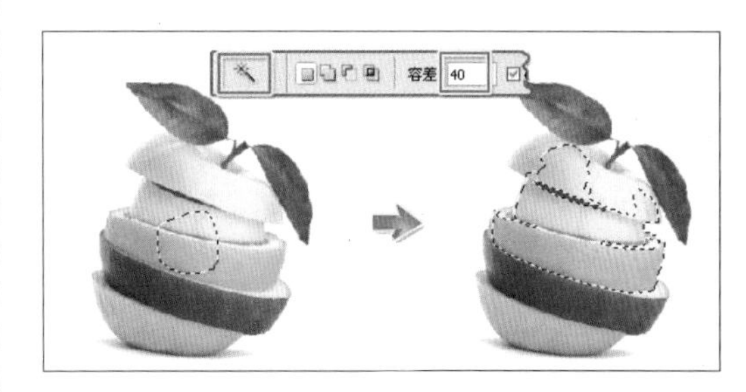

图4-27 使用【扩大选区】命令修改选区

7. 【选取相似】命令

【选取相似】命令是将图像中所有与原有选区颜色接近的区域扩大为新的选区。扩展的程度是由【魔棒工具】选项栏中的【容差】值决定的。图4-28所示为与原先选区不相连的但是颜色与原选区颜色相近的区域也变成了选区。

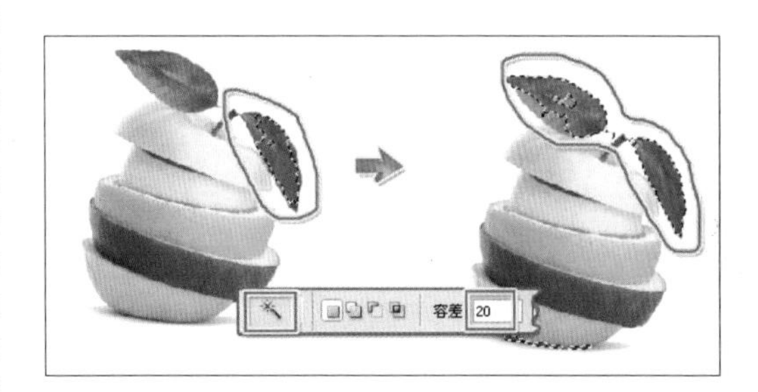

图4-28 选取相似选区

4.7 调整边缘

【调整边缘】命令可以提高选区边缘的品质，并允许用户对照不同的背景查看选区以便进行编辑。它的优点在于一次可以实现多个命令的操作（例如羽化、平滑、收缩、扩展等）。执行【选择】|【调整边缘】命令（快捷键Ctrl＋Alt＋R），打开【调整边缘】对话框，如图4–29所示。

【调整边缘】对话框中参数的调整与【选择】菜单中的【羽化】、【收缩】等命令基本相同，当鼠标移动到参数设置区域时，对话框中会出现相应的说明，如图4–30所示。

启用【预览】复选框，在【调整边缘】对话框下方有5种不同的选区预览方式。图4–31从左至右分别演示了各种预览方式的效果。

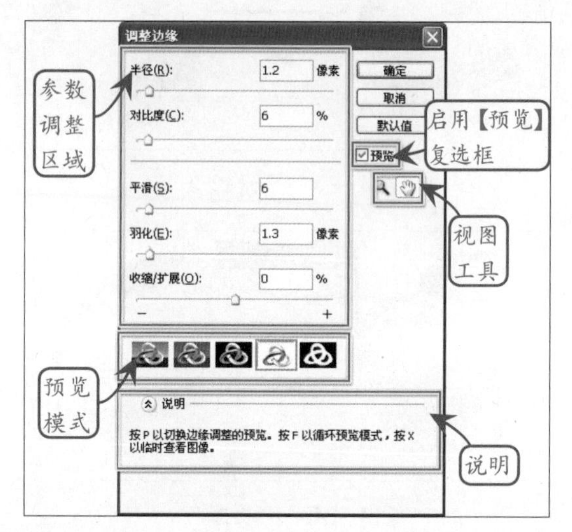

图4–29 【调整边缘】对话框

增加"半径"可以改善包含柔化过渡或细节的区域中的边缘。使用"对比度"可以去除不自然感。

半径

增加"对比度"以使柔化边缘变得犀利，并去除选区边缘模糊的不自然感。

对比度

"平滑"可以去除选区边缘的锯齿状边缘。使用"半径"可以恢复一些细节。

平滑

"羽化"可以使用平均模糊柔化选区边缘。要获得更精细的结果，请使用"半径"。

羽化

减小以收缩选区边缘；增大以扩展选区边缘。

收缩/扩展

图4–30 功能说明

普通

快速蒙版

黑背景

白背景

蒙版

图4–31 5种不同的预览模式

4.8 选区应用

创建选区除了用于对图像进行编辑以外，还可以修饰选区，包括利用选区给图像描边，使用选区工具提取图像等等。

1. 选区描边

【描边】命令可以为选区添加轮廓，与【画笔工具】的效果类似。利用选区描边可以绘制出更精确的描边效果。操作过程是：建立选区后执行【编辑】|【描边】命令，或右击选区，执行【描边】命令，在弹出的对话框中可以设置描边的【宽度】、【颜色】、【模式】和【不透明度】，如图4-32所示。

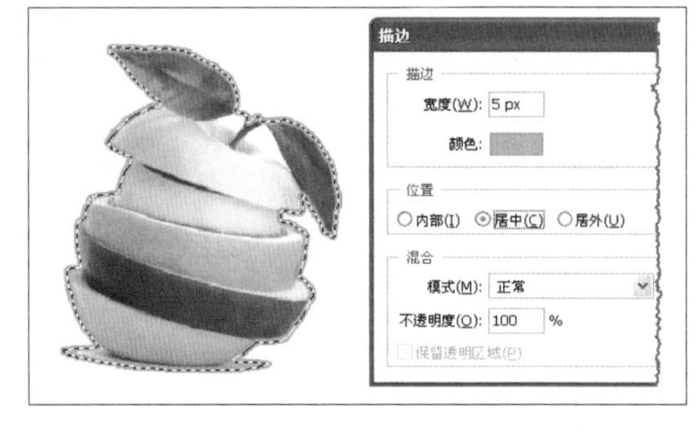

图4-32　5px描边

在对选区描边时，有3个描边位置的选项，分别为“内部”、“居中”和“居外”，如图4-33所示。

内部描边　　居中描边　　居外描边

图4-33　描边位置

在【描边】对话框中可以通过设置描边的【模式】和【不透明度】，使描边的效果更加适合图像处理的需要，如图4-34所示。

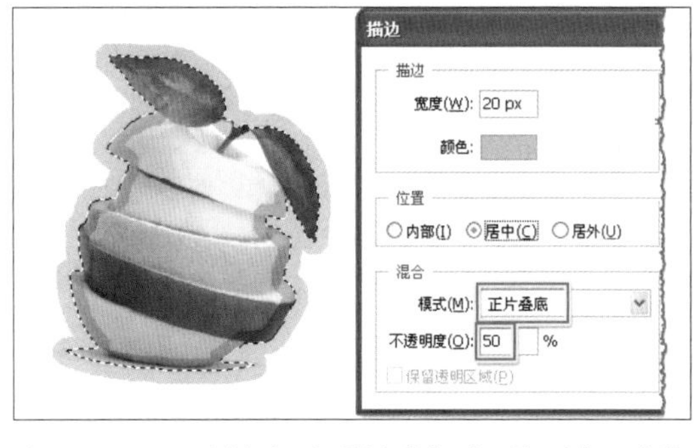

图4-34　设置描边的【模式】和【不透明度】

提示

【描边】中的【模式】与图层的【混合模式】相同，在此后的第8章中将为读者详细介绍。

【保留透明选区】复选框在普通图层中存在透明像素时才会有效果，启用和禁用状态下描边的效果会有所不同，如图4-35所示。通过对比可以看出启用【保留透明选区】复选框添加描边后，图像中原来透明的区域仍然保持透明像素，就像是被保护起来了一样。禁用此复选框后添加描边时，透明区域不再受到保护，而是添加了新的颜色像素。

禁用状态下的描边效果

启用状态下的描边效果

图4-35　效果对比图

2. 抠取图像

根据绘制图像的需要使用选区工具进行抠图。抠取图像中的某一局部前，首先要观察该局部与背景之间的差异，然后决定使用哪个工具可以更快捷地选取主题图像。在选取过程中，如果第一次建立的选区不是很精确，还可以继续使用其他选取工具调整选取。

删除法可以删除不需要的区域。在要抠出图像以外的部分建立选区，然后按Delete键将它们删除，只剩下需要的图像。例如，若背景颜色单一，可直接使用【魔棒工具】在背景上建立选区，然后删除，如图4-36所示。

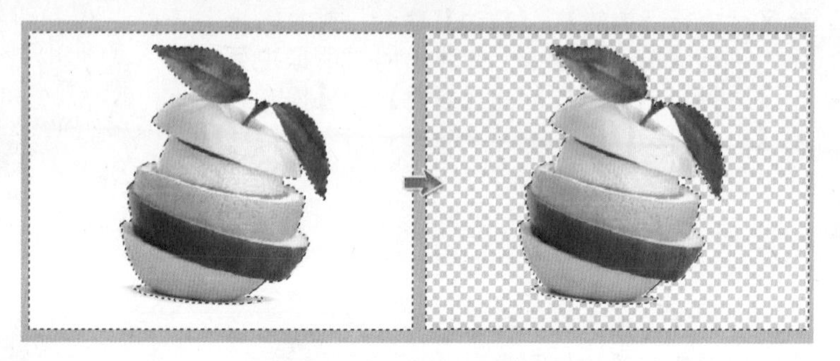

图4-36 删除法抠图

移动法即将选区移动到其他文件中，这种方法适合拼合图像时使用。使用方法是：使用【移动工具】直接拖动选区到其他文件中，如图4-37所示。

提示

创建选区后，可以按住Ctrl键快速切换成【移动工具】，松开Ctrl键则还原工具。

图4-37 移动法抠图

独立法即将抠取的选区单独建立一个图层，这种方法不会损坏原图层中的图像。使用方法是：建立选区后右击选区，执行【通过拷贝图层】命令，将选区内的图像移动到一个新建的图层中，如图4-38所示。

图4-38 独立法抠图

4.9 实例：汽车抠图

抠取图像的技法在处理图像工作时经常会遇到，在抠取图像之前首先要考虑所抠取的图像适合用哪一种抠图方式。选区工具抠图通常是学习抠图过程中最先了解的抠图方法。本实例抠取的图像是一辆汽车，车身的轮廓比较清晰、外形相对简单比较适合使用选区工具抠图。分别使用不同的选区工具抠取汽车，使抠取的图像更加精确、效率更高，如图4-39所示。

图4—39　抠取图像流程图

抠取过程中分别使用【椭圆选框工具】、【磁性套索工具】、【套索工具】、【多边形套索工具】和【魔棒工具】抠取图像，结合选区工具的特点进行图像抠取是本实例学习的重点。

操作步骤：

STEP|01　打开配套光盘中的“精灵smart.jpg”，选择【磁性套索工具】，并在工具选项栏中设置【对比度】为5%，【频率】为20，然后沿汽车的轮廓建立选区，如图4—40所示。

图4—40　选择【磁性套索工具】建立选区

提示

因为图像中的汽车轮廓相对比较清晰，所以使用【磁性套索工具】建立选区会比较快。

STEP|02　选择【椭圆选框工具】，并在工具选项栏中单击【添加到选区】按钮，添加选区，如图4—41所示。

图4—41　添加选区

提示

使用【添加到选区】或【从选区减去】按钮，可以对原选区进行修改，使选区更加精确。

STEP|03　选择【多边形套索工具】，并在工具选项栏中单击【从选区减去】按钮，删除对应的选区，如图4—42所示。

STEP|04　使用上述方法，修整其他区域，然后执行【选择】|【反向】命令，如图4—43所示。

图4-42　删除多余选区

图4-43　选择相反的区域

STEP|05　双击"背景"图层，将"背景"图层转换为普通图层，然后按Delete键，删除图层，如图4-44所示。

图4-44　删除图层

注意

删除背景选区时，一定要将其转换为普通图层，否则删除后不会成为透明区域。

STEP|06　使用【魔棒工具】建立选区，同时可以按住Shift键，快速切换到【添加到选区】模式，添加新的选区，然后删除选区，如图4-45所示。

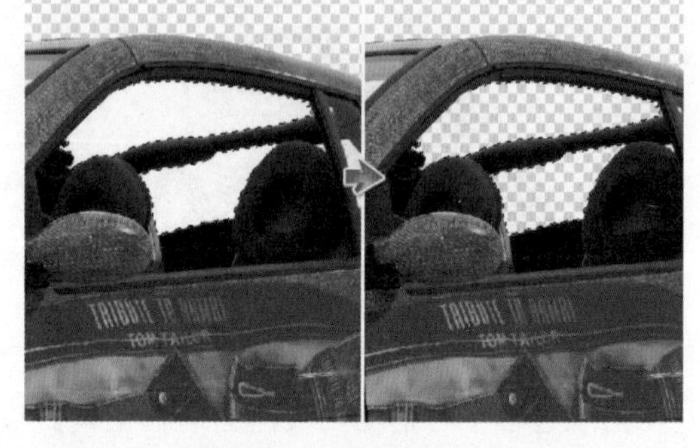

图4-45　删除多余选区

STEP|07　使用上述方法建立选区，然后选择【橡皮擦工具】，并在工具选项栏中设置【不透明度】和【流量】，最后擦掉选区，如图4-46所示。

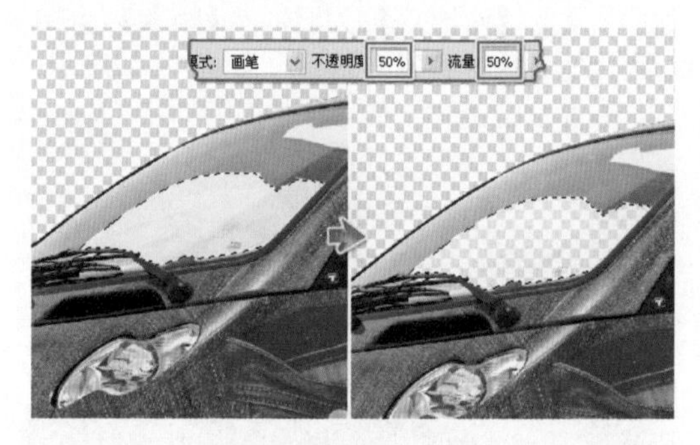

图4-46　抠取车窗

STEP|08　使用上述方法，将其他车窗和透明部分抠去，如图4-47所示。

图4-47　抠去其他透明部分

STEP|09 在汽车下面新建图层，并填充渐变，然后选择【多边形套索工具】，并在工具选项栏中设置【羽化】范围，最后建立选区填充颜色，如图4-48所示。

图4-48　绘制汽车投影

STEP|10 复制汽车选区，然后执行【编辑】|【变换】|【垂直翻转】命令，如图4-49所示。

图4-49　垂直翻转选区

STEP|11 移动选区，然后执行【编辑】|【变换】|【变形】命令，并调整节点，如图4-50所示。

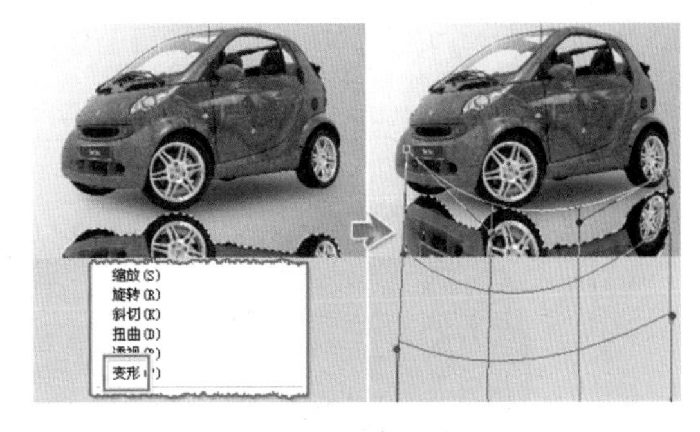

图4-50　选区变形

STEP|12 选择【橡皮擦工具】，并在工具选项栏中调整【不透明度】和【流量】为50%，然后擦去汽车倒影多余的部分，如图4-51所示。

图4-51　绘制倒影

4.10 实例：魔幻水晶球

本实例为制作魔幻水晶球。运用选区运算的特点，结合【椭圆选框工具】和【羽化】命令实现一种特殊的图形特效，效果如图4-52所示。

图4-52　效果图

操作步骤：

STEP|01 新建一个1916×1938的文档，分辨率为200像素。选择【椭圆选框工具】在新建文档上创建一个圆形选区并进行填充，如图4-53所示。

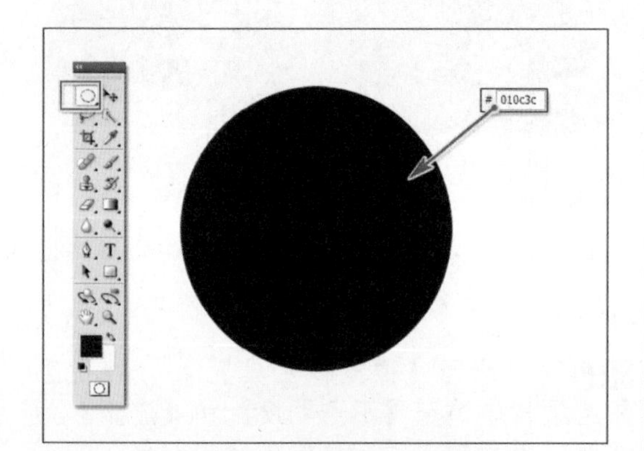

图4-53 填充圆形选区

技巧

在绘制圆形选区时，按住Shift键可以绘制正圆。

STEP|02 按住Ctrl键单击"图层1"缩览图，创建选区，并向左下角移动。执行【选择】|【修改】|【羽化】命令，在新建图层上填充颜色，如图4-54所示。

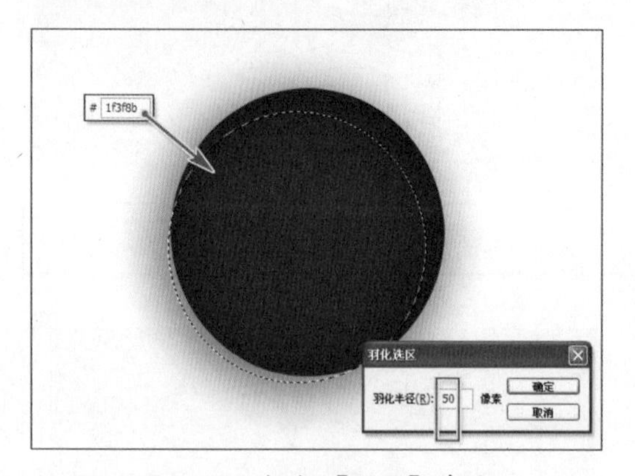

图4-54 执行【羽化】命令

STEP|03 使用相同的方法，继续将选区向左下角偏移。羽化选区，在新建图层上填充颜色，如图4-55所示。

STEP|04 载入"图层1"图层选区，执行【选择】|【方向】命令，分别将超出边缘区域的颜色删除，如图4-56所示。

图4-55 填充选区

图4-56 删除边缘颜色

STEP|05 使用上面同样的方法，创建圆形选区。羽化后在新建图层上填充白色，并调整图层【不透明度】参数，如图4-57所示。

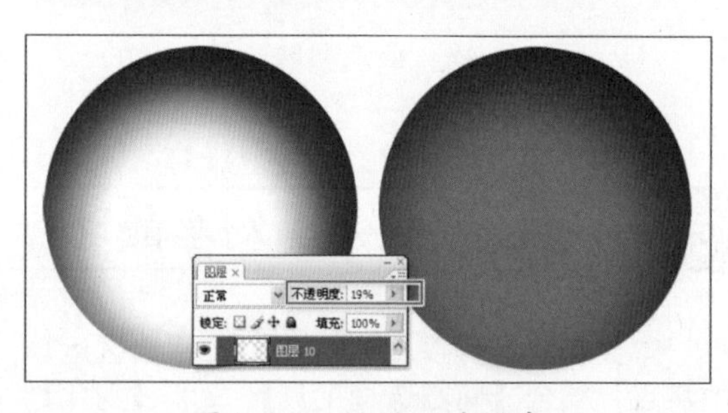

图4-57 设置不透明度

STEP|06 继续使用【椭圆选框工具】创建椭圆选区，羽化后填充颜色，效果如图4-58所示。

STEP|07 使用【椭圆选框工具】，在新建图层上绘制一个椭圆选区。按住Alt键切换到【从选区中减去】按钮，再次绘制一个椭圆选区，得到一个月牙形选区，如图4-59所示。

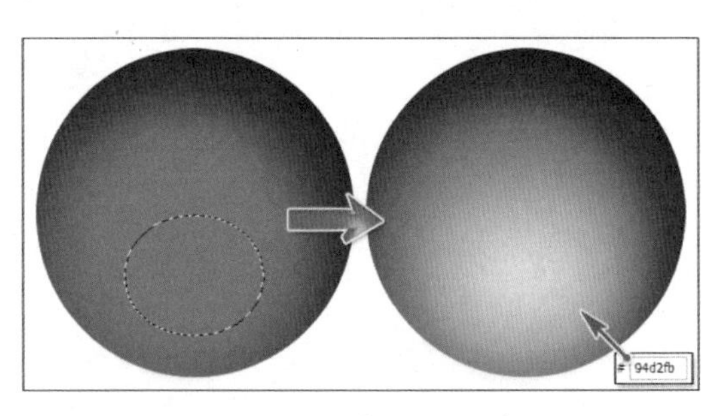

图4—58　创建选区并填充

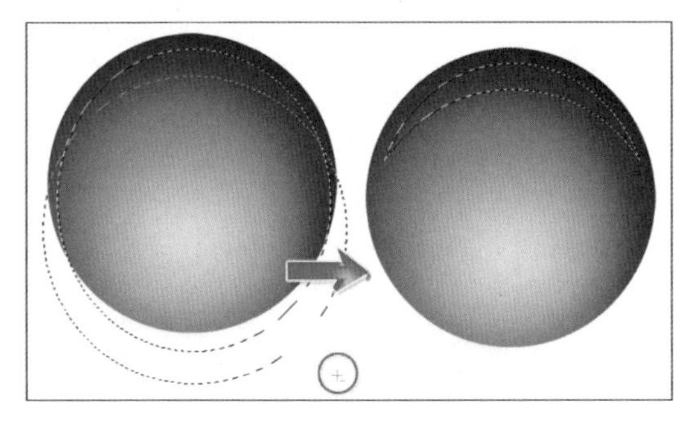

图4—59　运算选区

STEP|08　执行【羽化】命令，设置适当的半径参数，填充为白色，制作出球体上方的高光。如图4—60所示。

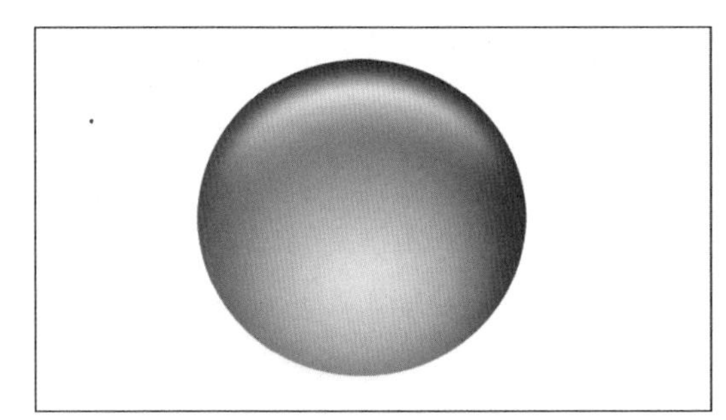

图4—60　填充选区

STEP|09　使用【椭圆选框工具】在新建图层上绘制一个椭圆选区。执行【选择】|【变换选区】命令，拖动选框节点，效果如图4—61所示。

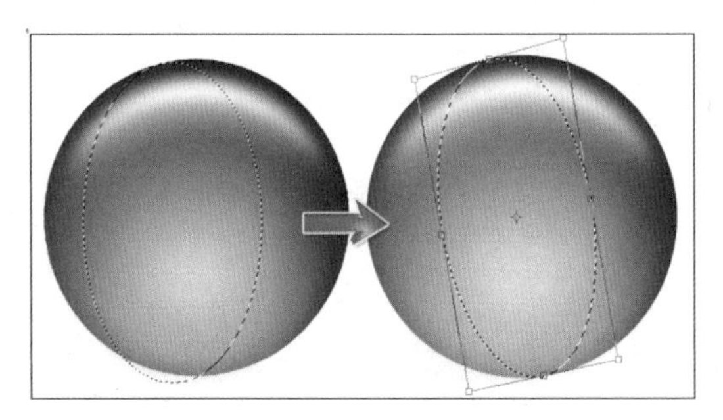

图4—61　变换选区

STEP|10　执行【羽化】命令，并填充为白色。效果如图4—62所示。

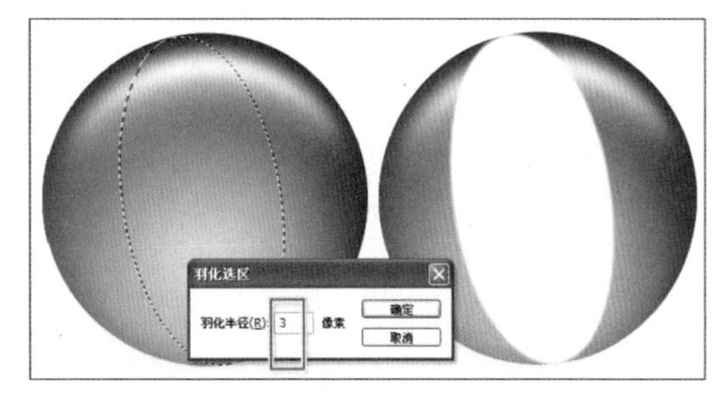

图4—62　填充选区

STEP|11　按住Ctrl键单击椭圆选区图层缩览图，创建选区。执行【选择】|【修改】|【收缩】命令，向右下角移动选区并删除，如图4—63所示。

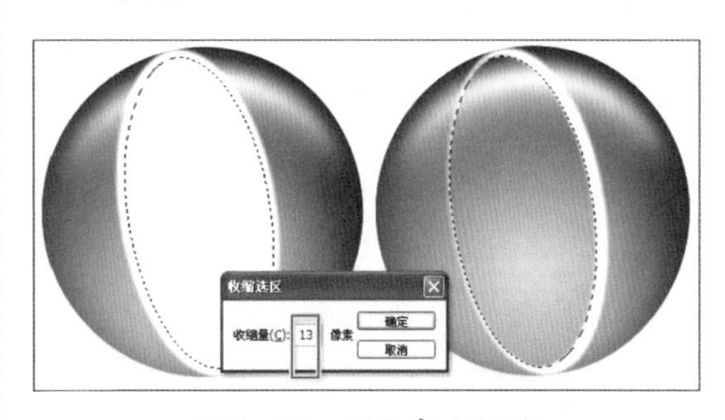

图4—63　删除部分区域

STEP|12　运用同一种方法制作出更多的光线效果，降低部分光线效果透明度，使其具有层次感，如图4—64所示。

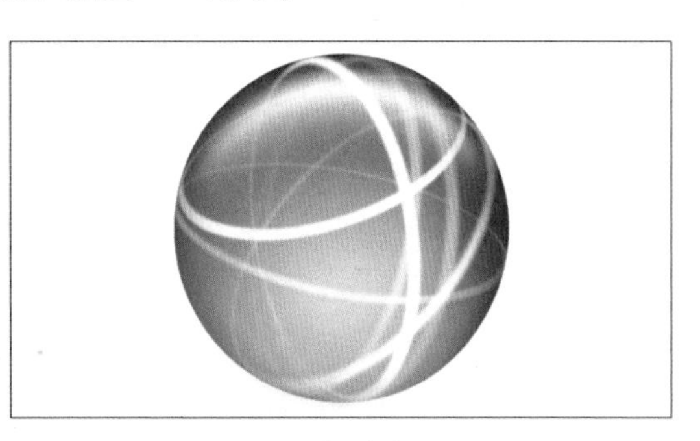

图4—64　制作光线效果

STEP|13　使用【椭圆选框工具】结合【羽化】命令制作出背景的晕光。填充背景，并添加文字。

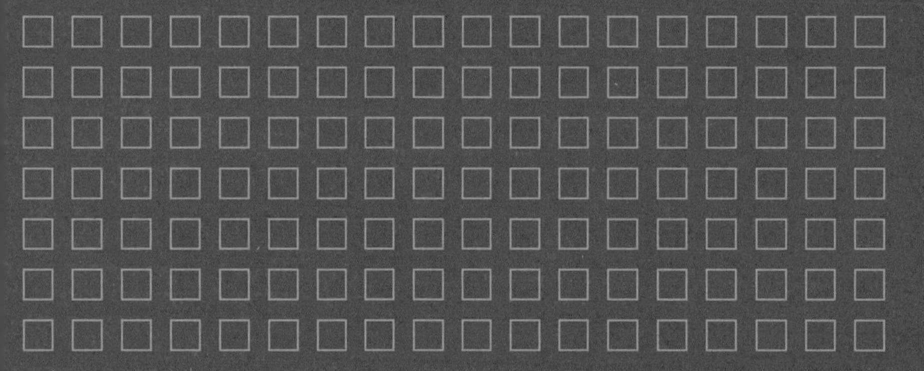

图层

图层可以说是Photoshop的灵魂所在。可以把图层想象成一张张堆叠在一起的透明纸，每张透明纸就是一个图层，这些透明纸将图像分出层次，上面的在前面，下面的在后面。同时，在修改一个图层上的东西时不会影响其他层的图像。就因为图层具有此种功能，才使得Photoshop软件起到方便用户编辑和排版的作用。假如没有了图层，用户就会陷入颜色海洋的包围之中，图像所有的改变也将会局限在一个平面之内。

在Photoshop中，所有的操作都是建立在图层基础上的，它可以实现对多个图像对象进行编辑和管理。例如，通过更改图层的不同属性，或是添加调整图层，可以实现不同图像的堆叠和混合效果；如果编辑的作品涉及到大量的图层，还可以使用合并图层及图层组功能管理众多的图层。本章将讲述关于图层的各项基本管理功能，以及如何利用复合图层、智能对象功能实现对图层的高级编辑。

5.1 图层面板

【图层】面板是进行图像编辑和管理操作的基础，作品中的每个图像元素，都以一个单独的图层存放在该面板中。通过该面板，可以看到图像的每一个图层堆叠在一起的效果，如图5–1所示。

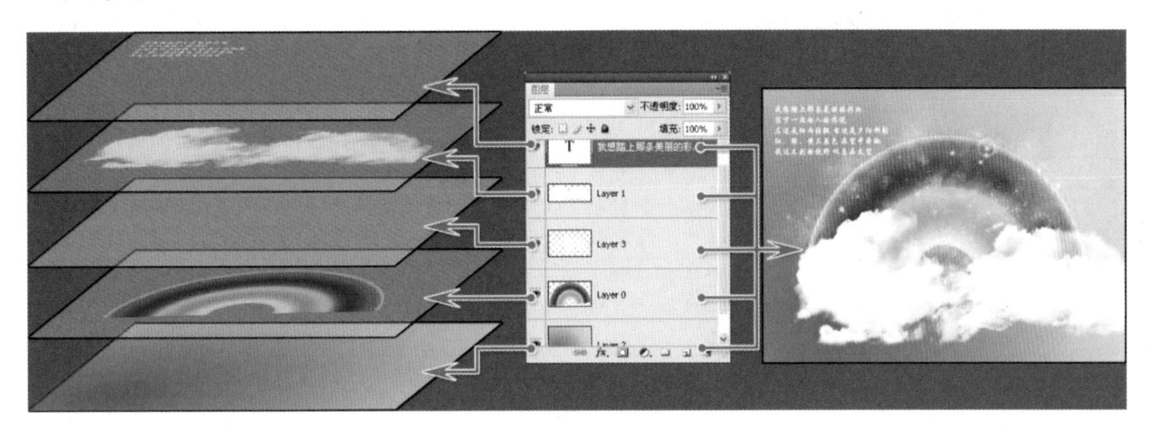

图5–1　图层的显示效果

执行【窗口】|【图层】命令，打开【图层】面板，如图5–2所示。根据使用方法的不同，图层可以分为10种类型，每种类型的图层都有不同的功能和用途，适合制作不同效果，而且它们在【图层】面板中的显示状态也各不相同。不同图层种类的功能见表5–1。

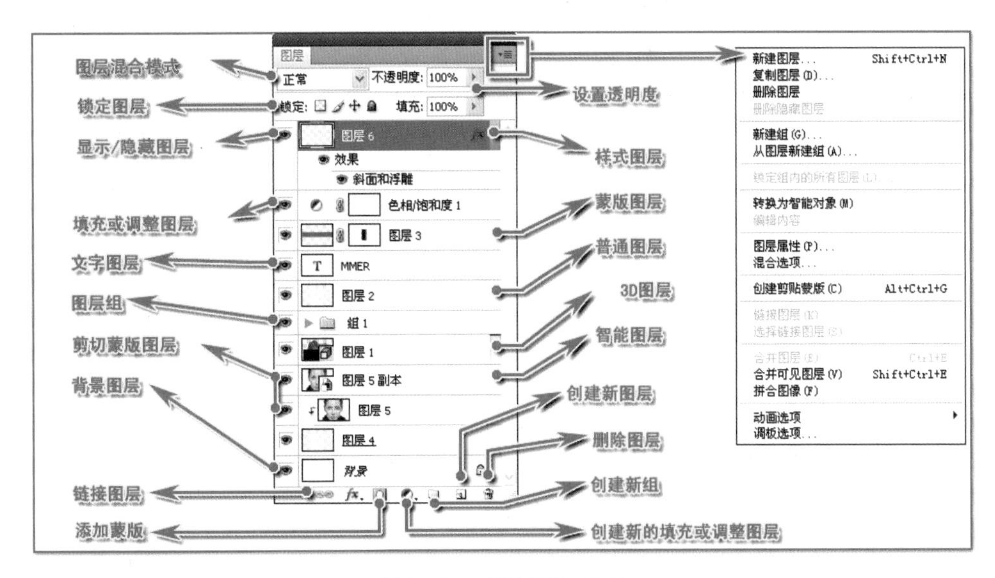

图5–2　【图层】面板

表5–1　【图层】面板内各图层类型介绍

名称	图层状态	作用
普通图层	图层 2	可以应用所有命令及编辑功能的图层
背景图层	背景	始终在面板的最底层，作为整个图像的背景
文字图层	T MMER	选择【横排文字工具】单击创建的图层，用于输入和编辑文本

续表

名称	图层状态	作用
蒙版图层	图层 3	单击【添加图层蒙版】按钮，可以为当前图层添加蒙版。图层蒙版是一种灰度图像，因此用黑色绘制的区域将被隐藏，用白色绘制的区域是可见的，而用灰色绘制的区域则会出现不同层次的渐隐效果
样式图层	图层 6 效果 斜面和浮雕	单击【添加图层样式】按钮，可以对当前图层添加诸如投影或浮雕的图层样式
剪切蒙版图层	图层 5 图层 4	可以使用图层的内容来遮盖上面的图层。底部或基底图层的透明像素蒙盖其上方图层的内容，这些图层是剪切蒙版的一部分。基底图层的内容将在剪切蒙版中裁剪（显示）它上方图层的内容
填充或调整图层	色相/饱和度 1	单击【添加新的填充或调整图层】按钮，可以为图像添加图案填充或颜色调整图层，以修改该图层以下的图层内容
智能图层	图层 5 副本	智能对象是一种容器，它将源数据存储在文档内部后，就可以在图像中处理该数据的复合。当想要修改图像时，软件将基于源数据重新渲染复合数据
视频图层	创建与帧数相同的图层数，图层状态与普通图层相同	视频图层根据视频帧数的多少而创建，可以在各个视频图层上进行编辑或绘制，以创建动画、添加内容或移去不需要的细节。除了使用任意画笔工具之外，还可以使用仿制图章、图案图章、修复画笔或污点修复画笔工具进行绘制
3D图层	图层 1	包含3D模型的图层，可对模型的视觉角度、纹理等属性进行编辑

通常情况下，一幅大点的图像效果包含的图层数多达上百上千个，此时掌握图层的操作技巧可以大大地提高工作效率。常用的图层操作有选择、移动、复制、链接、合并等几种。

5.2 图层基本操作

1. 移动和变换图层

使用选择和移动操作可以实现对图层最基本的编辑，即选中当前工作图层或改变图层的位置。一般在图像文档中右击鼠标，选择所需的图层，然后使用【移动工具】，就可以在图像窗口内重新定位图层内容的位置。

当选择了【移动工具】后，在工具选项栏中可以设置以下两个属性。

- **自动选择** 启用该复选框后，单击图像即可自动选择光标下所有包含像素的图层中最顶层的图层，或选择所选中图层所在的图层组。该项功能用于选择具有清晰边界的图形较为灵活，但在选择设置了羽化的不透明图像时却很难发挥作用，往往会因为选错图像而造成意外移动。
- **显示变换控件** 启用该复选框后，可在选中的项目周围的定界框上显示手柄，该项功能用于观察具有羽化效果或半透明图像的范围较为有用。显示控件后，用户可以直接拖动手柄缩放图像；也可以在定界框上单击，从而显示变换定界框，然后在工具选项栏中设置图像的移动、旋转和缩放的精确参数，如图5-3所示。

图5-3 显示定界框的效果

2．复制图层

复制图层可以得到两个内容、位置完全相同的图像。在【图层】面板中单击右上端的三角按钮，执行【复制图层】命令，可将当前所选图层复制。也可以拖动图层至【创建新图层】按钮处，将图层复制。复制的图层位置、图层属性等内容与原图层将保持一致。

3．链接图层

链接图层可以同时对多个图层进行移动操作，例如将图层锁定，则根据锁定内容的不同，对图层的不同属性进行保护。单击【链接图层】按钮可以将多个图层链接在一起，以方便进行相同的操作，如同时移动或变换大小。按住Ctrl键的同时单击要链接的图层名称，再单击【链接图层】按钮即可链接多个图层，如图5-4所示。

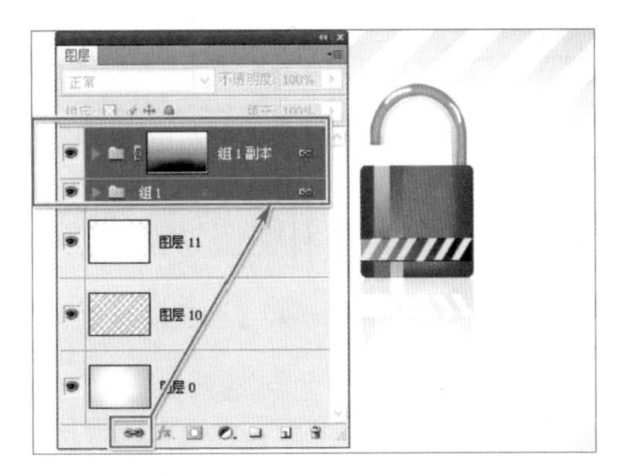

图5-4　链接多个图层

4．锁定图层

锁定图层可以使全部或部分图层属性不被编辑，如图层的透明区域、图像的像素、位置等，用户可以根据实际需要锁定图层的不同属性。Photoshop提供了4种锁定方式，如图5-5所示。

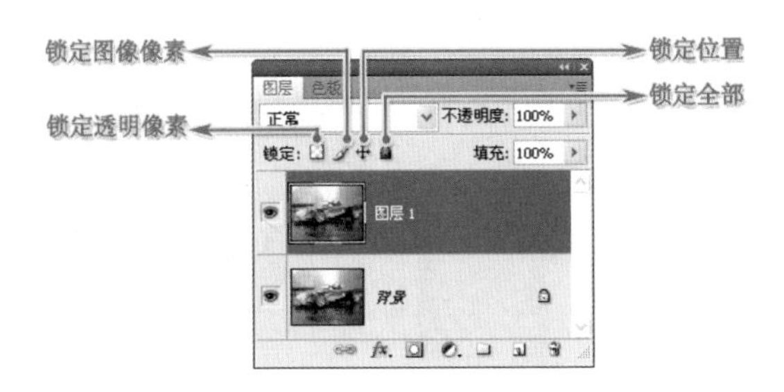

图5-5　锁定图层的按钮

下面对各种锁定方式进行介绍。

锁定全部

启用该按钮，可以将图层的所有属性锁定，除了可以复制并放入到图层组中以外，其他一切编辑命令将不能应用到图像中。

锁定透明像素

启用该按钮后，图层中透明区域将不被编辑，编辑范围将限制在图层的不透明部分。例如，在对图像进行涂抹时，为了保持图像边界的清晰，可以启用该按钮。

锁定图像像素

启用【锁定图像像素】按钮后，无法对图层中的像素进行修改，包括使用绘图工具进行绘制，及执行【色彩调整】命令等。启用该按钮后，用户只能对图层进行移动和变换操作，而不能对其进行绘画、擦除或应用滤镜

锁定位置

单击【锁定位置】按钮，图层中的内容将无法移动。对于设置了精确位置的图像，将其锁定后就不必担心被无意中移动了。

5．设置图层属性

在【面板】菜单中执行【图层属性】命令，可设置图层属性，它可以改变图层的名称，并且可以设置图层的显示颜色，使图层与图层之间有所区别，以便查找和管理，如图5-6所示。

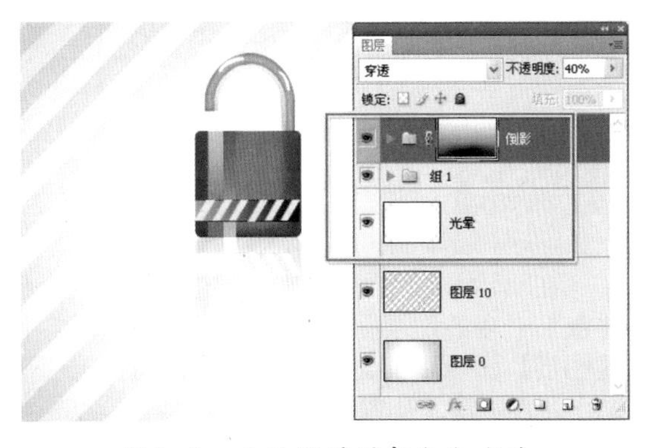

图5-6　更改图层的颜色和名称

6．合并图层

在完成一个平面作品时，由于大量原始数据的存在，导致图形文件相当大，给存储和携带带来了很大的麻烦。这种情况下，如果能将图形文件中相似数据或重复数据进行合并，将会大大缩小图形文件，从而可以方便地管理图

形文件。Photoshop中的【合并图层】命令，就可以完成这样的任务。

执行【合并图层】命令，可以将所有图层或被选择的图层合并为一层。合并图层后的文件大小一般会缩小75%左右，例如，一个15.4MB的图形文件，合并图层后将会变为3MB左右。在合并图层时，顶部图层上的数据替换它所覆盖的底部图层上的任何数据。在合并后的图层中，所有透明区域的交叠部分都会保持透明。

在Photoshop中，合并图层的操作主要包括3种方式。

» 向下合并

此方式可以用于合并相邻两个图层或组，也可以合并所有选中的图层。执行【图层】|【向下合并】命令，或按Ctrl+E快捷键，即可执行此命令。

» 合并可见图层

此方式用于合并所有可见图层，执行【图层】|【合并可见图层】命令，或按Ctrl+Shift+E快捷键，即可执行此命令。使用此合并方式时，隐藏图层不被合并。

» 拼合图像

拼合图层主要可以缩小文件大小，方法是将所有可见图层合并到背景中并删除隐藏的图层，将使用白色填充其余的任何透明区域。在存储拼合的图像后，将不能恢复到未拼合时的状态；图层的合并是永久行为。执行【图层】|【拼合图像】命令，即可合并所有图层，并将隐藏图层清除掉。

注意

在保存合并的文档后，将不能恢复到未合并时的状态，图层的合并是永久行为。另外，不能将调整图层或填充图层用作合并的目标图层。

7. 盖印图层

盖印图层也是一个合并图层命令，它与合并图层的不同在于，它可以合并可见图层到一个新的图层，但是原来的可见图层并不合并，而且不破坏原来图层的信息，方便查看修改，如图5-7所示。

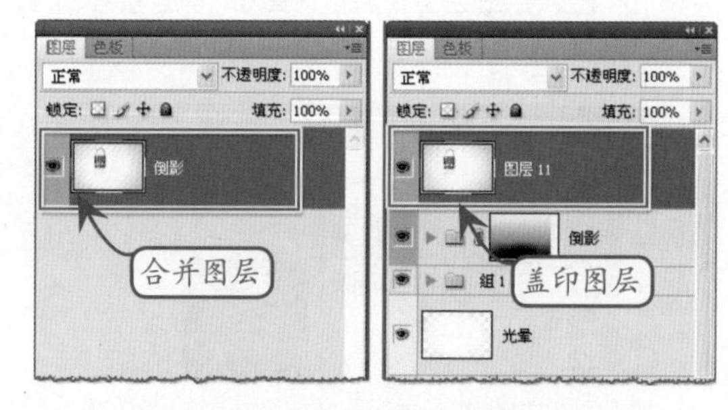

图5-7　合并图层和盖印图层对比

盖印图层的操作也包括两种方式：盖印多个图层或链接图层和盖印所有可见图层。第一种方式用于盖印选中图层或链接的图层，按Ctrl+Alt+E快捷键即可执行此命令；第二种方式用于盖印所有可见图层，按Ctrl+Shift+Alt+E快捷键即可执行此命令。

5.3 图层组

在Photoshop中，一个复杂的图像可能会包含数量众多的图层，使用图层组管理图层会使【图层】面板中的图层结构清晰合理，这将有助于用户提高工作效率。

使用图层组可以像文件夹一样将所有图层装载进去，即将多个层归为一个组，这个组可以在不需要时折叠起来，无论组中有多少图层，折叠后只占用相当于一个图层的空间。另外，使用图层组还可以将某一属性同时应用到多个图层，例如在图层组上设置不透明度、混合模式和蒙版等，如图5-8所示。

图5-8　使用图层组管理图层

通过直接单击【创建新组】按钮 可以新建图层组；若选择多个图层后，执行面板菜单中的【从图层新建组】命令（快捷键Ctrl+G），也可以将选择的图层放入同一个图层组内。该软件可以将当前的图层组嵌套在其他图层组内，这种嵌套结构最多可以为5级。

将图层组拖动至【删除图层】按钮 上，可删除该图层组及图层组中的所有图层；若选择图层组，单击【删除图层】按钮 ，在弹出的对话框中单击【仅组】按钮，可删除图层组，但保留图层组中的图层。

提示

给图层创建了图层组后，选择图层组所执行的移动、旋转、缩放等变换操作将作用于该组中的所有图层。

5.4 智能对象

智能对象是包含栅格或矢量文件（如Photoshop或Illustrator文件）中的图像数据图层，就是说在对智能对象添加了其他编辑命令后，还可以保留图像的源内容及其所有原始特性，而不会对图层内容进行破坏性的编辑。智能对象功能拓宽了该软件编辑图像的能力，它保证了对图像的无损编辑，尤其是在动漫设计中，可以对各个组成部分进行灵活的编辑。

1. 创建智能对象的方法

在Photoshop中，对栅格图像进行旋转、缩放等变换操作时容易产生锯齿，如果需要缩放图像，而又担心缩放的结果会对图像的原始数据造成损失，则可以将图像创建为智能对象，然后再根据需要按任意比例缩放创建的智能对象图层，而不必担心会丢失图像的原始数据。

创建智能对象，可以先选中图层，然后执行【图层】|【智能对象】|【转换为智能对象】命令，即可将其创建为智能对象图层。此时，在【图层】面板中，智能对象图层的缩览图上会显示出图标，如图5-9所示。

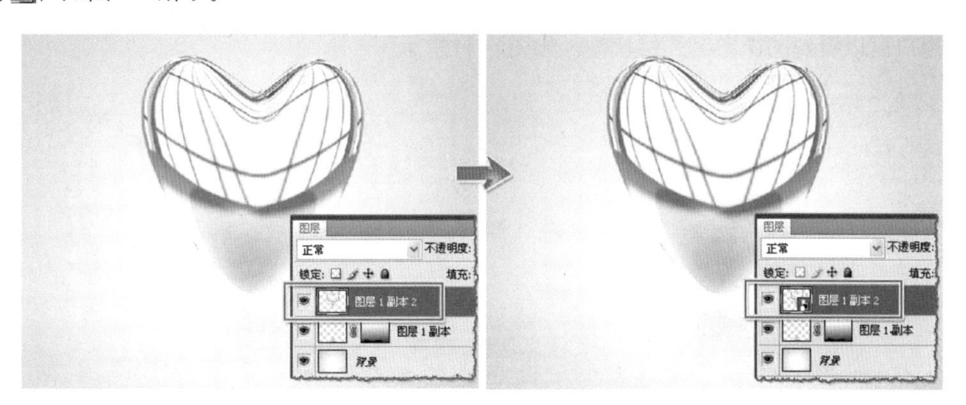

图5-9　创建智能对象前后的图层效果

除了上面介绍到的智能对象创建方法之外，用户还可以通过在【图层】面板中单击右键，从快捷菜单中执行【转换为智能对象】命令，或者在【图层】面板菜单中执行【转换为智能对象】命令，如图5-10所示。

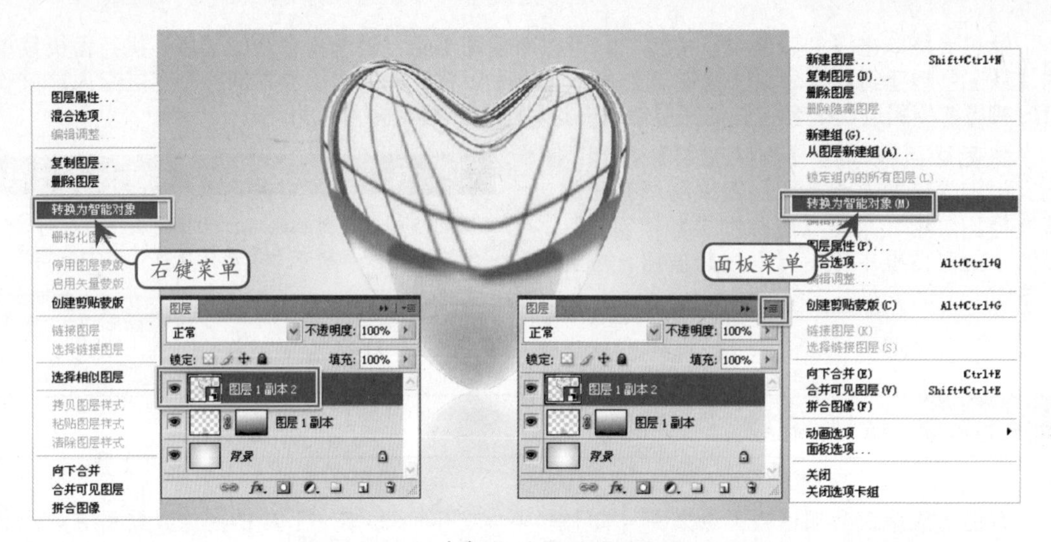

图5−10　创建智能对象的另外两种方法

用户还可以执行【置入】命令，将图片导入Photoshop文档中，即可将导入的文件创建为智能对象。

提示

当用户不再需要编辑智能对象数据时，可以将智能对象转换为普通图层，执行【图层】|【智能对象】|【栅格化】命令，或按Alt+Ctrl+P快捷键，系统将按当前大小栅格化内容。在对某个智能对象进行栅格化之后，应用于该智能对象的变换、变形和滤镜将不再可编辑。

2．进行非破坏性编辑

在前面已经介绍过，使用智能对象对栅格图像进行编辑操作时，不会对图像的原始数据造成破坏，变换后的智能对象原始数据也不会丢失。现在就来详细地介绍一下，智能对象是如何保护原始栅格图像不被破坏的。例如，将“图层1”图层的比例放大150%，观察“图层1”的效果，用户可以看到图像已经开始模糊，如图5−11所示。

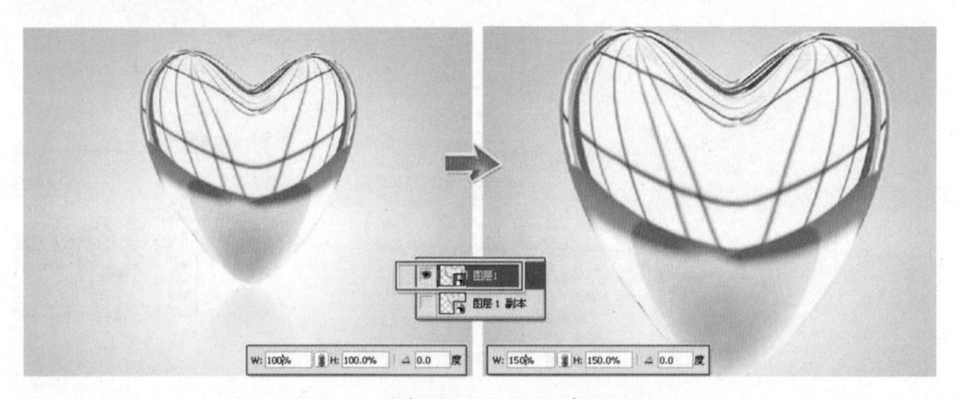

图5−11　对智能对象缩放前后的效果

这时，如果用户在【图层】面板中双击“图层1”图层缩览图，将打开一个对话框，然后单击【确定】按钮，会弹出一个新文档。该文档为“图层1”的原始文件，可以看到图层中的内容保持着原始的大小，并没有产生任何变化，如图5−12所示。这就是智能对象在保护栅格图像原始数据方面的强大功能。

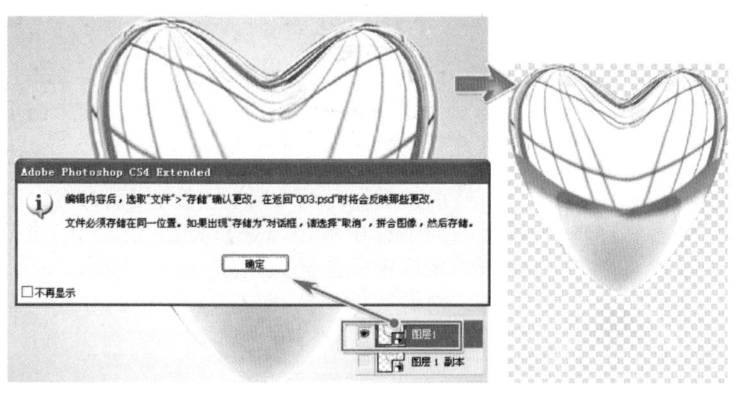

图5-12 查看智能对象的原始数据

提示

在【图层】面板中双击智能对象图层的缩览图标，打开原始图像文档窗口，在此可以对原始图像的内容进行编辑。保存对源内容所进行的编辑后，在Photoshop文档中，所有链接的智能对象实例中都会显示所做的编辑。

另外，在对栅格数据或相机原始数据文件进行变换操作时，如果用户分多次缩放图像，或者进行旋转、倾斜等变换操作，则每缩放一次后，再次缩放时图像都会以上一次的缩放结果为基准进行缩放；而智能对象在进行此变换操作时，会始终以原始图像的大小为基准计算缩放的比例。对于其他变换操作，例如旋转、倾斜等也是如此。

例如，对地球栅格图像进行缩放，按Ctrl+T快捷键将图像比例放大120%，并按Enter键确认操作后，再次按Ctrl+T快捷键显示出定界框，观察工具选项栏，可以看到图像的当前比例显示为100%，这说明再次放大时，图像将以当前的大小为基准产生缩放结果，如图5-13所示。

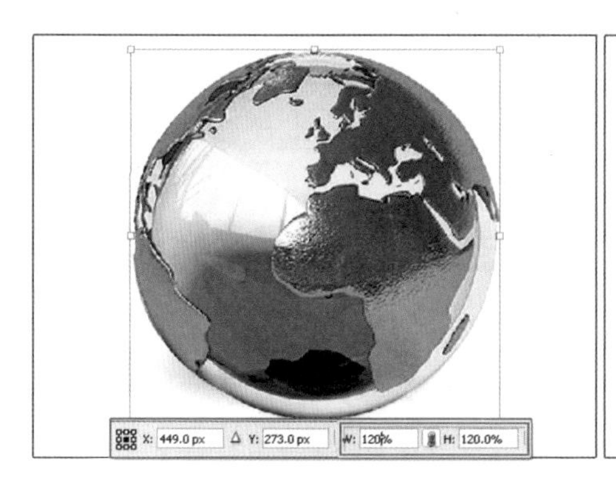

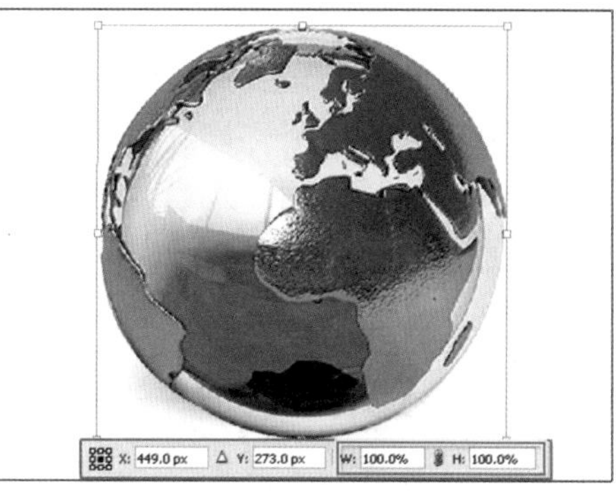

图5-13 栅格图像缩放前后选项栏的比例显示

接下来，将源栅格图像转换为智能对象图层，按Ctrl+T快捷键显示定界框，并将其比例放大120%，按Enter键确认后，再次按Ctrl+T快捷键显示定界框，在工具选项栏中可以看到，图像的当前比例为120%，如图5-14所示。到此为止，可以了解到图像仍以原始大小为基准产生缩放结果，并且在工具选项栏中始终记录着图像当前的缩放比例。因此，对智能对象无论怎么进行缩放，只要将缩放比例设置为100%，就可以将图像恢复到原始大小，而普通的图层则不具备这样的功能。

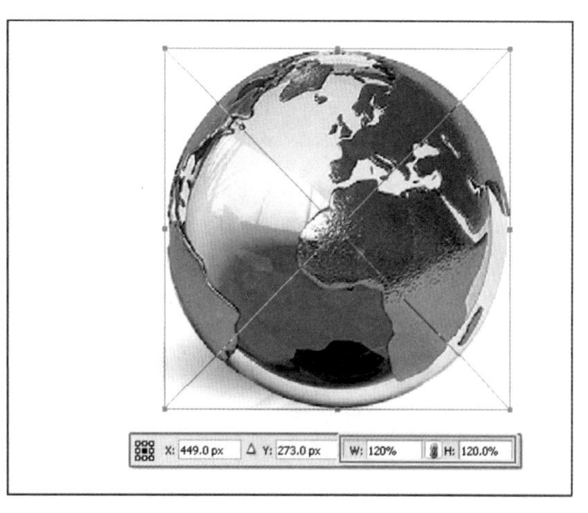

图5-14 智能对象缩放时选项栏的比例显示

注意

在Photoshop中有些命令不能应用到智能对象图层中，比如【透视】和【扭曲】命令。

3. 自动更新实例

在Photoshop中，用户可以给智能对象应用图层样式、混合模式、变形等特殊效果。当编辑过源数据后，Photsohop将基于源数据重新渲染复合数据，即使用编辑过的内容更新图层。如果当前智能对象包含多个副本，则编辑一个智能对象图层即可更新该智能对象的多个实例。

例如，将智能图层拖动到【图层】面板下面的【新建】按钮上，复制多份，然后将副本图层放置在文档的左侧，如图5–15所示。

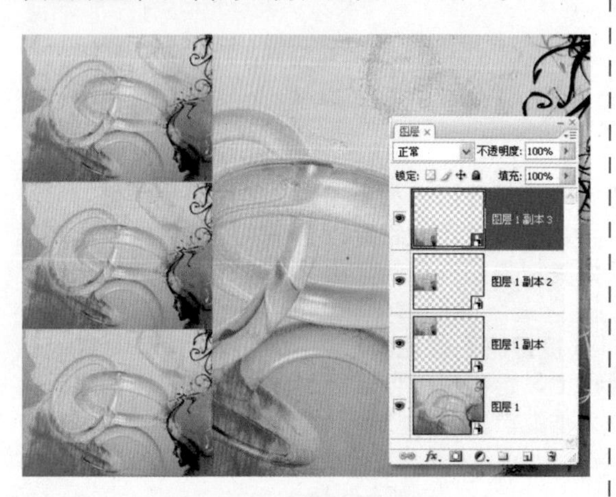

图5–15 复制图层副本

双击“图层1”缩览图，在弹出的文档中设置“图层1”的【混合模式】选项，如图5–16所示。

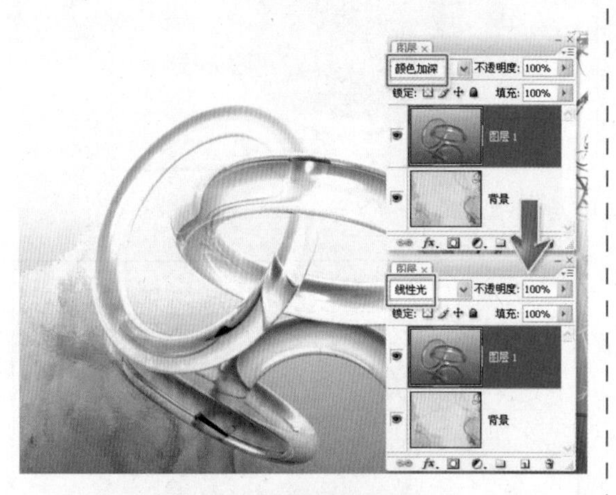

图5–16 改变混合模式

按快捷键Ctrl＋W，执行【关闭】命令，在弹出的对话框中单击【是】按钮，返回到当前操作的文档中，图像效果如图5–17所示。可以看到，对源智能对象更改后，所有的智能对象副本都得到了更新。

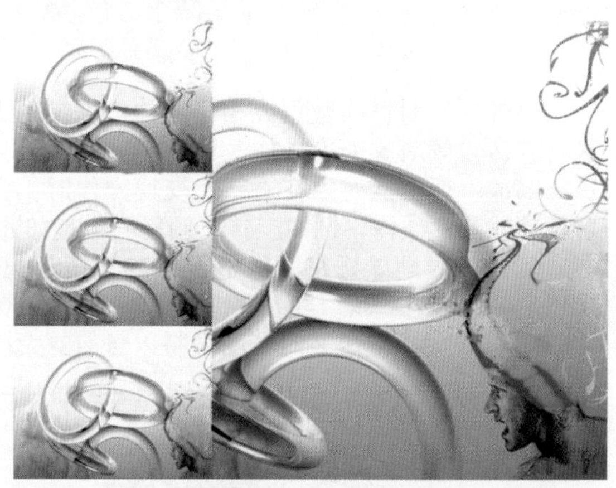

图5–17 更新后的智能对象效果

技巧

由于复制的智能对象与源智能对象保持链接，因此修改源智能对象后，副本也会更新效果；同样，对副本编辑后，源智能对象也会得到更新。如果将图层副本创建成未链接到源智能对象的重复智能对象，用户对副本所做的任何编辑都不会影响到智能对象，反过来也一样。创建此类智能对象图层的方法为，执行【图层】|【智能对象】|【通过拷贝新建智能对象】命令。

另外，对于一个智能对象由多个源图像图层组成，并且这多个图层应用了图层样式、混合模式等效果，如果编辑源图层内容的属性，则智能对象也会自动更新其修改的结果。

4. 替换智能对象内容

Photoshop中的智能对象具有很大的灵活性，将图层转换为智能对象时，还可以通过执行【替换内容】命令，将智能对象的源内容替换为其他的内容。进行这样的操作，可以执行【图层】|【智能对象】|【替换内容】命令，此时将打开【置入】对话框，选择所要替换的图片内容，最后单击【置入】按钮，所选择的图片内容将被置换到当前所编辑的文档中，并且自动创建智能对象，如图5–18所示。

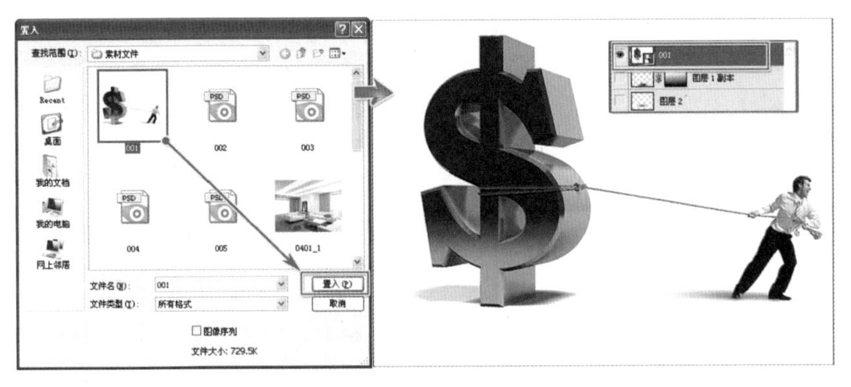

图5-18 替换智能对象内容后的效果

提示

在Photoshop中，用户还可以将智能对象的内容完全按原样导出到用户有权访问的任何驱动器或目录中，智能对象将采用PSB格式或PDF格式存储。其中，PSB格式适用于保存栅格数据，而PDF格式适用于保存矢量数据。

5.5 图层复合

设计是一种随心而至的感觉，因此用户经常会对各图层进行诸如移动、隐藏、改变透明度等操作，只有多比较才能找到感觉。但这里有一个问题，例如在尝试各种布局之后觉得并不满意，想回到最初的状态，这时也许会因为操作的步骤数超出了历史记录的范围，而无法返回了。图层复合是图层面板状态的快照，它记录了当前文件中图层的可视性、位置和外观，例如图层的不透明度、混合模式以及图层样式等。利用它可以简单地通过切换来比较几种布局的效果。这个功能是非常实用、简单。

因此，当用户向客户展示设计方案的不同效果时，只需要通过【图层复合】面板便可以在单个文件中创建、管理和查看版面的多个版本，如图5-19所示。而在以前，这种展示通常需要创建多个合成的图稿。

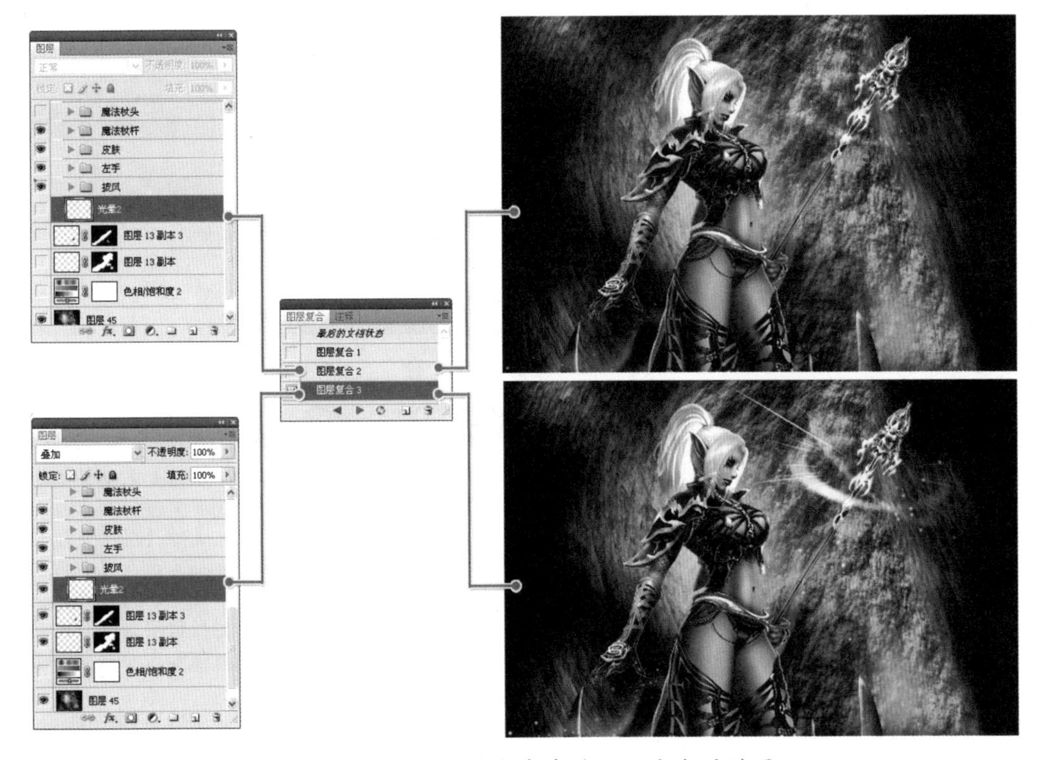

图5-19 使用图层复合查看不同方案的效果

执行【窗口】|【图层复合】命令，打开【图层复合】面板，如图5-20所示。

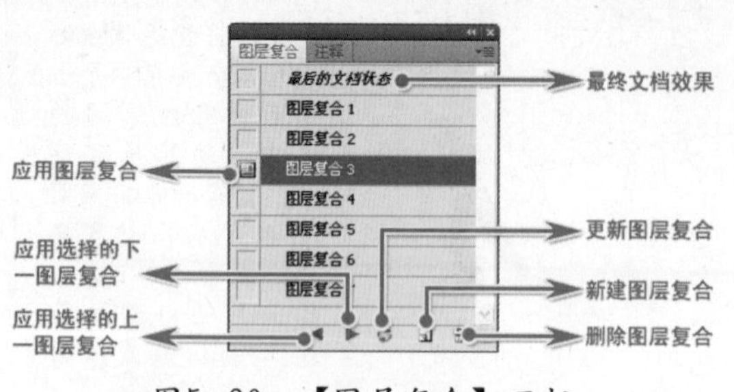

图5-20　【图层复合】面板

1.创建图层复合

在该面板中，单击【创建新图层复合】按钮，打开【新建图层复合】对话框。在【名称】文本框中给图层复合命名，同时在【注释】文本框中输入对该图层状态的说明文字，即可将【图层】面板中图层的当前位置、显示状态等记录为一个图层复合，如图5-21所示。

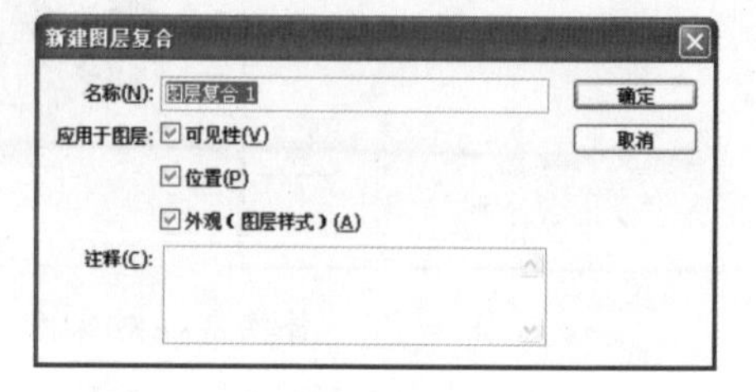

图5-21　【新建图层复合】对话框

图层复合记录包括以下 3 种类型的图层选项：第一种是图层可视性，就是图层是显示还是隐藏；第二种是图层位置，就是在文档中的位置；第三种是图层外观，就是是否将【图层样式】应用于图层和图层的混合模式。

2. 查看与编辑图层复合

创建完成图层复合后，在【图层复合】面板中单击复合旁边的【应用图层复合】按钮，即可在画布中查看选中图层复合中的图像布局，如图5-22所示。

图5-22　查看图层复合

如果要循环查看所有图层复合，可以单击该面板底部的【上一个】按钮和【下一个】按钮。如果要循环查看选中的特定复合，可以在【图层复合】面板中选择该复合，方法是在【图层复合】面板中结合Shift键同时选中两个以上的即可，然后单击该面板底部的【下一个】和【上一个】按钮。这种循环方式只会查看选定的复合。

提示

在创建完成图层复合之后，要想重新更改某个图层复合，首先要查看该图层复合，然后在画布中调整想要更改的元素，这时【图层复合】中的【应用图层复合】图标显示在【最后的文档状态】左侧，单击该面板下方的【更新图层复合】按钮就可以更新该图层复合，而单击【应用图层复合】按钮重新回到该图层复合。

3．导出图层复合

在Photoshop中将不同设计方案的图像作品制作成图层复合虽然可以在Photoshop中查看，但还是不方便其他人查看。在Photoshop中提供了将图层复合导出到单独的文件、包含多个图层复合的PDF文件和图层复合的Web照片画廊。这样既可以使用演示文稿或者网页形式查看不同效果，还可以将不同效果单独保存为PSD格式的文件，进行进一步的操作。

在Photoshop中打开具有图层复合的文件，执行【文件】|【脚本】|【图层复合导出到文件】命令，打开【将图层复合导出到文件】对话框。在此对话框中，可以设置导出后的文件类型，包括PSD、JPEG、BMP、PDF、PNG、Targt等。单击该对话框的【目标】文本框右侧的【浏览】按钮，在打开的【选择目标】对话框中选择将要创建到的文件夹名称，单击【确定】按钮后，再单击【运行】按钮，Photoshop就会自动处理。图5-23所示为导出文件类型为JPEG的图片效果。

图5-23　导出的JPEG文件

要想将具有图层复合的文件，根据【图层复合】面板中创建的图层复合拆分为单独的文件，可以执行【文件】|【脚本】|【图层复合到文件】命令，Photoshop会自动将文件另外保存为拆分后的PSD文件。在Photoshop中执行这3个命令时，必须在Photoshop中打开具有图层复合的文件，否则将无法进行操作。

5.6 中性色图层

在Photoshop中，中性色图层的应用非常广泛，适当使用能够创造出一般处理手法所不能达到的效果，例如创建灯光、执行锐化以及胶片颗粒等效果。在创建中性色图层时，系统会首先使用预设的中性色来填充图层，然后依据图层的混合模式来分配这种不可见的中性色。如果不应用效果，中性色图层不会对其他图层产生任何影响。

中性色是根据图层的混合模式指定的，在不应用效果（例如，滤镜、图层样式、图层混合模式等）的情况下是无法看到的。在【新建图层】对话框中，先在【模式】下拉列表框中选择一种混合模式，即可激活【填充中性色】复选框，启用此复选框，并单击【确定】按钮，即可创建中性色图层。例如在【模式】下拉列表框中选择【强光】混合选项，则【填充强光中性色】复选框被激活。此时创建的中性色图层在【图层】面板中显示的混合模式也是"强光"模式，如图5-24所示。

图5-24　创建的中性色图层

在此图层上，用户可以使用滤镜添加杂色、创建灯光、创建光照效果、创建胶片颗粒等效果，也可以使用图层样式、蒙版、混合模式等创建特殊过渡效果。

注意

在创建中性色图层时，选择所需要的模式时，不可以使用“正常”、“溶解”、“实色混合”、“色相”、“饱和度”、“颜色”或“明度”混合模式。

5.7 实例：拼缀图

本实例将制作拼缀图效果，就像是将两张一模一样的照片分别撕成横条和竖条，然后将它们交错编制在一起，再次组成完整的图画。

本实例的重点是学习和使用图层绘制图像，图层之间的顺序也可以用来绘制图像，如图5-25所示。首先使用【矩形工具】建立选区，并通过【通道】和【滤镜】绘制出撕边效果，然后通过新建图层，调整图层的位置，绘制出拼缀的效果，最后添加图层样式。

图5-25 制作流程图

操作步骤：

STEP|01 从配套光盘中打开素材“卡通画.jpg”，选择【矩形选框工具】，单击选项栏中的【添加到选区】按钮。同时创建6个矩形选区，执行【储存选区】命令，将其此通道重新命名为A，如图5-26所示。

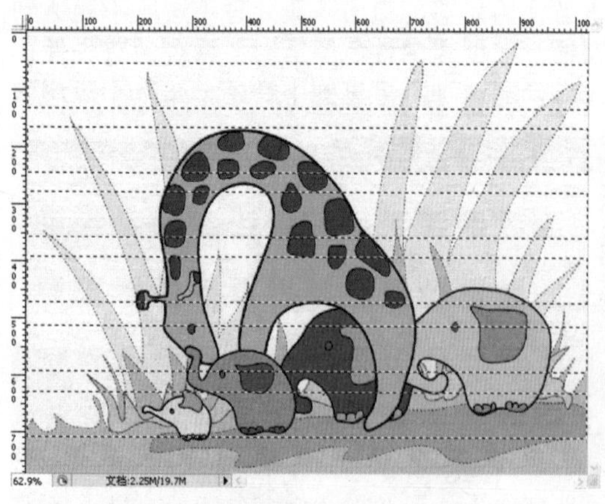

图5-26 创建的矩形选区

STEP|02 打开【通道】面板，选择A通道，然后执行【滤镜】|【像素化】|【晶格化】命令，设置参数如图5-27所示。

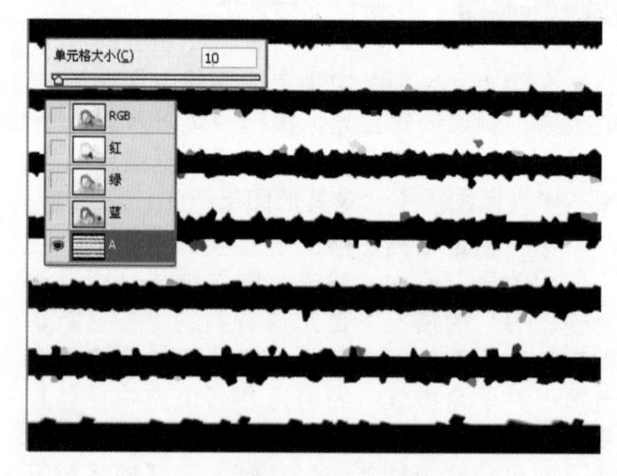

图5-27 执行【晶格化】命令

STEP|03 执行【滤镜】|【模糊】|【高斯模糊】命令，半径值设置为2像素，然后使用【魔棒工具】选择白色区域，如图5-28所示。

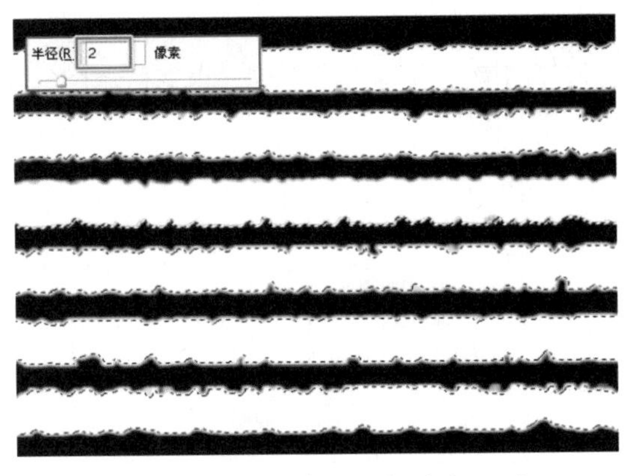

图5-28　【魔棒工具】选择区域

STEP|04 打开【通道】面板，选择RGB通道，然后右击鼠标，执行【通过拷贝图层】命令，并将新图层命名为“横排”，如图5-29所示。

图5-29　通过拷贝图层

STEP|05 打开A通道，使用【魔棒工具】选择白色区域，并执行【选择】|【修改】|【扩展】命令，如图5-30所示。

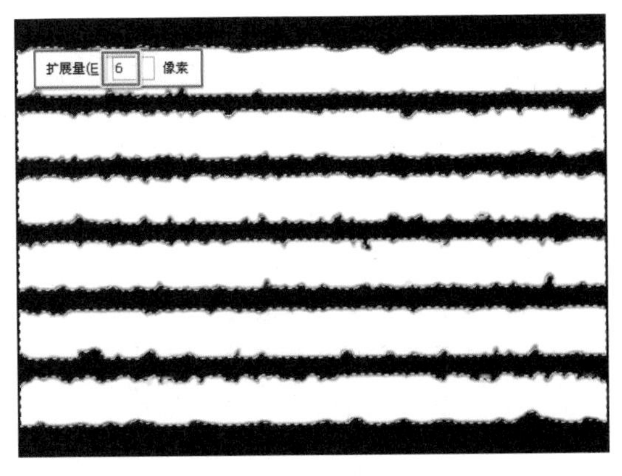

图5-30　扩展选区

STEP|06 返回RGB通道，新建图层，并命名为“横排2”，然后填充为白色，如图5-31所示。

图5-31　新建图层

STEP|07 合并“横排”和“横排2”图层，将新图层命名为“横排（合并）”，如图5-32所示。

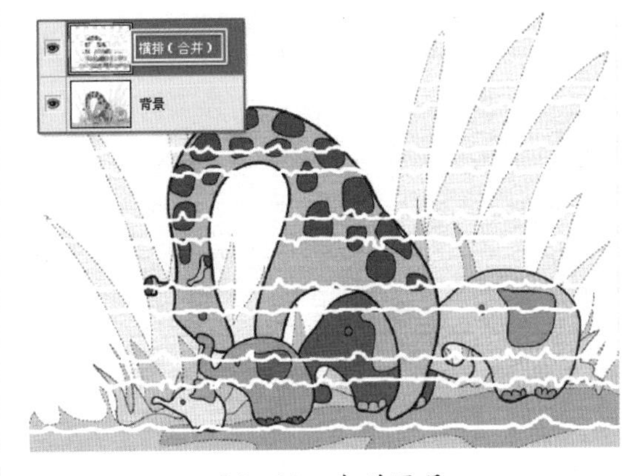

图5-32　合并图层

STEP|08 隐藏“横排（合并）”图层，选择“背景”图层，创建7个矩形选区，做撕边效果，操作与“横排”图层相同，如图5-33所示。

图5-33　建立选区并建立新图层

STEP|09 选中“横排”图层，使用【矩形选框工具】，并单击工具选项栏中的【添加到选区】按钮，创建选区，然后右击鼠标执行【通过拷贝图层】命令，并将图层命名为“横排2”如图5-34所示。

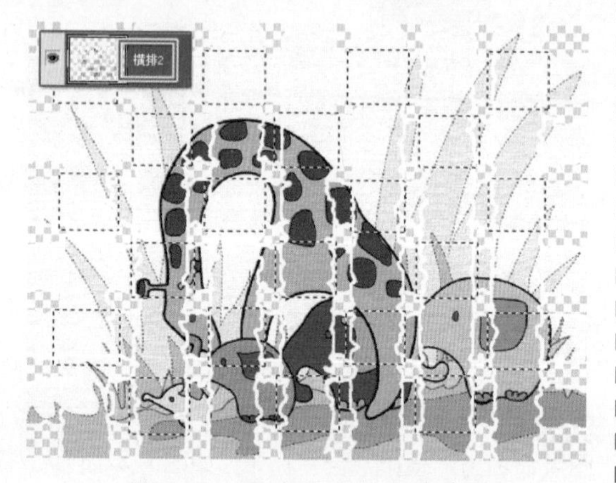

图5-34 图层位置与背景填充

STEP|10 选择“横排（合并）”图层将其移动至“竖排（合并）”图层下方，然后将“背景”图层填充为橙色，如图5-35所示。

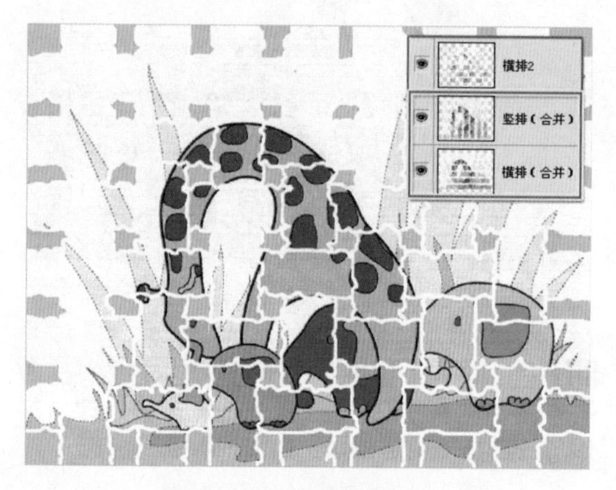

图5-35 图层投影设置

STEP|11 分别设置“横排”、“竖排”图层，执行【图层】|【图层样式】|【投影】命令，设置参数如图5-36所示。

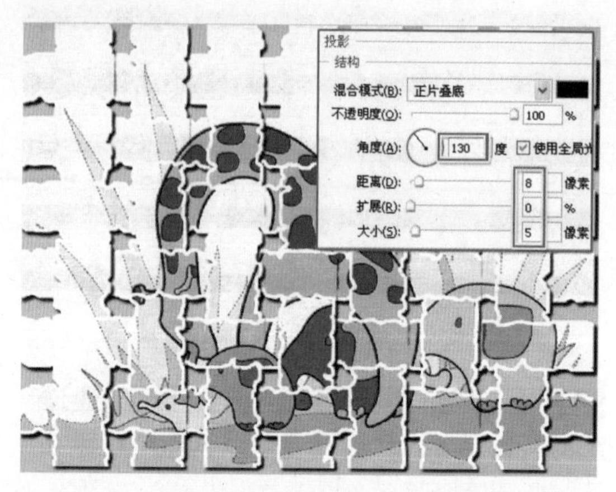

图5-36 添加“投影”图层样式

STEP|12 选择“横排2”图层，添加“投影”图层样式，设置参数如图5-37所示。

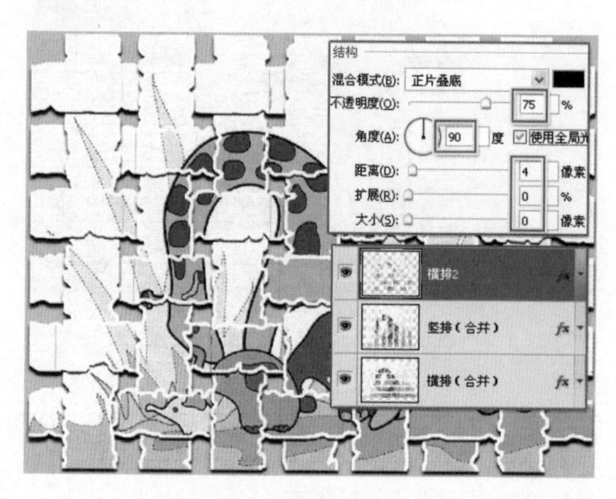

图5-37 添加图层样式

5.8 实例：奥运五环

通过本实例的制作，读者可以了解到图层的排列顺序对作品中元素起着至关重要的作用。读者应该掌握在特殊的情况下通过选区对图层中的元素进行添加或删除来实现作品所需要的效果，如图5-38所示。

图5-38　绘制流程图

操作步骤：

STEP|01　新建文件，并将新建图层组命名为"奥运五环"，然后新建图层，使用【椭圆选框工具】绘制环形选区，如图5-39所示。

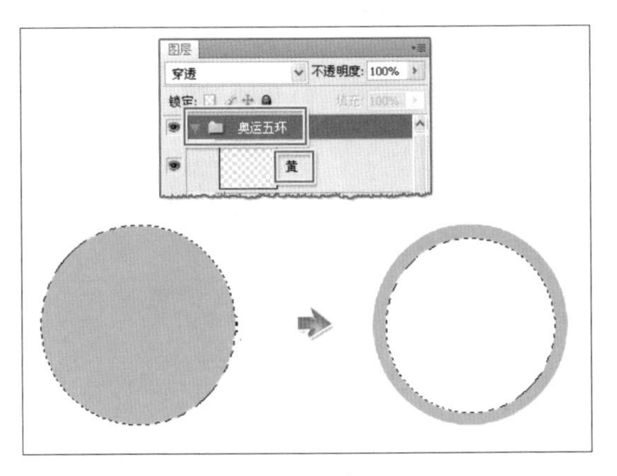

图5-39　新建图层组

STEP|02　在"奥运五环"图层组中新建图层并命名为"黑"，然后使用【椭圆选框工具】绘制环形，如图5-40所示。

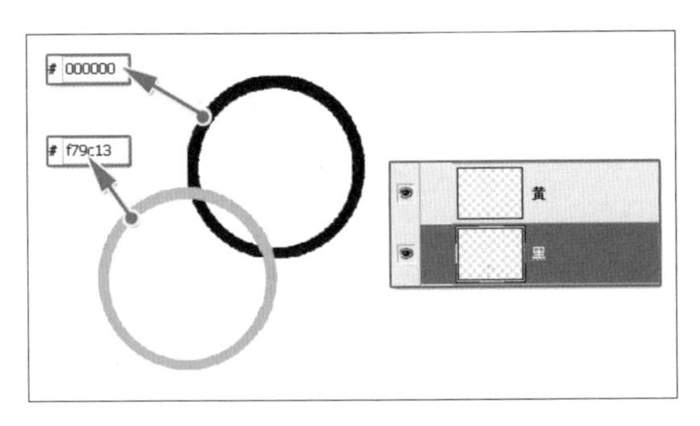

图5-40　绘制黑色圆环

STEP|03　填充完黑色圆环后，执行【选择】|【修改】|【扩展】命令，设置【扩展量】为2像素，如图5-41所示。

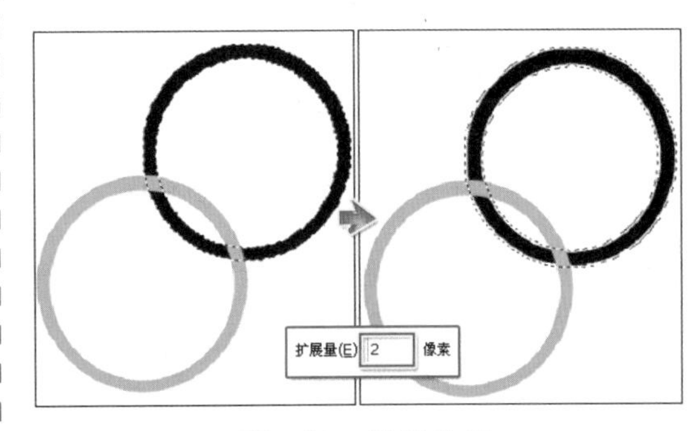

图5-41　扩展选区

STEP|04　选择"黄色"图层，然后使用【橡皮擦工具】删除如图5-42所示的区域。

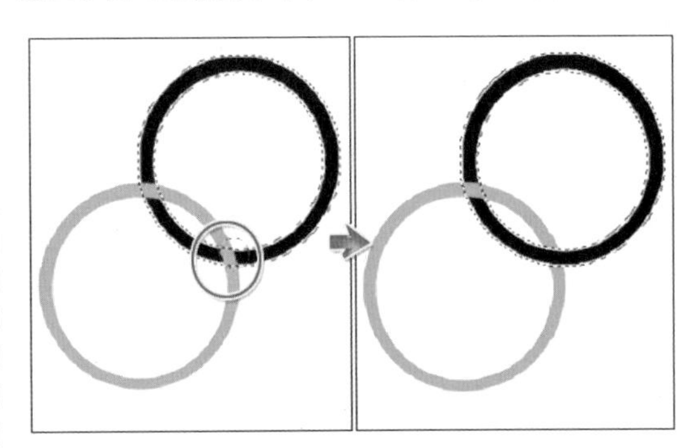

图5-42　删除黄色圆环上的多余部分

STEP|05　新建图层，命名为"绿"，然后使用上述方法删除圆环多余部分，如图5-43所示。

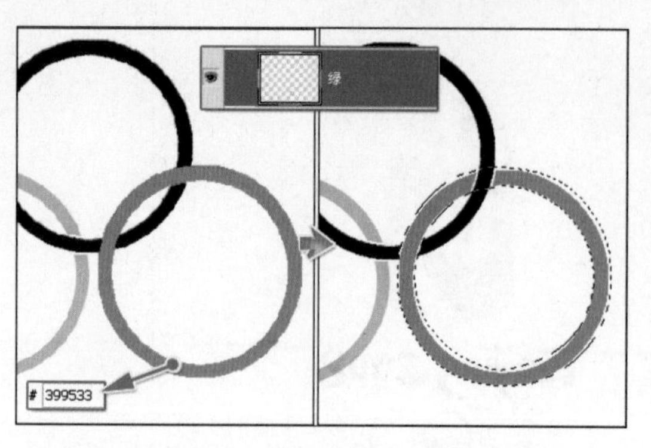

图5-43　删除绿色圆环上的多余部分

STEP|06　新建图层，命名为"蓝"，然后使用上述方法删除圆环多余部分，如图5-44所示。

图5-44　删除蓝色圆环上的多余部分

STEP|07　新建图层，命名为"红"，然后使用上述方法删除圆环多余部分，如图5-45所示。

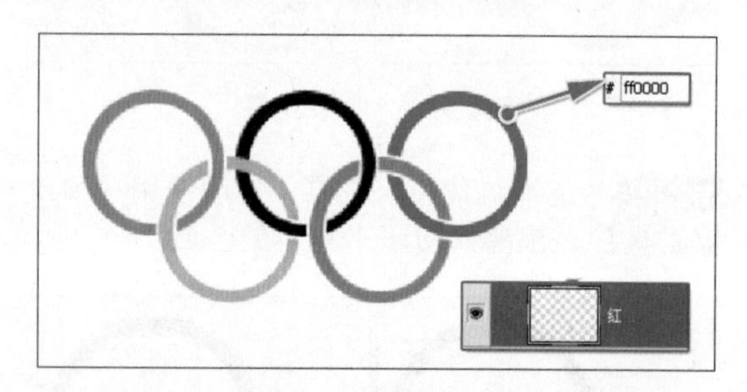

图5-45　删除红色圆环上的多余部分

STEP|08　新建图层并命名为"印章"，使用【快速选择工具】建立选区，并填充其颜色，如图5-46所示。

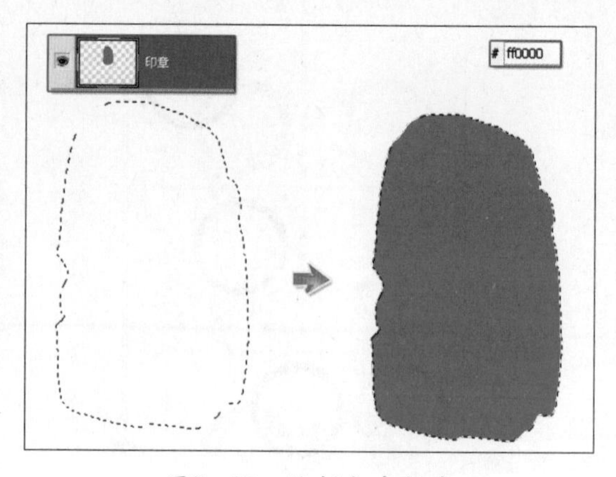

图5-46　绘制印章轮廓

STEP|09　使用选区工具绘制如图5-47所示的选区，然后删除选区内的图像。

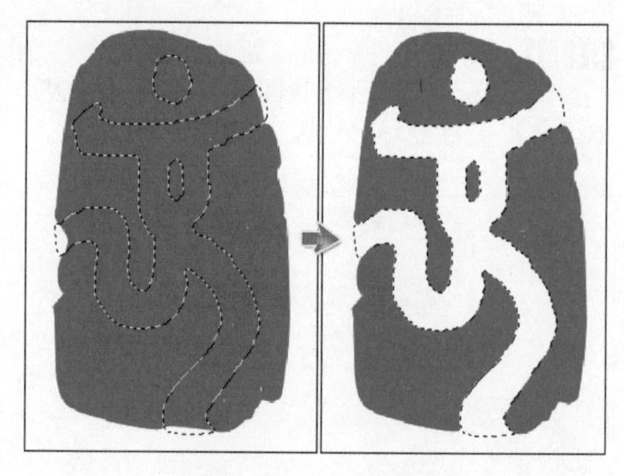

图5-47　绘制印章

STEP|10　使用【横排文字工具】添加文字，然后调整图层位置，如图5-48所示。

图5-48　添加文字调整图层位置

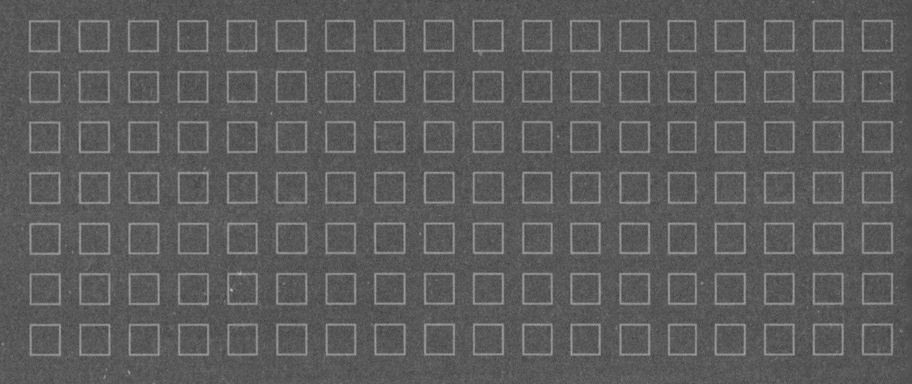

文本编辑

无论在何种视觉媒体中，文字和图片都是其两大构成要素。文字不仅可以表达作者的思想概念，而且也兼具有视觉识别符号的特征，它不仅可以表达概念，同时也通过视觉的方式传递信息。一幅成功的平面作品，字体设计是不可分割的一部分，字体的美感、文字的编排对版面的视觉传达效果有着直接的影响。

Photoshop提供了强大的文字工具。用户可以像使用Office办公软件一样，使用各种各样的字体，随意地输入文字、字母、数字或符号等，同时还可以对文字进行各种变换操作。另外，在Photoshop中创建的文字是基于矢量的文字轮廓组成的，任意的修改都不会影响文字的质量。且文字以独立图层的形式存放，对文字进行编辑就像处理普通图层一样。可以对其移动、复制，还可以对其使用图层混合模式、不透明度、图层样式等。

本章通过介绍Photoshop中创建文本的各种功能和命令，来详细讲解创建和编辑文本、段落及更改文字外观等操作方法。

6.1 创建文字

在Photoshop中包括4种类型的文字工具，分别是【横排文字工具】、【直排文字工具】、【横排文字蒙版工具】和【直排文字蒙版工具】。使用这些工具可以创建出矢量效果的横排、竖排、段落、文字选区等文本样式。创建文字后，可以在工具选项栏中设置字体、大小、颜色等文字的属性。

1. 创建横排文字或直排文字

使用工具箱中的【横排文字工具】或【直排文字工具】在图像窗口中单击鼠标，出现闪烁的光标后即可输入文字，按Enter键可换行，如图6-1所示。如果在背景图层或图像图层中创建文字，将会自动建立一个文字图层，图层名称就是文字的内容。若在空白图层中创建文字，空白图层将会自动变为文字图层。

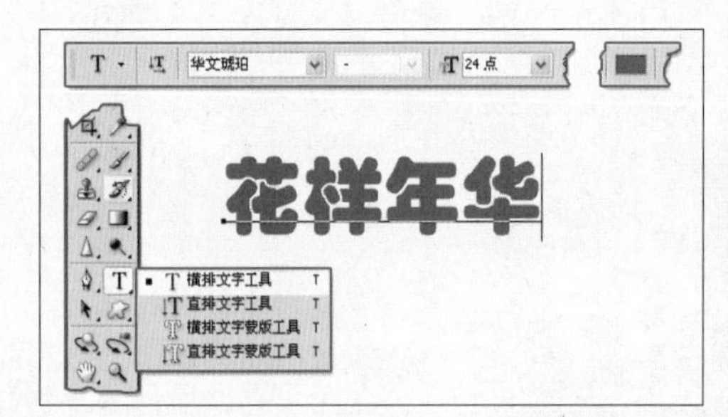

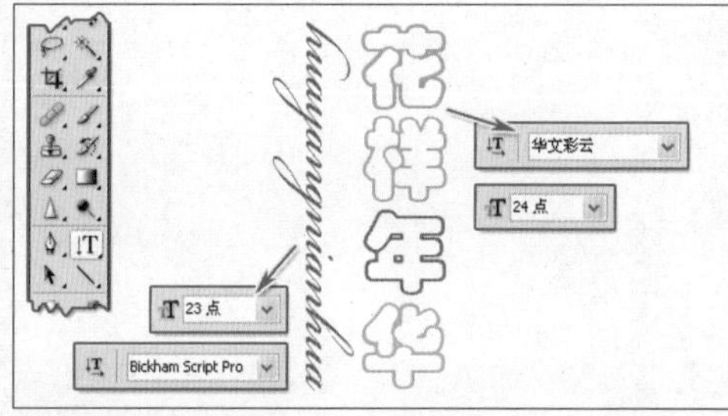

图6-1 横排文字和直排文字

2. 创建文字选区

选择工具箱中的【横排文字蒙版工具】或【直排文字蒙版工具】，在图像窗口中单击鼠标，进入蒙版编辑状态，在闪烁的光标处输入文字，确认操作就可以得到文字的选区。可以像普通选区一样对文字选区进行填充颜色、描边、保存、修改及调整边缘等操作，如图6-2所示。

提示

改变文字颜色时，可单击工具箱中的【前景色】按钮，在【拾色器】对话框中设置。也可在【色板】或【颜色】调板中设定。

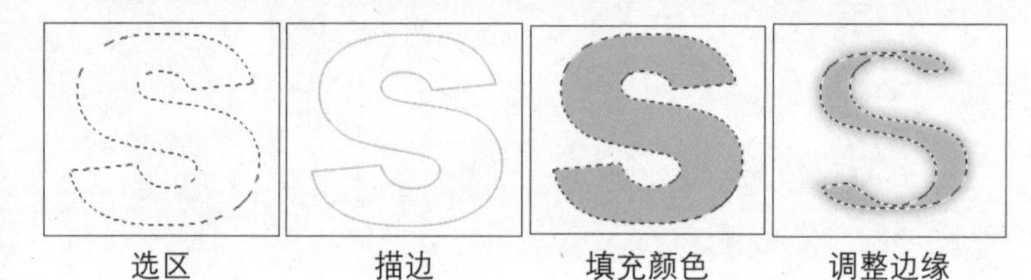

图6-2 创建文字选区

6.2 使用【字符】面板

在实际应用中，文字的排版很少直接在工具选项栏中更改选项，更多的是在【字符】面板中设置文字的格式。在该面板中，除了可以设置文字的字体、大小、颜色等属性外，还能设定更多的选项，例如更改文字的字间距、行距、缩放比例、基线偏移及文字样式等。执行【窗口】|【字符】命令或者选中已输入好的文字，按Ctrl+T快捷键可以打开【字符】面板，如图6-3所示。

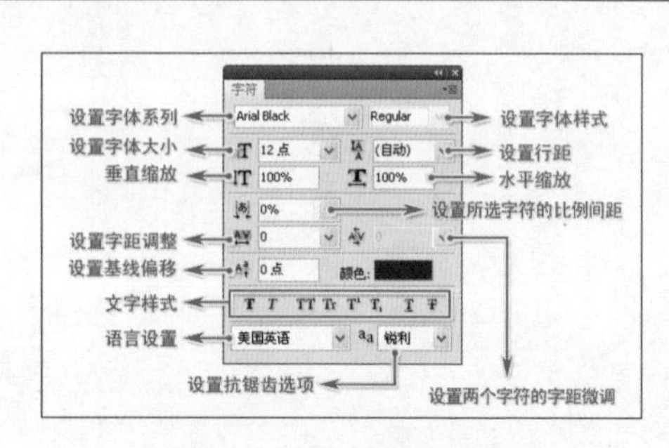

图6-3 【字符】面板

1．设置行距

【设置行距】用来控制文字行之间的距离，可以设为“自动”或输入数值进行手动设置。若为“自动”，行距将会随字体大小的变化而自动调整。手动设置还可以单独控制部分文字的行距，选中一行文字后，在【设置行距】中输入数值控制下一行与所选行的行距，如图6-4所示。

提示

选中文字，按住Alt键的同时配合使用↑、↓、←、→方向键可调整文字的字间距和行距。如果手动设置了行距，在更改字号后一般也要再次设置行距，如果间距设置过小会造成重叠，下一行文字将遮盖上一行。

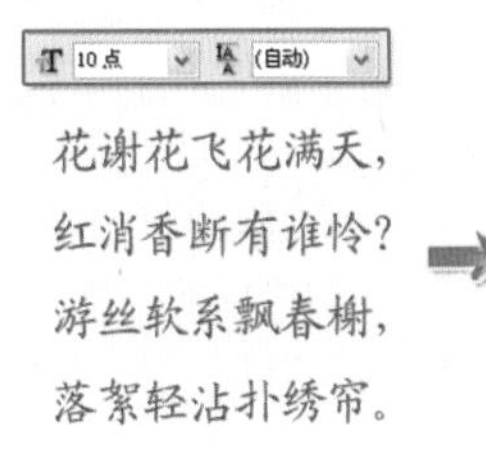

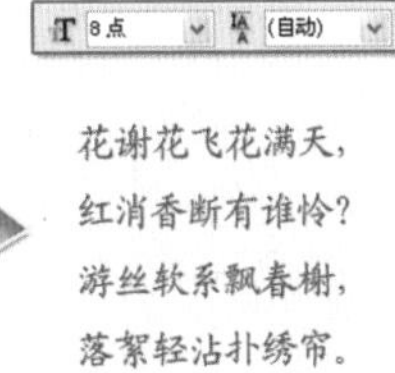

自动设置

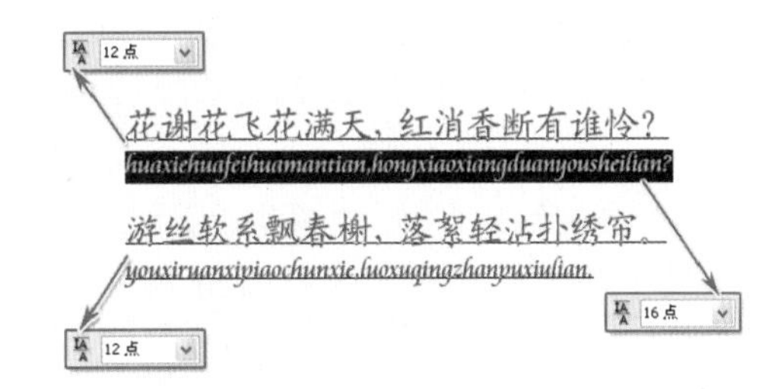

手动设置

图6-4　设置行距

2．设置文字缩放比例

【字符】面板中的【水平缩放】与【垂直缩放】用来改变文字的宽度与高度的比例，它相当于把文字进行伸展或收缩操作，如图6-5所示。

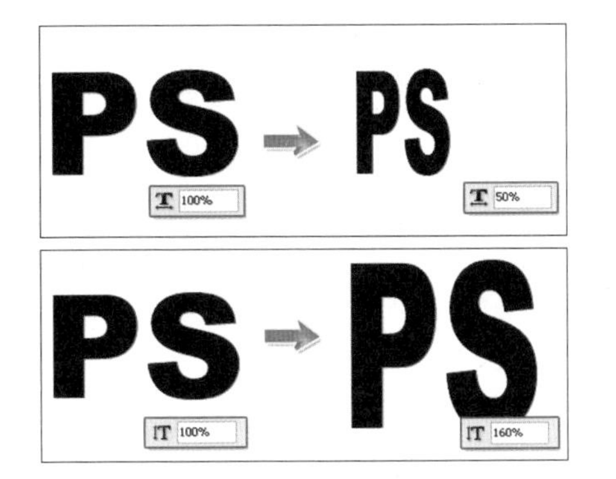

图6-5　设置文字的缩放比例

3．设置基线偏移

【字符】面板中的【设置基线偏移】用来控制文字与文字基线的距离，通过设置不同的数值，可以准确定位所选文字的位置。若输入正值，则水平文字上移，直排文字右移；若输入负值，则水平文字下移，直排文字左移，如图6-6所示。

4．使用文字样式

文字样式可以为字体增加加粗、倾斜、下划线、删除线、上标、下标等效果，即使字体本身不支持改变格式，在这里也可以强迫其改变。其中【全部大写字母】TT的作用是将文本中的所有小写字母都转换为大写字母，【小型大写字母】Tr也是将所有小写字母转换为大写字母，但转换后的字母将参照原有小写字母的大小，如图6-7所示。

图6-6　设置基线偏移

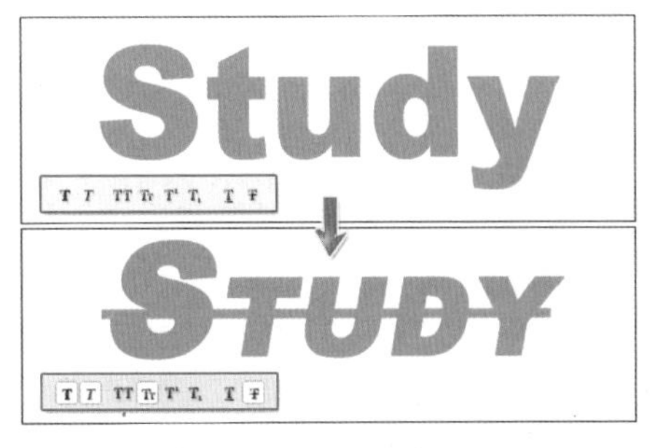

图6-7　设置文字样式

提示

文字样式可以和字体样式同时使用，使文字得到更粗、更斜的效果。

6.3 使用【段落】面板

在文字排版中，当出现字数较多的文本时，可以创建文本框对其进行段落设置。执行【窗口】|【段落】命令，打开【段落】面板，可以设置文本段的对齐方式及段落微调等，如图6-8所示。以下使用横排文字为例做说明。

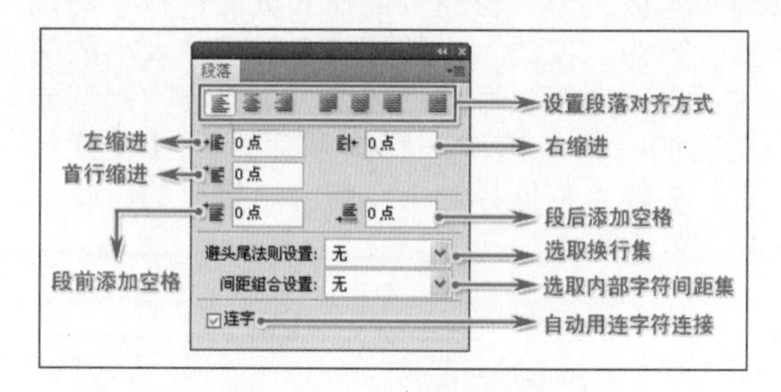

图6-8　【段落】面板

1．创建文本框

选择任意一个文字工具，在图像窗口中单击并拖拉出一个文本框，可将文字直接输入或从其他文档中复制到文本框，如图6-9所示。

文本框中的文字会按照文本框的大小自动换行。调整周围的控制点可改变文本框的大小。当文本框右下角出现一个加号时，表示文本框过小而未能完全显示文字。当鼠标移到任意一个控制点时，鼠标指针会变成旋转箭头，单击并拖动鼠标即可旋转文本框。

早晨，聚在那用绿的叶片上的一颗颗小露珠，晶莹透亮，像一颗颗璀璨的小珍珠撒在那翠绿的叶子上，叶子轻轻地摇动了几下，几颗小露珠就调皮地躲进了草丛，再也寻找不到它。露珠的身体很小，生命也很短暂，但它却是不平凡的，当夜幕笼罩的时候，它像慈母用乳汁哺育婴儿一样地滋润着禾苗；每当黎明到来的时候，它又最早睁开那不知疲倦的眼睛。
在月色中，露水悄悄地飘落着，土地上的万物都在贪婪地喝着露水，太阳从东方升起来，钻石般的大颗露珠在各种植物的叶片上闪闪发光，就像躲在草丛中的顽皮小孩，在那里眨巴着大眼睛。

图6-9　创建文本框

技巧

按住Ctrl键的同时拖动文本框四角的控制点，可以将文本框与文字同时放大或缩小，配合Shift键的使用可进行等比缩放。

在这里将使用文字工具直接输入的文本叫点文本，创建文本框输入的文本叫段落文本。执行【图层】|【文字】|【转换为点文本】命令或【图层】|【文字】|【转换为段落文本】命令可将点文本与段落文本互相转换。

2．设置段落文本的对齐方式

当出现大量文本时，最常用的就是使用文本的对齐方式进行排版。【段落】面板中的【左对齐文本】、【居中对齐文本】和【右对齐文本】是所有文字排版中3种最基本的对齐方式，它是以文字宽度为参照物使文本对齐。而【最后一行左对齐】、【最后一行居中对齐】和【最后一行右对齐】是以文本框的宽度为参照物使文本对齐。【全部对齐】是所有文本行均按照文本框的宽度左右强迫对齐，如图6-10所示。

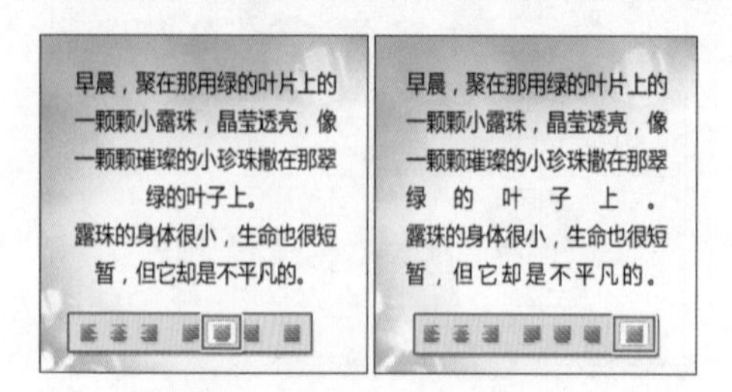

图6-10　设置段落对齐

注意

设置段落文本对齐时应全部选中所要进行操作的段落，否则Photoshp仅对鼠标光标当前所在的段落进行对齐。

3．设置段落微调

设置段落微调可以对多个段落之间进行调整。【左缩进】和【右缩进】用来指定文字段落的边界与文本框之间的左右距离。【首

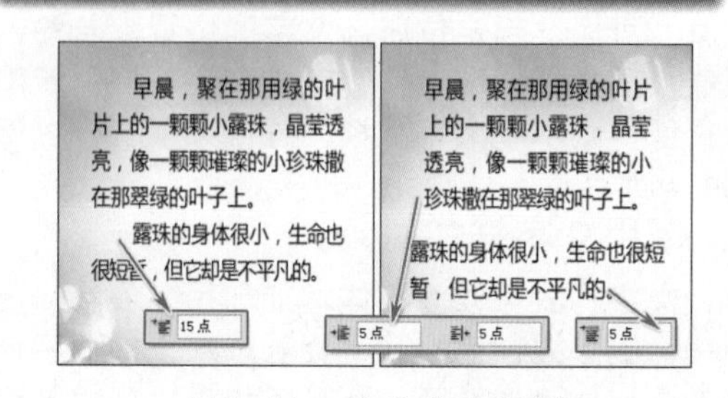

图6-11　设置段落微调

行缩进】用于指定每段文本的首行向内缩进的距离，例如在中文的书写规则中，经常会用到每段的首行缩进两个汉字，这里只需要选中段落文本，输入两个汉字的缩进距离即可。【段前添加空格】和【段后添加空格】用来指定段落之间的距离，如图6–11所示。

6.4 更改文字外观

在设计杂志、宣传册或平面广告中，漂亮的文字外观更能增加整个版面的美感。可以通过更改文字的方向、制作变形文字、将文本转换为路径后做出特殊效果等为文本添加更多的编辑。

1. 更改文字方向

单击工具选项栏中的【更改文本方向】按钮或在【字符】面板中单击右端的下三角按钮，选择【更改文本方向】选项可以将水平方向的文字改为垂直方向或将垂直方向的文字改为水平方向，如图6–12所示。

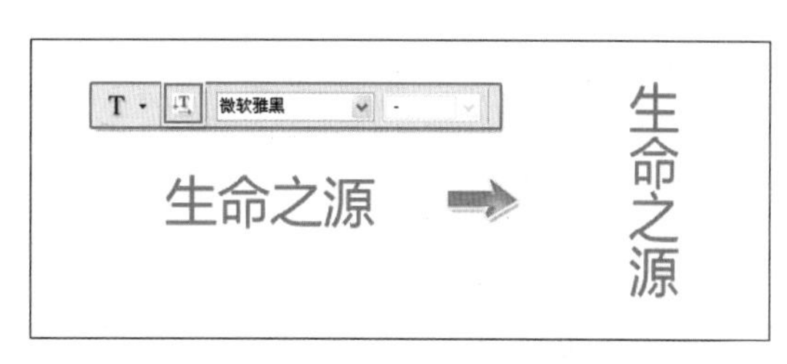

图6–12　更改文字方向

2. 为文字添加变形

执行【图层】|【文字】|【文字变形】命令或单击工具选项栏中的【创建文字变形】按钮，打开【变形文字】对话框，可以对单个文字或文本进行不同形状的变形，如图6–13所示。

注意

当文字图层中的文字执行了【仿粗体】命令时，不能使用【创建文字变形】命令。

图6–13　变形文字

3. 将文本转换为路径

选中文字图层，执行【图层】|【文字】|【转换为形状】命令，可将文字图层转换为形状图层。执行【图层】|【文字】|【创建工作路径】命令，可创建文字轮廓的路径，结合使用【直接选择工具】可调整字体的形状，如图6–14所示。

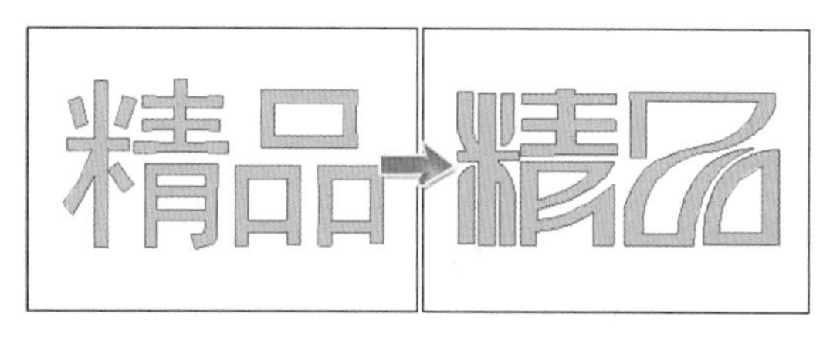

图6–14　将文本转换为路径或形状

6.5 创建文字绕排路径

文字可以依照开放或封闭的路径来排列，从而满足不同的排版需求。可以使用创建路径的工具绘制路径，然后沿着路径输入文字，并且可以根据需要更改文字的格式。在这里使用Photoshop自带的形状图形来创建文字绕排路径。

1. 创建文字绕路径

创建路径后，将文字工具停留在路径上，当光标变为 时，便可输入文字。文字可绕路径内侧或外侧排列，将【路径选择工具】 放在起点或终点标记处，当光标带有黑色小箭头时向路径的另外一侧拖动，文字的显示位置即可改变，并且可以改变起点与终点的位置，如图6-15所示。

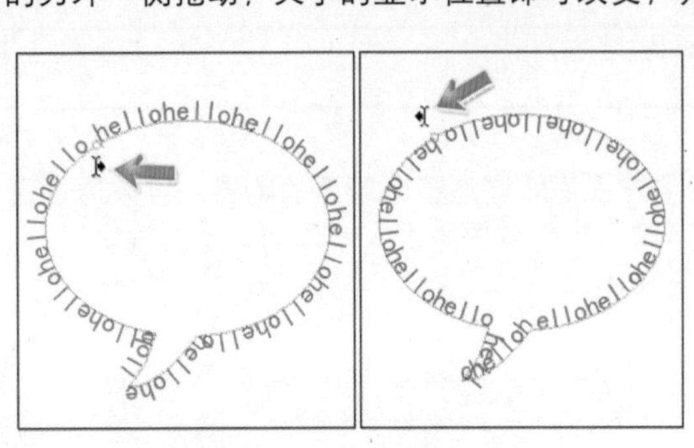

图6-15　文字绕路径

> **注意**
>
> 创建文字绕排路径后，文字会随着路径的改变而自动改变，并且只有当文字图层被激活时才显示路径。

2. 创建路径排版文字

将文字工具停留在路径内部，当光标变为 时，可在路径内部输入文字。当终点标记出现加号时，说明文字内容未显示完全，如图6-16所示。

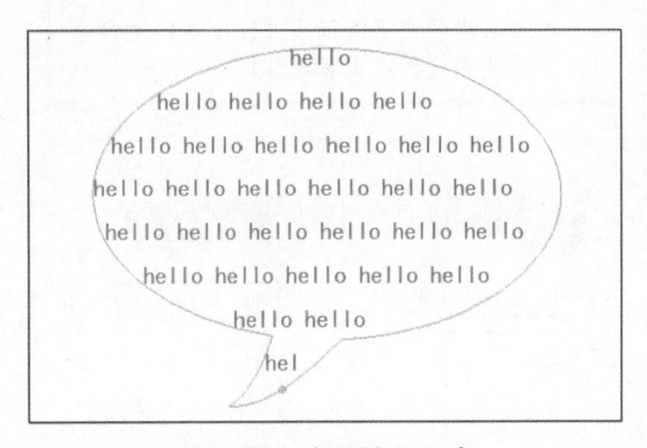

图6-16　路径排版文字

3. 编辑绕排文字

在封闭的路径内输入的文字不整齐时，可通过【字符】面板和【段落】面板设置文本格式，在此处与文本框的设置方法相同，如图6-17所示。

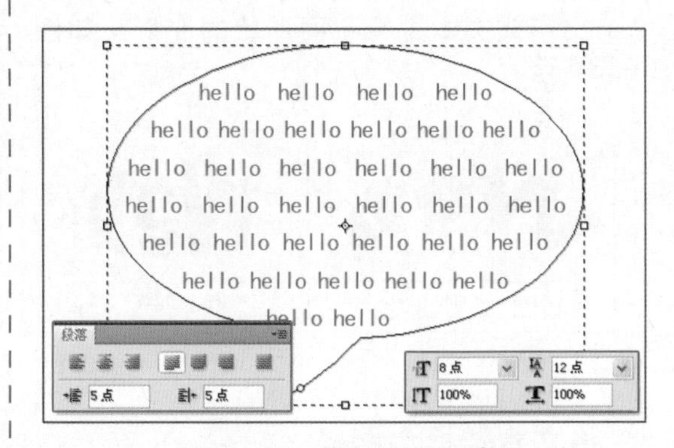

图6-17　编辑绕排文字

6.6　实例：海底舞动的文字

在设计过程中，将文字绕路径排列可以做出许多意想不到的效果。本实例是将文字绕路径排列后再做变形，通过改变文字的色彩对比及不同路径的夸张效果得到一幅在海底舞动的文字的艺术作品，如图6-18所示。由于构图需要，在背景上添加同样的路径变形文字做修饰，并在右边中间部位输入说明文字突出主题，以便达到更好的视觉效果。本实例主要运用了文字绕路径及文字变形的创建方法。

图6-18　操作流程图

操作步骤：

STEP|01　新建大小为1024×768像素的文档，并将背景图层填充为深蓝色渐变，如图6-19所示。

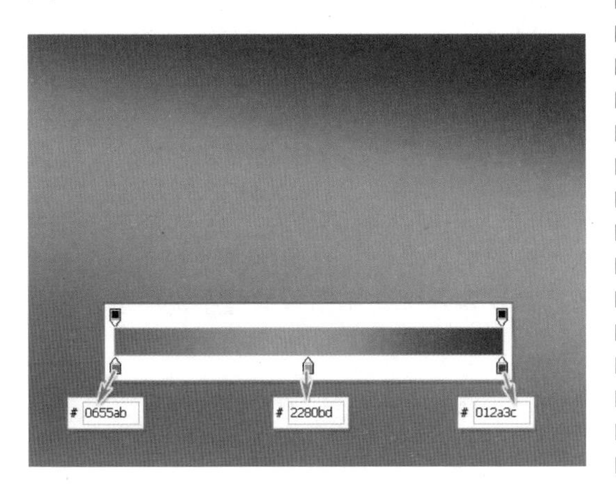

图6-19　填充背景

STEP|02　绘制S形路径，并使用【横排文字工具】T在路径上输入任意的英文字母，创建文字绕路径，如图6-20所示。

STEP|03　单击工具选项栏中的【创建文字变形】按钮，打开【变形文字】对话框。将【样式】设为"膨胀"，并设置【弯曲】及【垂直扭曲】的数值，如图6-21所示。

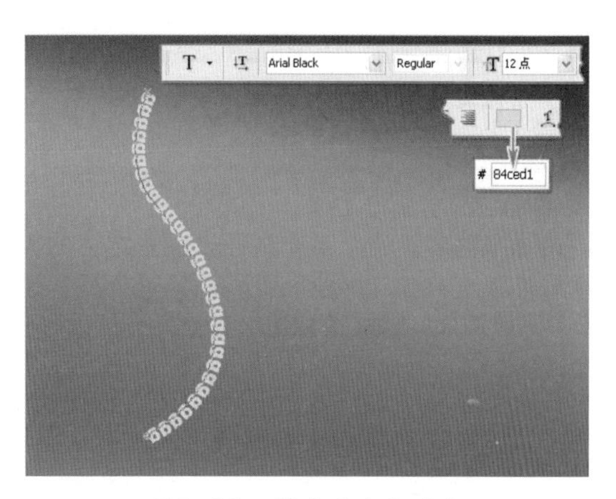

图6-20　创建文字绕路径

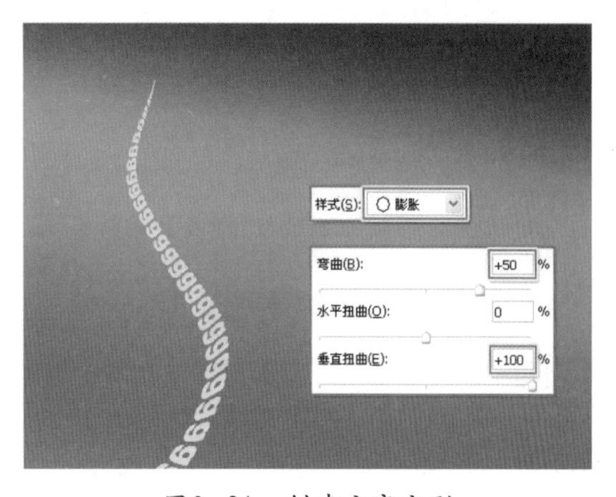

图6-21　创建文字变形

STEP|04 使用上述方法分别创建不同的路径，设置字体大小和颜色，制作出其他的文字绕路径，并且创建相同的文字变形，如图6-22所示。

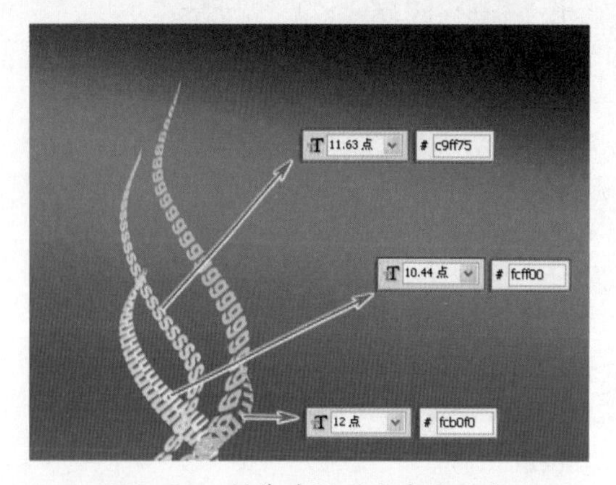

图6-22 制作其他的文字绕路径

提示

可以通过复制、粘贴文字图层，更改路径或字体的大小和颜色来得到新的文字绕路径。

STEP|05 创建新的文字绕路径，设置字体的大小及颜色，并对文字进行变形，将【样式】设置为“增加”，设置参数值，如图6-23所示。

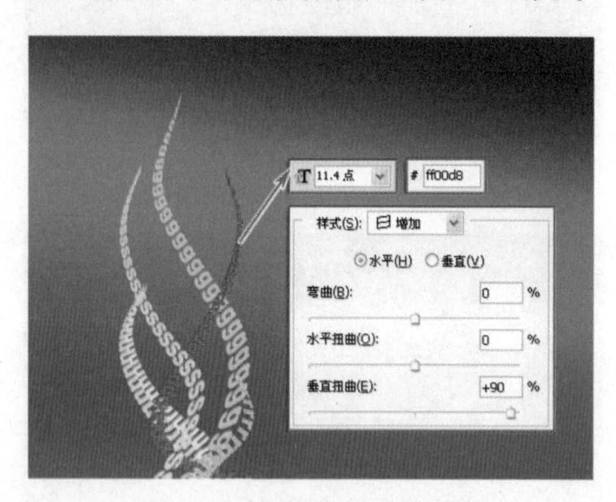

图6-23 创建新的文字变形

STEP|06 使用上述相同方法创建另外两个相同变形的文字绕路径，如图6-24所示。

STEP|07 在图像右下方创建文字绕路径，在【变形文字】对话框中将【样式】设置为“上弧”，并将该文字图层的不透明度设置为45%，如图6-25所示。

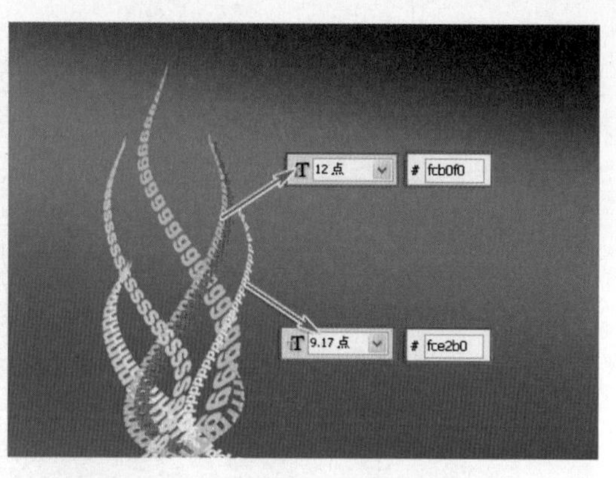

图6-24 创建相同的文字变形

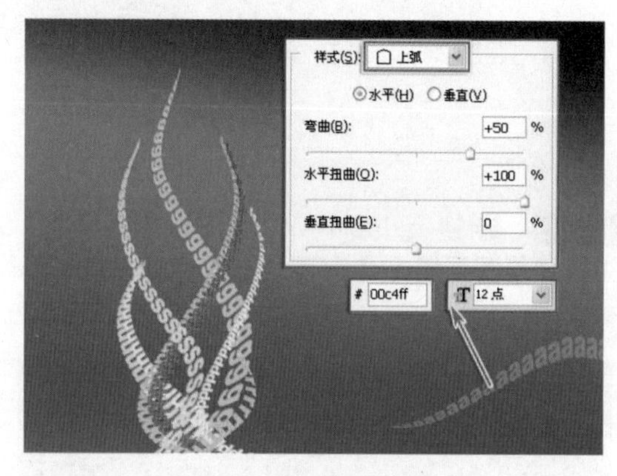

图6-25 制作修饰文字

STEP|08 分别在图像的右上角和左下角创建两个椭圆形的路径，设置路径文字的颜色为白色，并设置两个文字图层的【不透明度】分别为10%和20%，如图6-26所示。

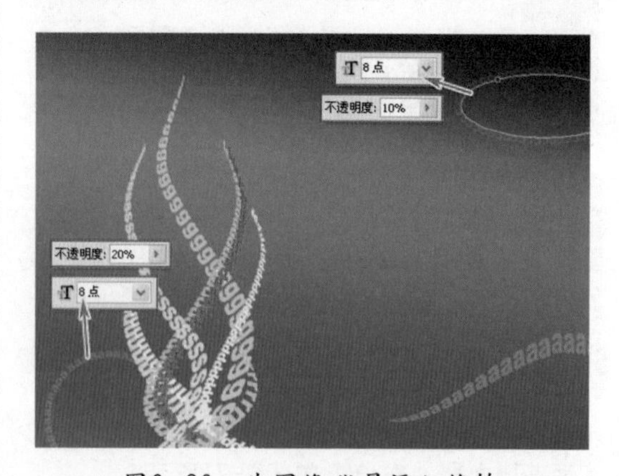

图6-26 为图像背景添加修饰

提示

通过对【变形文字】对话框中的样式和数值的不同设定，读者可根据自己的需求创作出更满意的效果。

STEP|09　使用【横排文字工具】T在图像中间偏右位置输入说明文字，将文字设置为白色。并打开【变形文字】对话框，将【样式】设为“波浪”，如图6-27所示。

图6-27　制作波浪文字

STEP|10　将做好的波浪文字复制一份，并执行【编辑】|【变换】|【垂直翻转】命令，调整位置及不透明度，如图6-28所示。

图6-28　复制波浪文字

6.7 实例：文字标志设计

文字标志以其文化性、时尚感及表形表义的双重作用在标志“家族”中占据重要的位置。许多著名大公司都采用文字作为公司的标志，如世界十大著名企业及著名商标中，有一半都是采用文字作为标志的。

本实例文字标志设计是利用字母的变形制作而成的。首先在图像中输入字母，并利用【自由变换】命令将文字缩放成适当的大小，然后将字母转换为形状，并使用路径编辑工具组对形状进行调整，将两个字母组合在一起，如图6-29所示。本实例主要使用【横排文字工具】T、【直排文字蒙版工具】、【自由变换】命令及【转换为形状】命令等。

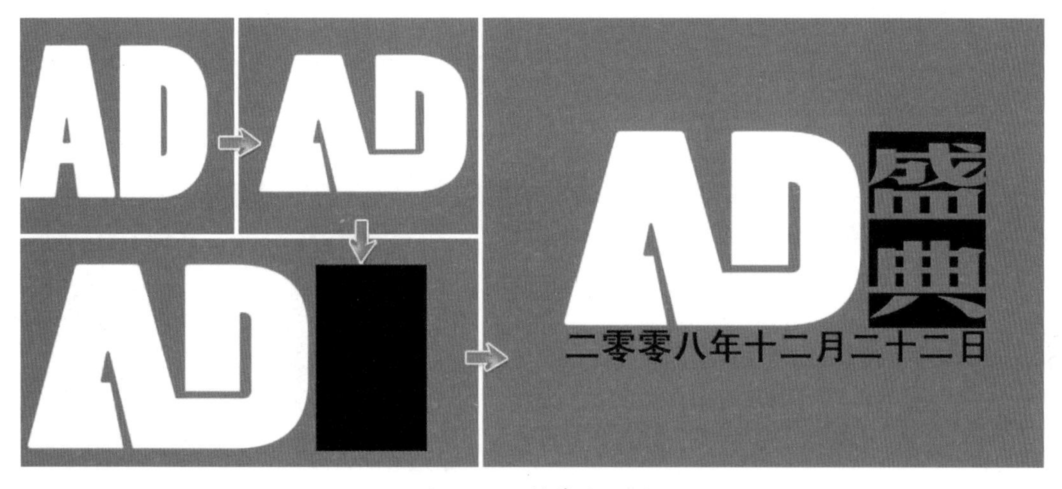

图6-29　制作流程图

操作步骤：

STEP|01　新建文档，使用玫红色将背景填充，使用【横排文字工具】T输入文本，如图6-30所示。

图6-30　输入文本

STEP|02　执行【编辑】|【自由变换】命令，参照图6-31所示适当缩小图像。

图6-31　缩小文字

STEP|03　执行【图层】|【文字】|【转换为形状】命令，将文字转换为形状，以方便下面对文字进行变形处理，如图6-32所示。

图6-32　转换为形状

提示

在将文字转换为形状之前，可先将文字图层复制一份，作为副本保留，以便于后期再次使用时可以直接调用。

STEP|04　使用路径编辑工具组中的工具对形状进行调整，制作出变形字母效果，如图6-33所示。

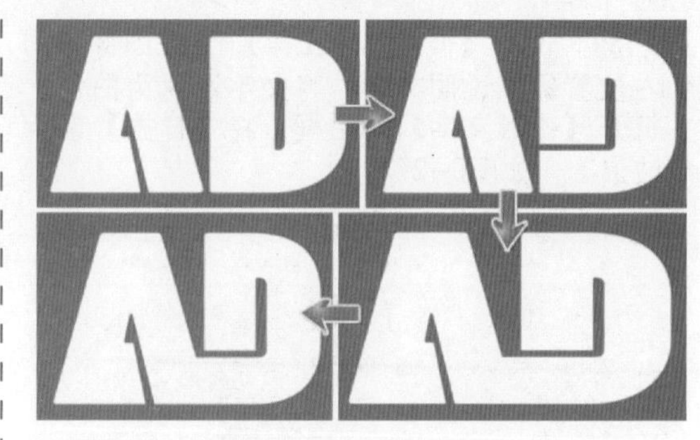

图6-33　编辑形状

提示

在此处将文字创建为工作路径进行编辑，然后在新图层中填充颜色可以得到同样的效果。

STEP|05　新建图层，使用【矩形选框工具】绘制黑色的矩形图像，如图6-34所示。

图6-34　绘制黑色矩形

STEP|06　使用【直排文字蒙版工具】在黑色矩形上单击，输入文字，然后将选区内的黑色部分删除，如图6-35所示。

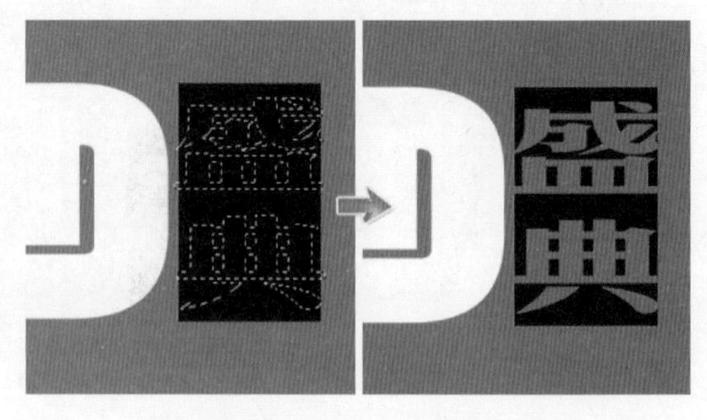

图6-35　添加直排文字

STEP|07　在画面中添加文字装饰，完成标志设计的制作。

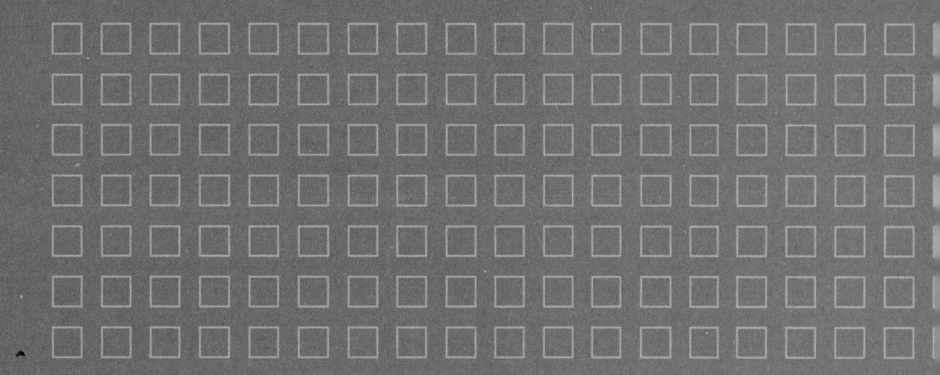

图层样式

图层样式是附加于图层内容上的一种特殊效果，其效果丰富、操作方便。使用这些样式可以为图像、文字或是图形添加阴影、发光或是浮雕等效果。在以往需要操作多个步骤才能制作出的效果，在这里设置几个参数就可以轻松完成。因此，图层样式成为了Photoshop中应用非常广泛的一部分。

如今，随着Photoshop版本的不断升级，Photoshop图层样式的功能越来越强大、种类越来越多，但对于用户来说其参数设置也比较多。本章将讲解Photoshop中各种图层样式和它们的使用方法。通过对本章的学习，用户可以掌握每种样式的参数含义和设置技巧，从而可以为灵活应用图层样式打下良好的基础。

7.1 图层样式概述

Photoshop提供了10种可供选择的样式，这些样式可以应用于图层的一种或多种效果，还可以更改图层内容的外观，并且添加的图层样式不会对图层内容造成损失。

选择除“背景”图层以外的任意图层，执行【图层】|【图层样式】|【混合选项】命令，打开【图层样式】对话框，如图7-1所示。

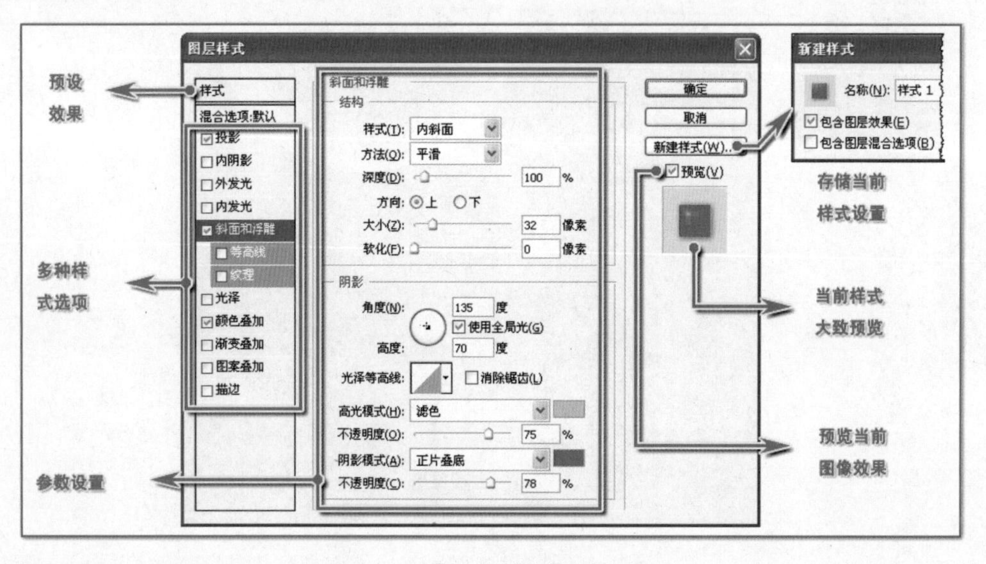

图7-1 【图层样式】对话框

当为图层添加图层样式后，可以通过双击图层右侧的【添加图层样式】fx按钮，或是直接双击添加的图层样式，打开对话框并修改样式。添加的样式作为图层内容存储在图层中，并可以随时将存储的参数调出以修改图层样式的效果，或是隐藏某个或全部样式，如图7-2所示。也可以随时对其进行删除操作。

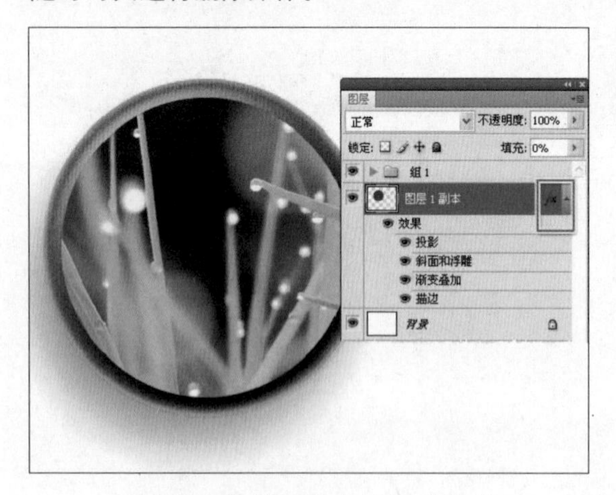

图7-2 图层面板中的图层样式

如果设置的样式要反复大量地使用，还可以将设置好的样式保存在【样式】面板中，以方便重复使用，如图7-3所示。

提示

“背景”图层不能直接应用图层样式，可以通过双击“背景”图层，将该图层转换为普通图层，然后为该图层添加图层样式。

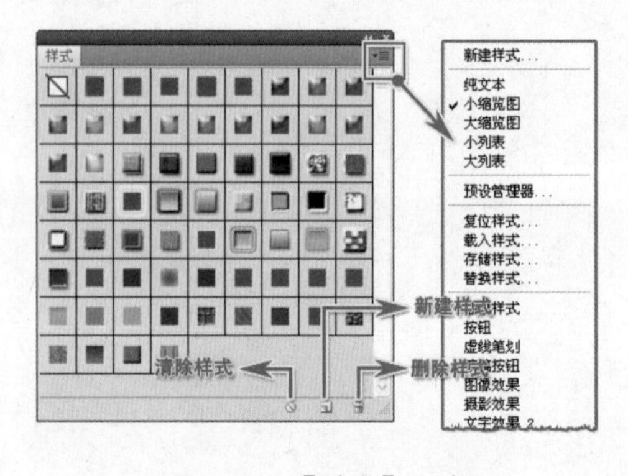

图7-3 【样式】面板

移动或编辑图层内容时，修改的内容中会应用相同的效果。例如对文本图层应用投影效果，当再次在该文本中添加新内容时，将自动为新文本添加阴影。

7.2 图层样式的应用技巧

Photoshop中的图层样式类似于模板，可以重复使用。也可以像操作图层一样对其进行调整、复制、删除等操作，还可以对图层样式进行缩放效果。因此，掌握图层样式的应用技巧将会给用户的设计创作带来很大的方便性和灵活性，也可以大大提高设计创作的工作效率。

1. 在预设样式的基础上调整样式

在应用图层样式时，如果【样式】面板中的某一种预设样式仅有部分效果能够满足需要，用户完全可以在该样式的基础上修改样式，然后将修改后的样式应用到图层中。例如，创建一个圆形选区，并填充为红色，并在预设样式中选择一个样式，如图7—4所示。

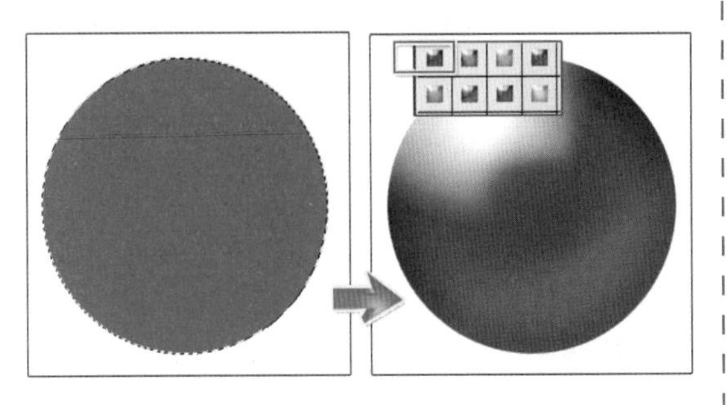

图7—4　应用预设样式的效果

然后在【图层】面板中双击此图层，打开【图层样式】对话框，并调整其中的“斜面和浮雕”样式的参数，结果如图7—5所示。

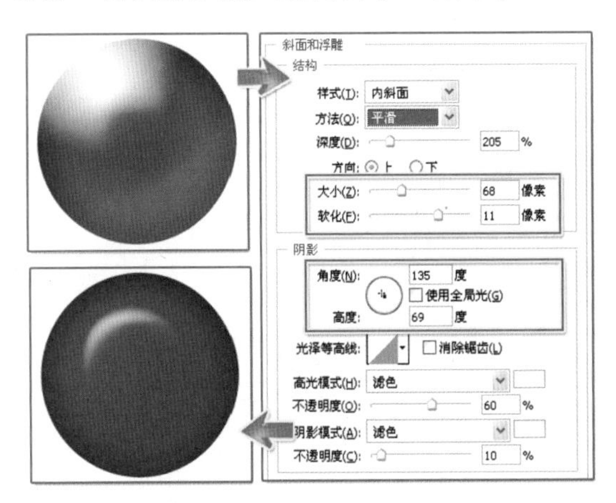

图7—5　调整预设样式后的效果

同样还可以通过调整“颜色叠加”样式，得到不同颜色的按钮效果，如图7—6所示。同样对于其他的预设样式，也可以通过调整其参数，以创建出符合需要的效果。

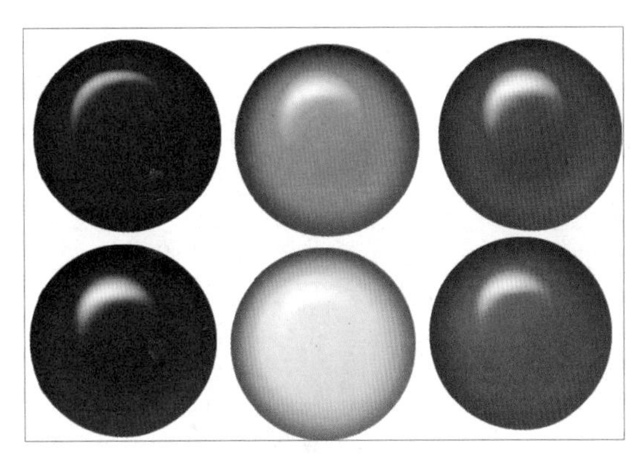

图7—6　调整“颜色叠加”样式后的效果

2. 复制与转移样式

在进行图形设计过程中，经常遇到多个图层可以使用同一个样式，或者需要将已经创建好的样式，从当前图层移动到另外一个图层上去。这样的操作在【图层】面板中通过按住相应功能键即可轻松完成。

当需要将样式效果从一个图层复制到另一个图层中时，只需按住Alt键的同时拖动样式到另一个图层中即可，如图7—7所示。

当需要将一个样式效果转移到另一个图层中时，按住Shift键拖动样式到另一个图层中，即可将样式转移到另一个图层中，如图7—8所示。

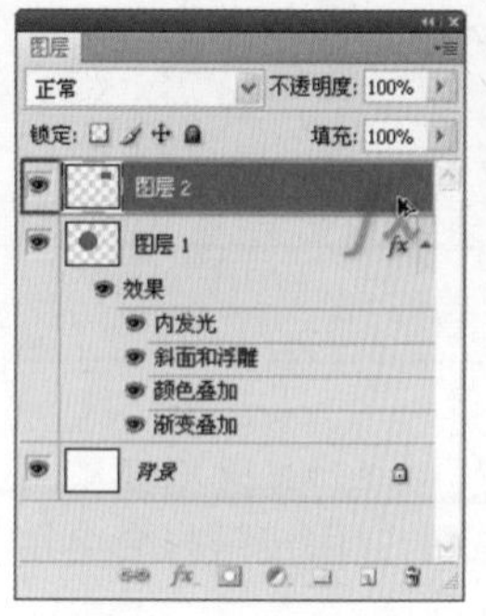
按住Alt键拖动样式

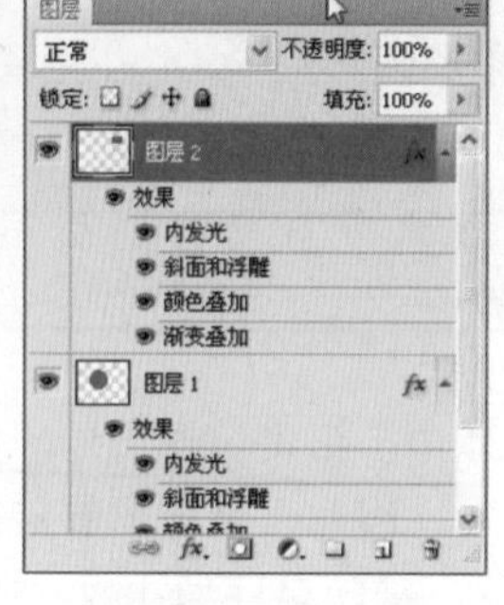
复制样式后的效果

图7-7 复制图层样式

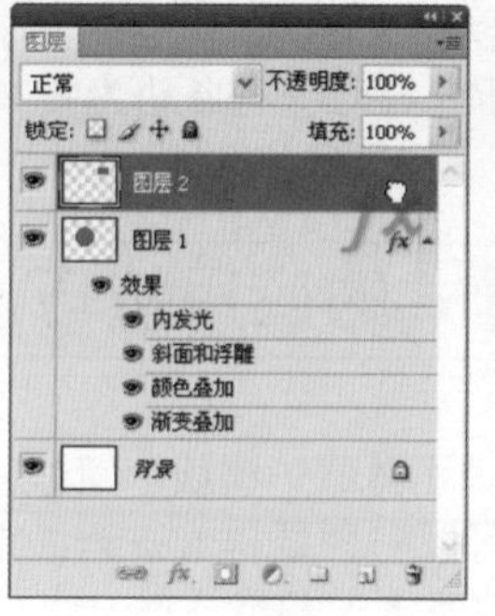
按住Shift键拖动样式

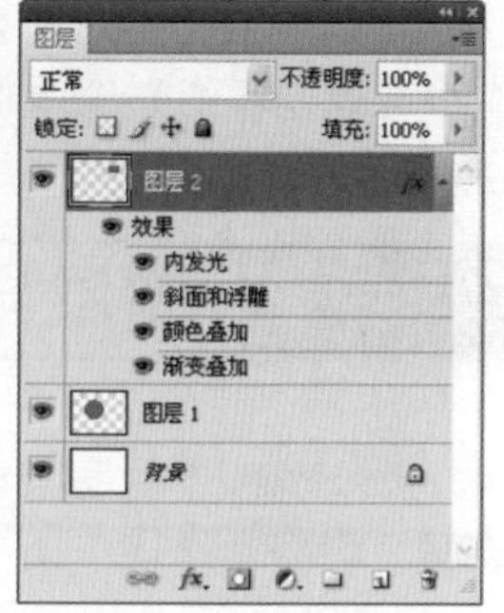
转移后的样式

图7-8 转移图层样式

3. 删除样式中的效果

为图层添加了样式后，当不需要样式列表中其中一个或多个效果时，用户可以在【图层】面板中拖动不需要的效果到【删除图层】按钮 上将其删除。此时，该样式效果在图像中产生的作用也会消失，如图7-9所示。

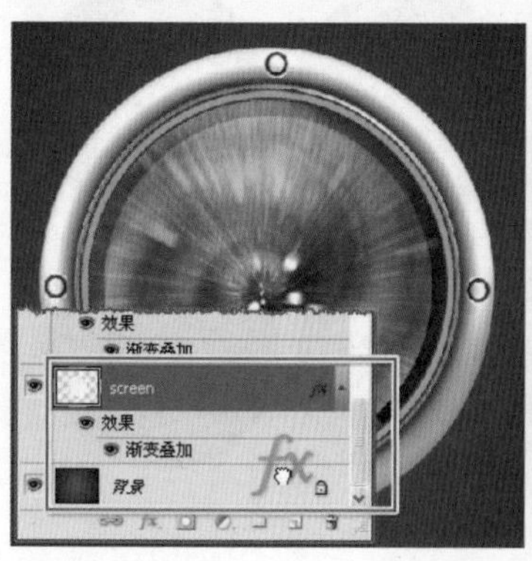

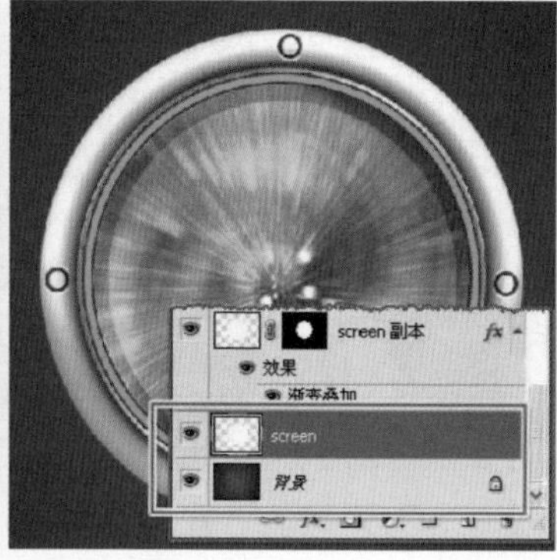

图7-9 删除样式后的效果

技巧

在设置“投影”、“内阴影”、“纹理”、“光泽”、“渐变叠加”和“图案叠加”样式时，将光标移到图像中，光标会显示为移动工具图标 ，单击并拖动鼠标可以任意调整效果的位置，这种调整方法要比调整参数更为直观，也更灵活。

7.3 混合选项

混合选项也是图层样式的组成部分，通过调整它里面的选项可以将独立的不同图层混合制造出特定效果。同时，通过它也可以制造质地纹理、阴影和高光等。

在【图层样式】对话框左侧列出的选项的最上方就是“混合选项：默认”，如果用户修改了右侧的选项，其标题将会变成“混合选项：自定义”。通常，该面板分为常规混合、高级混合和混合颜色带3个部分，如图7-10所示。

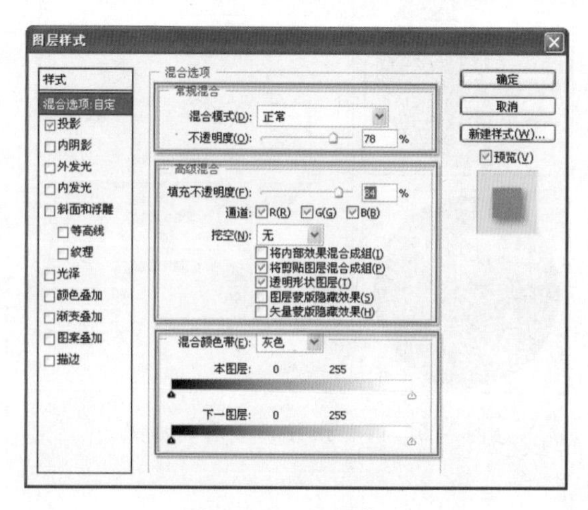

图7-10 混合选项

其中，【常规混合】选项组包括了混合模式和不透明度两项，这两项是调节图层最常用到的，是最基本的图层选项。它们和图层面板中的混合模式和不透明度是一样的，这里就不再详细介绍了。本节着重对后两个选项组进行详细的讲解。

1．高级混合

【高级混合】选项组中的选项可以对图层进行更多的控制。其中，各选项的功能和含义如下。

- **填充不透明度**　该选项只影响图层中绘制的像素或形状，对图层样式和混合模式不起作用；而图层不透明度可以对混合模式、图层样式和图层内容同时起作用，即降低图层不透明度时，图层样式、混合模式和图层内容的不透明度同时降低。使用填充不透明度可以在隐藏文字的同时依然显示图层效果，这样可以创建出隐形的投影或透明浮雕效果，如图7－11所示。

图层不透明度100%　图层不透明度50%　图层不透明度10%　图层不透明度0%

填充不透明度100%　填充不透明度50%　填充不透明度10%　填充不透明度0%

图7－11　图层不透明度和填充不透明度的区别

- **通道**　该选项用于在混合图层或图层组时，将混合效果限制在指定的通道内，未被选择的通道被排除在混合之外。图7－12为白色的蝴蝶图层与黑色背景图层的混合效果，每禁用一个通道，都会生成其颜色的相反色调。

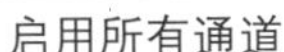

启用所有通道　禁用红色通道　禁用绿色通道　禁用蓝色通道

图7－12　使用通道生成的混合效果

- **挖空**　该选项决定了目标图层及其图层效果是如何穿透图层或图层组，以显示其下面图层的。在【挖空】下拉列表框中包括有【无】、【浅】和【深】3种方式，分别用来设置当前层挖空并显示下面层内容的方式。下面通过一个实例来演示各个方式的功能及可以表现的效果。

提示

在默认情况下，混合图层或图层组时包括所有通道，图像类型不同，可供选择的混合通道也不同。用这种分离混合通道的方法可以得到非常有趣和有创意的效果。例如，在将调整图层或多个图像混合在一起时，限制混合通道会产生生动的结果，如增强微弱的高光或展示暗调部分细节。

在【图层】面板中将“图层1”的不透明度设为100%，填充不透明度为0%，在“图层1”下面新建“图层2”，并填充“常春藤叶”图案；然后将“图层1”和“图层2”进行编组为“组1”；最后在“背景”层上新建“图层3”，并填充绿色。接下来，打开“图层1”的混合选项，通过设置不同的挖空方式，以观察其效果，如图7-13所示。

注意

如果没有“背景”层，那么挖空则一直到透明区域。另外，如果希望创建挖空效果的话，需要降低图层的填充不透明度，或是改变混合模式，否则图层挖空效果不可见。

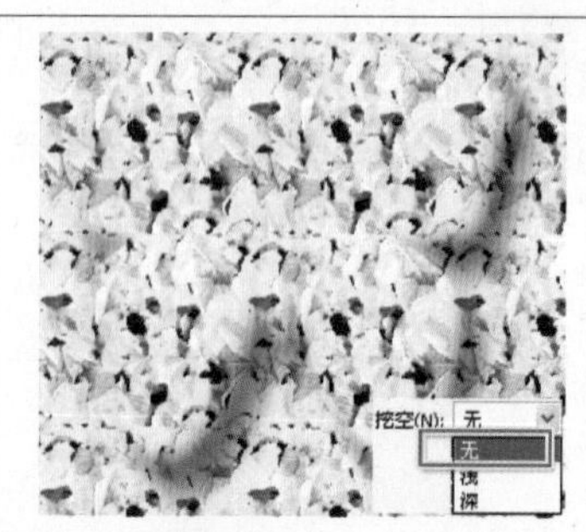

设置为“无”，即没有特殊效果，图像正常显示。

设置为“浅”，将会挖空到第一个可能的停止点，这里到“图层2”停下来，蝴蝶形状显示为绿色。

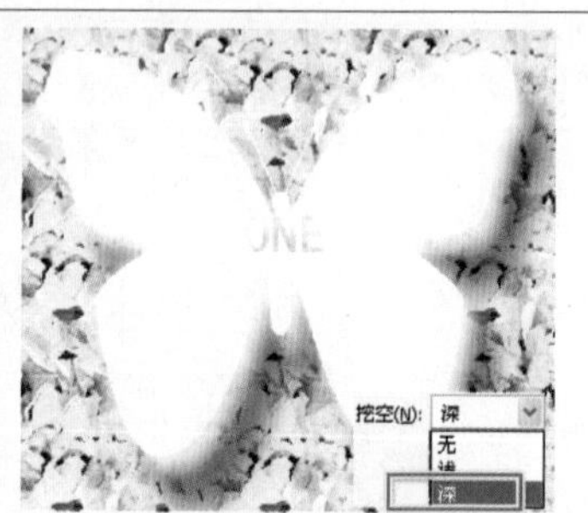

设置为“深”，挖空将穿透所有的图层，直到背景层。

图7-13　设置3种挖空方式表现的效果

将内部效果混合成组　一般来说，改变图层的混合模式并不会影响到图层效果的外观，图层效果处于所应用图层的顶端，图层会与下面的图层混合，但图层效果却不会。启用该复选框可以使内部图层效果如内发光、所有类型的叠加和光泽效果连同图层内容一起，被图层混合模式所影响，如图7-14所示。需要注意的是，该复选框只对上面几种类型的图层效果有效，不能作用于其他类型的图层效果。

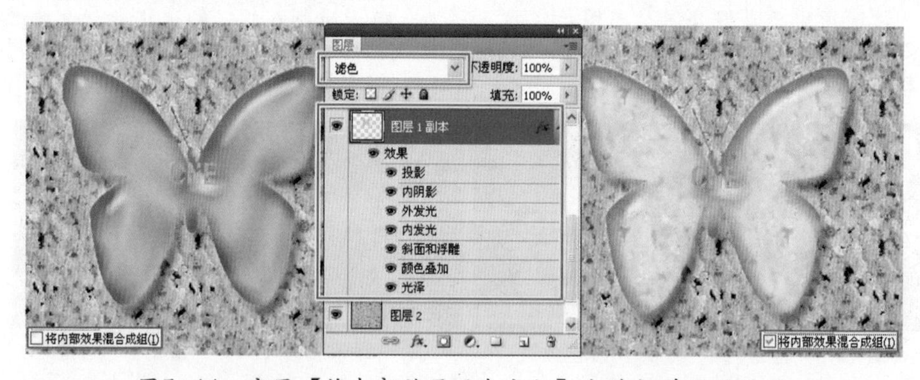

图7-14　启用【将内部效果混合成组】复选框前后的效果

将剪贴图层混合成组　通常情况下，剪贴组中的图层会被应用最底层图层的混合模式。而将剪贴图层混合成组保持了将基底图层的混合模式应用于剪贴组中的所有图层这种混合方式。这一复选框在默认状态下是被启用的，如果将它禁用，那么剪贴组中基底图层的混合方式只能作用于该图层，如图7-15所示。该复选框不会直接影响图层效果。

透明形状图层　该复选框用于将图层效果或挖空限制在图层的不透明区域中。在默认情况下，该复选框是被启用的。如果禁用该复选框，那么图层效果或挖空将对整个透明图层而非只对含有像素的不透明度区域起作用，即图层效果将作用于图层的全部范围，包括对象周边的透明区域，如图7-16所示。

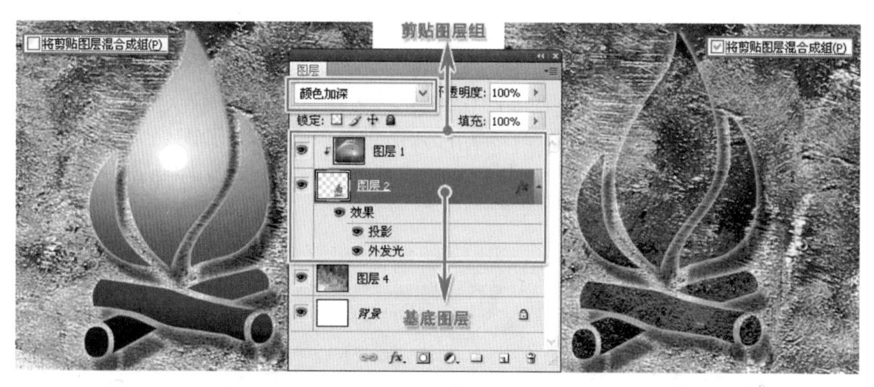

图7—15　启用【将剪贴图层混合成组】复选框前后的效果

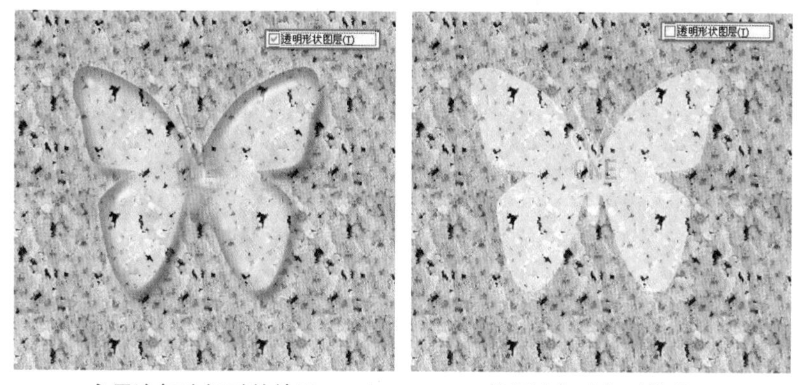

启用该复选框时的效果　　　　禁用该复选框时的效果

图7—16　启用【透明形状图层】复选框前后的效果

图层蒙版及矢量蒙版隐藏效果　这两个复选框都是用于把图层效果限制在蒙版所定义的区域。除了一个是针对含有图层蒙版的图层，一个针对含有矢量蒙版的图层外，其作用都是一样的。使用这些复选框可以控制图层效果是作用于蒙版所定义的范围还是整个图层的不透明区域，如图7—17所示。

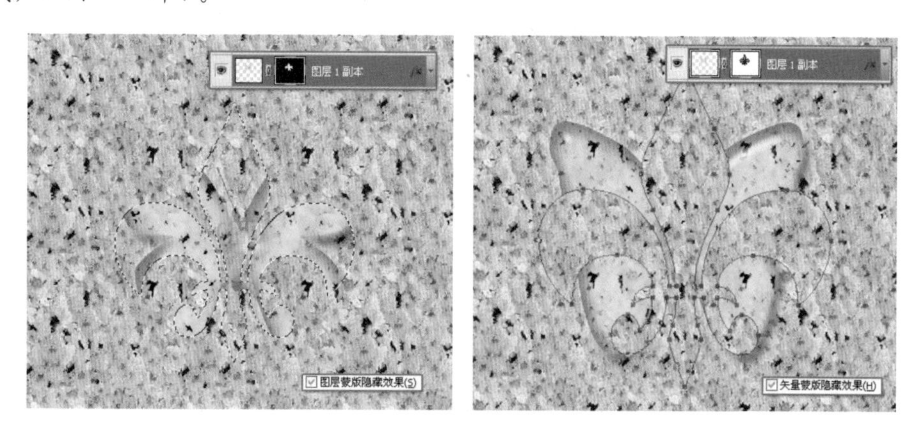

图7—17　启用【图层蒙版隐藏效果】复选框前后的效果

2. 混合颜色带

Photoshop中混合颜色带的作用与通道的作用相同，它们都是通过选取图像的像素来达到控制图像显示或隐藏的目的。所不同的是，使用混合颜色带时，用户拖动哪个滑条的滑块，实际上就是对滑条所代表图层的某个通道做某些修改，然后以这个被改变的通道为蒙版，控制图层的不透明度，以此进行图层混合。如果说图层混合模式是从纵向上控制图层与下面图层的混合方式，那么混合颜色带就是从横向上控制图层之间相互影响的方式。

在【混合颜色带】选项区域中有上下两个滑条。通过这两个滑条不但可以控制本图层的像素显示，还可以控制下一图层的显示。首先来看一下如何来控制本图层的显示。

在【混合颜色带】的下拉列表中，选择【灰色】选项，然后将本图层的黑色滑块拖到128色阶的位置上，白色滑块不动；接着再将白色滑块拖到225色阶的位置上，这两种设置的图像混合效果如图7-18所示。

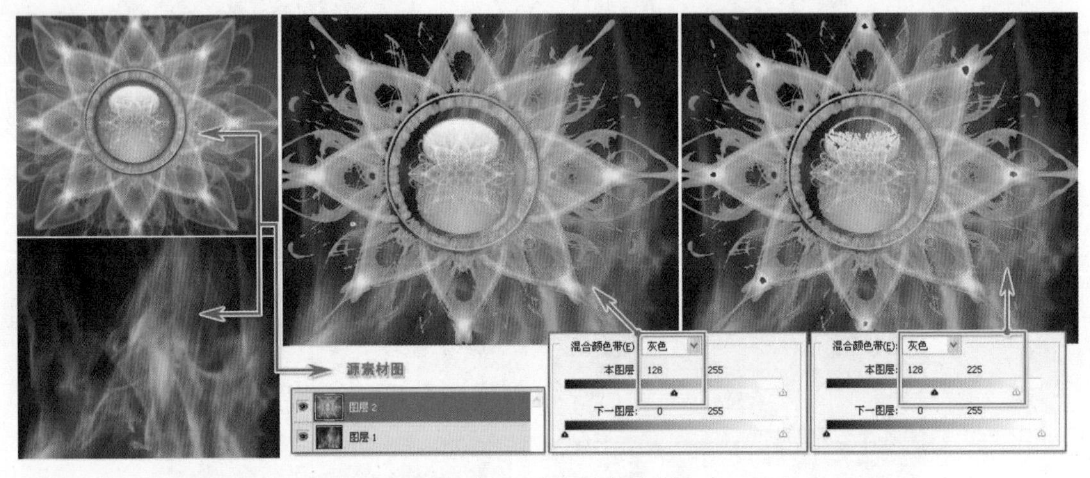

图7-18　图像混合效果

采用同样的方法，拖动下一图层的滑块，可以使下面图层中的像素显示出来。如果将“图层2”混合颜色带的下一图层亮度值范围设为128～225，那么在这一范围内的像素参与混合，被“图层2”所遮盖，而亮度值在0～128、225～255之间的像素不参与混合，透过图层2显示出来；亮度在128～225之间的像素则被图层2遮蔽，如图7-19所示。

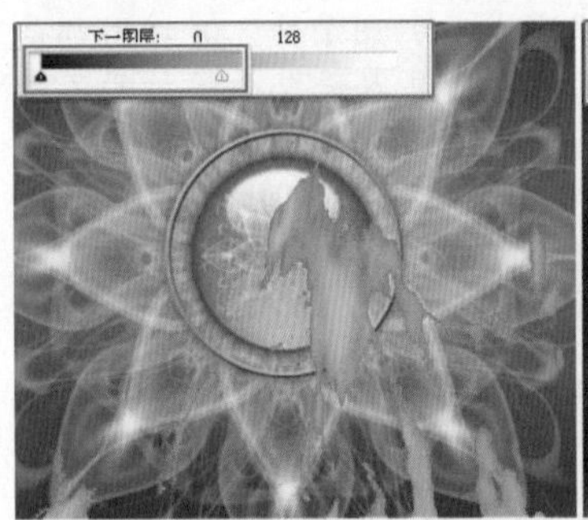

亮度值在0～128之间混合效果

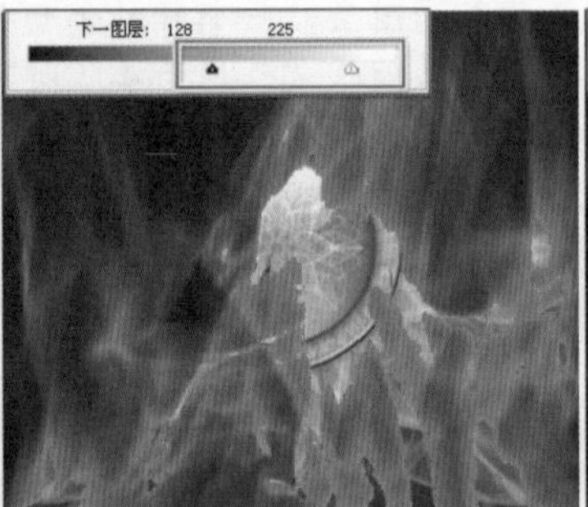

亮度值在128～225之间混合效果

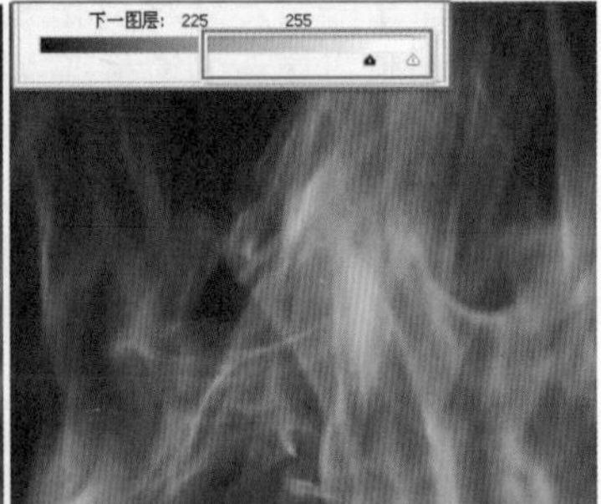

亮度值在225～255之间混合效果

图7-19　拖动下一图层的混合效果

有些时候，为了保证在混合区域和非混合区域之间产生平滑的过渡，可以采用部分混合的方法。要定义部分混合像素的范围，可以按住Alt键并将滑块拖移至滑条的一半位置处，这样混合的效果就不会过于生硬。

提示

在【混合颜色带】下拉列表中，除了“灰色”之外，还有“红”、“绿”、“蓝”3个选项，它们分别对应所在图层的“红”、“绿”、“蓝”颜色通道。如果选择它们之中的任意一个，则在图层混合中，是以该通道作为所在通道图层的蒙版的，并通过黑色滑块的移动修改这个蒙版，以决定该图层上的哪些像素被显示或被隐藏。

7.4 全局光对图层样式的影响

自然环境的光源位置和照射角度，将决定物体的高光点和阴影的位置。同样，在创作图像文件时，只有设置正确的光照角度和位置，才能使得效果更加逼真、形象。对于使用图层样式创建的效果，用户可以使用一个光照角度，则该角度将成为全局光源角度，这样可以在图像上呈现出一致的光源照明外观。

图层样式中的【使用全局光】功能，就是用于控制物体光照角度的。启用该复选框时任何其他效果将自动继承相同的角度设置。例如对“图层1”、“图层2”和“图层3”的投影效果都启用了【使用全局光】复选框，如图7-20所示。

接下来，改变“图层1”投影效果的全局光角度，可以看到调整的结果对其他两个图层的投影效果也产生了同样的作用，如图7-21所示。

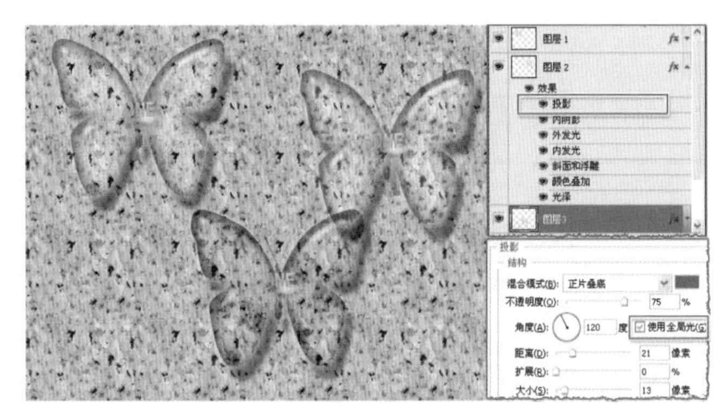

图7-20　对图层使用全局光

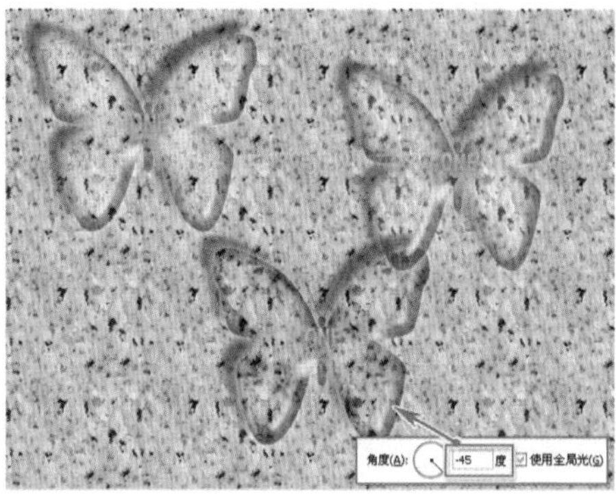

图7-21　改变全局光角度后的效果

如果对某一个样式禁用【使用全局光】复选框，则设置的光照角度将成为局部的，并且仅应用于该效果。

7.5 等高线对图层样式的影响

在创建图层样式时，使用等高线可以控制“投影”、“内阴影”、“内发光”、“外发光”、“斜面和浮雕”以及“光泽”效果在指定范围上的形状。例如，将投影效果的等高线设置为【线性】后，不透明度会在线性过渡中逐渐减少；如果设置为【圆形台阶】，不透明度将呈阶梯状逐渐减少，如图7-22所示。

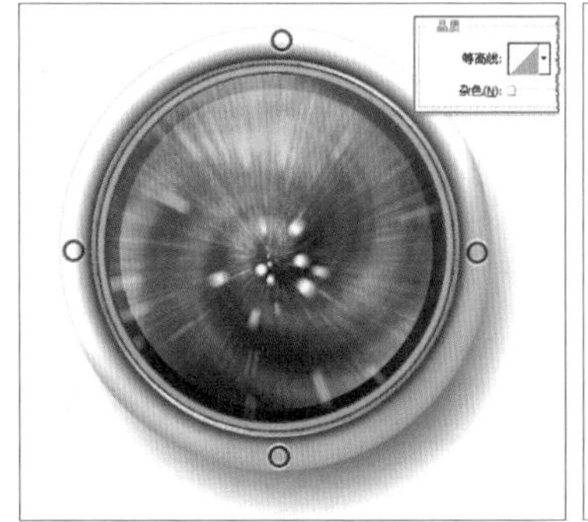

使用线性等高线

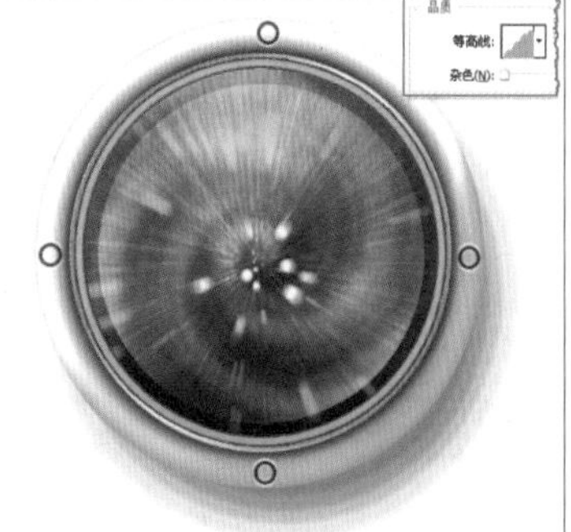

使用圆形台阶等高线

图7-22　使用不同等高线的投影效果

通常，在图层样式中设置不同的等高线可以模拟不同的材质，当然用户也可以自定义等高线的形状，以创建独特的过渡效果。在【图层样式】对话框中单击等高线缩览图，打开【等高线编辑器】对话框，通过在对话框中添加、删除和移动控制节点，可以控制曲线的形状，从而达到对等高线的效果进行调整的目的，如图7–23所示。

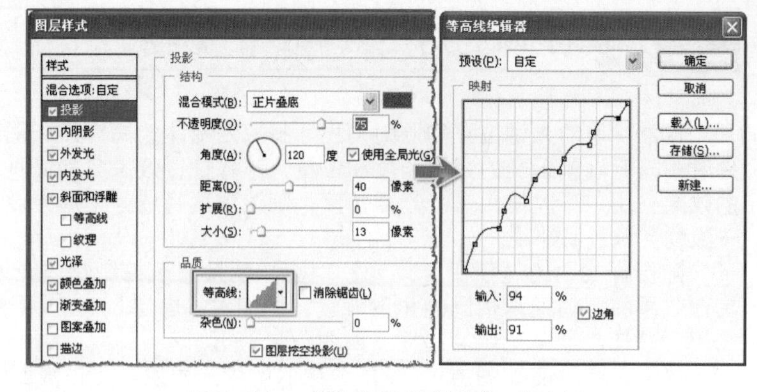

图7–23 【等高线编辑器】对话框

7.6 缩放样式效果

在使用图层样式时，有些样式可能已经针对目标分辨率和指定大小的特写进行过微调，因此，就有可能产生应用样式的结果与样本的效果不一致的现象。例如，将图7–24中的蝴蝶效果复制出一个副本，然后将该副本的比例缩小50%，可以看到缩小图像并没有对样式产生作用，样式的比例没有缩小，此时样式的效果就显得过大。

图7–24 缩小副本后样式的效果

这里，就需要单独对效果进行缩放，才能得到与图像比例一致的效果。选择所复制的图层，执行【图层】|【图层样式】|【缩放样式】命令，打开【缩放图层效果】对话框，并设置样式的缩放比例，此时即可在图像中观察到缩放后的效果，如图7–25所示。

提示

该【缩放样式】命令主要用于缩放图层样式中的效果，并不会在缩放样式时对应用了图层样式的图层内容起作用。

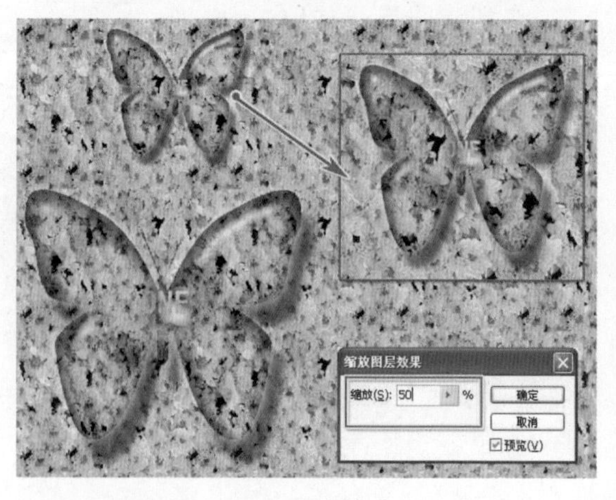

图7–25 缩放图层样式后的效果

7.7 投影和内阴影

利用投影和内阴影样式，可以制作出逼真的物体阴影效果，可以对添加阴影的颜色、大小及清晰度进行精确的控制，从而使物体富有立体感。

1. 投影效果

在设计作品时利用投影样式，可以增强图像的立体感，使作品的层次感更强，如图7-26所示，其中人物黄色的投影效果就是利用投影样式制作的。

启用【投影】复选框，可以在图层内容的后面添加阴影。该效果的选项面板如图7-27所示。其中，各选项的功能及含义见表7-1。

图7-26 投影效果

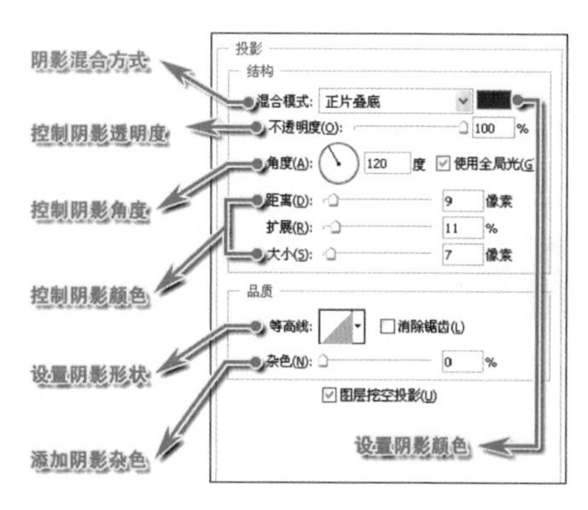

图7-27 【投影】面板

表7-1 投影选项的功能及含义

名称	功能
混合模式	用来确定图层样式与下一图层的混合方式，可以包括也可以不包括现有图层
角度	用于确定效果应用于图层时所采用的光照角度
距离	用来指定偏移的距离
扩展	用来扩大杂边边界，可以得到较硬的效果
大小	指定模糊的数量或暗调大小
消除锯齿	用于混合等高线或光泽等高线的边缘像素。对尺寸小且具有复杂等高线的阴影最有用
杂色	由于投影效果都是由一些平滑的渐变构成的，在有些场合可能产生莫尔条纹，添加杂色就可以消除这种现象。它的作用和“杂色”滤镜是相同的
图层挖空投影	这是和图层填充选项有关系的一个复选框。当将【填充不透明度】设为0%时，启用该复选框，图层内容下的区域是透明的；禁用该复选框，图层内容下的区域是被填充的，如图7-28所示

不透明度为100%

不透明度为50%

不透明度为0%

图7-28 使用挖空投影的对比效果

通过设置【阴影颜色】、【角度】、【大小】等选项，可以得到无数种阴影组合效果，并且可以通过在【等高线】下拉列表中选择不同的选项，从而选择多种阴影的形状。

2. 内阴影效果 »»»

该效果可为紧靠图层内容的边缘内添加阴影，使图层具有凹陷外观。该样式的参数与设置方法与投影样式相同。在设置内阴影样式时，若增加【杂色】选项的参数，可创建出模仿点绘效果的图像，如图7-29所示。

图7-29　添加杂色效果

7.8 外发光和内发光

这是两个模仿发光效果的图层样式，它可在图像外侧或内侧添加单色或渐变发光效果，如图7-30所示。

外发光效果

内发光效果

图7-30　外发光和内发光效果

1. 外发光效果 »»»

运用外发光效果可以制作出物体光晕，使物体产生光源效果。当启用【外发光】选项后，用户可以在其右侧相对应的选项中进行各项参数的设置，如图7-31所示。在设置外发光时，背景的颜色尽量选择深色，以便于显示出设置的发光效果。

通过设置发光的方式，可以为图像添加单色或是渐变发光效果，如图7-32所示。

单击【等高线】下拉列表框右侧的下三角按钮，从弹出的列表中可选择不同的选项，以获得效果更为丰富的发光样式，如图7-33所示。

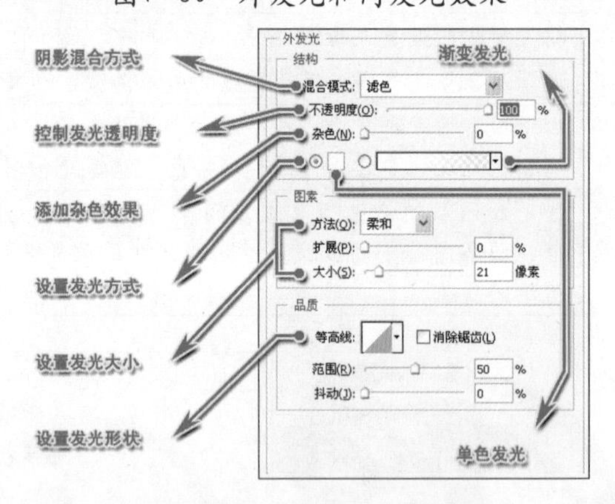

图7-31　外发光选项面板

> **技巧**
>
> 等高线决定了物体特有的材质，物体哪里应该凹陷，哪里应该凸可以由等高线来控制，而利用图层样式的好处就在于可以随意控制等高线，以控制图像侧面的光线变化。

图7-32　不同发光方式产生的效果

控制等高线可模拟光的反射。反射的光线可以让人感觉到物体表面的凹凸程度，因为各部分反射的光线强度不一样，或者说白色白的程度不一样，让眼睛感觉会更亮一些。而如果物体是黑色，就是吸收了所有的光，而不反射任何光线到人的眼睛，以至于看不到这个物体，或者说感觉不到物体的凹凸，只是一个黑色的平面。

图7—33　不同等高线设置的发光效果

2. 内发光效果

内发光效果的选项设置与外发光基本相同。内发光样式多了针对发光源的选择，如图7—34所示，一种是由图像内部向边缘发光；一种是由图像边缘向图像内部发光。

图7—34　设置不同的发光源

7.9 斜面和浮雕

使用【斜面和浮雕】样式可以为图像和文字制作出真实的立体效果，如图7—35所示。它是通过对图层添加高光与暗部来模仿立体效果的。通过更改众多的选项，可以控制浮雕样式的强弱、大小、明暗变化等效果，以设置出不同效果的浮雕样式。

由于斜面和浮雕样式涉及到的选项众多，下面对其中较为重要的选项进行介绍。

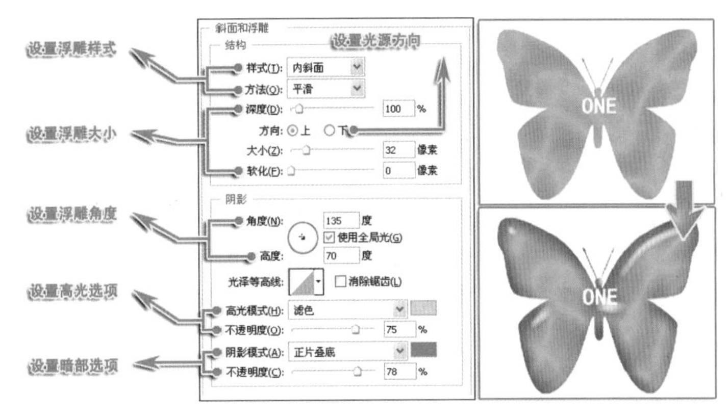

图7—35　斜面和浮雕样式

1. 样式

通过该下拉列表，可以设置浮雕的类型，并改变浮雕立体面的位置，如图7—36所示。

图7—36　应用不同类型的浮雕效果

- **外斜面**　在图像外边缘上创建斜面效果。
- **内斜面**　在图像内边缘上创建斜面效果。
- **浮雕效果**　创建使图像相对于下层图层凸出的效果。
- **枕状浮雕**　创建将图像边缘凹陷进入下层图层中的效果。
- **描边浮雕**　在图层描边效果的边界上创建浮雕效果（只有添加了描边样式的图像才能看到描边浮雕效果）。

2．方法

该下拉列表中的选项可以控制浮雕效果的强弱，其中包括3个级别。

- **平滑** 可稍微模糊杂边的边缘，用于所有类型的杂边，不保留大尺寸的细节特写。
- **雕刻清晰** 主要用于消除锯齿形状（如文字）的硬边杂边，保留细节特写的能力优于【平滑】选项。
- **雕刻柔和** 没有"雕刻清晰"描写细节的能力精确，主要应用于较大范围的杂边。

3．其他

在设置浮雕效果时，还可以通过设置【深度】、【大小】及【高度】等选项，来控制浮雕效果的细节变化。

- **深度** 设置斜面的深度。
- **大小** 设置斜面的大小。
- **软化** 可模糊高光和阴影效果，消除多余的人工痕迹。
- **高度** 设置斜面的高度。
- **高光模式** 用来指定斜面或暗调的混合模式，单击右侧的颜色滑块可设置高光的颜色。
- **阴影模式** 设置斜面和浮雕暗调的混合模式，单击右边的颜色滑块可设置暗调部分的颜色。

7.10 使用叠加样式

叠加样式包括颜色叠加、渐变叠加和图案叠加，它们分别可用颜色、渐变或图案填充当前的图层内容。该样式类型最大的特点就是可以再编辑，当需要为图像填充颜色、渐变或是图案时，可采用该类型的样式，它们可保持一定的灵活性，并可随时对添加的叠加样式进行修改。

图7-37 设置渐变叠加样式

1．颜色叠加样式

可在图层内容上填充一种选定的颜色，在【颜色叠加】选项中，用户可以设置叠加的【颜色】、颜色【混合模式】以及【不透明度】，从而改变叠加色彩的效果。

2．渐变叠加样式

渐变叠加样式的设置方法与颜色叠加类似，在【渐变叠加】选项中可以改变渐变样式以及角度，如图7-37所示。在设置渐变叠加样式时，单击该选项组中间的渐变条，通过【渐变编辑器】对话框可设置出不同的颜色混合渐变效果。

3．图案叠加样式

使用图案叠加样式可在图层内容上添加各种预设或是自定的图案，如图7-38所示。在打开的图案库中，单击右上端的三角形，可选择更多的图案并将其载入。

图7-38 设置图案叠加样式

7.11 将样式创建为图层

为图层内容添加了样式后，用户也可以将图层样式转换为图像图层，然后通过绘画、应用命令或滤镜来增强效果。执行【图层】|【图层样式】|【创建图层】命令，【图层】面板中显示出新创建的图层，如图7-39所示。

从【图层】面板可以看到，样式从原图层中分离出来，均以单独的图层出现。在原“图层1”上面创建的新图层被创建为剪贴蒙版，从而可以显示原图层以及原图层下面的新建图层。在这些图层中，有些图层根据最终显示效果的需要，被重新设置了混合模式，这个选择一个新建的图层就可以发现。

另外，它们的排列顺序也是有一定规则的，修改图层的排列顺序或修改混合模式，都有可能影响最终效果。例如将“图层1的投影”图层移到剪贴蒙版组中，投影的作用范围改变了，图像的效果也就发生了变化，如图7-40所示。

将样式创建为图层后，即可对每一层进行编辑，以创建更特殊的效果。例如在新图层上添加滤镜效果，在【图层】面板中选择“图层1的图案填充”图层，执行【滤镜】|【纹理】|【染色玻璃】命令并设置其参数，效果如图7-41所示。

这样的效果是在将样式创建为图层前无法实现的，但是在样式创建成图层后，就能创建出这样的效果了。因此，将样式创建为图层，可以对图像效果进行更加方便的处理。

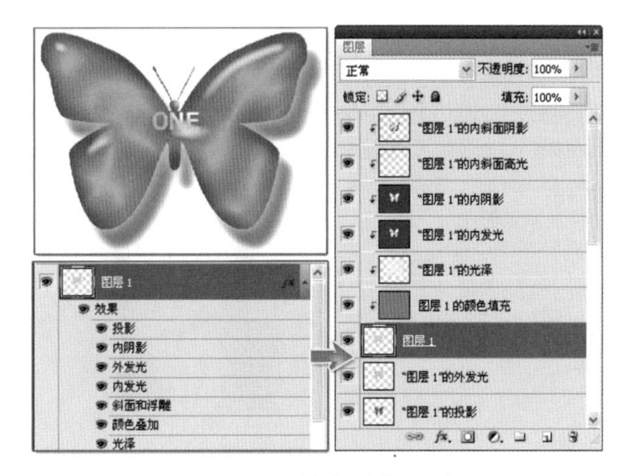

图7-39　创建的新图层

移动投影图层之前　　　　移动投影图层之后

图7-40　改变排列顺序前后的效果

注意

将样式创建为图层后，不能再编辑原图层上的图层样式，并且在更改原图像图层时，图层样式将不再更新。此过程产生的图层可能不能生成与使用图层样式的版本完全匹配的图片。

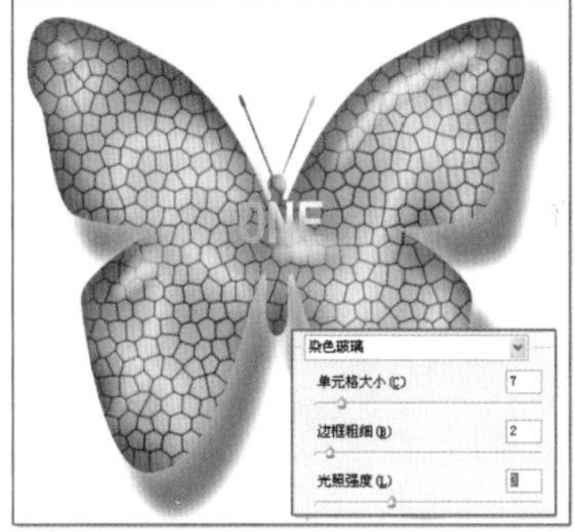

移动投影图层之前　　　　移动投影图层之后

图7-41　对图层进行编辑效果

7.12 实例：口红广告

下面要制作的是口红广告，其中的口红图像主要使用渐变叠加来创建。通过设置不同的渐变效果，以表现口红图像的晶莹润感和口红管的金属效果，如图7–42所示。

图7–42　绘制口红广告流程图

操作步骤：

STEP|01　按Ctrl+N快捷键新建文档，双击“背景”图层将其转换为普通图层。打开【图层样式】对话框，启用【图案叠加】选项，为其加入图案，如图7–43所示。

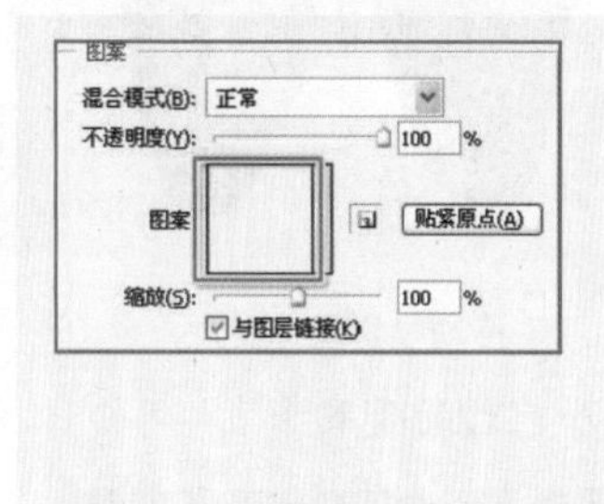

图7–43　创建的图案

STEP|02　按Ctrl+O快捷键导入一些花瓣，对花瓣透明度进行调整，使其具有层次感，如图7–44所示。

技巧

渐变的颜色值会直接影响到要表现的金属质感效果。金属光泽是一种光线的强反射效果，可以将色标移动的近些来实现颜色的强烈反差对比。

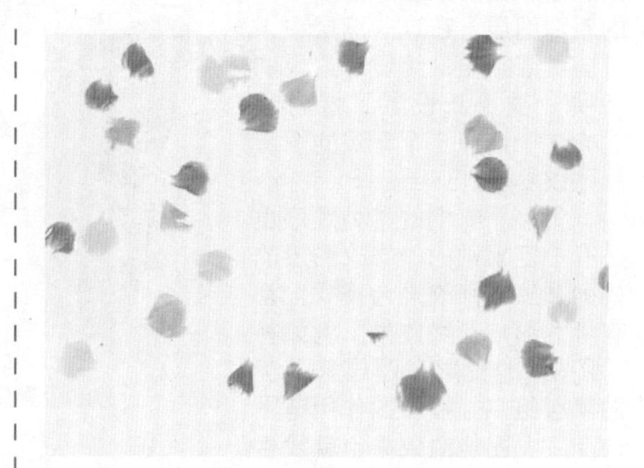

图7–44　添加花瓣图像

STEP|03　再导入一些唇印图案，参照图7–45所示对唇印图像的大小、透明度和角度进行调整。

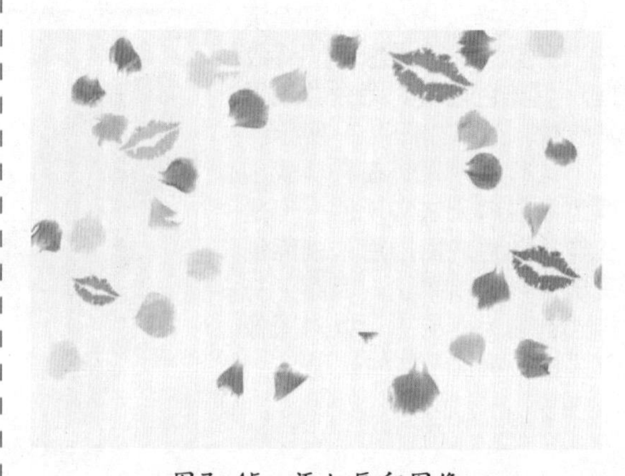

图7–45　添加唇印图像

STEP|04 选择所有的花瓣和唇印的图层，按Ctrl+E快捷键将其合并。通过调整图层混合模式使图案和背景融合在一起。使用【钢笔工具】创建口红底部轮廓路径，如图7-46所示。

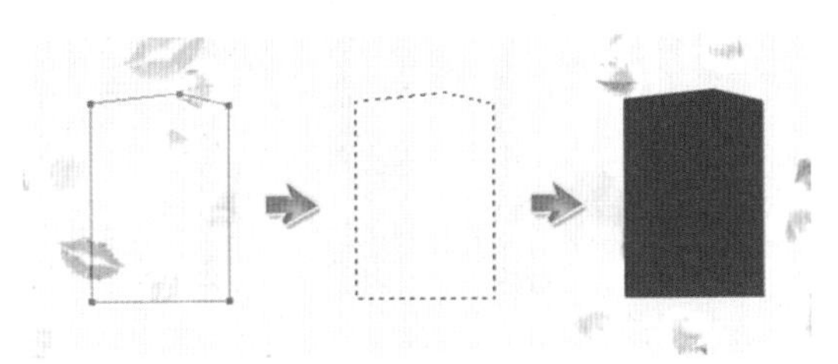

图7-46　创建口红底部轮廓路径

STEP|05 打开【图层样式】对话框，启用【渐变叠加】选项，为图像添加紫色的渐变颜色，如图7-47所示。

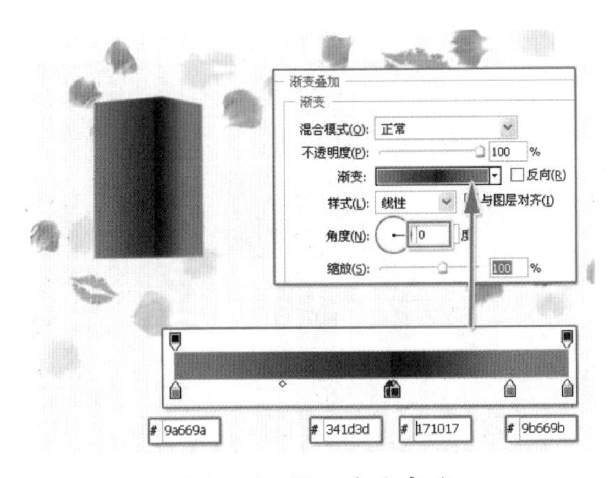

图7-47　添加渐变颜色

STEP|06 选择【钢笔工具】，创建口红的中间部分，为其填充任意颜色，然后添加渐变叠加样式，为其加入金属光泽，如图7-48所示。

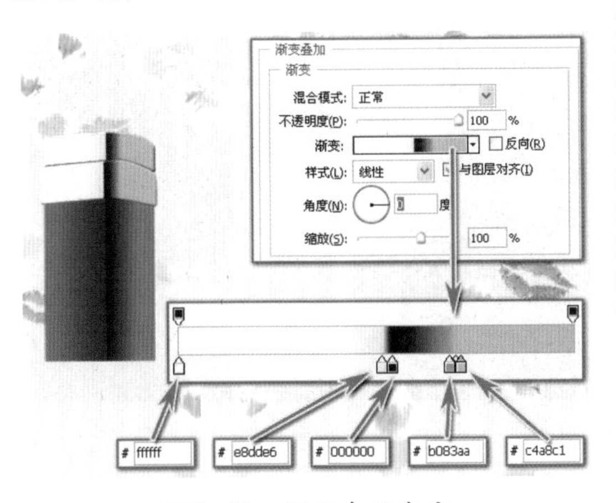

图7-48　设置金属渐变

STEP|07 再创建出口红管顶部的金属部分，该图形也是通过添加渐变叠加样式来实现的，如图7-49所示。

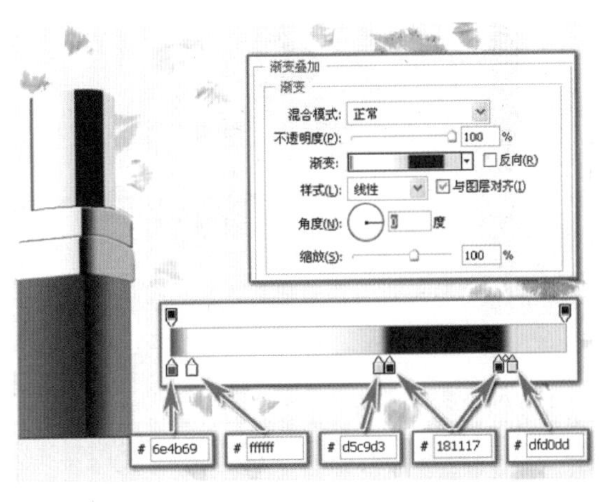

图7-49　设置相同的金属质感

STEP|08 再创建出口红图像，并添加渐变叠加样式，为其加入光泽效果，如图7-50所示。

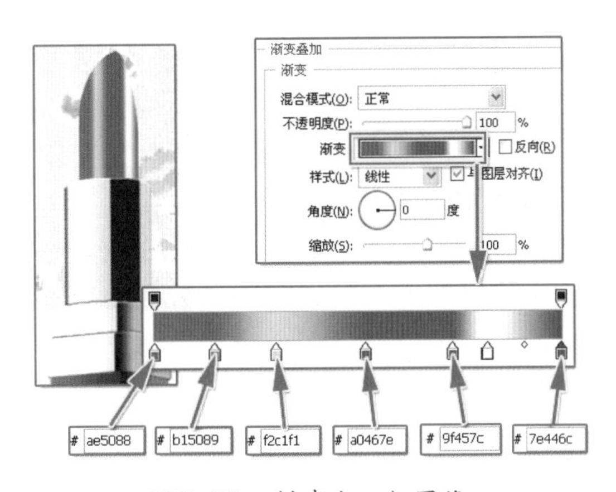

图7-50　创建出口红图像

STEP|09 在唇膏顶端添加倾斜面，为该图像也添加渐变叠加样式，如图7-51所示。

STEP|10 将口红图像全部合并，通过复制并调整颜色的方法，再制作出两个其他颜色的口红图像，如图7-52所示。

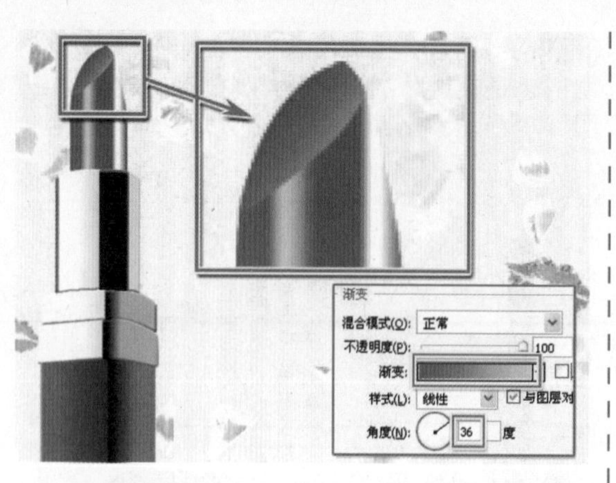

图7-51　绘制口红顶部的斜面

图7-52　复制出其他的口红图像

7.13 实例：霓虹灯效果

利用图层样式内的外发光和内发光效果，可以很容易创建出灯管的发光效果，本实例将利用上述两种图层样式模拟夜晚霓虹灯的灯光，并使用“光照效果”滤镜营造夜晚的氛围，从而完成图7-53所示的咖啡屋效果图的制作。

在制作霓虹灯的过程中，对路径进行描边时的笔触大小决定了“灯管”的粗细，而【内发光】和【外发光】图层样式的效果则决定了霓虹灯的发光亮度及范围。

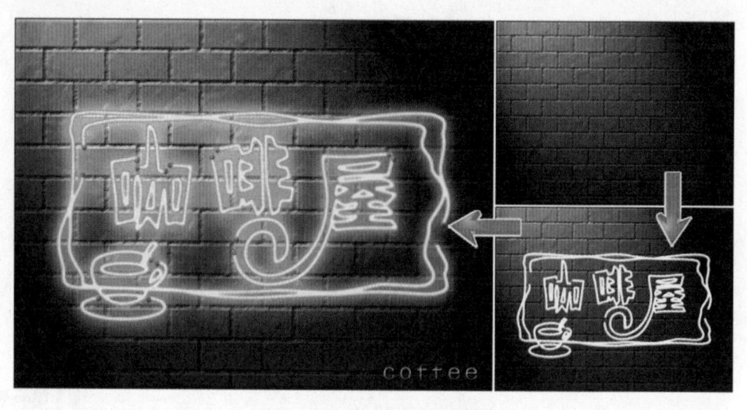

图7-53　完成效果图

操作步骤：

STEP|01　执行【文件】|【新建】命令，新建文档。然后，单击【图层】面板底部的【创建新的填充或调整图层】按钮，添加黑色的纯色填充图层，效果如图7-54所示。

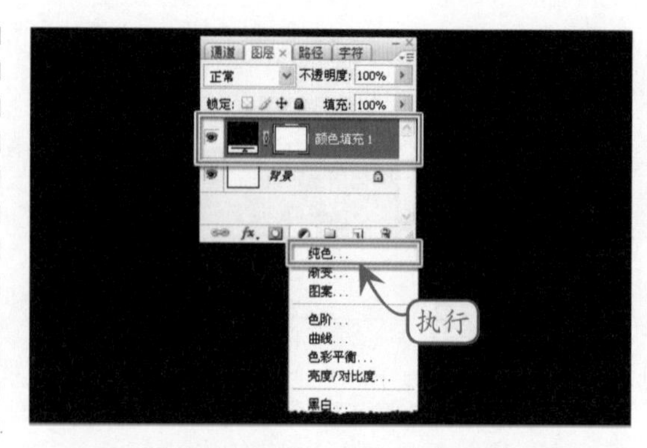

图7-54　添加颜色填充图层

STEP|02　打开【样式】面板并载入新的样式。然后选择样式并填充，效果如图7-55所示。

STEP|03　执行【滤镜】|【渲染】|【光照效果】命令，并在弹出的对话框内设置各项参数，如图7-56所示。

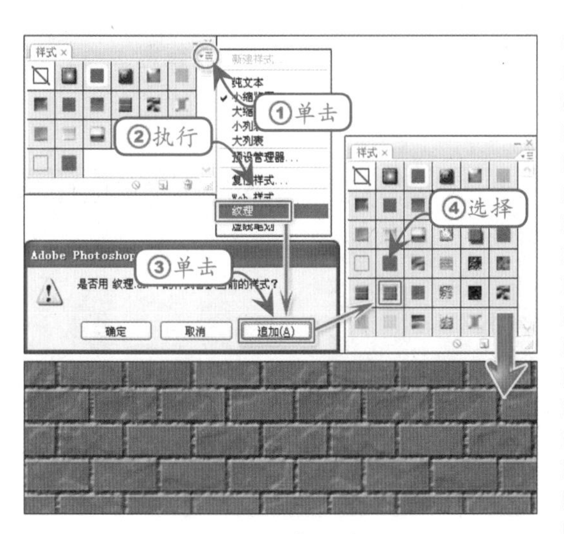

图7—55 填充样式

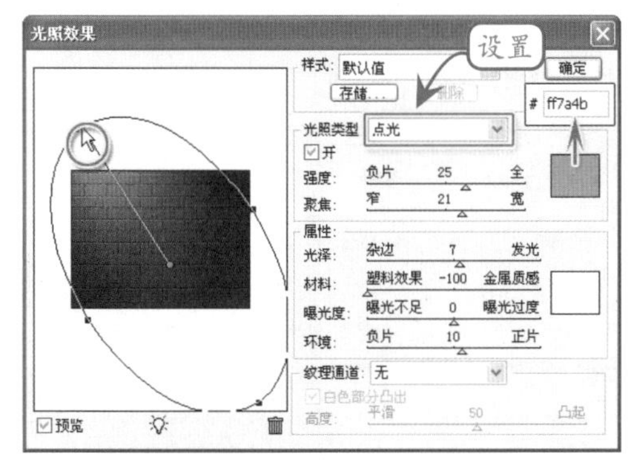

图7—56 设置滤镜参数

STEP|04 单击【确定】按钮后，应用“光照效果”滤镜，得到图7—57所示效果。

图7—57 光照滤镜效果

STEP|05 使用【横排文字蒙版工具】在文档中创建文字选区。然后，单击【路径】面板底部的【从选区生成工作路径】按钮，将选区转换为路径，效果如图7—58所示。

图7—58 将选区转换为路径

STEP|06 使用【直接选择工具】和【钢笔工具】调整路径节点。调整后的路径如图7—59所示。

图7—59 调整路径形状

STEP|07 使用【钢笔工具】绘制如图7—60所示路径，并使用【路径选择工具】调整路径位置。

图7—60 绘制路径

STEP|08 新建图层，并在选择【画笔工具】后，将笔触设置为【尖角10像素】。然后，将前景色设置为白色，并单击【路径】面板内的【用画笔描边路径】按钮，效果如图7—61所示。

图7-61　画笔描边路径

STEP|09　单击【路径】面板空白处，隐藏路径。然后，选择“图层 1”图层，并依次为该图层添加“投影”、“外发光”和“内发光”图层样式，参数设置如图7-62所示。

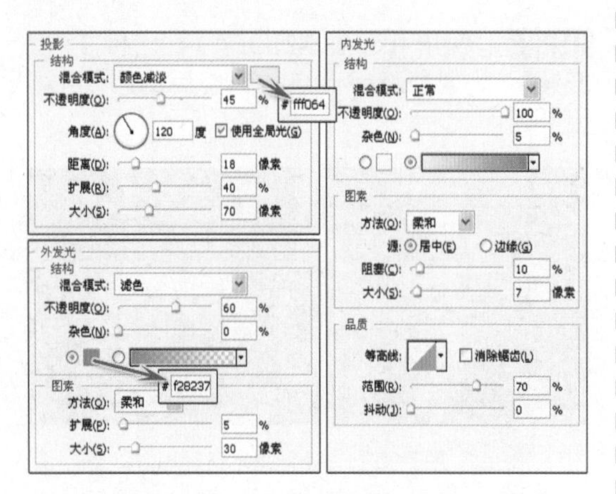

图7-62　设置图层样式参数

STEP|10　单击【确定】按钮后，应用图层样式，效果如图7-63所示。

图7-63　应用图层样式

STEP|11　新建图层，并使用【画笔工具】绘制黑色圆点作为灯管支架的固定点，如图7-64所示。

图7-64　绘制圆点

STEP|12　参照上述步骤，为黑色圆点添加图层样式，效果如图7-65所示。

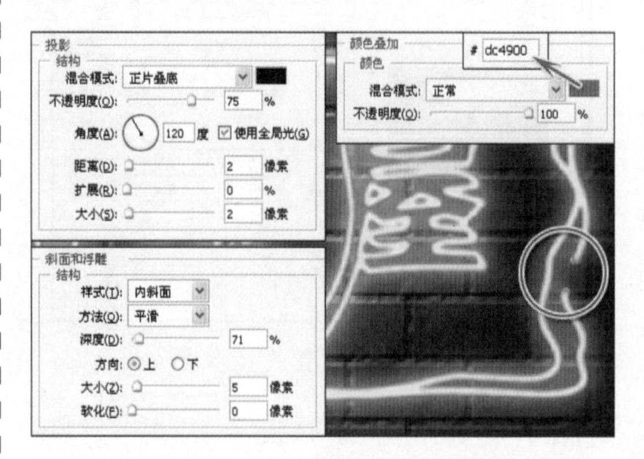

图7-65　为圆点添加图层样式

STEP|13　使用【横排文字工具】T 为文档添加文字信息，并对其添加图层样式效果，完成整个实例的制作。

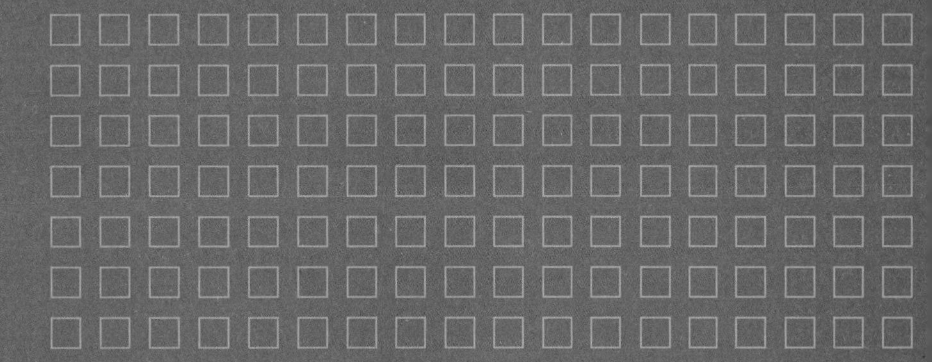

图层混合模式

在Photoshop中，使用图层混合模式，可以创建出许多精彩的图像合成效果。在其他许多面板（例如画笔工具、图层样式）中也有类似的混合模式，它们决定了绘图工具和图层样式的着色方式。一些命令对话框（例如填充、描边）也同样有该模式。除少数选项略有不同外这几种混合模式的作用和原理基本相同。

灵活运用Photoshop中的混合模式，不仅可以创作出丰富多彩的叠加及着色效果，还可以获得一些意想不到的特殊效果。下面仅以图层中的混合模式为例，全面分析Photoshop中混合模式的原理和使用方法。

8.1 混合模式概述

混合模式决定了当前图层与下面一个图层的合成方式，而这两个图层不是直接“混合”在一起，而是通过各自的通道进行“混合”的，另外工具选项栏中、【图层】面板中、【新建图层】对话框中等都有混合模式选项。这说明混合模式在Photoshop中充当着重要的角色，它的作用是不可忽视的。

1．基色、混合色和结果色

基色是做混合之前位于原处的色彩或图像；混合色是被溶解于基色或是图像之上的色彩或图像；结果色是混合后得到的颜色。例如，画家在画布上面绘画，那么画布的颜色就是基色。画家使用画笔在颜料盒中选取一种颜色在画布上涂抹，这个被选取的颜色就是混合色。被选取颜色涂抹的区域所产生的颜色为结果色，如图8-1所示。

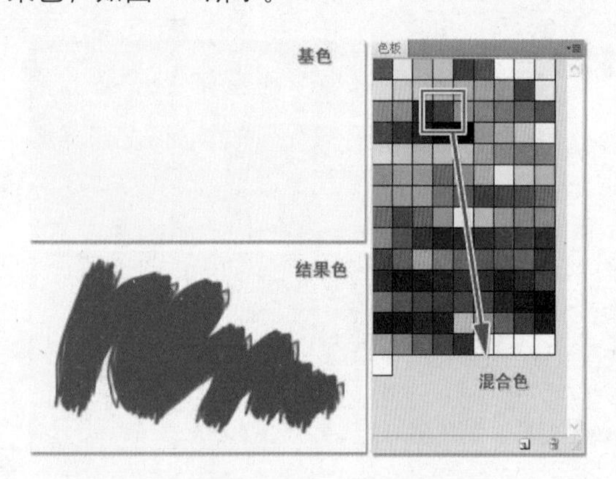

图8-1 基色、混合色与结果色

当画家再次选择一种颜色涂抹时，画布上现有的颜色也就成了基色，而在颜料盒中选取的颜色为混合色，再次在画布上涂抹，它们一起生成了新的颜色，这个颜色为结果色，如图8-2所示。

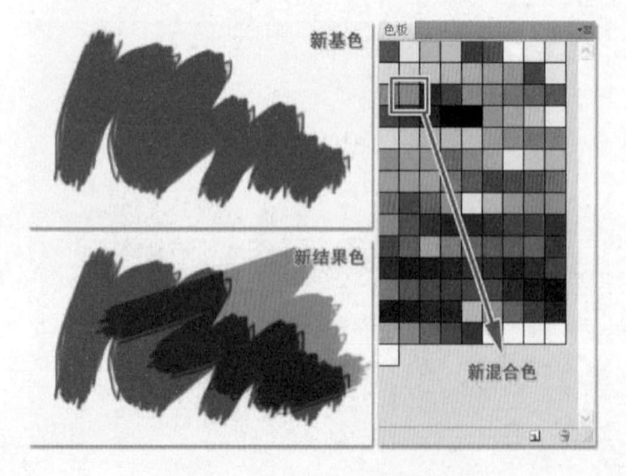

图8-2 新的颜色混合

2．混合模式类型

图层混合模式多达25种。在【图层】面板中，单击【正常】右边的下三角按钮，即可以从列表中选择。这众多的混合选项，又可以分成6大类，如图8-3所示。

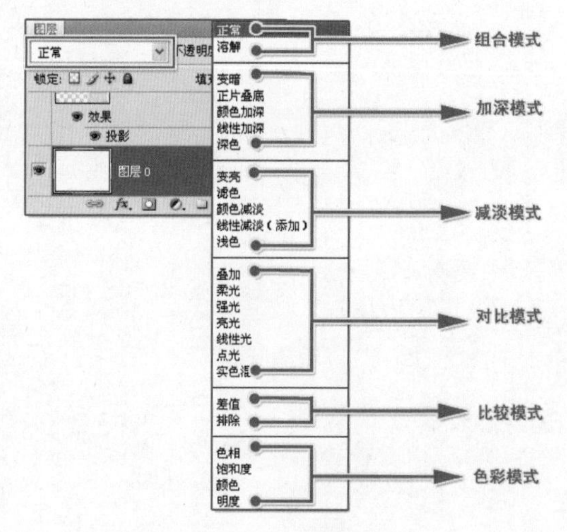

图8-3 图层混合模式

3．混合模式的3种类型图层

混合模式在图像处理中主要用于调整颜色和混合图像。使用混合模式进行颜色调整时，会利用源图层副本与源图层进行混合，从而达到调整图像颜色的目的。在编辑过程中会出现3种不同类型的图层，即同源图层、异源图层和灰色图层。

- **同源图层** “背景副本”图层是由“背景”图层复制而来，两个图层完全相同，则“背景副本”图层称为“背景”图层的同源图层，如图8-4所示。
- **异源图层** “图层1”是从外面拖入的一个图层，并不是通过复制“背景”图层而得到的，则“图层1”称为“背景”图层的异源图层，如图8-5所示。

图8-4　同源图层

图8-5　异源图层

注意

如果对“背景副本”图层进行缩放、旋转、透视等改变像素的操作后，“背景副本”与“背景”图层失去了一一对应的关系，那么“背景副本”图层也称为“背景”图层的异源图层。

» **灰色图层**　“图层2”是通过添加滤镜得到的。这种整个图层只有一种颜色值的图层通常称为灰色图层。最典型的灰色图层是50%中性灰图层。灰色图层既可以由同源图层生成，也可以由异源图层得到，因此，它既可以用于图像的色彩调整，也可以进行特殊的图像拼合，如图8-6所示。

图8-6　灰色图层

8.2 组合模式

组合模式主要包括【正常】和【溶解】两种模式，这两种模式的效果都不依赖于其他图层；【溶解】模式出现的噪点效果是它本身形成的，与其他图层无关。

1. 正常模式

【正常】模式的实质是用混合色的像素完全替换基色的像素，使其直接成为结果色。在实际应用中，通常是用一个图层的一部分去遮盖其下面的图层，【正常】模式也是每个图层的默认模式，如图8-7所示。

基色

混合色

结果色

图8-7　【正常】混合模式

2. 溶解模式

【溶解】模式的作用原理是同底层的原始颜色交替以创建一种类似扩散抖动的效果，这种效果是随机生成的。混合的效果与图层不透明度有很大关系，如图8-8所示。好比在一张白纸上撒上厚厚的一层沙子时，不能够看到底层的白纸，当沙子的密度变小时，就可以看到底层的白纸，类似于在白纸上添加了一种纹理效果。

不透明度20%

不透明度50%

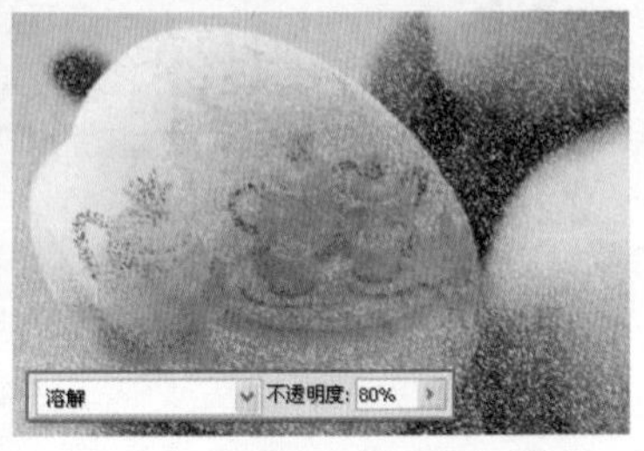

不透明度80%

图8-8　不同透明度对【溶解】混合模式的影响

8.3 加深模式

加深模式组的效果是使图像变暗，两张图像叠加，选择图像中最黑的颜色在结果色中显示。在该模式中，主要包括【变暗】模式、【正片叠底】模式、【颜色加深】模式、【线性加深】模式和【深色】模式。

1. 【变暗】模式

该模式通过比较上下层像素后取相对较暗的像素作为输出。每个不同颜色通道的像素都会独立地进行比较，色彩值相对较小的作为输出结果，下层表示叠放次序位于下面的那个图层，上层表示叠放次序位于上面的那个图层，如图8-9所示。

上方图层（混合色）

下方图层（基色）

变暗模式(结果色)

图8-9　【变暗】模式

2. 【正片叠底】模式

【正片叠底】模式的原理是：查看每个通道中的颜色信息，并将基色与混合色复合，结果色总是较暗的颜色，任何颜色与白色混合保持不变。当用黑色或白色以外的颜色绘画时，绘画工具绘制的连续描边产生逐渐变暗的颜色，如图8-10所示。

图8-10　【正片叠底】模式

提示

【正片叠底】模式与【变暗】模式不同的是，【正片叠底】模式通常在加深图像时颜色过渡效果比较柔和，这有利于保留原有的轮廓和阴影。

3. 【颜色加深】模式

【颜色加深】模式的原理是：查看每个通道中的颜色信息，并通过增加对比度使基色变暗以反映混合色，与白色混合后不产生变化，【颜色加深】模式对当前图层中的颜色减少亮度值，这样就可以产生更明显的颜色变换，如图8-11所示。

图8-11　【颜色加深】模式

4. 【线性加深】模式

【线性加深】模式的原理是：查看每个通道中的颜色信息，并通过减小连读使基色变暗以反映混合色，与白色混合时不产生变化。此模式对当前图层中的颜色减少亮度值，这样就可以产生更明显的颜色变换。它与【颜色加深】模式不同的是，【颜色加深】模式产生鲜艳的效果，而【线性加深】模式产生更平缓的效果，如图8-12所示。

图8-12　【线性加深】模式

5. 【深色】模式

【深色】模式的原理是：查看红、绿和蓝通道中的颜色信息，比较混合色和基色的所有通道值的总和并显示色值较小的颜色。【深色】模式不会生成第3种颜色，因为它将从基色和混合色中选择最小的通道值来创建结果色，如图8-13所示。

图8-13　【深色】模式

8.4 减淡模式

该类型的模式与加深模式对应。使用减淡模式时，黑色完全消失，任何比黑色亮的区域都可能加亮下面的图像。该类型的模式主要包括【变亮】模式、【滤色】模式、【颜色减淡】模式、【线性减淡】模式和【浅色】模式。

1. 【变亮】模式

【变亮】模式的原理是：查看每个通道中的颜色信息，并选择基色或混合色中较亮的颜色作为结果色。比混合色暗的像素被替换，比混合色亮的像素保持不变，如图8–14所示。【变亮】模式对应着【变暗】模式。在【变暗】模式相反的模式下，较亮的颜色区域在最终的结果色中占主要地位，较暗的颜色区域被较亮的颜色所代替。

上方图层

下方图层

变亮模式

图8–14 【变亮】模式

2. 【滤色】模式

【滤色】模式的原理是：查看每个通道中的颜色信息，并将混合色与基色复合，结果色总是较亮的颜色。用黑色过滤时颜色保持不变，用白色过滤将产生白色。就像是两台投影机打在同一个屏幕上，这样两个图像在屏幕上重叠起来得到一个更亮的图像，如图8–15所示。

图8–15 【滤色】模式

3. 【颜色减淡】模式

【颜色减淡】模式的作用原理是：查看每个通道中的颜色信息，并通过增加对比度使基色变亮以反映混合色，与黑色混合则不发生变化，如图8–16所示。

图8–16 【颜色减淡】模式

4. 【线性减淡】模式

【线性减淡】模式的工作原理是：查看每个通道中的颜色信息，并通过增加亮度使基色变亮以反映混合色，与黑色混合不发生变化，如图8–17所示。

图8−17　【线性减淡】模式

技巧

【线性减淡】和【颜色减淡】模式都可以提高图层颜色的亮度，【颜色减淡】产生更鲜明、更粗糙的效果；而【线性减淡】产生更平缓的过渡。因为它们使图像中的大部分区域变白，所以减淡模式非常适合模仿聚光灯或其他非常亮的效果。

5. 【浅色】模式

【浅色】模式的作用原理是：查看红、绿、蓝通道中的颜色信息，比较混合色和基色的所有通道值的总和并显示它值较大的颜色。【浅色】模式不会生成第 3 种颜色，因为它将从基色和混合色中选择最大的通道值来创建结果色，如图8−18所示。

图8−18　【浅色】模式

8.5 对比模式

此类模式实际上是能够加亮一个区域的同时又使另一个区域变暗，从而增加下面图像的对比度。该类型模式主要包括【叠加】、【柔光】、【强光】、【亮光】、【线性光】、【点光】和【实色混合】。

1. 【叠加】模式

【叠加】模式是对颜色进行正片叠底或过滤，具体取决于基色。图案或颜色在现有像素上叠加，同时保留基色的明暗对比。该模式不替换基色，但基色与混合色互相混合以反映颜色的亮度或暗度，如图8−19所示。

上方图层（混合色）

下方图层（基色）

叠加模式（结果色）

图8−19　【叠加】模式

2. 【柔光】模式

【柔光】模式会产生一种柔光照射的效果，此效果与发散的聚光灯照在图像上相似。如果混合色颜色比基色颜色的像素更亮一些，那么结果色将更亮；如果混合色颜色比基色颜色的像素更暗一些，那么结果色颜色将更暗，使图像的亮度反差增大，如图8-20所示。

图8-20 【柔光】模式

3. 强光模式

【强光】模式的作用原理是：复合或过滤颜色，具体取决于混合色。此效果与耀眼的聚光灯照在图像上相似，如图8-21所示

图8-21 【强光】模式

4. 【亮光】模式

【亮光】模式的作用原理是：通过增加或减小对比度来加深或减淡颜色，具体取决于混合色。如果混合色（光源）比50%灰色亮，则通过减小对比度使图像变亮；如果混合色比50%灰色暗，则通过增加对比度使图像变暗，如图8-22所示。

图8-22 【亮光】模式

技巧

【亮光】模式是叠加模式组中对颜色饱和度影响最大的一个混合模式。“混合色”图层上的像素色阶越接近高光和暗调，反映在混合后的图像上的对应区域反差就越大。利用【亮光】模式的特点，用户可以给图像的特定区域增加非常艳丽的颜色。

5. 【线性光】模式

【线性光】模式的作用原理是：通过增加或减小对比度来加深或减淡颜色，具体取决于混合色。如果混合色（光源）比50%灰色亮，则通过减小对比度使图像变亮；如果混合色比50%灰色暗，则通过增加对比度使图像变暗，如图8-23所示。

图8-23 【线性光】模式

6. 【点光】模式

【点光】模式的作用原理是：使用混合色替换颜色，具体取决于混合色。如果混合色（光源）比50%灰色亮，则替换比混合色暗的像素，而不改变比混合色亮的像素；如果混合色比50% 灰色暗，则替换比混合色亮的像素，而比混合色暗的像素保持不变，如图8-24所示。

图8-24　【点光】模式

7. 【实色混合】模式

将混合颜色的红、绿和蓝通道值添加到基色的RGB值。如果通道的结果总和大于或等于255，则值为255；如果小于255，则值为0。因此，所有混合像素的红色、绿色和蓝色通道值要么是0，要么是255。这会将所有像素更改为原色：红色、绿色、蓝色、青色、黄色、洋红、白色或黑色，如图8-25所示。

图8-25　【实色混合】模式

8.6 比较模式

该类型的模式主要包括【差值】模式和【排除】模式。这两种模式之间很相似，它们将上层和下面的图像进行比较，寻找两者中完全相同的区域。使相同的区域显示为黑色，而所有不相同的区域则显示为灰度层次或彩色。在最终结果中，越接近于黑色的不相同区域与下面的图像越相似。在这些模式中，上层的白色会使下面图像上显示的内容反相，而上层中的黑色则不会改变下面的图像

1. 【差值】模式

【差值】模式的作用原理是：查看每个通道中的颜色信息，并从基色中减去混合色，或从混合色中减去基色，具体取决于哪一个颜色的亮度值更大。与白色混合将反转基色值；与黑色混合则不产生变化，如图8-26所示。

图8-26　【差值】模式

2．【排除】模式

该模式主要用于创建一种与【差值】模式相似但对比度更低的效果，如图8-27所示。与白色混合将反转基色值，与黑色混合则不发生变化。这种模式通常使用频率不是很高，不过通过该模式能够得到梦幻般的怀旧效果。这种模式产生一种比【差值】模式更柔和、更明亮的效果。【差值】模式适用于模拟原始设计的底片，还可用来在背景颜色从一个区域到另一区域发生变化的图像中生成突出效果。

图8-27　【排除】模式

8.7 色彩模式

该类型的模式主要包括【色相】模式、【饱和度】模式、【颜色】模式和【明度】模式，这些模式在混合时与色相、饱和度和亮度有密切关系。将上面图层中的一种或两种特性应用到下面的图像中，产生最终效果。

1．【色相】模式

【色相】模式的作用原理是：用基色的明亮度和饱和度以及混合色的色相创建结果色，如图8-28所示。

上面图层（混合色）

下面图层（基色）

【色相】模式（结果色）

图8-28　【色相】模式

2．【饱和度】模式

【饱和度】模式的作用原理是：用基色的明亮度和色相以及混合色的饱和度创建结果色。在无饱和度（灰色）的区域上使用此模式绘画不会发生任何变化。饱和度决定图像显示出多少色彩。如果没有饱和度，就不会存在任何颜色，只会留下灰色。饱和度越高，区域内的颜色就越鲜艳。当所有对象都饱和时，最终得到的几乎就是荧光色了，如图8-29所示。

图8-29　【饱和度】模式

3. 【颜色】模式

【颜色】模式的作用原理是：用基色的明亮度以及混合色的色相以及饱和度创建结果色。这样可以保留图像中的灰阶，并且对于给单色图像上色和给彩色图像着色都会非常有用，如图8-30所示。

图8-30　【颜色】模式

技巧

【颜色】模式能够使灰色图像的阴影或轮廓透过着色的颜色显示出来，产生某种色彩化的效果。这样可以保留图像中的灰阶，并且对于给单色图像上色和给彩色图像着色都会非常有用。使用【颜色】模式为单色图像着色，使其呈现怀旧感。

4. 【明度】模式

【明度】模式的作用原理是：用基色的色相和饱和度以及混合色的明亮度创建结果色。此模式创建与【颜色】模式相反的效果。这种模式可将图像的亮度信息应用到下面图像中的颜色上。它不能改变颜色，也不能改变颜色的饱和度，而只能改变下面图像的亮度，如图8-31所示。

图8-31　【明度】模式

8.8 实例：为黑白照片上色

本实例是将一个黑白照片变为彩色照片，如图8-32所示。制作本实例主要使用【画笔工具】给照片的不同部位涂上颜色，然后利用混合模式将颜色与黑白照片进行混合，以达到足给黑白照片上色的目的。

图8-32　调整照片过程

上色是一个复杂的过程，特别是大块的颜色，一定要有些色彩变化。上色时颜色稍微过界可以增加色彩的丰富层次，同时，还要尽量降低画笔的不透明度，多做几次上色层次才会比较丰富。

操作步骤：

STEP|01　打开配套光盘中的素材“人物.jpg”，新建图层，并命名为“上衣”，如图8-33所示。

图8-33　新建图层

STEP|02　设置“头发”图层的【不透明度】为50%，然后使用【画笔工具】并设置前景色，填充头发颜色，如图8-34所示。

图8-34　填充头发颜色

提示

先将图层【不透明度】设置为50%是为了方便看清楚填充范围，填充颜色。

STEP|03　将图层的【不透明度】调整为100%，然后设置图层混合模式为【柔光】，如图8-35所示。

STEP|04　新建图层，命名为“头发2”，然后使用上述方法填充头发颜色，最后设置图层混合模式为【颜色减淡】，如图8-36所示。

图8-35　调整图层混合模式

图8-36　调整头发亮部

STEP|05　新建图层，命名为“脸部”，然后使用【画笔工具】填充脸部颜色，最后设置图层混合模式为【颜色】，如图8-37所示。

图8-37　填充脸部颜色

STEP|06　新建图层，命名为“脸部2”，然后使用【画笔工具】涂抹脸上较暗的区域和胡子，设置图层混合模式为【柔光】，如图8-38所示。

图8–38 调整脸上暗部颜色

STEP|07 新建图层，命名为“嘴部”，然后使用【画笔工具】填充嘴部颜色，设置图层混合模式为【颜色】，如图8–39所示。

图8–39 填充嘴部颜色

STEP|08 新建图层，命名为“上衣”，然后使用【画笔工具】填充上衣颜色，最后设置图层混合模式为【颜色】、【不透明度】为50%，如图8–40所示。

图8–40 填充上衣颜色

STEP|09 新建图层，命名为“上衣2”，然后使用【画笔工具】填充上衣颜色，设置图层混合模式为【颜色】，如图8–41所示。

图8–41 调整上衣颜色

STEP|10 新建图层，命名为“上衣3”，然后使用【画笔工具】填充上衣颜色，设置图层混合模式为【颜色】，并设置【不透明度】为50%，如图8–42所示。

图8–42 调整上衣亮部

STEP|11 新建图层，命名为“背景色”，然后使用【画笔工具】填充背景颜色，设置图层混合模式为【颜色】，如图8–43所示。

图8–43 填充背景颜色

8.9 实例：快速实现背景的制作

下面要制作一幅关于摩托的小插画，它主要是使用填充图层、图层混合模式、图层样式等功能来实现的。在制作的过程中，通过在【图案叠加】对话框设置图案来实现背景的制作，接着导入图片设置图层混合模式，最后输入文字，并为文字添加【斜面和浮雕】样式，从而完成整个实例的制作，效果如图8-44所示。

图8-44 完成效果

操作步骤：

STEP|01 新建一个文件，复制“背景”图层，单击【图层】面板中的【添加图层样式】按钮 fx，执行【图案叠加】命令，设置图案如图8-45所示。

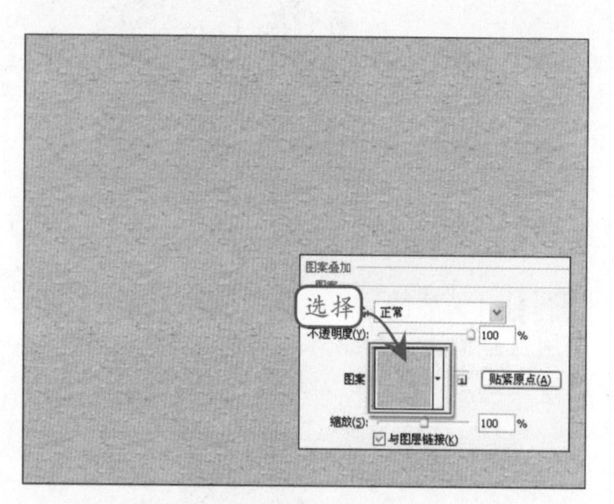

图8-45 执行【图案叠加】命令

提示

拖动背景图层至【创建新图层】按钮上，从而复制图层。

STEP|02 执行【文件】|【打开】命令，打开素材图，将图拖入文档中，效果如图8-46所示。

图8-46 导入素材图

STEP|03 在【图层】面板中，设置该图层的混合模式为【正片叠底】模式，如图8-47所示。

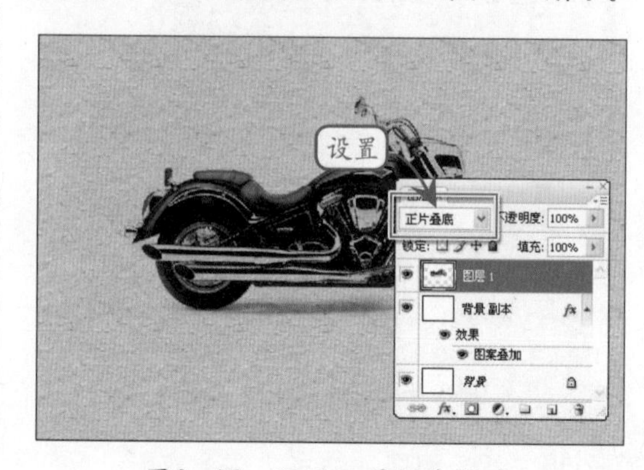

图8-47 设置图层混合模式

STEP|04 使用【横排文字工具】T输入红色文字，并单击【添加图层样式】按钮fx，执行【投影】命令，并设置参数，效果如图8-48所示。

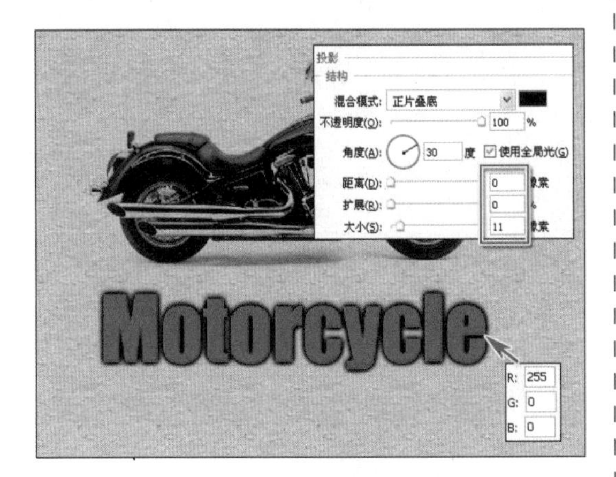

图8-48　投影效果

STEP|05 继续使用【横排文字工具】T输入文字，设置文字颜色为白色，效果如图8-49所示。

STEP|06 单击【创建新的填充或调整图层】按钮，执行【曲线】命令，调整图像亮度，效果如图8-50所示。

图8-49　输入文字

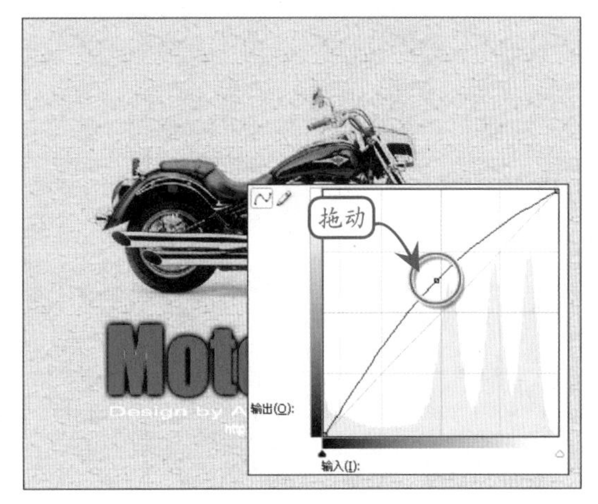

图8-50　执行【曲线】命令

3D图层

对于一名平面设计者来说，3D功能的加入，大大拓展了设计视野。Photoshop CS4不仅能够打开3D文件，还可以创建3D图层与3D模型。并且在工具箱中增加了两组工具，分别用于控制三维对象和控制摄像机机位，以及增加了3D软件中常见的纹理、灯光等3D属性，从而使设计者能够随心所欲地创建与编辑3D对象。

本章将详细讲解Photoshop中3D对象的各种创建方法、纹理的创建与编辑、灯光的创建与设置等与3D相关的专业知识，帮助读者快速掌握Photoshop中的3D制作方法。

PHOTOSHOP

9.1 创建3D图层

Photoshop不仅支持各种3D文件，如文件格式为U3D、3DS、OBJ、KMZ以及DAE的3D文件，还能够在平面软件中创建3D对象。无论是外部的3D文件，还是自身创建的3D对象，均可包含下列一个或多个组件。

- **网格**　提供3D模型的底层结构。通常，网格看起来是由成千上万个单独的多边形框架结构组成的线框。3D模型通常至少包含一个网格，也可能包含多个网格。在Photoshop中，可以在多种渲染模式下查看网格，还可以分别对每个网格进行操作。
- **材料**　一个网格可具有一种或多种相关的材料，这些材料控制整个网格的外观或局部网格的外观。这些材料构建于被称为纹理映射的子组件，它们的积累效果可创建材料的外观。Photoshop材料最多可使用9种不同的纹理映射来定义其整体外观。
- **光源**　光源类型包括：无限光、聚光灯和点光。可以移动和调整现有光照的颜色和强度，并且可以将新光照添加到3D场景中。

1. 打开3D文件

对于外部的3D格式的文件，既可以直接在Photoshop中打开，也可以通过3D图层打开。当直接打开3D文件时，会将文件作为3D图层添加，并且该图层会使用现有文件的尺寸，而3D图层包含3D模型和透明背景，如图9-1所示。

注意

3D图层不保留原始3D文件中的任何背景或Alpha信息。但是作为3D文件一部分的纹理会出现在新3D图层下的【图层】面板中。

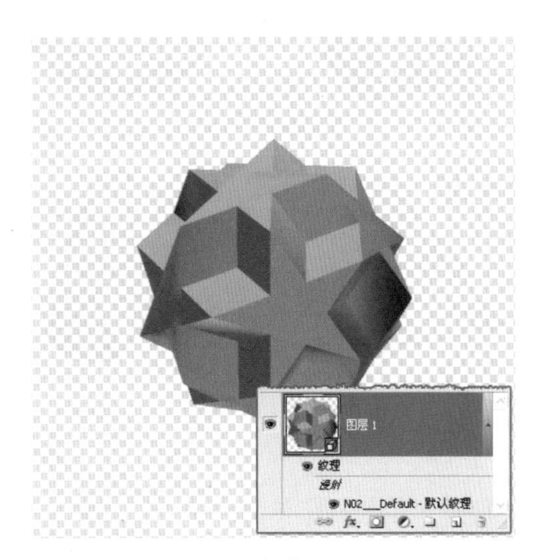

图9-1　直接打开3D文件

在现有文档中，执行【3D】|【从3D文件新建图层】命令，则3D文件图层会出现在当前所选图层的上方，并成为当前图层，如图9-2所示。

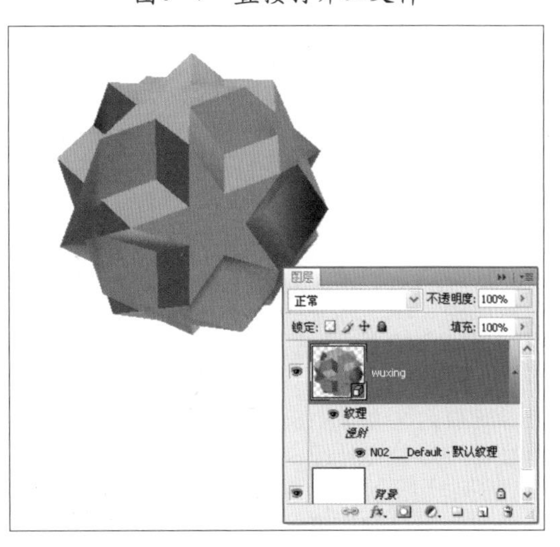

图9-2　从3D文件新建3D图层

2. 创建普通3D图层

Photoshop可以将2D图层作为起始点，生成3D对象。选中普通图层，执行【3D】|【从图层新建3D明信片】命令，这时2D图层转换为3D图层，并且具有3D属性的平面，如图9-3所示。

2D图层转换为【图层】面板中的3D图层后，2D图层内容作为材料应用于明信片两面。而原始2D图层作为3D明信片对象的“漫射”纹理映射出现在【图层】面板中，并且保留了原始2D图像的尺寸。

提示

创建任何3D图层时，当文档中只有“背景”图层时，执行该命令，就会将2D的“背景”图层转换为3D图层。

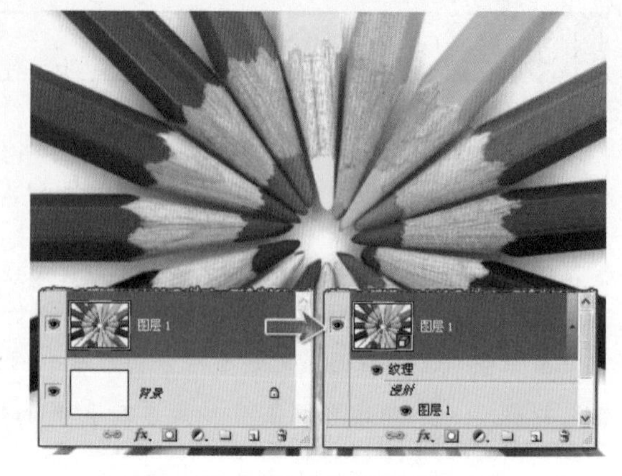

图9—3　2D图层转换为3D图层

3．创建模型3D图层

Photoshop中还准备了各种3D模型，例如立方体、圆环、帽形、金字塔、易拉罐、酒瓶等模型。只要执行【3D】|【从图层新建形状】命令中的某个子命令，即可直接创建具有一定形状的3D图层。图9-4所示为部分3D模型效果。

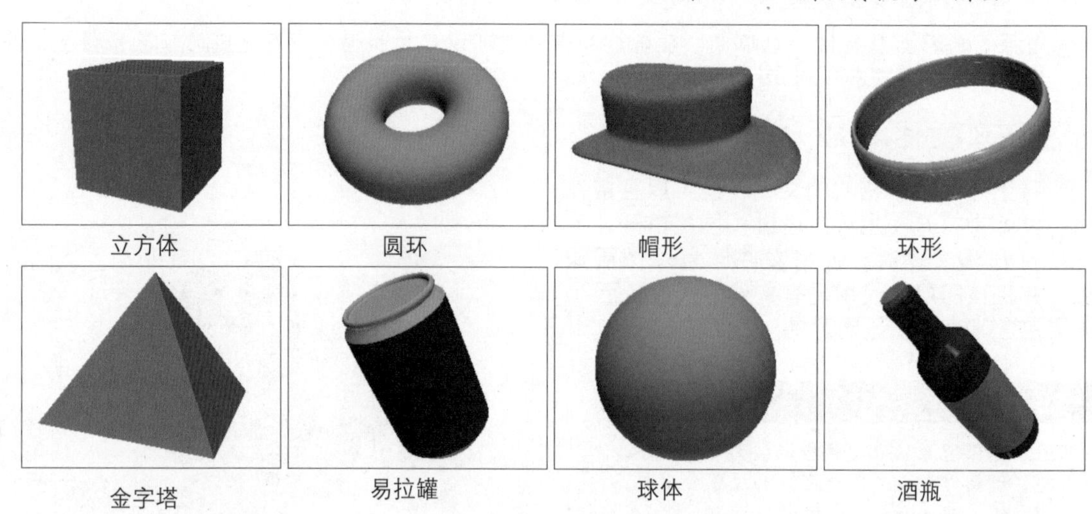

图9—4　3D模型

4．创建3D网格图层

3D命令中的【从灰度新建网格】命令可将灰度图像转换为深度映射，从而将明度值转换为深度不一的表面。较亮的值生成表面上凸起的区域，较暗的值生成凹下的区域。然后，Photoshop将深度映射应用于4个可能的几何形状中的一个，以创建3D模型。

技巧

虽然3D命令只准备了11个3D模型，但是可以将自定形状添加到【从图层新建形状】菜单中。形状是Collada（.dae）3D模型文件。要添加形状，需要将Collada模型文件放置在Photoshop程序文件夹中的Presets\Meshes文件夹下。

例如，选中某个2D图像，执行【3D】|【从灰度新建网格】|【平面】命令。这时2D图像转换为3D对象，并且根据2D图像中颜色的明暗关系，形成如图9—5所示的3D形状，该命令的作用是将深度映射数据应用于平面表面。

图9—5　从深度平面创建3D

在【从灰度新建网格】命令中，还包括【双面平面】、【圆柱体】和【球体】子命令。其中，【双面平面】命令是用来创建两个沿中心轴对称的平面，并将深度映射数据应用于两个平面；【圆柱体】命令是用来从垂直轴中心向外应用深度映射数据；【球体】命令是用来从中心点向外呈放射状地应用深度映射数据。如图9-6所示，分别为同一幅图像执行不同命令得到的3D效果。

从双面深度平面创建3D

从深度圆柱体创建3D

从深度球体创建3D

图9-6　执行不同【从灰度新建网格】命令中的子命令

由于【从灰度新建网格】命令是根据图像的明暗关系来决定3D对象的凹凸形状，如果2D图像为单色，如文字，那么会得到不同的3D效果，如图9-7所示。

PHOTOSHOP

2D图像

PHOTOSHOP
PHOTOSHOP

从双面深度平面创建3D

从深度圆柱体创建3D

从深度球体创建3D

图9-7　单色2D图像执行【从灰度新建网格】命令得到的效果

5. 新建体积3D图层

Photoshop中的【3D】|【从图层新建体积】命令主要针对DICOM文件。DICOM（医学数字成像和通信的首字母缩写）是接收医学扫描的最常用标准，可使用Photoshop打开和处理DICOM（.dc3、.dcm、.dic或无扩展名）文件。

要想创建3D体积对象，首先要准备DICOM文件。执行【文件】|【打开】命令，选择一个DICOM文件，在对话框左侧列表中选择要转换为3D体积的帧。然后选中【帧导入选项】选项组中的【作为体积导入】单选按钮，单击【打开】按钮，DICOM文件以3D体积图层打开，如图9-8所示。

注意

【从灰度新建网格】命令主要是针对灰度图像，如果将RGB图像作为创建网格时的输入，则绿色通道会被用于生成深度映射。

提示

Photoshop可读取DICOM文件中的所有帧，并可以将它们转换为Photoshop图层。Photoshop还可以将所有DICOM帧放置在某个图层上的一个网格中，或将帧作为可以在3D空间中旋转的3D体积来打开。

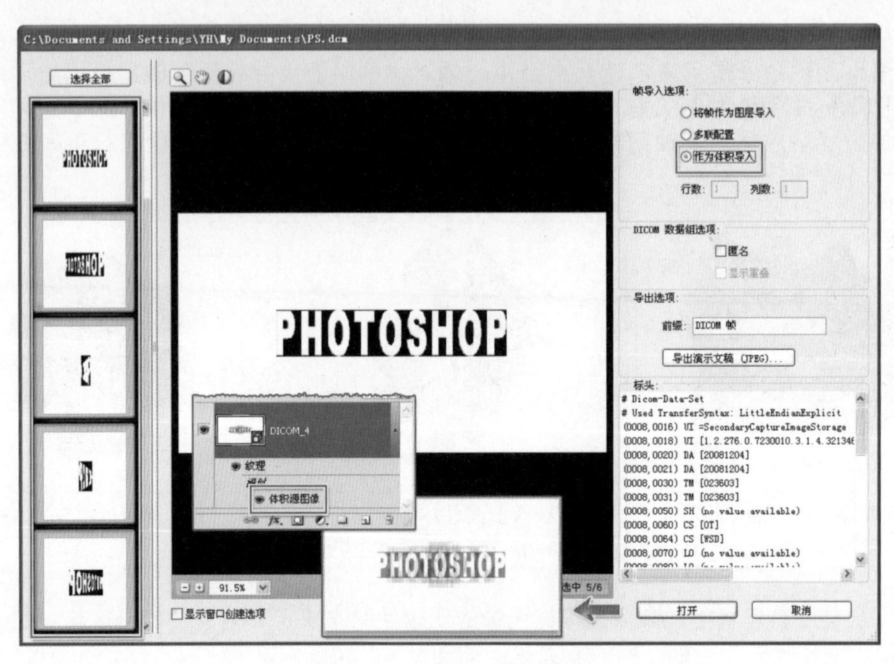

图9-8 打开DICOM文件

9.2 3D对象基本操作

在Photoshop CS4中，还新增了两组3D工具。无论通过什么命令创建的3D图层，只要选中该3D图层，就会激活3D工具。这两组3D工具分别为3D对象工具与3D相机工具，前者可用来更改3D模型的位置或大小；后者可用来更改场景视图。

9.2.1 编辑3D对象

Photoshop中的3D对象工具组主要是用来旋转、缩放模型或调整模型位置。当操作3D模型时，场景中的相机视图保持固定。如果系统支持OpenGL，还可以使用3D轴来操控3D模型。

1. 3D对象工具组

3D对象工具组包括5个工具，不同的工具其作用也有所不同。当【图层】面板中存在3D图层时，选择工具箱中3D对象工具组中的某个工具，即可在工具选项栏中显示3D工具组中的所有工具与选项，如图9-9所示。其中，各个工具名称的图标与作用见表9-1。

表9-1 3D对象工具组中的各个工具及作用

工具名称	图标	作用
3D旋转工具		使用该工具上下拖动可将模型围绕其X轴旋转；左右拖动可将模型围绕其Y轴旋转。按住Alt键的同时进行拖动，可滚动模型
3D滚动工具		使用该工具左右拖动可使模型绕z轴旋转
3D平移工具		使用该工具左右拖动可沿水平方向移动模型；上下拖动可沿垂直方向移动模型。按住Alt键的同时进行拖动可沿X/Z方向移动
3D滑动工具		使用该工具左右拖动可沿水平方向移动模型；上下拖动可将模型移近或移远。按住Alt键的同时进行拖动可沿X/Y方向移动
3D比例工具		使用该工具上下拖动可将模型放大或缩小。按住Alt键的同时进行拖动可沿Z方向缩放

3D对象工具组中的【3D旋转工具】主要是用来沿X或者Y轴旋转3D对象；而【3D滚动工具】则主要是用来沿Z轴旋转3D对象，但是两者结合Alt键能够临时切换工具。如图9-10所示，为旋转3D对象的各种角度效果。

使用【3D平移工具】与【3D滑动工具】左右拖动时，能够水平移动3D对象。但是上下拖动时，则通过前者工具可以垂直移动3D对象；而通过后者工具则可以将3D对象移近或者移远，如图9-11所示。

对3D对象工具组中的【3D比例工具】进行上下拖动能够放大或者缩小3D对象。而无论对3D对象进行任何操作，只要单击工具选项栏中的【返回到初始对象位置】按钮，3D对象即可返回到新建3D图层的对象初始状态，如图9-12所示。

2. 3D轴

当系统支持OpenGL时，执行【编辑】|【首选项】|【性能】命令，启用对话框中的【启用OpenGL绘图】复选框。当选择3D工具后，3D轴即可在画布左上角位置显示，如图9-13所示。

3D轴的操作与使用3D对象工具操作3D对象效果相同，所以能够将前者作为后者的对象备选工具。指向并拖动3D轴中的组建上方，即可对3D对象进行操作，如图9-14所示。具体操作如下。

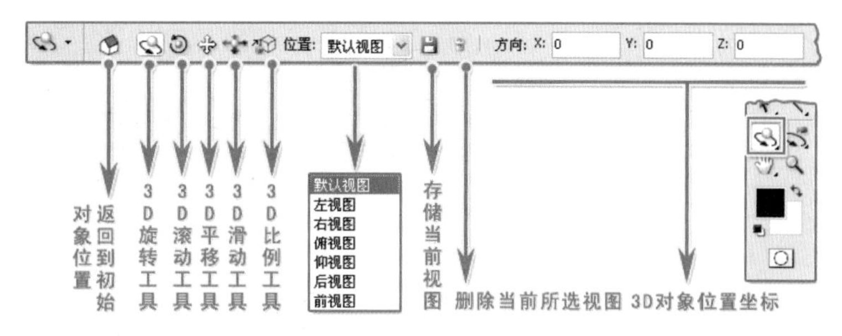

图9-9　3D对象工具组

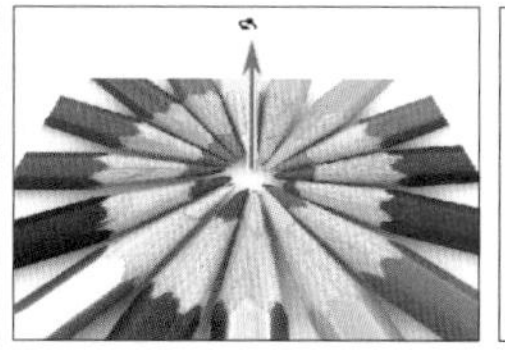

图9-10　旋转3D对象

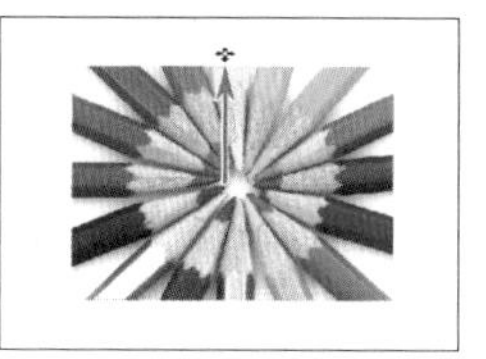

图9-11　移动3D对象

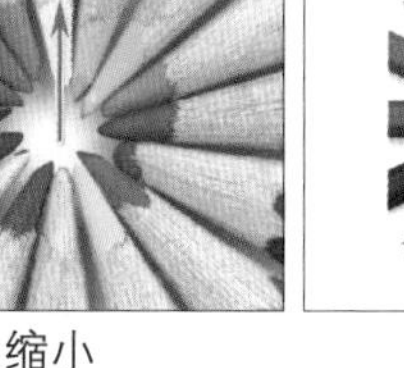
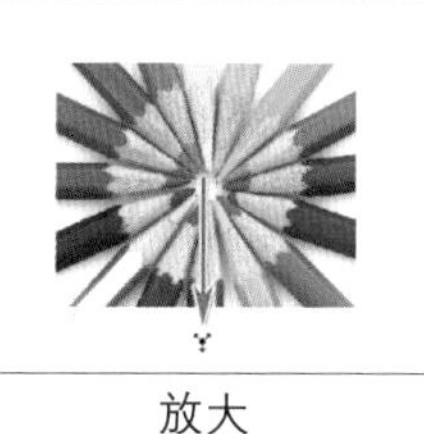

缩小　　放大　　初始状态

图9-12　3D对象的缩放与初始状态

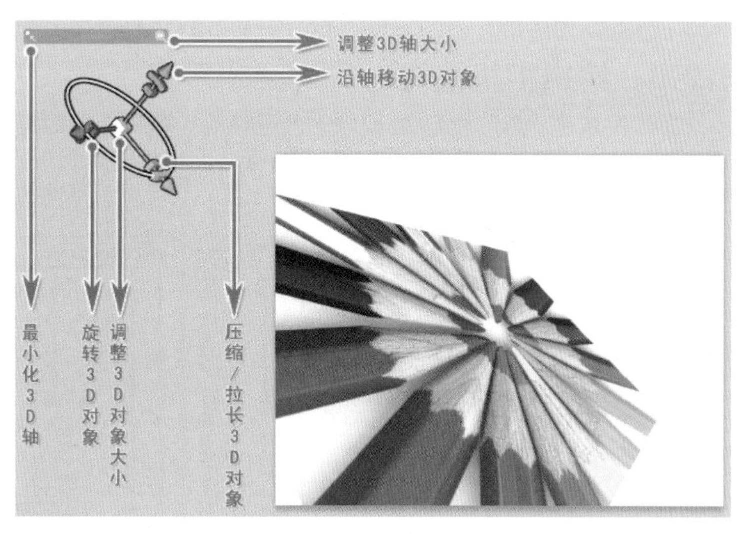

图9-13　3D轴

- 要沿着X、Y或Z轴移动3D对象，可以指向任意轴的锥尖，以任意方向沿轴拖动即可。
- 要旋转3D对象，单击轴尖内弯曲的旋转线段，将会出现显示旋转平面的黄色圆环。这时围绕3D轴中心沿顺时针或逆时针方向拖动圆环即可。
- 要调整3D对象的大小，只需要向上或向下拖动3D轴中的中心立方体即可。
- 要沿轴压缩或拉长3D对象，将某个彩色的变形立方体朝中心立方体拖动，或拖动其远离中心立方体即可。
- 要将移动限制在某个对象平面，可以将鼠标指针移动到两个轴交叉（靠近中心立方体）的区域。这时两个轴之间出现一个黄色的【平面】图标，只要向任意方向拖动即可。

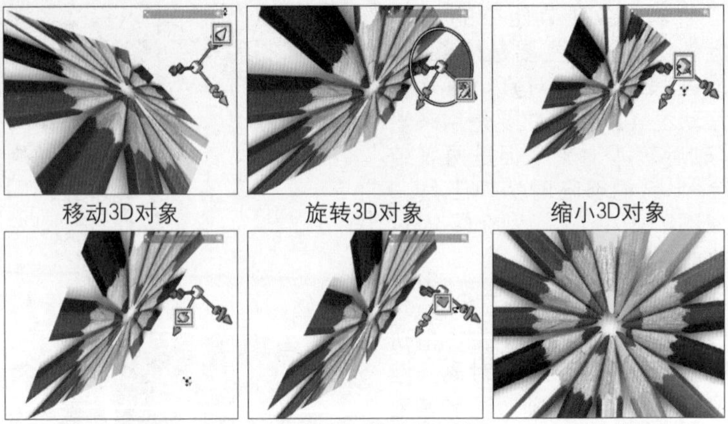

移动3D对象　旋转3D对象　缩小3D对象

拉长3D对象　一定范围内移动3D对象　初始状态

图9-14　使用3D轴操作3D对象

技巧

将指针移动到3D轴上可显示控制栏，这时拖动控制栏可移动3D轴；单击【最小化】按钮可将3D轴最小化；拖动【缩放】图标可调整3D轴的大小。

在3D图层初始状态下，3D对象的位置包括7个方向的视图。而对于平面图像转换的3D图层，只有默认视图、俯视图与仰视图 3 种方向视图能够查看图像效果，其他方向视图为空白，如图9-15所示。

默认视图　俯视图　仰视图

图9-15　不同位置视图效果

注意

无论对3D对象进行任何的操作，都会在【位置】下拉列表框中显示【自定对象位置1】选项，成为第8个方向的视图。

9.2.2　编辑相机视图

在3D图层中，除了能够对3D对象进行移动、翻转、缩放等操作来改变3D对象在场景中的位置，从而得到不同的查看效果外，还可以通过3D相机工具组中的各个工具来对相机进行移动、缩放等操作，通过改变相机在场景中的对象位置，从而得到不同的查看效果。

当创建3D图层后，选择工具箱中的某个3D相机工具，工具选项栏中显示所有3D相机工具组中的工具与选项，如图9-16所示。

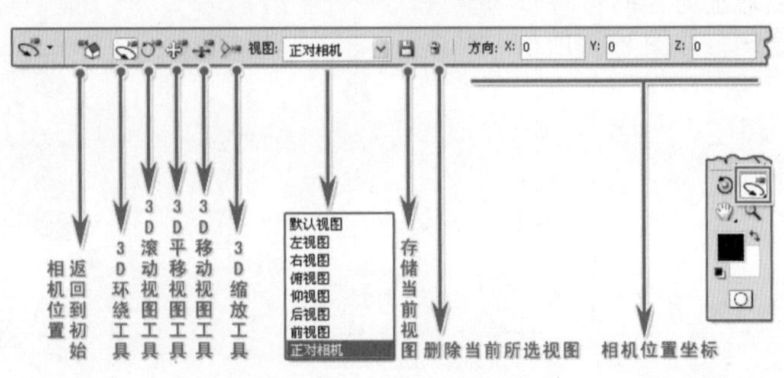

图9-16　3D相机工具组

在3D相机工具的选项栏中，【视图】下拉列表中包括8个视图选项，并且默认选项为【正对相机】选项。相对于平面图像转换为3D对象的相机视图，只有默认视图、俯视图、仰视图与正对相机视图具有查看效果，其他方向视图为空白，如图9-17所示。

正对相机

默认视图

俯视图

仰视图

图9-17　相机视图选项

除了这些常规方向视图外，还可以通过3D相机工具组中的各个工具来改变相机的对象位置，从而得到不同方向的视图查看效果。如图9-18所示，分别为使用不同3D相机工具进行的操作展示效果。

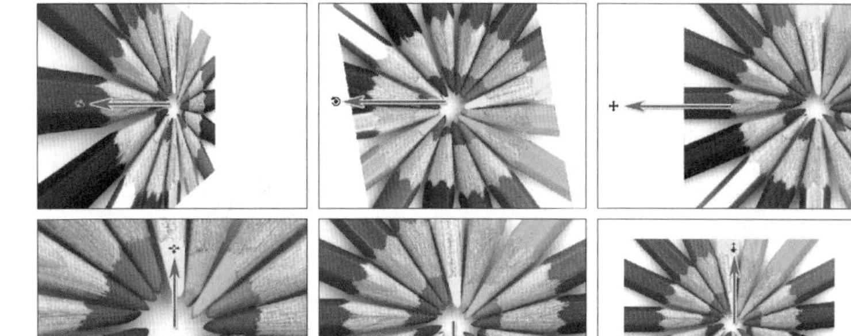
图9-18　操作相机

- **3D环绕工具**　使用该工具拖动可将相机沿X或Y方向环绕移动。按住Ctrl键的同时进行拖动，可滚动相机。
- **3D滚动视图工具**　使用该工具拖动，可以滚动相机。
- **3D平移视图工具**　使用该工具拖动，可以将相机沿X或Y方向平移。按住Ctrl键的同时进行拖动可沿X或Z方向平移。
- **3D移动视图工具**　使用该工具拖动，可以将相机沿Z方向转换与Y方向旋转。按住Ctrl键的同时进行拖动可沿Z方向平移与X方向旋转。

提示

通过对相机的操作发现，从视觉角度查看效果，好像是2D对象在发生变化。但是仔细观察，会发现同样的操作，其最终显示效果与操作3D对象完全相反。这是因为相机在发生变化的对象同时，3D对象的位置保持不变。

- **3D缩放工具**　使用该工具拖动，可以更改3D相机的视角。其中，最大视角为180°。

9.3 编辑3D属性

无论使用3D对象工具还是3D相机工具，都只是对3D对象视图进行操作。要想对3D对象本身，如材料、光源等属性进行装饰，还需要设置相关属性。在Photoshop CS4中，专门准备了3D面板来分别设置3D图层的场景、网格、材料与光源属性。

9.3.1 场景与网格属性

3D对象创建后，还能够设置3D对象在场景中的显示方式等属性。为了方便设置3D对象的各种属性，Photoshop为其准备了3D面板。选中3D图层后，执行【窗口】|3D命令，打开的3D面板中显

示3D对象的相关属性。如图9-19所示，这里显示的是【3D{场景}】面板。

注意

3D面板中包括场景、网格、材料和光源4大属性。面板名称会随着选择属性的不同而有所改变。

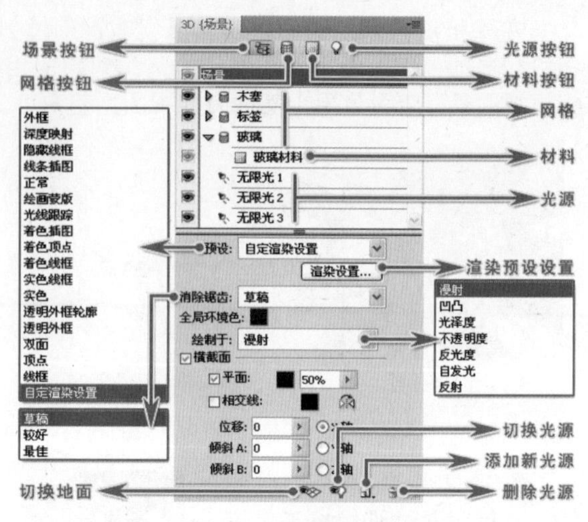

图9-19　【3D{场景}】面板

在3D面板中，单击底部的【切换地面】按钮，能够反映相对于3D对象的地面位置的网格；单击【切换光源】按钮，能够显示或隐藏光源参考线，如图9-20所示。

1．场景设置 >>>>

在【3D{场景}】面板中，不仅能够设置不同的渲染方式，还能够选择绘制的纹理，以及创建横截面等各种选项。该面板中的基本选项如下。

- **预设**　该选项包括了10多种渲染选项，选择其中的一种，即可查看相关的渲染方式。图9-21所示为部分渲染预设选项的效果。

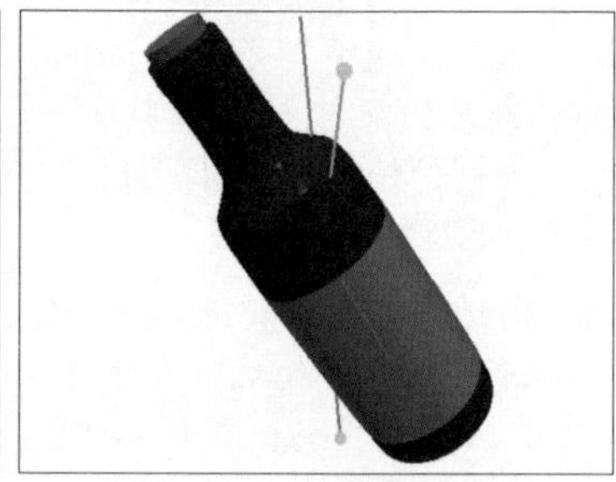

图9-20　显示地面与光源参考线

图9-21　渲染预设效果

- **消除锯齿**　选择该设置，可在保证优良性能的同时，呈现最佳的显示品质。选择【最佳】选项可获得最高显示品质；选择【草稿】选项可获得最佳性能。
- **全局环境色**　该选项是设置在反射表面上可见的全局环境光的颜色。该颜色与用于特定材料的环境色相互作用。图9-22所示为不同的全局环境色效果。
- **绘制于**　直接在3D模型上绘画时，使用该选项，选择要在其上绘制的纹理映射。
- **横截面**　该选项可创建以所选角度与模型相交的平面横截面。可以切入模型内部，查看里面的内容。

2. 渲染设置

虽然【预设】下拉列表中准备了10多种渲染选项，但是要自定选项，可以单击【渲染设置】按钮，打开【3D渲染设置】对话框，详细设置其各个选项，如图9-23所示。

图9-22　不同的全局环境色效果

在该对话框中，【预设】下拉列表中的选项与【3D{场景}】面板中的【预设】选项相同。除此之外，还包括【表面】、【边缘】、【顶点】、【体积】或【立体】渲染。

表面

【表面】选项决定如何显示模型表面。而【表面样式】下拉列表中包括9个选项，其中部分选项与【预设】下拉列表中的相同，其他为【表面样式选项】特有的对象表面样式。如图9-24所示，为【未照亮的纹理】选项。其中【表面样式】下拉列表中的各个选项及功能见表9-2。

表9-2　【表面样式】下拉列表中的各个选项及功能

选项	功能
实色	使用OpenGL显卡上的GPU绘制没有阴影或反射的表面
光线跟踪	使用计算机主板上的CPU绘制具有阴影、反射和折射的表面
未照亮的纹理	绘制没有光照的表面，而不仅仅显示选中的【纹理】选项
平坦	对表面的所有顶点应用相同的表面标准，创建刻面外观
常数	用当前指定的颜色替换纹理
外框	显示反映每个组件最外侧尺寸的对话框
正常	以不同的RGB颜色显示表面标准的X、Y和Z组件
深度映射	显示灰度模式，使用明度显示深度
绘画蒙版	可绘制区域用白色显示，过度取样的区域用红色显示，取样不足的区域用蓝色显示

图9-23　【3D渲染设置】对话框

图9-24　【未照亮的纹理】选项

边缘

【边缘】选项决定线框线条的显示方式。其中，【边缘样式】选项反映用于以上【表面样式】中的【常数】、【平滑】、【实色】和【外框】选项。

而该选项中特有的选项中，通过【折痕阈值】文本框可调整出现模型中的结构线条数量。其中，当模型中的两个多边形在某个特定角度相接时，会形成一条折痕或线。如果边缘在小于【折痕阈值】设置（0～180）的某个角度相接，则会移去它们形成的线；若设置为0，则显示整个线框，如图9-25所示。

提示

【纹理】选项是为“未照亮的纹理”选项设置纹理映射的；而【反射】、【折射】、【阴影】复选框则具有显示或隐藏这些光线跟踪特定的功能。

创意⁺：Photoshop CS4中文版图像处理技术精粹

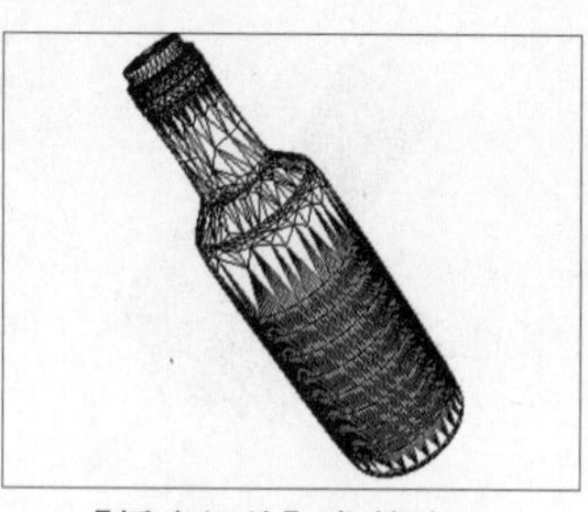

【折痕阈值】参数值为0

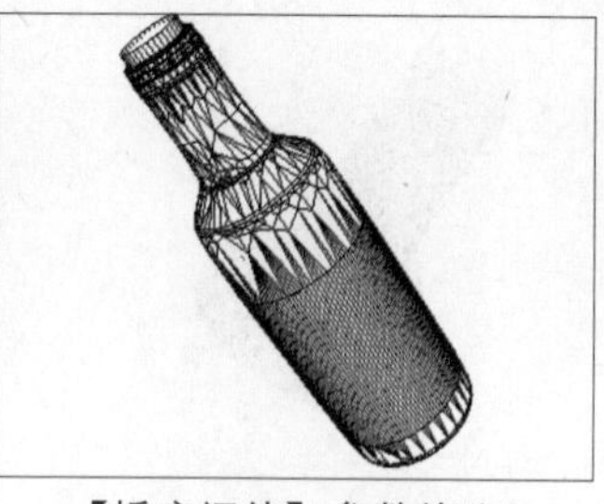

【折痕阈值】参数值为2

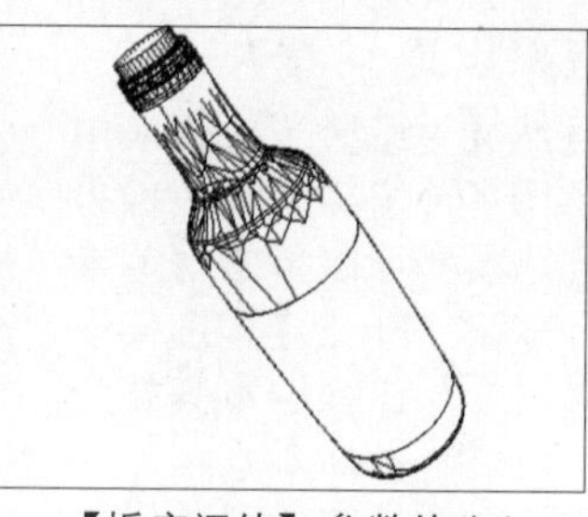

【折痕阈值】参数值为4

图9-25　设置【折痕阈值】参数值

【线段宽度】选项是指定其宽度；而【颜色】选项则是用来设置边缘线的颜色。如图9-26所示，分别设置了【线段宽度】参数值为2，与设置【颜色】选项为红色所得到的对象不同效果。

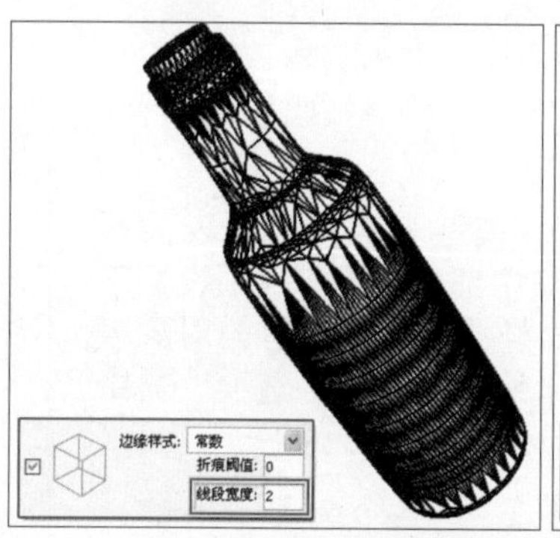

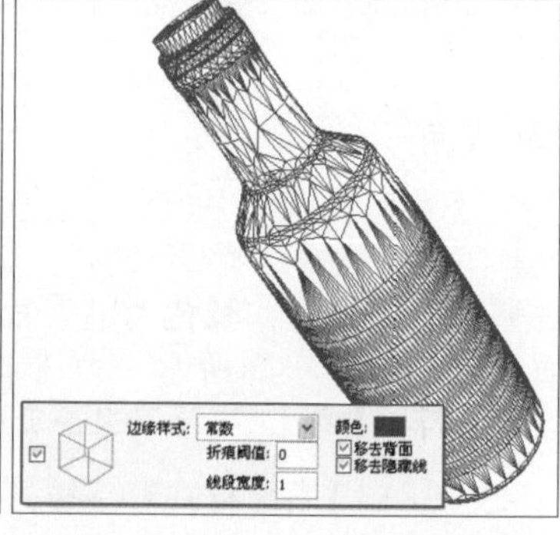

图9-26　分别设置【线段宽度】与【颜色】选项

>> 顶点

【顶点样式】选项是用来调整顶点的外观。在该选项中特有的选项中，【半径】文本框用来设定每个顶点的像素半径；【移去隐藏顶点】复选框用来移去与前景顶点重叠的顶点；【颜色】选项用来设置顶点颜色，如图9-27所示。

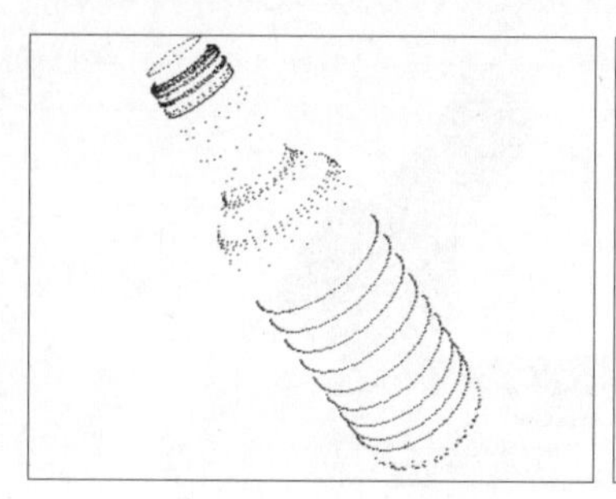

【半径】参数值为1

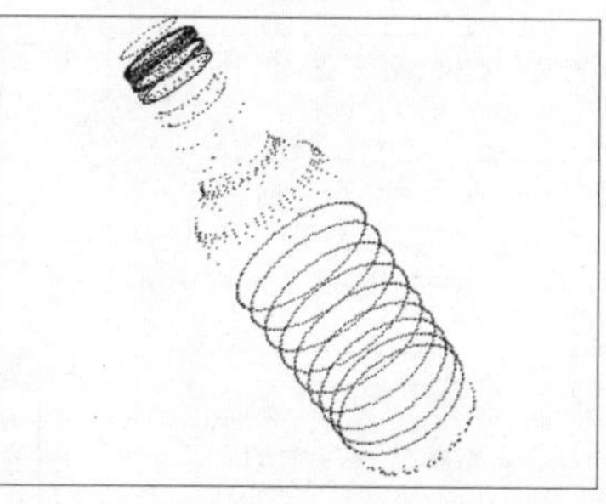

禁用【移去隐藏顶点】复选框

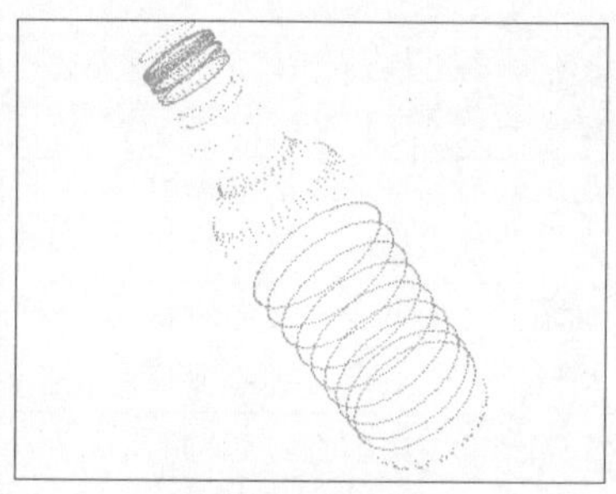

设置【颜色】值

图9-27　顶点选项中的各子选项

>> 立体

【立体】选项用来调整图像的设置，该图像将透过红蓝色玻璃查看或打印成包括透镜镜头的对象。

注意

【3D渲染设置】对话框中的【体积】选项，主要用来设置用于DICOM图像的体积信息。所以为普通3D图层设置渲染方式时，【体积】选项不可用。

其中，【立体类型】选项为透过彩色玻璃查看的图像指定“红色/蓝色”，或为透镜打印指定“垂直交错”；【视差】文本框用来调整两个立体相机之间的距离；【透镜间距】文本框对于垂直交错的图像，指定“透镜镜头”每英寸包含多少线条数；而【焦平面】文本框用来确定相对于模型外框中心的焦平面的位置。

技巧

渲染设置是图层特定的。如果文档包含多个3D图层，则需要为每个图层分别指定渲染设置。

3. 横截面

通过将3D对象与一个不可见的平面相交，可以查看该对象的横截面。该平面可以以任意角度切入3D对象，并仅显示其一个侧面上的内容。

要想查看3D对象的横截面，首先要在【3D{场景}】面板中启用【横截面】文本框。这时，即可呈现所选对象的横截面效果，如图9-28所示。

在【横截面】选项组中，【平面】选项用来显示创建横截面的相交平面。可以选择平面颜色，以及设置其不透明度，以便更加清晰地查看横截面效果，如图9-29所示。

图9-28　启用【横截面】文本框

降低不透明度

更改颜色

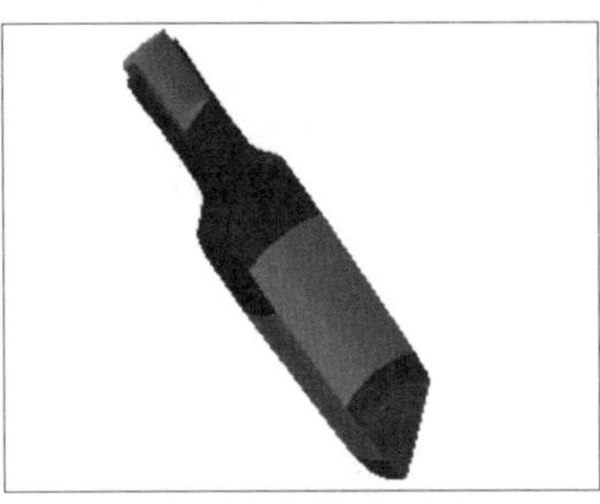
启用【平面】复选框

图9-29　设置【平面】选项

【相交线】选项是选择以高亮显示横截面平面相交的对象线条。单击色块，可以选择高光颜色；而单击【翻转横截面】按钮，可以将对象的显示区域更改为反面，如图9-30所示。

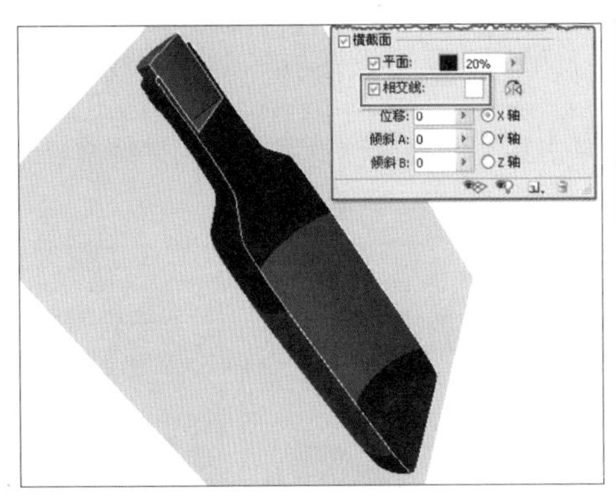

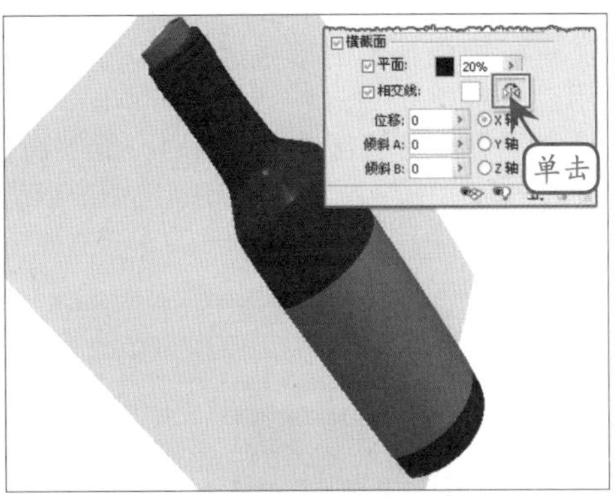

图9-30　设置相交线颜色与翻转横截面

【横截面】选项组中的【位移】选项，可以沿平面的轴移动平面，而不更改平面的斜度；而【倾斜】选项可将平面朝其任一可能的倾斜方向旋转至360°。对于特定的轴，倾斜设置会使平面沿其他两个轴旋转。如图9-31所示，分别为位移与倾斜横截面的对比效果。

横截面不是只有一个方向，可以分别以X轴、Y轴与Z轴为轴，来显示不同方向的横截面效果，如图9-32所示。当启用不同的对齐方式后，横截面的位移与倾斜也会发生相应的变化。

创意+：Photoshop CS4中文版图像处理技术精粹

【位移】参数值为+11

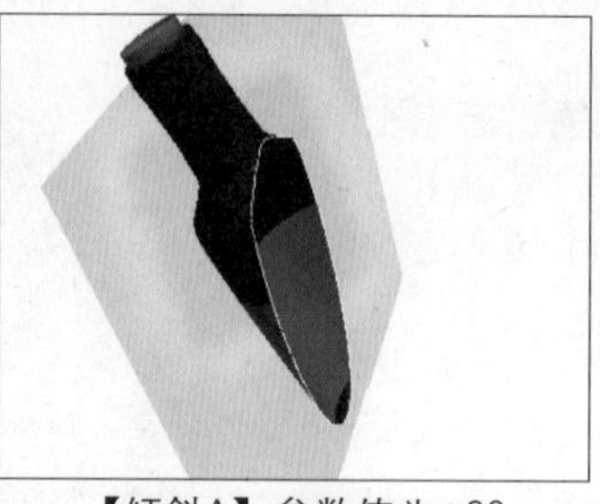

【倾斜A】参数值为+36

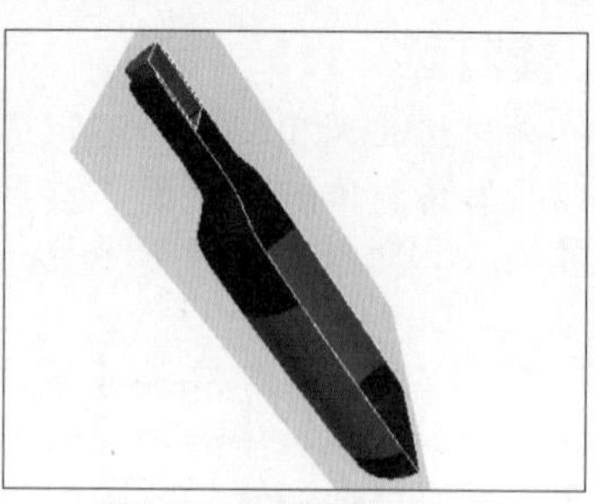

【倾斜A】参数值为+45

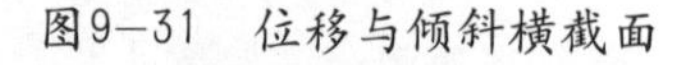

图9-31　位移与倾斜横截面

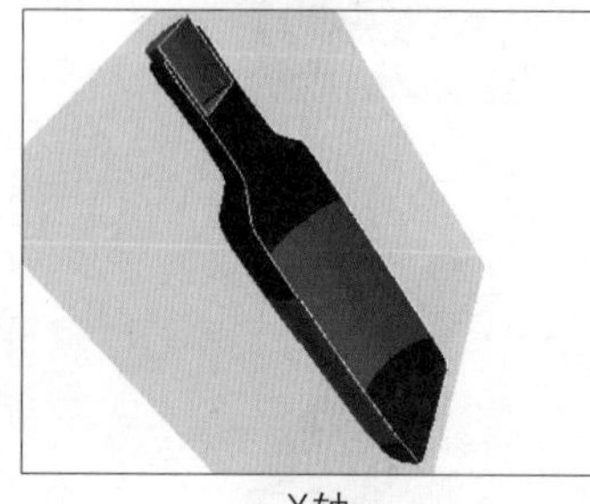

X轴

Y轴

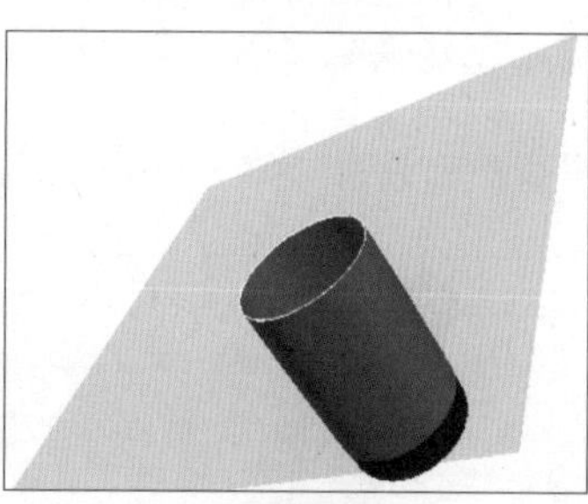

Z轴

图9-32　横截面的对齐方式

提示

在【3D渲染设置】对话框D对象【预设】下拉列表中，【双面】选项是专门用来设置横截面D对象渲染方式的。

4. 【3D{网格}】面板

单击3D面板顶部的【网格】按钮，使面板切换到【3D{网格}】界面。3D对象中的每个网格都出现在3D面板顶部的单独线条上。选择网格，可访问网格设置与3D面板底部的信息，如图9-33所示。

当一个3D对象中包含多个网格时，能够通过单击某个网格左侧的眼睛图标来隐藏或者显示网格；而当选中某个网格后，在下方缩览图中以红色框高亮显示，如图9-34所示。

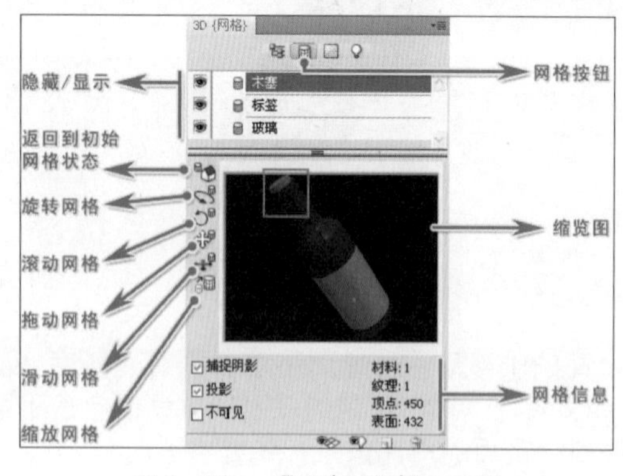

图9-33　【3D{网格}】面板

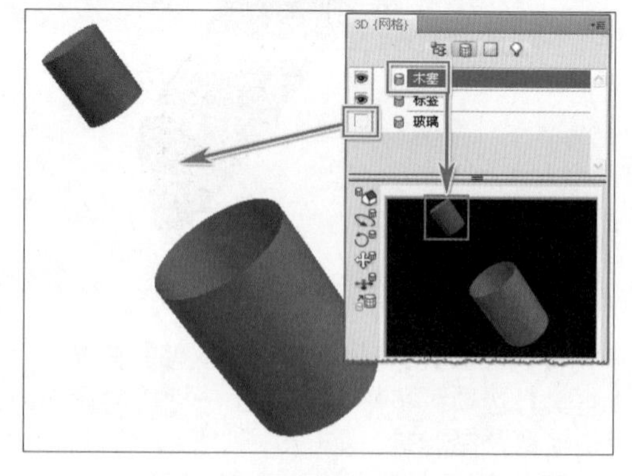

图9-34　隐藏与选中网格

在缩览图的左侧有一组网格工具，是专门用来对网格进行操作的。这一组工具可以对单个网格进行移动、旋转或缩放等操作，而无须移动整个3D对象。其中，网格工具D对象使用方法与3D对象工具基本相同，只是针对的对象有所不同。如图9-35所示，为单个网格的旋转、拖动与缩小效果。

旋转网格

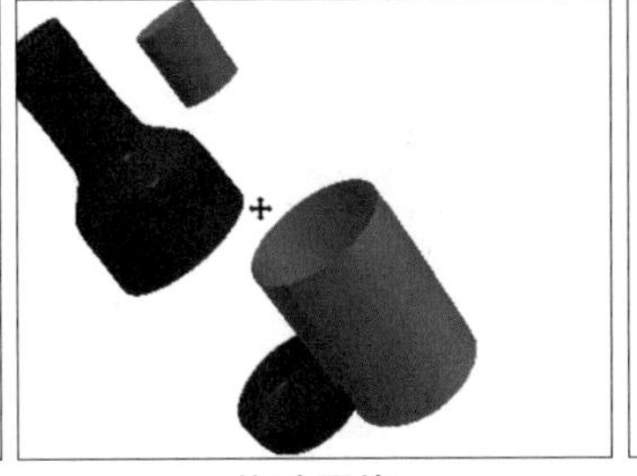
拖动网格

缩小网格

图9—35　单个网格的操作

提示

【捕捉阴影】选项与【投影】选项是在“光线跟踪”渲染模式下，控制选定的网格是否在其表面显示来自其他网格的阴影；与控制选定的网格是否在其他网格表面产生投影；启用【不可见】复选框可隐藏网格，但显示其表面的所有阴影。

9.3.2　材料属性

在默认情况下，3D对象具有其自身的材料属性。当3D对象包含不同的网格时，其材料也有所不同。要查看3D对象的材料属性，只要单击3D面板顶部的【材料】按钮▦即可，如图9—36所示。

每一个网格都具有一定的材料属性，无论是颜色还是图像，甚至更加复杂的纹理。【3D{材料}】面板中的材料选项包含了网格的基本材料属性。

- **环境**　设置在反射表面上可见的环境光的颜色。该颜色与用于整个场景的全局环境色相互作用。
- **镜像**　为镜像属性显示的颜色。例如，高光光泽度和反光度。
- **漫射**　材料的颜色。漫射映射可以是实色或任意2D内容。如果选择移去漫射纹理映射，则【漫射】色板值会设置漫射颜色。如图9—37所示，为单击【纹理映射菜单】按钮，选择【载入纹理】选项，为标签材料添加D对象2D图像效果。
- **自发光**　定义为不依赖于光照即可显示的颜色。创建从内部照亮3D对象的效果，如图9—38所示。

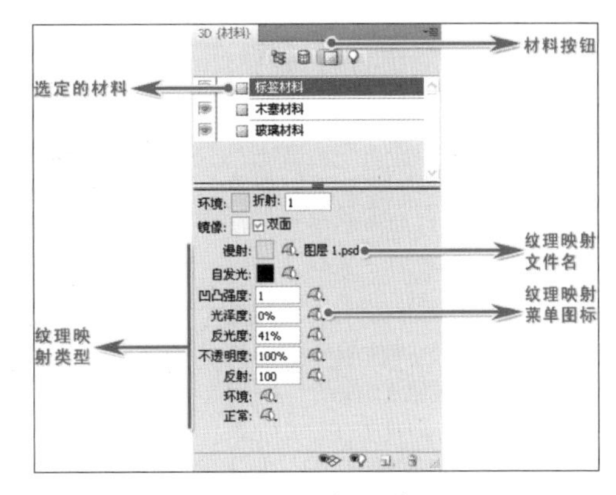

图9—36　【3D{材料}】面板

图9—37　为标签设置【漫射】纹理

图9—38　设置【自发光】颜色

- **凹凸强度** 在材料表面创建凹凸，无须改变底层网格。凹凸映射是一种灰度图像，其中较亮的值创建突出的表面区域，较暗的值创建平坦的表面区域。
- **光泽度** 定义来自光源的光线经表面反射，折回到人眼中的光线数量。可以通过在字段中输入值或使用小滑块来调整光泽度。如图9−39所示，为玻璃材料中的不同参数值的光泽度效果。

图9−39 玻璃光泽度效果对比

- **反光度** 定义【光泽度】设置所产生的反射光的散射。低反光度（高散射）能够产生明显的光照但焦点不足；高反光度（低散射）产生较不明显但更亮、更耀眼的高光。如图9−40所示，为玻璃的不同参数值的反光度效果。

图9−40 玻璃反光度效果对比

- **不透明度** 增加或减少材料的不透明度（在0%～100%范围内）。可以使用纹理映射或小滑块来控制不透明度。如图9−41所示，分别为玻璃材料中不同参数值的不透明度效果。

图9−41 玻璃不透明度效果对比

- **反射** 增加3D场景、环境映射和材料表面上其他对象的反射。
- **环境** 存储3D对象周围环境的图像。环境映射会作为球面全景来应用，可以在3D对象的反射区域中看到环境映射的内容，效果如图9−42所示。
- **正常** 像凹凸映射纹理一样，正常映射会增加表面细节。与基于单通道灰度图像的凹凸纹理映射不同，正常映射基于多通道图像。每个颜色通道的值代表模型表面上正常映射的X、Y和Z分量。正常映射可使低多边形网格的表面变平滑。

注意

如果3D对象有9个以上Photoshop支持的纹理类型，则额外的纹理会出现在【图层】面板和【3D绘画模式】下拉列表中。

环境纹理

【反射】参数值为30

【反射】参数值为100

图9—42 【环境】与【反射】选项的综合运用

9.3.3 光源属性

3D光源从不同角度照亮3D对象，从而添加逼真的深度和阴影。Photoshop提供 3 种类型的光源，每种光源都有独特的光照效果。

- 点光像灯泡一样，向各个方向照射。
- 聚光灯照射出可调整的锥形光线。
- 无限光像太阳光，从一个方向平面照射。

对于Photoshop自带的3D模型，本身具有3个无限光。单击3D面板顶部的【光源】按钮，即可查看默认光源以及相关的选项，如图9—43所示。

1．无限光

在默认的3个无限光中，无限光1从3D对象的后斜上方向前斜下方照射；无限光2从3D对象的前斜上方向后斜下方照射；无限光3从3D对象的侧斜下方向斜上方照射。通过旋转【相机视图】，可详细查看无限光的照射位置，如图9—44所示。

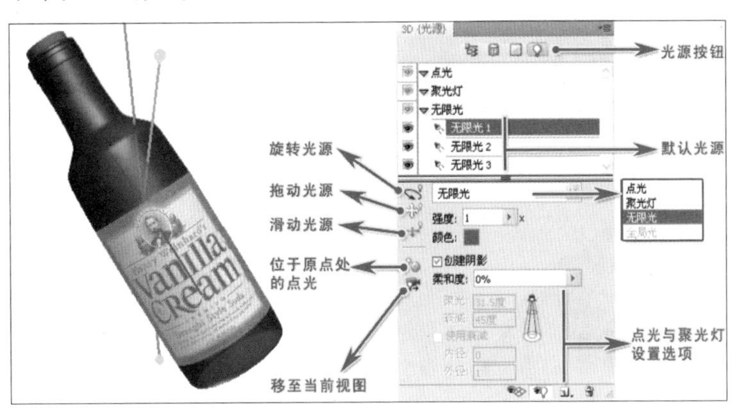

图9—43 【3D{光源}】面板

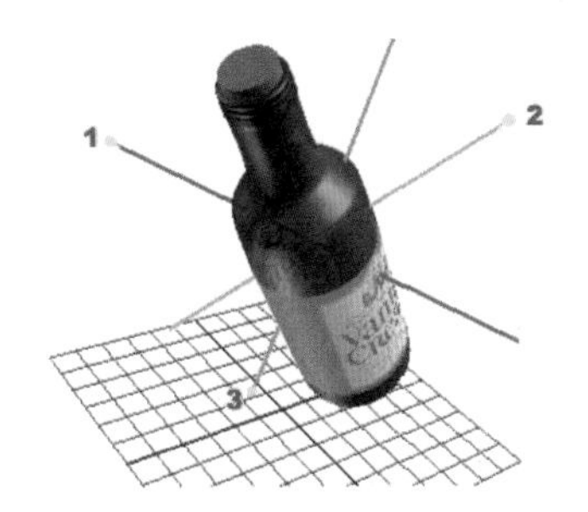

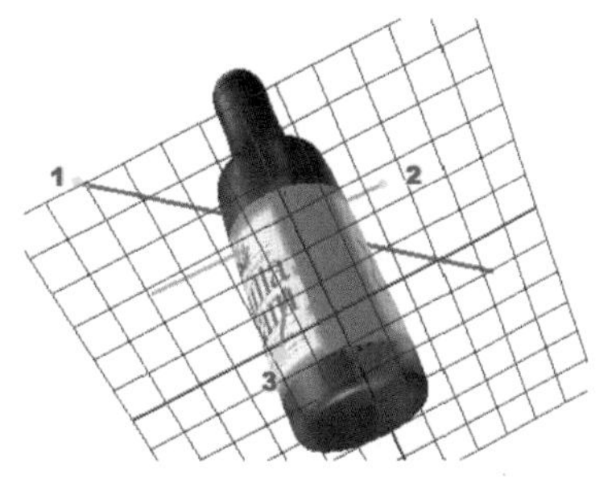

图9—44 不同相机视图的无限光位置

在无限光中，能够通过【强度】与【颜色】选项来设置无限光的不同效果。例如选择【无限光2】选项，设置【强度】参数值为1.09，【颜色】为淡黄色，即可改变3D对象的整体效果，如图9-45所示。

提示

【创建阴影】选项是从前景表面到背景表面、从单一网格到其自身，或从一个网格到另一个网格的投影；【软化度】选项能够模糊阴影边缘，产生逐渐的衰减。

图9-45　设置无限光

2. 点光与聚光灯

除了自带的无限光外，还能够通过单击3D面板底部的【创建新光源】按钮，为3D对象添加不同的类型光源。例如单击【创建新光源】按钮，选择【新建点光】选项，即添加点光；如果单击【创建新光源】按钮，选择【新建聚光灯】选项，即可添加聚光灯，如图9-46所示。

无论是点光还是聚光灯，均能够设置【使用衰减】选项组中的“内经”与“外径”选项。这两个选项决定衰减锥形，以及光源强度随对象距离的增加而减弱的速度。对象接近“内径”限制时，光源强度最大；对象接近【外径】限制时，光源强度为零。处于中间距离时，光源从最大强度线性衰减为零。

而聚光灯除了能够设置【使用衰减】选项区域外，还可以设置【聚光】与【衰减】文本框。前者是设置光源明亮中心的宽度；后者是设置光源的外部宽度。

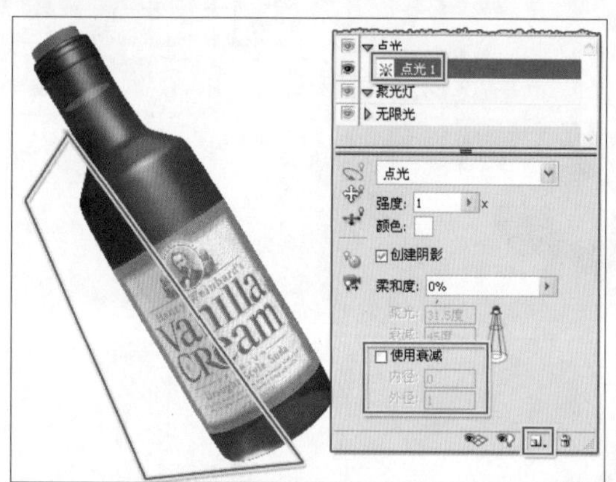

图9-46　添加点光与聚光灯

3. 光源位置

无论是哪一种类型光源，都可以相互转换。只要在【3D{光源}】面板中的下拉列表中选择【其他类型光源】即可。而每一种类型的光源，其位置不是固定不变的对象，均能够通过类似3D对象工具的工具来改变其光照位置。但是不同的光源位置工具，针对的类型光源不同。只有选择适当的工具，才能够改变光源位置。如图9-47所示，分别为不同类型的光源，使用不同的光源位置工具得到的位置变化。

- **旋转工具**　（仅限聚光灯和无限光）旋转光源，同时保持其在3D空间的位置。
- **拖移工具**　（仅限聚光灯和点光）将光源移动到同一3D平面中的其他位置。

- **滑动工具**　（仅限聚光灯和点光）将光源移动到其他3D平面。
- **原点处的点光**　（仅限聚光灯）使光源正对模型中心。
- **移至当前视图**　将光源置于与相机相同的位置。

无限光　　点光　　聚光灯

图9-47　不同类型光源的位置变化

9.4 纹理高级编辑

【3D{材料}】面板中的选项是3D对象自身的材料属性，主要通过不同颜色、不同明暗关系来表现。在【3D{材料}】面板中，只能将2D图像作为纹理映射在3D对象中，不能编辑2D图像。这时就需要通过该面板中的【纹理编辑】命令，打开2D图像进行再编辑。而3D对象的纹理不仅能够使用2D图像，还能够直接在3D对象上绘制纹理。

1. 编辑2D纹理文件

在【3D{材料}】面板中，可以为【漫射】、【自发光】、【凹凸强度】、【光泽度】、【反光度】、【不透明度】、【反射】、【环境】与【正常】选项添加纹理映射。而这些纹理会逐一嵌套在【图层】面板的3D图层下方，如图9-48所示。

技巧

要查看特定纹理文件的缩览图，可以将鼠标指针指向在【图层】面板中的纹理名称上，这样也会显示图像大小和颜色模式。

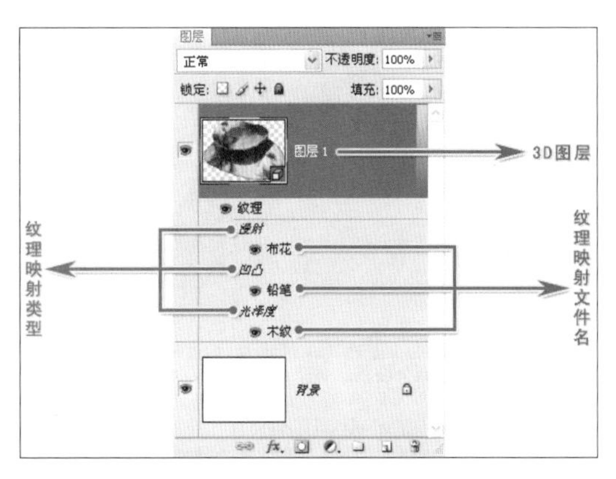

图9-48　3D对象中的纹理

对于【漫射】和【自发光】选项以外的纹理映射，虽然可以通过选项参数来设置纹理映射的强度，但是要编辑纹理本身的显示效果，还需要打开纹理文件。

要打开纹理文件，可以单击材料属性选项右侧的【纹理映射菜单】图标，执行【打开纹理】命令，作为智能对象打开，如图9-49所示。或者直接双击【图层】面板中的纹理映射文件名。

图9-49　打开纹理文件

这时在纹理文件中可以进行任何编辑，而无须保存。只要切换到3D对象所在的文档中，其纹理映射就会相应地发生变化，如图9-50所示。

> **注意**
>
> 单击【纹理】图层旁边的眼睛图标，隐藏或显示所有纹理，以帮助识别应用了纹理的模型区域。

图9-50　编辑纹理文件与3D对象纹理映射变化

当2D图像作为纹理映射添加至3D对象中后，无论是设置材料属性参数值，还是单独编辑2D图像，均无法更改纹理在3D对象中的拼合效果。而效果较差的纹理映射，会在模型表面外观中产生明显的扭曲，如多余的接缝、纹理图案中的拉伸或挤压区域，如图9-51所示。

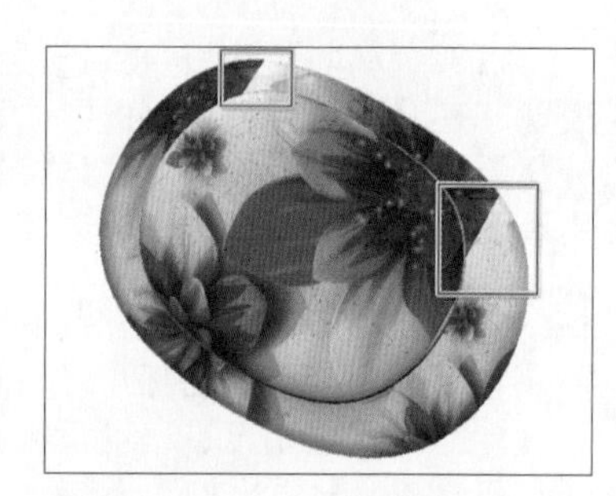

图9-51　不正确的纹理映射

这时，就需要重新参数化纹理映射。选中3D图层，执行3D|【重新参数化】命令。在弹出的警告对话框中单击【确定】按钮后，在弹出的选择性对话框中包括两个选项按钮：单击【低扭曲度】按钮，可以使纹理图案保持不变，但会在模型表面产生较多接缝；单击【较少接缝】按钮，会使模型上出现的接缝数量最小化，但是会产生更多的纹理拉伸或挤压，如图9-52所示。

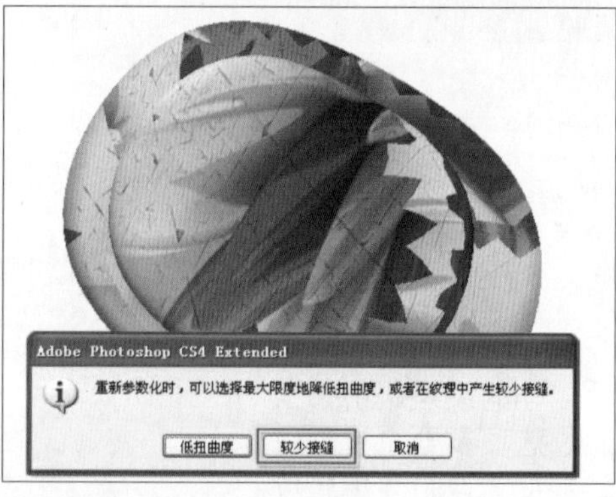

图9-52　重新参数化纹理映射

2. 创建UV叠加

3D对象上多种材料所使用的漫射纹理文件，可将应用于模型上不同表面的多个内容区域编组，这个过程叫做UV映射。它将2D纹理映射中的坐标与3D对象上的特定坐标相匹配，使2D纹理可正确地绘制在3D对象上。

UV叠加只有在纹理文件中才能够创建，所有首先要通过3D图层打开纹理文件。执行3D|【创建UV叠加】命令中的子命令，即可创建UV叠加。其中，每个子命令的作用如下，而纹理文件与3D对象中的效果如图9-53所示。

- **线框**　显示UV映射的边缘数据。
- **着色**　显示使用实色渲染模式的模型区域。
- **正常映射**　映射显示转换为RGB值的几何常值，R=X、G=Y、B=Z。

如果对3D对象进行重新参数化纹理映射，使纹理与3D对象表面相匹配后，再对其纹理文件进行创建UV叠加，便会得到不同的效果，如图9-54所示。

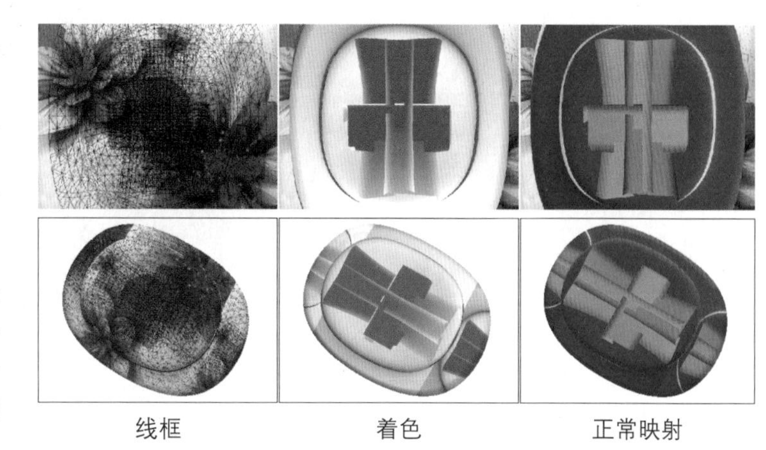

线框　　着色　　正常映射

图9-53　创建UV叠加

线框　　着色　　正常映射

图9-54　重新参数化后的UV叠加效果

技巧

Photoshop可以将UV叠加创建为参考线，直观地了解2D纹理映射如何与3D对象表面匹配。在编辑纹理时，这些叠加可作为参考线。

3．创建重复纹理的拼贴

重复纹理由网格图案中完全相同的图像拼贴构成。重复纹理可以提供更逼真的模型表面覆盖、使用更少的存储空间，并且可以改善渲染性能。

将任意2D文件转换成拼贴绘画，在预览多个拼贴如何在绘画中相互作用之后，可存储一个拼贴以作为重复纹理。创建重复纹理的前提条件是，在文档中新建多个图层，并且放置不同的图像，如图9-55所示。

图9-55　准备素材文件

在【图层】面板中同时选中这些图像后，执行3D|【新建拼贴绘画】命令，即可创建拼贴效果的3D图层，如图9-56所示。其中包含原始内容的9个完全相同的拼贴，并且图像尺寸保持不变。

双击3D图层下方的纹理映射文件名，打开纹理文件。当隐藏纹理文件中的"图层1"图像后，切换到3D对象所在的文档，发现拼合绘画发生变化，如图9-57所示。

如果直接在【3D{材料}】面板中，单击【漫射】选项右侧的【纹理映射菜单】图标，执行【编辑属性】命令。在弹出的【纹理属性】对话框中，选择【目标】下拉列表中的"图层2"选项，拼合绘画虽然也会显示纹理文件中"图层2"图像，但是"图层1"图像会以白色纹理显示在其中，如图9-58所示。

要想将3D对象以重复拼贴的纹理显示在其中，只要在材料属性中，为【漫射】选项载入重复拼贴纹理的文件，即可为3D对象添加重复拼贴的纹理，并且随时更换纹理映射，如图9-59所示。

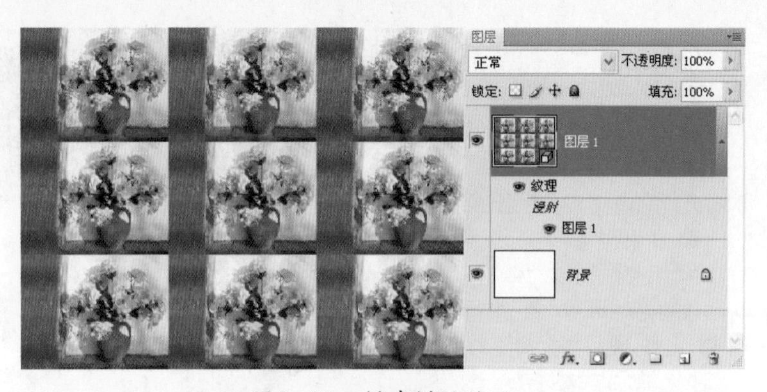

图9-56　创建拼贴绘画

图9-57　改变拼合绘画展示效果

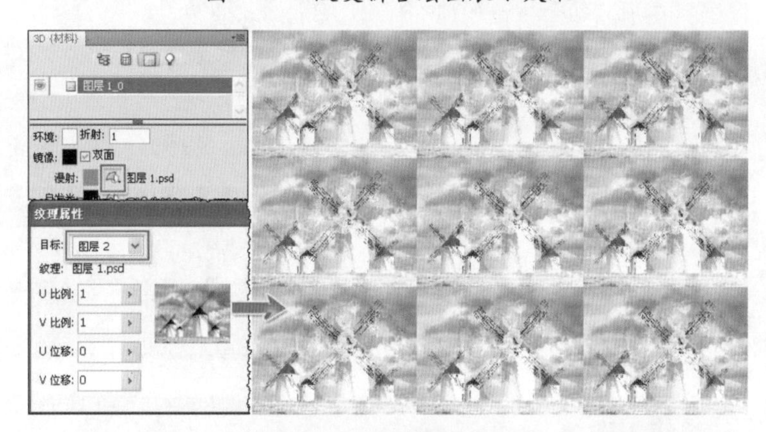

图9-58　更改纹理属性

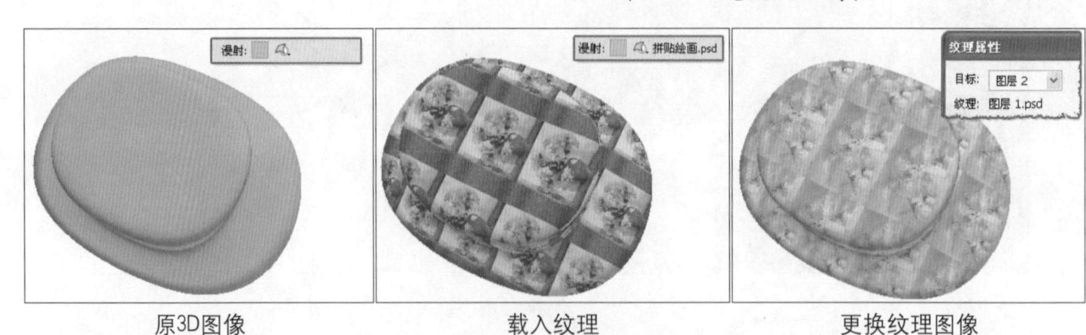

原3D图像　　载入纹理　　更换纹理图像

图9-59　为3D对象添加拼贴绘画

4. 绘制于3D模型

3D对象的材料不仅能够设置为颜色或者2D图像，还能够使用绘画工具直接在3D对象上绘画，作为其纹理映射。而对于较为复杂的3D对象，还可以在其内部进行绘制纹理。

在3D图层中，能够直接使用绘图工具在画布中绘制图像，但是绘制的图像只显示在3D对象中。如图9-60所示，为使用眼睛画笔在3D图层中绘制的图像显示效果。

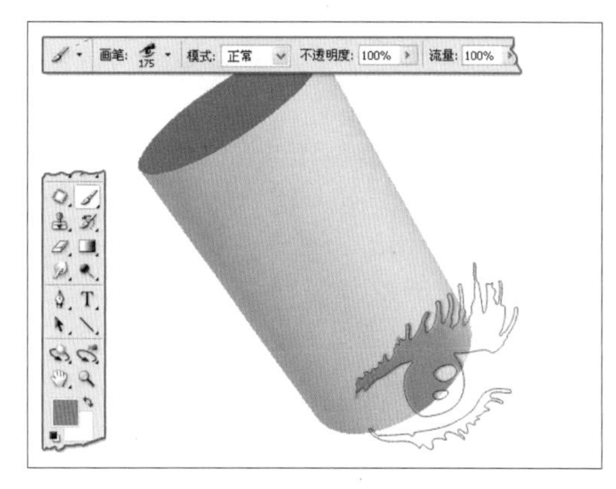

图9-60　在3D对象上绘制图像

通常情况下，绘画应用于漫射纹理映射，以便为模型材料添加颜色属性。但是也可以在其他纹理映射上绘画，例如凹凸映射或光泽度映射。如果在其上绘画的模型区域缺少绘制的纹理映射类型，则会自动创建纹理映射。如图9-61所示，为部分纹理映射绘制效果。

> **提示**
>
> 通常情况下，使用【画笔工具】进行绘画。还可使用工具箱第二部分中的任何其他工具，例如，【油漆桶工具】、【涂抹工具】、【减淡工具】、【加深工具】和【模糊工具】。

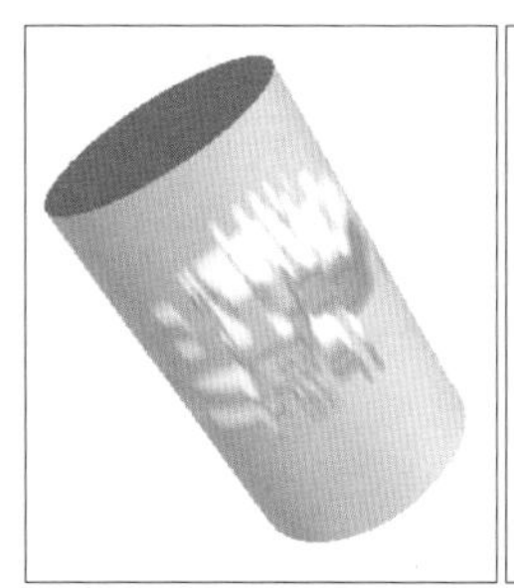
凹凸纹理

光泽度纹理

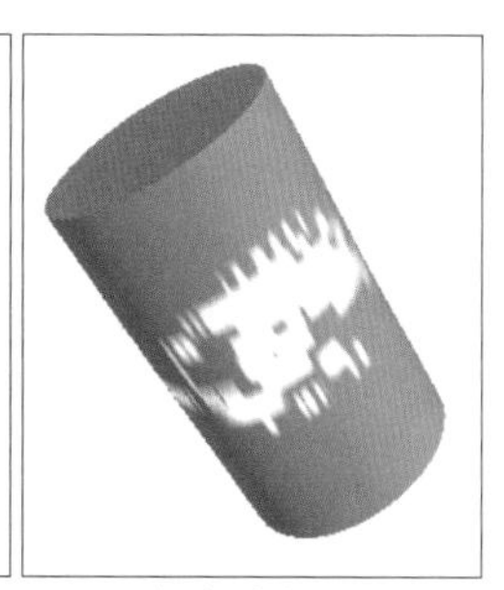
自发光纹理

图9-61　部分纹理映射绘制效果

标识可绘画区域

只查看3D对象，可能还无法明确判断是否可以成功地在某些区域绘画。因为3D对象视图不能与2D纹理之间进行一一对应，这取决于纹理的分辨率，或应用绘画时与模型之间的距离。所以，直接在3D对象上绘画与直接在2D纹理映射上绘画是不同的。

最佳的绘画区域就是那些能够以最高的一致性和可预见的效果，在3D对象表面应用绘画或其他调整的区域。在其他区域中，绘画可能会由于角度，或与3D对象表面之间的距离，出现取样不足或过度取样。查看3D对象的绘画区域，最简单的方法就是在【3D{场景}】面板中，选择【预设】下拉列表中的【绘画蒙版】选项，如图9-62所示。

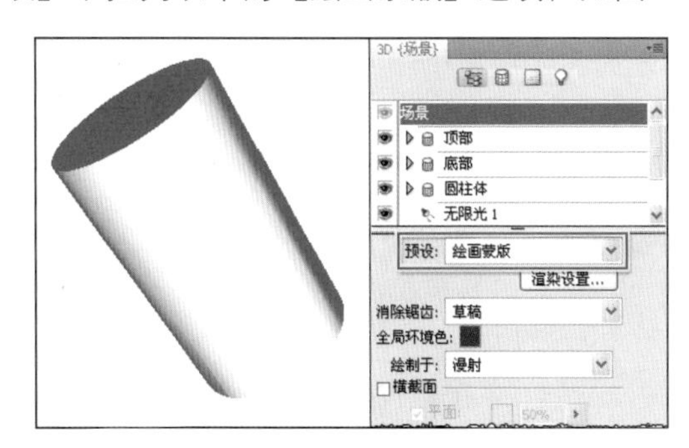

图9-62　选择【绘画蒙版】渲染模式

> **提示**
>
> 在【绘画蒙版】模式下，白色显示最佳绘画区域，蓝色显示取样不足的区域，红色显示过度取样的区域。但是要在3D对象上绘画，必须将【绘画蒙版】渲染模式更改为支持绘画的渲染模式，如【实色】渲染模式。

要显示最佳的绘画区域，最快捷的方法是执行3D|【选择可绘画区域】命令，以选区形式显示绘画区域。但是如果3D对象位置不同，其绘画区域也会随之改变。如图9-63所示，为不同位置3D对象的绘画选区显示。

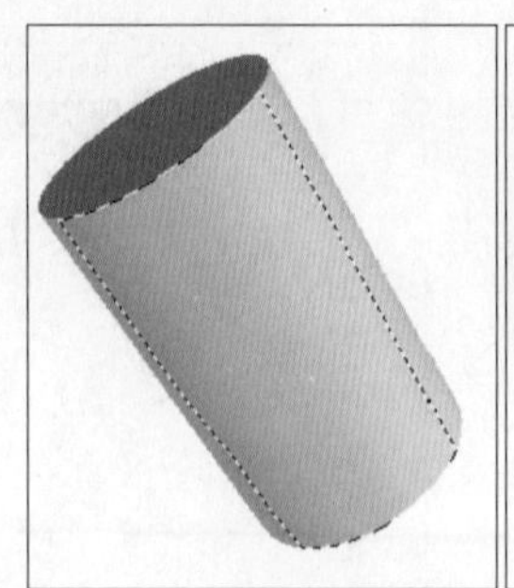
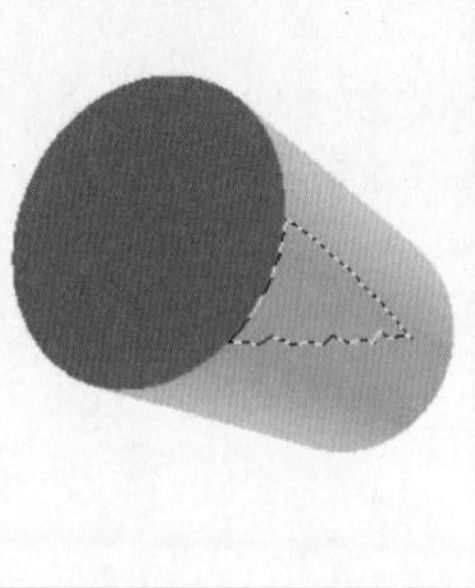
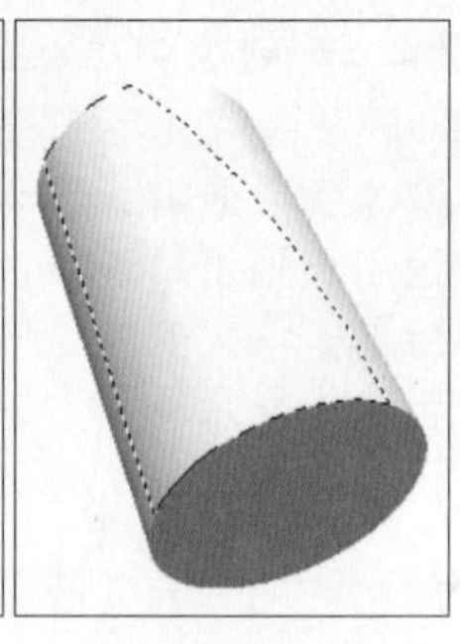

图9-63　不同位置3D对象的绘画选区显示

显示要在上面绘画的表面

对于具有内部区域或隐藏区域的更复杂的3D对象，可以隐藏3D对象局部，以便访问要在上面绘画的表面。3D命令中准备了不同的子命令，来显示不同的区域。

例如，要查看圆柱体的内部，当画布中存在选区时，3D命令中的【隐藏最近的表面】与【仅隐藏封闭的多边形】命令呈可用状态，执行前者命令，只隐藏2D选区内的3D对象多边形的第一个图层；执行后者命令，只会影响完全包含在选区内的多边形，如图9-64所示。

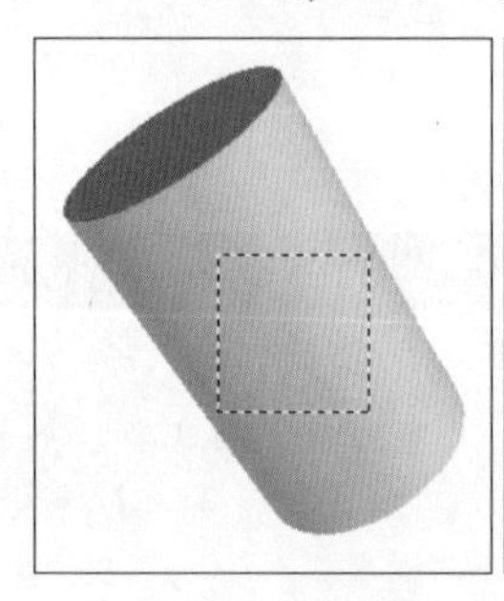
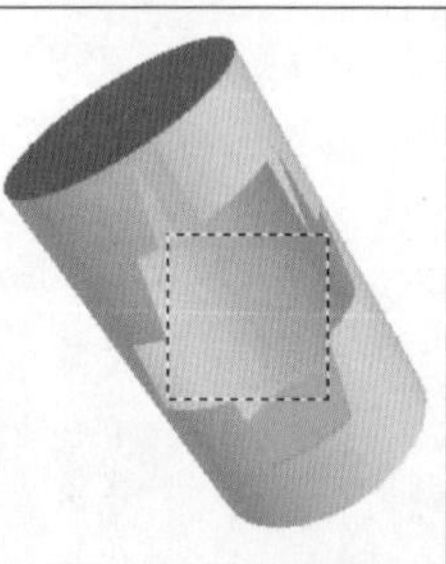
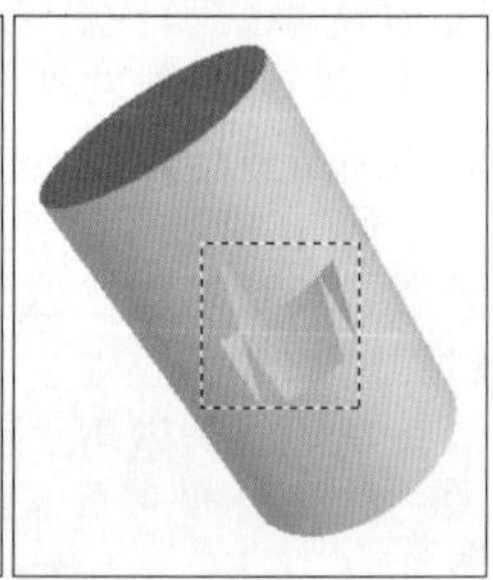

图9-64　隐藏3D对象的不同区域

提示

在3D命令中还包括隐藏表面的其他命令：【反转可见表面】会使当前可见表面不可见，不可见表面可见，该命令不需要建立选区；【显示所有表面】使所有隐藏的表面再次可见。

在执行隐藏表面命令之前，均是在3D对象的外表面绘制图像。如果执行隐藏表面命令后，即使在相同的区域绘制图像，也会绘制在显示的内部区域中，如图9-65所示。

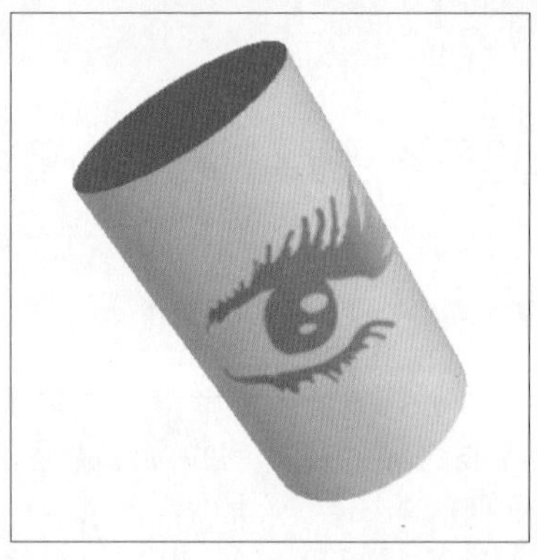
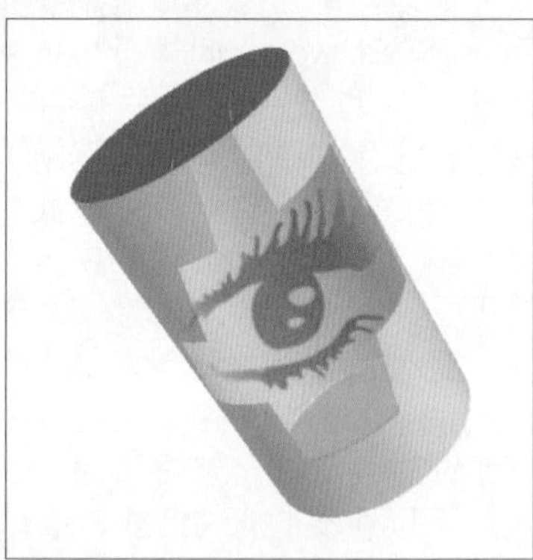

图9-65　分别在3D对象外部与内部绘制图像

设置绘画衰减角度

在3D对象上绘画时，【绘画衰减角度】控制表面在偏离正面视图弯曲时的油彩使用量。衰减角度是根据朝向的3D对象表面突出部分的直线来计算的，所以当3D对象位置变化时，同区域中的绘画衰减角度就会有所不同。

例如，在球面模型中，当球面正对时，球体正中心的衰减角度为0°；随着球面的弯曲，衰减角度增大，在球体边缘处达到最大90°，如图9-66所示。

执行3D|【绘画衰减】命令，弹出【3D绘画衰减】对话框。其中，包括两个文本框：【最大角度】与【最小角度】，其作用如下。其默认值为【最小角度】参数值为45，【最大角度】参数值为55。设置不同的参数值，会得到不同的绘画效果，如图9-67所示。

- **最大角度**　其参数值范围在0°～90°之间。0°时绘画仅应用于正对前方的表面，没有减弱角度；90°时绘画可沿弯曲的表面延伸至其可见边缘；在45°角设置时，绘画区域限制在未弯曲到大于45°的球面区域。

最小角度 设置绘画随着接近最大衰减角度而渐隐的范围。例如，如果最大衰减角度是45°，最小衰减角度是30°，那么在30°～45°的衰减角度之间，绘画不透明度将会从100减少到0。

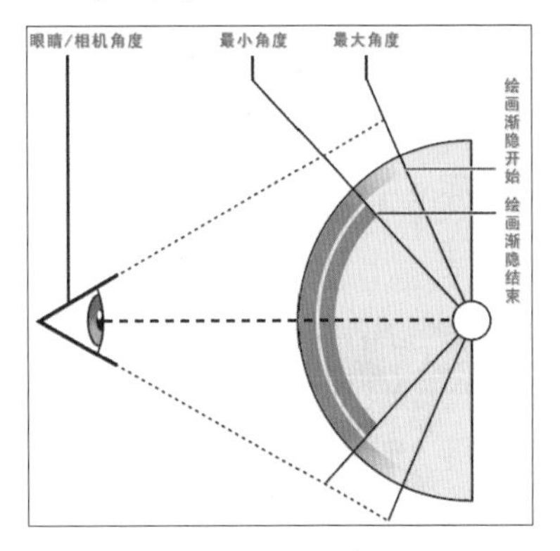

图9-66 衰减角度示意图

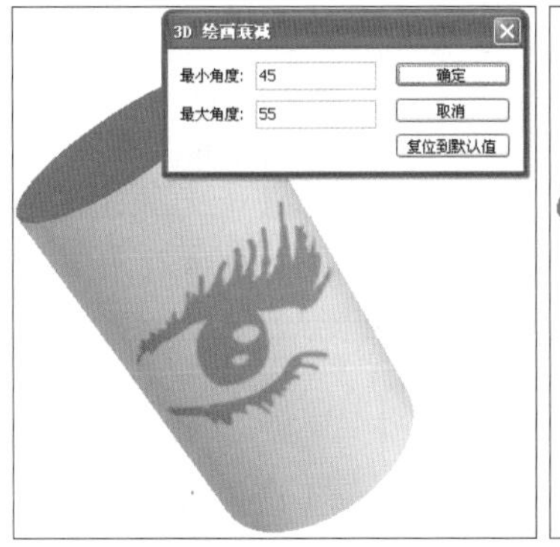

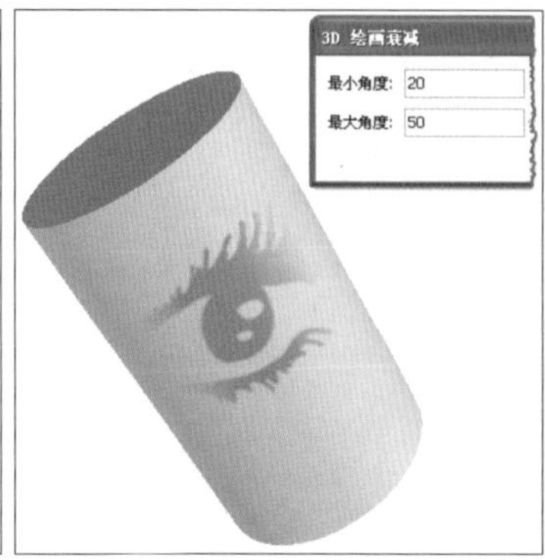

图9-67 不同绘画衰减参数值的绘画效果

9.5 3D图层基本编辑

所有的3D对象均是在3D图层中完成创建与编辑的，而一幅完整的作品有时还需要与2D图像进行组合。这时就需要在3D对象与2D图像之间、或者3D对象之间进行转换与合并等操作。

1. 智能化图层隐藏

当2D图层位于3D图层上方的多图层文档中，可以暂时将3D图层移动到图层堆栈顶部，以便快速进行屏幕渲染。例如在一个文档中，3D图层位于一个2D图层下方，如图9-68所示。

图9-68 3D图层位于2D图层下方

注意

要想执行【自动隐藏图层以改善性能】命令，必须启用【首选项】对话框中【性能】选项中的【启用OpenGL绘画】选项。

这时执行3D|【自动隐藏图层以改善性能】命令后，使用3D对象工具对3D对象进行操作的同时，所有2D图层都会临时隐藏，如图9-69所示。释放鼠标时，所有2D图层将再次出现。

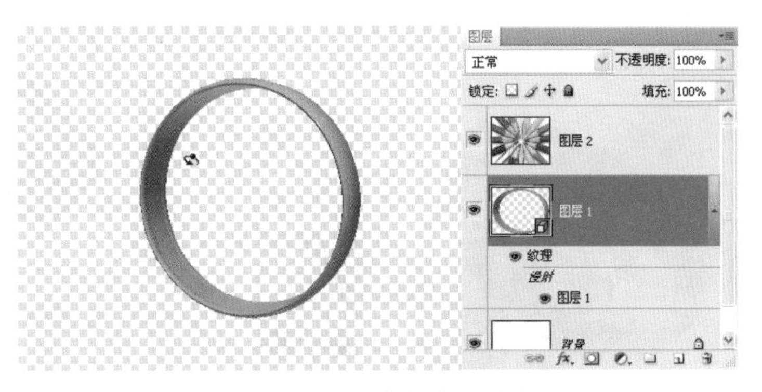

图9-69 临时隐藏2D图层

2．合并3D图层

在Photoshop中，既可以合并多个3D对象，也可以合并3D对象和2D图像。而在合并过程中，不仅能够合并为3D图层，还能够合并为2D图层。

3D图层之间的合并

使用合并3D图层功能可以合并一个场景中的多个3D对象。合并后，可以单独处理每个3D网格，或者同时在所有网格上使用位置工具和相机工具。

当一个文档中存在两个3D图层时，选中位于上方的3D图层，在【图层】面板关联菜单中执行【向下合并】命令，将两个3D图层合并为一个3D图层，如图9-70所示。

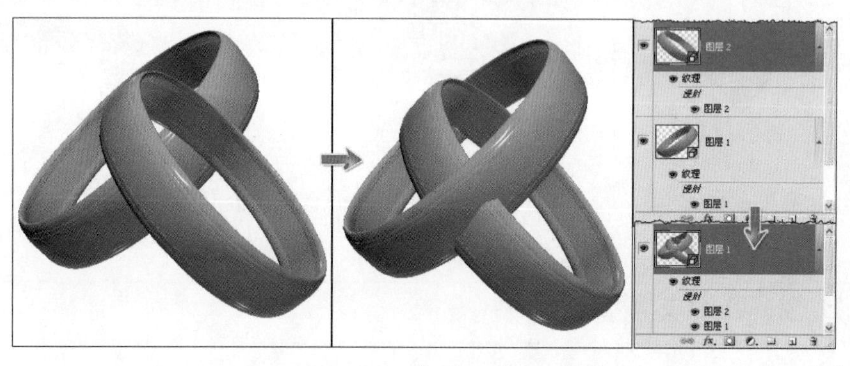

图9-70　合并3D对象

合并3D对象后，如果使用3D对象工具或者3D相机工具进行操作，那么整个3D对象均会发生变化；如果使用【3D{网格}】面板中的【网格工具】进行操作，被改变的是已选中的3D网格，如图9-71所示。

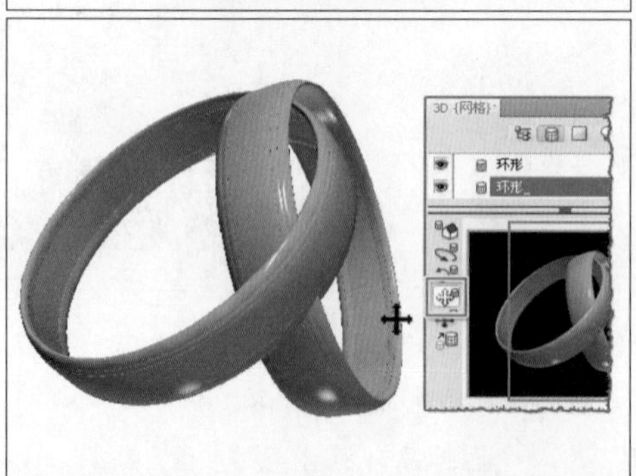

图9-71　分别操作3D对象与3D网格

> **提示**
>
> 两个3D图层合并成一个3D图层时，每个3D对象的原点会对齐。而且会根据每个3D对象的大小，在合并3D图层之后，一个3D网格可能会有部分或完全嵌入到其他3D网格中。

如果同时选中两个3D图层，在【图层】面板关联菜单中执行【合并图层】命令，那么得到的是2D图层，并且图像没有发生变化，如图9-72所示。

图9-72　合并3D图层为2D图层

3D与2D图层之间的合并

当一个文档中同时存在3D图层和2D图层时，两者之间合并，不同的合并命令也会出现不同的效果。当2D图层位于3D图层上方时，在【图层】面板关联菜单中执行【向下合并】命令，2D图像会以纹理映射的方式与3D对象合并，如图9-73所示。

无论是2D图层位于3D图层上方还是下方，在【图层】面板关联菜单中执行【合并图层】命令，均合并为2D图层，并且与合并之前效果相同，如图9-74所示。

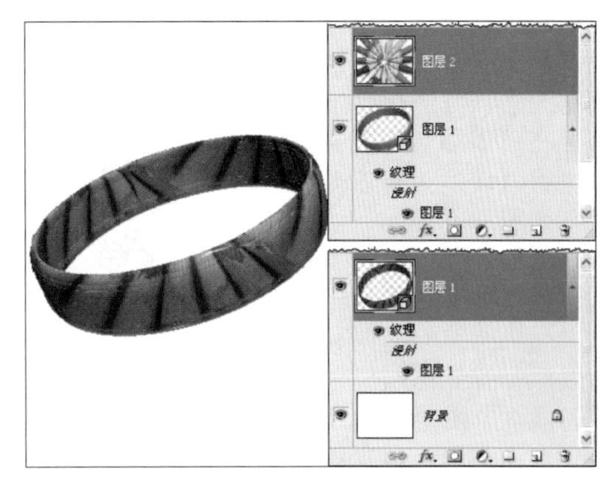

图9-73 以纹理映射与3D图层合并

图9-74 合并为2D图层

3. 3D图层转换

3D对象虽然能够制作立体效果，但是许多Photoshop命令与功能无法在3D图层中应用。为了得到更好的图像效果，需要将3D图层转换为2D图层。

选中3D图层，执行3D|【栅格化】命令，即可将3D图层转换为普通的2D图层。这时可以对转换后的图层对象执行任何命令，但是无法进行有关3D的所有操作，如图9-75所示。

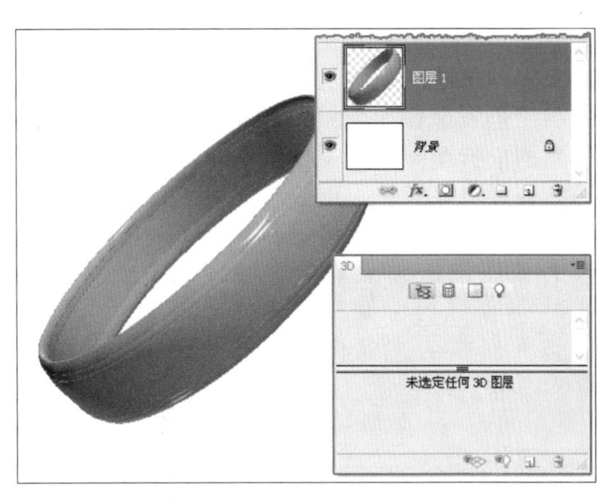

图9-75 栅格化图层

注意

只有不想再编辑3D对象位置、渲染模式、纹理或光源时，才可将3D图层转换为常规图层。而栅格化的图像会保留3D场景的外观，但格式为平面化的2D格式。

要想在保留3D对象可编辑的同时，进行2D图层所有的操作，那么可以将3D图层转换为智能图层。方法是选中3D图层后，在【图层】面板关联菜单中执行【转换为智能对象】命令，如图9-76所示。

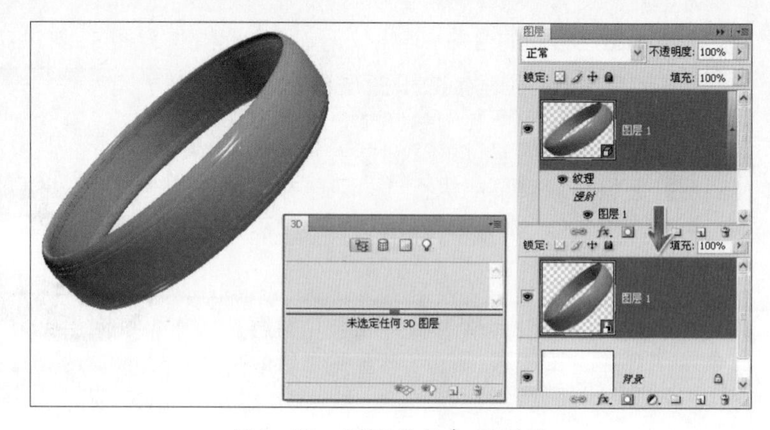

图9-76　3D图层转智能图层

这时，可以将变换或智能滤镜等其他调整应用于智能对象。而要想编辑3D对象时，则可以双击智能图层缩览图，打开智能对象图层重新编辑3D对象。应用于智能对象的任何变换或调整，会随之应用于更新的3D内容中，如图9-77所示。

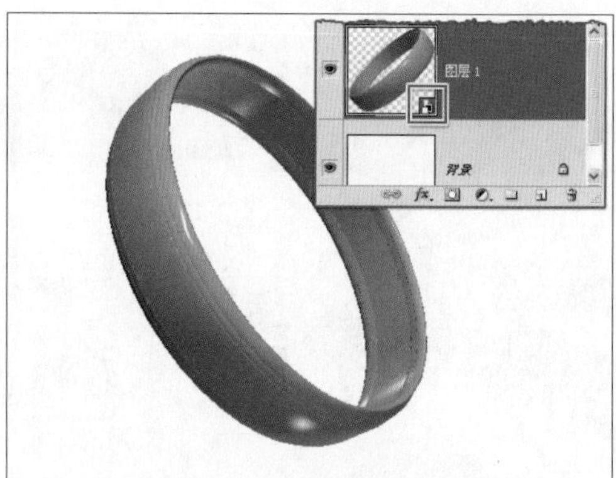

图9-77　编辑3D对象

4. 输出3D图层

完成3D文件的处理之后，可创建最终渲染以产生用于Web、打印或动画的最高品质输出，也就是使用光线跟踪和更高的取样速率以捕捉更逼真的光照和阴影效果。

选中3D图层后，执行3D|【为最终输出渲染】命令，对3D对象进行必要的调整，包括光照和阴影效果，如图9-78所示。

图9-78　为最终输出渲染

技巧

使用最终渲染模式以增强3D场景中的下列效果：基于光照和全局环境色的图像；对象反射产生的光照（颜色出血）；减少柔和阴影中的杂色。

要保留3D对象的位置、光源、渲染模式和横截面，可以将包含3D图层的文件以PSD、PSB、TIFF或PDF格式存储，方法与普通图层所在的文件相同；而要单独导出3D图层，可以执行3D|【导出3D图层】命令。

3D图层能够分别导出的格式为DAE、OBJ、U3D和KMZ的文件。但是在选择文件格式时，要注意以下事项。

- 纹理图层以所有3D文件格式存储；但是U3D只保留【漫射】、【环境】和【不透明度】纹理映射。
- Wavefront/OBJ格式不存储相机设置、光源和动画。
- 只有Collada/DAE会存储渲染设置。

9.6 实例：立方体特效

本实例是通过3D模型制作立方体特效，如图9–79所示。由于Photoshop中新增了3D模型创建功能，当制作透明或者立体的对象时，只要创建相应的3D对象，即可任意改变其位置，而无须考虑透视问题。

在制作过程中，只要使用【3D对象】工具组中的工具，对创建的立方体对象进行位置变换。然后将3D图层转换为智能对象后，即可采用2D图像的制作方法来修饰立方体模型，得到想要的效果。

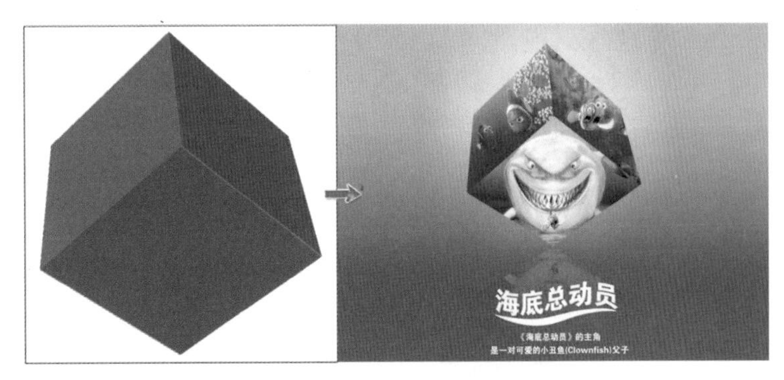

图9–79　立方体特效

操作步骤：

STEP|01　新建1024×768像素的空白文档，并且新建“图层1”。执行3D|【从图层新建形状】|【立方体】命令，创建立方体3D图层，如图9–80所示。

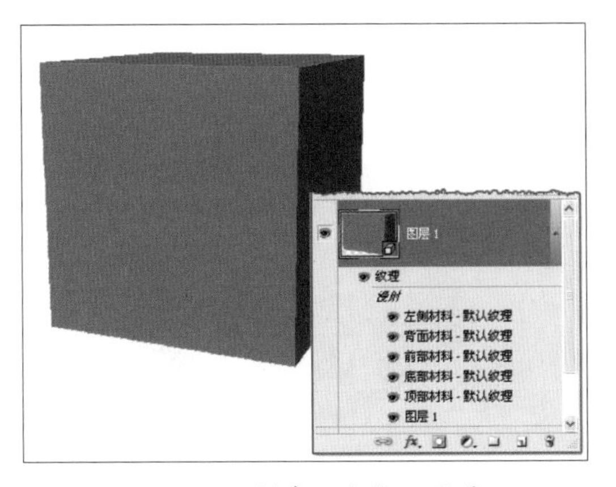

图9–80　创建立方体3D图层

提示

在创建3D图层之前，需要新建空白图层。否则会将“背景”图层转换为3D图层。

STEP|02　选择工具箱中的【3D旋转工具】，在3D对象上单击并且向右下角拖动鼠标，使立方体旋转，如图9–81所示。

STEP|03　继续旋转立方体，使其绿色侧面朝前。选择【3D滚动工具】，水平向右拖动鼠标，改变左右侧面的显示比例，如图9–82所示。

STEP|04　按Ctrl+R快捷键显示标尺，分别拉出3条水平参考线和1条垂直参考线，位置如图9–83所示。继续使用【3D旋转工具】调整立方体位置。

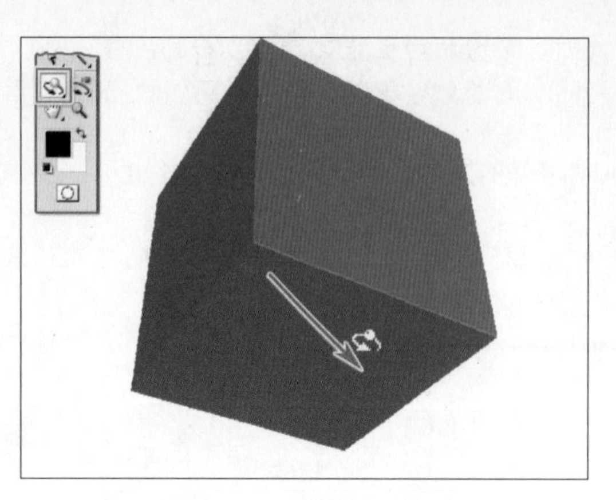

图9—81　旋转立方体

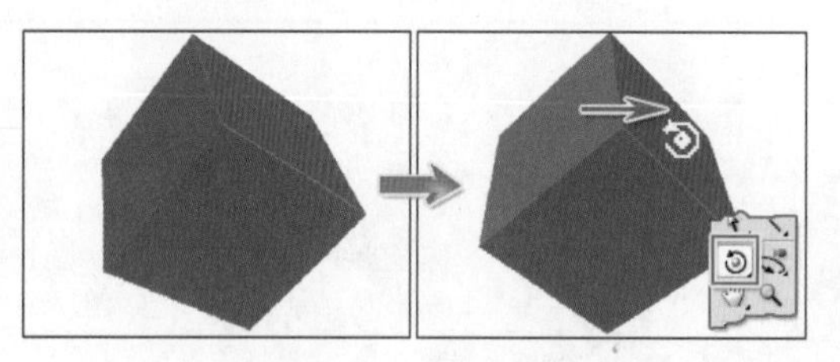

图9—82　滚动立方体

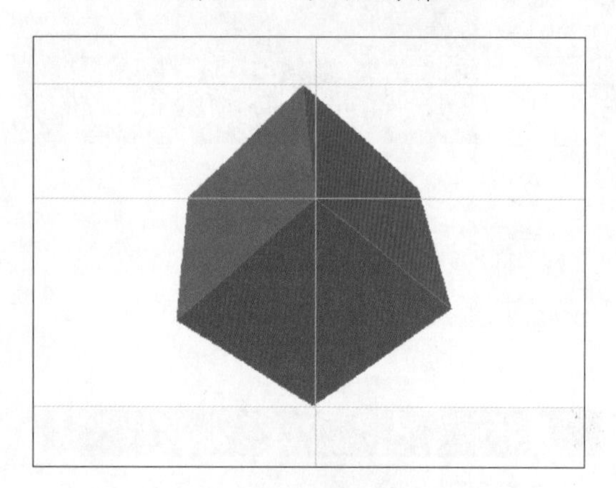

图9—83　通过参考线确定立方体位置

STEP|05　右击3D图层，选择【转换为智能对象】命令，将其转换为智能图层。然后将素材图像001.jpg导入该文档中，如图9—84所示。

STEP|06　设置2D图像所在图层的【不透明度】值，按Ctrl＋T快捷键成比例缩小该图像，使之与立方体绿色侧面范围相符，如图9—85所示。

STEP|07　在智能图层中，按住Ctrl键单击绿色侧面建立选区。将选区反向选择后，删除选区中的2D图像，如图9—86所示。

图9—84　3D图层转换为智能图层

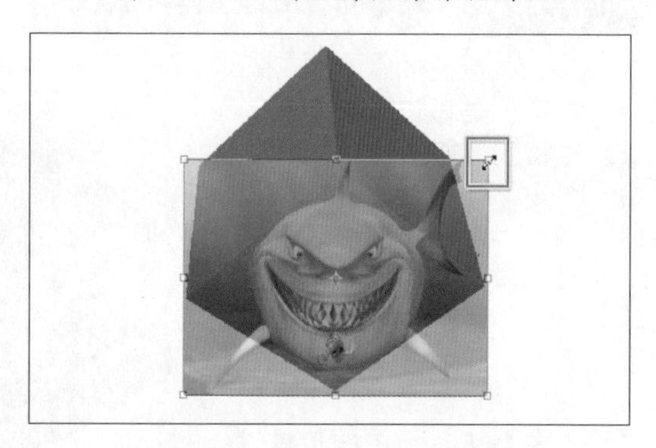

图9—85　成比例缩小图像

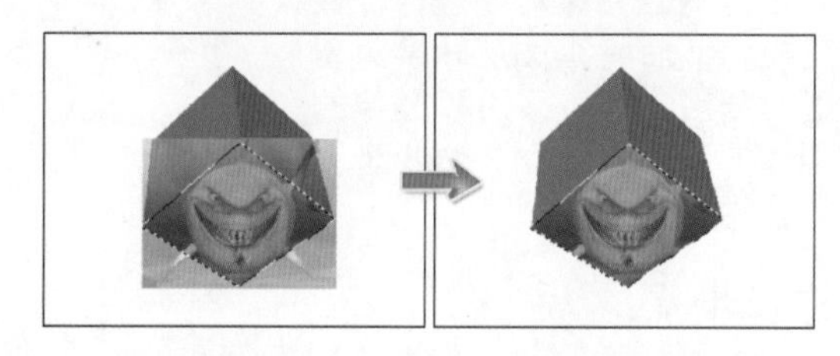

图9—86　删除部分图像

STEP|08　按照上述方法，为立方体其他侧面添加图像。变换图像时，要旋转图像使图像超前，如图9—87所示。

图9—87　添加图像

STEP|09 为3个图像图层复制图层后，分别设置不同的图层【混合模式】选项，如图9-88所示，提高图像亮度。

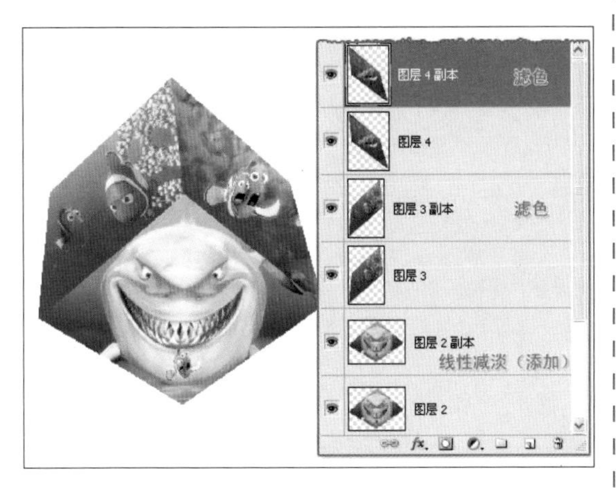

图9-88 设置混合模式

STEP|10 选中“背景”图层外的所有图层复制，并且合并为“立方体1”图层。成比例缩小图像后，复制该图层为“立方体2”。以下方顶点为中心点，垂直翻转图像，如图9-89所示。

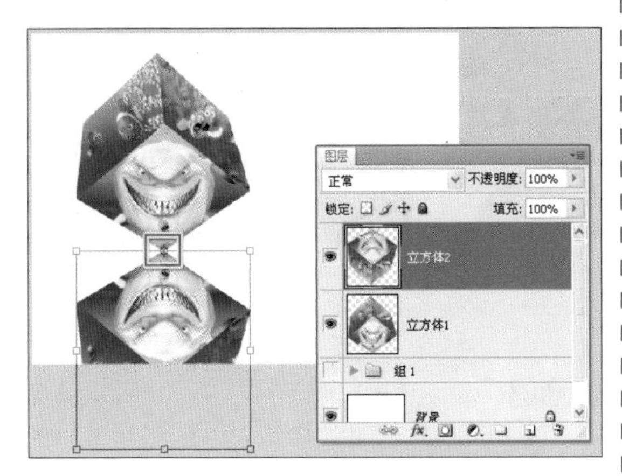

图9-89 复制并翻转图像

技巧

为了不影响后期制作，这里将分层的立方体效果放置在图层组中，并且将其隐藏。

STEP|11 选择【橡皮擦工具】，并且设置工具栏选项参数如图9-90所示。由下至上逐一擦除倒立的立方体图像，形成倒影效果，如图9-90所示。

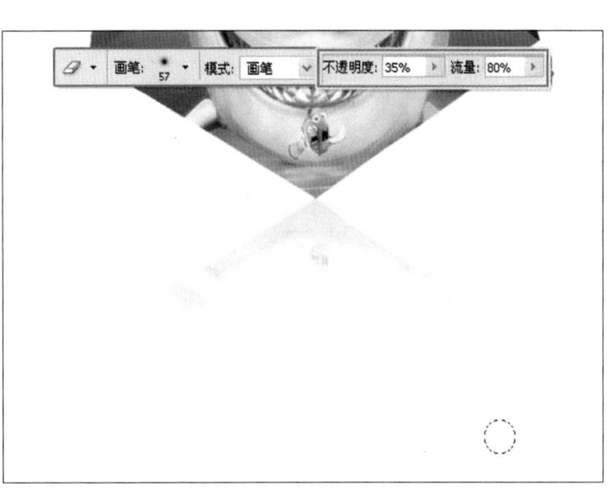

图9-90 擦除部分图像

STEP|12 在“背景”图层上方新建图层，并且填充任意颜色。为其添加【渐变叠加】图层样式，形成蓝色渐变效果，如图9-91所示。

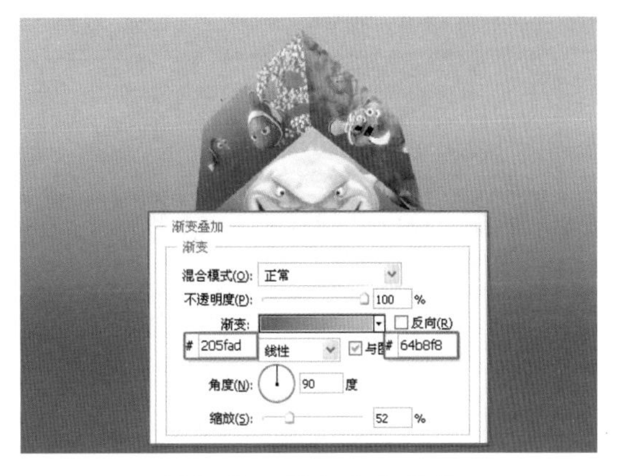

图9-91 添加渐变背景

STEP|13 在“立方体1”图层下方新建“发光”图层。选择【画笔工具】在立方体正下方区域单击，绘制天蓝色柔化图像，形成背景发光效果，如图9-92所示。

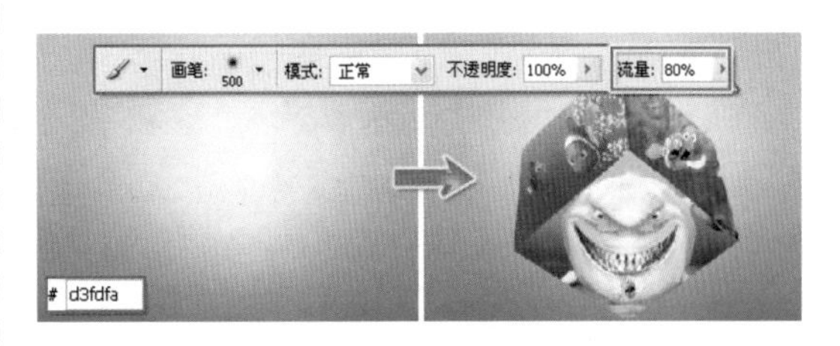

图9-92 制作背景发光

STEP|14 最后在立方体倒影下方区域输入不同大小的白色文字，以及建立白色波浪形图像，形成点缀，如图9-93所示。

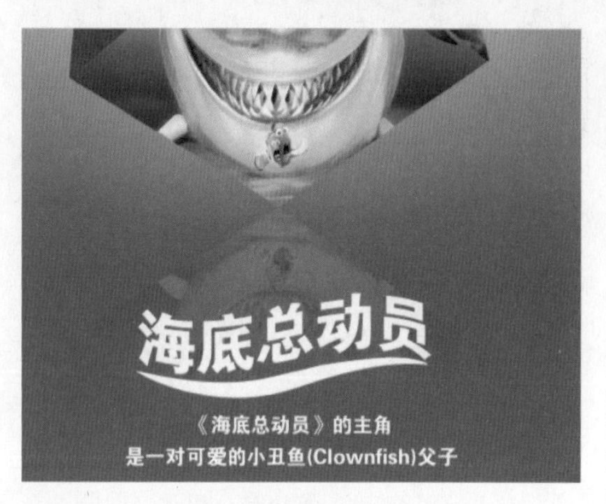

图9-93　添加文字

提示

文字效果采用了文字变形中的【旗帜】变形选项。

9.7　实例：3D绚丽文字

本实例是通过外部3D文件的导入与重新排列后，结合2D图像的处理方式得到的3D绚丽文字效果，如图9-94所示。在制作过程中，除了要通过3D对象工具确定3D文字的显示方向外，还需要通过光源的照射来提高其亮度，最后才能够进行各种修饰。

图9-94　3D绚丽文字效果

操作步骤：

STEP|01　新建1024×1024像素的空白文档后，执行3D|【从3D文件新建图层】命令，将3D文件A.3DS导入其中，如图9-95所示。

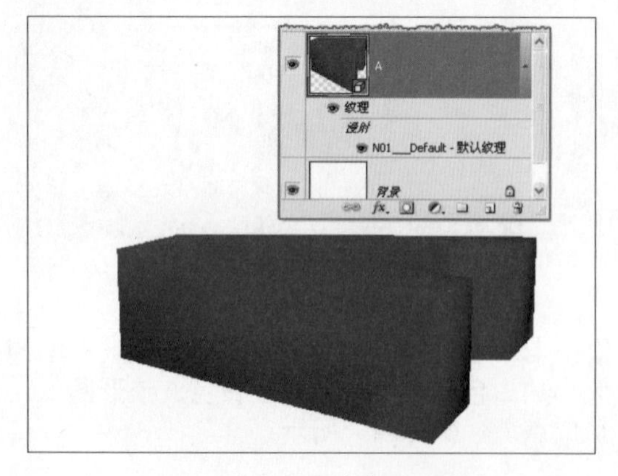

图9-95　导入外部3D文件

STEP|02　选择【3D旋转工具】，将字母A旋转一定角度。使用【3D比例工具】缩小该字母，如图9-96所示。

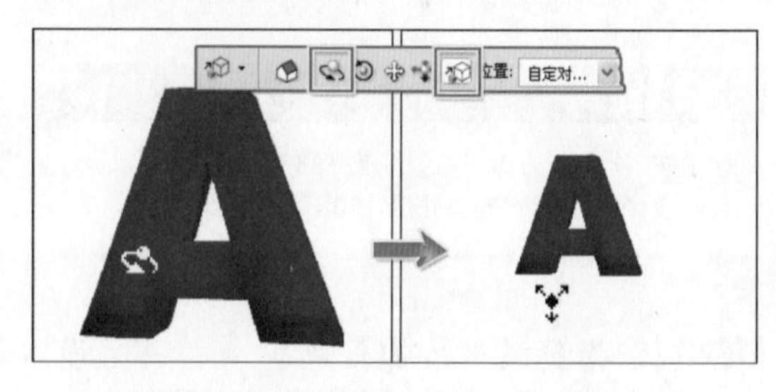

图9-96　旋转与缩小字母A

STEP|03　双击3D图层，打开【3D{场景}】面板。切换到【3D{材料}】面板后，设置【漫射】选择颜色值为#F2057A，改变字母A的颜色，如图9-97所示。

图9-97　改变字母A颜色

STEP|04　使用上述方法，分别将字母N、T、X和H导入文档。然后为其设置相同的纹理颜色，如图9-98所示。

图9-98　导入并编辑其他字母

STEP|05　使用3D对象工具组中的各个工具，分别针对这5个字母进行排列，得到如图9-99所示的效果。

图9-99　组合字母

STEP|06　选中A3D图层，打开【3D{光源}】面板。创建聚光灯光源后，使用【拖动光源】工具，确定光源位置，如图9-100所示。

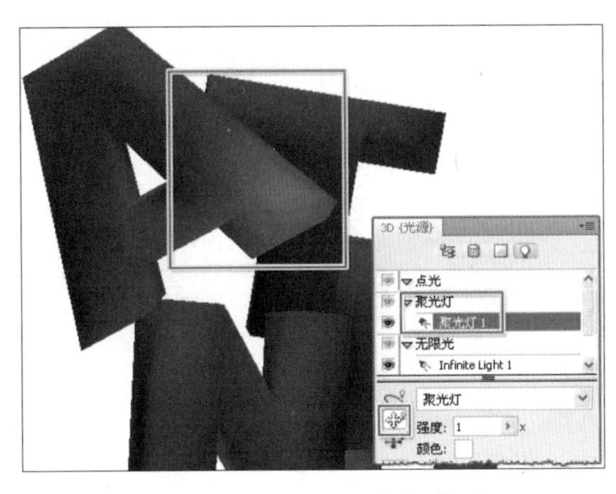

图9-100　添加聚光灯光源

STEP|07　根据字母侧面显示范围，为字母X添加聚光灯光源。使用【钢笔工具】建立字母A正面路径后，在新建图层中填充任意颜色，如图9-101所示。

图9-101　制作字母A正面图形

STEP|08　根据上述方法，为其他字母制作正面图形。然后分别将3D图层转换为智能对象，如图9-102所示。

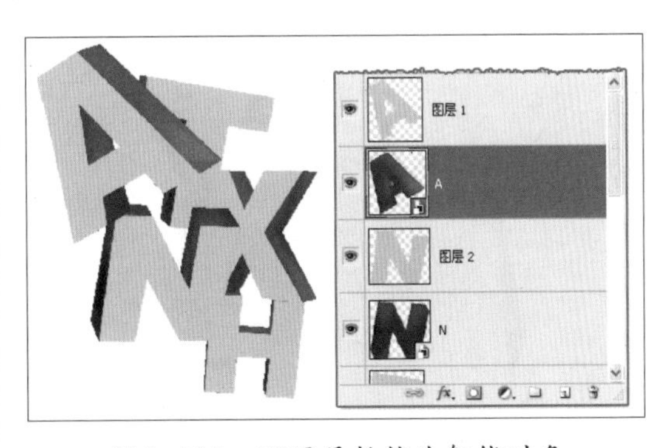

图9-102　3D图层转换为智能对象

STEP|09 选中A智能图层，执行【滤镜】|【艺术效果】|【塑料包装】命令。为字母A添加光泽效果，如图9–103所示。

图9–103 执行【塑料包装】滤镜命令

STEP|10 单击滤镜效果名称右侧的按钮，设置滤镜的【模式】为“明度”，提高字母亮度，如图9–104所示。

图9–104 设置滤镜混合模式效果

STEP|11 分别为其他字母添加相同的滤镜后逐一设置相同的滤镜混合模式选项，如图9–105所示。

图9–105 为其他字母添加滤镜

STEP|12 双击“图层1”，打开【图层样式】对话框。启用【渐变叠加】选项后，设置渐变颜色，如图9–106所示。

图9–106 添加【渐变叠加】样式

STEP|13 启用对话框中的【内阴影】和【内发光】选项，分别设置其中的选项，如图9–107所示。

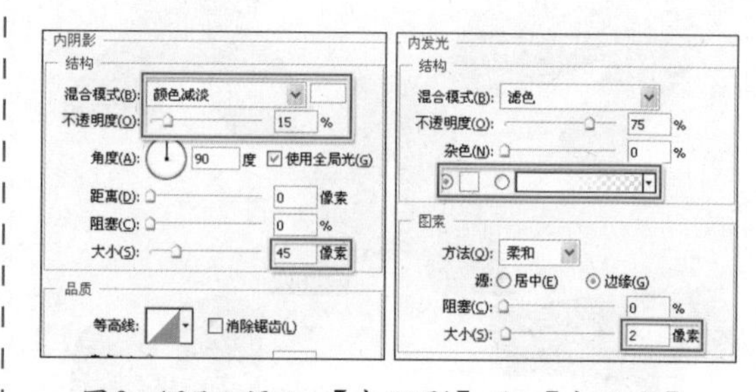

图9–107 添加【内阴影】和【内发光】

STEP|14 继续启用【投影】和【光泽】选项，分别设置其中的选项，如图9–108所示。

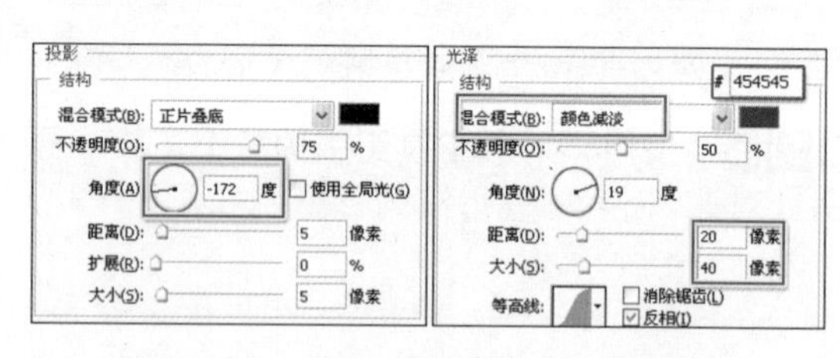

图9–108 添加【投影】和【光泽】

STEP|15 完成所有图层样式添加与设置后，关闭对话框，画布中的字母A效果发生变化，如图9–109所示。其中要注意投影的角度设置，使其符合光照效果。

图9-109　图层样式效果

STEP|16　使用上述图层样式选项，为其他字母添加样式效果。其中，不同字母的【渐变】选项设置如图9-110所示。

图9-110　为其他字母添加图层样式

STEP|17　打开文件"花藤.psd"，将路径拖至字母A区域中。转换路径后，在新建图层中填充白色，如图9-111所示。

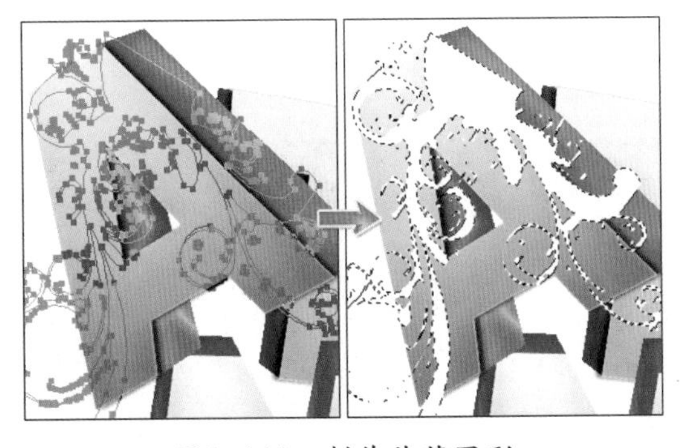

图9-111　制作花藤图形

STEP|18　显示A图形选区后将其反向，删除选区中的白色图形。设置该图层的【混合模式】为"柔光"，与渐变字母融合，如图9-112所示。

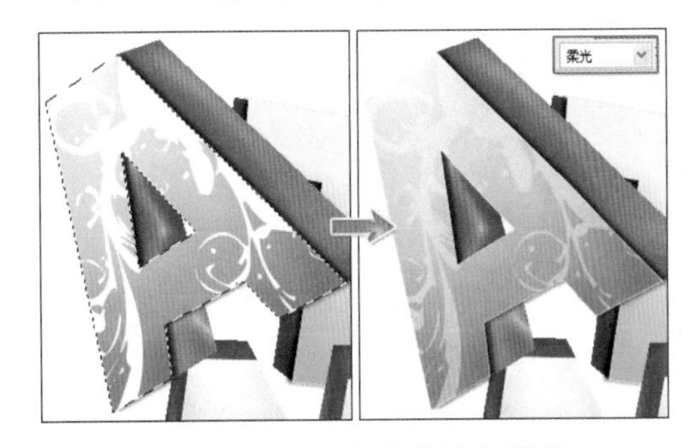

图9-112　设置图层混合模式

技巧

使用上述方法，为字母N添加花藤纹理。在制作时，要改变花藤纹理方向，使其有所不同。

STEP|19　新建一个20×1像素的透明文档，使用【矩形工具】在画布8像素区域填充白色。取消选区后将整个画布定义为虚线，如图9-113所示。

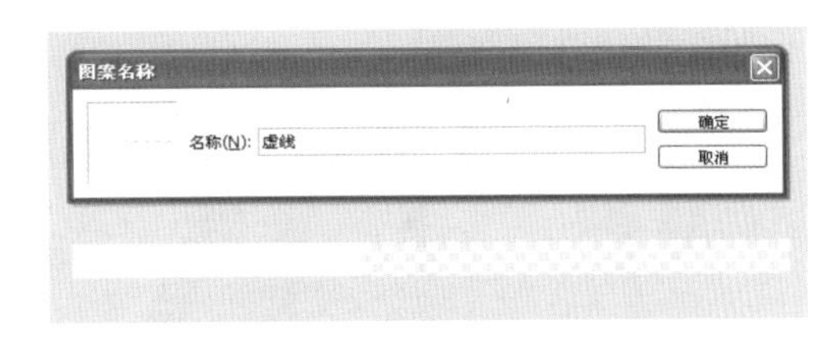

图9-113　制作虚线

STEP|20　在字母T图形所在图层上方新建图层，建立选区后填充定义的图案。按Ctrl+T快捷键进行旋转变换，使其与字母T相符，如图9-114所示。

图9-114　制作虚线图形

STEP|21 将字母T区域外的虚线删除后，设置该图层的【混合模式】为"柔光"，如图9-115所示。

图9-115 设置虚线纹理效果

STEP|22 使用上述方法，分别为字母X与H添加虚线纹理。制作时，应注意虚线的透视效果，如图9-116所示。

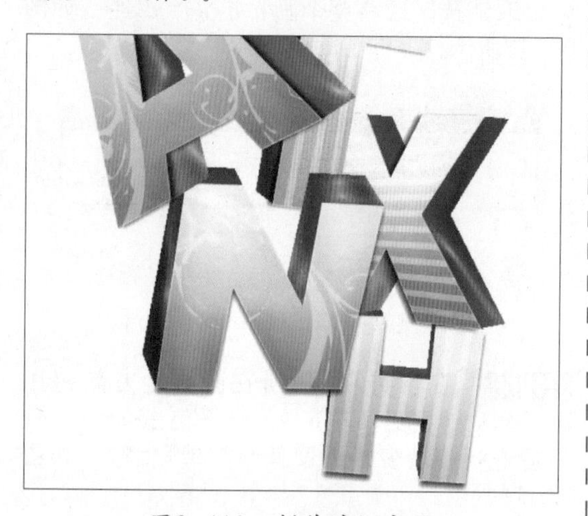

图9-116 制作其他字母

STEP|23 复制所有字母图层后，合并为一个图层。双击该图层后，添加"投影"图层样式，如图9-117所示。

提示

复制并且合并图层后，将字母的原图层放置在图层组中，并且隐藏，以方便后期修改。

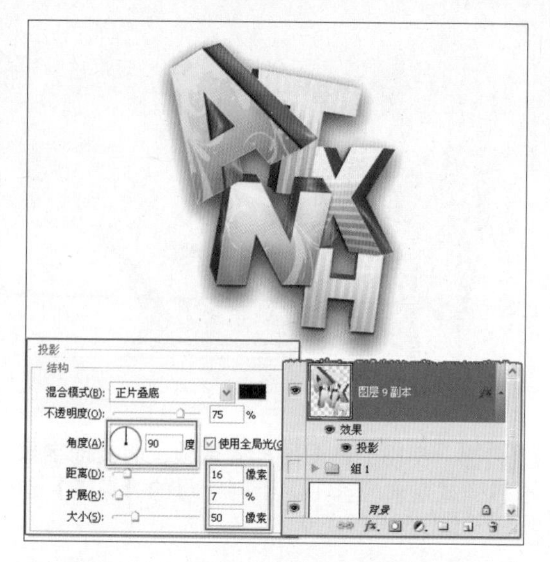

图9-117 复制图层与添加图层样式

STEP|24 执行【图层】|【图层样式】|【创建图层】命令，将投影样式与字母分离。使用【橡皮擦工具】擦除字母上半区域的投影效果，如图9-118所示。

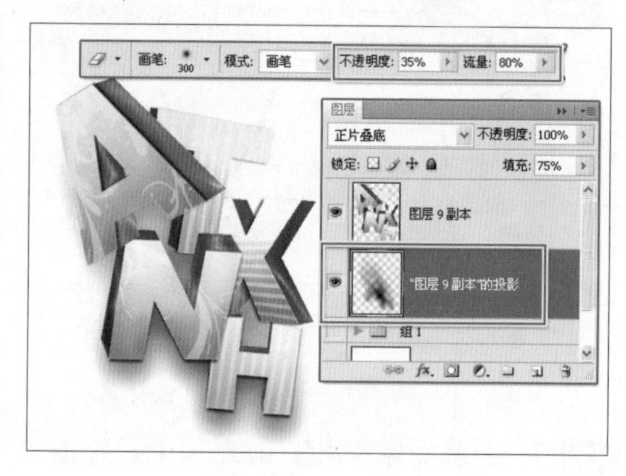

图9-118 擦除不同投影效果

STEP|25 在"背景"图层中建立灰蓝色径向渐变后，执行【滤镜】|【渲染】|【光照效果】命令，形成射灯背景，如图9-119所示。

图9-119 制作背景

STEP|26 选择【直线工具】，在工具选项栏中设置选项如图9-120所示。在新建图层中，随机绘制白色垂直竖线图形，如图9-120所示。

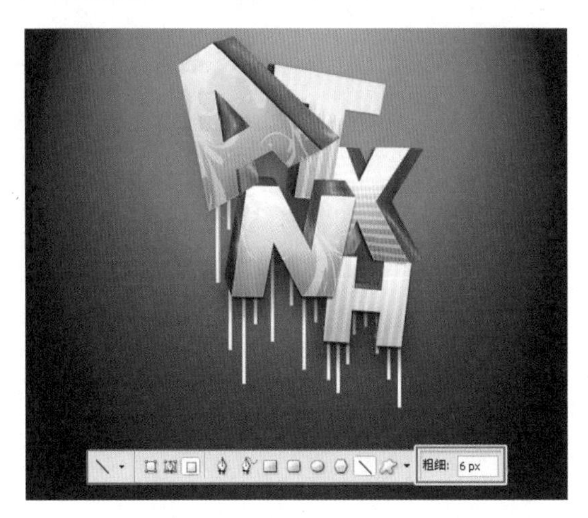

图9-120　绘制白色竖线

STEP|27 选择【画笔工具】，在【画笔】面板的【画笔笔尖形状】选项中，设置参数如图9-121所示。逐一在竖线底端单击，制作下垂滴点效果。

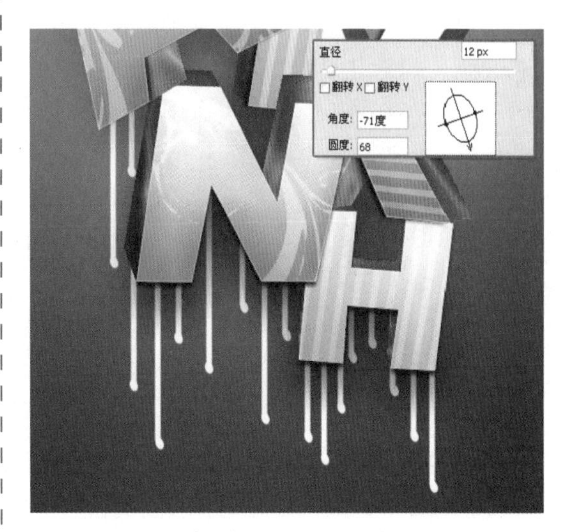

图9-121　修饰竖线

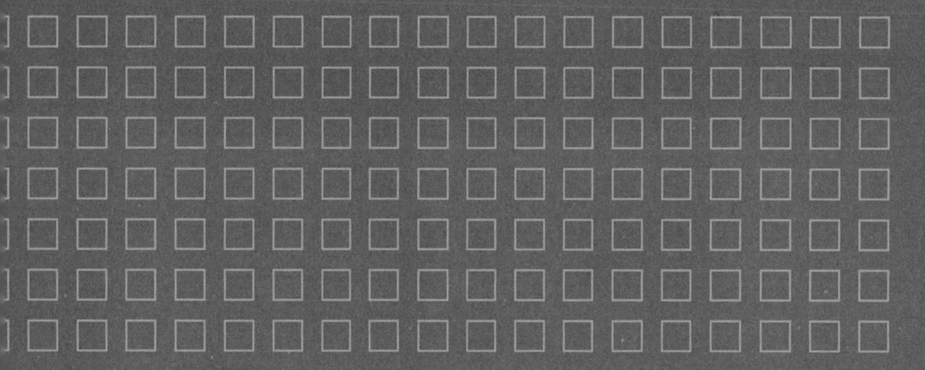

绘制图像

Photoshop不但在编辑图像方面做得很出色，而且绘制图像的功能也很强大。绘制图像是平面设计和创作的基本功。只有扎实地掌握绘图工具的使用方法和技巧，才能在图像处理中大做文章。每种工具都有各自的特点，只有正确、合理地选择和使用，才能够编辑出出色的设计作品。

Photoshop CS4

10.1 画笔工具

画笔工具可在图像上绘制当前的前景色，创建颜色的柔描边。使用该工具一般要配合其选项栏中的设置一起控制应用颜色的方式，如图10－1所示。例如，使用柔和边缘、使用较大画笔描边、使用各种动态画笔、使用不同的混合属性并使用形状不同的画笔来应用颜色。用户可以使用画笔描边来应用纹理以模拟在画布或美术纸上进行绘画，也可以使用喷枪来模拟喷色绘画。

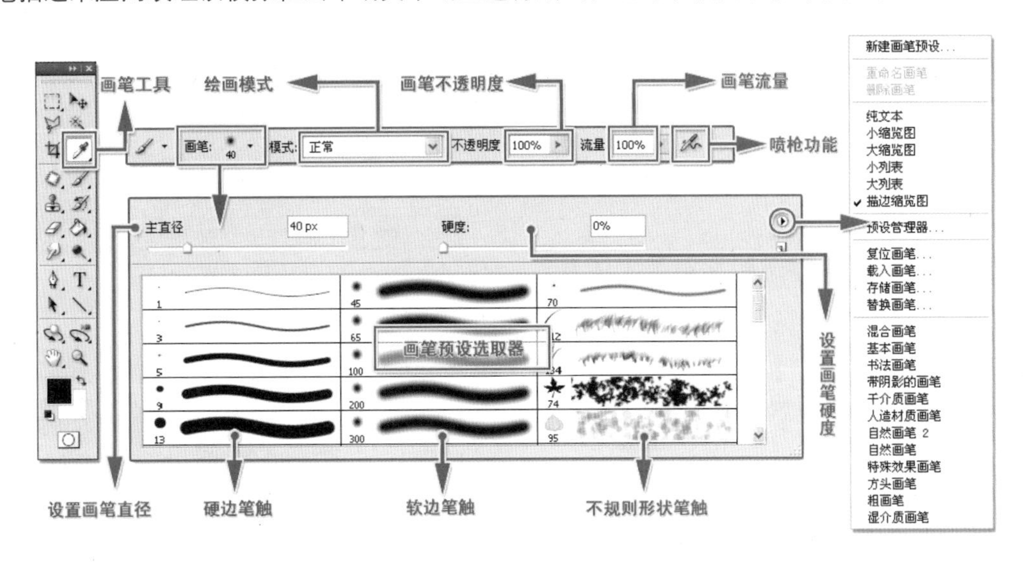

图10－1　画笔工具和其选项栏

1．画笔的 3 种类型

画笔根据笔触类型，可以分为 3 种。第一种为硬边画笔，此类画笔绘制的线条边缘清晰；第二种为软边画笔，此类画笔绘制的线条具有柔和的边缘和过渡效果；第三种画笔为不规则画笔，此类画笔可以产生类似于喷发、喷射或爆炸等不规则形状，如图10－2所示。

硬边画笔

软边画笔

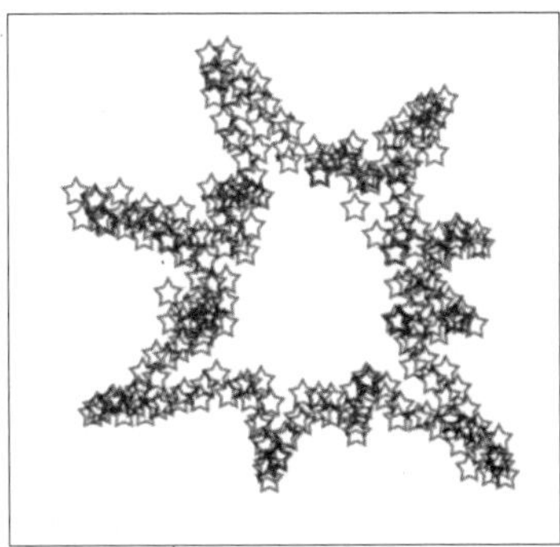

不规则画笔

图10－2　3 种画笔类型

2．绘画模式

画笔模式的作用是：设置用户绘画的颜色与下面的现有像素混合的方法，而产生一种结果颜色的混合模式。混合模式将根据当前选定工具的不同而变化。画笔模式与图层混合模式类似，将在图层混合模式章节中详细介绍。

3．不透明度

不透明度是指绘图应用颜色与原有底色的显示程度，在【不透明度】文本框中，可以设置从1～100的整数决定不透明度的深浅，或者单击下拉列表框右侧的下三角按钮，在下拉列表中用鼠标拖动进行调整，如图10-3所示。

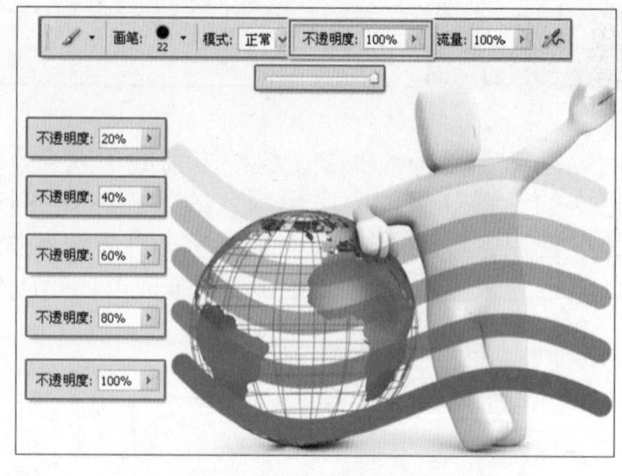

图10-3　画笔不透明度设置

4．流量

流量用来设置当指针移动到某个区域上方时，应用颜色的速率。在某个区域上方进行绘画时，如果一直按住鼠标，颜色量将根据流动速率增大，直至达到【不透明度】设置。例如，如果将不透明度和流量都设置为33%，则每次移动到某个区域上方时，其颜色会以33%的比例接近画笔颜色。除非用户释放鼠标并再次在该区域上方描边，否则总量将不会超过33%不透明度，如图10-4所示。

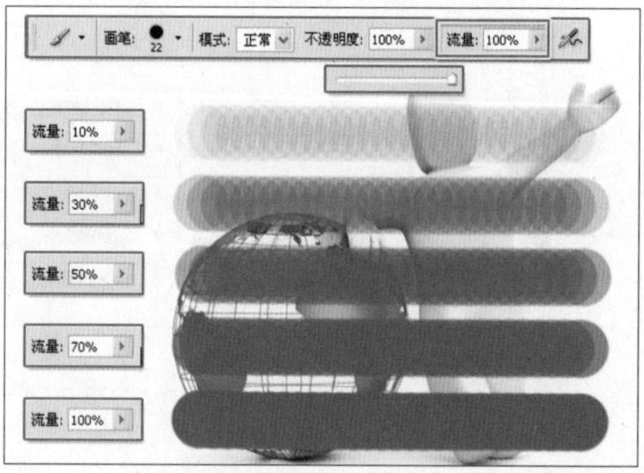

图10-4　画笔流量设置

5．喷枪

使用喷枪模拟绘画。将指针移动到某个区域上方时，如果按住鼠标不放，颜料量将会增加。【画笔硬度】、【不透明度】和【流量】选项可以控制应用颜料的速度和数量。例如，使用【湿介质】画笔，启用【喷枪】功能，在某一区域内单击鼠标，每单击一次鼠标颜料量将会增加一次，直到【不透明度】达到100%，如图10-5所示。

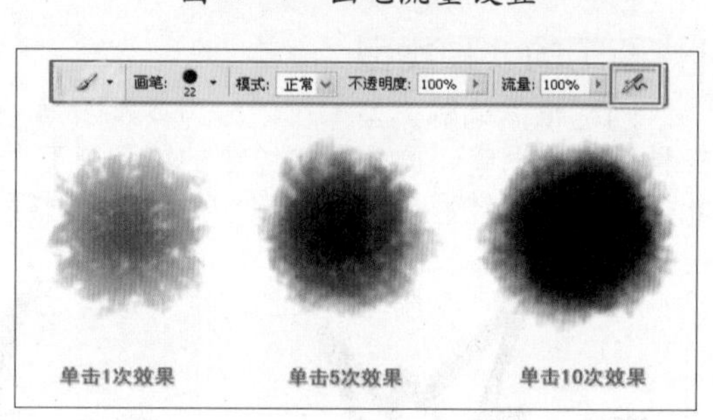

图10-5　喷枪选项的使用

6．使用画笔

【画笔工具】的使用操作非常简单。设置好各项参数后，按住鼠标左键拖动鼠标即可。也可以按住Shift键，找到一个起点，然后在文档中选择一个终点，单击连接成直线，如图10-6所示。

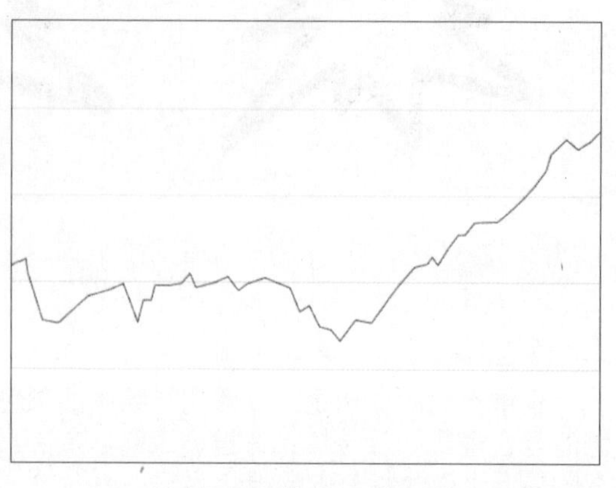

图10-6　使用画笔工具

10.2 铅笔工具

【铅笔工具】绘制的图形边缘比较僵硬，常用来画一些棱角突出的线条，如图10-7所示。如同平常使用铅笔绘制的图形一样，它的使用方法与【画笔工具】类似，不同的是铅笔工具不能设置笔触的【硬度】，图10-7为使用【画笔工具】和【铅笔工具】所绘制的图形。

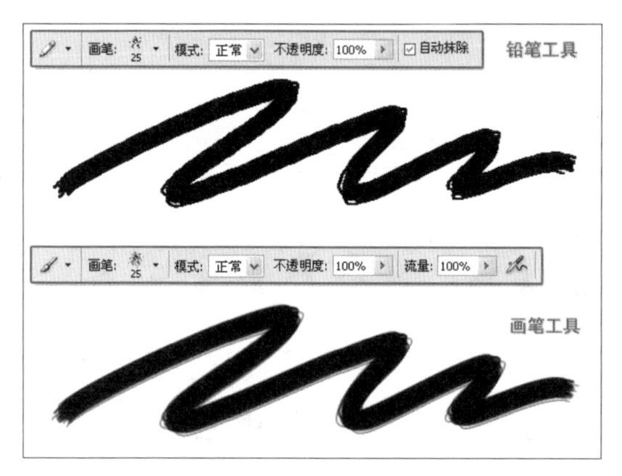

图10-7 【铅笔工具】和【画笔工具】工具对比效果

在【铅笔工具】的工具选项栏中，增加了一个【自动抹除】复选框。该选项允许用户在包含前景色的区域绘制背景色。当开始拖动鼠标时，如果光标的中心在前景色上，则该区域将抹成背景色，如果在开始拖动鼠标时光标的中心在不包含前景色的区域上，则该区域将绘制成前景色，如图10-8所示。

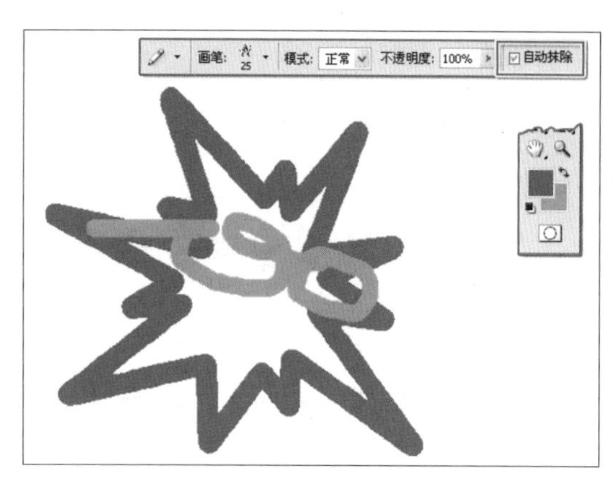

图10-8 启用自动抹除功能

10.3 编辑画笔

在绘制图像过程中，仅仅靠【不透明度】、【流量】、【大小】的调整是不能满足绘画需求的。这就要求对画笔进行详细的设置，预设画笔是一种存储的画笔笔尖，带有诸如大小、形状和硬度等定义的特性。可以使用用户常用的特性来存储预设画笔，也可以为画笔工具存储工具预设，用户可以从选项栏中的【工具预设】菜单中选择这些工具预设。

1. 【画笔】面板

【画笔】面板主要用于对画笔笔尖的设置。执行【窗口】|【画笔】命令（快捷键F5），打开【画笔】面板。在该面板的【画笔预设】选项中可以选择不同样式的画笔，在【画笔笔尖形状】选项中可以对各种画笔进行编辑，如图10-9所示。

2. 画笔笔尖形状

在【画笔】面板中选择【画笔笔尖形状】选项，激活右边的笔尖形状、参数设置和预览区。在笔尖形状内选择任何画笔，都可以在预览区内观察该画笔的效果。并且可以在参数设置区内对画笔进行调整，同时预览区也会随着画笔的变化而变化，

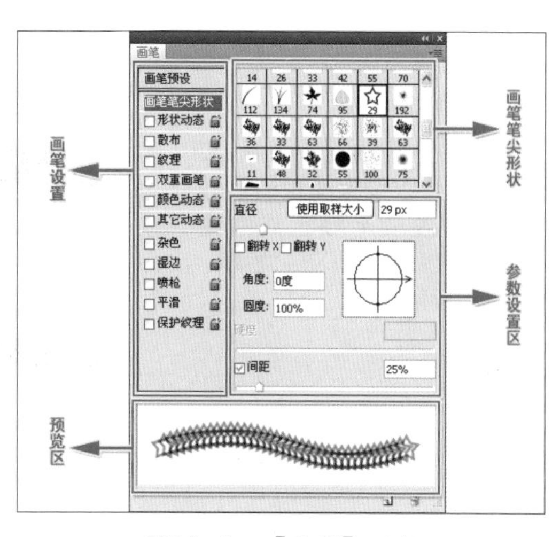

图10-9 【画笔】面板

创意+：Photoshop CS4中文版图像处理技术精粹

【翻转X】、【翻转Y】

在【画笔笔尖形状】选项右边的调整区中，可以启用【翻转X】和【翻转Y】复选框。【翻转X】为水平翻转，【翻转Y】为垂直翻转，如图10-10所示。

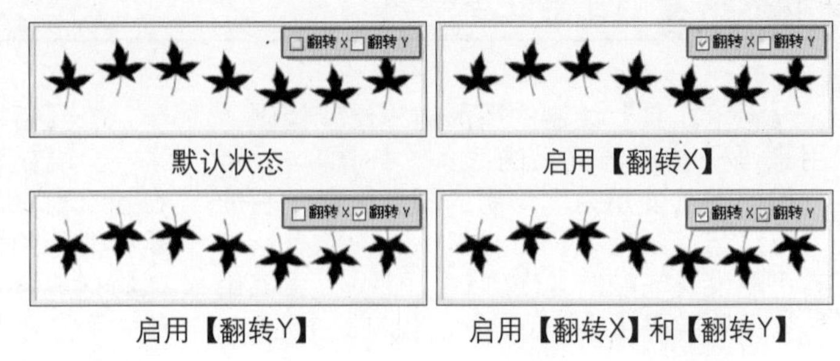

图10-10　启用【翻转X】、【翻转Y】复选框

设置角度参数

在【画笔笔尖形状】选项右边的调整区中，用户可以设置画笔的【角度】参数。随着参数的变化，画笔会呈现出不同的效果，如图10-11所示。

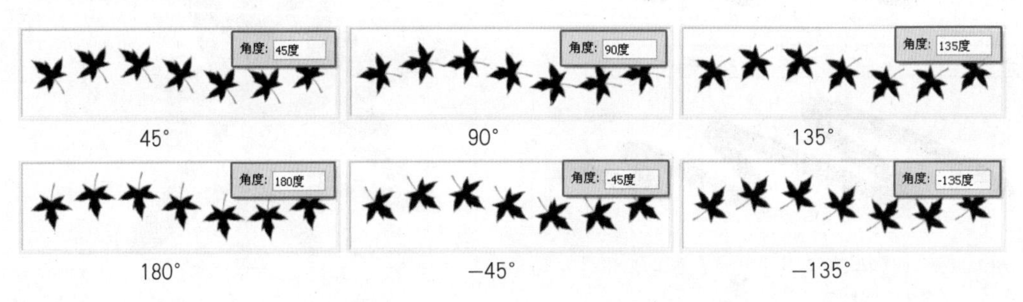

图10-11　设置画笔【角度】

设置圆角度

在【画笔笔尖形状】选项右边的调整区中，还可以设置画笔【圆度】参数。随着参数的变小，预设的画笔会变得矮小，数值在1～100之间，如图10-12所示。

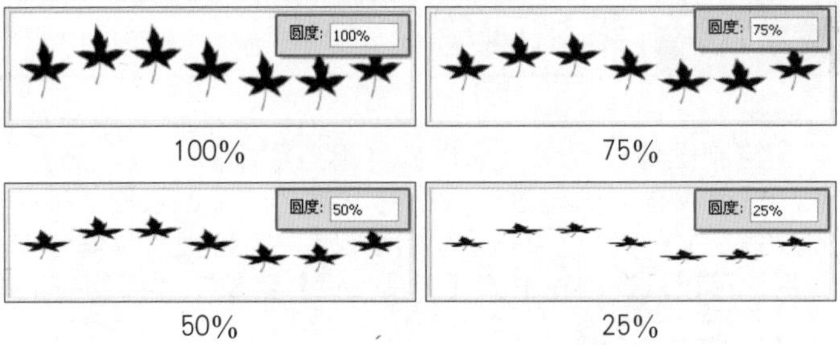

圆度: 100%　圆度: 75%　圆度: 50%　圆度: 25%

100%　75%　50%　25%

图10-12　画笔圆度设置

设置间距参数

在调整区的【间距】文本框中，可以设置间距的百分比，从而改变笔触之间的距离，数值在1%～100%之间，如图10-13所示。

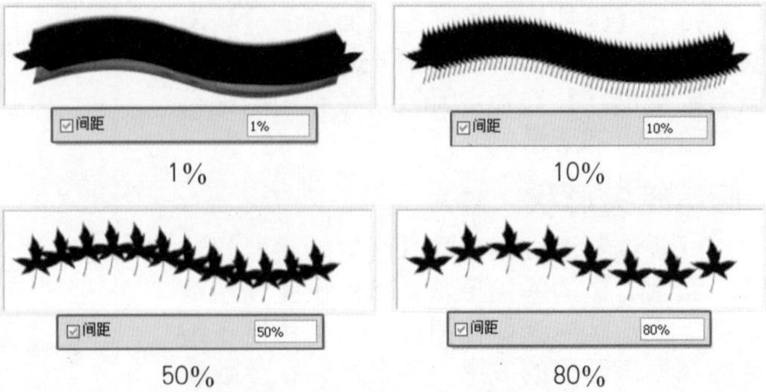

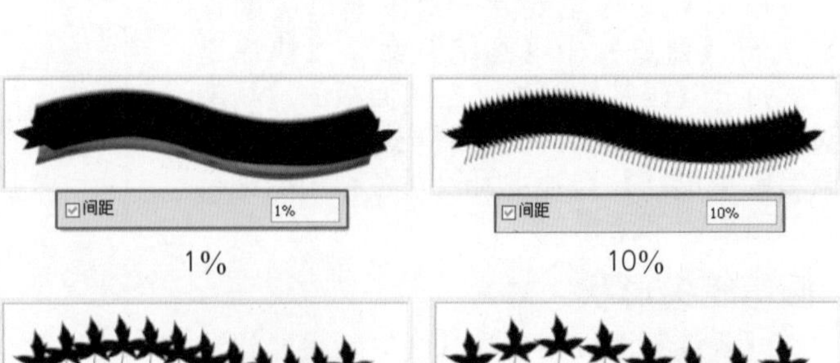

图10-13　设置画笔间距

3. 画笔项目设置

在【画笔】面板左边项目区内，还提供了画笔的其他设置。使用这些复选框可以实现更为复杂的形状图形。此类复选框可以单独启用一个，也可以同时启用多个复选框。

形状动态　形状动态决定描边中画笔笔迹的变化，产生不规则的变化，不规则的形状是随机生成的，如图10–14所示，左边为禁用【形状动态】复选框，右边为启用。启用【形状动态】复选框后，在面板的右侧可以设置各项参数，各参数的作用见表10–1。

表10–1　形状动态参数

参数	作用
大小抖动	指定描边中画笔笔迹大小的改变方式。
最小直径	指定当启用【大小抖动】或【控制】时，画笔笔迹可以缩放的最小百分比
角度抖动	指定描边中画笔笔迹角度的改变方式
圆度抖动	指定画笔笔迹的圆度在描边中的改变方式
最小圆度	指定当【圆度抖动】或【控制】启用时画笔笔迹的最小圆度

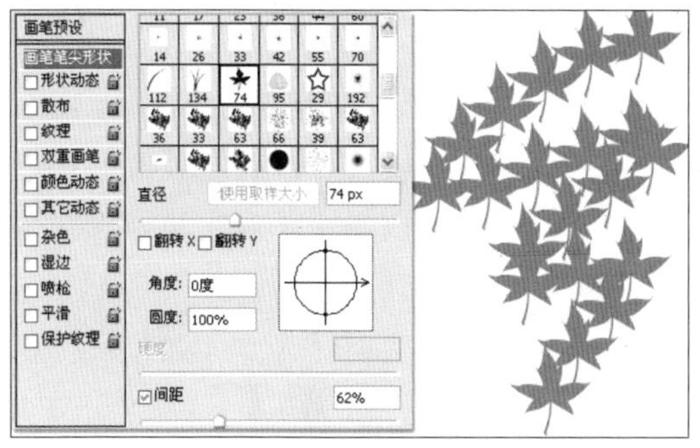

默认状态　　设置形状动态

图10–14　启用【形状动态】复选框

散布　启用【散布】复选框，可确定描边中笔迹的数目和位置，会产生将笔触分散开的效果，如图10–15所示。

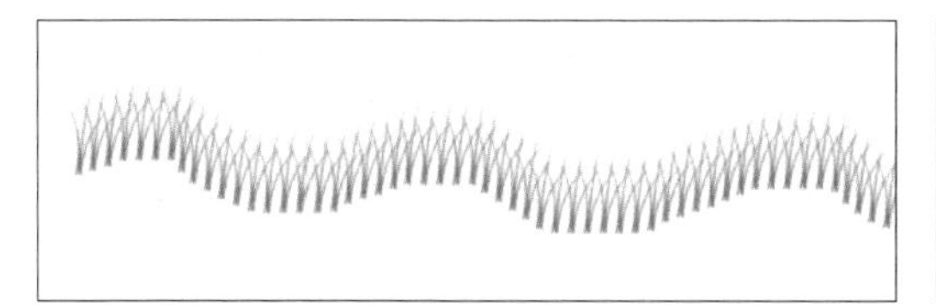

未启用状态

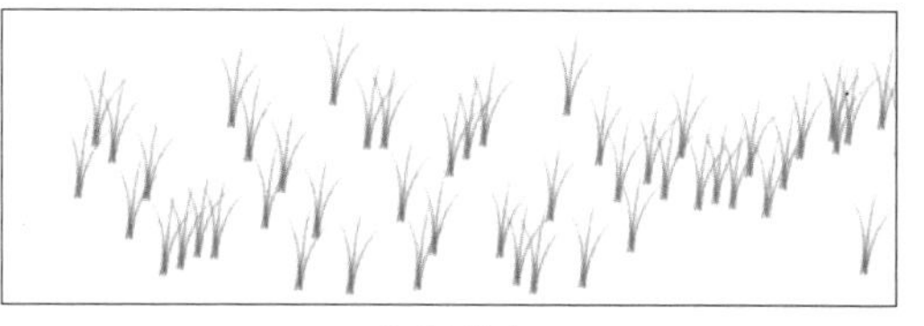

启用状态

图10–15　启用【散布】复选框

纹理　纹理画笔利用图案使描边看起来像是在带纹理的画布上绘制的一样，如图10–16所示。

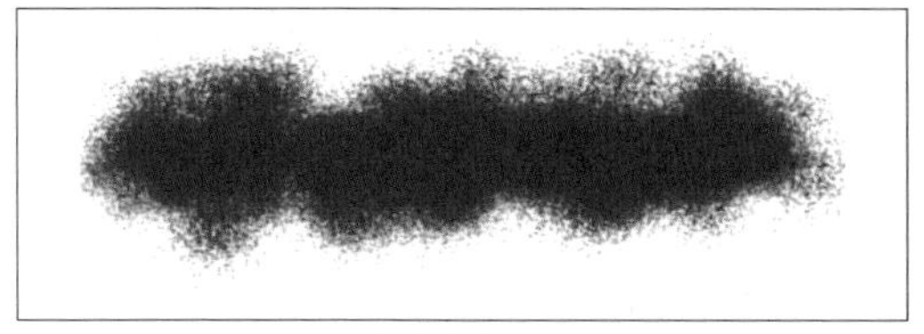

未启用效果

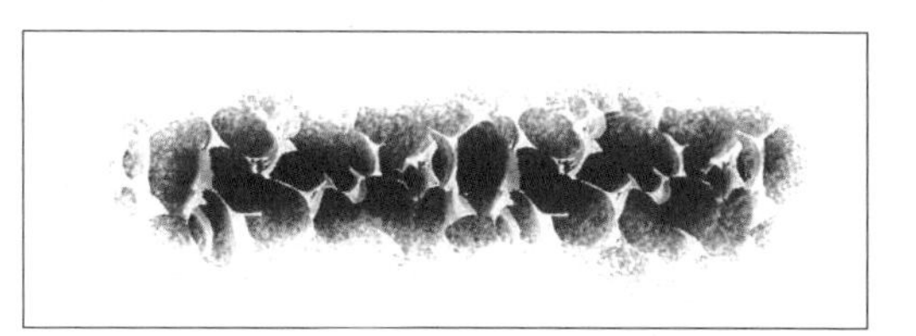

启用效果

图10–16　启用【纹理】复选框

- **双重画笔**　双重画笔组合两个笔尖来创建画笔笔迹。将在主画笔的画笔描边内应用第二个画笔纹理。仅绘制两个画笔描边的交叉区域，如图10-17所示。

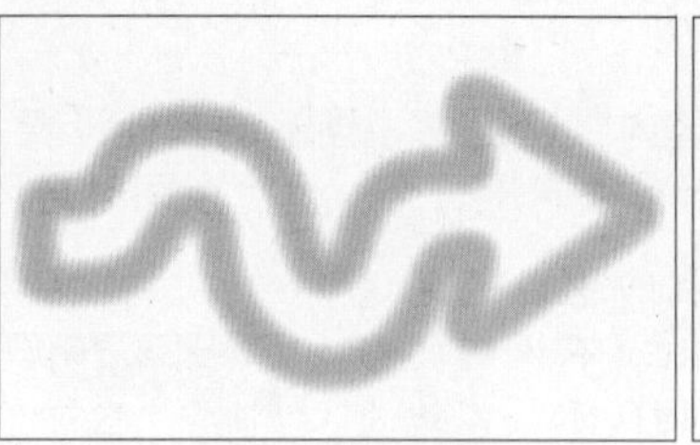
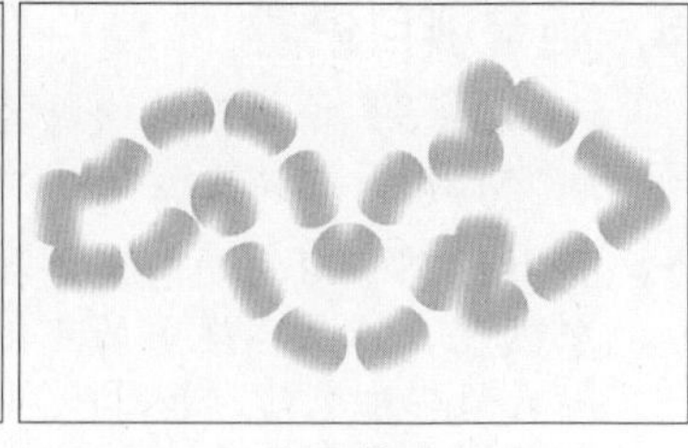

未启用效果　　启用效果

图10-17　启用【双重画笔】复选框

- **颜色动态**　颜色动态选项决定描边路线中油彩颜色的变化方式，启用该复选框可以使画笔产生随机的颜色变化，如图10-18所示。

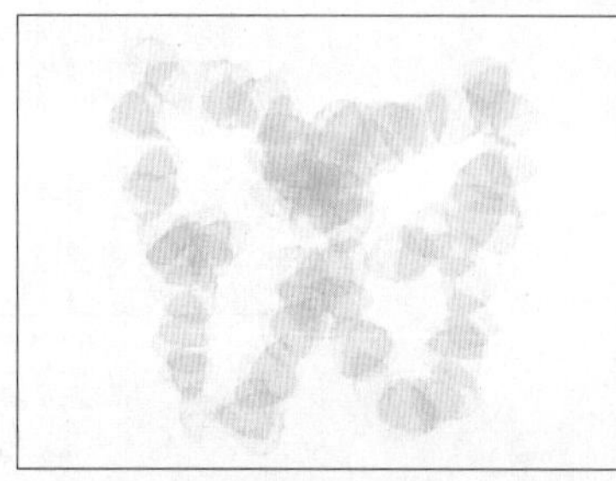
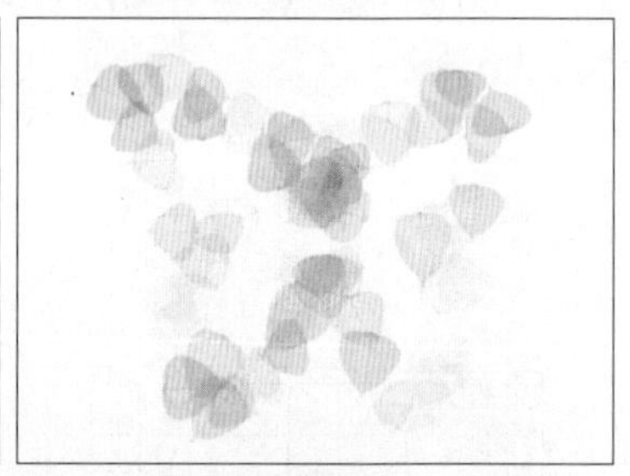

未启用效果　　启用效果

图10-18　启用【颜色动态】复选框

- **其他动态**　【其他动态】复选框选项确定油彩在描边路线中的改变方式，是随机性地改变笔迹的不透明度，如图10-19所示。
- **其他画笔选项**　这些复选框主要是指【画笔】面板列表最下面的5个复选框。启用这些复选框，在用画笔进行描绘时，可以实现各种特殊效果，例如画笔在宣纸上表现的湿边效果，硬质画笔表现出的平滑效果等。其中每个复选框的功能和可以表现的效果见表10-2。

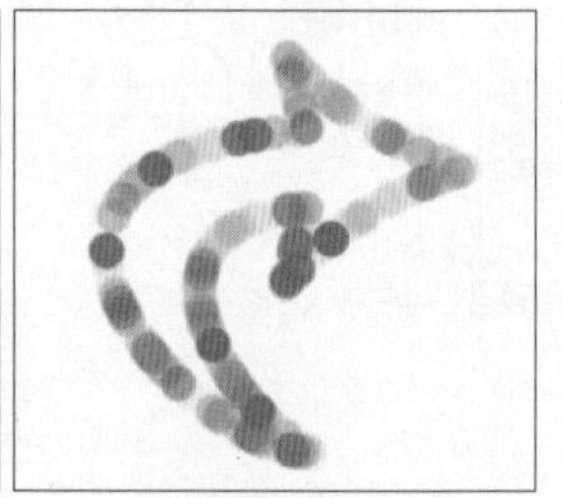

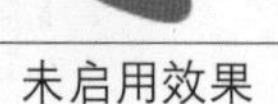

未启用效果　　启用效果

图10-19　启用【其他动态】复选框

注意

要永久存储新画笔，用户必须将此画笔存储为画笔组的一部分。从【画笔】面板菜单中选择【存储画笔】命令，然后将画笔存储到一个新组或覆盖现有组。若在没有将新画笔存储到组的情况下，在【画笔】面板中复位或替换画笔，则会丢失新画笔。

表10-2　其他画笔选项

名称	功能
杂色	为个别画笔笔尖增加额外的随机性。当应用于柔画笔笔尖（包含灰度值的画笔笔尖）时，此选项最有效
湿边	沿画笔描边的边缘增大油彩量，从而创建水彩效果
喷枪	将渐变色调应用于图像，同时模拟传统的喷枪技术。【画笔】面板中的【喷枪】选项与选项栏中的【喷枪】选项相对应
平滑	在画笔描边中生成更平滑的曲线。当使用光笔进行快速绘画时，此选项最有效；但是它在描边渲染中可能会导致轻微的滞后
保护纹理	将相同图案和缩放比例应用于具有纹理的所有画笔预设。启用该复选框后，在使用多个纹理画笔笔尖绘画时，可以模拟出一致的画布纹理

4. 自定义画笔

在Photoshop中能够自定义画笔。当面板中的笔触不能满足绘画需要时，可以自定义画笔笔触。通过自定义画笔，可以绘制出无数的定义图案，从而进行再创作，如图10-20所示。

自定义画笔的方法是：首先在画布上绘制图形或图案，执行【编辑】|【定义画笔预设】命令，在打开的【画笔名称】对话框中为画笔命名，如图10-21所示。

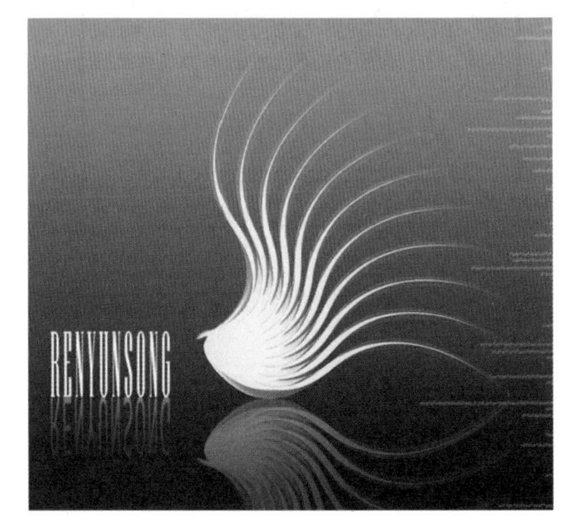

图10-20　自定义画笔效果

图10-21　自定义画笔

10.4 渐变工具

【渐变工具】的主要作用是创建多种颜色间逐渐的、有规律性的变化。从【预设】渐变填充中选取或创建渐变，将颜色应用于大块区域。

1. 渐变编辑器

【渐变编辑器】窗口主要用于选择渐变样式或修改现有渐变的副本来定义新渐变。还可以向渐变添加中间色，在两种以上的颜色间创建混合。选择【渐变工具】后，单击工具选项栏中的渐变条，弹出该窗口，如图10-22所示。

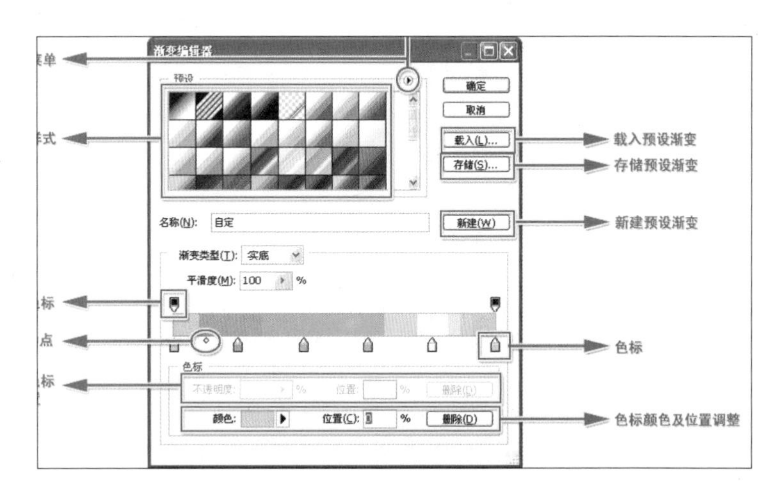

图10-22　渐变编辑器

新建预设渐变

在【预设】渐变中，可以新建预设样式。方法是：在预设的渐变基础上进行改动。在【名称】文本框中输入该渐变名称，单击【新建】按钮，此时在【预设】区域中会显示出新建的渐变样式，如图10-23所示。

>> 删除渐变样式

在【预设】区域内，还可以将渐变样式删除。方法是：在将要删除的渐变样式上右击，执行【删除渐变】命令即可，如图10-24所示。

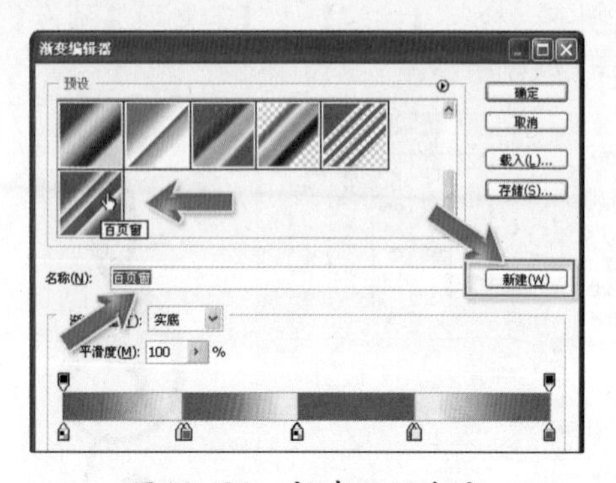

图10-23　新建预设渐变

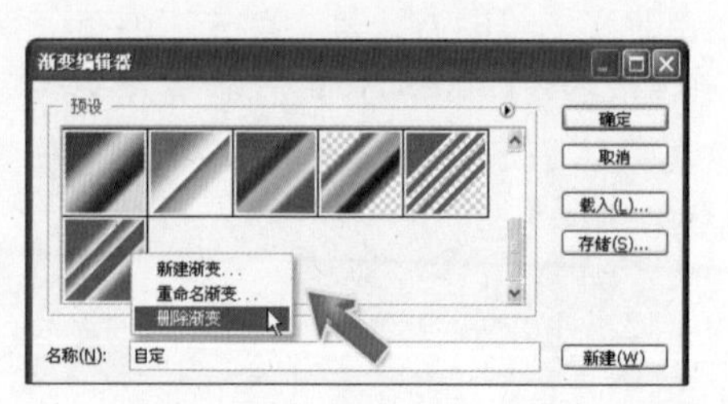

图10-24　删除渐变样式

2. 设置渐变属性

渐变的属性控制了渐变效果的多样性，主要包括颜色的设置和不透明度设置，通过这两个属性的设置，可以将渐变效果表现得淋漓尽致。

>> 设置渐变颜色

渐变颜色的设置主要通过对【预设编辑器】窗口中的【色标】进行设置。【色标】代表当前位置上的颜色，单击其中一个色标即可在窗口下面设置【色标】的颜色和位置，如图10-25所示。

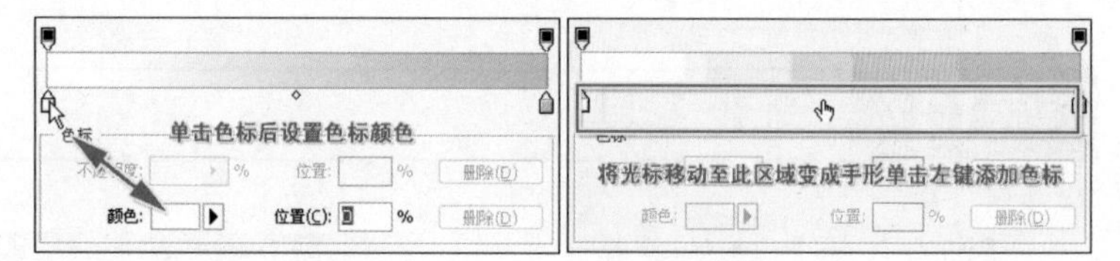

图10-25　设置渐变颜色

将光标移动到左右两个【色标】之间的任意位置，光标会变为手形，单击鼠标，手形光标处出现一个新【色标】。同时激活该色标的颜色和位置，在【位置】文本框中输入相应的参数来定位色标的位置。

>> 设置渐变不透明度

渐变不透明度的设置主要通过对【预设编辑器】窗口中的【不透明性色标】进行设置。【不透明性色标】代表当前位置上颜色的不透明度，单击其中一个【不透明性色标】，即可在窗口下面设置【不透明性色标】的颜色和位置，如图10-26所示。

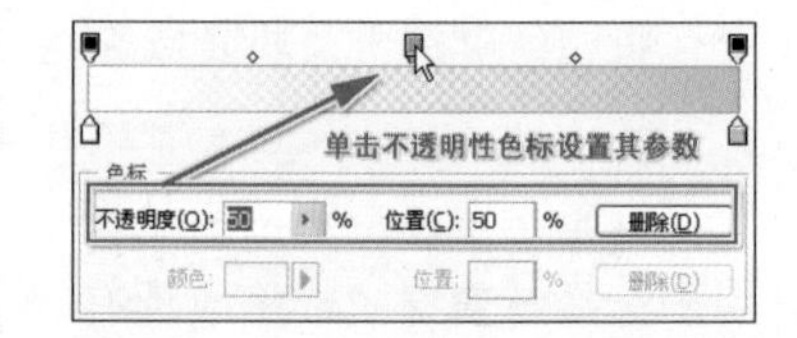

图10-26　设置渐变【不透明度】

每个渐变填充都包含控制渐变上不同位置填充不透明度的设置。例如，可以将起点颜色设置为100%不透明度，并以50%不透明度将填充逐渐混合进终点颜色。

3. 渐变类型

渐变类型主要有两种，【实底】渐变和【杂色】渐变。通常情况下使用【实底】渐变比较多，也比较容易理解。下面将详细地介绍【杂色】渐变的相关知识。

>> 粗糙度　用于调整【杂色】渐变的粗糙程度，数值在0～100%之间，如图10-27所示。

>> 颜色模型　在【渐变编辑器】窗口的【渐变类型】下拉列表中选择【杂色】渐变。可以看到渐变条上没有【色标】可以调节了，取而代之的是【颜色模型】选项。共有3种选项：RGB、HSB和LAB，如图10-28所示。

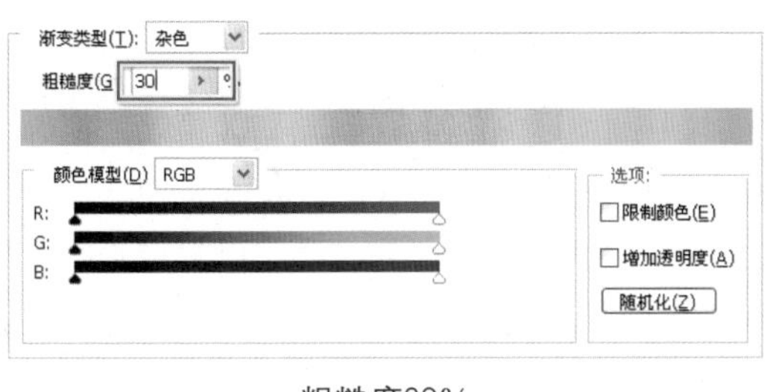

粗糙度30%

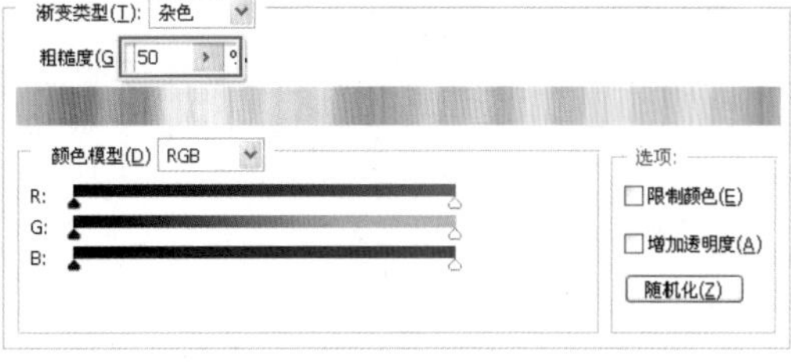
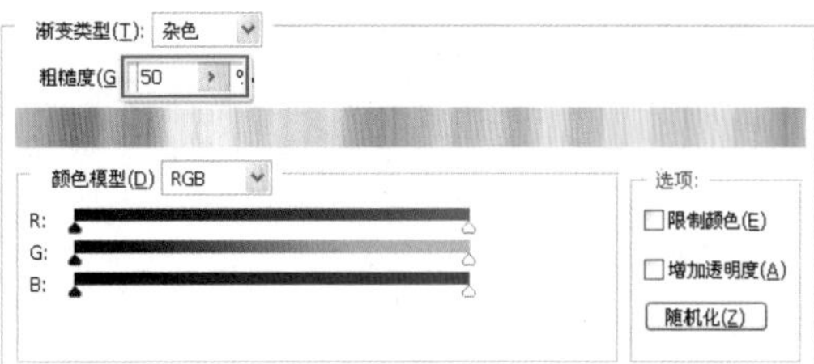

粗糙度50%

粗糙度70%

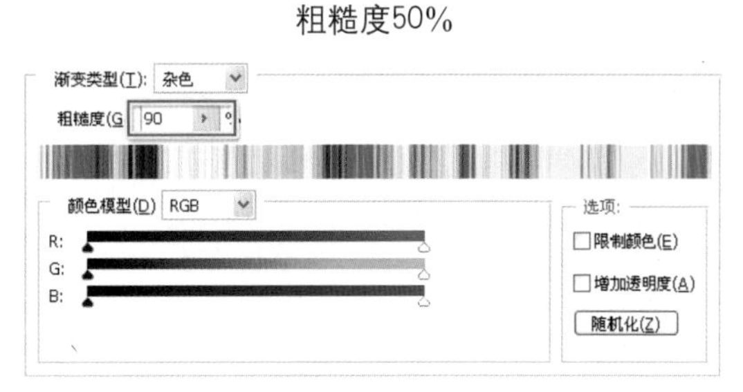

粗糙度90%

图10—27　设置粗糙度

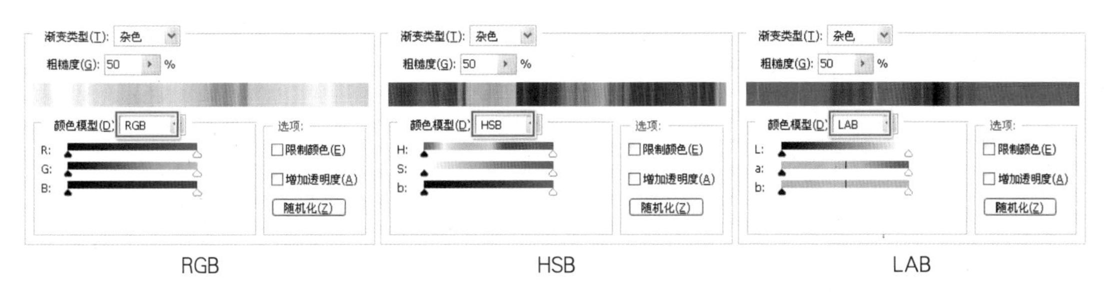

RGB　　HSB　　LAB

图10—28　设置颜色模型

限制颜色、增加透明度设置　设置这些选项以限制颜色或增加透明度，如图10—29所示。

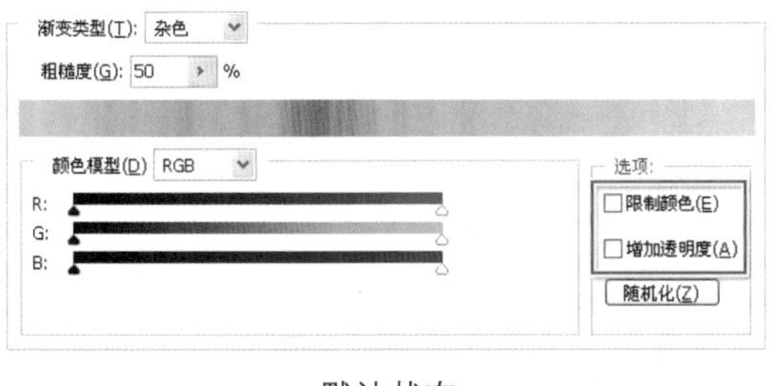

默认状态

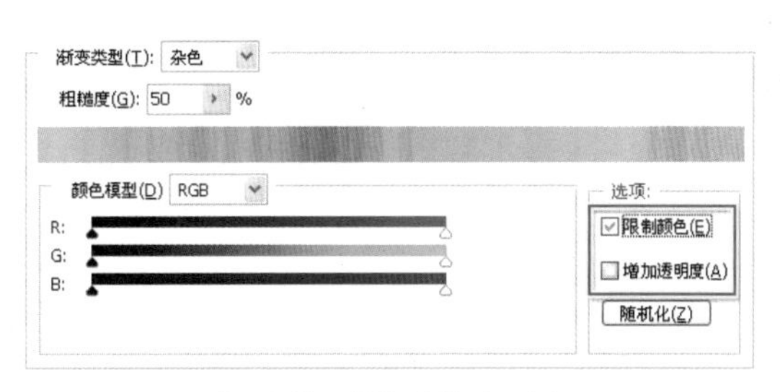

启用【限制颜色】复选框

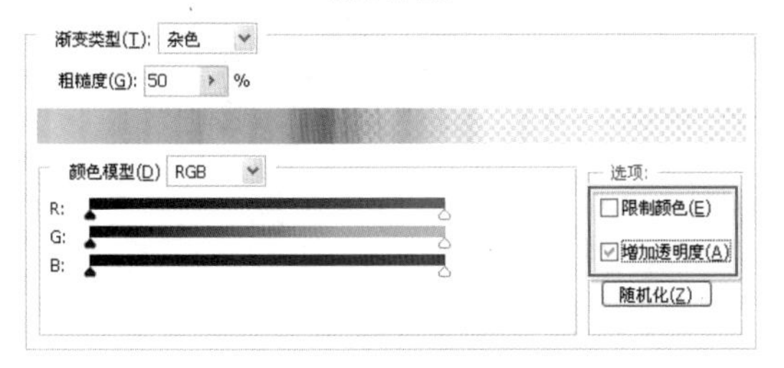

启用【增加透明度】复选框

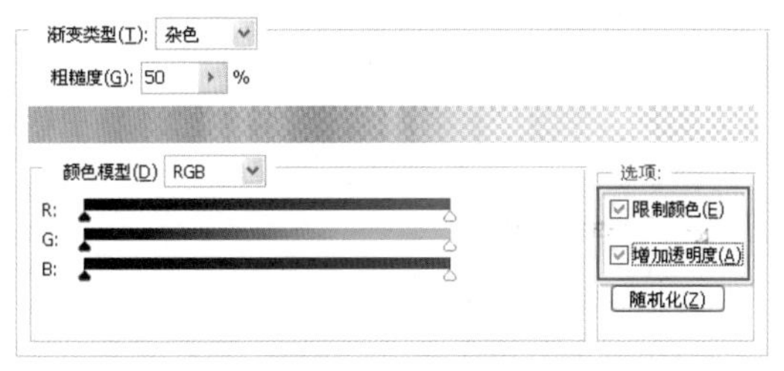

启用【限制颜色】和【增加透明度】复选框

图10—29　限制颜色、增加透明度设置

4．渐变样式

渐变样式是渐变工具的核心，对于不同类型的对象，表现的质感不同，就需要选择不同形状的渐变样式。例如，表现金属质感，通常要使用【线性】渐变样式，此样式可以表现出物体的质感层次；如果表现环境光照射到物体上的效果，就要使用【径向】渐变样式，此样式可以表现出光线从强到弱的衰减变化。渐变样式共有5种，默认样式为【线性】渐变，在选项栏中可以选择其他渐变样式，如图10–30所示。

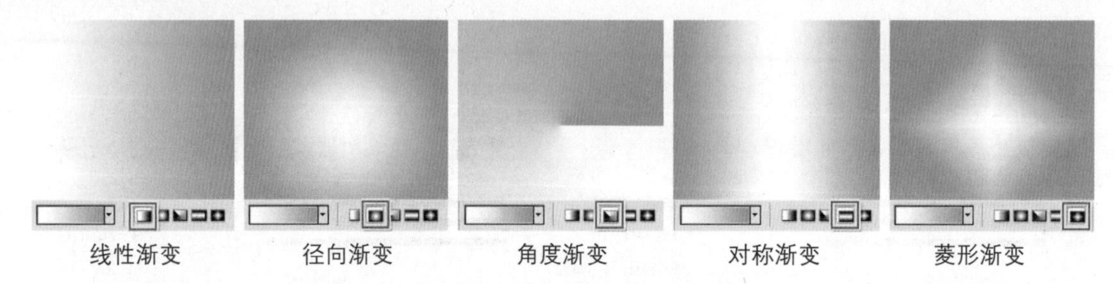

线性渐变　径向渐变　角度渐变　对称渐变　菱形渐变

图10–30　渐变样式

每种样式的功能及效果见表10–3。

表10–3　渐变样式功能表

名称	功能
线性渐变	在所选择的开始和结束位置之间产生一定范围内的线性颜色渐变
径向渐变	在中心点产生同心的渐变色带。拖动的起始点定义在图像的中心点，释放鼠标的位置定义在图像的边缘
角度渐变	根据鼠标的拖动，顺时针产生渐变的颜色。这种样式通常称为锥形渐变
菱形渐变	创建一系列的同心钻石状（如果进行垂直或水平拖动），或同心方状（如果进行交叉拖动）
对称渐变	当由起始点到终止点创建渐变时，对称渐变会以起始点为中线向反方向创建渐变

10.5 填充工具

任何物体都是利用颜色来改变其外形和质感的，同样，创建的图形图像也是通过在物体表面填充不同样式来表现物体细节的。Photoshop中填充颜色主要有两种方式：油漆桶工具和填充命令。

1．油漆桶工具

【油漆桶工具】是进行纯色填充和图案填充的工具。可以使用前景色或图案填充选区、路径或图层内部。在工具选项栏下拉列表中可以选择【前景】或【图案】选项，如图10–31所示。

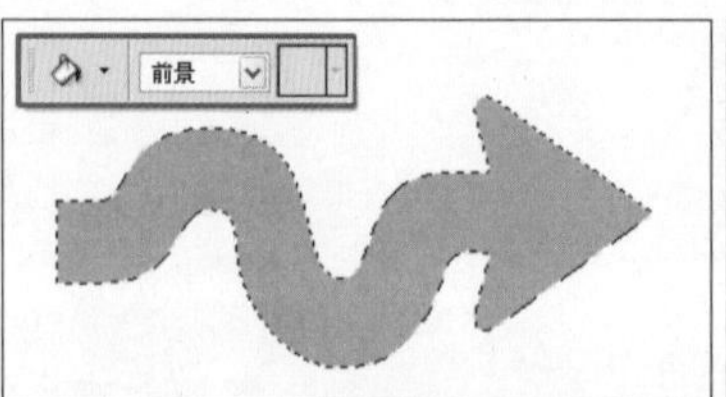

纯色填充

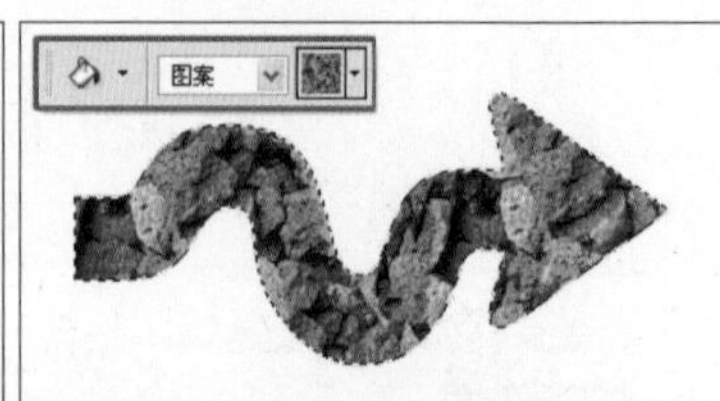

图案填充

图10–31　填充模式

在【油漆桶工具】选项栏中可以设置填充的不透明度，如图10–32所示。

【容差】用于定义一个颜色相似度（相对于所单击的像素），一个像素必须达到此颜色相似度才会被填充。值的范围可为0～255。低容差会填充颜色值范围内与所单击像素非常相似的像素，高容差则填充更大范围内的像素。

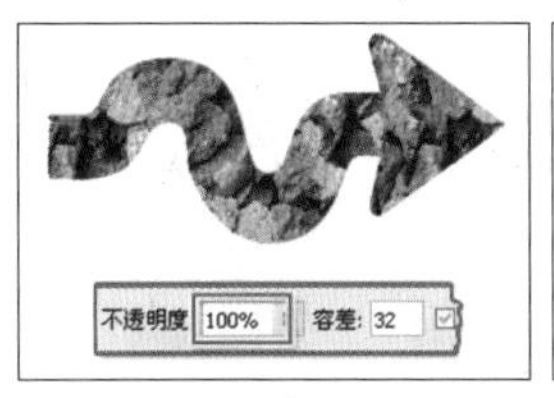

不透明度100%

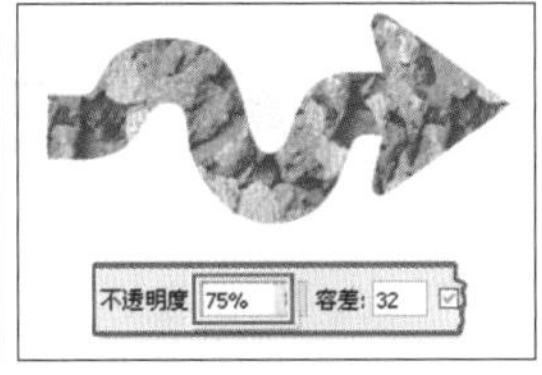

不透明度75%

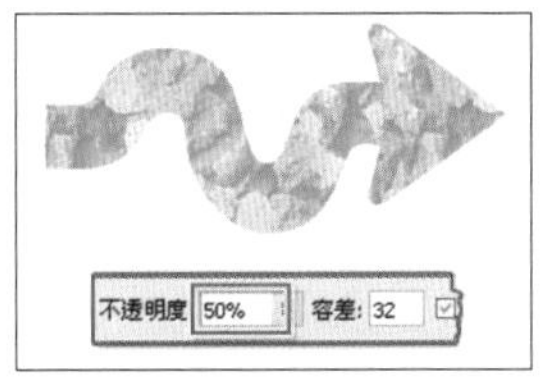

不透明度50%

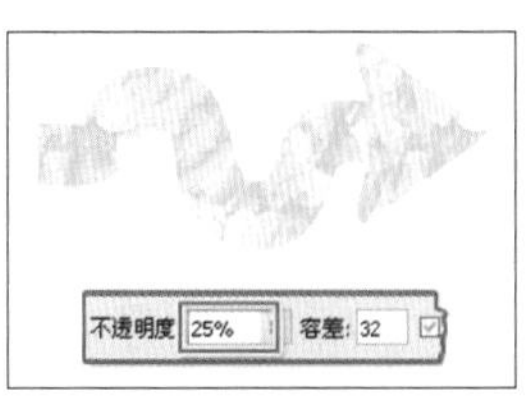

不透明度25%

图10－32 设置不透明度

2. 【填充】命令

【填充】命令与【油漆桶工具】的填充效果大致相同，不同的是执行【填充】命令后弹出的对话框中有8种填充内容可以选择，如图10－33所示。

在【填充】对话框中同样可以设置混合模式和不透明度。混合模式的作用与效果将在“图层混合模式”一章中详细介绍。

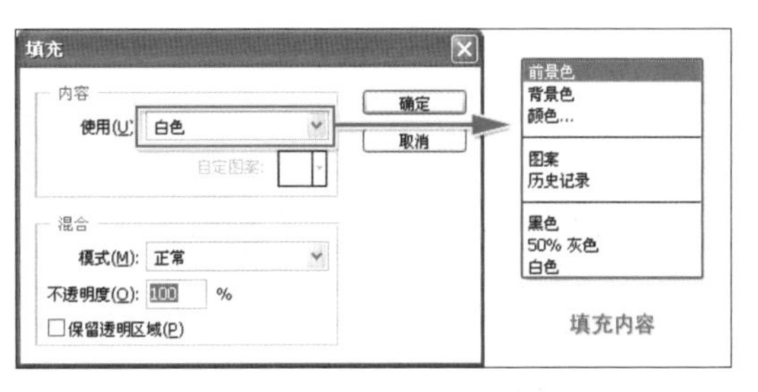

图10－33 【填充】对话框

10.6 橡皮擦工具

在绘制图像过程中，难免会出现错误，运用【后退一步】命令可以恢复到初始状态，如果操作步骤过多，超出了后退范围，此时就可以运用橡皮工具对图像进行修改。橡皮工具主要有 3 种类型，在使用每一种类型的橡皮工具时，关键是要不断地调整其不透明度，以便修改出不同的特殊效果。

1. 橡皮擦工具

【橡皮擦工具】可将像素更改为背景色或透明。如果用户正在“背景”图层中或已锁定透明度的图层中工作，像素将更改为背景色，否则，像素将被抹成透明，如图10－34所示。

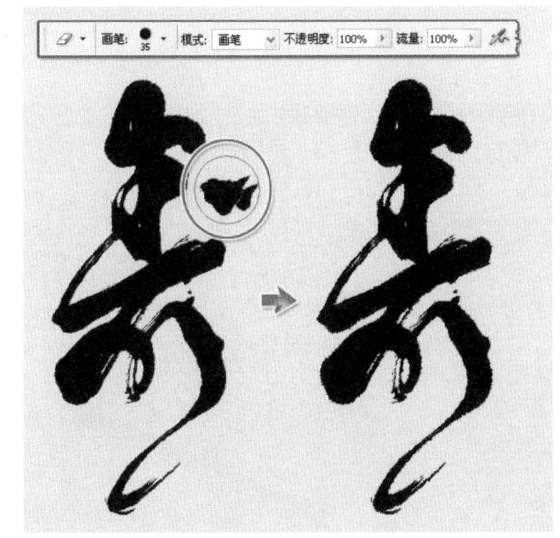

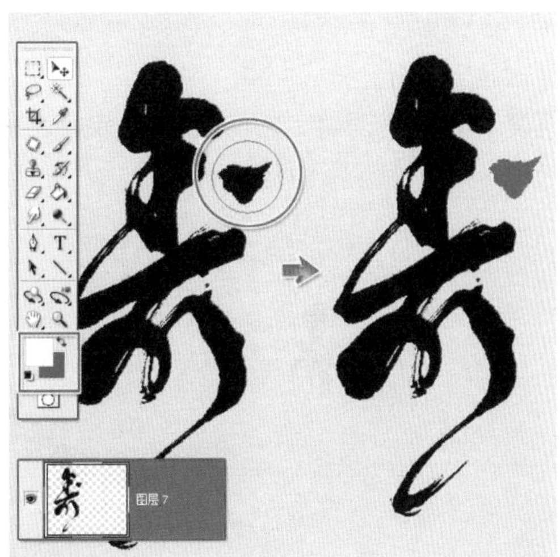

图10－34 使用【橡皮擦工具】

擦除一个图形后，可以在工具选项栏上启用【抹到历史记录】复选框，然后再次擦除时，可以将图形恢复到初始状态，如图10–35所示。

图10–35 启用【抹到历史记录】复选框

2. 背景橡皮擦工具

【背景橡皮擦工具】与【橡皮擦工具】一样，用来擦除图像中的颜色，但两者有所区别。【背景橡皮擦工具】在涂抹“背景”图层时不会填上背景色，而是将擦除的区域变为透明，如图10–36所示。

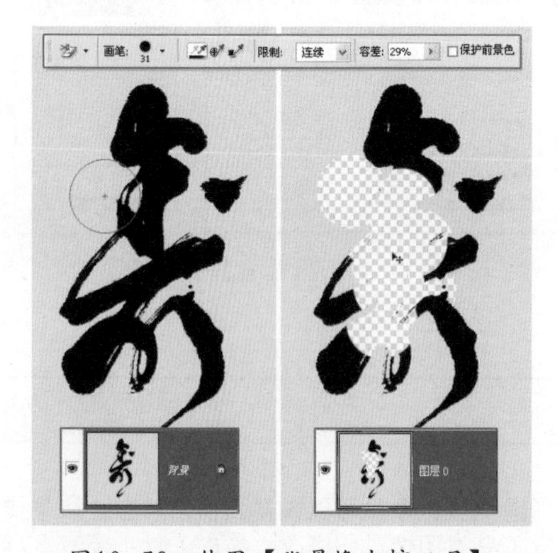

图10–36 使用【背景橡皮擦工具】

其工具选项栏中各选项的功能见表10–4。

表10–4 工具选项栏功能表

名称	功能
连续	单击此按钮，背景橡皮擦采集画笔中心的色样会随着光标的移动进行采样，可以任意擦除
一次	单击此按钮，背景橡皮擦采集画笔中心的色样只采取颜色一次，且只擦除所吸取的颜色
背景色板	单击此按钮，所擦除的颜色为设置的背景色
不连续	选择此模式，可以擦除当前画笔下任何位置的样本颜色
连续	选择此模式，可以擦除包含样本颜色并且相互连接的区域
查找边缘	选择此模式，擦除包含样本颜色的连接区域，同时更好地保留形状边缘的锐化程度
容差	在此文本框中输入值或拖动滑块，低容差仅限于擦除与样本颜色非常相似的区域，高容差擦除范围更广的颜色

注意

在使用背景橡皮擦擦除“背景”图层后，系统会自动将“背景”图层转换为普通图层。

3. 魔术橡皮擦工具

【魔术橡皮擦工具】可以擦除一定容差度内的相邻颜色，擦除颜色后不会以背景色来取代擦除颜色。它就相当于【魔棒工具】加上背景橡皮擦的功能，如图10–37所示。

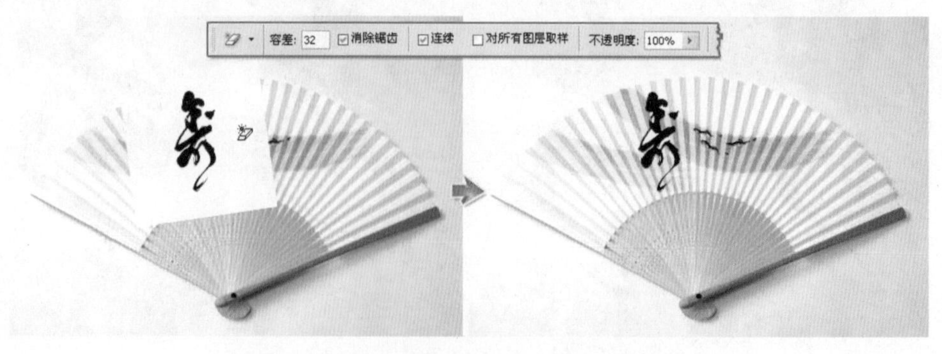

图10–37 使用【魔术橡皮擦工具】

10.7 历史记录画笔

【历史记录画笔】可以将一个图像状态或快照的副本绘制到当前图像窗口中。该工具创建图像的副本或样本，然后用它来绘画。打开一张素材图片，并对其执行【玻璃】滤镜效果，然后打开【历史记录】面板，选择要返回的步骤，最后使用【历史记录画笔】将其恢复到打开的初始状态，如图10—38所示。

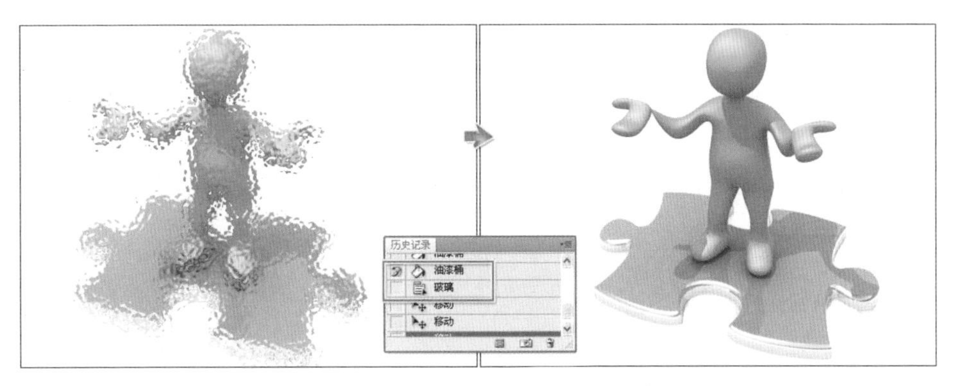

图10—38　使用【历史记录画笔】

10.8 历史记录艺术画笔

【历史记录艺术画笔】指定历史记录状态或快照中的源数据，以风格化描边进行绘画。通过尝试使用不同的绘画样式、大小和容差选项，可以用不同的色彩和艺术风格模拟绘画的纹理，如图10—39所示。

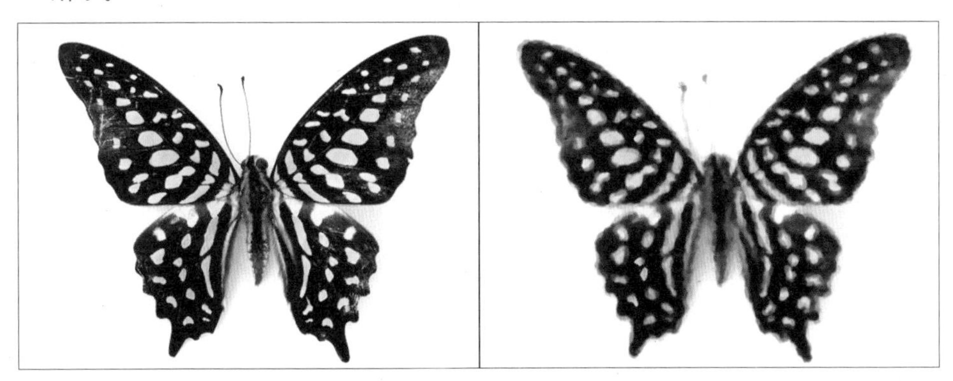

图10—39　使用【历史记录艺术画笔】

像【历史记录画笔】一样，【历史记录艺术画笔】也将指定的历史记录状态或快照用作源数据。但是，【历史记录画笔】通过重新创建指定的源数据来绘画，而【历史记录艺术画笔】在使用这些数据的同时，还使用为创建不同的颜色和艺术风格设置的选项，如图10—40所示。

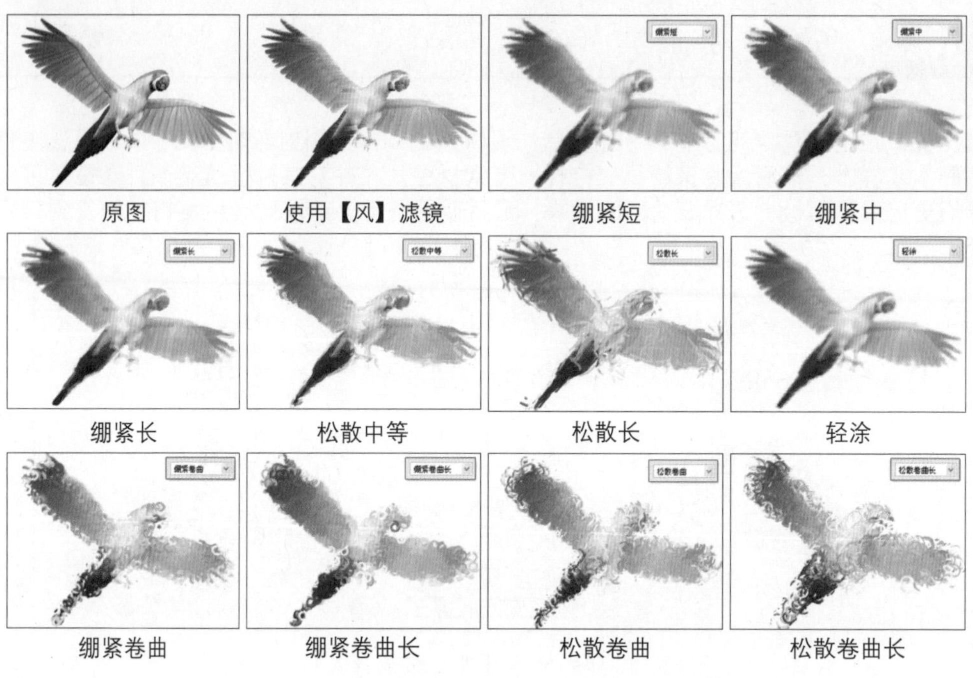

原图　使用【风】滤镜　绷紧短　绷紧中

绷紧长　松散中等　松散长　轻涂

绷紧卷曲　绷紧卷曲长　松散卷曲　松散卷曲长

图10-40　不同样式【历史记录艺术画笔】

10.9 实例：利用【铅笔工具】绘制图像

本实例将利用【铅笔工具】制作一幅平面构成的图像，它是依据近大远小的视觉规律，即透视原理制作而成的，效果如图10-41所示。制作该实例时，首先绘制一个椭圆路径，然后利用画笔描边路径的功能，使用【铅笔工具】为路径描边。完成一个椭圆后将其复制多个，并且依次缩小，形成近大远小的视觉效果。

图10-41　完成效果

操作步骤：

STEP|01　执行【文件】|【新建】命令，新建“平面构成”文档。创建两个图层，第一个图层填充颜色。然后在第二个图层上绘制选区，设置羽化参数为50并填充红色，如图10-42所示。

图10-42　制作背景

STEP|02　使用【钢笔工具】绘制路径，填充黑色。然后将图像复制，制作如图10–43所示的效果。

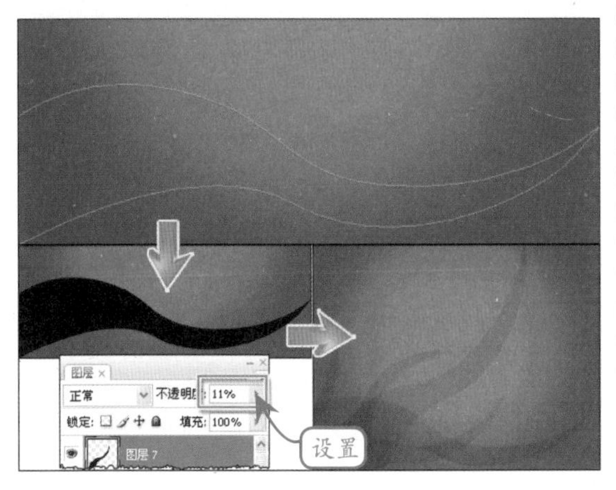

图10–43　绘制背景装饰图像

STEP|03　使用【椭圆工具】绘制路径，单击选项栏中的【重叠区域除外】按钮，将椭圆路径复制，同时执行【自由变换】命令，调整路径大小，如图10–44所示。

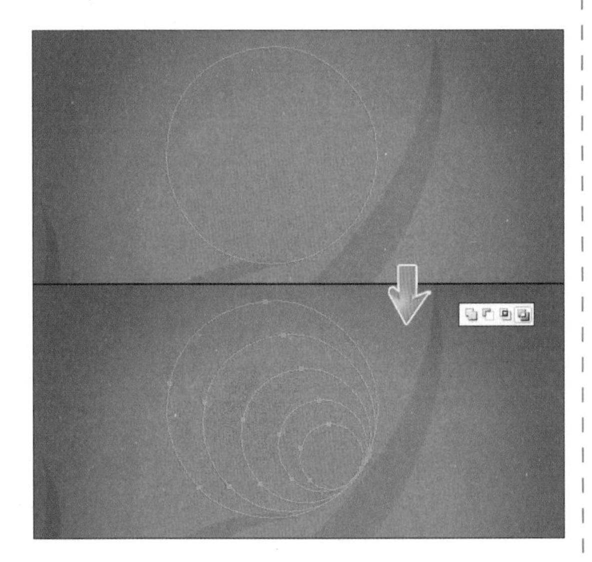

图10–44　绘制并复制路径

提示

将图像放大后观察，可以看到铅笔工具绘制的边缘会呈现清晰的锯齿。

STEP|04　新建图层，使用【路径选择工具】将路径选中，选择【铅笔工具】，单击【路径】面板底部的【用画笔描边路径】按钮为路径描边，如图10–45所示。

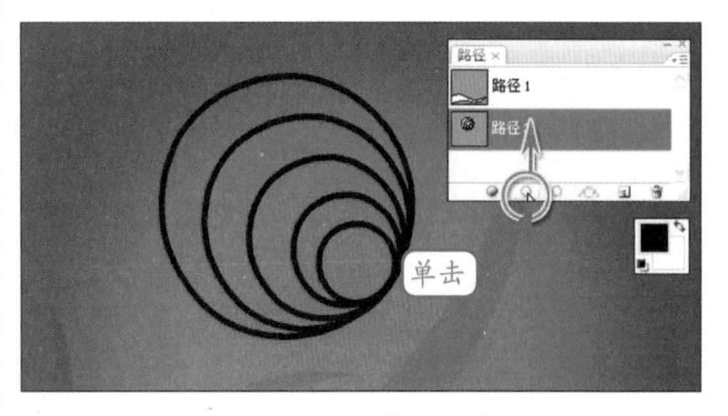

图10–45　描边路径

STEP|05　双击图层右侧空白处，在打开的【图层样式】对话框中设置【外发光】和【颜色叠加】参数，如图10–46所示。

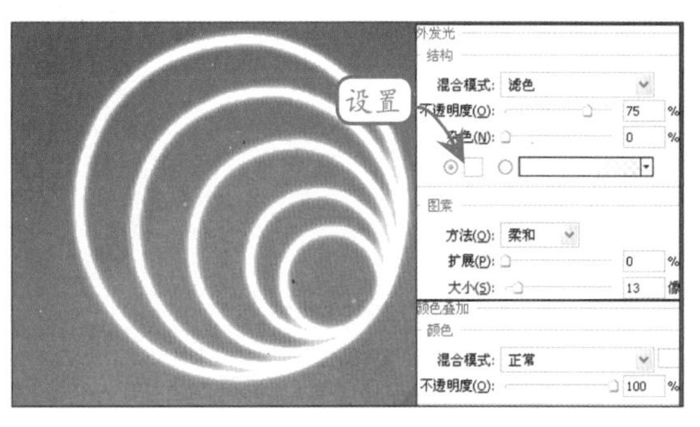

图10–46　添加图层样式

STEP|06　将添加过图层样式的图层复制，执行【自由变换】命令，调整其位置与大小，如图10–47所示。

图10–47　复制图层

STEP|07 为文档添加相关文字信息，完成整个实例的制作。最终效果如图10–48所示。

图10–48 最终效果

10.10 实例：使用【画笔工具】绘制牵牛花

【画笔工具】可以绘制出非常自然的颜色过渡效果，创建边缘比较柔和的图像。本实例将使用【画笔工具】绘制一朵牵牛花，如图10–49所示。在制作过程中主要通过改变画笔工具的笔刷大小、不透明度、笔刷形状等来控制所绘制的图像，并配合【图层蒙版】、【橡皮擦工具】细化绘制的最终效果。

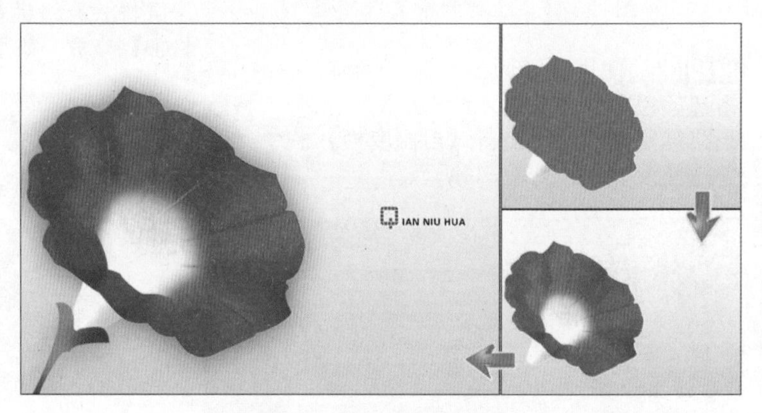

图10–49 完成效果图

操作步骤：

STEP|01 执行【文件】|【新建】命令，新建"牵牛花"文档，使用【渐变工具】绘制出如图10–50所示的渐变。

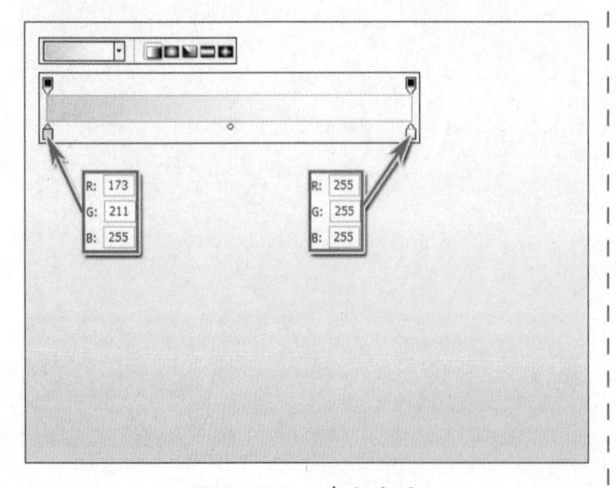

图10–50 填充渐变

STEP|02 新建"图层1"，使用【钢笔工具】绘制牵牛花轮廓图像，并填充基础底色，如图10–51所示。

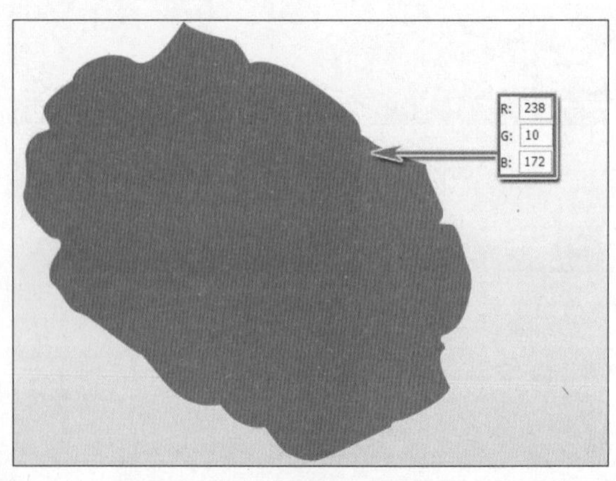

图10–51 绘制基础底色

STEP|03　新建“图层2”，使用【钢笔工具】绘制白色图像，单击【图层】面板底部的【添加图层蒙版】按钮，为图层添加蒙版，设置前景色为黑色，使用【画笔工具】在图层蒙版中涂抹出如图10–52所示的效果。

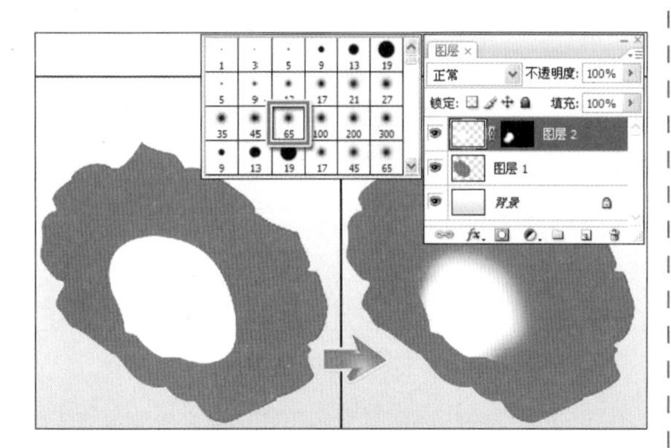

图10–52　添加图层蒙版

技巧

在使用【画笔工具】进行绘制时，笔刷应选用柔角。使用Shift+X快捷键可转换前景色与背景色。

STEP|04　将“图层1”复制，加深颜色，参照步骤**03**的操作方法，添加花朵的暗部，如图10–53所示。

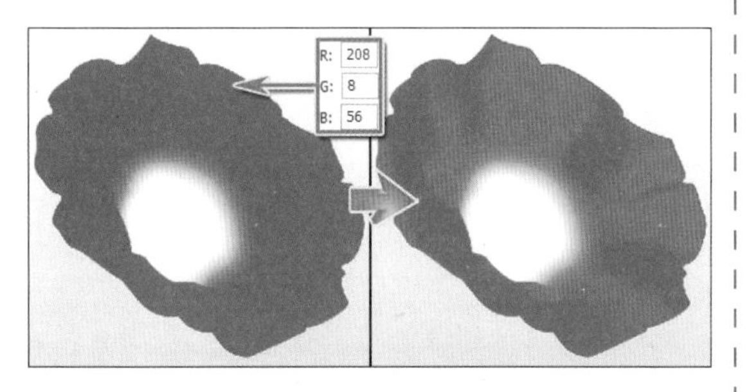

图10–53　制作图像暗部

提示

复制图层后，执行【曲线】命令，调整图像的明暗。

STEP|05　按Ctrl+J快捷键复制当前图层，执行【曲线】命令将图像颜色调暗，然后使用【画笔工具】结合图层蒙版进行绘制，得到如图10–54所示的效果。

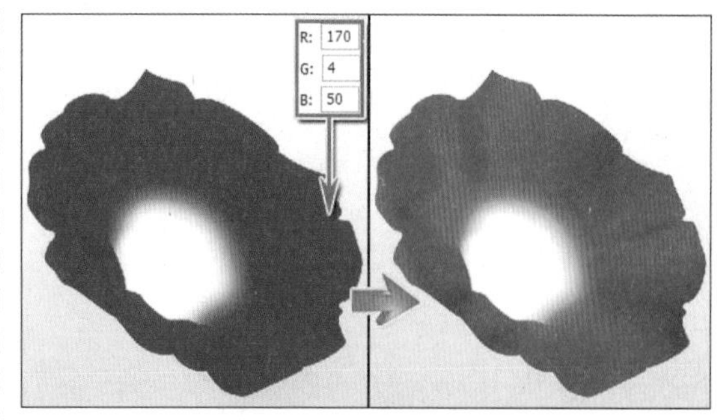

图10–54　添加暗部

STEP|06　复制“图层2”，并将“图层2副本”调至顶层，载入图像选区后填充灰色，然后添加图层蒙版，使用【画笔工具】在蒙版中涂抹出图10–55所示的效果。

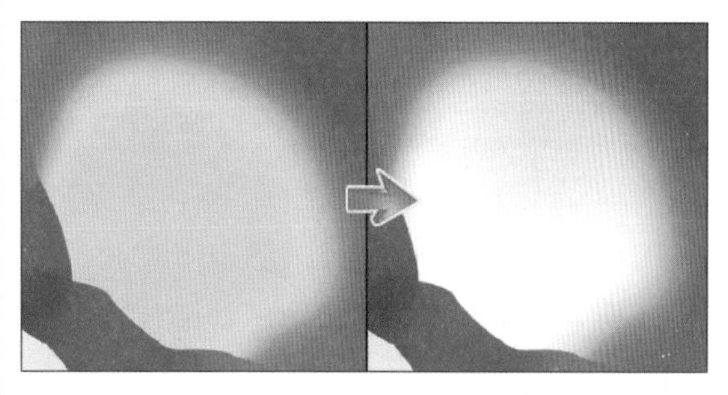

图10–55　添加花蕊暗部

STEP|07　新建“图层3”，使用【画笔工具】绘制线条，并添加蒙版，如图10–56所示。

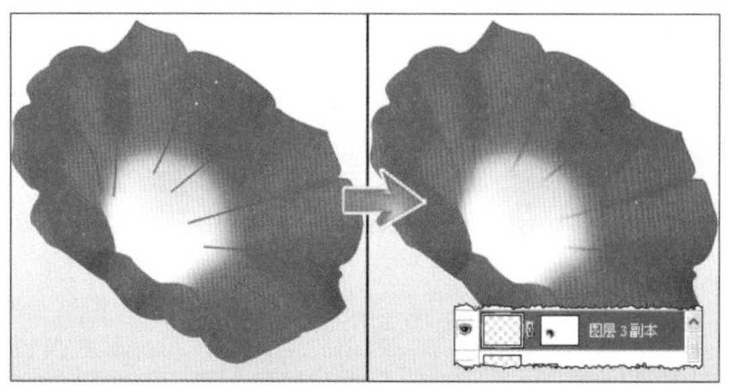

图10–56　绘制线条

技巧

在绘制线条时，可先使用【钢笔工具】绘制路径，然后利用画笔描边路径功能制作线条。

STEP|08　参照图10–57所示，使用【画笔工具】并配合蒙版，完成其他细节部分的添加。

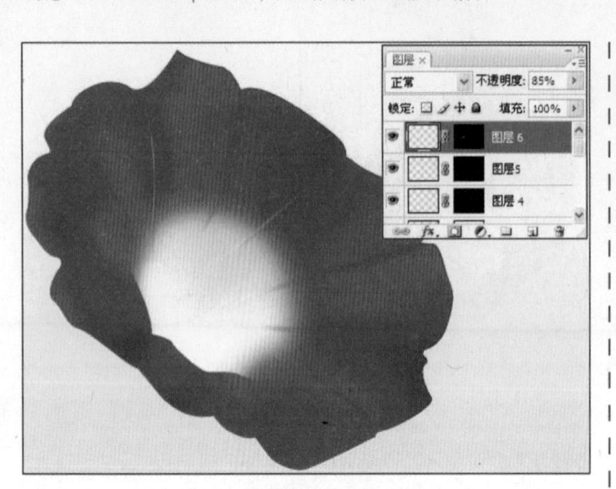

图10−57　添加细节

STEP|09　参照以上步骤的操作方法，完成花朵其余部分的添加，如图10−58所示。

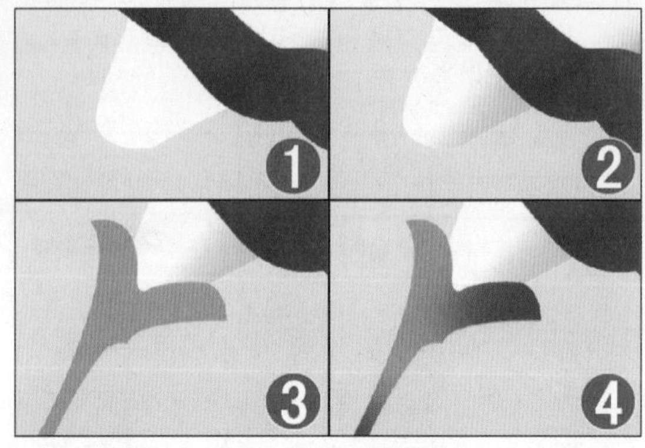

图10−58　制作其余部分

STEP|10　为文档添加相关文字信息，完成整个实例的制作。

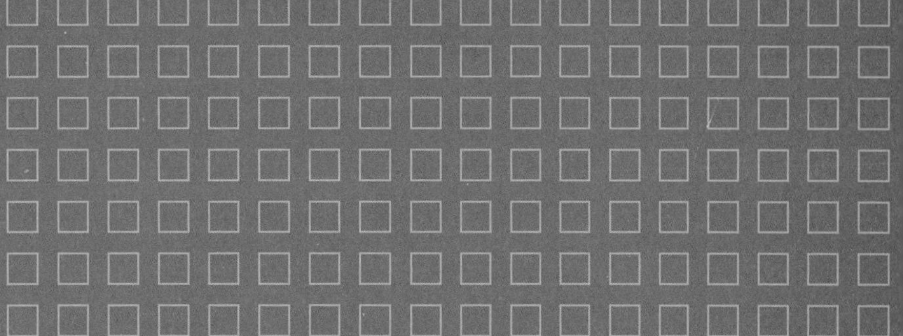

修复工具

Photoshop提供了几种专门用于修饰和修复问题照片的工具，它们可对一些破损或有污点的图像进行精确而全面的修复。使用修补工具可以通过用其他区域或图案中的像素来修复破损的区域。跟修复画笔工具一样，修补工具会将样本像素的纹理、光照和阴影与源像素进行匹配。本章将带领读者深入了解这些工具的使用方法和技巧。

Photoshop CS4

11.1 颜色替换工具

【颜色替换工具】能够对图像中的局部颜色进行快速替换，与【图像】|【调整】|【替换颜色】命令不同的是，【颜色替换工具】可以替换多个颜色。使用前景色在目标颜色上绘画，如图11–1所示。【颜色替换工具】不适用于“位图”、“索引”或“多通道”颜色模式的图像。

图11–1　使用【颜色替换工具】修改汽车颜色

在选项栏中选取画笔笔尖，然后有4种混合选项可以选择，通常混合模式设置为“颜色”，因为颜色模式比较容易掌握，效果也最明显，如图11–2所示。

色相

饱和度

颜色

明度

图11–2　混合模式选项

选择【颜色替换工具】后，在选项栏设置取样方式。取样的方式不同，效果差别会很大，如图11–3所示。

- 【取样：连续】　在拖动时连续对颜色取样。
- 【取样：一次】　只替换包含第一次单击颜色区域中的目标颜色。
- 【取样：背景色板】　只替换包含当前背景色的区域。

原图

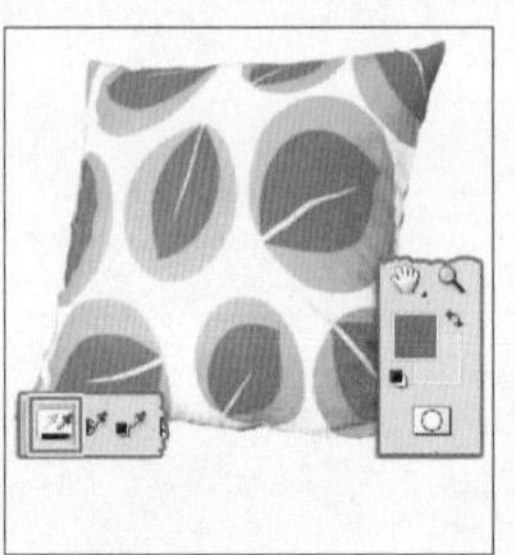

取样：连续

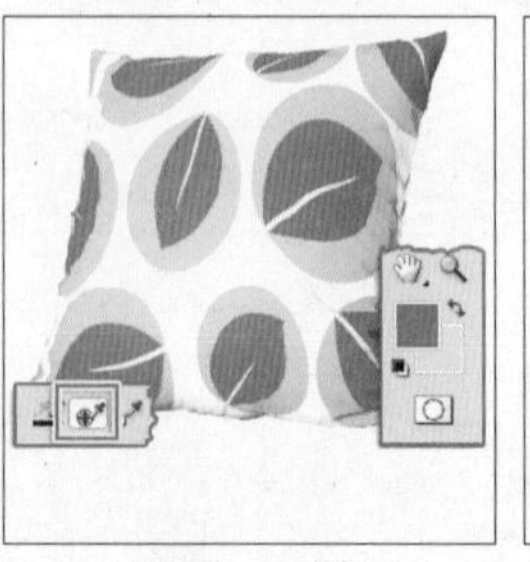

取样：一次

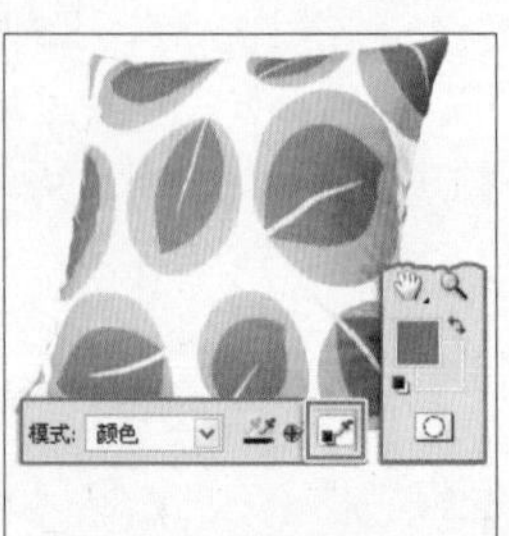

取样：背景色板

图11–3　取样方式

【限制】下拉列表可以指定以哪种方式进行绘画，该下拉列表包含3个选项。

- **不连续**　替换出现在指针下任何位置的样本颜色。
- **连续**　替换紧挨在指针下的邻近色。
- **查找边缘**　替换包含样本颜色的连接区域，同时更好地保留形状边缘的锐化程度。

【容差】参数控制绘制【颜色替换工具】的影响范围。设置较低的百分比，可以替换与单击像素相似的颜色；增加该百分比，可替换范围更广的颜色。最后设置用于替换去除颜色的前景色，并在图像中拖动以替换目标颜色，如图11–4所示。

图11–4　不同的容差效果

11.2 仿制图章工具

【仿制图章工具】类似于一个带有扫描和复印作用的多功能工具，它能够按涂抹的范围复制全部或者部分到一个新的图像中，可创建出与原图像完全相同的图像，如图11–5所示。

源素材图

涂抹后的图

图11–5　使用【仿制图章工具】

【仿制图章工具】还可以将图像绘制到具有相同颜色模式的任何打开的文档的另一部分。用户也可以将一个图层的一部分绘制到另一个图层。【仿制图章工具】对于复制对象或移去图像中的缺陷很有用，如图11–6所示。

拾取图案

复制后的效果

图11-6　使用【仿制图章工具】复制汽车

1. 定义取样点

要使用该工具复制或修饰图像，必须在要仿制像素的区域上设置一个取样点，然后才能再仿制到其他区域。将鼠标放置在打开的图像中，然后在按住Alt键的同时单击要仿制的图像，以设置取样点，如图11-7所示。

图11-7　定义取样点

2. 使用【仿制源】面板管理取样点

通过【仿制源】面板可以设置多达5个不同的取样点，并可对每个取样点的角度、大小或位置等属性进行单独的设置，增强了工具的灵活性。执行【窗口】|【仿制源】命令，如图11-8所示。

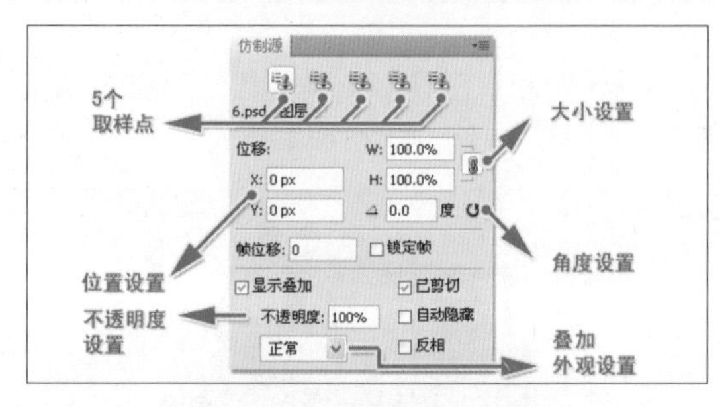

图11-8　【仿制源】面板

提示

在该面板中，单击5个仿制源按钮中的一个，然后在图像中设置取样点，该取样点可记录在该仿制源按钮中，直到关闭文档。

3. 设置其他选项

设置完成取样点后，还可以对【仿制图章工具】使用任意的画笔笔尖，以便能够更为准确地控制仿制区域的大小。也可以使用不透明度和流量设置，以控制对仿制区域应用绘制的方式。在选项栏中要指定如何对齐样本像素及取样图层，可通过下面两个选项来设定：

>> 对齐

可指定仿制图像的方法。启用该复选框，连续对像素进行取样，即使释放鼠标按钮，也不会丢失当前取样点。如果禁用【对齐】复选框，则会在每次停止并重新开始绘制时，使用初始取样点中的样本像素，如图11-9所示。

>> 样本

该下拉列表可指定仿制图像可影响的图层范围。选择【当前图层】选项时，仅从现用图层中取样；选择【当前和下方图层】选项时，可从现用图层及其下方的可见图层中取样；选择【所有图层】选项时，从所有可见图层中取样，启用该选项后，右侧的【忽略调整图层】按钮变为可用，单击该按钮，可从调整图层以外的所有可见图层中取样。

启用【对齐】复选框

禁用【对齐】复选框

图11-9　仿制多辆汽车

11.3 其他修饰工具

此类工具包括【图案图章工具】、【污点修复画笔工具】、【修复画笔工具】、【修补工具】、【红眼工具】。它们专门用于修饰和修复照片出现的红眼现象、面部雀斑、照片边角缺失等问题。它们可对一些破损和有污点的图像进行精确而全面的修复。

1. 图案图章工具

【图案图章工具】可使用图案进行绘画，可以从图案库中选择图案或者自己创建图案，然后通过笔触将其绘制出来。类似于将【画笔工具】和【油漆桶工具】合在一起使用，如图11-10所示。

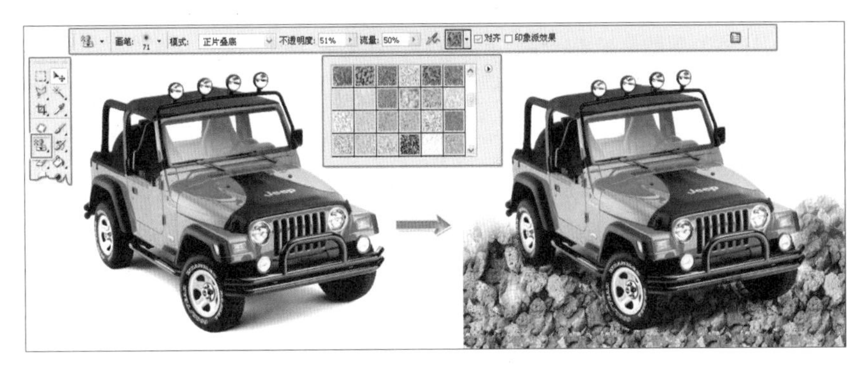

图11-10　使用【图案图章工具】绘图

【图案图章工具】在选项栏中启用【对齐】复选框的作用与【仿制图章工具】类似，可以保持图案与原始绘制起点连续，即使释放鼠标并继续绘画也不例外。禁用该复选框后，可在每次停止并开始绘画时重新启动图案。在图案弹出式面板中可以选择系统预设的或是自定的图案进行绘画，然后在图像中或选区内拖动鼠标进行绘画。

在【图案图章工具】选项栏中启用【印象派效果】复选框后，可使仿制的图案产生涂抹混合的效果，如图11-11所示。

图11-11　启用【印象派效果】复选框

2．污点修复画笔工具

【污点修复画笔工具】适合去除图像中较小的污点和其他不理想部分。该工具将样本像素的纹理、光照、透明度和阴影属性与所修复的像素进行匹配。其工作模式与【修复画笔工具】相同，不同的是【污点修复画笔工具】不需指定样本点，它将自动从所修饰区域的周围取样，如图11–12所示。

修复前

修复后

图11–12　使用【污点修复画笔工具】修复雀斑

技巧

如果需要修饰大片区域或需要更大程度地控制来源取样，应使用【修复画笔工具】而不是【污点修复画笔工具】。在设置画笔大小时要注意，比要修复的区域稍大一点的画笔最为适合，这样只需单击一次即可覆盖整个区域，并且不会影响其他完整的图像。

该工具选项栏中的【模式】下拉列表中有8种替换模式可以选择，其中【替换】选项比较常用，选择该选项后，可以在使用软画笔时，保留画笔边缘处的杂色、胶片颗粒和纹理效果。

另外，通过设置【类型】选项，可控制修复后的图像效果，它包括以下两个选项：

- **近似匹配**　使用选区边缘周围的像素来查找要用作选定区域修补的图像区域。如果此选项的修复效果不能令人满意，可还原修复并尝试使用【创建纹理】选项。
- **创建纹理**　使用选区中的所有像素创建一个用于修复该区域的纹理。如果纹理不起作用，可尝试再次拖过该区域。

启用【对所有图层取样】复选框，可从当前所有可视图层中取样。若禁用该选项，则只从当前图层中取样。

3．修复画笔工具

【修复画笔工具】与【污点修复画笔工具】的工作原理类似，可以校正照片中的瑕疵，通过修复使瑕疵不留痕迹地融入到图像的其余部分，不同的是需要先定义图像中的样本像素，然后将样本像素的纹理、光照、透明度和阴影与所修复的像素进行匹配。

该工具同【仿制图章工具】相似，需要设置取样点。将鼠标移动到图像上方，在按住Alt键的同时单击以设置取样点，然后在图像的其他位置绘制即可，如图11–13所示。

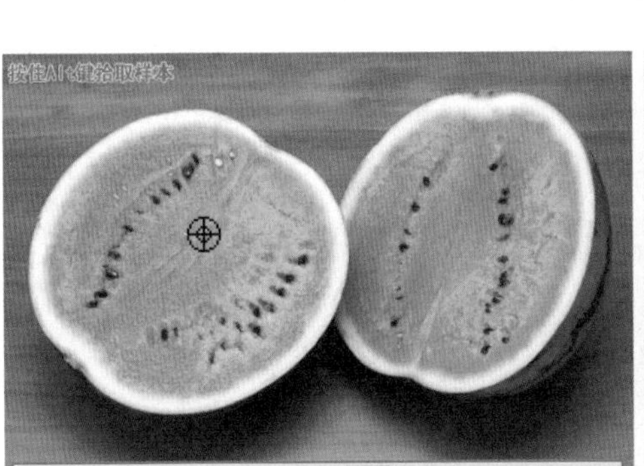

拾取样本

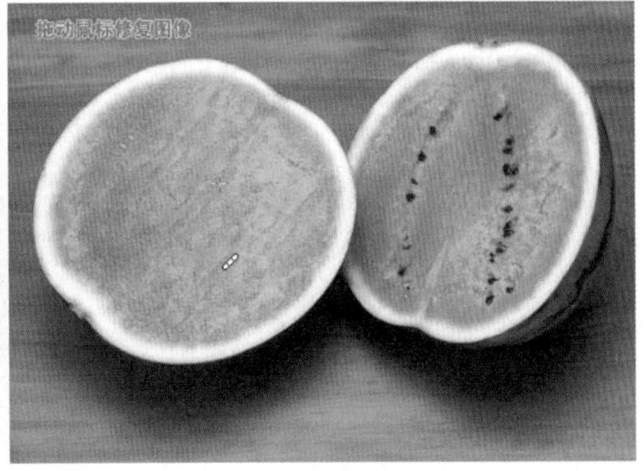

修复图像

图11－13　使用【修复画笔工具】修复图像

在该工具的选项栏中包含了以下几个选项:

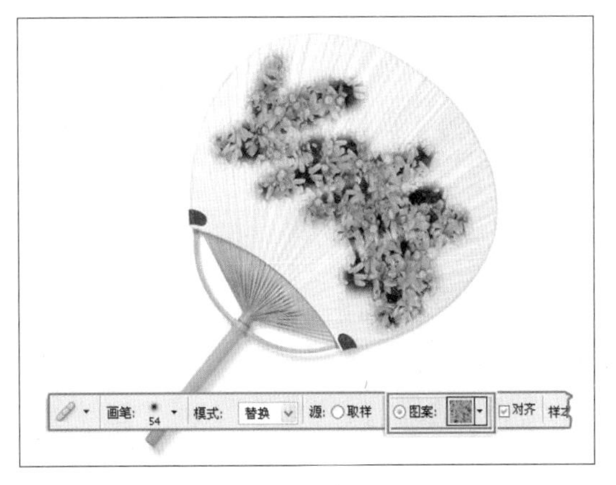

图11－14　使用图案作为修复图像的源

- **源**　通过该选项组可以指定用于修复图像的源。【取样】单选按钮使用当前图像的像素，而【图案】单选按钮使用选定图案的像素，如图11－14所示。
- **对齐**　该复选框的作用同前面介绍的相同，可连续对像素进行取样，或在每次停止并重新开始绘制时，使用初始取样点中的样本像素进行绘制。
- **样本**　该选项可控制该工具从指定的图层中进行数据取样。要从当前图层及其下方的可见图层中取样，可使用【当前和下方图层】选项；要从当前图层中取样，可使用【当前图层】选项；要从所有可见图层中取样，应使用【所有图层】选项，此时右侧的【忽略调整图层】按钮被激活，单击该按钮，可从调整图层以外的所有可见图层中取样。

4. 修补工具

【修补工具】可以使用当前打开文档中的像素来修复选中的区域，与其他修复工具原理相似，将样本像素的纹理、光照和阴影与源像素进行匹配，还可以使用该工具来仿制图像的隔离区域。与其他修复工具不同的是，【修补工具】在修补图像时需要首先创建选区，通过调整选区图像实现修补效果，如图11－15所示。

图11－15　使用【修补工具】修补图像

在选项栏中选中【源】单选按钮后，在图像中拖动选区，可以选择想要修复的区域；若选中【目标】单选按钮，就要实施相反的操作，先在图像找一个“干净”的区域建立选区，然后像打补丁一样拖动选区到有“污渍的部分”覆盖该区域，如图11–16所示。

图11–16　选中【目标】单选按钮

在【修补工具】工具选项栏中，如果启用【透明】复选框。会使源对象与目标图像生成混合图像，如图11–17所示。

图11–17　启用【透明】复选框

5. 红眼工具

使用【红眼工具】可以快速去除由于使用闪光灯拍摄的人像或动物照片时出现的红眼现象，也可以移去使用闪光灯拍摄的动物照片中的白色或绿色反光，如图11–18所示。

图11–18　修复红眼

提示

在使用【修补工具】时，按住Shift键在图像中拖动，可添加到现有选区中；按住Alt键在图像中拖动，可从现有选区中减去；按住Alt+Shift快捷键在图像中拖动，可选择与现有选区交叠的区域。

在该工具的选项栏中，【瞳孔大小】参数栏用于增大或减小受红眼工具影响的区域；【变暗量】参数栏用于设置校正的暗度。

技巧

红眼是由于相机闪光灯在主体视网膜上反光引起的。在光线暗淡的房间里照相时，由于主体的虹膜张开得很宽，将会更加频繁地看到红眼。为了避免红眼，可以使用相机的红眼消除功能，或者最好使用可安装在相机上远离相机镜头位置的独立闪光装置。

11.4 海绵工具

【海绵工具】可以精确地改变图像局部的色彩饱和度。【海绵工具】不会造成像素的重新分布，因此其【降低饱和度】和【饱和】方式可以作为互补来使用。过度降低饱和度后，可以切换到【饱和】方式来增加色彩饱和度，但无法为已经完全为灰度的像素增加上色彩。

在该工具选项栏的【模式】下拉列表中，选择【饱和】选项可以增加颜色饱和度，如图11-19所示。

在该工具选项栏的【模式】下拉列表中，选择【降低饱和度】选项可以减少饱和度，如图11-20所示。

原图

图11-19　使用【海绵工具】增加饱和度

降低饱和度

图11-20　使用【海绵工具】降低饱和度

11.5 加深和减淡工具

【减淡工具】和【加深工具】是一对相对立的工具，它们基于调节照片特定区域曝光度的传统摄影技术，可使图像区域变亮或变暗。如果使用这两个工具在某个区域上方绘制的次数增多，则该区域就会变得越亮或越暗，如图11-21所示。它们可用于增强图像的明暗对比。

创意+：Photoshop CS4中文版图像处理技术精粹

图11－21　使用【加深工具】和【减淡工具】

这两个工具的选项栏设置相同，主要通过设置【范围】和【曝光度】选项来控制绘制图像的影响范围。其中，【曝光度】参数越大，则绘制加深或减淡的力度越大；该参数值越小，则绘制加深或减淡的力度越小，如图11－22所示。

【减淡工具】20%曝光　【减淡工具】40%曝光　【减淡工具】60%曝光　【减淡工具】80%曝光

【加深工具】20%曝光　【加深工具】40%曝光　【加深工具】60%曝光　【加深工具】80%曝光

图11－22　曝光度对【加深工具】和【减淡工具】的影响

在【范围】下拉列表中包括控制工具可影响图像范围的3个选项：

- **中间调**　更改灰色的中间色调范围。
- **阴影**　更改暗部色调的范围。
- **高光**　更改亮部色调的范围。

11.6　模糊、锐化和涂抹工具

使用【模糊工具】、【锐化工具】和【涂抹工具】可以达到对图像进行模糊、锐利和变形的目的，适用于局部图像的修饰。其中【模糊工具】最为常用，可对图像中的各个细节部分进行不同程度的模糊处理。

1. 模糊工具

【模糊工具】可柔化图像的硬边缘或减少其中的细节，使图像局部产生模糊效果。使用该工具在图像上方涂抹的次数越多，则图像越模糊，如图11—23所示。

原图

将后面的苹果模糊

图11—23 绘制模糊效果

在该工具的选项栏中启用【对所有图层取样】复选框后，可以对所有可见图层中的图像进行模糊处理；若禁用该复选框，则只模糊当前图层中的图像，如图11—24所示。

启用【对所有图层取样】复选框

禁用【对所有图层取样】复选框

图11—24 启用和禁用【对所有图层取样】复选框的模糊效果

2. 锐化工具

【锐化工具】可增强图像边缘的对比度，以加强外观上的锐化效果。该工具同【模糊工具】相同，在同一位置上方绘制的次数越多，增强的锐化效果就越明显，如图11—25所示。

【锐化工具】并不能使模糊的图像变得清晰，它只能在一定程度上恢复图像的清晰度。因为图像在第一次的模糊之后，像素已经重新分布，原本不同颜色相互融入形成新颜色，不可能再从中分离出原先的各种颜色。

3. 涂抹工具

【涂抹工具】模拟将手指拖过湿油漆时所看到的效果，它可拾取描边开始位置的颜色，并沿拖动的方向展开这种颜色，如图11—26所示。

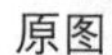

原图　　　　锐化效果

图11-25　使用【锐化工具】锐化图像

原图　　　　涂抹效果

图11-26　涂抹图像

该工具的选项栏中的【手指绘画】复选框可将前景色添加到每次涂抹处。禁用该复选框后，该工具会使用每次涂抹处指针所指的颜色进行绘制，如图11-27所示。

图11-27　启用【手指绘画】复选框

11.7　实例：使用加深、减淡工具绘制鼠标

本实例将绘制一个鼠标，制作流程如图11–28所示。制作本练习，首先需要使用【钢笔工具】，结合【路径】面板、【拾色器】对各部分填充颜色，使其具有最初的轮廓。然后使用【加深工具、【减淡工具】、【橡皮擦工具】完成鼠标的绘制。在绘制本练习的过程中，重点在于使用【加深工具】、【减淡工具】来表现图像的立体效果。

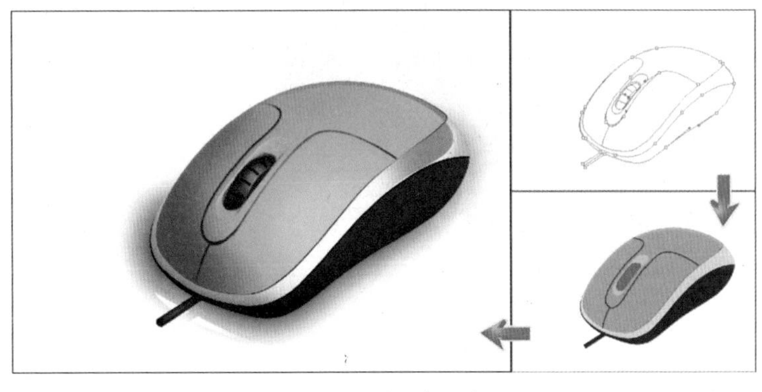

图11–28　制作流程图

操作步骤：

STEP|01　新建“鼠标”文档，在【路径】面板中新建路径，使用【钢笔工具】绘制各部分的路径，如图11–29所示。

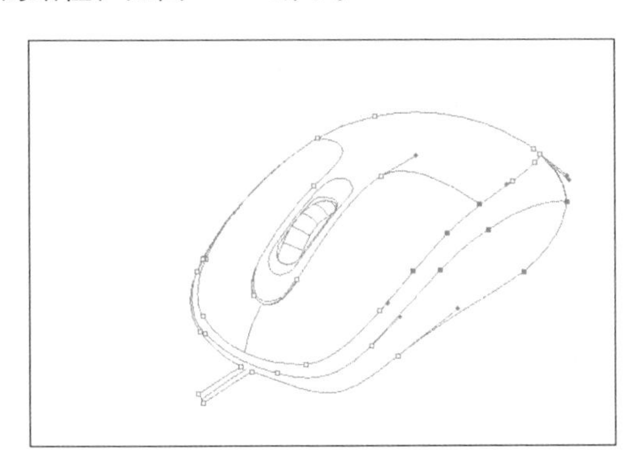

图11–29　绘制路径

STEP|02　设置前景色为绿色，在【路径】面板中选择“鼠标面”路径，按Ctrl+Enter快捷键，在新建图层上填充颜色，如图11–30所示。

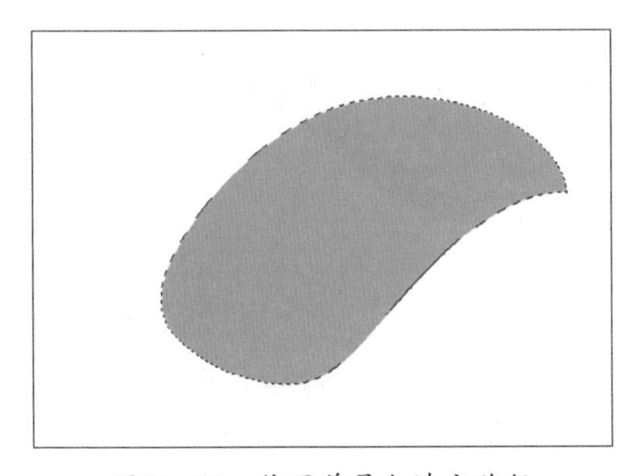

图11–30　使用前景色填充路径

STEP|03　使用相同的编辑方法，完成鼠标其他部分颜色的填充，效果如图11–31所示。

图11–31　纯色填充

注意

在填充颜色时，应注意考虑光线的效果及整体轮廓表现。

STEP|04　复制“上壳”图层，重命名为“上壳暗部”。载入其选区后，使用【加深工具】涂抹出上壳的暗部色调，如图11–32所示。

STEP|05　选择【橡皮擦工具】，然后设置【画笔工具】的【硬度】参数为0，适当设置工具选项栏中的【不透明度】参数，并不断调整笔刷大小，将除暗部以外的区域擦除，如图11–33所示。

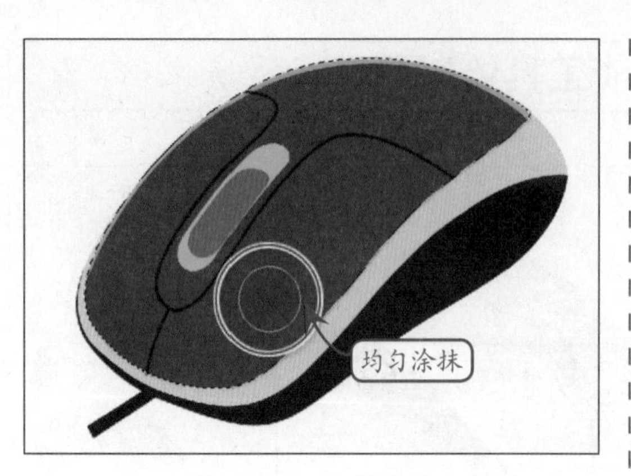

图11-32　复制图层

图11-33　擦除图像

STEP|06　为上壳图层创建高光图层，使用【减淡工具】涂抹为淡绿色，使用【橡皮擦工具】擦除高光以外的图像区域，如图11-34所示。

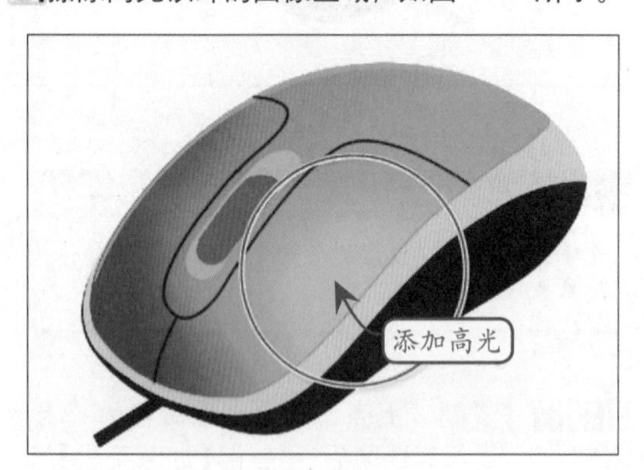

图11-34　添加高光

STEP|07　依据上壳的制作方法，使用【减淡工具】和【加深工具】，配合【橡皮擦工具】将下壳、滑轮、鼠标线等制作完毕，如图11-35所示。

图11-35　制作其余部分

STEP|08　新建图层填充灰色，执行【滤镜】|【杂色】|【添加杂色】命令，参数设置如图11-36所示。

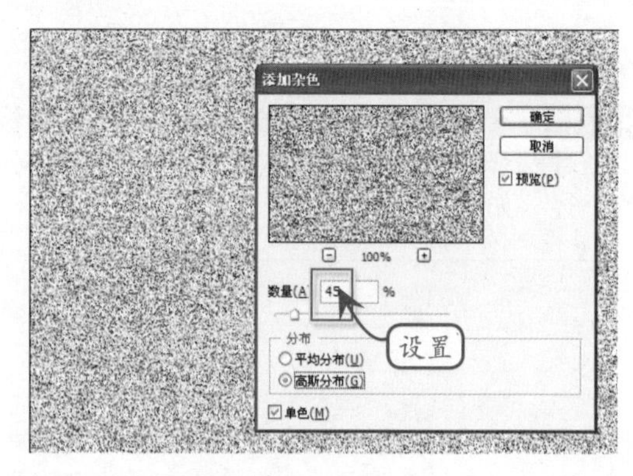

图11-36　添加杂色

STEP|09　执行【滤镜】|【纹理】|【马赛克拼贴】命令，为其添加纹理效果，同时调整图层的不透明度参数，如图11-37所示。

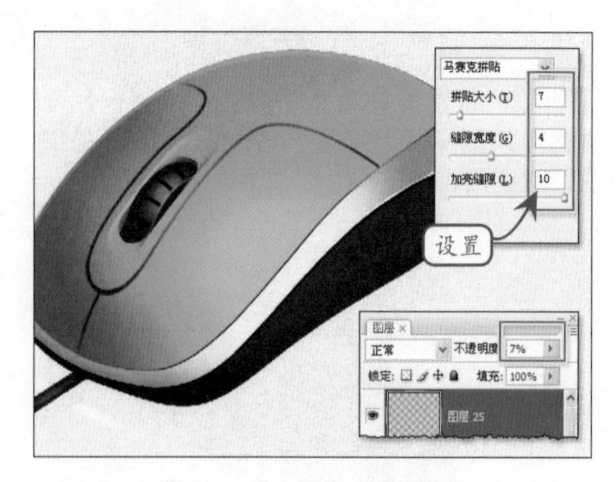

图11-37　添加纹理效果

STEP|10　载入鼠标外壳图形的选区，使用【橡皮擦工具】对纹理所在图层进行修饰，如图11-38所示。

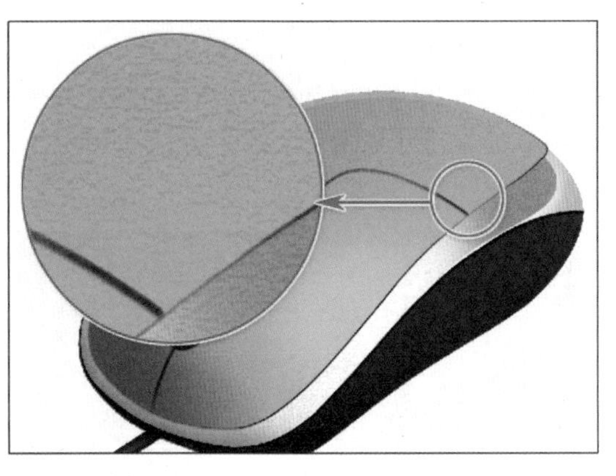

图11－38　修饰纹理图层

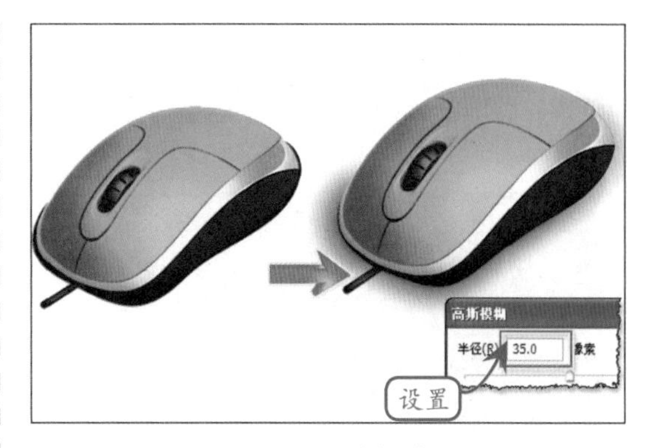

图11－39　模糊效果

STEP|11 使用【钢笔工具】沿鼠标轮廓绘制图形填充黑色，同时将黑色图形移至底层，执行【滤镜】|【模糊】|【高斯模糊】命令，为其添加模糊效果，制作鼠标投影，如图11－39所示。

STEP|12 使用【减淡工具】对阴影进行修饰，完成阴影的制作，最终效果如图11－40所示。

图11－40　添加阴影

提示

任何事物都有亮部、暗部、明暗交界线、反光和投影。因此，抓住这些特征，是实现图像立体效果的关键。

11.8 实例：修饰数码照片

本实例为修复一个存在雀斑、色调偏灰的数码照片，如图11－41所示。拍照是生活中很平常的一件事，女孩们都想将自己的青春和魅力留在照片上。但有时拍摄的照片会不理想，脸上会有一些雀斑，照片在拍摄时也会出现色调偏灰的问题，这时就可以使用Photoshop软件来进行修复。

首先使用【修补工具】、【修复画笔工具】、【仿制图章工具】去除面部的雀斑图像，然后使用【模糊工具】使皮肤光滑，最后使用【海绵工具】恢复图像的部分颜色。

图11－41　修饰照片流程图

操作步骤：

STEP|01 打开光盘中的素材文件“人物.jpg”，如图11-42所示。

图11-42 打开素材

STEP|02 选择【修复画笔工具】，按住Alt键单击拾取图像，然后修复黑斑，如图11-43所示。

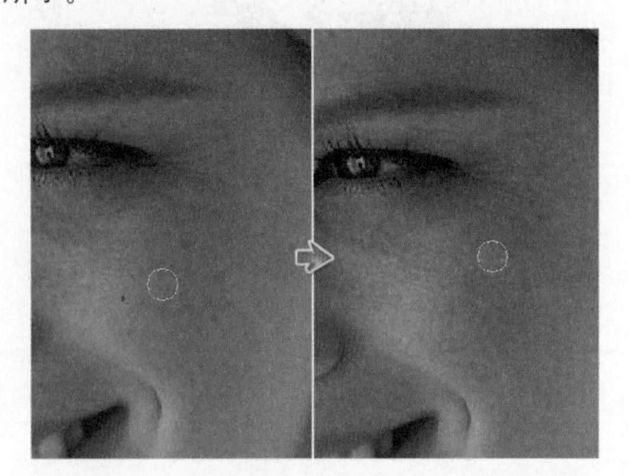

图11-43 【修复画笔工具】修复黑斑

STEP|03 选择【修补工具】，在有斑的区域建立选区，然后拖动选区到平滑的区域，如图11-44所示。

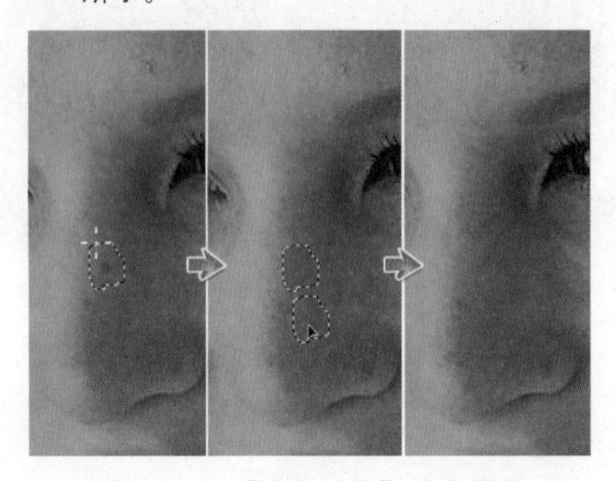

图11-44 【修补工具】修复选区

STEP|04 使用【仿制图章工具】修复图像，使用方法与【修复画笔工具】大致相同，如图11-45所示。

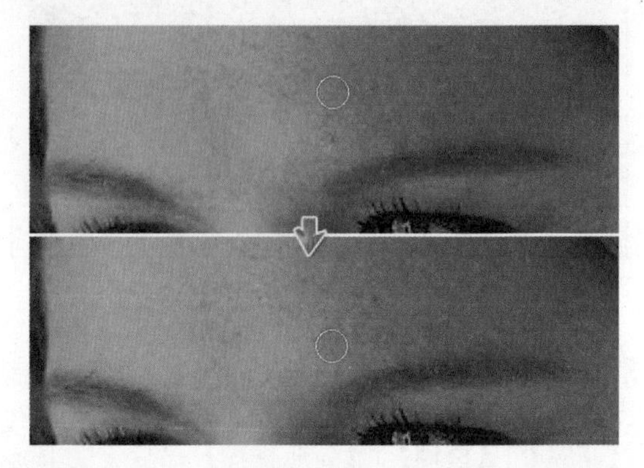

图11-45 【仿制图章工具】修复图像

STEP|05 使用上述方法将人物脸部大部分黑斑去掉，如图11-46所示。

图11-46 去除黑斑

STEP|06 使用【模糊工具】将人物的皮肤模糊一下，使皮肤变得光滑，如图11-47所示。

图11-47 使皮肤变得光滑

STEP|07 使用【涂抹工具】涂抹人物的眼角，使眼角的纹理消失，皮肤更加光滑，如图11-48所示。

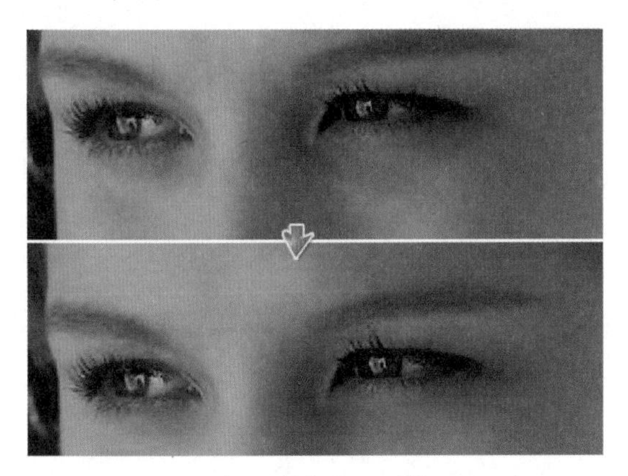

图11-48　使用【涂抹工具】处理皮肤

STEP|08 选择【海绵工具】，并在【选项栏】中设置模式为【饱和】，然后涂抹人物的嘴唇和腮部，如图11-49所示。

STEP|09 使用上述方法调整其他部位，如图11-50所示。

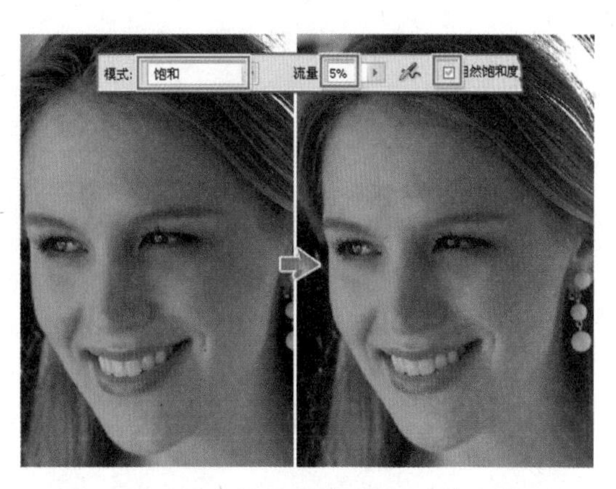

图11-49　调整局部图像的饱和度

图11-50　调整其他部位

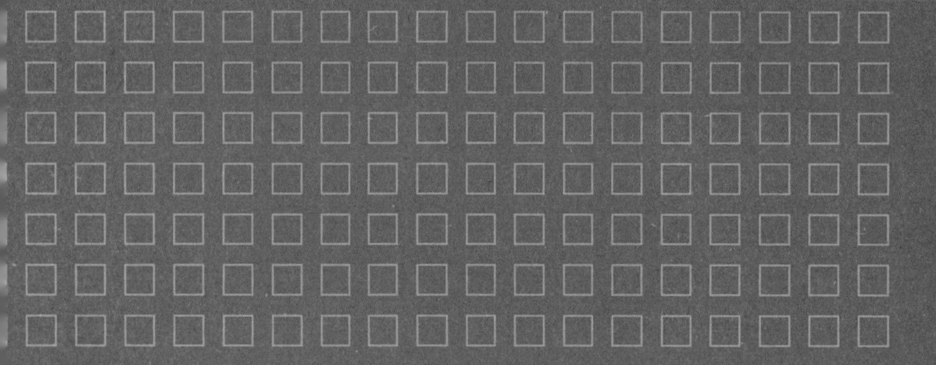

路径

在Photoshop中，路径主要用于进行光滑图像选择区域及辅助抠图、绘制光滑线条、定义画笔等工具的绘制轨迹、输出输入路径及和选择区域之间转换等。它突出显示了强大的可编辑性，具有特有的光滑曲率属性，有着更精确、更光滑的特点。

本章将详细讲解路径功能及工具的操作与编辑技巧。通过学习本章内容，读者可以掌握各种路径工具的选项设置以及使用方法，灵活运用路径工具绘制和调整各种矢量形状、路径，实现编辑位图图像的最终目的。

12.1 路径概述

所有使用矢量绘制软件或矢量绘制工具制作的线条，原则上都可以成为路径。它是基于贝赛尔曲线所构成的直线段或曲线段，在缩放或变形后仍能保持平滑效果。在 Photoshop 中，创建路径后可以对其描边，也可以沿路径编排文字，路径闭合时可以生成选区等。因此，路径在平面创作过程中，其用处是非常广泛的。

1. 路径

路径分为开放的路径和封闭的路径。路径中每段线条中开始和结束的点称为锚点，选中的锚点显示一条或两条控制柄，可以通过改变控制柄的方向和位置来修改路径的形状。两个直线段间的锚点没有控制柄，如图 12-1 所示。

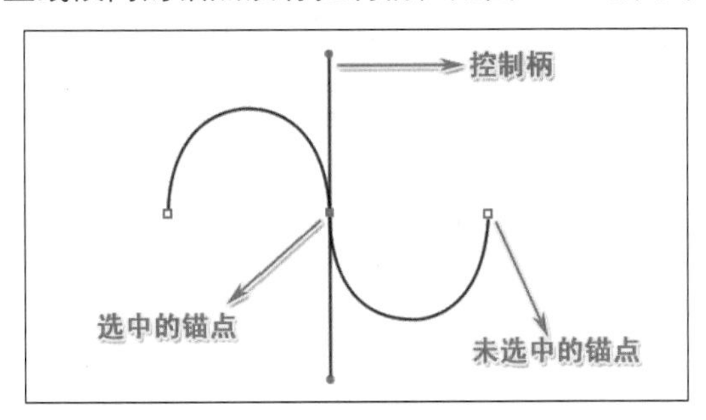

图12-1 开放的路径和封闭的路径

2. 贝赛尔曲线

一条贝赛尔曲线是由 4 个点定义的，如图 12-2 所示，其中 P0 和 P3 定义曲线的起点和终点，又称为节点。P1 和 P2 是用来调节曲率的控制点。一般可以通过调节节点和控制曲率来满足实际需要。

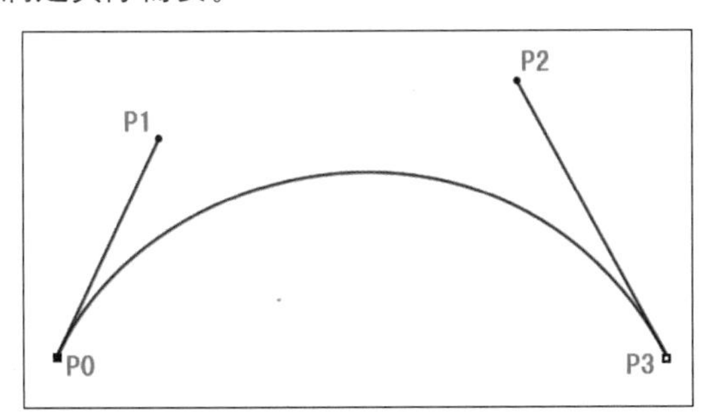

图12-2 贝赛尔曲线

提示

"贝赛尔曲线"是由法国数学家Pierre Bezier所构造的一种以"无穷相近"为基础的参数曲线，由此为计算机矢量图形学奠定了基础。它的主要意义在于，无论是直线或曲线，都能在数学上予以描述，使得设计师在计算机上绘制曲线就像使用常规作图工具一样得心应手。

通常情况下，仅仅一条贝赛尔曲线往往不足以表达复杂的曲线区域。在 Photoshop 中，为了构造出复杂的曲线，往往使用贝赛尔曲线组的方法来完成，即将一段贝赛尔曲线首尾进行相互连接，如图 12-3 所示。

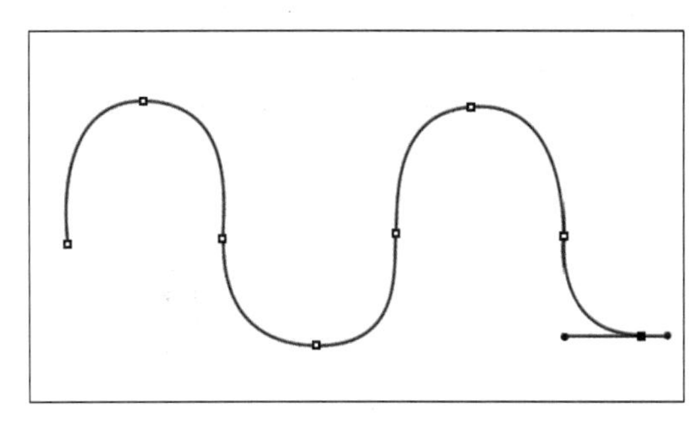

图12-3 贝赛尔曲线组

提示

路径不必是由一系列线段连接起来的一个整体。它可以包含多个彼此完全不同而且相互独立的路径组件。

3. 平滑点和角点

锚点分为平滑点和角点。平滑点是指临近的两条曲线是平滑曲线，它位于线段中央，当移动平滑点的一条控制柄时，将同时调整该点两侧的曲线段。两条曲线路径相接为尖锐的曲线路径时，相接处的锚点称为角点。比如直线段与曲线段相接处的锚点就是角点。当移动角点的一条控制柄时，只调整与控制柄同侧的曲线段，如图 12-4 所示。

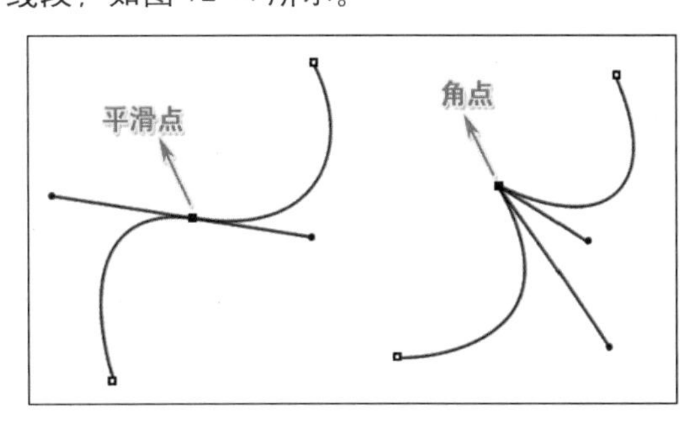

图12-4 平滑点和角点

12.2 路径面板

路径作为平面图像处理的一个重要要素，和图层一样，也有一个专门的面板。执行【窗口】|【路径】命令可打开【路径】面板，该面板由路径列表区、路径工具图标区、路径选项菜单区所构成，可以显示已存储的路径、工作路径、文字路径、矢量蒙版的名称和缩览图像，如图12-5所示。

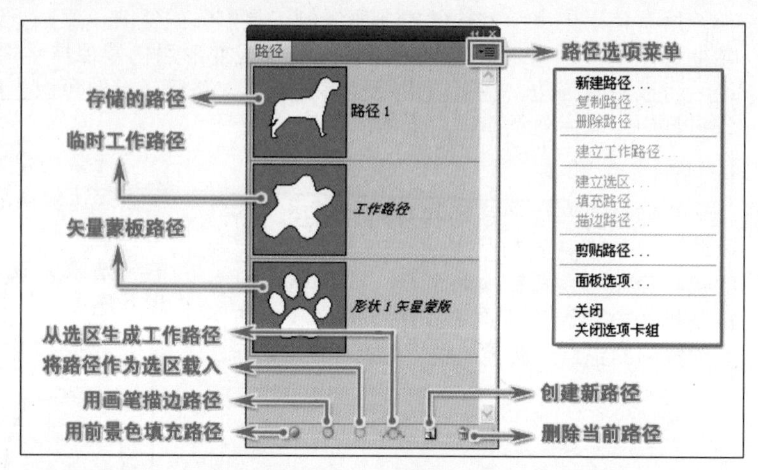

图12-5　【路径】面板

单击【路径】面板右上方的下三角按钮，在弹出的【路径】下拉菜单中可以对路径进行新建、存储、删除、描边、填充等操作。选择【面板】选项，可以在弹出的【路径面板选项】对话框中更换缩览图大小。

注意

文字路径及矢量蒙版只有处于被选中状态才会在【路径】面板中显示。存储的路径可以重复使用。每个图像上只能有一个工作路径。

在路径面板的下方，有一组路径工具按钮，它们主要用于快速完成相应的路径操作，其名称及功能见表12-1。

表12-1　【路径】面板中的按钮

按钮	名称	功能
	用前景色填充路径	单击该按钮，使前景色填充路径
	用画笔描边路径	单击该按钮，可为路径添加画笔描边效果
	将路径作为选区载入	单击该按钮，可将路径转换为选区
	从选区生成工作路径	单击该按钮，可将选区转换为路径
	创建新路径	单击该按钮，可创建新的工作路径
	删除当前路径	单击该按钮，可删除当前路径

12.3 路径工具

Photoshop中的路径工具主要用于创建具有曲线边缘的对象，可以使用它绘制直线、曲线等闭合或开放的路径。通常用于创建路径的工具有【钢笔工具】和【自由钢笔工具】，主要用途有两种，一是绘制矢量图形，二是选取对象。

1. 钢笔工具

【钢笔工具】可以绘制具有最高精度的图像，是最常用的路径锚点定义工具。使用鼠标在此工具图标上单击左键，然后直接在图像中单击鼠标左键即可进行锚点定义。每单击一次鼠标左键，即生成一个贝赛尔曲线的锚点。依据鼠标单击顺序，每个锚点分别由一条贝赛尔曲线进行连接（即使用直线段连接），如图12-6所示。（A：第一个锚点；B：第二个锚点；C：第三个锚点；D：开放且相交的路径；E：封闭且相交的路径；F：光标位于起始点的状态）。

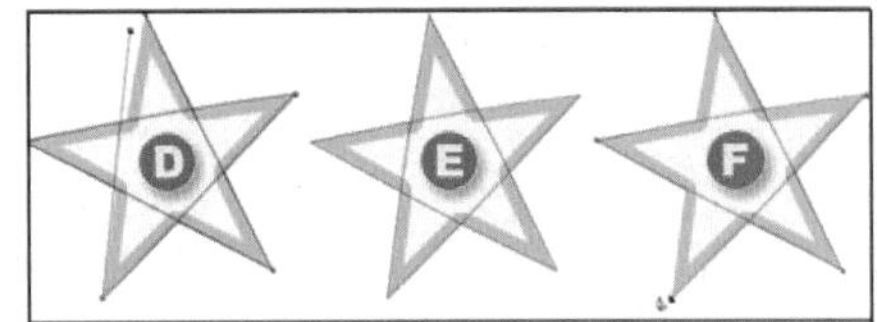

图12-6　创建的曲线

绘制直线段路径

启用【钢笔工具】后，在工具选项栏中单击【路径】按钮，在图像中连续单击创建锚点可形成直线段路径，在按住 Shift 键的同时单击，可创建水平或垂直的直线段。将鼠标移至起点时，光标变为时单击可封闭路径，如图 12-7 所示。要结束一条开放的路径，按住 Ctrl 键在路径之外单击即可。

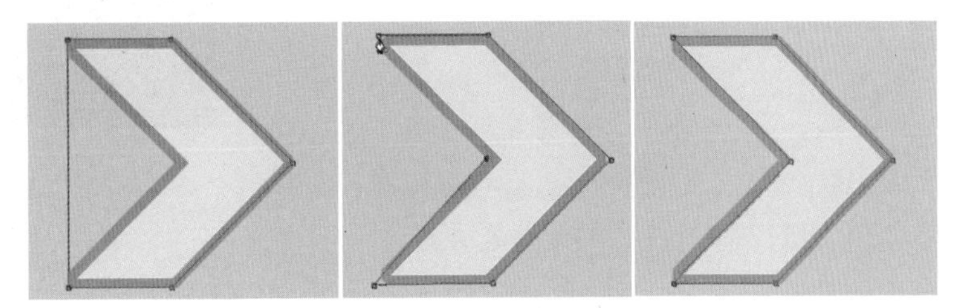

图12-7　绘制直线段路径

绘制曲线段路径

【钢笔工具】可以绘制任意形状的贝赛尔曲线。使用该工具在图像中单击并拖动鼠标可创建平滑点，拖动时调整控制柄的长度和方向，可生成平滑曲线。使用【钢笔工具】创建平滑点后，光标在该点处显示为。按住 Alt 键当光标变为时在该点单击，可将平滑点变为角点，变成角点后可将其调整为直线路径或尖锐的曲线路径，如图 12-8 所示。

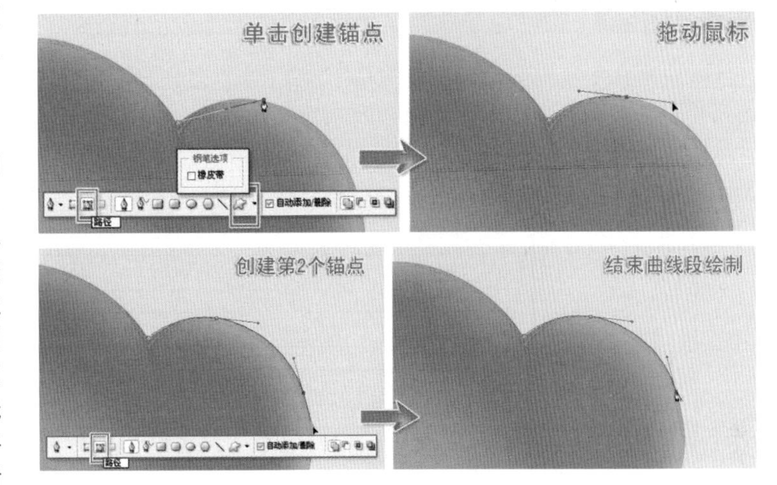

图12-8　绘制曲线段路径

注意

在曲线段上，锚点的控制柄总是和曲线相切的，控制柄的斜率决定了曲线的斜率，长度决定了曲线的高度或深度。

2. 自由钢笔工具

【自由钢笔工具】的用法就像在纸上画线，是通过手绘曲线建立路径的。在绘图过程中不需要确定节点的位置，将根据设置自动添加节点，如图 12-9 所示。

启用工具选项栏中的【磁性的】复选框后，变为【磁性钢笔工具】，鼠标变为形状，其用法类似于【磁性套索工具】，可自动跟踪图像中物体的边缘以形成路径，如图 12-10 所示。

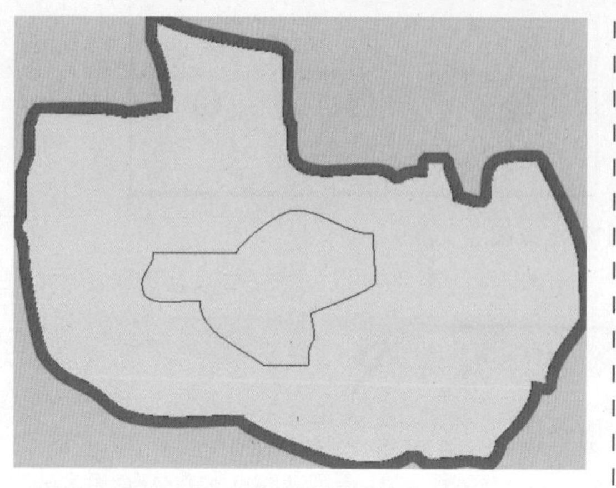

图12-9　使用自由钢笔工具

图12-10　使用【磁性钢笔工具】

12.4 形状工具

运用形状工具可以绘制形状图层、路径、填充像素等。通过工具选项栏的设置，能够创建矩形、圆角矩形、椭圆、多边形、直线以及自定义形状等。如图12-11所示为各个形状工具的工具选项栏及选项。

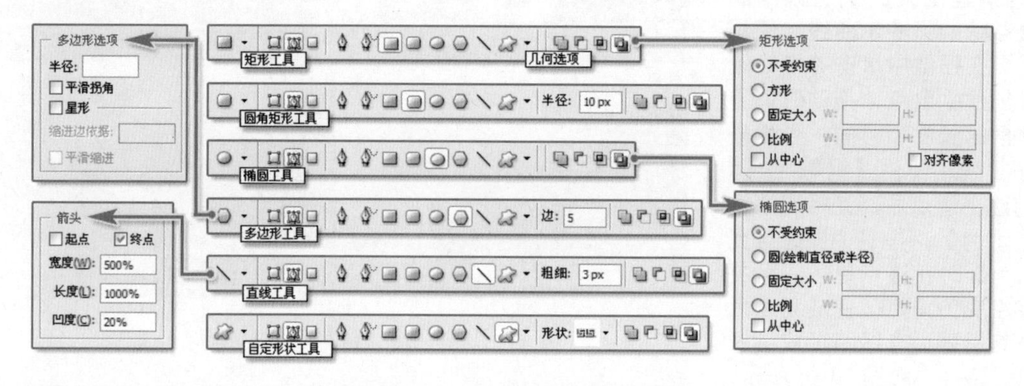

图12-11　各个形状工具选项栏

使用这些工具可以便利地绘制出基本的矢量形状图形。同时，单击工具选项栏中的【几何选项】按钮可更改各工具的选项设置。

1. 圆角矩形工具

该工具用来创建带有圆角的矩形，可以通过在工具选项栏中设置圆角的半径值来得到不同圆角弧度的矩形，如图12-12所示。结合使用Shift键可以创建带有圆角的正方形。

2. 多边形工具

此工具的应用非常广泛，使用它可创建多边形或星形区域，单击工具选项栏中的【几何选项】按钮，在弹出的【多边形选项】下拉菜单中设置多边形或星形的形状。

- **半径**　【半径】选项用来指定多边形中心与外部点之间的距离。
- **平滑拐角**　选择【平滑拐角】选项后，将用圆角代替尖角。

>> **星形** 启用【星形】复选框后，可在【缩进边依据】文本框中输入百分比控制星形内半径和外半径的比例。

>> **平滑缩进** 【平滑缩进】复选框被启用后，星形缩进的尖角将变为圆角。

将工具选项栏中的【设置边数（或星形的顶点数）】设为6，以六边形为例设置不同的多边形选项，如图12-13所示。

3. 直线工具

【直线工具】可以创建直线和箭头，通过工具选项栏中的【粗细】选项可改变宽度。单击【几何选项】按钮可设置箭头的属性，如图12-14所示。

4. 自定形状工具

选择【自定形状工具】，在工具选项栏的【形状】选项中罗列出了Photoshop自带的形状图形，可选择任意的矢量形状进行绘制。打开【自定形状】拾色器，单击右侧的小三角按钮，可对自定形状进行管理和查看，如图12-15所示。执行【全部】命令，可以载入所有的默认形状。

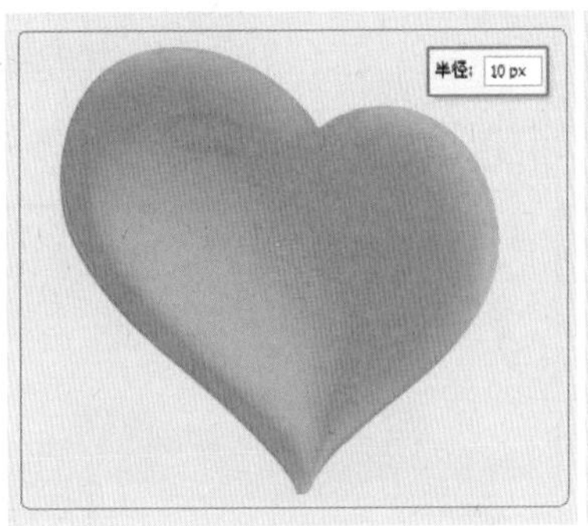

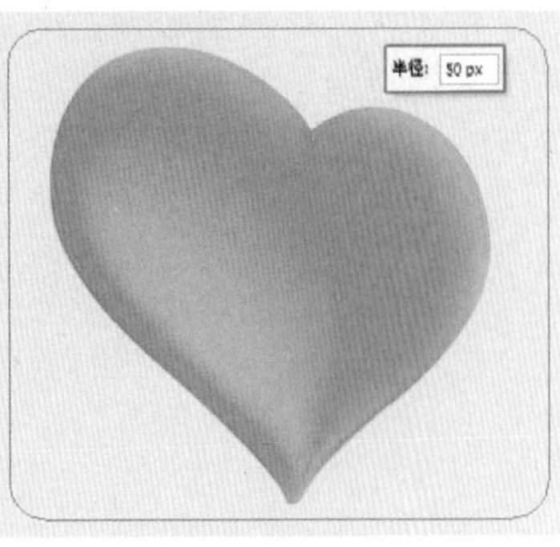

图12-12 不同弧度的圆角矩形

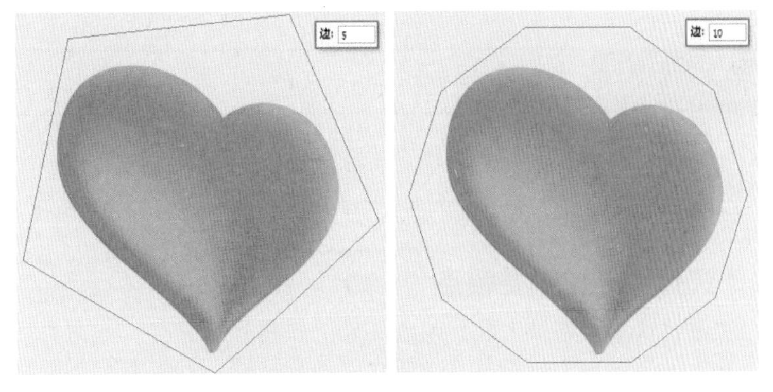

图12-13 设置多边形

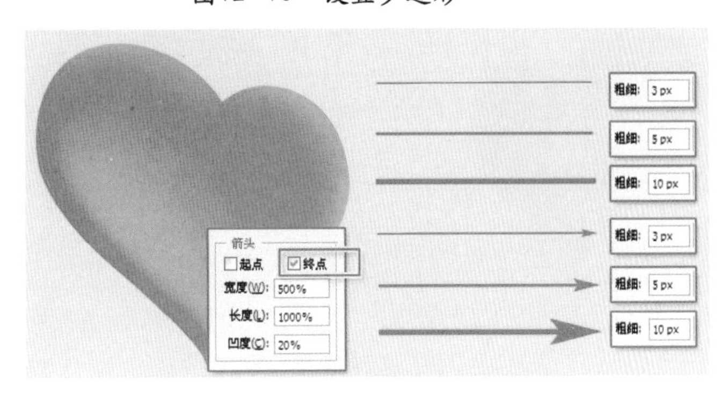

图12-14 直线工具

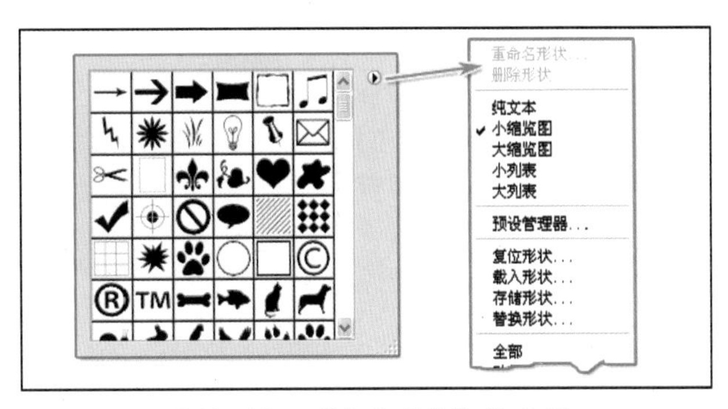

图12-15 【自定形状】拾色器

用户可以根据需要来添加自定义的形状。绘制一个想要添加的形状图形，执行【编辑】|【定义自定形状】命令，在弹出的【形状名称】对话框中输入所定义的形状的名称，形状就会被添加到【自定形状】拾色器中，如图12-16所示。

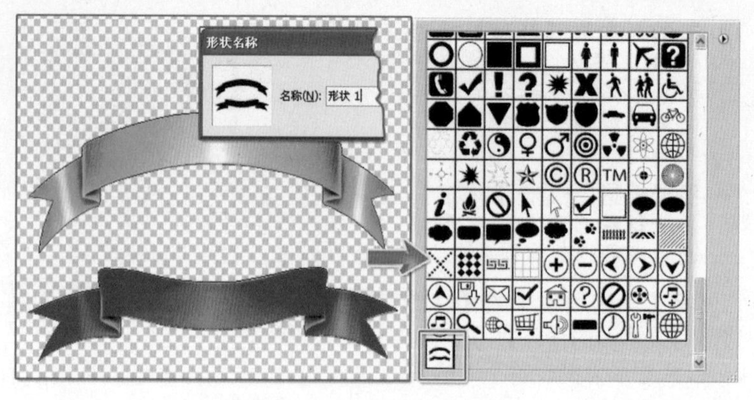

图12-16　定义自定形状

12.5 调整路径

在绘制路径的过程中，通常不能一次性地将路径绘制准确，需要不断地调整路径，以达到最终目的。在Photoshop中，可以通过添加或删除锚点、转换锚点、复制路径、剪切路径等操作来调整路径。

1. 选择路径和调整锚点

使用【路径选择工具】在路径上单击选中路径，能对其进行移动等操作。使用【直接选择工具】在锚点上单击会显示锚点处的控制柄，可通过移动锚点的位置和拖拉控制柄来调整路径，如图12-17所示。

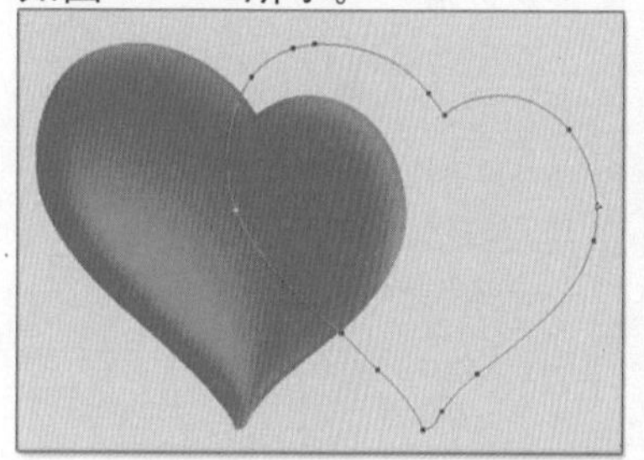

使用【路径选择工具】

使用【直接选择工具】

图12-17　选择路径和调整路径

提示

路径被选中后，所有的锚点呈黑色实心正方形显示。使用【直接选择工具】可单选、框选或结合Shift键进行多选锚点。选中的锚点呈黑色实心正方形显示，未被选中的呈空心正方形显示。

2. 添加和删除锚点

要添加锚点时，选择【添加锚点工具】，当鼠标放在路径上变成时单击可添加锚点。选择【删除锚点工具】，将鼠标放在锚点上时会变成，单击可删除该锚点，如图12-18所示。

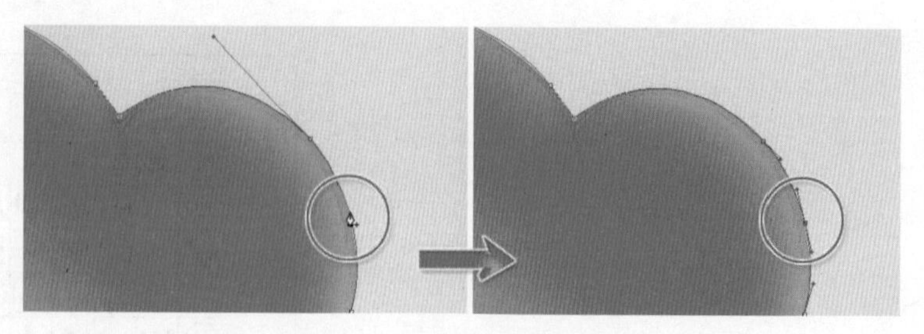

图12-18　添加和删除锚点

3. 转换锚点

【转换点工具】可将曲线段与直线段相互转换，使用此工具在平滑点上单击可将该锚点转换为角点，曲线段即转为直线段。在直线段的角点上单击并拖动出控制柄可将直线转换为曲线段，如图12-19所示。

技巧

按住Alt键的同时使用【转换点工具】在平滑点处拖动控制柄可像在角点处一样，调整锚点一侧的曲线。

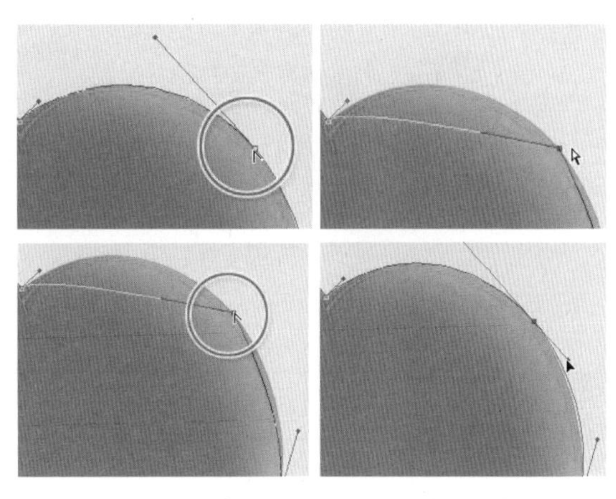

图12-19　直线段与曲线段的相互转换

4. 复制路径

在实际应用中，经常会需要用到相同的路径。使用【路径选择工具】选中路径，按住 Alt 键的同时拖动鼠标可复制该路径，如图12-20 所示。

图12-20　复制路径

5. 连接路径

如果要将开放的路径连接起来，使用【钢笔工具】放在最后一个锚点处，鼠标变为时单击激活路径，继续创建锚点，到起始点处鼠标变为时单击即可封闭路径，如图 12-21 所示。

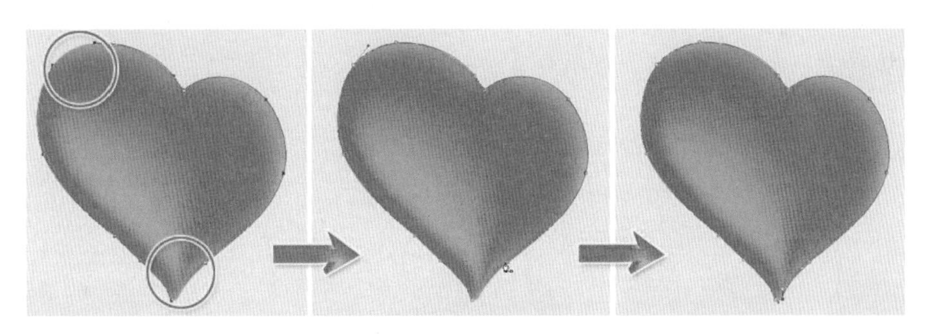

图12-21　连接路径

6. 剪切与粘贴路径

当存储了多个路径时，只能查看当前选择的路径。需要同时查看多个路径时，选择一个路径，按 Ctrl+X 快捷键剪切路径，然后选择另一个路径，按 Ctrl+V 快捷键将剪切的路径粘贴到当前路径上，如图 12-22 所示。

技巧

使用【直接选择工具】选中封闭的路径上的锚点，按Delete键删除锚点，可将封闭的路径转换为开放的路径。

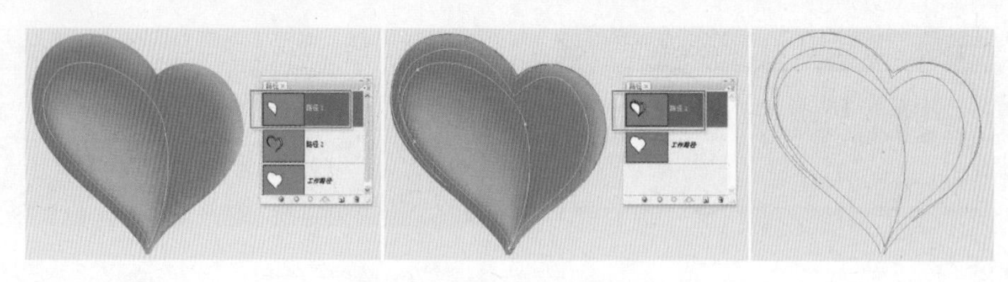

图12-22　剪切与粘贴路径

12.6 路径运算

在设计过程中，经常需要创建更为复杂的路径或形状图形，利用路径运算功能可对多个路径进行相减、相交、组合等运算。但单一的路径不容易体现运算的效果，现在通过形状图层来学习就比较直观。因为形状图层会在图像中产生一个由前景色填充的色块，这样就很容易观察到路径的运算。

1．形状图层的运算

选中【钢笔工具】或任意的形状工具后，选择【形状图层】绘图方式，工具选项栏中有5种形状图层的运算方式，见表12-2。

表12-2　形状图层的运算方式

按钮	名称	运算法则
	创建新的形状图层	此方式下绘制的形状图层将作为新的形状图层
	添加到形状区域	所绘制的形状将与原有的形状区域共同产生颜色填充效果
	从形状区域减去	从原有的形状区域中减去填充色区域，如果没有重叠则没有减去效果
	交叉形状区域	在多个形状区域的重叠部位填充颜色
	重叠形状区域除外	在多个形状区域重叠部分以外填充颜色，如果没有重叠则等同于添加

创建一个形状图形后，单击如上不同运算方式的按钮，继续创建形状图形会得到不同的运算结果，如图12-23所示。

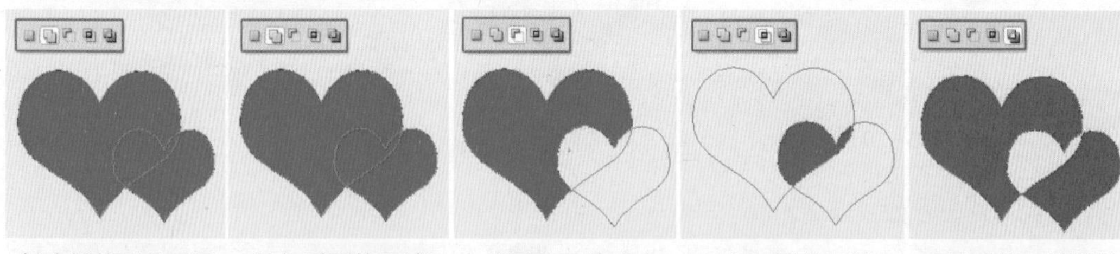

创建新的形状图层　添加到形状区域　从形状区域减去　交叉形状区域　重叠形状区域除外

图12-23　形状图层不同的运算结果

2．路径的运算

只有在同一路径组中的各路径才可以进行运算。路径有4种运算方式，分别是【添加到路径区域】、【从路径区域减去】、【交叉路径区域】和【重叠路径区域除外】。这

注意

在【交叉形状区域】和【重叠形状区域除外】方式下，如果两个形状完全相同且位置一致，则填充色无效。在【交叉形状区域】方式下，如果多个形状没有重叠，则填充色无效。

4 种运算方式的运算法则与形状图层一样。从第 2 个路径开始，使用【路径选择工具】选中路径，工具选项栏中将显示【组合】按钮。选择添加的路径对原路径进行运算后，单击【组合】按钮将显示运算结果，如图 12–24 所示。

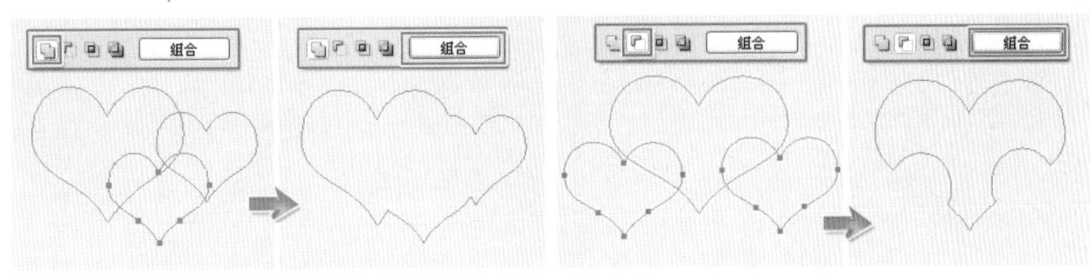

路径相加　　　　路径相减

图12–24　路径的运算

12.7 描边路径

路径和选区一样，在最终的设计成品中是不予显示的，对路径加以应用才能对图像产生实质性的影响。描边路径就是将线条、图案等沿着路径轨迹显示，以实体化的方式将路径表现出来。对路径进行描边前，要对描边的工具进行各项设定。比如通常使用较多的【画笔工具】，就应该设定画笔的大小和形状等。

1. 不同画笔大小描边

选择【画笔工具】，设置不同的画笔大小可以对路径进行粗细不同的描边效果。选择路径后，在【路径】面板中单击【用画笔描边路径】按钮即可对路径描边，如图 12–25 所示。

图12–25　不同画笔大小的描边效果

2. 不同画笔形状描边

在【画笔预设】选取器中，可以使用任意的画笔笔触对路径进行描边，从而得到不同的描边效果，如图 12–26 所示。

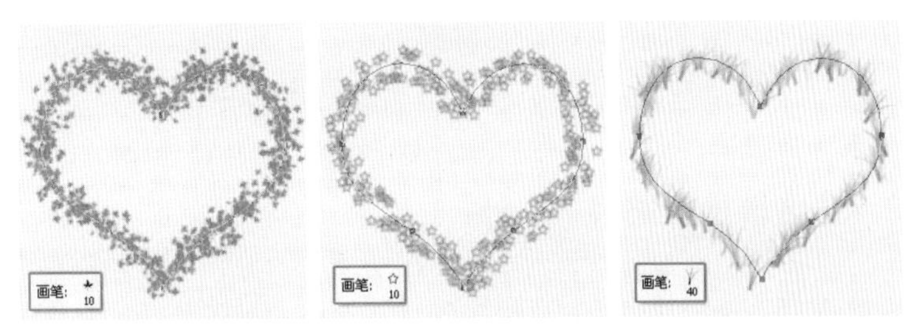

图12–26　不同画笔形状的描边效果

3. 不同描边工具

使用【钢笔工具】或【路径选择工具】在路径上单击右键，在弹出的快捷菜单中选择【描边路径】选项，可在【描边路径】对话框中选择描边的工具。使用不同的工具在路径上描边，相当于在图像上沿着路径对图像进行操作，设置工具属性的不同，能对路径进行各种形态的描边。如图 12–27 所示，分别使用【橡皮擦工具】、【涂抹工具】和【背景橡皮擦工具】为路径描边。

注意

为路径描边时，必须确定是在图像图层或背景图层上进行操作，也可在描边前新建图层，否则不能为路径进行描边。

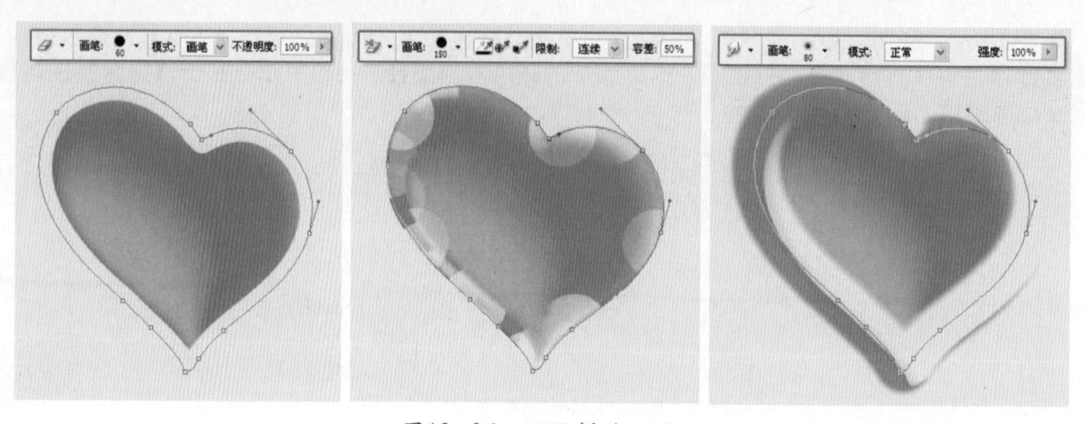

图12-27 不同描边工具

12.8 路径与选区之间的转换

前面介绍过路径是矢量的，并且非常容易修改，而选区主要应用于对位图的操作。在实际应用中，经常需要将路径和选区相互转换，以使得操作的对象更容易被编辑。

1. 路径转换为选区

在图像中绘制好路径后，选中路径，单击【路径】面板中的【将路径作为选区载入】按钮或者按 Ctrl+Enter 快捷键将路径转换为选区，就可以对选区内的图像进行操作了，如图 12–28 所示。

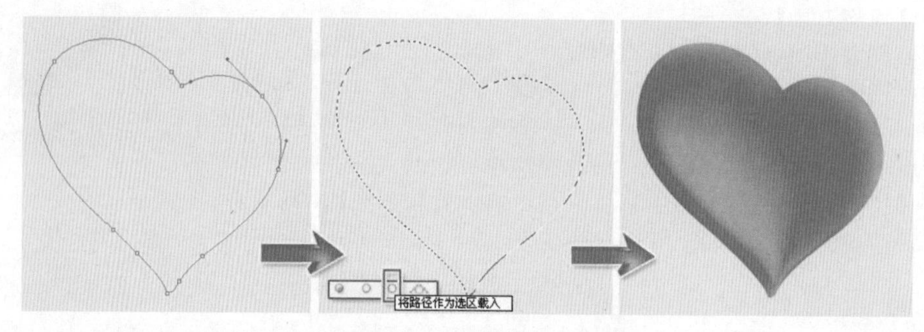

图12–28 将路径转换为选区

2. 选区转换为路径

普通选区很难创建复杂的曲线型边缘，将其创建为路径后更方便调整。使用任意选区工具创建选区后，单击【路径】面板中的【从选区生成工作路径】按钮将选区转换为路径，然后可对路径进行调整等操作，如图 12–29 所示。

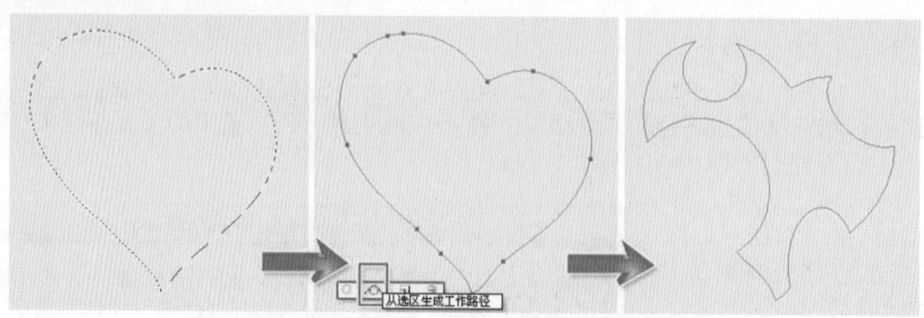

图12–29 将选区转换为路径

12.9 实例：时尚羽毛壁纸

在 Photoshop 中制作逼真效果的图形，首先由【钢笔工具】勾勒实物的外形轮廓，通过对路径的填充及描边等操作建立初步的形状，然后在图形的基础上进行加工修饰，最终制作出想要的效果。本例绘制的主题是羽毛，如图 12−30 所示，羽毛给人的第一感觉是洁白、纯净，所以背景色采取了较暗的渐变色，以突出主题。两条飘带用来平衡整个画面，添加的小羽毛用来体现羽毛的飘逸感。通过本例的学习，读者应熟练掌握【钢笔工具】的用法。

图12−30 操作流程图

操作步骤：

STEP|01 新建1024×768像素大小的文档，将背景色填充为“黑色”。选择工具箱中的【钢笔工具】绘制羽毛的大致轮廓形状，并保存路径，如图12−31所示。

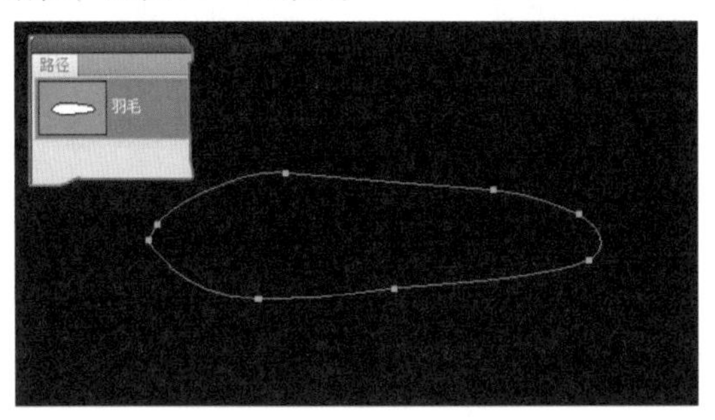

图12−31 绘制羽毛轮廓

STEP|02 新建图层，将前景色定为“白色”，选中路径，单击【路径】面板下方的【用前景色填充路径】按钮，为羽毛填色，如图12−32所示。

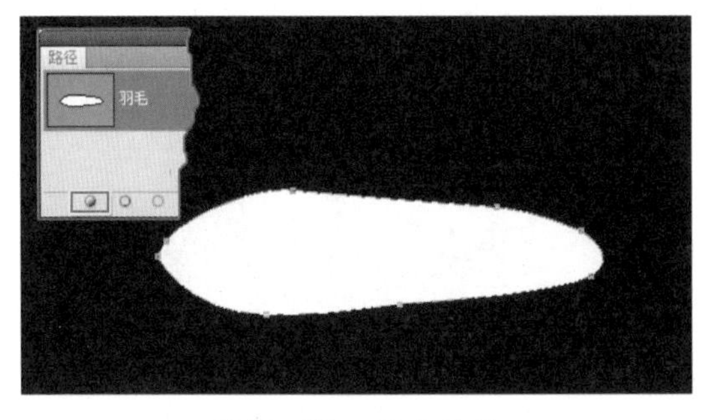

图12−32 填充路径

STEP|03 新建图层，使用【钢笔工具】绘制羽毛梗的轮廓，保存路径后为其填充颜色，如图12−33所示。

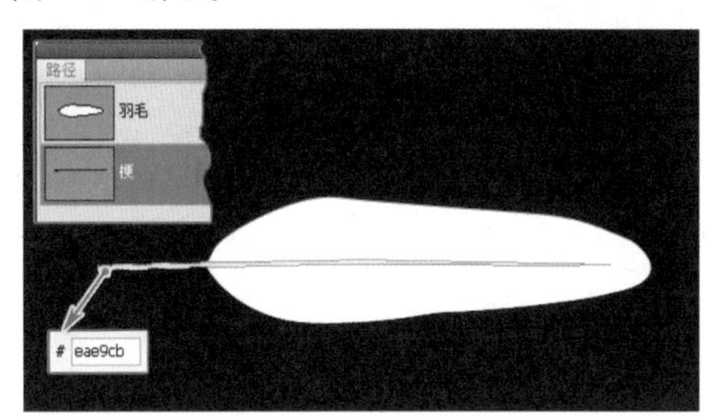

图12−33 绘制羽毛梗

STEP|04 选中羽毛所在的图层，使用【钢笔工具】绘制出羽毛的缺陷效果，按Ctrl+Enter快捷键将路径转换为选区，然后按Delete键删除，得到如图12−34所示效果。

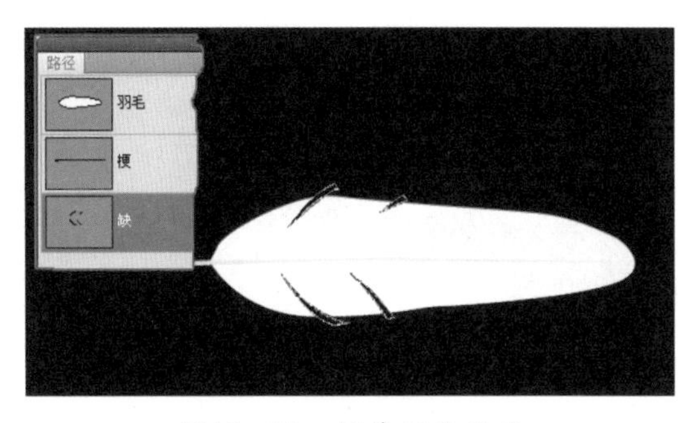

图12−34 制作羽毛缺陷

STEP|05 新建一个文档，背景设置为透明，使用【缩放工具】将图像放到最大。使用2像素的铅笔点几点，执行【编辑】|【定义画笔预设】命令保存画笔，如图12-35所示。

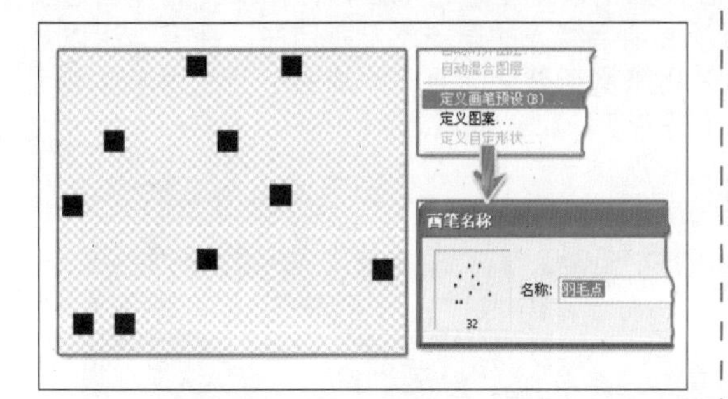

图12-35 自定义一个画笔

STEP|06 选择【涂抹工具】，将笔尖设置为自定义的画笔，按照羽毛的走向，精细地涂抹，如图12-36所示。

图12-36 涂抹羽毛

提示

在涂抹过程中，不仅可以从里向外涂，也可以从外向里涂，制造羽毛缺陷的效果。

STEP|07 使用【钢笔工具】在羽毛的根部绘制一个不规则的圆形，创建选区后填充为"白色"，按照上述方法涂抹羽毛的根部，如图12-37所示。

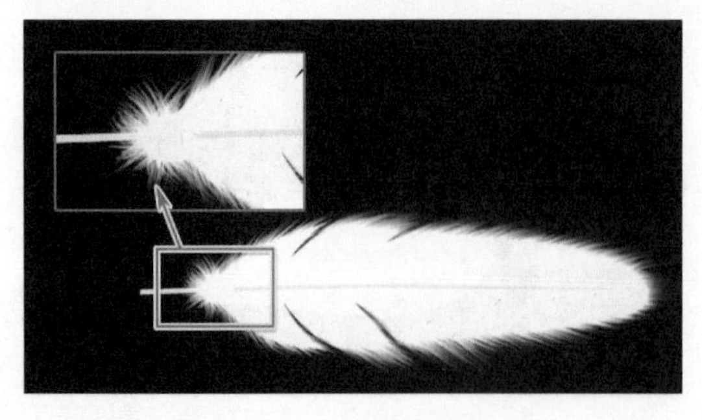

图12-37 制作羽毛根部

STEP|08 使用工具箱中的【加深工具】和【减淡工具】对羽毛梗的暗部加深、亮部减淡，突出其立体感，如图12-38所示。

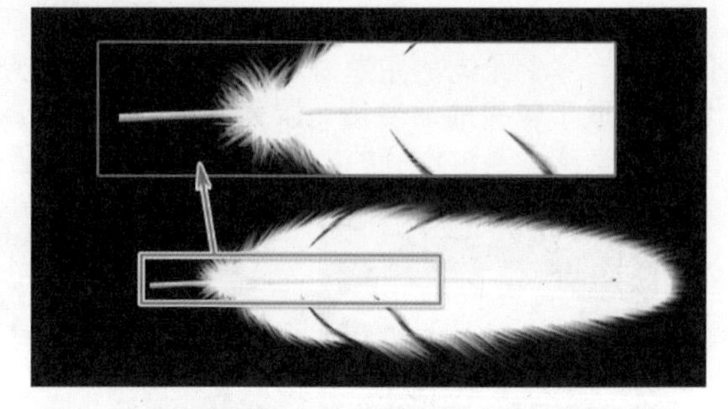

图12-38 立体化羽毛梗

STEP|09 将绘制好的羽毛合并图层，并且旋转一定的角度，将背景色填充为渐变色，如图12-39所示。

图12-39 添加背景色

STEP|10 绘制两个路径，并分别在新建图层中填充渐变色，为背景添加修饰，如图12-40所示。

图12-40 为背景添加修饰

STEP|11 使用【钢笔工具】绘制线条，并在新图层中描边路径。设置【画笔工具】的笔触，在新图层中添加线条修饰，如图12-41所示。

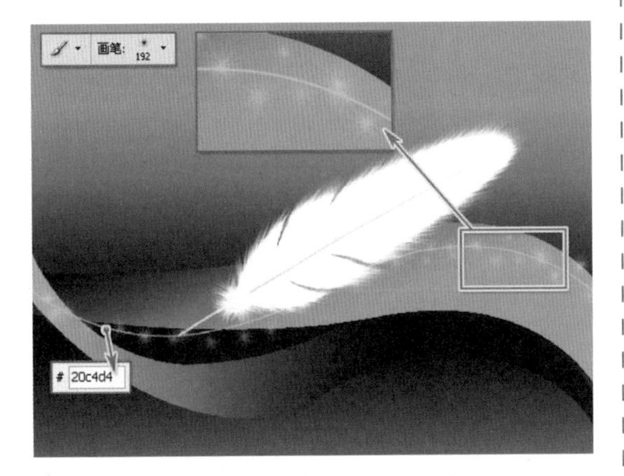

图12-41 绘制线条修饰

STEP|12 使用上述相同方法绘制其他羽毛，设置不同的羽毛填充颜色及图层的不透明度，如图12-42所示。

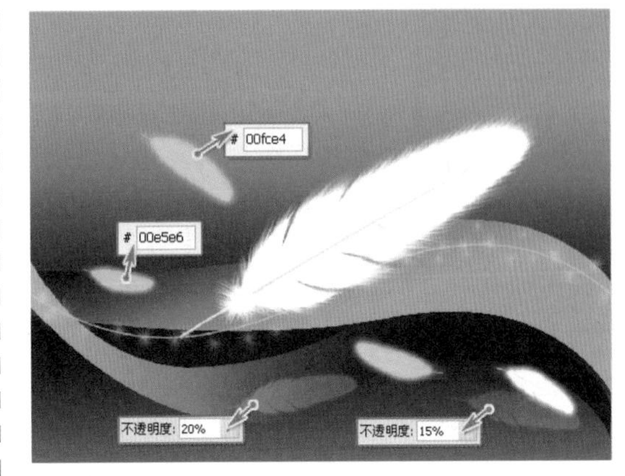

图12-42 添加其他羽毛

12.10 实例：几何素描

本实例为几何素描，素描是学习艺术设计的基本课程，它以黑、白、灰三大色调来表现物体的明暗关系。通过黑、白、灰的表现，可以使物体呈现体积感，如图 12-43 所示。本实例主要采用素描色彩关系来表现主题物，与背景的青色形成有色色系和无色色系的对比。主要使用【钢笔工具】、【矩形工具】、【多边形工具】等绘制最基本的图形形状，然后通过对图形的编辑，变成符合绘图所需的任意形状。

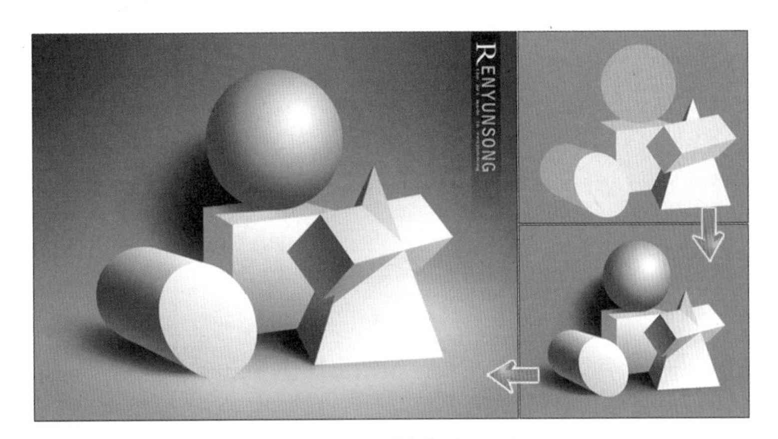

图12-43 制作流程图

操作步骤：

STEP|01 新建一个宽和高分别为966×600像素的文档。设置前景色为青色并填充背景。使用【矩形工具】在新建图层上绘制一个矩形路径，转换为选区后填充颜色，如图12-44所示。

STEP|02 按Ctrl+T快捷键执行【自由变换】命令，右击执行【斜切】命令，向上拖动右侧中间的控制柄，得到如图12-45所示的效果。

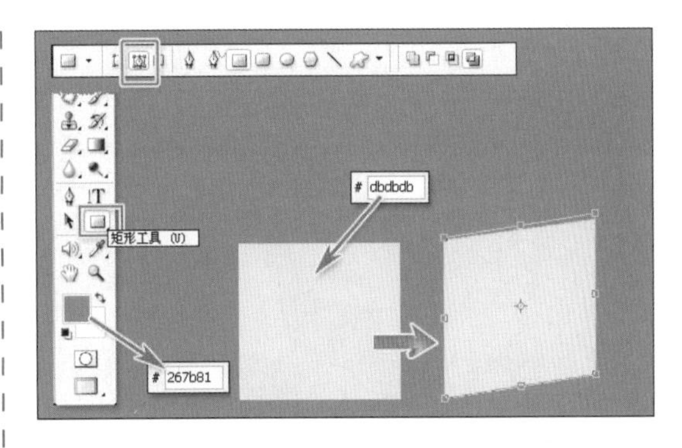

图12-44 绘制矩形

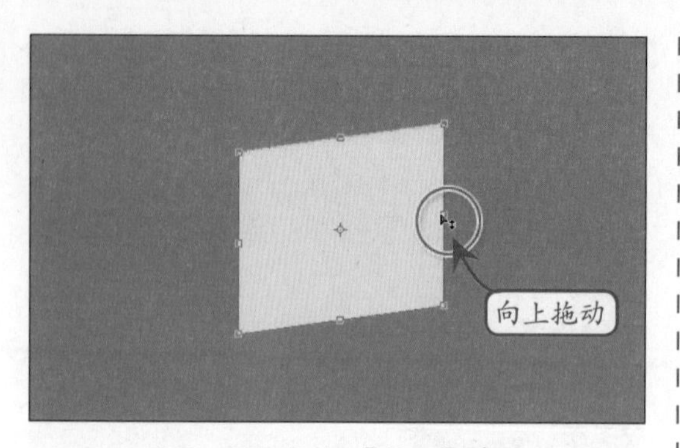

图12-45　执行【斜切】命令

STEP|03　运用上面相同的方法绘制出正立方体的其他面，分别填充为不同深度的灰色，效果如图12-46所示。

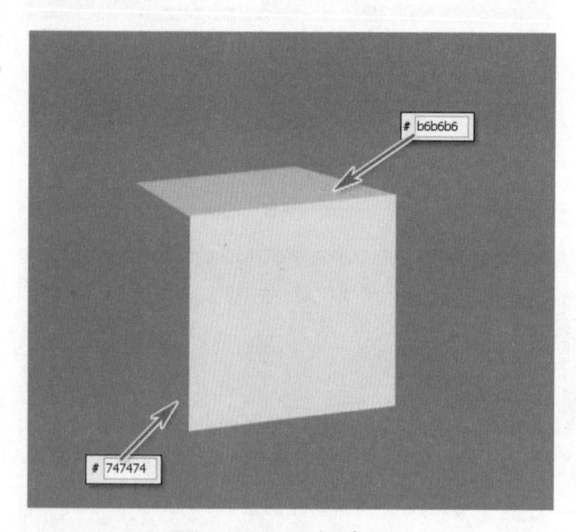

图12-46　绘制其他面

STEP|04　运用其他形状工具，绘制出球体、三角形几何形体以及圆柱体，果如图12-47所示。

图12-47　绘制其他几何形体

STEP|05　选择【球体】图层，执行【图层】|【图层样式】|【混合选项】命令，在【图层样式】对话框中执行【渐变叠加】命令，各项参数设置如图12-48所示。

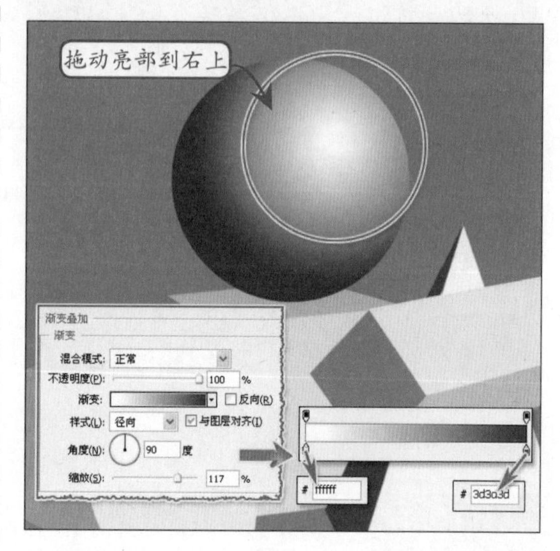

图12-48　添加【渐变叠加】图层样式

STEP|06　运用同样的方法，为其他几何形体添加【渐变叠加】样式效果，如图12-49所示。

图12-49　为其他几何形体添加图层样式

TEP|07　使用【钢笔工具】创建三角形几何形体中交叉区域的路径，创建路径后删除。效果如图12-50所示。

图12-50　删除三角形几何形体部分区域

STEP|08　使用【钢笔工具】结合模糊滤镜制作几何形体的投影。由于光源在右上方，因此投影应在左下方，效果如图12-51所示。

图12-51　添加投影

STEP|09　选择【画笔工具】设置前景为黑色，适当调整画笔的【硬度】参数，在新建图层上绘制出帘子效果，如图12-52所示。

STEP|10　使用【椭圆选框工具】在新建图层上绘制一个椭圆选区，按Ctrl＋Shift＋D快捷键，执行【羽化】命令，如图12-53所示。

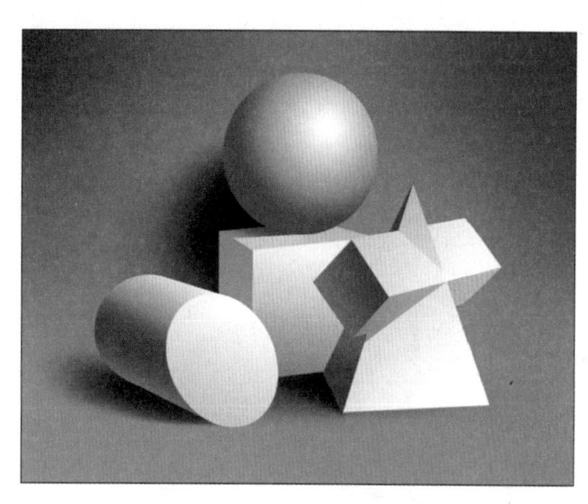

图12-52　制作帘子效果

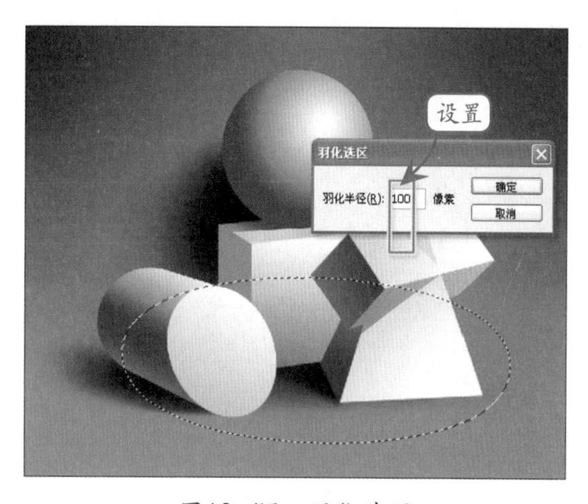

图12-53　羽化选区

STEP|11　设置前景色并填充，作为几何形体的光晕效果，取消选区，如图12-54所示。最后为作品添加上修饰性的图形及文字即可。

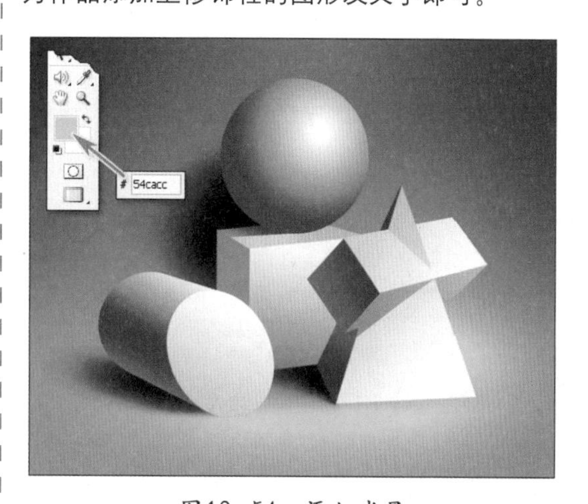

图12-54　添加光晕

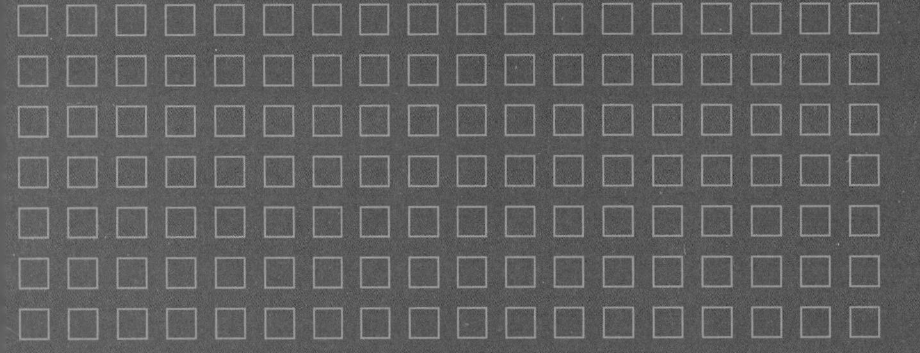

色调调整

图像色调不是单指单个颜色，而是指图像整体颜色的概括。无论一幅图像采用了多少种颜色，总会有一种颜色倾向，而这种颜色上的倾向就是这幅图像的色调。图像色调调整是对图像明暗关系以及整体色调的改变。

本章主要介绍Photoshop中明暗关系、基本色调的调整命令，以及整体色调的转换命令等，从而掌握改变图像整体色调的方法。

13.1 调整图像色调

在设计工作中，如何使找到的素材图片与设计作品的色调保持一致非常重要。由于素材图像来源不同，导致素材的颜色、明度或纯度不一定合乎需要，这时就需要有选择地对图像颜色进行适当的调整。

实际工作中要面对的图像颜色问题大致有 4 种：颜色对比度不够、亮度不足、为图像改变颜色，以及创建特殊的色调。前两种问题是图片自身出现的颜色问题，通过一些颜色调整命令即可将其修正过来；而后两种情况则是根据设计工作的需要所进行的创意调整。它们均能够通过 Photoshop 中提供的多种颜色调整命令来进行各方面的修饰与调整。

1．可调整的颜色问题

提高图像的亮度

图像的亮度偏低，会使图像颜色发灰、偏暗。这时无论是使用【亮度／对比度】、【色阶】还是【曲线】等调整命令，均能够提高图像亮度，解决图像灰暗问题，如图 13−1 所示。

图13−1　提高图像亮度

使图像的对比度正常

使用相同的颜色调整命令，不仅能够提高图像亮度，还可以针对图像的弱对比等问题进行调整。调整后可以发现，在增加图像对比度的同时，亮度同时被提高，如图 13−2 所示。

图13−2　增强图像对比度

2．调整颜色的注意事项

为了更为科学及更快捷地实现颜色方面问题的调整，在调整图像颜色的开始，需要考虑下面一些事项。

- **校正显示器** 要编辑重要图像时，应使用经过校准和配置的显示器，这一点是绝对必需的，因为有些显示器上看到的图像可能与印刷时看到的不同。
- **颜色的取舍** 在调整颜色或色调时，有些图像信息会丢失，在考虑应用于图像的校正量时要谨慎选择。
- **保留原始颜色数据** 对于一些重要的作品，应尽可能多地保留图像的原始颜色数据，并最好使用16位/通道的图像，而不使用8位/通道的图像。因为当进行色调和颜色调整时，数据将被扔掉，其中8位图像中图像信息的损失程度比16位图像要严重。
- **保留图像原件** 将原始图像文件复制或拷贝，然后使用图像的拷贝进行编辑，以便保留原件。以防需要使用图像原始状态的情况。
- **使用调整图层** 可以采用调整图层来调整图像的色调范围和色彩平衡，而不是对图像本身直接应用调整。因为调整图层可以返回并且可以进行连续的色调调整，而无需扔掉图像中的数据。

13.2 明暗快速调整命令

当图像亮度不够时，图像就会呈现灰暗、层次不分的效果。这时可以通过 Photoshop 中的明暗调整命令，来调整图像的明暗关系。主要用于调整图像亮度的命令是【亮度／对比度】、【阴影／高光】和【曝光度】。不同的调整命令，所针对的图像亮度问题各不相同。

1．亮度/对比度命令

【亮度／对比度】命令主要用来调节图像的整体亮度和层次感。比如，选中画布中的图像，执行【图像】|【调整】|【亮度／对比度】命令，如图 13-3 所示。

图13-3 【亮度/对比度】对话框

该对话框中的【亮度】值设置范围为 -150 ~ 150；【对比度】值设置范围为 -50 ~ 100。将两个选项的参数值分别单独设置为最大与最小，得到该命令的 4 个极端效果，如图 13-4 所示。

【亮度】值为-150

【亮度】值为150

【对比度】值为-50

【对比度】值为100

图13-4 分别设置【亮度】与【对比度】参数值

当两个选项同时设置时，既可以提高图像的亮度，也可以显示出黑暗区域中的图像，从而使图像呈现自然光线效果，如图 13-5 所示。

提示

启用对话框中的【使用旧版】复选框，两个选项值范围会有所改变。虽然同样能够调整图像的明暗关系，但是启用【使用旧版】复选框调整的图像亮度效果更加自然。

2. 阴影/高光命令

当图像中的亮部区域正常，而阴影区域过暗、形成逆光图像时，单独使用【亮度/对比度】命令调整图像，呈现的亮度效果不自然。这时使用【阴影/高光】命令能够快速解决该问题。该命令能够在不影响亮部图像的情况下，提高阴影图像的亮度。

执行【图像】|【调整】|【阴影/高光】命令后，直接单击对话框中的【确定】按钮，图像中的阴影图像自动提亮，如图13-6所示。

图13-5 使用【亮度/对比度】命令调整图像

图13-6 【阴影/高光】简化版对话框

技巧

在默认状态下，该对话框中的【阴影】数值为50%，【高光】数值为0%。所以图像中只有阴影区域变亮，而高光区域没有发生变化。

【阴影/高光】命令并不是简单地使图像变亮或者变暗，它是基于阴影或高光中的周围像素增亮或变暗。因此，阴影和高光都有其各自的控制选项。当启用对话框底部的【显示更多选项】复选框后，对话框中的选项发生变化，如图13-7所示。其中，对话框中的各个选项及作用如下。

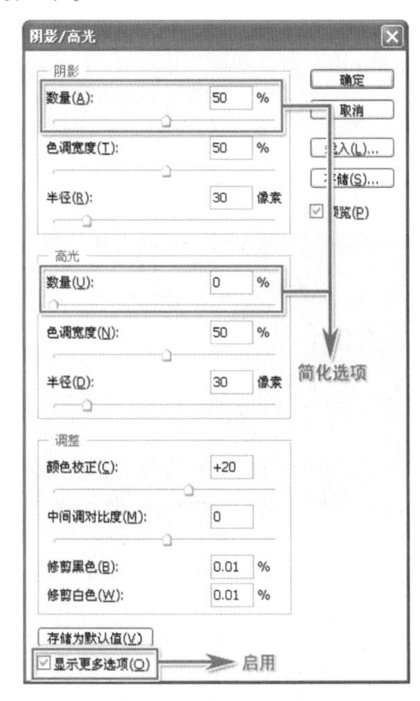

图13-7 【阴影/高光】完整版对话框

- **数量** 无论是简化版还是完整版对话框，该选项都在其中。但是【阴影】选项组中的【数量】参数值越大，图像中的阴影区域越亮；而【高光】选项组中的【数量】参数值越大，图像中的高光区域越暗，如图13-8所示。

图13-8 【阴影】与【高光】选项组中的【数量】参数最大值

色调宽度 该选项用来控制阴影或高光中色调的修改范围。较小的值只对较暗区域进行阴影校正的调整，并且只对较亮区域进行“高光”校正的调整；较大的值会增大中间调的色调范围。如图13-9所示，设置【阴影】选项组中的【色调宽度】值为100%后，提亮范围扩大至中间色调。

图13-9 扩大提亮范围

半径 该选项用来控制每个像素周围的局部相邻像素的大小。相邻像素用于确定像素是在阴影区域还是高光区域中。向左拖动滑块会指定较小的区域；向右拖动滑块会指定较大的区域。如图13-10所示，当【高光】选项组中的【数量】值为50%时，【半径】值分别为0像素或者2500像素的对比效果。

图13-10 不同的【半径】参数值效果对比

颜色校正 该选项是在图像的已更改区域中微调颜色，并且仅适用于彩色图像。如图13-11所示，增大阴影【数量】值的设置后，提高该选项的参数值，使阴影区域中的色彩鲜艳，而其他区域保持不变。

图13-11 调整阴影颜色饱和度

中间调对比度 该选项用于调整中间调的对比度。向左拖动滑块会降低对比度；向右拖动则会增加对比度。如图13-12所示，分别为该选项的最小值与最大值的对比效果。

图13-12 调整对比度

修剪黑色与修剪白色 两个选项用于指定在图像中会将多少阴影和高光剪切到新的极端阴影和高光颜色中。百分比数值越大，生成图像的对比度越大。

- **存储为默认值** 单击该按钮，能够将设置后的参数替换该命令的默认参数，使其成为【阴影/高光】命令的默认设置如果要还原初始默认设置，可以在按住Shift键的同时单击该按钮。
- **存储与载入** 单击【存储】按钮能够将设置好的参数保存为后缀名为SHH的文件；单击【载入】按钮可以将保存好的参数应用到该对话框中。

3. 曝光度

要想使图像局部变亮，特别是图像高光区域变亮，曝光度是一个非常适合的调整选项。执行【图像】|【调整】|【曝光度】命令，弹出【曝光度】对话框，如图13–13所示。其中的各个选项及作用见表13–1。

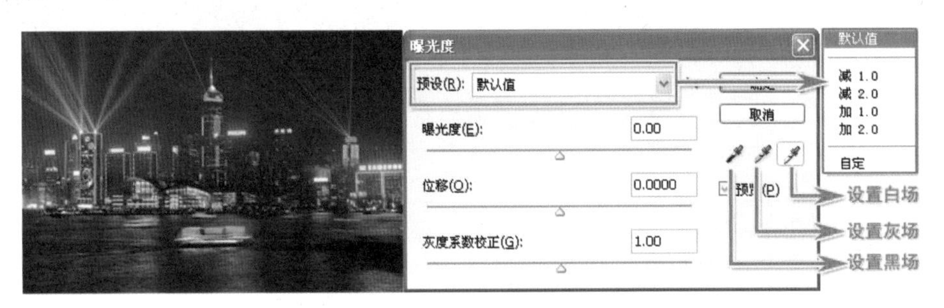

图13–13 【曝光度】对话框

表13–1 【曝光度】对话框中的各个选项及作用

选项	图标	作用
预设	无	该选项为Photoshop CS4新增选项，预设了该命令的4个参数选项
曝光度	无	该选项调整色调范围的高光端，对极限阴影的影响很轻微
位移	无	该选项使阴影和中间调变暗，对高光的影响很轻微
灰度系数校正	无	该选项使用简单的乘方函数调整灰度系数，负值会被视为它们的相应正值
设置白场		该吸管工具将设置【位移】选项，同时将单击的像素改变为白色
设置灰场		该吸管工具将设置【曝光度】选项，同时将单击的像素改变为灰色
设置黑场		该吸管工具将设置【曝光度】选项，同时将单击的像素改变为黑色

【曝光度】对话框中的预设列表中，包含了“默认值”、“自定”和4个预设子选项。这4个预设子选项均是对【曝光度】选项的参数值预设。选择不同的预设子选项，分别得到不同的效果展示，如图13–14所示。

“减1.0”预设选项

“减2.0”预设选项

“加1.0”预设选项

“加2.0”预设选项

图13–14 【曝光度】命令中的预设选项

对话框中的吸管工具，可以在不设置参数的情况下，调整图像的明暗关系。比如选择【设置白场】吸管工具，在图像中单击，发现单击点所在的颜色变白色，而其他颜色随之增亮；如果使用【设置灰场】吸管工具在图像中单击，那么单击点所在的颜色变灰色，而较之亮的颜色随之变暗；当使用【设置黑场】吸管工具在图像中单击时，单击点所在的颜色变黑色，而较之亮的颜色随之变暗，如图 13–15 所示。

使用【设置白场】吸管工具单击

使用【设置灰场】吸管工具单击

使用【设置黑场】吸管工具单击

图13–15 分别使用不同的吸管工具单击同一个点得到的对比

13.3 色阶命令

图像色调的调整方法多种多样，Photoshop 中的【色阶】命令既能够调整图像的明暗关系，还能够通过调节单个通道中的选项来改变图像的色彩关系。其中，与之相关的还包括【自动色调】、【自动对比度】与【自动颜色】命令。

1. 自动调节命令

当遇到的图像具有偏色、灰暗等问题时。最简单的方法就是使用 Photoshop 中的自动调节命令。比如，使用【自动对比度】命令，可以让系统自动地调整图像亮部和暗部的对比度，如图 13–16 所示。

图13–16 自动对比度效果

【自动颜色】命令是通过搜索图像来标识阴影、中间调和高光，从而调整图像的对比度和颜色的；【自动色调】命令会自动调整图像中的黑场和白场。它剪切每个通道中的阴影和高光部分，并将每个颜色通道中最亮和最暗的像素映射为纯白（色阶为 255）和纯黑（色阶为 0）。中间像素值按比例重新分布。因此，使用【自动色调】命令会增强图像中的对比度，原因是像素值会增大。如图 13–17 所示，分别为执行【自动颜色】与【自动色调】命令得到的对比图。

> **提示**
>
> 该命令的原理是，将图像中最暗的像素变成黑色，最亮的像素变成白色，而使人看上去较暗的部分变得更暗，较亮的部分变得更亮。

图13—17 分别执行【自动颜色】与【自动色调】命令

2. 使用直方图分析图像颜色

【色阶】命令通过调整图像的阴影、中间调和高光的强度级别，从而校正图像的色调范围和颜色平衡。执行【图像】|【调整】|【色阶】命令，如图 13—18 所示，通过对话框中间的直方图，可以分析当前图像颜色的色调分布，以精确地调整颜色。其中，对话框中的各选项及作用见表 13—2。

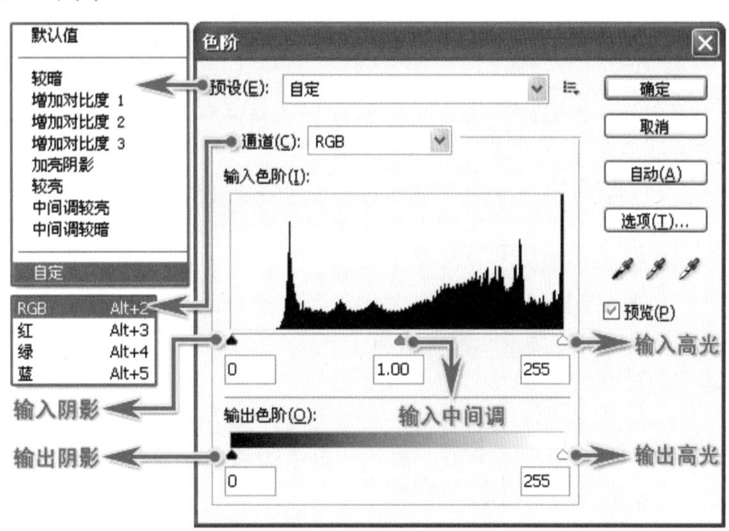

图13—18 【色阶】对话框

表13—2 【色阶】对话框中的各选项及作用

选项	作用
预设	该选项为Photoshop CS4新增选项，预设了该命令的8个参数选项
通道选项	该选项根据图像颜色模式而改变，可以为每个颜色通道设置不同的输入色阶与输出色阶值
输入阴影	控制图像暗调部分，数值范围为0～253。数值增大，图像由阴影向高光逐渐变暗
输入中间调	中间调在黑场和白场之间的分布比例，数值小于1.00图像则变暗；大于1.00图像则变亮
输入高光	控制图像的高光部分，数值范围为2～255。数值越小，图像由高光向阴影逐渐变亮
输出阴影	控制图像最暗数值
输出高光	控制图像最亮数值
自动	单击该按钮，执行【自动色调】命令
选项	单击该按钮，可以更改自动调节命令中的默认参数

识别色调范围有助于确定相应的色调校正。对话框中的直方图使用黑色条谱表示图像的每个亮度级别的像素数量，以展示像素在图像中的分布情况。如图 13—19 所示，直方图显示图像在阴影处（显示在直方图中左边部分）、中间调（显示在中间部分）和高光处（显示在右边部分）中包含的细节是否足以在图像中进行适当的校正。

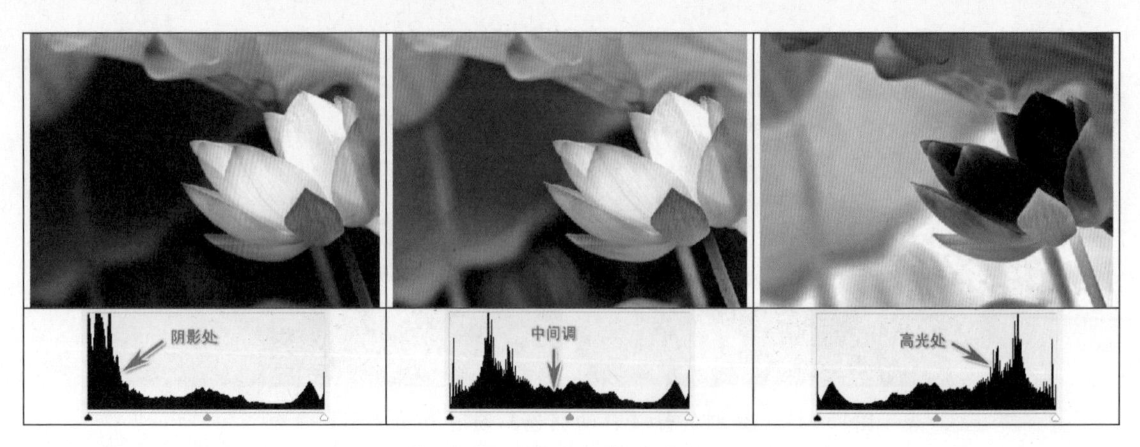

图13-19　不同色调的直方图

技巧

低色调图像的细节集中在阴影处，此处黑色条谱偏高或偏多，表示图像存在曝光不足的现象；高色调图像的细节集中在高光处，如此处的黑色条谱偏多，表示图像存在曝光过度；平均色调图像的细节集中在中间调处，如果图像在所有区域中都有大量的像素，表示图像的色调范围较全，属于曝光正常的图片。

3. 调整色调范围

在【色阶】对话框中，能够通过不同选项的设置，调整图像的不同区域，从而得到不同的效果。比如其中的预设选项、复合通道、单色通道、输入色阶、输出色阶以及习惯工具等选项。

预设选项

【色阶】命令中提供了8个预设选项，来方便用户实现简单的明暗关系的调整。选择【预设】下拉列表中的一个子选项，输入色阶中的滑块会随之变化，图像也随之改变。如图13-20所示，分别显示了预设中的选项效果。

"较暗"选项　"增加对比度1"选项　"增加对比度2"选项　"增加对比度3"选项

"加亮阴影"选项　"较亮"选项　"中间调较亮"选项　"中间调较暗"选项

图13-20　预设选项效果

输入色阶

【输入色阶】选项为该命令的主要调整选项。其中，左侧的黑色三角滑块用于控制图像的暗调部分，当向右拖动该滑块时，图像由暗调部分开始变黑；右侧的白色三角滑块用于控制图像的高光部分，当向左拖动该滑块时，图像由高光部分开始变白，如图 13–21 所示。

图13–21 改变阴影与高光数值

灰色滑块代表了中间调在黑场和白场之间的分布比例，如果往暗调区域移动，图像将变亮，因为黑场到中间调的这段距离，比起中间调到高光的距离要短，这代表中间调偏向高光区域更多一些，因此图像变亮了；如果向右拖动，会产生相反的效果，使图像变暗，如图 13–22 所示。

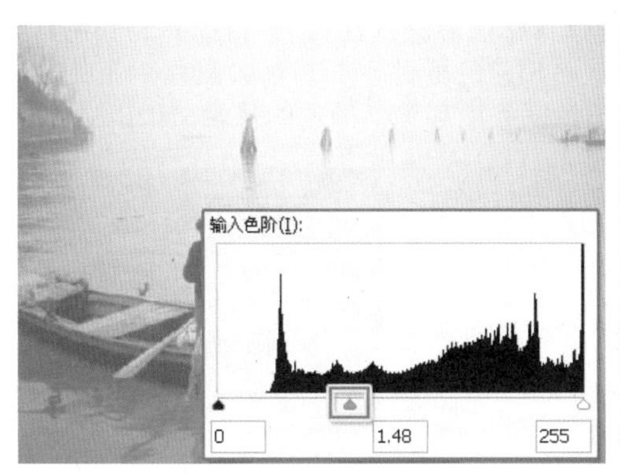

图13–22 设置不同的中间调数值

如果是同时将黑色滑块向右拖动、将白色滑块向左拖动，就会得到对比度较为强烈的效果，如图 13–23 所示。

图13–23 同时拖动阴影与高光滑块

注意

输出色阶可以缩小图像亮度的范围，方法是将最暗的像素变亮，最亮的像素变暗。如果提高输出阴影参数值，那么即使在输入色阶中降低暗部亮度，也是在提高整体亮度的基础上设置输入色阶选项的。

>> 吸管工具

【色阶】命令中同样包括3个吸管工具，与【曝光度】命令中的吸管工具相同的是用来设置明暗关系，不同的是【色阶】命令中的吸管工具还可以在设置明暗关系的同时，来更改图像颜色。

黑色吸管是用来设置黑场的，使用该吸管在图像中单击，将定义单击处的像素为黑点，重新分布图像的像素值，从而使图像变暗，并且加重相应的颜色；白色吸管是用来设置白场的，使用该吸管在图像中单击，定义此处的像素为白点，重新分布图像的像素值，从而使图像中的颜色相应变亮；灰色吸管是用来设置灰点的，此吸管通过定义中性色阶来调整色偏。使用该吸管在图像中单击某一种颜色，整体图像色调就会增加其相反色相的像素。如图13—24所示为分别使用不同的吸管工具，单击同一个区域得到的对比效果。

使用【设置黑场】吸管工具

使用【设置灰场】吸管工具

使用【设置白场】吸管工具

图13—24　使用不同吸管工具单击同一区域

依次双击黑场、白场、灰场吸管，就会打开【选择目标阴影颜色】、【选择目标高光颜色】与【选择目标中间调颜色】对话框。在该对话框中就会显示相应的颜色——黑色、白色、灰色。在对话框中选择相同颜色后，依次在图像同一位置单击，图像就会增加选择颜色的像素，如图13—25所示。

图13—25　使用相同颜色分别设置黑场、白场与中间调

>> 通道选项

【通道】下拉列表中的颜色通道选项是根据图像模式来决定的，默认情况下为复合通道选项。在复合通道中调整【输入色阶】或者【输出色阶】选项，只是调整图像的明暗关系；如果在单色通道中调整相同的选项，那么会根据所选通道的不同，发生不同颜色的变化。

比如调整RGB模式的图像。当选择【绿】通道选项后，将【输入色阶】选项中的阴影滑块向右拖动，发现图像不是变暗，而是由阴影区域向高光区域转变为紫红色；如果将高光滑块向左拖动，整个图像不是变亮，而是由高光区域向阴影区域变为绿色。当中间调滑块向左拖动时，图像中的绿色像素增加；向右拖动时，图像中的紫红色像素增加；如果将阴影滑块向右拖动的同时，将高光滑块向左拖动，这时图像中的阴影区域呈现紫红色，高光区域呈现绿色。如果在【输出色阶】中向右拖动黑色滑块，则使整个图像覆盖一层半透明绿色；向左拖动白色滑块，则使整个图像覆盖一层半透明紫红色，如图13—26所示。

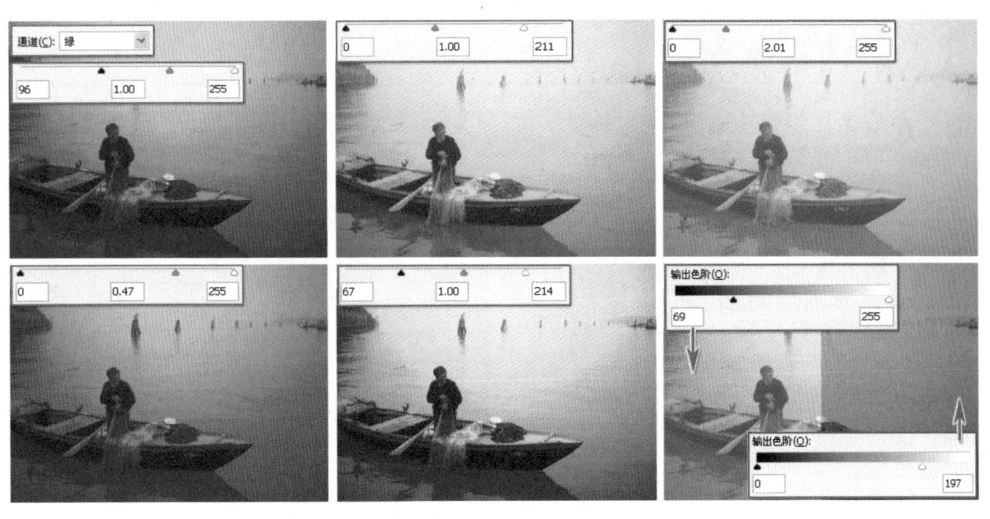

图13–26　【绿】通道中的各种颜色效果

提示

调整【红】通道中的选项，能够增加图像中的红色或者青绿色；调整【蓝】通道中的选项，能够增加图像中的蓝色与黄绿色。

图13–27　选中红绿通道

在【色阶】对话框中，除了可以调整单色通道中的颜色外，还可以调整由两个通道组成的一组颜色通道，但是需要结合【通道】面板才可以实现。其中，双色通道包括红绿通道、红蓝通道与绿蓝通道。

按住 Shift 键的同时选中【通道】面板中的红绿通道后，【色阶】对话框中的【通道】下拉列表中显示如图 13–27 所示的通道选项。

当【输入色阶】选项中的阴影滑块向右拖动时，图像中的绿色与黑色像素增加。完成设置后返回 RGB 通道，图像由阴影区域到高光区域发生细微变化；如果将高光滑块向左拖动后，图像中的黄色与白色像素增加。完成设置后返回 RGB 通道，图像由高光区域到阴影区域发生细微变化，如图 13–28 所示。

技巧

在双色通道中，能够设置对话框中的任何选项，只是需要返回复合通道，才能够查看最终效果。而调整双色通道中的单色通道，得到的颜色效果会随着组合通道的不同而所有改变。

输入阴影值为73

RGB通道效果

输入高光值为213

RGB通道效果

图13–28　红绿通道的颜色调整

13.4 曲线命令

在色阶命令中，能够在高光、阴影和中间调3个区域调整图像。而一幅图像中包括256级的灰度，所以就需要一个可以更加细腻的颜色调整命令来调整图像，那就是曲线，因为【曲线】对话框能够独立地调整图像中的每一级灰度。图13–29所示为【曲线】对话框。其中，该对话框中特有的选项及作用如下。

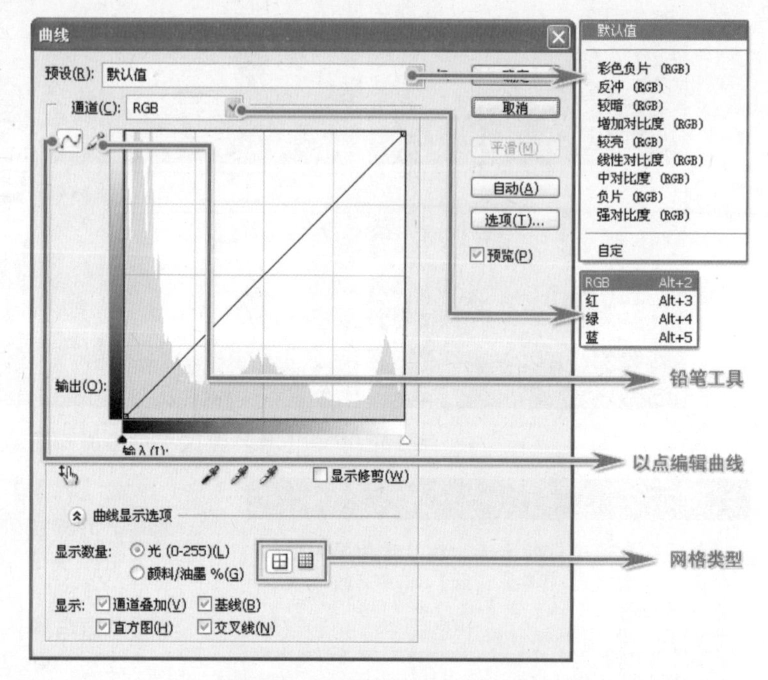

图13–29 【曲线】对话框

- **预设** 该选项中预备了9个子选项，方便用户调整简单的颜色效果。如图13–30所示为部分预设效果展示。

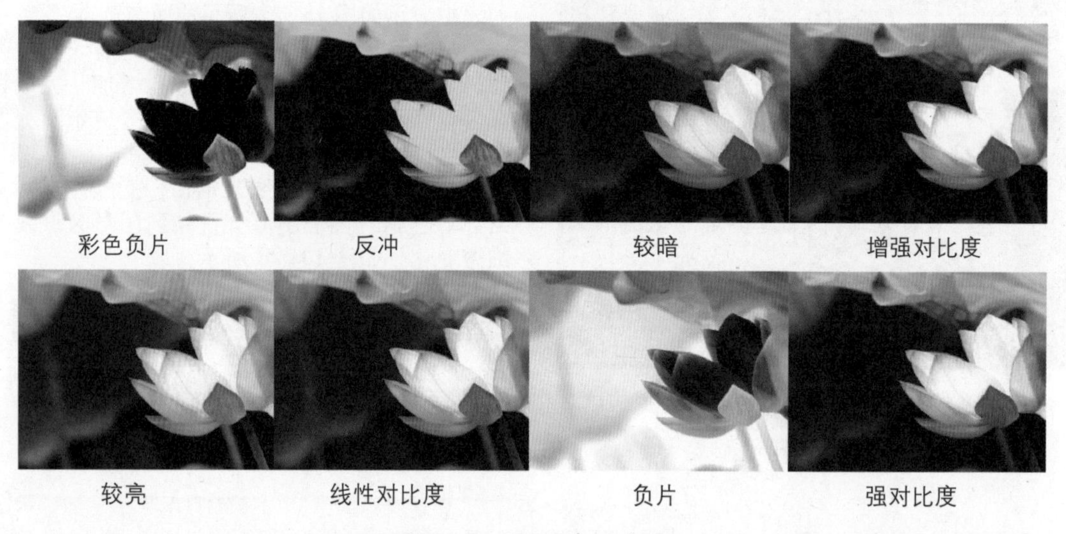

图13–30 预设选项效果

- **铅笔工具** 单击该按钮，可以在曲线色调图中任意绘制曲线形状，从而得到复杂的图像效果。
- **以点编辑曲线** 单击该按钮，能够通过点来控制曲线形状。
- **显示修剪** 启用该复选框，图像显示为修剪后的效果。
- **曲线显示选项** 单击该按钮，扩大对话框界面，增加显示数量与曲线色调图的显示选项。

1. 编辑曲线色调图

【曲线】命令与【色阶】命令相同，均能够调整图像的明暗关系和色彩变化。只是前者能够调整图像中的每一级灰度，并且通过曲线来调整图像。

在对话框中，色调范围被显示为一条直的对角基线（色调曲线图），通过更改色调曲线的形状，即可实现对图像色调和颜色的调整。比如，将曲线向上或向下移动，会使图像变亮或变暗，如图13—31所示。

提示

【曲线】对话框可在图像的色调范围（从阴影到高光，即在色调曲线图上）内最多调整14个不同的点。

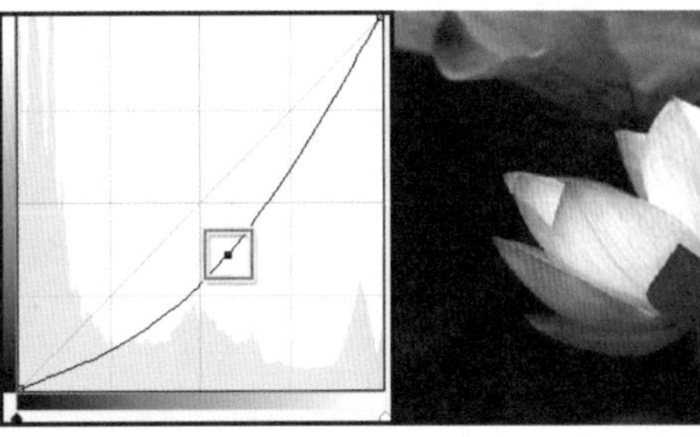

图13—31　调整曲线不同方向

除了使用点编辑曲线形状外，还可以使用【铅笔工具】绘制自由曲线。方法是选择对话框中的【铅笔工具】后，在曲线色调图中任意绘制，即可改变图像色调，如图13—32所示。

图13—32　绘制任意曲线形状

技巧

自由曲线绘制完成后，可以通过单击【平滑】按钮，使曲线形状更加平滑。再次单击【以点编辑曲线】按钮，自由曲线转换为点曲线。这时就可以通过点编辑曲线形状。

要使亮部变暗，应在曲线中间靠上的部分单击增加控制点，并向下移动。将点向下或向右移动，会将输入值映射到较小的输出值，并会使图像变暗。要使暗部变亮，应在曲线底部附近增加控制点并向上移动。将点向上或向左移动会将较小的输入值映射到较大的输出值，并会使图像变亮。如图13—33所示为调整曲线形状得到的正常图像显示。

图13—33　调整曲线使图像显示正常

提示

在曲线图上单击可以增加控制点，将该点拖出曲线色调图以外可删除点，或者选中该点后按Delete键快速删除点。

2. 设置曲线显示选项

单击对话框底部的【曲线显示选项】按钮，可展开曲线显示选项，以控制曲线网格显示。其中在【显示数量】选项组中，通过选中【光（0–255）】或【颜料／油墨%】单选按钮，可以反转强度值和百分比的显示。默认情况下，曲线色调图以简单网格显示。单击【详细网格】按钮，即可以10%的增量显示网格，如图13–34所示。

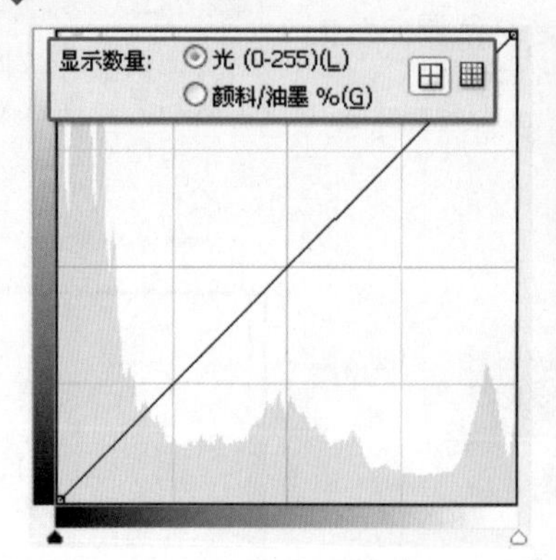

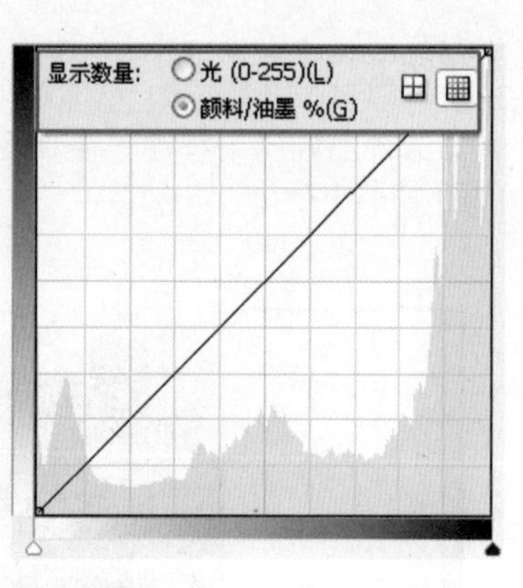

图13–34 曲线色调图变化

【显示】选项组中的【直方图】复选框是用来显示曲线色调图中的直方图，以方便观察图像信息。当启用该复选框后，任何一个通道曲线色调图中均显示相应的直方图，如图13–35所示。

注意

从直方图中可以发现，【光（0～255）】或【颜料/油墨%】单选按钮是相反的。所以选中不同的单选按钮，其曲线设置方法也会有所不同。

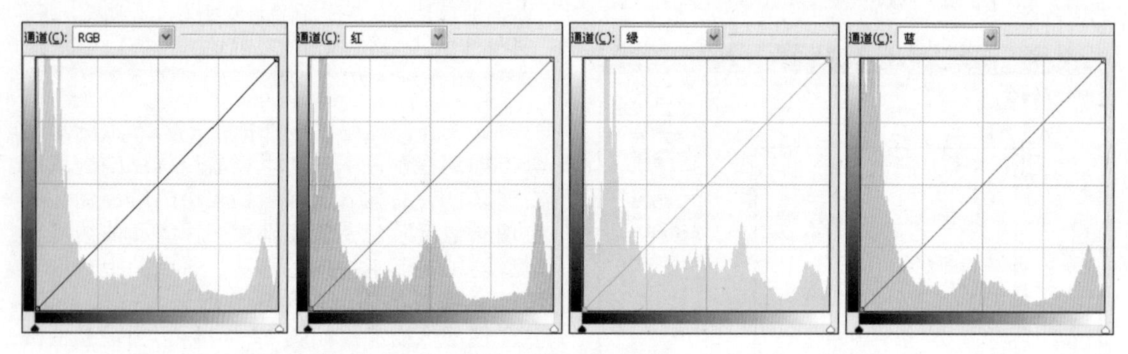

图13–35 直方图

【通道叠加】复选框是在复合曲线上方显示颜色通道曲线，以方便查看单色通道调整后的信息。启用该复选框，在复合通道的曲线色调图中显示调整后的单色通道曲线；而【基线】复选框则是在网格上显示以45°角绘制的基线，以方便查看调整前后的差别，如图13–36所示。

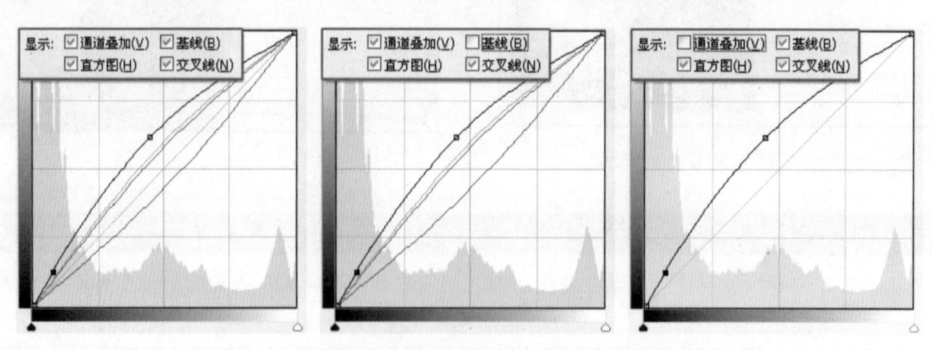

图13–36 【通道叠加】与【基线】复选框

13.5 匹配颜色命令

改变一幅图像的色调、明暗关系，除了任意调节外，还可以参考另外一幅图像来调整，那就是【匹配颜色】命令。【匹配颜色】命令匹配不同图像之间、多个图层之间或者多个颜色选区之间的颜色，还允许通过更改亮度和色彩范围以及中和色痕来调整图像中的颜色。当画布存在两幅图像时，执行【图像】|【调整】|【匹配颜色】命令，打开【匹配颜色】对话框，对话框中的选项及作用如图13-37所示。

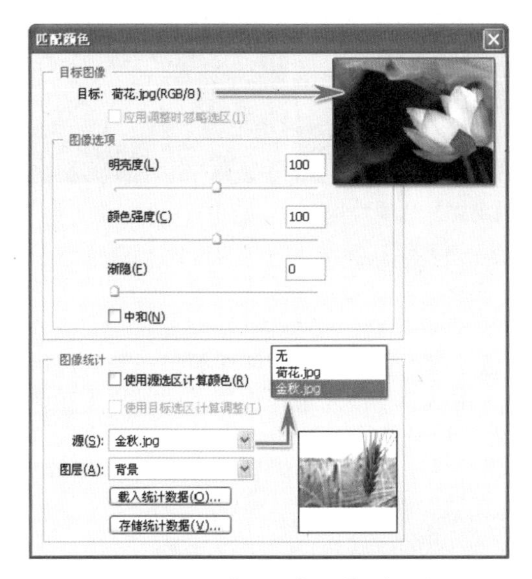

图13-37　【匹配颜色】对话框

- **目标**　该选项显示的是所要匹配颜色对象。当目标图像中存在选区时，【应用调整时忽略选区】复选框呈可用状态。
- **图像选项**　通过该选项组中的【明亮度】、【颜色强度】、【渐隐】或者【中和】选项来调整匹配后的色调强度。
- **使用源选区计算颜色**　当源图像中存在选区时，可以依据选区中的色调和亮度来匹配目标图像。
- **使用目标选区计算调整**　当目标图像中存在选区时，可以依据源选区或者目标选区来匹配目标图像。
- **源**　该选项列表中显示匹配对象依据，选择某选项可依据相应图像来改变色调。
- **图层**　当源图像中存在图层时，可选择不同图层中的图像作为源图像。
- **载入统计数据与存储统计数据**　当该对话框中的匹配数据通过单击【存储统计数据】按钮保存后，可单击【载入统计数据】按钮载入该数据，以忽略其他图像。

匹配不同图像中的颜色包括多种情况：一种是两幅图像分别放置在不同的文档中；一种是两幅图像放置在同一个文档中；另外一种情况是图像中存在选区。对于不同的情况，其匹配方法会有所不同。

1. 不同文档中的图像匹配

打开两个图像文档，选中要改变的图像文档打开【匹配颜色】对话框。在【源】下拉列表中选择另外一个文档名称，作为源图像，完成颜色匹配的调整，如图13-38所示。

目标图像

源图像

匹配图像

图13-38　匹配不同文档中的图像

【图像选项】选项组中的【亮度】选项用来增加或者减小目标图像的亮度；【颜色强度】选项用来调整目标图像的色彩饱和度；【渐隐】选项用来控制应用于图像的调整量；而【中和】复选框用来自动移去目标图像中的色痕，使目标图像颜色与源图像颜色相中和，如图13—39所示。

技巧

当【图像统计】选项组的【源】下拉列表中选择【无】选项后，还是可以继续使用【图像选项】选项组中的所有选项来调节目标图像中的色调的。这时启用【中和】复选框，就是将调节后的颜色与原来的色调相中和。

【明亮度】选项为50

【颜色强度】选项为38

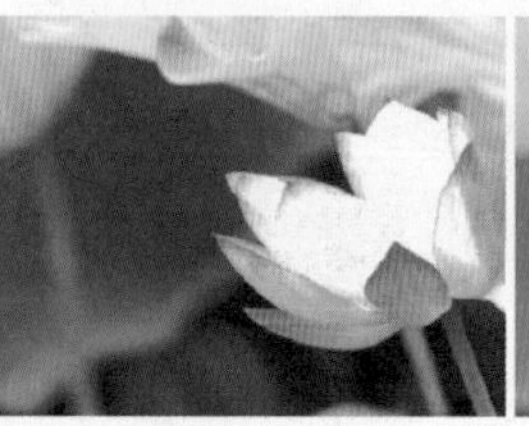

【渐隐】选项为40

启用【中和】复选框

图13—39　设置【图像选项】选项组

2. 图像选区中的颜色匹配

同样是不同文档中的两幅图像的匹配。当目标图像中存在选区的同时匹配颜色，那么【目标图像】选项组中的【应用调整时忽略选区】复选框呈可用状态。该复选框被禁用时，只是在选区中更换色调；当启用该复选框后，生成的效果与没有选区时相同，如图13—40所示。

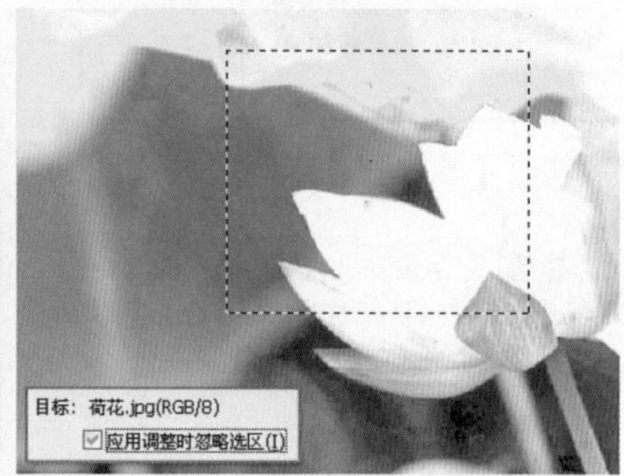

图13—40　禁用与启用【应用调整时忽略选区】复选框

【应用调整时忽略选区】复选框的禁用与启用是用来控制匹配后的效果范围；而【图像统计】选项组中的【使用目标选区计算调整】复选框则是用来控制依据图像的。当禁用该复选框时，只是依据源图像；当启用该复选框后，除了依据源图像外，还需要依据目标图像选区中的色调与明暗关系，两者中和作为依据图像，如图13—41所示。

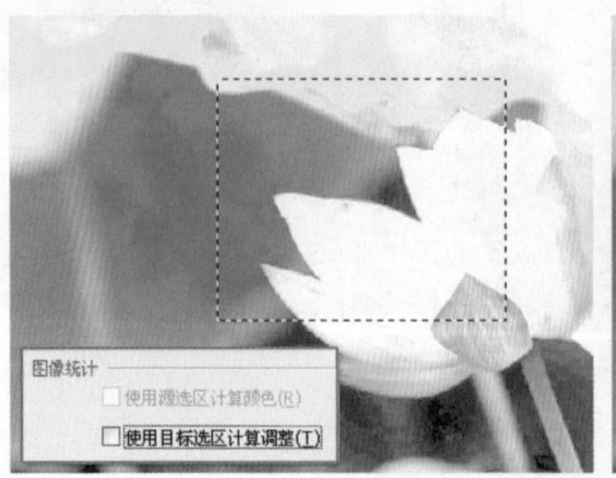

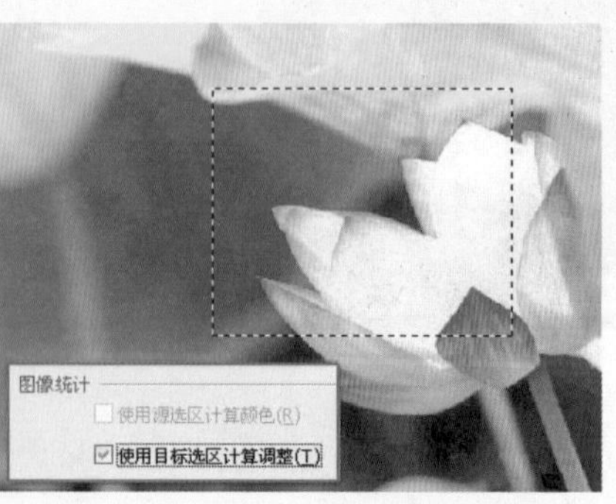

图13—41　禁用与启用【使用目标选区计算调整】复选框

当源图像中存在选区时，启用【使用源选区计数颜色】复选框，就会以选区中的图像色调和明暗关系为依据，匹配图像如图 13–42 所示。

目标图像

源图像

匹配图像

图13–42 启用【使用源选区计算颜色】复选框

3. 同文档中的图像匹配

两幅不同的图像还可以放置在同一个文档中，这样只要设置【图层】选项即可匹配图像。当两个图层以【正常】模式显示时，匹配后的效果与不同文档中的图像匹配相同；如果设置上方图层的【混合模式】选项，那么选择不同的图像选项，其匹配效果各不相同。

当上方图层的【混合模式】选项为“颜色减淡”，选中“背景”图层打开【匹配对象】对话框时，【图层】下拉列表中包括【合并的】、【图层 1】和【背景】选项。依次选择这些选项作为源图像，匹配的效果均不相同，如图 13–43 所示。

合并的

图层1

背景

图13–43 选择不同的【图层】选项

13.6 其他色调调整命令

在 Photoshop 中，有些颜色调整命令不需要复杂的参数设置，有的甚至没有对话框，也可以更改图像颜色。

1. 彩色图像变化黑白图像

彩色图像转换成黑白图像，不仅能够从颜色模式转换，还可以通过颜色命令来调整。比如，【去色】命令是将彩色图像转换为灰色图像，但是图像的颜色模式保持不变；而【阈值】命令是将彩色图像转换为高对比度的黑白图像，其效果可以用来制作版刻画。如图 13–44 所示为同一幅图像分别执行【图像】|【调整】|【去色】（快捷键 Ctrl + Shift + U）与【阈值】命令后得到的效果。

> **提示**
>
> 阈值是将图像转化为黑白二色图像，可以指定阈值为1～255亮度中任意一级。所有比阈值亮的像素转换为白色，而所有比阈值暗的像素转换为黑色。

原图

【去色】命令

阈值为128

图13－44　【去色】与【阈值】命令

【黑白】命令可以将彩色图像转换为灰度图像，同时保持对各颜色的转换方式的完全控制，也可以通过对图像应用色调来为灰度着色。如图13–45所示为执行【图像】|【调整】|【黑白】命令(快捷键Ctrl＋Alt＋Shift＋B)后，弹出的【黑白】对话框。对话框中的各选项及作用如下。

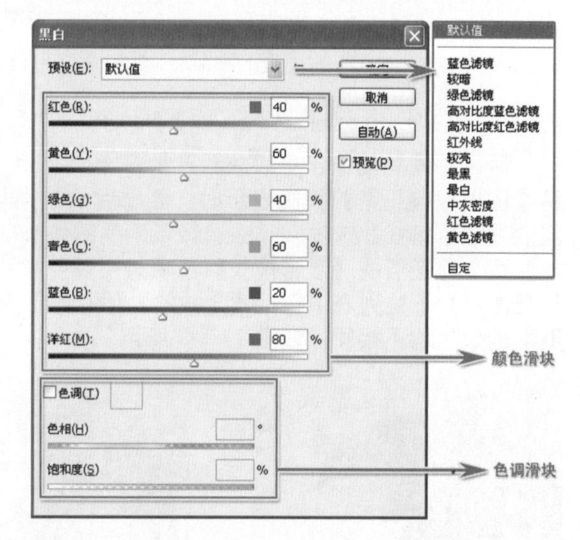

图13－45　【黑白】对话框

- **预设**　该选项是选择预定义的灰度混合或以前存储的混合。在默认情况下，该选项为无，效果与【去色】命令相同。而选择其他选项即可得到不同明度的灰色图像，如图13–46所示为部分预设选项效果。
- **颜色滑块**　该选项是调整图像中特定颜色的灰色调。将滑块向左拖动或向右拖动分别可使图像的原色的灰色调变暗或变亮。根据图像中的颜色来调整颜色滑块，其效果更加明显，如图13–47所示。

绿色滤镜

红外线

最黑

中灰密度

图13－46　设选项效果

默认值

【绿色】参数值为204

【黄色】参数值为204

图13－47　调整颜色滑块

- **色调**　启用该复选框后，可以为灰色图像添加单色调。其中，拖动【色相】滑块，能够更改图像的单色调；拖动【饱和度】滑块，能够加强或者减弱图像色调中的饱和度。如图13-48所示分别为不同色调的不同饱和度展示。

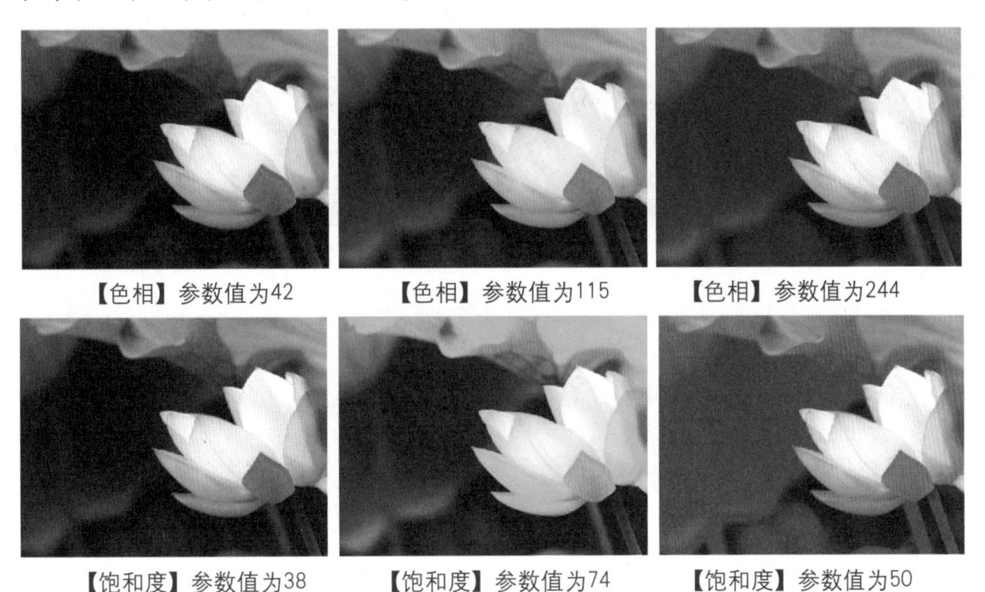

【色相】参数值为42　【色相】参数值为115　【色相】参数值为244

【饱和度】参数值为38　【饱和度】参数值为74　【饱和度】参数值为50

图13-48　调整单色调图像

2. 色调均化与色调分离命令

在颜色调整命令中，某些命令还可以均化或者分离色调，从而达到明暗关系的均衡或者强化色调等级。

【色调均化】命令是按照灰度重新分布亮度，将图像中最亮的部分提升为白色，最暗部分降低为黑色，从而得到整体提高亮度的效果。对图像执行【图像】|【调整】|【色调均衡】命令，即可得到高亮度的图像，如图13-49所示。

图13-49　【色调均化】命令

在图像中创建选区后也可以执行【色调均化】命令，但是会弹出一个【色调均化】对话框。在对话框中启用【仅色调均化所选区域】复选框，只提亮选区中图像；当启用【基于所选区域色调均化整个图像】复选框，则会根据选区中的色调提高整幅图像的亮度，如图13-50右图所示。

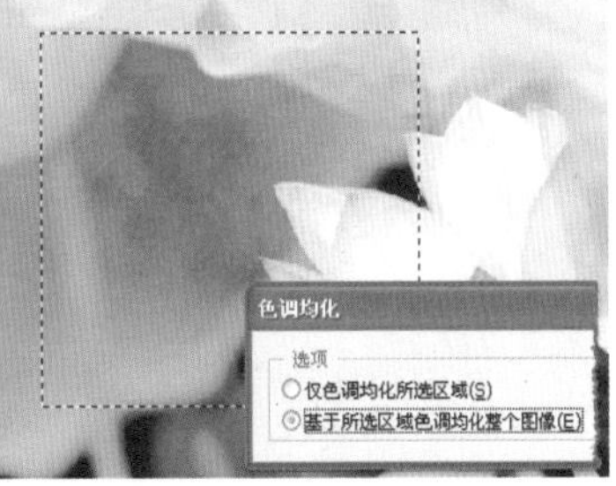

图13-50　针对选区进行色调均化

创意⁺：Photoshop CS4中文版图像处理技术精粹

【色调分离】命令可以指定图像中每个通道的色调级或者亮度值的数目，然后将像素映射为最接近的匹配级别。该对话框中的【色阶】参数值范围为 2 ～ 255，参数值越小，其色调等级越明显；参数值越大，色调等级越微弱，如图 13–51 所示。

原图

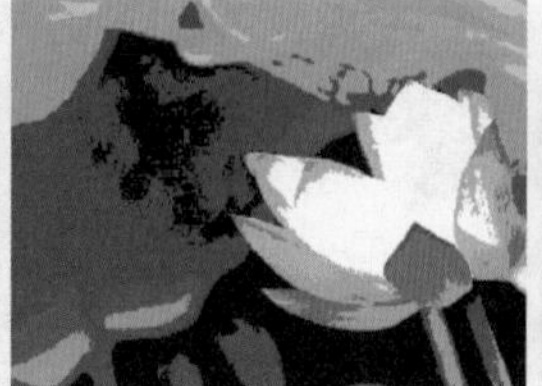
【色阶】参数值为4

【色阶】参数值为2

【色阶】参数值为16

图13–51　色调分离效果

3. 照片滤镜 ››››

【照片滤镜】命令是通过模拟相机镜头前滤镜的效果来进行色彩调整的。该命令允许选择预设的颜色，以便向图像应用色相调整。执行【图像】|【调整】|【照片滤镜】命令，弹出如图 13–52 所示的对话框。

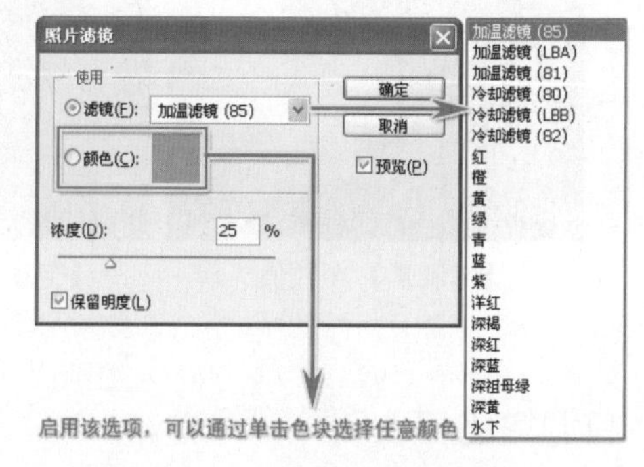

图13–52　【照片滤镜】对话框

›› 使用选项

在【使用】选项组中，【滤镜】下拉列表中包括加温滤镜、冷却滤镜以及个别颜色等子选项。选择任意一个选项，均能够改变图像色调。如图 13–53 所示为其中具有代表性的滤镜颜色效果。

加温滤镜（LBA）

冷却滤镜（LBB）

深祖母绿

图13–53　滤镜颜色效果

启用【颜色】复选框，双击色块，弹出【选择滤镜颜色】对话框。这时能够选择任意一种颜色，来改变图像色调。

›› 浓度选项

【浓度】选项是调整应用于图像的颜色数量。方法是拖动滑块或者在文本框中输入一个百分比。浓度越高，颜色调整幅度就越大。如图 13–54 所示为【加温滤镜（LBA）】选项的不同【浓度】参数值效果。

【浓度】参数值为40

【浓度】参数值为60

【浓度】参数值为80

图13-54　不同【浓度】参数值效果

保留明度选项

因为通过添加颜色滤镜可以使图像变暗，为了保持图像原有的明暗关系，必须启用【保留亮度】复选框。如图13-55所示为启用与禁用【保留亮度】复选框所产生的效果对比显示。

图13-55　启用与禁用【保留亮度】复选框

4. 渐变映射

【渐变映射】命令可以将相等的图像灰度范围映射到指定的渐变填充色。指定双色渐变填充，在图像中的阴影映射到渐变填充的一个端点颜色，高光映射到另一个端点颜色，而中间调映射到两个端点颜色之间的渐变，从而达到对图像特殊调整效果。

在默认情况下，执行【图像】|【调整】|【渐变映射】命令，【渐变映射】对话框中的【灰度映射所用的渐变】选项显示的是前景色与背景色，并且设置前景色为阴影映射，背景色为高光映射，如图13-56所示。

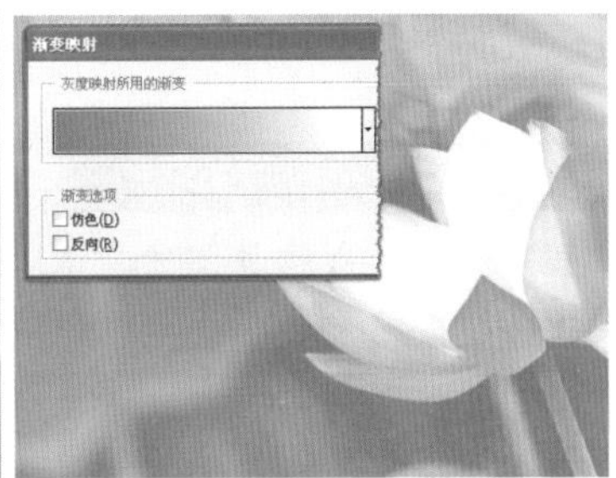

图13-56　【渐变映射】对话框

技巧

对话框中的【仿色】复选框是添加随机杂色以平滑渐变填充的外观并减少带宽效应的，其效果不明显；而【反向】复选框是切换渐变填充的方向，从而反向渐变映射。

当鼠标单击渐变显示条上方时，弹出【渐变编辑器】对话框。这时就可以添加或者更改颜色，生成三色或者更多颜色的图像了，如图13-57所示。

图13-57　不同颜色的映射效果

5. 变化命令

【变化】命令是通过显示替代物的缩览图，调整图像的色彩平衡、对比度和饱和度。打开一幅图像后，执行【图像】|【调整】|【变化】命令，如图13–58所示。可以发现，每个选项所对应的缩览图的颜色效果各不相同。

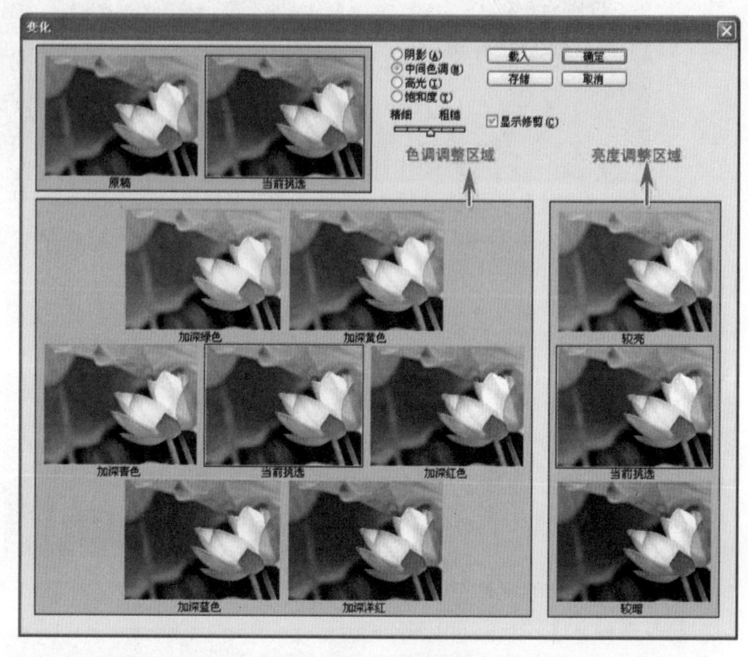

图13–58 【变化】对话框

调整颜色与亮度

默认情况下，在【变化】对话框中，左下方大方框中包括7个缩览图，除了加深各种颜色外，还有1个【当前挑选】缩览图。单击或者连续单击某一加深颜色缩览图的同时，除原稿缩览图外，均发生了变化。如图13–59所示，为连续单击【加深青色】缩览图得到的对话框效果。

提示

如果要减去一种颜色，可以单击其相反颜色的缩览图；如果单击其相邻的颜色缩览图，那么呈现两种颜色的综合色调。

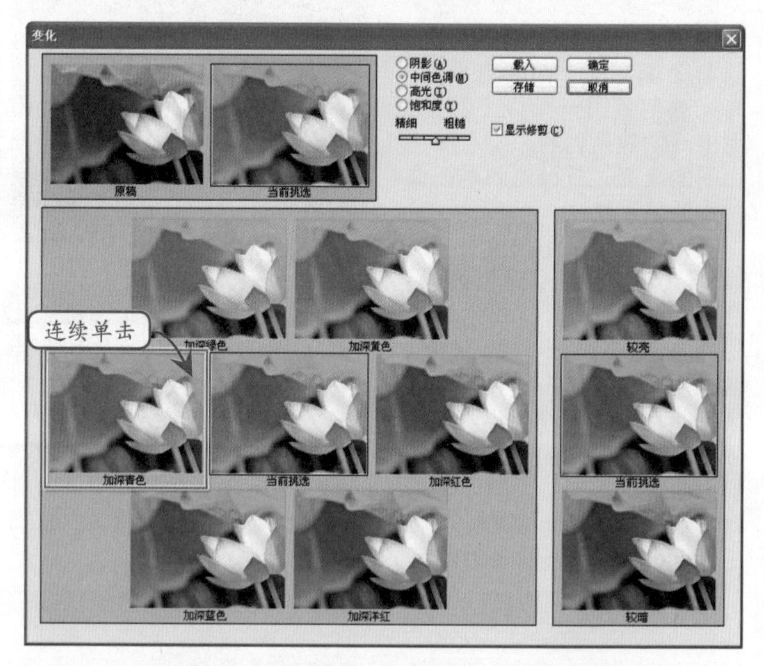

图13–59 连续单击【加深青色】缩览图

虽然亮度缩览图与颜色缩览图在不同的区域，但是单击【较亮】缩览图后，颜色区域中的缩览图也会随之发生变化，如图13–60所示。

注意

当调整某种色调后，按住Alt键单击【复位】按钮还原初始图像。在没有将调整后的效果复位之前，后面设置的选项效果是在前面调整效果的基础上显示的。

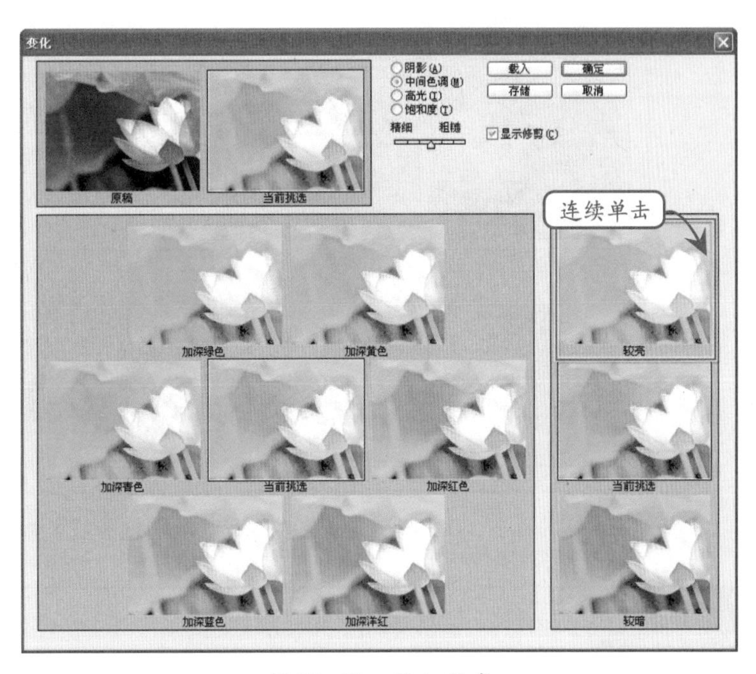

图13-60　添加亮度

精细与粗糙

【变化】对话框中有一个滑块，是用来控制每次调整的量的，将滑块移动一格可使调整量双倍增加，这就是精细与粗糙。当滑块移动至精细，所有缩览图中的色调差别是细微的；当滑块移动至粗糙时，每一个可以设置的缩览图会有明显差别。如图13-61所示为后者效果显示。

技巧

当增加某颜色数量后，还可以以一格为单元，左右拖动【精细与粗糙】滑块来减少或者增加该颜色量。

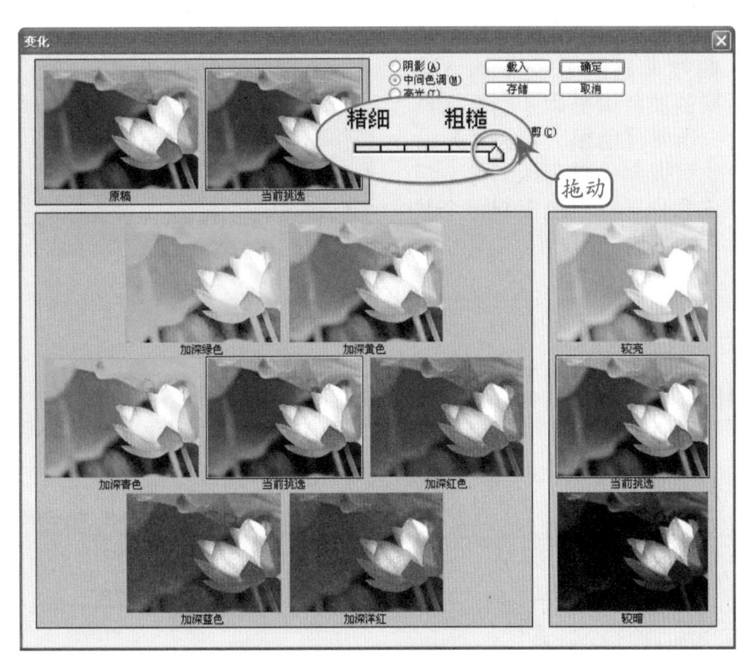

图13-61　粗糙效果显示

调整对象

虽然该命令是调整整幅图像的色调，但是还可以在对话框中通过选中不同的单选按钮，针对图像中的不同区域进行色调变化。在默认情况下，色调改变是针对图像的中间色调来进行的。如果选中【饱和度】单选按钮后，那么色调调整区域显示为饱和度缩览图，进行增加或者减弱图像饱和度调整。如图13-62所示为连续单击【减少饱和度】缩览图得到的效果。

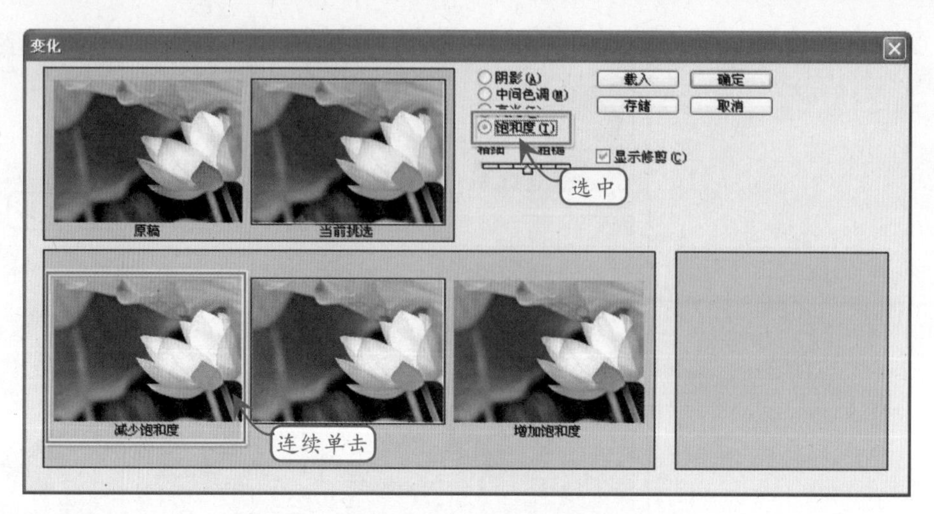

图13-62　连续单击【减少饱和度】缩览图

13.7　实例：调整怀旧照片

怀旧照片通常情况下为单色调图像，如图 13-63 所示的怀旧效果是通过 Photoshop 中新增的颜色调整命令制作而成的。虽然【色相 / 饱和度】命令也可以制作单色调图像，但是该命令可以自由控制每个颜色在灰度值。

图13-63　怀旧照片对比图

操作步骤：

STEP|01　在Photoshop中按Ctrl＋O快捷键打开素材图像，并且复制该文档，如图13-64所示。

图13-64　打开图像

STEP|02　执行【图层】|【新建调整图层】|【黑白】命令，创建调整图层，图像自动转换为灰色调，如图13-65所示。

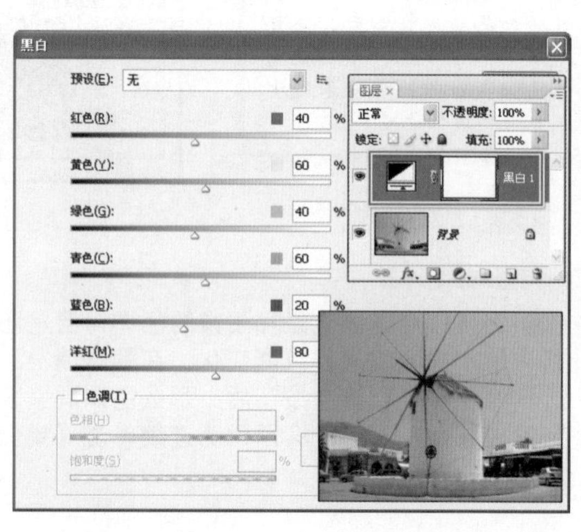

图13-65　添加“黑白1”调整图层

STEP|03 根据原图像中的颜色显示，设置对话框中的颜色含量百分比，来增加图像对比度，如图13–66所示。

图13–66 增加图像对比度

STEP|04 启用对话框中的【色调】复选框，使灰色转换为单色调，如图13–67所示。

图13–67 转换为单色调

STEP|05 按Ctrl＋Alt＋Shift＋E快捷键盖印图层后，为图像添加杂色效果，如图13–68所示。

图13–68 添加杂点

STEP|06 新建图层并且填充黑色后，为其添加杂点，并且通过【阈值】命令使其效果如图13–69所示。

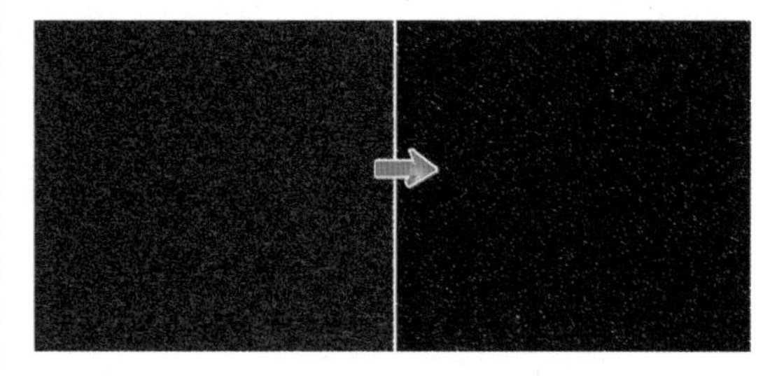

图13–69 制作白点

STEP|07 执行滤镜中的【动感模糊】命令，使其垂直模糊后，设置该图层的【混合模式】为滤色，形成划痕效果，如图13–70所示。

图13–70 制作划痕效果

STEP|08 最后降低该图层的【不透明度】参数值，使其划痕融入图像中，最终效果如图13–71所示。

图13–71 设置图层【不透明度】参数值

13.8 实例：制作暴风雨来临前景象

本实例是将晴天图像制作成暴风雨来临前的景象，如图13-72 所示。要想将晴空万里的风景图像制作成其他天气状况，主要是调整图像的色调。在调整过程中，主要应用了【图像模式转换】与【曲线颜色】命令。其中，在【曲线颜色】命令中，主要是通过单色通道的调整来达到色调的转变的。

图13-72 调整前后对比图

操作步骤：

STEP|01 在打开的图像文档中，执行【图像】|【复制】命令，得到副本图像文档，如图13-73所示。

图13-73 复制文档

STEP|02 执行【图像】|【模式】|【灰度】命令后，将RGB模式的图像转换为灰度模式，如图13-74所示。

图13-74 转换为灰度模式

> **提示**
>
> 当询问是否要扔掉颜色信息时，单击【扔掉】按钮。Photoshop会将图像中的颜色转换为黑色、白色和不同灰度级别。

STEP|03 执行【图像】|【模式】|【双色调】命令后，在打开的对话框中设置参数，如图13-75所示。

在 Photoshop 中可以创建单色调、双色调、三色调和四色调。单色调是用非黑色的单一油墨打印的灰度图像。双色调、三色调和四色调分别是用两种、三种和四种油墨打印的灰度图像。在这些图像中，将使用彩色油墨（而不是不同的灰级）来重现带色彩灰色。

图13-75 转换为双色调模式

STEP|04 执行【图像】|【模式】|【RGB颜色】命令，将图像转换为RGB模式后，执行【图像】|【调整】|【曲线】命令（快捷键Ctrl+M），调整曲线，如图13-76所示。

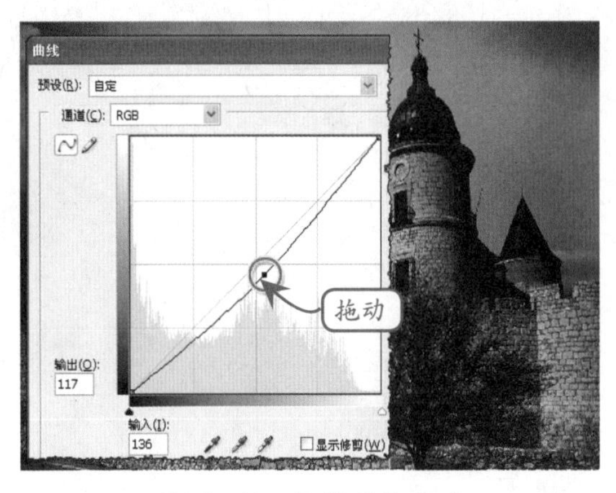

图13-76　降低图像明度

STEP|05　继续在【曲线】对话框中，分别选择【红】和【蓝】选项，调整曲线，增加图像中红色与黄色像素如图13-77所示。

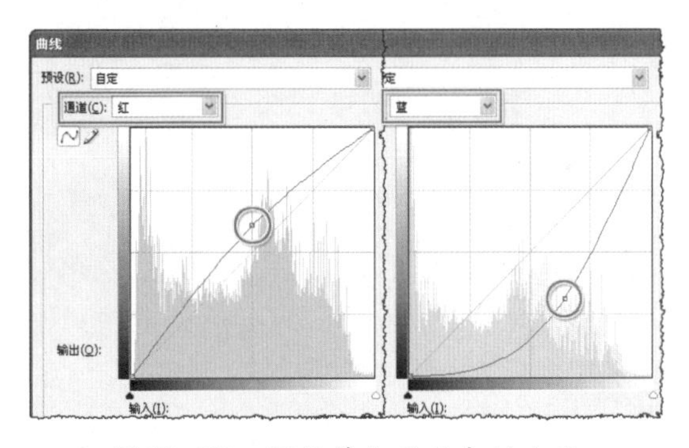

图13-77　调整单色通道中的曲线

STEP|06　曲线调整完成后，单击【确定】按钮，图像色调如图13-78所示。

图13-78　调整图像色调

STEP|07　执行【滤镜】|【渲染】|【光照效果】命令，设置光照范围，如图13-79所示。

图13-79　光照效果

技巧

当在单色通道中调整曲线后，返回RGB复合通道，发现调整后的曲线均显示在直方图中。

STEP|08　按Ctrl+J快捷键复制图层后，设置该图层的【混合模式】与蒙版效果，使其云彩更加突出如图13-80所示。

图13-80　设置图层属性

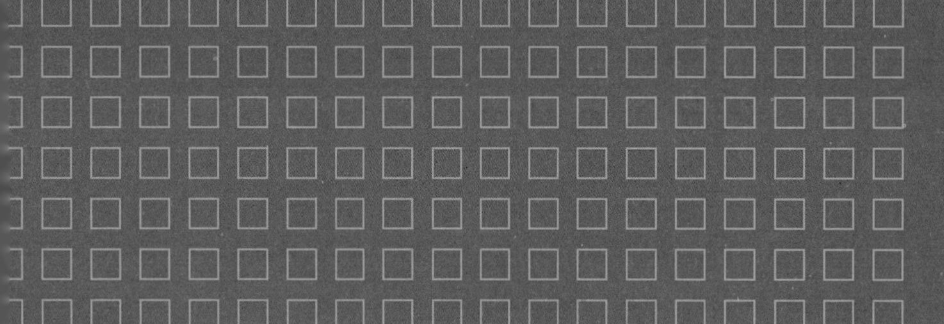

颜色校正

彩色图像由各种颜色组成，Photoshop中的颜色调整命令不仅能够调整图像的明暗关系与整体色调，还能够对颜色进行精确的控制和细节校正，比如对单独的一种颜色，甚至某一种颜色内的一部分颜色值进行修复和润饰。

本章主要通过【色相/饱和度】、【色彩平衡】、【可选颜色】等颜色调整命令，来对图像中的颜色进行校正或者更改。

14.1 校正图像颜色

在应用一幅图像之前，首先要确定该图像中的颜色是否正确，或者是否符合想要的效果。不同的颜色问题，比如图像灰暗、偏色、饱和度过低等，其解决方法各不相同。只有针对出现的问题进行调整，才能得到正确的颜色显示。

1．校正偏色图像

偏色是指图像的整体颜色偏于某一种色彩（比如常见的照片颜色偏绿、偏黄等），它是由于在拍摄照片的过程中，灯光、环境色以及拍摄者自身技术问题导致的曝光不正确而所出现的一种常见问题。或者是因为图像中的某一种色相，其某种颜色值含量过高造成的偏色。如图14-1所示为图像中的红色相含有过多的红颜色值，造成的局部偏色与正常颜色显示的对比效果。

图14-1　偏色与正常颜色的对比

2．改变局部色调

调整图像色调不仅能够进行整体调整，还能够通过图像局部的调整来改变整体的色彩效果。改变局部色调不是限制改变的范围，而是显示色调改变的强度。分别为原图、从阴影区域向整体添加黄色、从高光区域向整体添加黄色的不同对比图，如图14-2所示。

原图

从阴影区域向整体添加黄色

从高光区域向整体添加黄色

图14-2　改变局部色调

3．增强图像饱和度

为了强化图像的色彩，有时需要增强图像的饱和度，以使当前图像与原图像有较大的区别。而不同程度的图像色彩饱和度，其展示效果各不相同，所表达的意境也会有所区别，如图14-3所示。

创意+：Photoshop CS4中文版图像处理技术精粹

图14—3　不同程度的色彩饱和度

14.2 色相/饱和度命令

色彩的明度、色相、纯度被称为色彩的三要素。Photoshop 中的【色相 / 饱和度】命令是专门针对色彩三要素调整的命令；而【自然饱和度】命令则是 Photoshop CS4 的新增颜色调整命令，该命令是专门调整图像色彩的饱和度的。

1. 自然饱和度

【自然饱和度】命令调整饱和度，以便在颜色接近最大饱和度时，最大限度地减少修剪。该调整是增加与已饱和的颜色相比，不饱和颜色的饱和度。

在该对话框中，【自然饱和度】选项是该命令所能体现的调整选项。使用该选项增加饱和度，能够将更多调整应用于不饱和的颜色，并在颜色接近完全饱和时避免颜色修剪。向左拖动该选项滑块，那么图像在保留原色相的同时，降低饱和度，形成一种怀旧的效果，如图 14-4 所示。

图14—4　降低图像饱和度

如果要将相同的饱和度调整量用于所有的颜色，而不考虑其当前饱和度，那么可以使用【饱和度】选项。如图 14-5 所示为增加不同选项的相同参数值得到的对比效果。

提示

使用对话框中的【饱和度】选项来增加或者减少图像的饱和度，虽然与【自然饱和度】选项相比效果更为明显，但是却比【色相/饱和度】对话框中的【饱和度】滑块会产生更少的带宽。

【自然饱和度】参数值为100　　【饱和度】参数值为100

图14–5　不同选项的相同参数值对比

2. 改变图像的颜色

【色相/饱和度】命令可以调整图像中特定颜色分量的色相、饱和度和亮度，并可以同时调整图像中的所有颜色。这是日常工作中使用率最高的一个颜色调整命令。执行【图像】|【调整】|【色相/饱和度】命令，弹出如图14–6所示的对话框。

预设选项

【色相/饱和度】对话框中的【预设】选项是Photoshop CS4新增的选项，在其下拉列表中包含了8个预设选项，以及默认值与自定选项。如图14–7所示为分别选择预设选项所得到的图像效果。

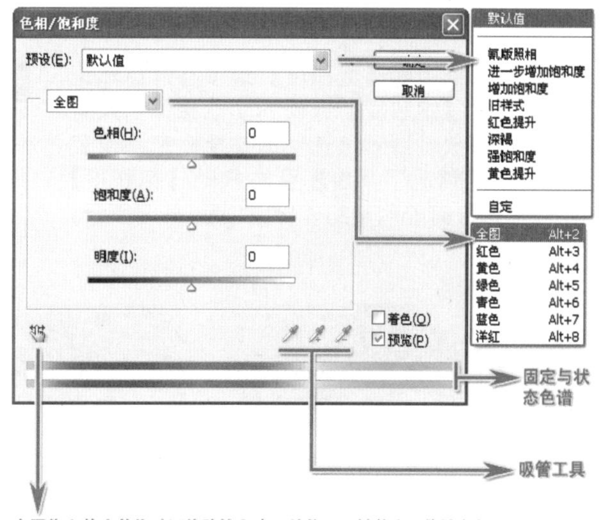

图14–6　【色相/饱和度】对话框

图14–7　不同【预设】选项对比度图

改变色相

从【色相／饱和度】对话框中能够发现,【色相】选项是用来更改图像色相的。当拖动【色相】滑块，或者直接在文本框中输入数值改变图像的色相时，整幅图像的色彩将发生变化，如图14–8所示。

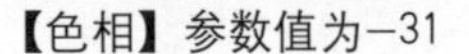

【色相】参数值为–31　　【色相】参数值为–85　　【色相】参数值为–162

图14–8　改变图像色相

该对话框中的【饱和度】选项与【自然饱和度】中的【饱和度】选项的功能相似，只是前者更为形象地展示该选项的功能。在不改变其他选项的情况下，由左至右拖动【饱和度】滑块，其效果有着明显的差异，如图14–9所示。

注意

在对话框中显示两个色谱，它们以各自的顺序表示色轮中的颜色。最下方的一条状态色谱是根据不同选项的选择与参数的设置情况而改变的，而固定色谱则起到参照的作用。

【饱和度】参数值为–100　【饱和度】参数值为–50　【饱和度】参数值为50　【饱和度】参数值为100

图14–9　设置不同饱和度参数

而向左拖动【明度】选项滑块，感觉图像上方覆盖了一层不同程度的不透明度黑色；向右拖动【明度】选项滑块，感觉图像上方覆盖了一层不同程度的不透明度白色，如图14–10所示。

【明度】参数值为–50　　【明度】参数值为50

图14–10　设置不同明度参数

转换单色调

对话框中的【着色】选项可以将一种色相与饱和度应用到整个图像或者选区中。如果前景色是黑色或者白色，启用【着色】复选框，图像会转换成红色色相，如图 14–11 所示。

提示

当【饱和度】参数值为–100时，状态色谱显示为灰色。当【明度】参数值为–100时，状态色谱显示为黑色；【明度】参数值为100时，状态色谱显示为白色。

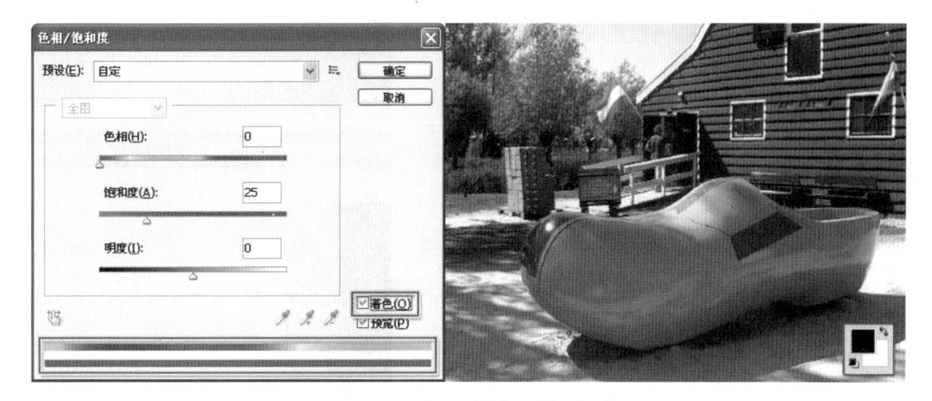

图14–11　启用【着色】复选框

如果前景色不是黑色或者白色，则会将图像色调转换成当前前景色的色相，并且能够再次更改图像的色相、饱和度与明度，使图像的色彩更加饱和，如图 14–12 所示。

技巧

启用【着色】复选框后，【色相】参数值范围更改为0～360，【饱和度】参数值范围更改为0～100。

图14–12　设置不同单色调选项

3．调整指定范围的图像颜色

在【色相／饱和度】命令中，还可以指定某种颜色来进行更改。【颜色蒙版】选项可以专门针对某一种特定颜色进行更改，而其他颜色不变。在该选项中，可以对红色、黄色、绿色、青色、蓝色、洋红 6 种颜色进行更改。

【编辑】下拉列表中默认的是全图颜色蒙版，选择除全图选项外的任意一种颜色，比如黄色，观察对话框底部的色谱变化，如图 14–13 所示。色谱中出现调整滑块，并且出现 4 个色轮值（用度数表示）。它们与出现在这些颜色条之间的调整滑块相对应。在两个竖条之间的颜色都称为红色，在调整色相、饱和度、明度滑块时，这个范围内的颜色都可以完全得到改变。介于两个滑块之间、两个竖条之外的区域的颜色可以部分得到改变，改变的多少视距离竖条的远近而定，滑块以外的颜色则不受影响。

显示的调整滑块不是固定不变的，可以分别通过拖动竖条或者滑块来改变颜色范围。当滑块不变，向外拖动竖条后，完全改变的颜色范围扩大，部分改变颜色的范围缩小；向内拖动竖条则反之，如图 14–14 所示。

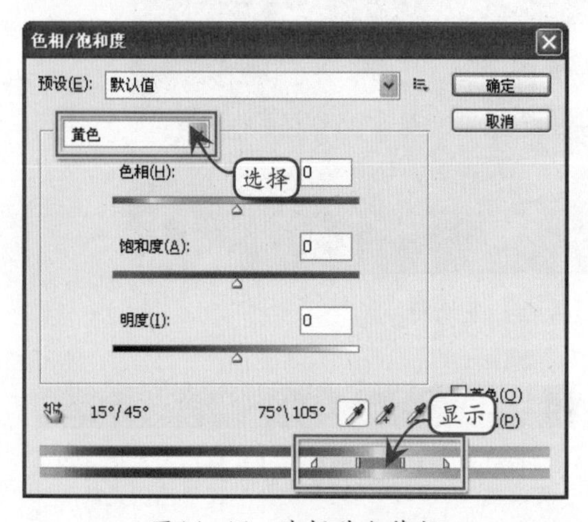

图14–13　选择黄色蒙版

图14–14　示意图

当选择某个颜色蒙版选项后，吸管工具被启用。其中，单击【吸管工具】按钮，在图像中单击，可以更改要调整的色相；单击【添加到取样】按钮，在图像中单击，可以扩大颜色范围；单击【从取样中减去】按钮，在图像中单击，能够减去单击后的颜色。如图 14–15 所示为不同状态的色谱效果。

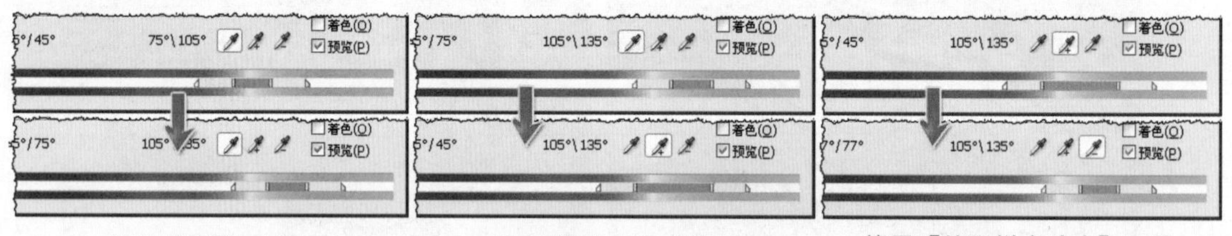

使用【吸管工具】　　使用【添加到取样】工具　　使用【从取样中减去】工具

图14–15　使用吸管工具选择颜色蒙版

在 Photoshop CS4 版本中，【色相 / 饱和度】对话框中添加了【图像调整工具】。通过使用该工具在图像中单击，可以直接选择单击处的颜色；如果单击后向左拖动，会降低所选颜色的饱和度，向右拖动会增加所选颜色的饱和度，如图 14–16 所示。

图14—16　使用【图像调整工具】选择与调整颜色

14.3 替换颜色

【替换颜色】命令与【色相／饱和度】命令中的某些功能相似，可以说它其实就是【色相／饱和度】命令功能的一个分支，因为它只能调整某一种颜色。

执行【图像】|【调整】|【替换颜色】命令，打开【替换颜色】对话框，如图14—17所示。发现该对话框中的某些选项与【色相／饱和度】对话框中的相同，并且为颜色的选取提供了更加细微调整的选项，其选项名称与功能见表14—1。

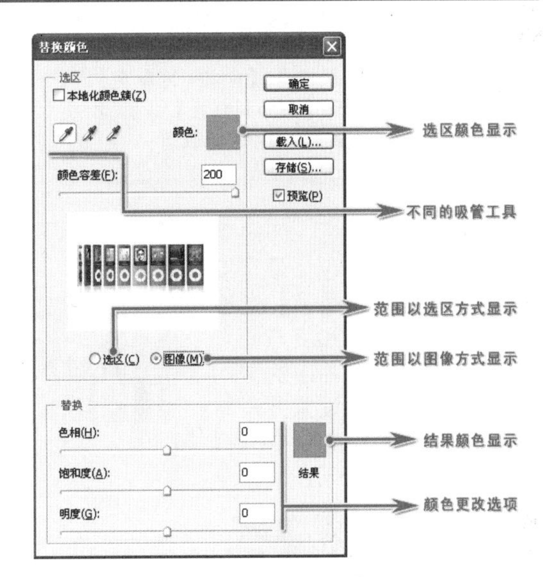

图14—17　【替换颜色】对话框

表14—1　【替换颜色】对话框中的选项及功能

选择	功能
本地化颜色族	如果正在图像中选择多个颜色范围，那么启用该复选框可以构建更加精确的蒙版
选取颜色显示	想要更改颜色显示，可以双击该色块，打开【选择目标颜色】对话框，选择一种颜色
颜色容差	拖移【颜色容差】滑块或者输入一个值来调整蒙版的容差，此滑块控制选区中包括哪些相关颜色的程度
选取颜色范围预览框	在选取颜色范围预览中有两种方式显示，一种是选区方式，一种是图像方式。前者在预览框中显示蒙版。被蒙版区域是黑色，未蒙版区域是白色。部分被蒙版区域（覆盖有半透明蒙版）会根据不透明度显示不同的灰色色阶；后者在预览框中显示图像。在处理放大的图像或者仅有有限屏幕空间时，该选项非常有用
结果颜色显示	更改后的颜色显示，双击该色块，打开【选择目标颜色】对话框，选择一种颜色作为更改后的颜色

创意⁺：Photoshop CS4中文版图像处理技术精粹

打开【替换颜色】对话框后，发现选取颜色显示的是前景色，这时【吸管工具】处于可用状态。在图像中单击，选取要更改的颜色，如图14-18所示。

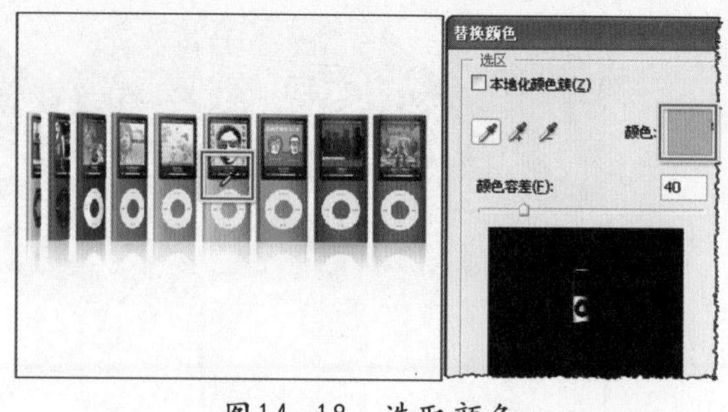

图14-18　选取颜色

提示

在【替换颜色】对话框中，还有一种选取颜色的方法，就是在选取颜色范围预览框中单击，这时就可以启用图像预览方式，方便地选取颜色。

这时在选取颜色范围预览框中，白色区域为选中区域，黑色区域为被保护区域。在该命令中，可以通过【颜色容量】选项来扩大或者缩小颜色范围。当【颜色容量】参数值大于默认参数值时，颜色范围就会扩大，如图14-19所示。

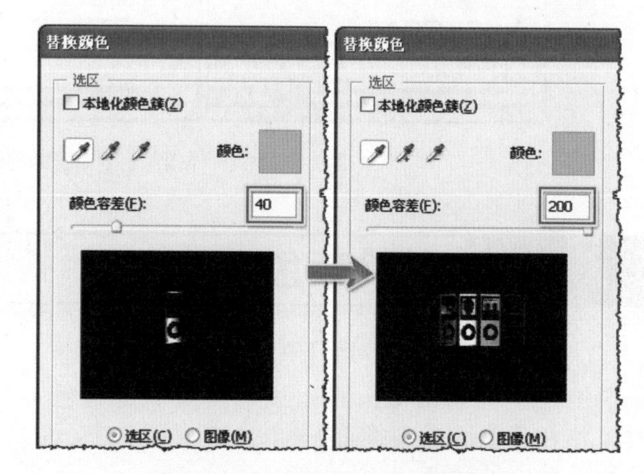

图14-19　扩大颜色范围

技巧

扩大或者缩小颜色范围与【色相/饱和度】命令相同，还可以使用【添加到取样】工具或者和【从取样中减去】工具来设置。

选取颜色完成后，即应更改选取范围中的颜色。最直接的方法就是拖动【替换】选项区域中的色相、饱和度与明度滑块，或者直接在相应的文本框中输入数值，其设置方法与【色相/饱和度】命令中的相同，如图14-20所示。

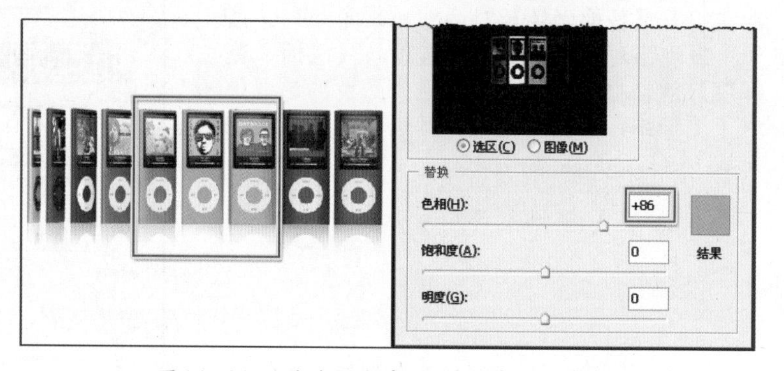

图14-20　通过调整颜色三要素更改颜色

注意

另外一种替换颜色的方法是双击【结果颜色】显示框，打开【选择目标颜色】对话框。在该对话框中选择一种颜色，作为更改后的颜色。

更改颜色后，还可以再次扩大或者缩小颜色范围。当增加【颜色容量】参数值后，更改后的颜色也会随之变化，如图14-21所示。

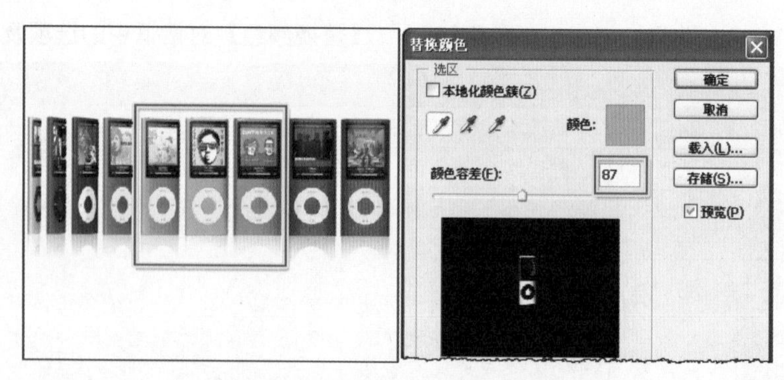

图14-21　缩小更改颜色范围

14.4 色彩平衡

【色彩平衡】命令可以在不影响图像明暗分布的前提下，改变图像的总体颜色混合。该命令能够改变图像颜色的构成，但是不能精确地控制单个颜色的成分。

选中一幅图像，执行【图像】|【调整】|【色彩平衡】命令（快捷键 Ctrl + B），打开如图 14–22 所示的对话框。

图14–22　【色彩平衡】对话框

1. 颜色参数

【色彩平衡】命令是根据在校正颜色时要增加基本色、降低相反色的原理设计的。所以在其对话框中，青色与红色、洋红与绿色、黄色与蓝色分别相对应。也就是说，在图像中增加洋红，对应的绿色就会减少；反之就会出现反效果，如图 14–23 所示。

> **注意**
> 当滑块向某一颜色拖动时，即在图像颜色中加入该颜色，所以显示的颜色是与原来颜色综合的混合颜色。

原图　　增加洋红　　增加绿色

图14–23　增加洋红或者绿色

2. 调整区域

在该对话框中，【色调平衡】选项组中包括 3 个色调区域。默认的是“中间调”选项，所以在默认情况下调整颜色参数是在中间区域范围内的。

因为图像不同色调中显示不同的颜色，所以分别在图像中的阴影、中间调与高光区域中添加同一种颜色，会得到不同的效果。如图 14–24 所示为分别在不同区域中添加黄色而得到的不同效果显示。

在“阴影”区域添加黄色

在“中间调”区域添加黄色

在“高光”区域添加黄色

图14–24　在不同区域中添加黄色

3. 明度保持

由于【色彩平衡】命令中的颜色自身带有一定的明度，比如红色、绿色与蓝色本身具有提高明度的功能；青色、洋红与黄色本身具有降低明度的功能。为了不破坏原图像的明度，必须启用【保持明度】复选框。因为该复选框的作用是在三基色增加时降低明度，在三基色减少时提高明度，从而抵消三基色增加或者减少时带来的明度改变。如图 14–25 所示分别为启用与禁用【保持明度】复选框时，增加蓝色得到的对比图。

注意

无论是在哪个色调区域中添加颜色，如果同时向相同的方向拖动，增加相同数值的颜色，其效果与原图相同。

图14–25 【保持明度】复选框

14.5 可选颜色

可选颜色校正是高端扫描仪和分色程序使用的一种技术，用于在图像中的每个主要原色成分中更改印刷色的数量。可以有选择地修改任何主要颜色中的印刷色数量，而不会影响其他主要颜色。例如，可以使用可选颜色校正显著减少图像红色中的洋红色，同时保留洋红中的洋红色不变。

因为【可选颜色】命令主要是针对 CMYK 模式图像的颜色调整，所以对话框中的【颜色参数】为青色、洋红、黄色与黑色。执行【图像】|【调整】|【可选颜色】命令，打开【可选颜色】对话框，如图 14–26 所示。

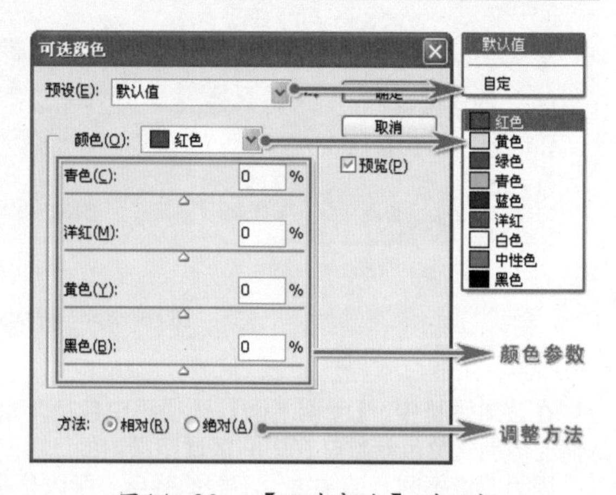

图14–26 【可选颜色】对话框

1. 减去颜色参数

【可选颜色】命令主要用于调整单个颜色分量的印刷色数量，所以当选择的颜色中包含颜色参数中的某些颜色时，就会发生较大的改变，反之效果则不明显。

比如，调整 CMYK 模式的图像颜色。选择【颜色】列表中的【红色】选项，向左拖动【洋红】选项滑块，减去洋红在红色中的含量，使得红色变成了黄色；如果向左拖动【黄色】选项滑块，减去黄色在红色中的含量，使得红色变成了紫色，如图 14–27 所示。

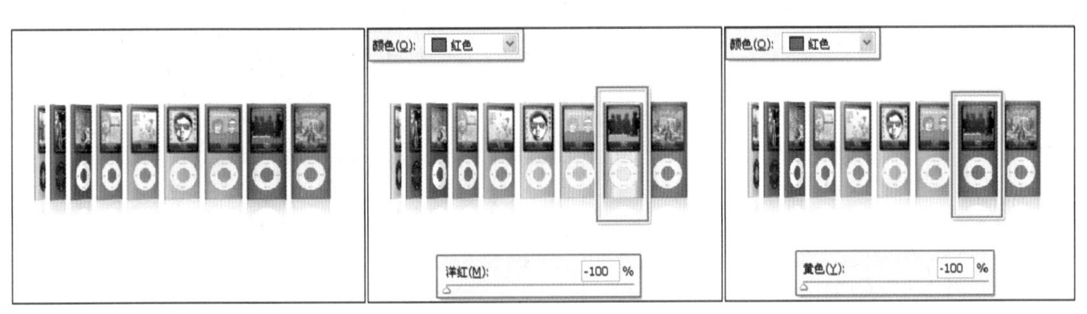

原图　　减去红色中的洋红含量　　减去红色中的黄色含量

图14–27　减去不同颜色中的相同印刷色数量

2. 增加颜色参数

在图像颜色中增加颜色参数时，基本上不会更改颜色色相。并且因为颜色含量的比例问题，会发现增加某些颜色参数产生的变化较大，而另一些颜色参数产生的变化较小。

例如，选择【颜色】列表中的【绿色】选项，分别为其增加相同的青色与黄色的印刷色数量。可以发现，前者变化较大，后者几乎没什么变化，如图 14–28 所示。

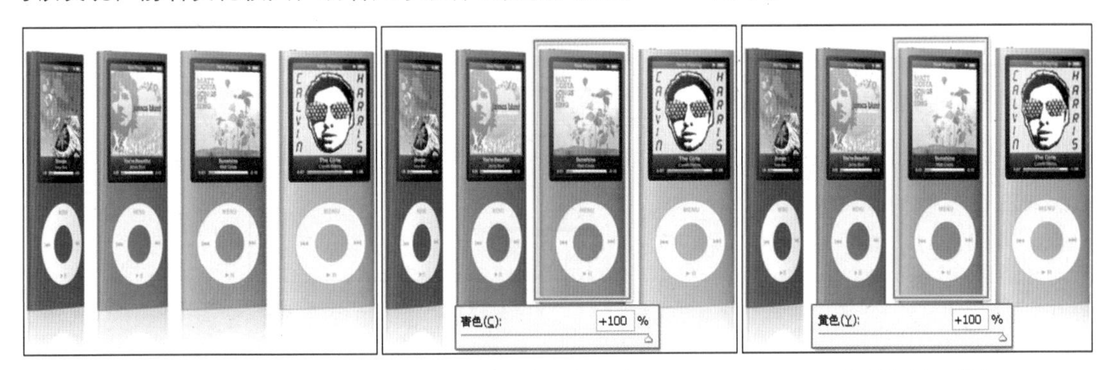

原图　　为绿色添加青色　　为绿色添加黄色

图14–28　为同一种颜色添加不同的印刷色数量

3. 调整方法

【可选颜色】命令是在一定范围内增加或者减少印刷色数量的，但是这个范围是可以更改的，那就是选中该命令对话框中【方法】选项组中的【相对】或者【绝对】单选按钮。

“相对”方法是按照总量的百分比来更改现有的青色、洋红、黄色或者黑色的量。例如，从 50% 红色的像素开始添加 10%，则 5% 将添加到红色，结果为 55% 的红色。图 14–29 为以相对的方法为洋红添加 100% 青色所得到的颜色效果显示。可以发现，图像中的洋红像素只是发暗。

图14–29　以“相对”方法添加印刷色数量

“绝对”方法是采用绝对值来调整颜色的。例如，如果从50%的黄色像素开始，然后添加10%，黄色油墨会设置为共60%。图14–30为以绝对的方法为洋红添加100%青色所得到的颜色效果显示。可以发现，图像中的洋红已经变成蓝紫色，发生了色相改变。

图14–30　以“绝对”方法添加印刷色数量

14.6 通道混合器

【通道混合器】命令能够创建创造性的颜色调整，以及创建高品质的灰度图像或其他色调图像。该命令是针对图像的各个通道进行精确的控制，所以不同的颜色模式图像，其对话框中的【输出通道】子选项会有所不同。如图14–31所示为RGB模式的图像打开的对话框。其中，对话框中的选项及功能见表14–2。

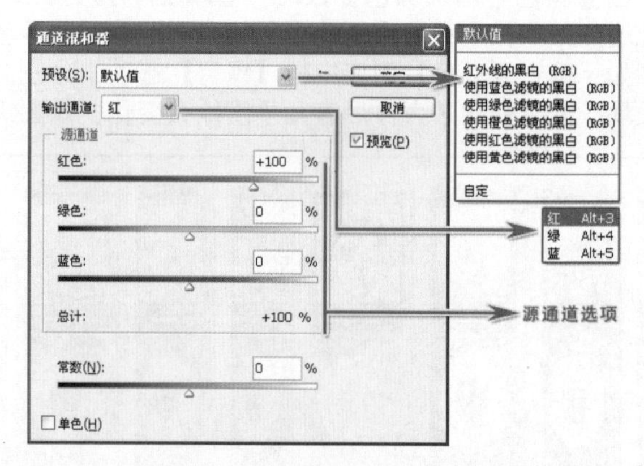

图14–31　【通道混合器】对话框

表14–2　【通道混合器】对话框中的选项及功能

选项	功能
预设	该选项主要是为灰色图像做准备，其中包括了6个预设选项
输出通道	该选项用来设置更改颜色的范围，并且会根据颜色模式的不同而所有改变
源通道	该选项用来设置改变颜色的参数值，并且会根据【输出通道】中选项的变化而变化
常数	该选项用于调整输出通道的灰度值，负值增加更多的黑色，正值增加更多的白色
单色	启用该复选框，可以将彩色图像转换为灰色图像

1．在同一通道中改变图像色彩

【通道混合器】命令是针对图像的每个通道来改变图像颜色的，所以默认情况下的调整的颜色参数是在单色通道中进行的。

以默认的红色输出通道为例，将【源通道】中的【红色】参数设置为0，【绿色】参数设置为100%，说明在红色通道中添加绿色通道中的灰色数据，就是在红色通道中增加绿色信息的100%，效果如图14–32所示。

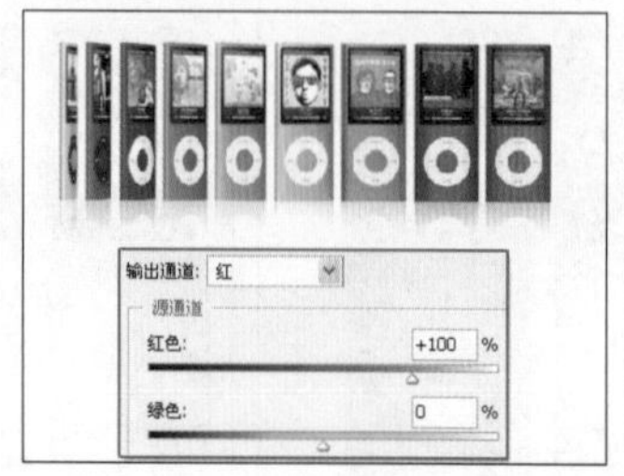

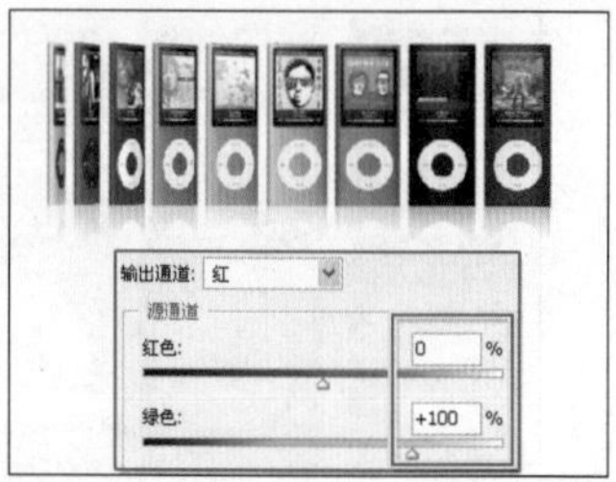

图14–32　在红通道中添加绿色信息

如果将【源通道】中的【红色】参数设置为0，【蓝色】参数设置为100%。说明在红色通道中添加蓝色通道中的灰色数据，就是在红色通道中增加绿色信息的100%，效果如图14—33所示。

当【源通道】中的红色参数为100%或者更高，而绿色参数为0%或者更高时，将蓝色参数设置到最大值，图像中的蓝色转换为洋红色，效果如图14—34所示。

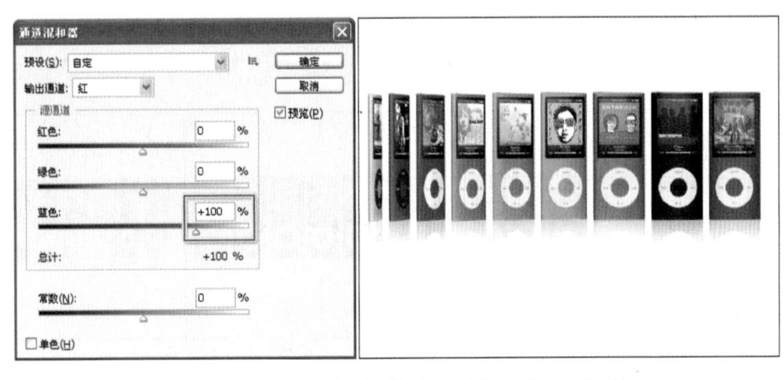

图14—33　在红色通道中添加蓝色信息

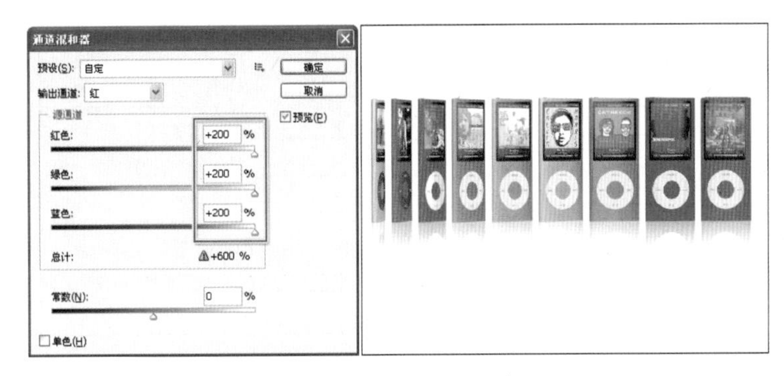

图14—34　蓝色转换为洋红色

2. 在不同通道中改变图像色彩

【输出通道】下拉列表中除了红色通道外，还包括绿色与蓝色单色通道。当选择【输出通道】为绿色通道或者蓝色通道时，虽然【源通道】中的颜色信息参数相同，但是设置相同的参数，会出现不同的效果。

比如，当选择【输出通道】为蓝色通道时，在默认参数情况下，蓝色参数为100%。如果设置蓝色参数为0，分别设置红色参数为100%与绿色参数为100%，效果如图14—35所示。

3. 通道混合器中的单色

技巧

选择蓝色输出通道，并且对其进行相似的设置，会得到不同的色调效果。

图14—35　设置蓝色输出通道参数的效果

【通道混合器】对话框中的【单色】选项用来创建高品质的灰度图像。该选项是在将彩色图像转换为灰度图像的同时，还可以调整颜色信息参数，以设置其对比度。方法是在对话框中启用【单色】复选框，这时【输出通道】变成灰色，效果如图14—36所示。

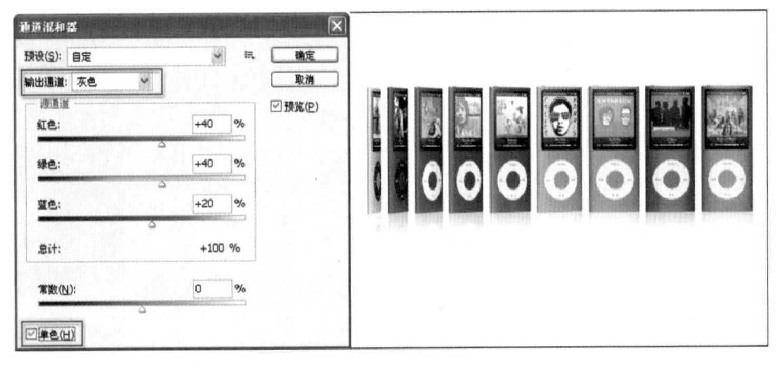

图14—36　启用【单色】选项

这时图像模式还是RGB，所以可以通过调整颜色信息参数来决定其对比度，方法与【黑白】命令相似。而对话框中的【预设】选项也为其准备了多种灰色图像效果，如图 14–37 所示。

红外线的黑白　　使用蓝色滤镜的黑白　　使用绿色滤镜的黑白　　使用红色滤镜的黑白

图14–37　预设灰色图像

启用【单色】复选框将彩色图像转换为灰色图像后，要想调整其对比度，必须是在当前对话框中调整，否则就会是为图像上色。比如，启用【单色】复选框后再禁用，即可设置源通道参数，为其上色，如图 14–38 所示。

图14–38　上色

14.7 实例：变换照片季节

不同的季节，色彩各不相同，变换季节其实就是更改色调。这里将图片中的绿色变换为红色与黄色，就将春天的景色更改为秋天，如图 14–39 所示。在调色过程中，因为是直接更改特定颜色，所以不需要建立选区。

图14–39　季节变换对比图

操作步骤：

STEP|01 在打开的素材图像文档中，新建“通道混合器1”调整图层，如图14–40所示。

STEP|02 在打开的【通道混合器】对话框中，设置红色通道中的颜色含量，如图14–41所示，去除图像中的绿色。

图14–40　新建“通道混合器1”调整图层

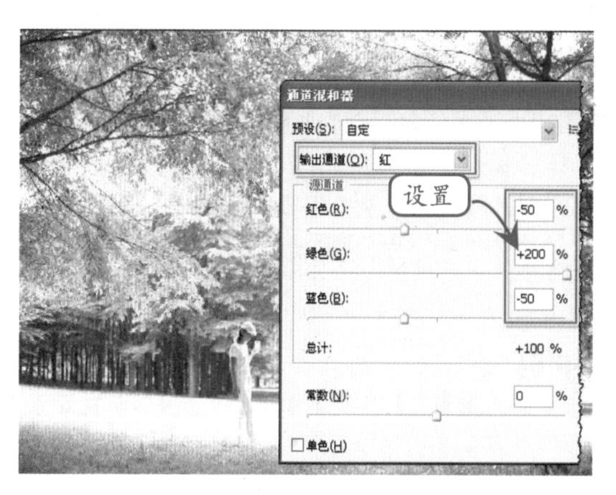

图14-41　去除绿色

STEP|03 新建“可选颜色1”调整图层后，在【可选颜色】对话框中增加红色像素中的洋红和黄色，如图14-42所示。

图14-42　更改红色颜色含量

STEP|04 选择【颜色】下拉列表中的【黄色】选项，减少青色，增加黄色，参数设置如图14-43所示。

图14-43　设置黄色含量

STEP|05 完成设置后，新建“曲线1”调整图层，在复合通道中调整曲线，使其对比度增加、色彩更加鲜艳，如图14-44所示。

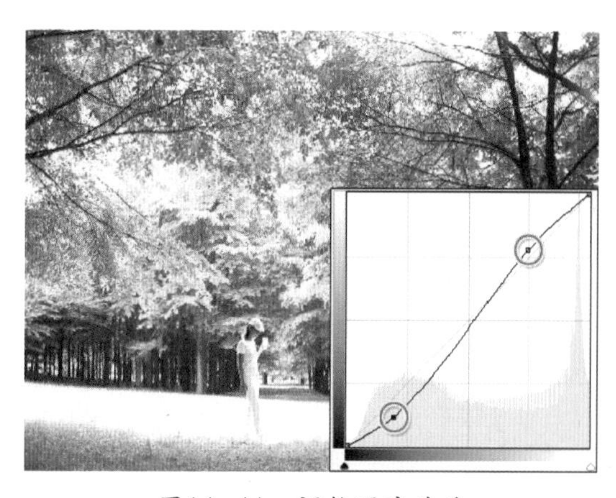

图14-44　调整明暗关系

14.8　实例：通过重新润色制作海报

本实例制作在海报画面主题中采用胶片负冲的效果，与深色背景形成强烈的对比，如图14-45 所示。主要通过【反相】命令实现手的胶片负冲效果，然后结合【色相／饱和度】命令调整其色相。

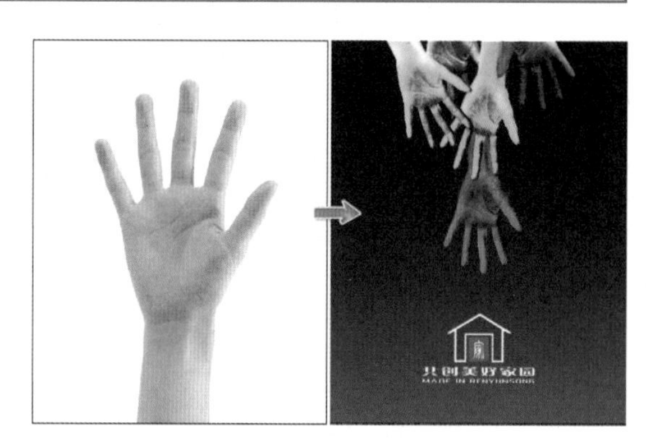

图14-45　海报效果

操作步骤：

STEP|01 打开配套光盘的素材图片，如图14—46所示。

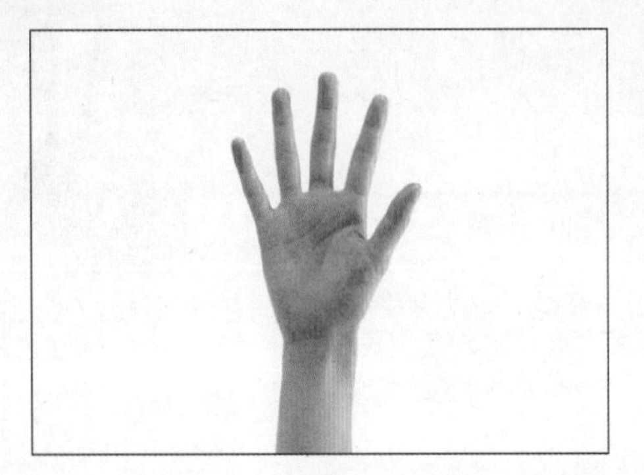

图14—46 打开素材图片

STEP|02 将素材图片中的主题物"手"抠取出来，复制并按照图14—47所示的排列方式排列。

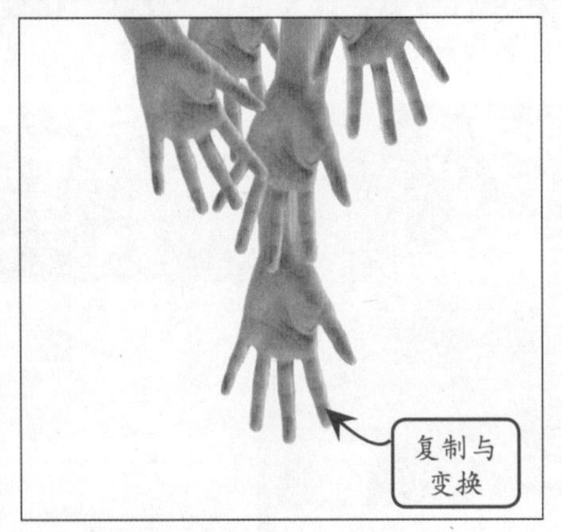

图14—47 复制并排列

STEP|03 分别选择每个"手"图层，执行【反相】命令，效果如图14—48所示。

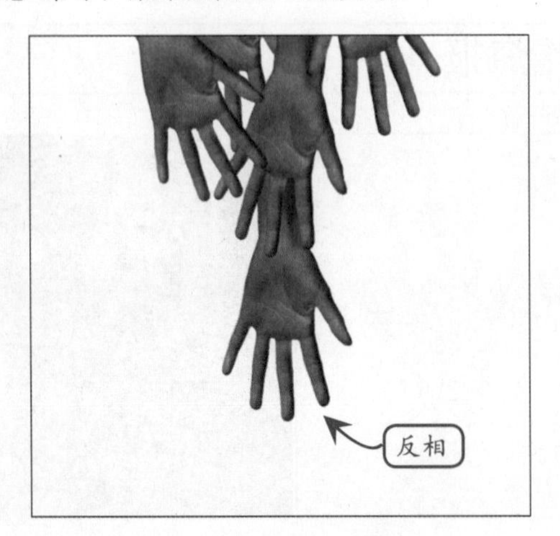

图14—48 执行【反相】命令

> **注意**
>
> 由于彩色打印胶片的基底中包含一层橙色掩膜，因此【反相】命令不能从扫描的彩色负片中得到精确的正片图像。在扫描胶片时，一定要使用正确的彩色负片设置。

STEP|04 选择左上角的"手"图层，执行【图像】|【调整】|【色阶】命令，参数设置如图14—49所示。

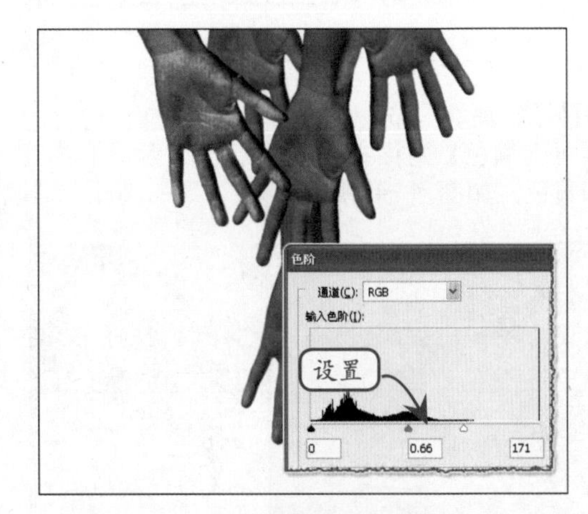

图14—49 执行【色阶】命令

STEP|05 依据第04步【色阶】命令参数的设置，将其他"手"图层处理完毕，提高亮度值，如图14—50所示。

图14—50 提高其他图像亮度

STEP|06 选择右上方"手"图层，执行【图像】|【调整】|【色相/饱和度】命令，参数设置如图14—51所示。

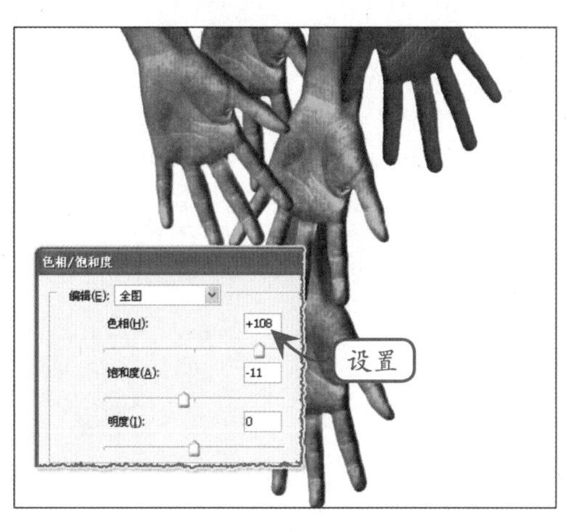

图14-51 更改色相

STEP|07 依据上面的方法，使用【色相/饱和度】命令，对其他“手”色相进行更改，效果如图14-52所示。

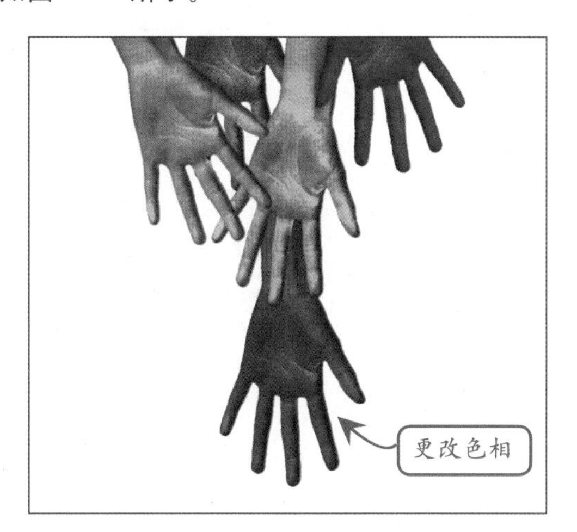

图14-52 更改其他“手”色相

STEP|08 选择【渐变工具】设置拾色器，在背景图层上创建线性渐变填充，如图14-53所示。

STEP|09 使用【钢笔工具】结合【矩形选框工具】在新建图层上绘制图14-54所示的图形，然后使用【横排文字工具】添加文字效果。

STEP|10 将所有“手”图层创建到一个图层组中，复制并合并。使用【色阶】命令调整其亮度，效果如图14-55所示。最后为海报添加上说明性的文字即可。

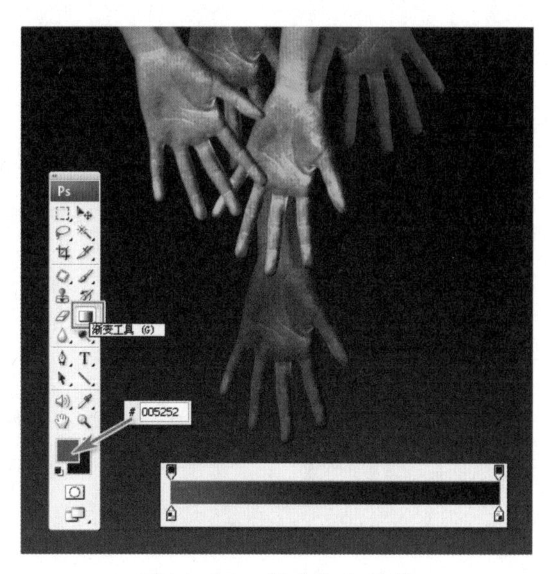

图14-53 创建渐变图层

图14-54 制作修饰性图形

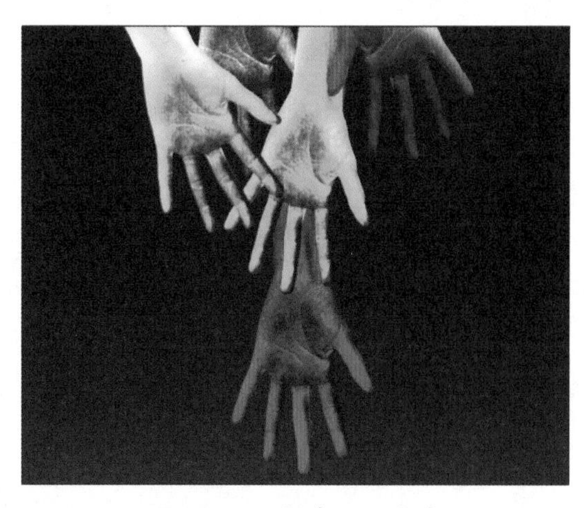

图14-55 提高图像亮度

15

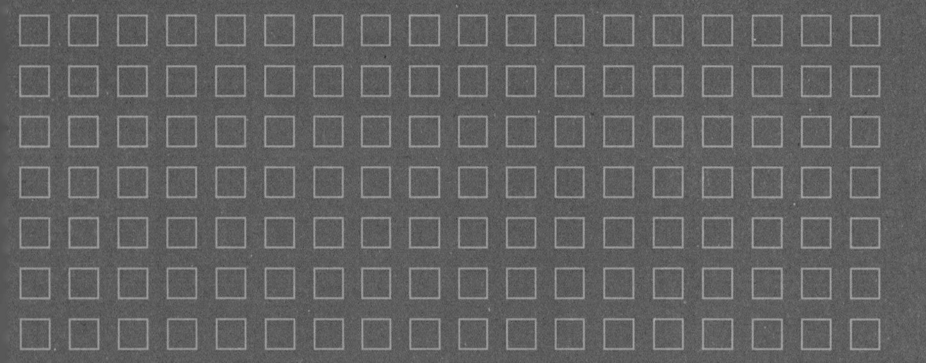

蒙版

在处理图像的过程中，经常需要保护图像局部，以使它们不受各种处理操作的影响，这时可以采用Photoshop中的蒙版。蒙版不仅能够保护局部图像，还具有不同层次的保护范围功能，从而改变图像效果的展示。

本章节主要介绍蒙版类型、各种蒙版的使用方法，以及与蒙版相关的调整图层等，使其掌握非破坏性编辑图像的方法。

Photoshop CS4

15.1 蒙版概述

Photoshop 蒙版是将不同灰度色值转化为不同的透明度，并作用到它所在的图层，使图层不同部位的透明度产生相应的变化。

蒙版中的纯白色区域可以遮罩下面图层中的内容，显示当前图层中的图像；蒙版中的纯黑色区域可以遮罩当前图层中的图像，显示下面图层中的内容；蒙版中的灰色区域会根据其灰度值呈现出不同层次的透明效果，如图 15-1 所示。因此，用白色在蒙版中绘画的区域是可见的，用黑色绘画的区域将被隐藏，用灰色绘画的区域会呈现半透明效果。

图15-1　蒙版颜色与图像显示效果

在 Photoshop 中，可以根据不同的工具或者命令，得到不同类型的蒙版。其中包括快速蒙版、剪切蒙版、图层蒙版与矢量蒙版。而不同类型的蒙版，其创建方法各不相同，甚至同类型蒙版，也可以通过不同的方式来创建。

15.2 快速蒙版

快速蒙版模式是使用各种绘图工具来建立临时蒙版的一种高效率方法。使用快速蒙版模式建立的蒙版能够快速地转换成选择区域。

1. 创建快速蒙版

单击工具箱下方的【以快速蒙版模式编辑】按钮，进行快速蒙版编辑模式。使用【画笔工具】在画布中单击，绘制半透明红色图像，如图 15-2 所示。

图15-2　在快速蒙版中绘制图像

注意

进入快速蒙版编辑模式后，【图层】面板中的图层颜色显示为灰色。

单击工具箱下方【以标准模式编辑】按钮，返回正常模式，半透明红色图像转换为选区。进行任意颜色填充后，可以发现原半透明红色图像区域被保护，如图 15-3 所示。

提示

进入快速蒙版编辑模式后，【以快速蒙版模式编辑】按钮变成【以标准模式编辑】按钮，方便返回正常编辑模式。

图15—3　半透明红色图像转换为选区

2．更改快速蒙版选项

默认情况下，在快速模版模式中绘制的任何图像均呈现红色半透明状态，并且代表被蒙版区域。

当快速蒙版模式中的图像与背景图像有所冲突时，可以通过更改【快速蒙版选项】对话框中的颜色值与不透明度值，来改变快速蒙版模式中的图像显示效果，如图15—4所示。

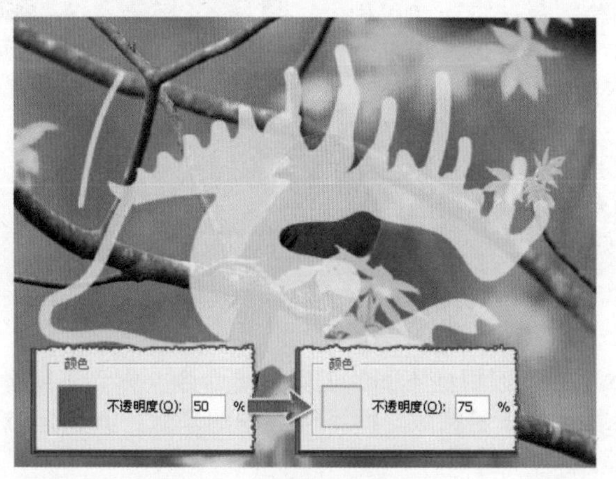

图15—4　更改快速蒙版颜色

技巧

双击工具箱中的【以快速蒙版模式编辑】按钮或者【以标准模式编辑】按钮，均能够打开【快速蒙版选项】对话框。

由于快速蒙版模式中的图像与标准模式中的选区为相反区域，要想使之相同，需要选中【快速蒙版选项】对话框中的【所选区域】单选按钮，如图15—5所示。

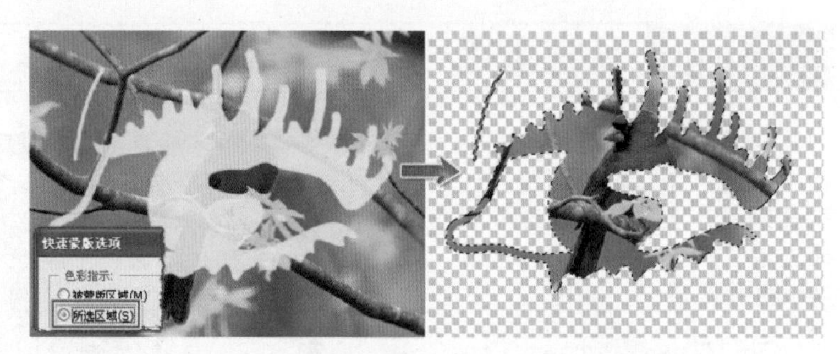

图15—5　选中【所选区域】单选按钮

3．编辑快速蒙版

虽然快速蒙版与选取工具均为临时选择工具，但是前者能够在相应编辑模式中重复编辑。如图15—6所示，使用【画笔工具】的尖角笔触绘制眼球区域，得到眼睛的选区。

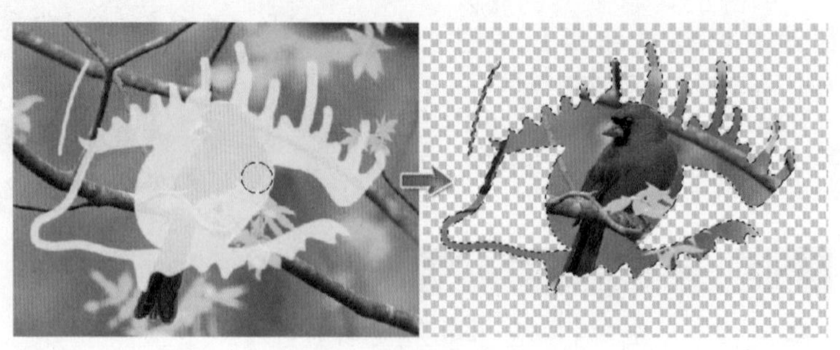

图15—6　重复编辑选区

快速蒙版的优势还包括能够在选区中应用滤镜命令，使选区边缘更加复杂。比如，在快速蒙版编辑模式中，执行【滤镜】|【模糊】|【径向模糊】命令，应用“缩放”模糊，得到如图15–7所示的缩放选区。

图15–7 执行【滤镜】命令

15.3 剪贴蒙版

使用下方图层中图像的形状来控制其上方图层图像的显示区域，称为剪贴蒙版。剪贴蒙版中下方图层需要的是边缘轮廓，而不是图像内容。

1. 创建剪贴蒙版

当【图层】面板中存在两个或者两个以上图层时，即可创建剪贴蒙版。一种方法是选中上方图层，执行【图层】|【创建剪贴蒙版】命令（快捷键Alt + Ctrl + G），该图层会与其下方图层创建剪贴蒙版；另外一种方法是在按住Alt键的同时在选中图层与相邻图层之间单击，创建剪贴蒙版，如图15–8所示。

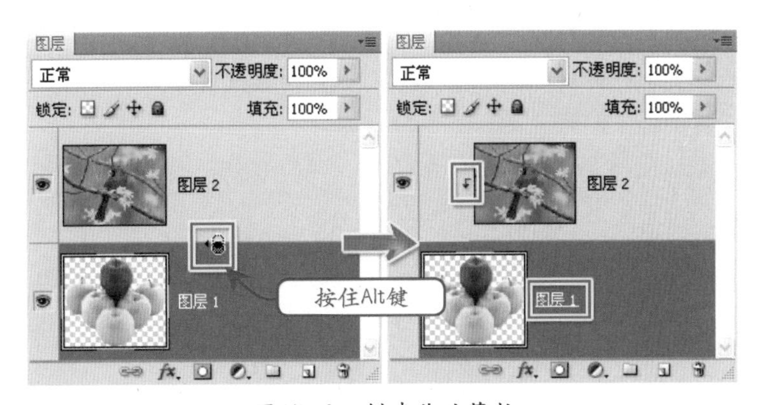

图15–8 创建剪贴蒙版

剪贴蒙版创建后，发现下方图层名称带有下划线；上方图层的缩览图是缩进的，并且显示一个剪贴蒙版图标。而画布中图像的显示也会随之变化，如图15–9所示。

图15–9 创建剪贴蒙版前后的对比效果

提示

剪贴蒙版中的下方形状图层还可以是文本图层、形状图层或者填充图层等。

2. 编辑剪贴蒙版

创建剪贴蒙版后，还可以对其中的图层进行编辑，比如移动图层、设置图层属性以及添加图像图层等操作，从而更改图像效果。

移动图层

剪贴蒙版中两个图层中的图像均可以随意移动，以改变图像的显示效果。如果移动下方图层中的图像，那么会在不同位置显示上方图层中的不同区域图像；如果移动的是上方图层中的图像，那么会在同一位置显示该图层中的不同区域图像，并且可能会显示出下方图层中的图像，如图15–10所示。

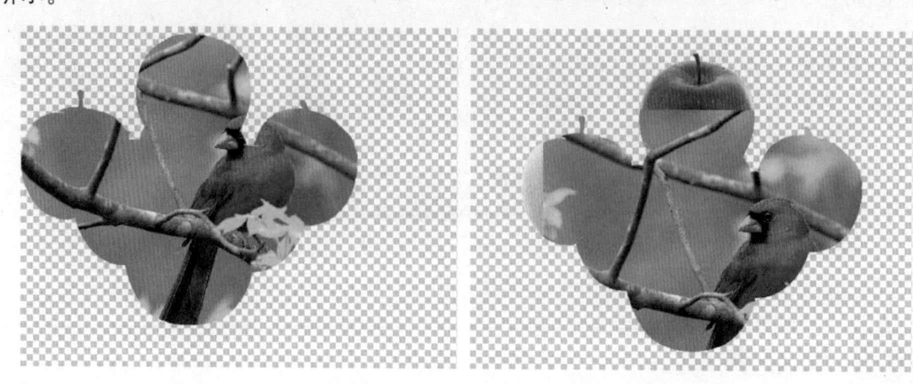

图15–10　移动下方图层图像与移动上方图层图像

设置图层属性

在剪贴蒙版中，不仅能够设置图层的【不透明度】选项，还能够设置图层【混合模式】选项来改变图像效果，并且通过设置不同的图层来显示不同的图像效果。

设置剪贴蒙版中下方图层的【不透明度】选项，可以控制整个剪贴蒙版组的不透明度；而调整上方图层的【不透明度】选项，只是控制其自身的不透明度，不会对整个剪贴蒙版产生影响，如图15–11所示。

设置下方图层的不透明度

设置上方图层的不透明度

图15–11　分别设置不同图层的不透明度

设置上方图层的【混合模式】选项，可以使该图层图像与下方图层图像融合为一体；如果设置下方图层的【混合模式】选项，必须在剪贴蒙版下方放置图像图层，这样才能够显示混合模式效果；同时设置剪贴蒙版中两个图层的【混合模式】选项时，会得到两个叠加效果，如图15–12所示。

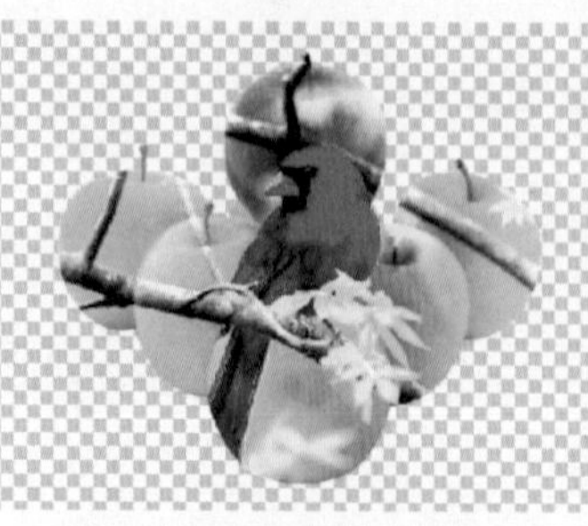

设置上方图层为线性光模式

设置下方图层为线性光模式

设置两个图层均为线性光模式

图15–12　分别设置不同图层的混合模式

注意

当剪贴蒙版中的两个图层均设置【混合模式】选项，并且隐藏剪贴蒙版组下方图层后，效果与单独设置上方图层的效果相同。

添加图像图层

剪贴蒙版的优势就是形状图层可以应用于多个图像图层，从而分别显示相同范围中的不同图像。创建剪贴蒙版后，将其他图层拖至剪贴蒙版中即可。如图 15-13 所示为通过隐藏其他图像图层来显示不同的图像效果。

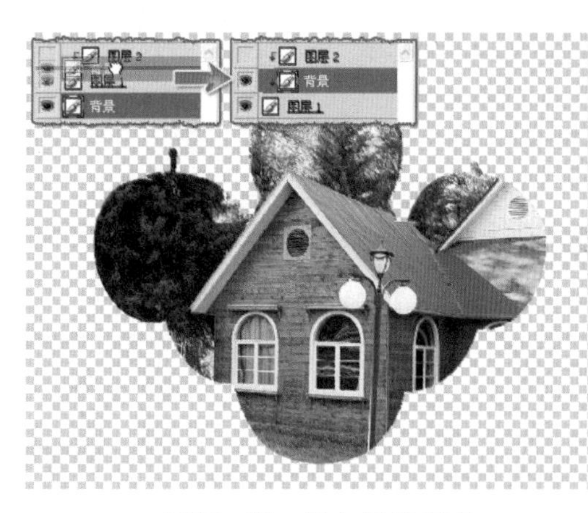

图15-13 添加图像图层

15.4 图层蒙版

图层蒙版之所以可以精确、细腻地控制图像显示与隐藏的区域，是因为图层蒙版是由图像的灰度来决定图层的不透明度的。

Photoshop CS4 为蒙版提供了【蒙版】面板，通过该面板中的各个选项可以创建图层蒙版与矢量蒙版，并且为后期编辑蒙版图像提供了快捷的方式。执行【窗口】|【蒙版】命令，打开【蒙版】对话框，如图 15-14 所示。其中，各个选项与按钮的名称和作用见表 15-1。

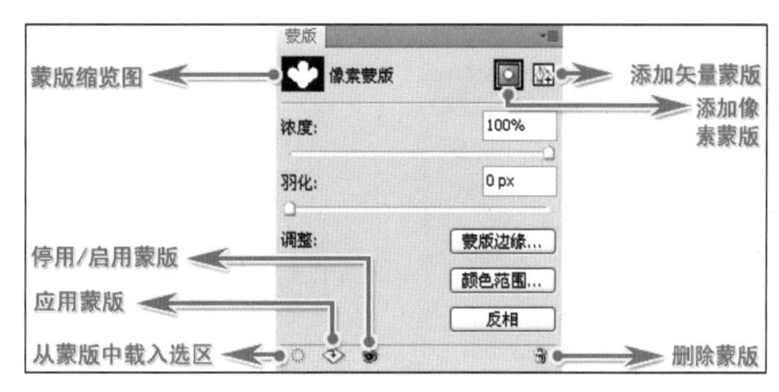

图15-14 【蒙版】面板

表15-1 【蒙版】面板中的选项名称与作用

名称	图标/按钮	作用
添加像素蒙版		单击该按钮，可以快速添加图层蒙版
添加矢量蒙版		单击该按钮，可以快速添加矢量蒙版
浓度	无	拖动该滑块，蒙版中的黑色逐渐变成白色
羽化	无	拖动该滑块，蒙版中的图像边缘被模糊
蒙版边缘	蒙版边缘...	单击该按钮，能够调整蒙版图像的边缘效果
颜色范围	颜色范围...	单击该按钮，能够细化白色图像范围
反相	反相	单击该按钮，可将蒙版中的图像颜色反相
从蒙版中载入选区		单击该按钮，可将蒙版图像载入选区
应用蒙版		单击该按钮，可应用并删除蒙版
停用/启用蒙版		单击该按钮，可停用或者启用蒙版

1. 创建图层蒙版

创建图层蒙版包括多种途径。其中最简单的方法为直接单击【图层】面板底部的【添加图层蒙版】按钮，或者单击【蒙版】面板右上角的【添加像素蒙版】按钮，即可为当前普通图层添加图层蒙版，如图15-15所示。

提示

直接单击【添加图层蒙版】按钮，添加的是显示全部的图层蒙版；按住Alt键的同时单击该按钮，添加的是隐藏全部的图层蒙版。

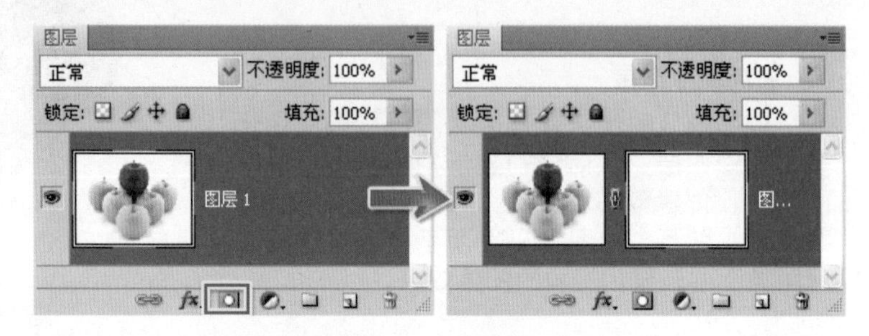

图15-15 添加图层蒙版

如果画布中存在选区，直接单击【添加图层蒙版】按钮。在图层蒙版中，选区内部呈白色，选区外部呈黑色。这时黑色区域被隐藏，如图15-16所示。

图15-16 为选区添加图层蒙版

提示

当画布中存在选区时，如果按住Alt键的同时单击【添加图层蒙版】按钮，那么选区内部为隐藏区域，选区外部为显示区域。

2. 调整图层蒙版

无论是单独创建图层蒙版，还是通过选区创建，均能够重复调整图层蒙版中的灰色图像，从而改变图像的显示效果。

移动图层蒙版

图层蒙版中的灰色图像与图层中的图像为链接关系。也就是说，无论是移动前者还是后者，均会出现相同的效果；如果单击【指示图层蒙版链接到图层】图标，使图层蒙版与图层分离。这时无论是移动图层中的图像，还是移动蒙版中的灰色图像，均会使显示范围与图像错位，如图15-17所示。

图15-17 移动图像与单独移动图层蒙版中的图像

注意

单击图层缩览图后，移动的是图层中的彩色图像；单击图层蒙版缩览图后，移动的是蒙版中的灰色图像。

>> 停用与启用图层蒙版

通过图层蒙版编辑图像，只是隐藏图像的局部，并不是删除。所以，随时可以还原图像原来的效果。比如右击图层蒙版缩览图，执行【停用图层蒙版】命令，或者单击【蒙版】面板底部的【停用／启用蒙版】按钮，即可显示原图像效果，如图15–18所示。

技巧

要想返回图层蒙版效果，只要右击图层蒙版缩览图，执行【启用图层蒙版】命令，或者直接单击图层蒙版缩览图即可。

图15–18　停用图层蒙版

>> 复制与反相复制图层蒙版

当图像文档中存在两幅或者两幅以上图像时，还可以将图层蒙版复制到其他图层中，以相同的蒙版显示或者隐藏当前图层的内容。

在按住Alt键的同时单击并且拖动图层蒙版至其他图层。释放鼠标后，在当前图层中添加相同的图层蒙版，如图15–19所示。

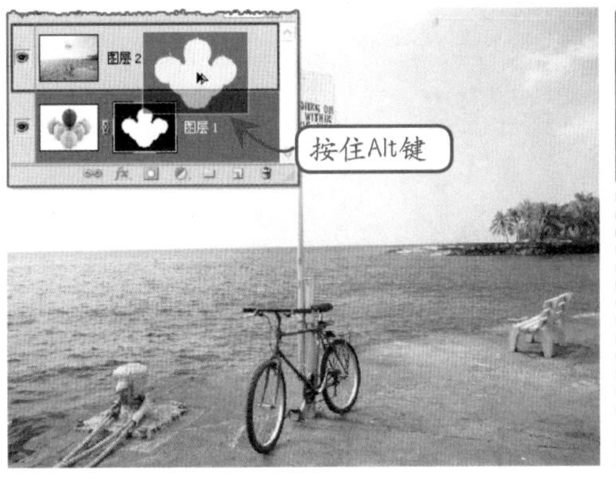

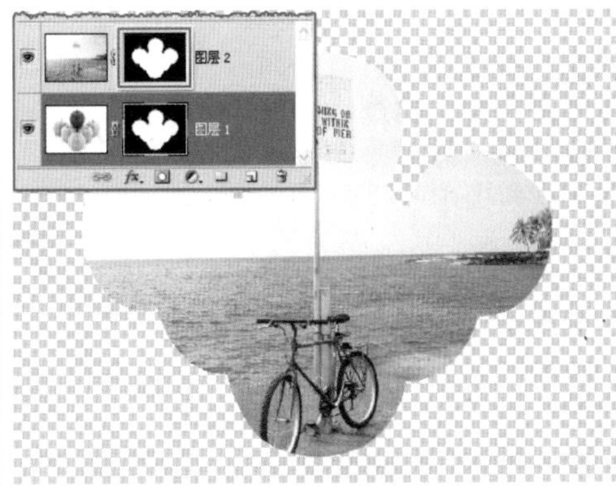

图15–19　复制图层蒙版

如果需要对当前图层执行源蒙版的反相效果，则可以选择蒙版缩览图，按住Shift＋Alt快捷键拖动鼠标到需要添加蒙版的图层。这时当前图层添加的是颜色相反的蒙版，效果如图15–20所示。

图15–20　反相复制图层蒙版

显示图层蒙版图像

在图层蒙版中再次编辑灰色图像时，在画布中只能查看灰色图像应用于彩色图像后的最终效果，如图 15–21 所示的左图。要想查看图层蒙版中的灰色图像效果，需要在按住 Alt 键的同时单击图层蒙版缩览图，进入图层蒙版编辑模式，画布显示图层蒙版中的图像，如图 15–21 所示的右图。

图15–21　编辑图层蒙版灰色图像与查看图层蒙版图像

通过显示图层蒙版编辑模式，还可以将外部图像复制到其中，呈现更为细致的图像显示效果。例如，全选外部图像并且复制后，在按住 Alt 键的同时单击空白图层蒙版，进入图层蒙版编辑模式。然后进行粘贴，使灰色图像显示在图层蒙版中，如图 15–22 所示。

图15–22　将外部图像复制到图层蒙版中

同样，在按住 Alt 键的同时单击图层蒙版缩览图，返回标准编辑模式，这时画布显示图层效果，如图 15–23 所示。

图15–23　彩色图像效果

3. 图层蒙版与滤镜

图层蒙版与滤镜具有相辅相成的关系。在图层蒙版中能够应用滤镜效果，而在智能滤镜中则可以编辑滤镜效果蒙版来改变滤镜效果。

在蒙版中应用滤镜

图层蒙版中的灰色图像同样可以应用滤镜效果，只是得到的最终效果呈现在图像显示效果中，而不是直接应用在图像中。

在具有灰色图像的图层蒙版中，执行【滤镜】|【扭曲】|【旋转扭曲】命令。灰色图像发生变化的同时，彩色图像的显示效果同时改变，如图 15–24 所示。

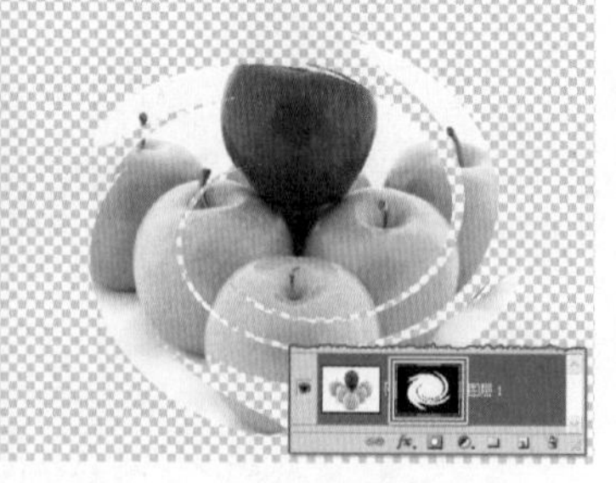

图15–24　在图层蒙版中执行【滤镜】命令

智能滤镜中的图层蒙版

滤镜效果的范围显示可以通过滤镜蒙版来改变，而滤镜蒙版必须在智能滤镜的基础上的添加。首先执行【滤镜】|【转换为智能滤镜】命令，将普通图层转换为智能对象。然后执行某个滤镜效果后，编辑滤镜蒙版，形成局部旋转效果，如图 15–25 所示。

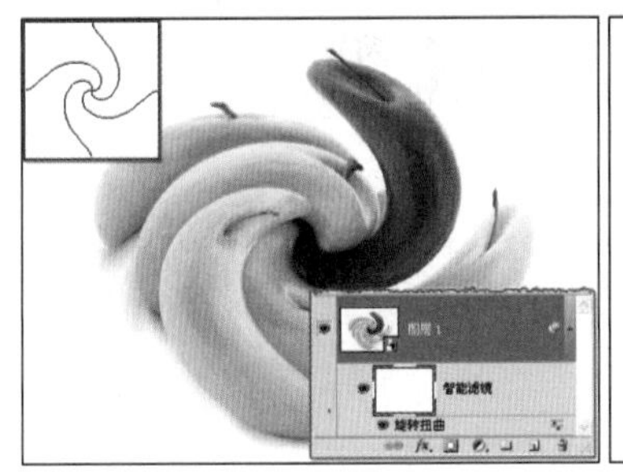

图15–25　通过蒙版改变滤镜效果

4. 面板操作

无论在图层蒙版中进行任何操作，均会改变蒙版中原灰色图像，导致无法回到最初的效果。而对于简单的蒙版图像编辑，比如羽化、灰色程度等操作，则可以在【蒙版】面板中进行操作，从而能够随时更改参数，改变显示效果。

浓度与羽化

为了柔化图像边缘，会在图层蒙版中进行模糊，从而改变灰色图像。为了减少重复操作，可以使用【蒙版】面板中的【羽化】或者【浓度】选项。

当图层蒙版中存在灰色图像时，在【蒙版】面板中向右拖动【浓度】滑块时，蒙版中的黑色图像逐渐转换为白色，而彩色图像被隐藏的区域逐渐显示，如图 15–26 所示。

浓度为100%

浓度为70%

浓度为30%

浓度为0%

图15–26　调整【浓度】选项

在【蒙版】面板中，向右拖动【羽化】滑块，灰色图像边缘被羽化，而彩色图像由外部向内部逐渐透明，如图 15–27 所示。

羽化为0px

羽化为40px

羽化为100px

羽化为250px

图15–27　调整【羽化】选项

调整选项

在【蒙版】面板中，【调整】选项包括【蒙版边缘】、【颜色范围】和【反相】选项。通过这些选项的设置，能够得到更多的蒙版图像效果。

选中图层蒙版，单击面板中的【颜色范围】按钮 颜色范围... 。在弹出的【颜色范围】对话框中，再次根据彩色图像细化蒙版图像。

打开【颜色范围】对话框，设置一种颜色选项后，单击【确定】按钮。根据彩色图像改变图层蒙版，从而反过来影响彩色图像的显示区域，如图15—28所示。

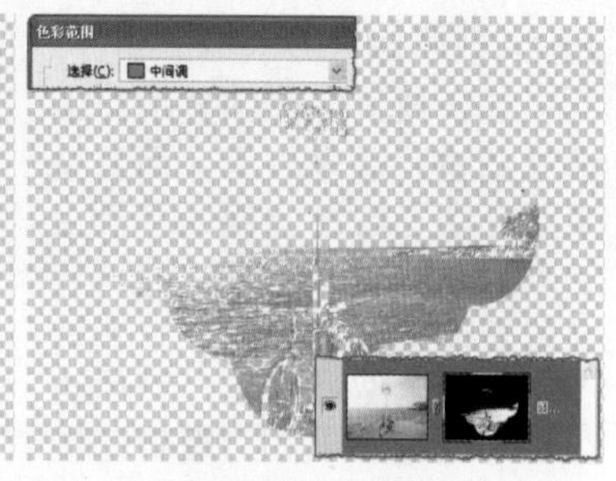

图15—28 通过【颜色范围】来调整蒙版图像

提示

单击【调整】选项中的【蒙版边缘】按钮，打开的虽然是【调整蒙版】对话框，但是与选区中的【调整边缘】对话框的使用方法相同，只是两者所应用的对象有所不同。

15.5 矢量蒙版

矢量蒙版是与分辨率无关的蒙版，是通过【钢笔工具】或者【形状工具】创建路径，然后以矢量形状控制图像可见的区域的。

1．创建矢量蒙版

矢量蒙版的创建主要包括3种方式：一种是颜色与路径组成的形状图层；另一种是空白矢量蒙版；最后一种是以现有的路径创建矢量蒙版。

创建形状图层

路径中的形状图层就是结合矢量蒙版创建矢量图像的。比如选择某个路径工具后，启用工具选项栏中的【形状图层】功能。直接在画布中单击并且拖动鼠标，在【图层】面板中自动新建具有矢量蒙版的形状图层，如图15—29所示。

图15—29 创建形状图层

技巧

形状图层的优势就是可以随时地更改图形中的颜色，只要单击该图层的图层缩览图，即可打开拾色器来挑选颜色。

创建空白矢量蒙版

当画布中不存在路径时，单击【蒙版】面板右上方的【添加矢量蒙版】按钮，在当前图层中添加显示全部的矢量蒙版；如果在按住Alt键的同时单击该按钮，即可添加隐藏全部的矢量蒙版，如图15—30所示。

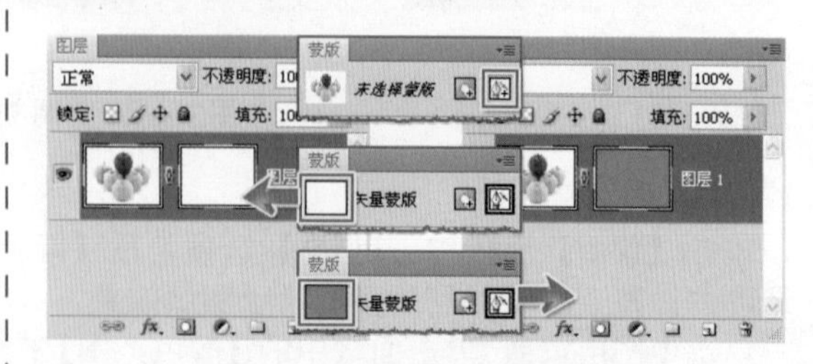

图15—30 创建矢量蒙版

然后选择某个路径工具，在工具选项栏中启用【路径】功能。在画布中建立路径，图像即可显示路径区域，如图 15–31 所示。

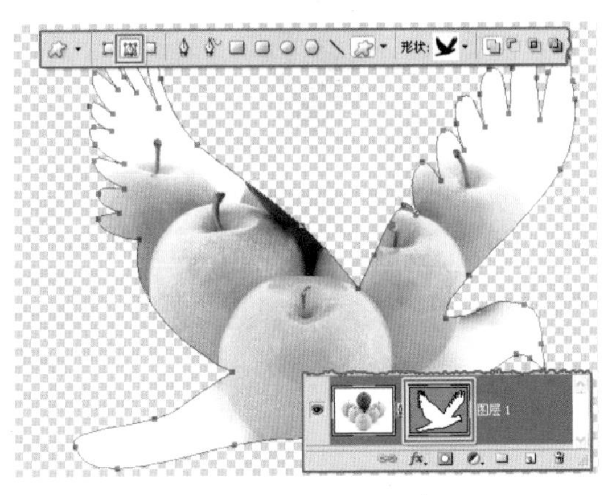

图15–31　在矢量蒙版中建立路径

以现有的路径创建矢量蒙版

选择路径工具，在画布中建立任意形状的路径。然后单击【蒙版】面板中的【添加矢量蒙版】按钮，即可创建带有路径的矢量蒙版，如图 15–32 所示。

2．编辑矢量蒙版

创建矢量蒙版后，还可以在其中编辑路径，从而改变图像的显示效果。矢量蒙版编辑既可以改变路径形状，也可以设置显示效果。

编辑蒙版路径

通过添加、删除或者调整路径，能够改变图像的显示范围。比如单击矢量蒙版缩览图，选择【椭圆工具】，单击工具选项栏中的【添加到路径区域】按钮，在画布中建立椭圆路径，增加图像的显示范围，如图 15–33 所示。

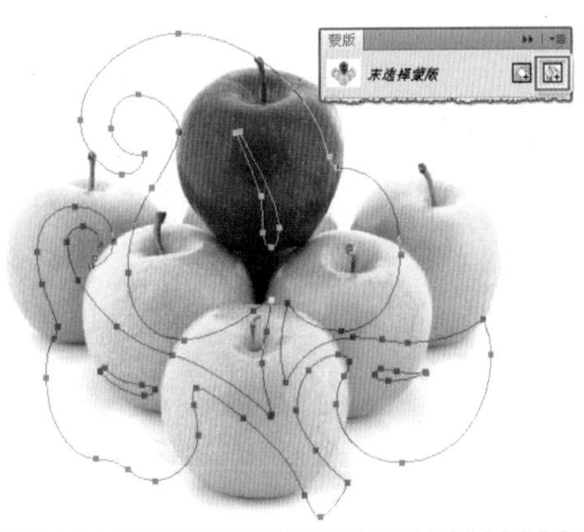

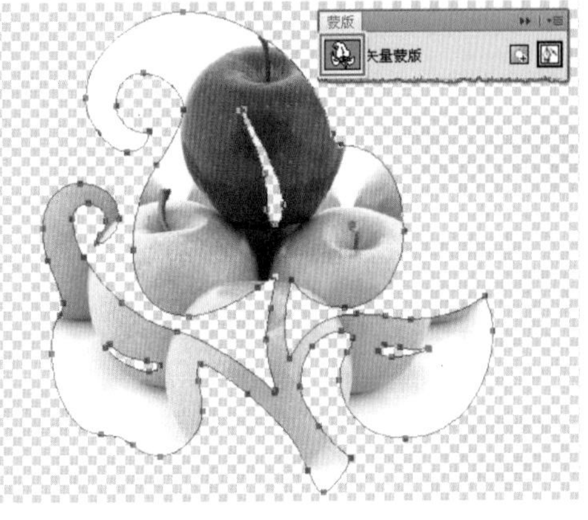

图15–32　创建带路径的矢量蒙版

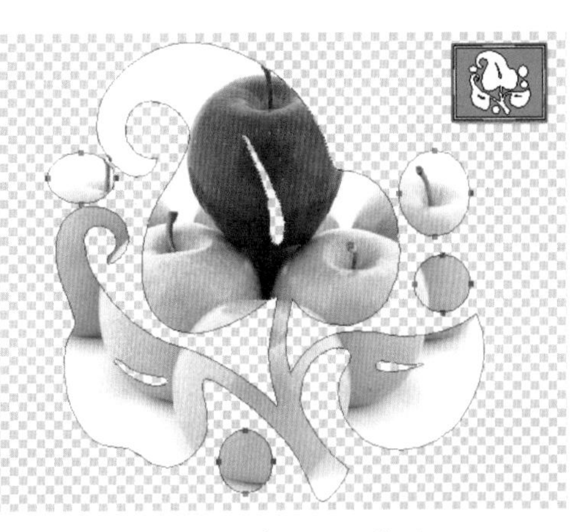

图15–33　增加显示范围

改变显示效果

在 Photoshop CS4 中，要想为矢量蒙版添加羽化效果，不需要再借助图层蒙版，而是直接调整【蒙版】面板中的【羽化】选项即可。

选中矢量蒙版，在【蒙版】面板中向右拖动【羽化】滑块，得到具有羽化效果的显示效果；如果向左拖动【浓度】滑块，路径外部区域的图像就会逐渐显示，如图 15–34 所示。

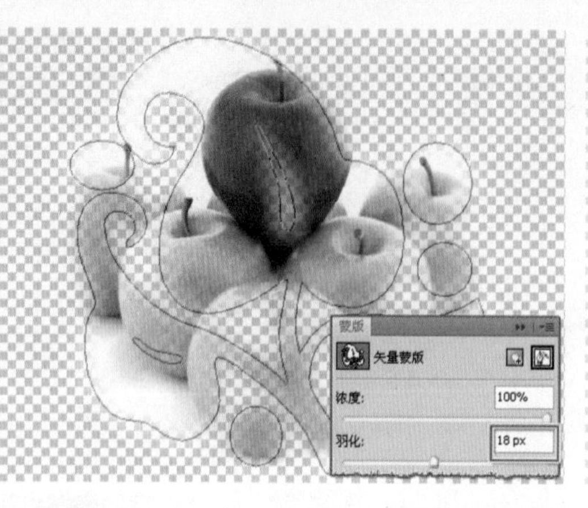

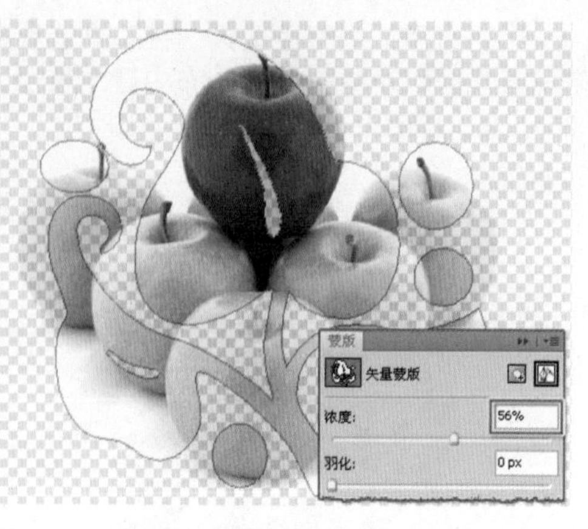

图15-34　羽化矢量蒙版与显示路径外部图像

15.6 调整图层

在 Photoshop 中处理图像，是对图像或多或少的破坏，而调整图层起到一个重复修改并保留源图像的作用。

调整图层包括颜色调整图层和填充图层，其中 Photoshop CS4 为前者提供了【调整】面板，如图 15-35 所示，以方便色彩调整图层的建立、调整、查看与删除等一系列操作。

在图 15-35 中，左侧为【调整】面板的初始界面。当单击某个色彩调整按钮，或者选择某个预设选项后，就会切换到相应的设置界面。该面板中的各个按钮与选项见表 15-2。

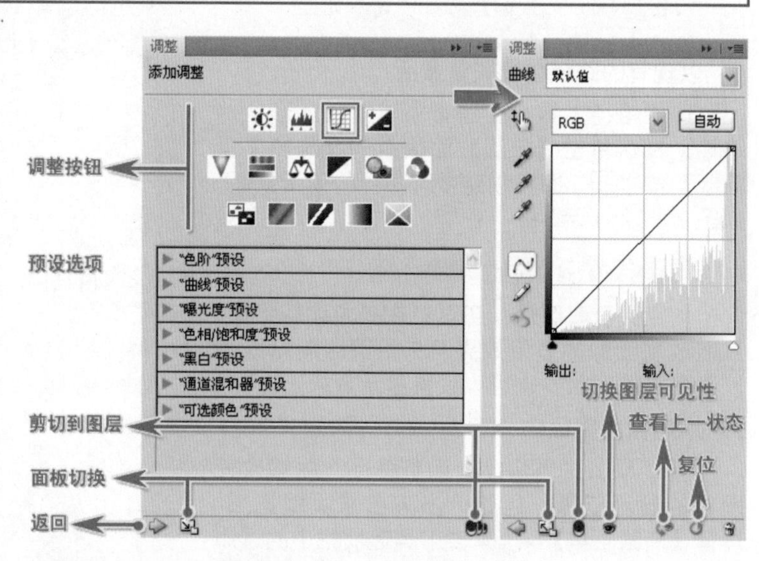

图15-35　【调整】面板

表15-2　【调整】面板中各个按钮与选项的名称与作用

名称	按钮/图标	作用
亮度/对比度		单击该按钮，切换到【亮度/对比度】参数控制面板
色阶		单击该按钮，切换到【色阶】参数控制面板
曲线		单击该按钮，切换到【曲线】参数控制面板
曝光度		单击该按钮，切换到【曝光度】参数控制面板
自然饱和度		单击该按钮，切换到【自然饱和度】参数控制面板
色相/饱和度		单击该按钮，切换到【色相/饱和度】参数控制面板
色彩平衡		单击该按钮，切换到【色彩平衡】参数控制面板
黑白		单击该按钮，切换到【黑白】参数控制面板
照片滤镜		单击该按钮，切换到【照片滤镜】参数控制面板

续表

名称	按钮/图标	作用
通道混合器		单击该按钮，切换到【通道混合器】参数控制面板
反相		单击该按钮，直接执行【反相】命令
色调分离		单击该按钮，切换到【色调分离】参数控制面板
阈值		单击该按钮，切换到【阈值】参数控制面板
渐变映射		单击该按钮，切换到【渐变映射】参数控制面板
可选颜色		单击该按钮，切换到【可选颜色】参数控制面板
预设选项	无	这些预设选项是颜色调整命令中的一个选项。选择某个选项，能够直接创建设置好的调整图层
面板切换	/	单击该按钮，能够在标准界面与展开界面之间切换
返回	/	单击该按钮，可以在列表与控制调整选项界面之间切换
剪切到图层	/	单击该按钮，使调整图层与相邻的图像图层形成剪贴蒙版
切换图层可见性		单击该按钮，能够隐藏或显示调整图层
查看上一状态		按住该按钮，查看颜色调整的上一状态
复位	/	单击该按钮，复位到调整默认值
删除		单击该按钮，删除选中的调整图层

1．创建调整图层

由于【调整】面板的新增，调整图层的创建方法除了使用创建命令外，也可以使用【调整】面板。而不同的创建方法，其创建效果各不相同。

添加空白调整图层

单击【调整】面板中的任一调整图层按钮，均会新建相应的默认颜色调整图层，如图15-36所示，而图像没有发生任何变化。

图15-36　新建默认调整图层

创建空白颜色调整图层，还可以通过【图层】|【新建调整图层】命令，或者通过单击【图层】面板底部的【创建新的填充或调整图层】按钮来实现。

添加预设调整图层

由于部分颜色调整命令中增加了【预设选项】选项，选择【调整】面板中的【预设选项】选项，能够直接创建具有参数设置的调整图层。

比如，在【调整】面板的预设列表中选择【"色相/饱和度"预设】中的【深褐】选项，直接得到设置好的调整图层，如图15-37所示。

图15-37　创建预设调整图层

》 添加填充图层

填充图层的主要功能是填充单色、渐变颜色与图案，但是同样能够改变图像的效果。比如执行【图层】|【新建填充图层】|【渐变】命令，选择一种渐变颜色后，即可创建"渐变填充 1"图层，如图 15-38 所示。

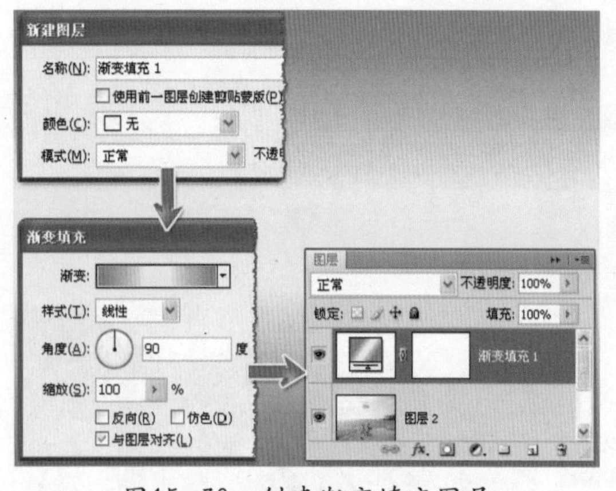
图15-38　创建渐变填充图层

要想使填充图层应用于图像图层，可以通过设置图层的【混合模式】或者【不透明度】选项来实现。如图 15-39 所示为设置【混合模式】选项来调整图像的效果。

图15-39　设置填充图层属性

注意

填充图层也是非破坏性图层，并且还能够重复设置填充属性。只要双击图层缩览图，即可更换颜色或者图案。

2. 调整图层基本操作

调整图层是非破坏性图层，为了体现这一特点，【调整】面板中提供了重复操作与查看源图像的快捷方法。

》 查看源图像

在设置【调整】面板中的参数同时，图像效果同时发生相应的变化。要想查看源图像效果，在【调整】面板中包括两种方法。一种是单击【切换图层可见性】按钮，隐藏调整图层，如图 15-40 所示。

图15-40　调整参数与隐藏调整图层

另外一种方法是通过查看上一状态来查看源文件。当第一次设置参数后，单击【查看上一状态】按钮，图像显示源图像效果，如图15-41所示。释放鼠标，返回设置效果。

当再次设置颜色参数后，单击【查看上一状态】按钮，图像显示上一次设置的效果，如图15-42所示。

复位与删除调整图层

要想重新设置颜色参数，可以单击面板中的【复位】按钮。这时还原图像效果，保留调整图层；如果要删除调整图层，直接单击【删除】按钮即可，如图15-43所示。

图15-41　查看源图像

图15-42　查看上一状态效果

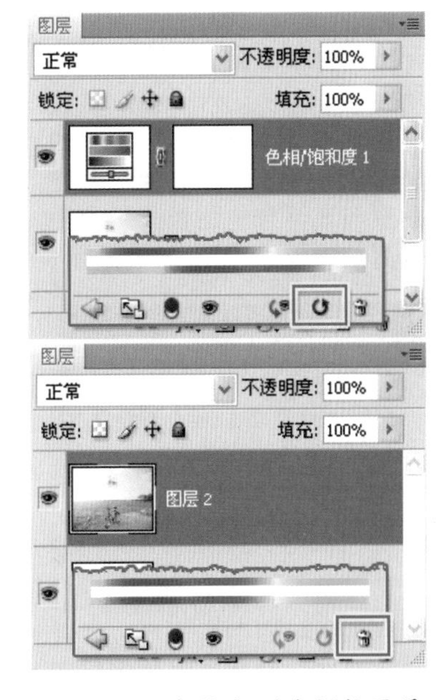

图15-43　复位与删除调整图层

如果面板中进行了两次或者两次以上的设置，那么【复位】按钮具有两个功能。第一次单击【复位到上一状态】按钮，参数返回上一次设置状态，如图15-44所示。再次单击【复位到调整默认值】按钮，参数返回初始状态。

图15-44　返回上一次参数设置

3. 调整图层中的蒙版

调整图层主要应用于该图层下方的所有图层，但是能够通过不同的蒙版来限制显示范围，或者显示效果强度。

剪贴蒙版

当调整图层下方存在两个图像图层时，隐藏中间的图像图层，那么调整图层则应用于下方图像图层，如图 15-45 所示。

图15-45　隐藏中间图层效果

单击【调整】面板底部的【剪切到图层】按钮，调整图层与其下方的图像图层会组成剪贴蒙版，如图 15-46 所示。

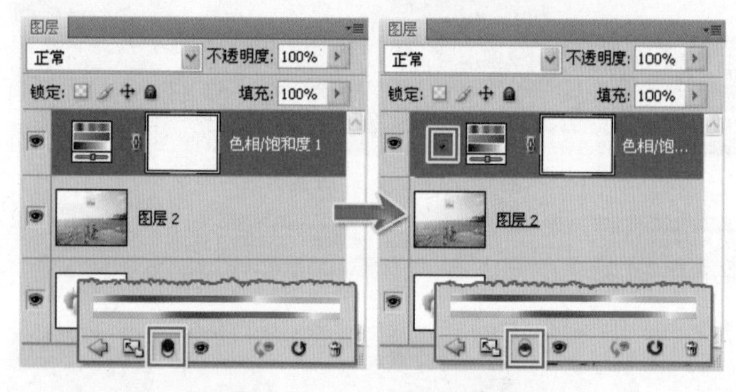

图15-46　组成剪贴蒙版

提示

【调整】面板初始界面中的【剪切到图层】按钮是针对所有将要创建的调整图层的。

这时，再次隐藏【图层】面板中的中间图层，可以发现与之同在剪贴蒙版中的调整图层同时被隐藏，而底层图像则显示原效果，如图 15-47 所示。

图15-47　隐藏剪贴蒙版

图层蒙版

调整图层在创建时，图层蒙版随之创建。通过图层蒙版中的黑、白、灰来控制调整效果的强度与范围。比如，单击调整图层的图层蒙版缩览图，填充 50% 灰色，发现调整效果减弱，如图 15–48 所示。

图15–48 控制调整效果强度

要想控制调整效果的范围，那么可以使用【画笔工具】或者选取工具，进行黑色填充，从而隐藏局部图像效果，如图 15–49 所示。

提示

不同程度的灰色填充，其调整效果强度各不相同。

图15–49 图层蒙版

矢量蒙版

调整图层中的图层蒙版不是固定的，它能够被删除，并且还能够添加矢量蒙版。比如，删除图层蒙版后，单击【蒙版】面板中的【添加矢量蒙版】按钮，为调整图层添加矢量蒙版，如图 15–50 所示。

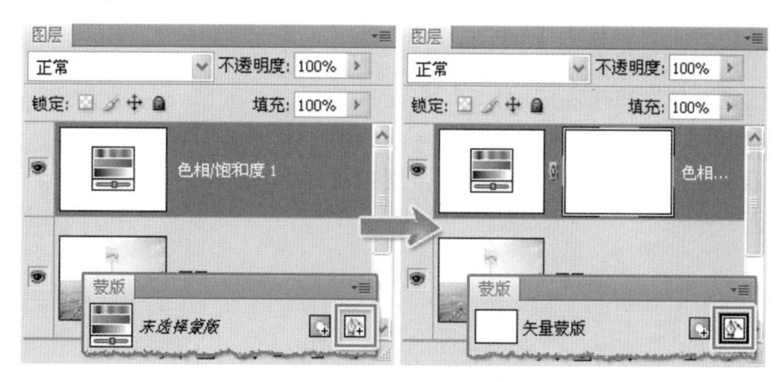

图15–50 添加矢量蒙版

这时在矢量蒙版中，使用【钢笔工具】建立路径。完成后自动隐藏路径内部的区域图像效果，如图 15-51 所示。

图15-51　通过矢量蒙版控制显示范围

15.7 实例：制作卷页海报效果

卷页是模仿纸张轻微卷起的效果，下面将制作一张海报作品的卷页效果，如图 15-52 所示。在制作的过程中，首先使用【钢笔工具】绘制卷页路径，然后利用【渐变工具】添加立体效果，最后使用剪切蒙版将图像"剪切"，使卷页效果更加逼真。

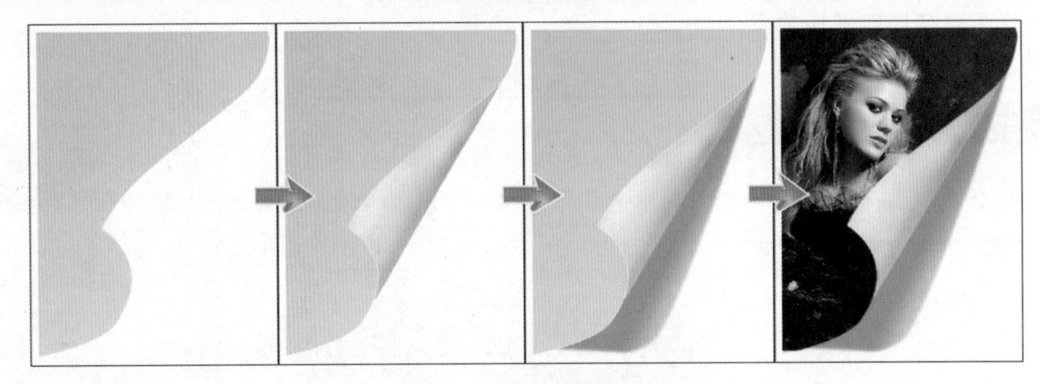

图15-52　卷页效果制作流程图

操作步骤：

STEP|01 新建文档，单击【路径】面板底部的【创建新路径】按钮，新建"路径1"。选择【钢笔工具】，在文档左上角单击确定起始点，依次单击完成图15-53所示的效果。

STEP|02 使用【直接选择工具】和【转换点工具】对路径进行调整，得到如图15-54所示的效果。

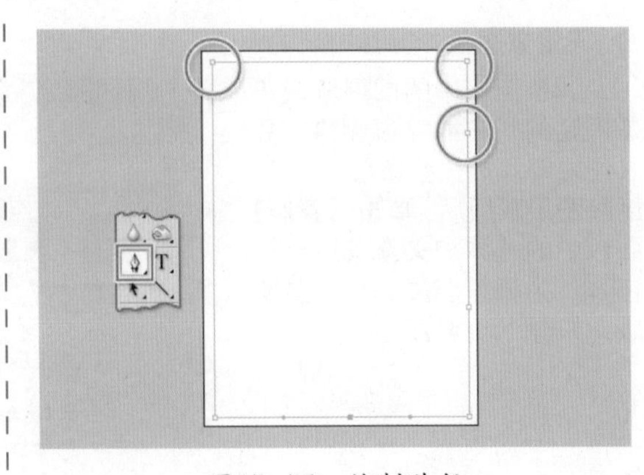

图15-53　绘制路径

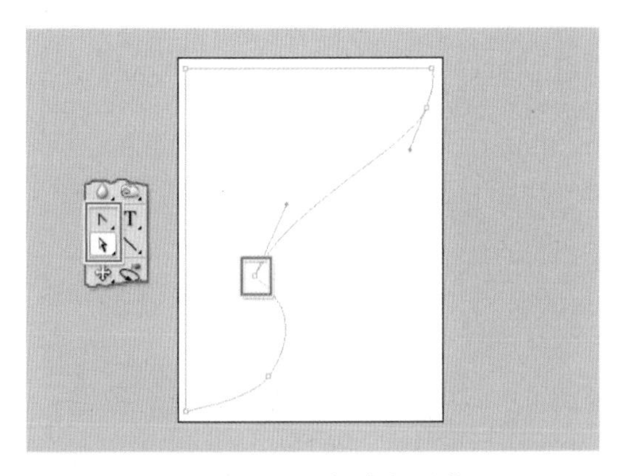
图15-54 调整路径形状

注意

分别调整各曲线段，所完成的路径形状就是卷页的形状。路径是卷页效果的关键，一定要仔细调整。

STEP|03 新建"图层1"，按Ctrl+Enter快捷键将路径转换为选区，并选择【渐变工具】，对其填充，如图15-55所示。

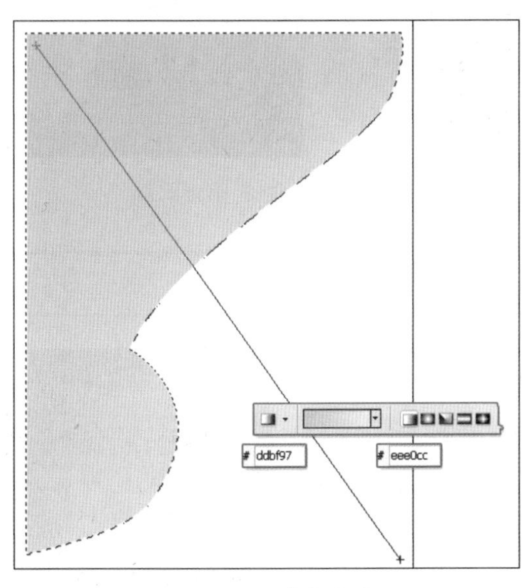

图15-55 填充渐变

STEP|04 在"图层1"下方新建"图层2"，选择【多边形套索工具】，绘制如图15-56所示的选区。启用工具选项栏中的【反向】复选框，对刚绘制的选区进行线性渐变填充。

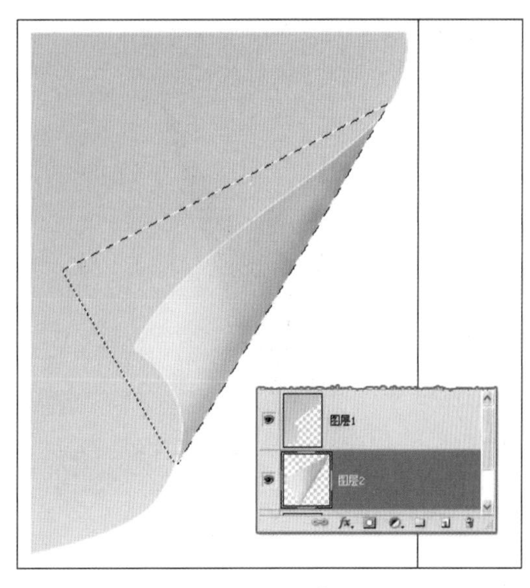

图15-56 反向填充渐变

STEP|05 在"图层2"上新建"图层3"，选择【画笔工具】，并设置前景色为白色。然后在选项栏中设置画笔的【大小】及【不透明度】选项，绘制页面卷起部分的高光，如图15-57所示。

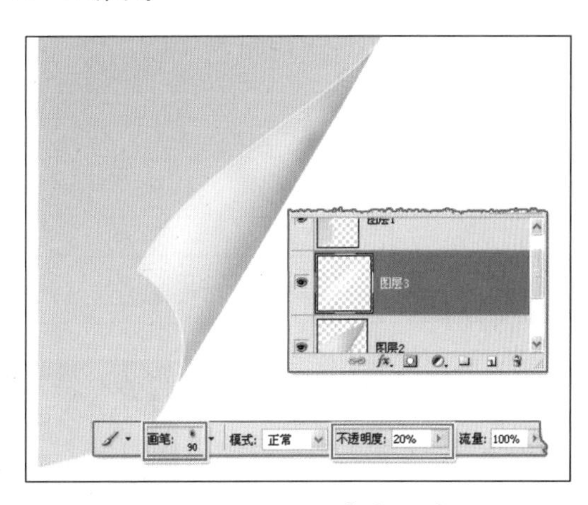

图15-57 添加高光区域

STEP|06 在背景上方新建图层，选择【钢笔工具】，绘制出卷页的阴影部分路径。将路径转换为选区后填充黑色，制作投影，如图15-58所示。

STEP|07 选择投影所在图层，执行【高斯模糊】命令，为其添加2个像素的高斯模糊。然后单击【图层】面板下方的【添加图层蒙版】按钮，选择【渐变工具】在蒙版内拉出线性渐变，如图15-59所示。

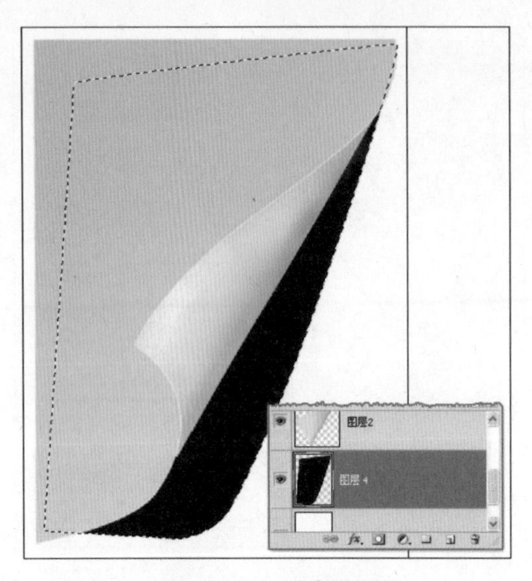

图15-58　制作投影

STEP|08　导入光盘文件"海报.jpg"，并调整到合适大小。选择海报所在图层，执行【图层】|【创建剪贴蒙版】命令，将海报所在图层与下方的"图层1"编组，创建剪切蒙版，如图15-60所示。

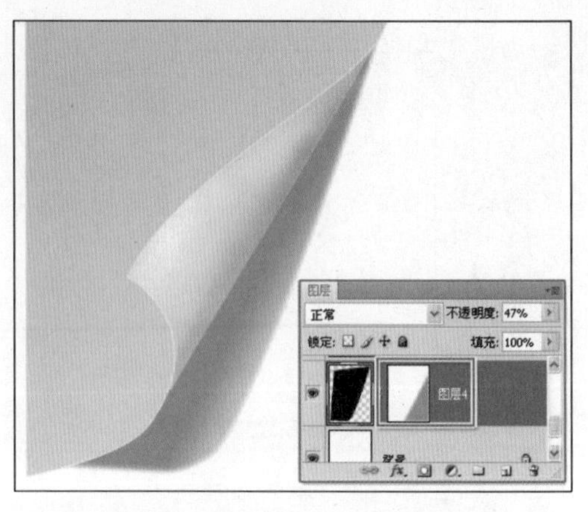

图15-59　添加图层蒙版

图15-60　创建剪切蒙版

15.8 实例：未来战士

影视宣传海报的效果往往充满想象力，夸张、奇诡，令人瞠目结舌。本例将向读者介绍一个电影海报的制作过程。运用蒙版抠图的技法，将机械与人类头像结合在一起，使其看起来像是与人类有着同样外表的未来机器人。然后配合【钢笔工具】、【调整】面板绘制出如图15-61所示的效果。当然本例的重点还是通过案例来了解蒙版创造平滑的混合效果和抠图效果与其他方式的区别和特点。

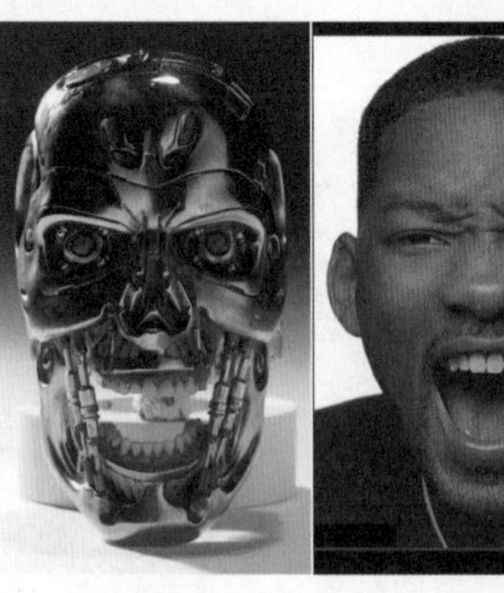

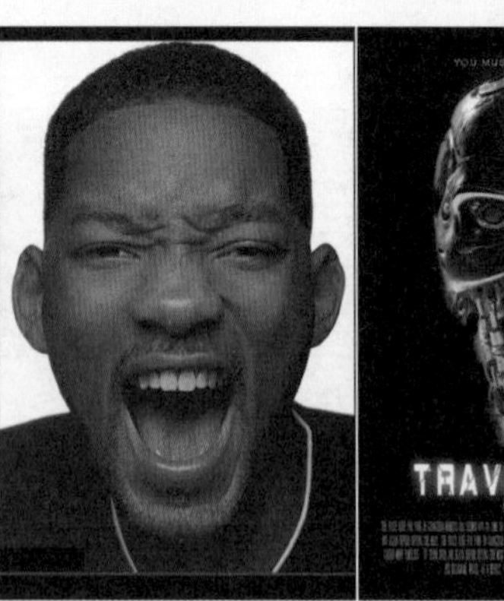

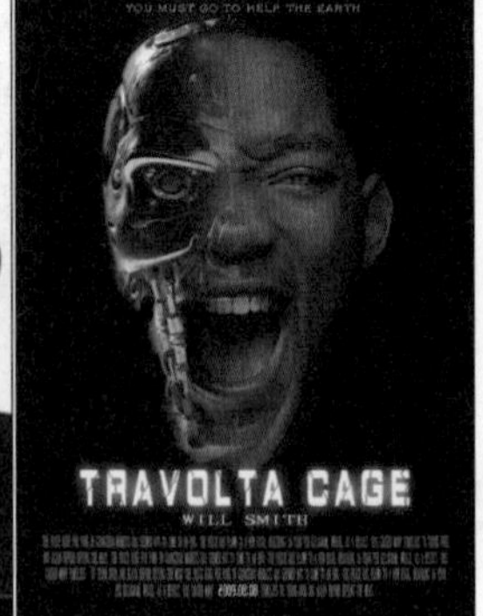

图15-61　素材与效果图

操作步骤：

STEP|01 打开配套光盘“人物.jpg”素材，然后使用【钢笔工具】将头部抠取出来，如图15-62所示。

图15-62　抠取图像

STEP|02 新建720×1000的文件，并导入“机器.jpg素材”，然后将“人物.jpg”素材也移动到新建的文件中，如图15-63所示。

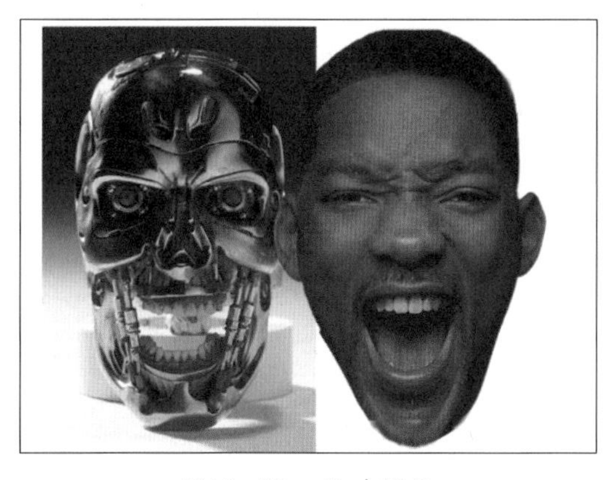

图15-63　移动图像

STEP|03 重新命名两个图层，分别命名为“机器”和“人物”，然后“机器”图层放在“人物”图层下面，并调整“人物”图层的透明度，调整其大小以做对照，如图15-64所示。

STEP|04 选择“人物”图层，执行【图层】|【图层蒙版】|【显示全部】命令。按D键，恢复默认的拾色器，使用【渐变工具】编辑图层蒙版，如图15-65所示。

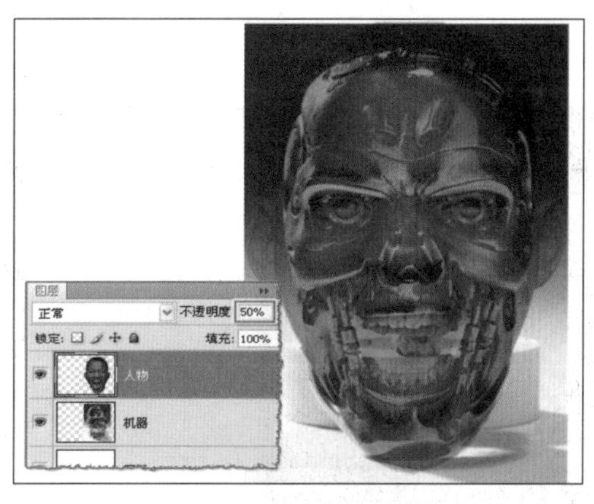

图15-64　调整图层

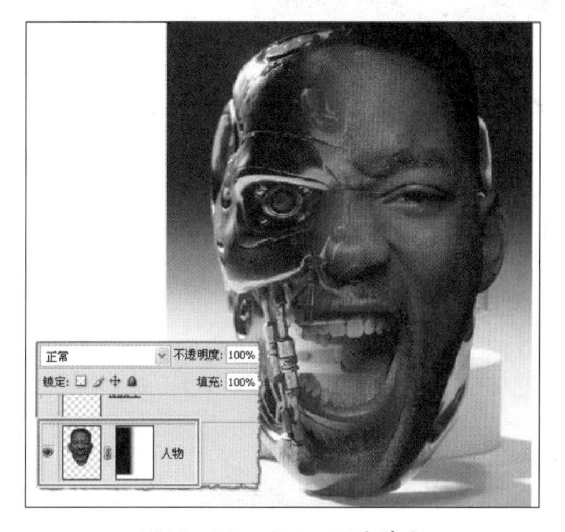

图15-65　添加图层蒙版

STEP|05 选择“机器”图层，执行【显示全部】命令，添加蒙版，然后使用【画笔工具】编辑蒙版，如图15-66所示。

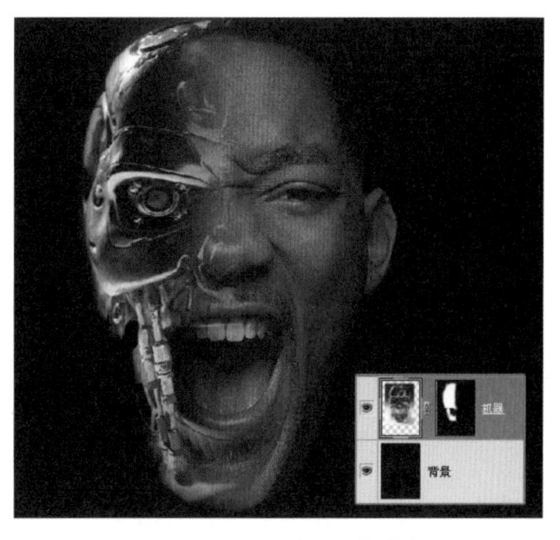

图15-66　编辑图层蒙版

STEP|06 单击【调整】面板中的【色彩平衡】按钮，然后调整参数，使画面的色调统一，如图15-67所示。

图15-67 调整色彩平衡

STEP|07 使用【椭圆选框工具】将“机器”图层中的眼睛抠出来，并移动到人物前面的新图层，然后使用【橡皮擦工具】修改图像，图15-68所示。

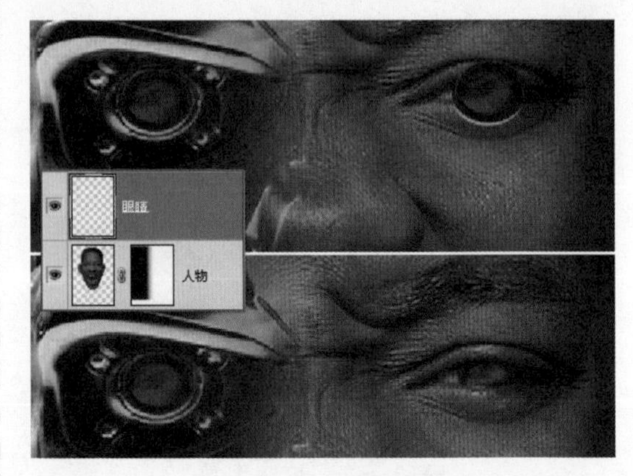

图15-68 调整眼睛

STEP|08 调整“眼睛”图层的亮度/对比度，使眼睛更亮，然后使用【横排文字工具】为画面添加说明文字。

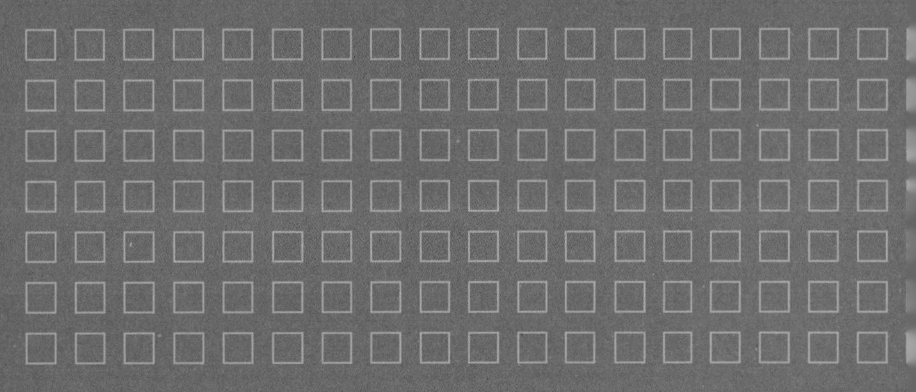

通道

图像的另外一种显示方式——通道，不仅能够记录和保存信息，而且还可以修改这些信息。而通道的改变还能够在图像中间接或者直接显示出来。

本章主要介绍Photoshop中的各种通道，以及每一种通道的使用方法，以帮助读者认识通道，并且掌握通过通道处理图像的方法。

Photoshop CS4

16.1 图像与通道

图像与通道是相连的，也可以理解为通道是存储不同类型信息的灰度图像。实际上，每一个通道是一个单一色彩的平面。以屏幕图像为例，来介绍通道与图像之间的色彩关联。通道中的RGB 分别代表红、绿、蓝三种颜色。它们通过不同比例的混合，构成了彩色图像，如图 16–1 所示。

按住 Ctrl 键的同时单击【通道】面板中【红】通道缩览图，载入选区。然后在新建空白图层中填充红色，得到红色通道中的图像效果，如图 16–2 所示。

图16–1 彩色图像

图16–2 为红通道选区填充红色

按照上述方法，分别在新建空白图层中为绿色和蓝色通道选区填充相应的颜色，如图 16–3 所示。

在 3 个颜色图层下方新建图层，并且填充黑色。然后分别设置彩色图层的混合模式为"滤色"，得到与原图像完全相同的效果，如图 16–4 所示。

图16–3 填充绿色与蓝色通道选区

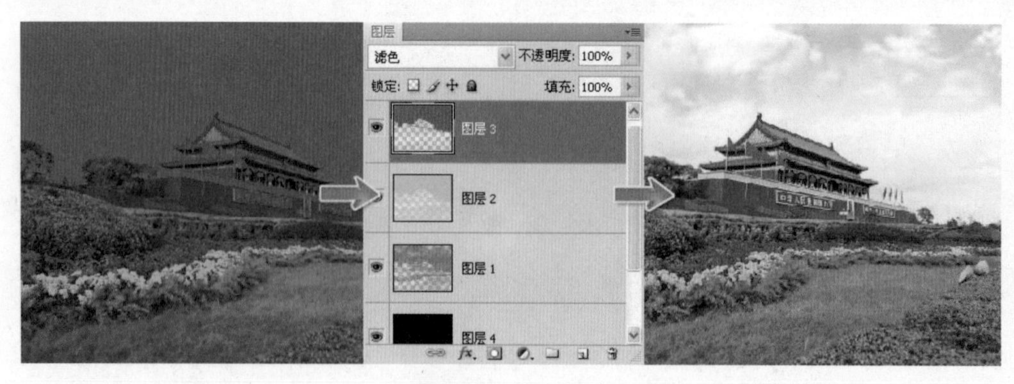

图16–4 色彩混合

16.2 通道面板与颜色模式

当用户打开新的图像时，系统会自动创建颜色信息通道，即执行【窗口】|【通道】命令，如图16–5所示。如果当前文件是RGB模式，那么在【通道】面板中最先列出的是复合通道，其次是单色通道。其中，面板中的按钮及功能见表16–1。

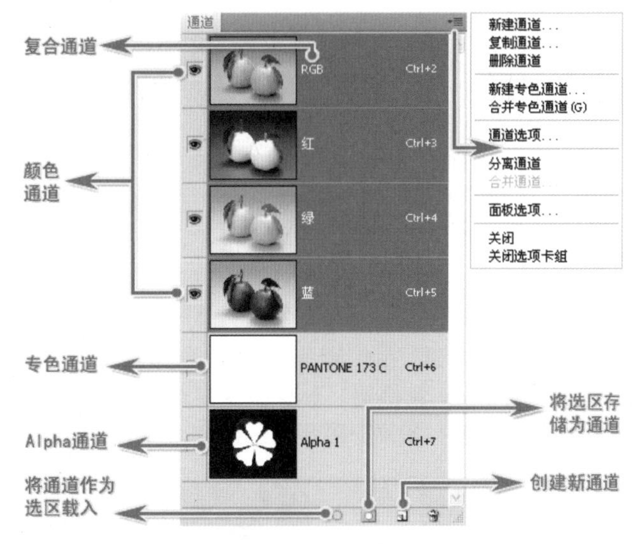

图16–5 【通道】面板

表16–1 【通道】面板中的按钮及功能

名称	按钮	功能
将通道作为选区载入		单击该按钮，可以将当前通道中的内容转换为选区
将选区存储为通道		单击该按钮，可以将图像中的选区作为蒙版保存到一个新建Alpha通道中
创建新通道		单击该按钮，创建Alpha通道。或者拖动某通道至该按钮，可以复制该通道
删除当前通道		单击该按钮，删除当前通道

在Photoshop中，不同的颜色模式图像，其通道组合各不相同，并且在【通道】面板中显示的单色通道也会有所不同。

1．RGB模式通道

RGB模式是PhotoShop默认的图像模式，它将自然界的光线视为由红、绿、蓝3种基本颜色组合而成，因此，它是24（8×3）位/像素的三通道图像模式。计算机屏幕上的所有颜色都是由这3种色光按照不同的比例混合而成的，如图16–6所示。

红通道 绿通道 蓝通道

图16–6 RGB模式的单色通道

RGB 的值是指亮度，并使用整数来表示。通常情况下，RGB 各有 256 级亮度，用数字表示为从 0、1、2…直到 255。在一幅图像中从 RGB 通道的明度上就反映了图像的显示信息，如图 16–7 所示。从 RGB 通道上可以看出，"绿"通道较亮，从而在图像上绿色所占的成分较多。

复合通道　　红通道　　绿通道　　蓝通道

图16–7　颜色在图像中所占的成分

在【通道】面板中，RGB 不是一个通道，而是代表 3 个通道的综合效果。如果隐藏了红绿蓝中任何一个，RGB 也会被隐藏。如果隐藏了红色通道，那么图像就偏青色；如果隐藏了绿色通道，那么图像就偏洋红色；如果隐藏了蓝色通道，那么图像就偏黄色，如图 16–8 所示。

隐藏红通道　　隐藏绿通道　　隐藏蓝通道

图16–8　隐藏通道对图像的影响

2．CMYK模式通道

与 RGB 模式一样，CMYK 模式也有通道，而且是 4 个，C、M、Y、K 各 1 个。CMYK 通道的灰度图和 RGB 类似，是一种含量多少的表示。在 CMYK 通道灰度图中，较白表示油墨含量较低，较黑表示油墨含量较高，纯白表示完全没有油墨。纯黑表示油墨浓度最高。用这个定义来看 CMYK 的通道灰度图，会看到黄色油墨的浓度很高，而黑色油墨比很低，如图 16–9 所示。

复合通道　　青色通道　　洋红通道　　黄色通道　　黑色通道

图16–9　CMYK的通道灰度图

在图像交付印刷的时候，一般需要把这 4 个通道的灰度图制成胶片（称为出片），然后制成硫酸纸等，再到印刷机上进行印刷。传统的印刷机有 4 个印刷滚筒（形象的比喻，实际情况有所区别），分别负责印制青色、洋红色、黄色和黑色。一张白纸进入印刷机后要被印 4 次，先被印上图像中青色的部分，再被印上洋红色、黄色和黑色部分，顺序如图 16–10 所示。

图16-10　印刷颜色顺序

3. Lab模式通道

Lab 模式也是由 3 个通道组成，但不是 R、G、B 通道。它的一个通道是亮度，即 L。另外两个是色彩通道，用 A 和 B 来表示，如图 16-11 所示。

a 通道包括的颜色是从深绿色（底亮度值）到灰色（中亮度值）再到亮粉红色（高亮度值）；b 通道则是从亮蓝色（底亮度值）到灰色（中亮度值）再到黄色（高亮度值）。因此，这种色彩混合后将产生明亮的色彩，如图 16-12 所示。

图16-11　Lab颜色通道

图16-12　不同通道组合的效果

4. 多通道模式通道

多通道图像为 8 位 / 像素，用于特殊打印。多通道模式在每个通道中使用 256 灰度级，在将彩色图像转换为多通道时，新的灰度信息基于每个通道中像素的颜色值。比如将 RGB 图像转换为多通道模式，可以创建青色、洋红和黄色专色通道，如图 16-13 所示。

图16-13　将RGB模式转换为多通道模式

16.3 Alpha通道

Alpha 通道是计算机图形学中的术语，指的是特别的通道。有时它特指透明信息，但通常的意思是"非彩色"通道。Alpha 通道主要用来记录选择信息，通过对 Alpha 通道的编辑，能够得到各种效果的选区。

1．创建Alpha通道

Alpha 通道的创建包括两种方式，一种是直接单击【通道】面板底部的【创建新通道】按钮，创建一个背景为黑色的空白通道，并且处于工作状态，如图 16-14 所示。

提示

Alpha通道是自定义通道，创建该通道时，如果没有为其命令，那么Photoshop就会使用Alpha1这样的名称。

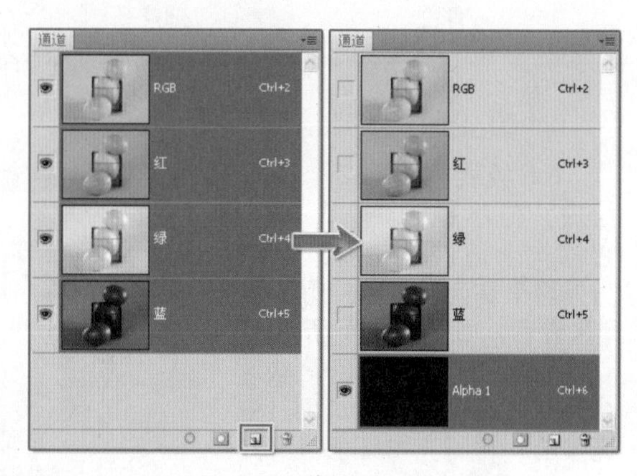

图16-14 创建空白Alpha1通道

当画布中存在选区时，单击【通道】面板底部的【将选区存储为通道】按钮，创建具有白色图像的 Alpha 通道，如图 16-15 所示。

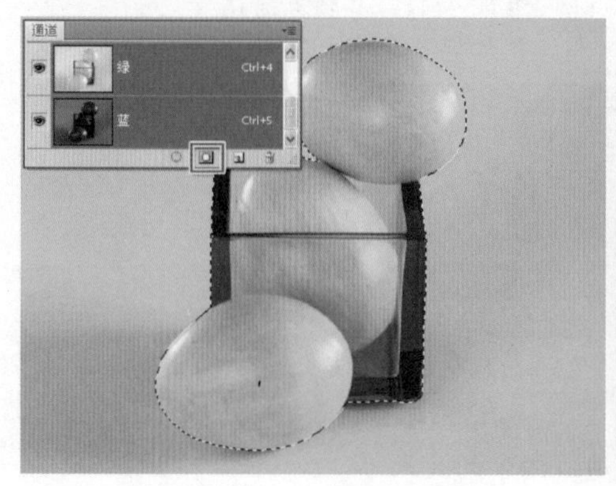

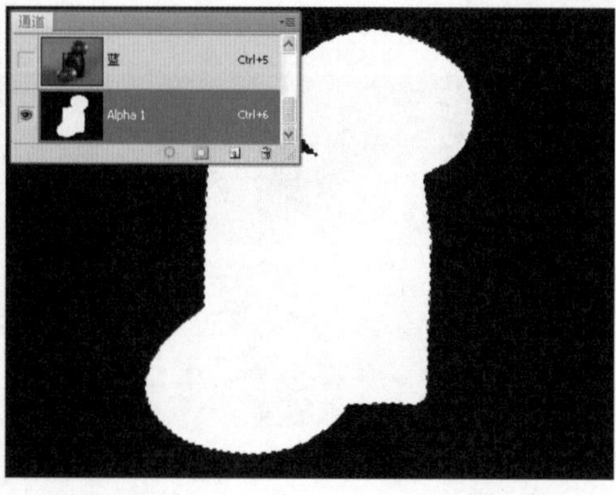

图16-15 将选区存储为通道

当画布存在选区时，执行【选择】|【存储选区】命令，同样能够创建具有白色图像的 Alpha 通道。

2．编辑Alpha通道

通道中的图像与蒙版相同，均能够使用 Photoshop 中的工具或者命令来编辑其中的灰色图像，从而得到复杂的选区。

比如，在具有黑白双色的 Alpha 通道中，执行【滤镜】|【纹理】|【染色玻璃】命令，使 Alpha 通道呈现复杂的图像。单击【通道】面板底部的【将通道作为选区载入】按钮，载入该通道中的选区。返回复合通道后，按Ctrl＋J快捷键复制选区中的图像，如图16-16所示。

注意

在通道中，白色区域记录选区，灰色区域记录羽化的选区，而黑色不记录选区。

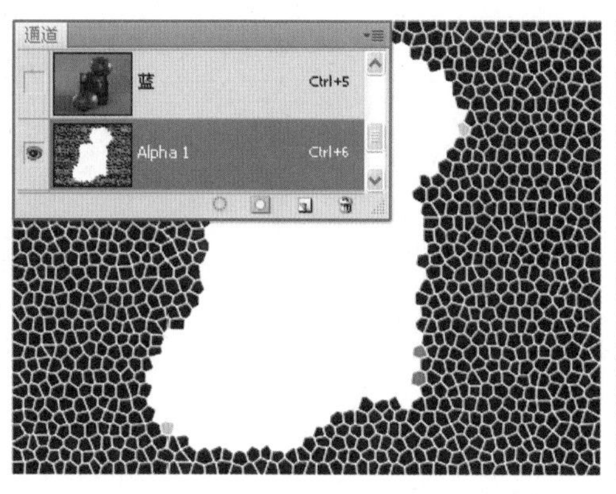

图16—16　在Alpha通道中制作复杂选区

16.4 颜色通道

颜色通道记录的是图像的颜色信息与选区信息，所以编辑颜色通道既可以改变图像色彩，也可以建立局部选区。前者更改的是颜色通道本身，后者则是通过颜色通道副本的创建与修改来实现的。

1. 同文档中的颜色通道的复制与粘贴

在同一图像文档中，当其中一个单色信息通道复制到另外一个不同的单色信息通道中，返回RGB 通道后就会发现图像颜色发生了变化。比如，在【通道】面板中选中红通道，并且进行全选复制。然后选中蓝通道进行粘贴后，返回 RGB 通道。发现图像色彩发生变化，如图 16–17 所示。

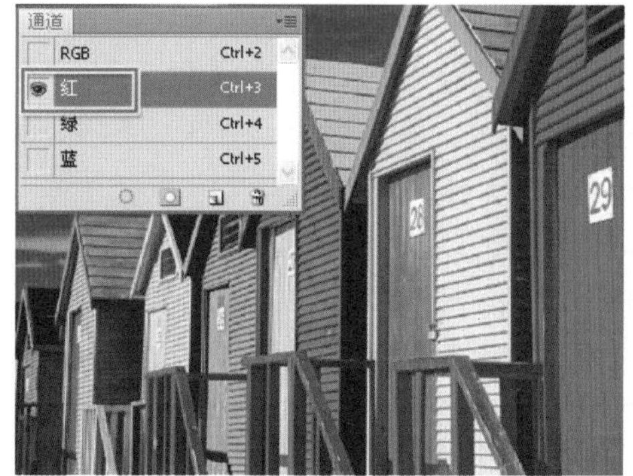

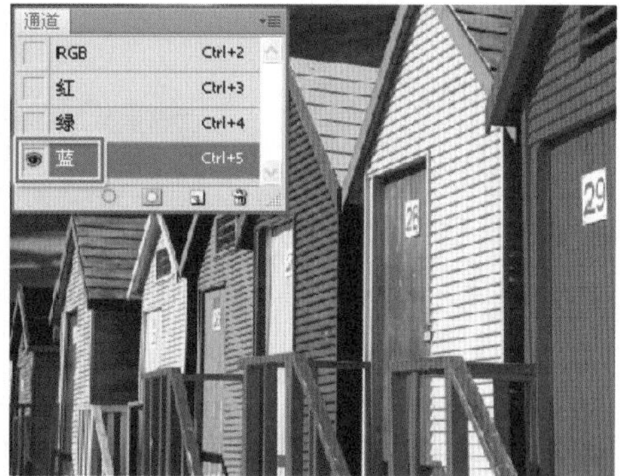

图16—17　复制通道图像

以 RGB 颜色模式的图像为例，复制通道颜色至其他颜色通道中，能够得到 6 种不同的图像色调，图 16–18 给出了 4 种色调效果。

绿通道复制到红通道

绿通道复制到蓝通道

蓝通道复制到红通道

蓝通道复制到绿通道

图16—18　通道图像复制效果

创意+：Photoshop CS4中文版图像处理技术精粹

2．不同文档中的颜色通道的复制与替换

除了可以在同图像文档中复制颜色通道信息外，还可以在两个不同的图像文档之间复制颜色通道信息。前提是准备两幅完全不同，但尺寸相同的图像，如图16–19所示。

选中其中一幅图像的某一个颜色通道，将其全选后复制。切换到另外一个文档，选择某个单色通道进行粘贴，得到一幅综合的效果。如图16–20所示是将木质图像的红通道复制到梨图像的红通道中得到的效果。

提示

在两幅RGB模式图像之间，3个不同的颜色通道均可以复制到另外一幅图像的不同颜色通道中，虽然色调相同，但是会发生细微的变化。

如果将梨图像的单色通道复制到木质图像的单色通道，那么会得到木质纹理清晰而梨纹理模糊的效果。如图16–21所示是将前者的红通道复制到后者的绿通道中得到的效果展示。

3．图像文档间的通道复制

在两幅图像文档之间，除了复制与替换颜色通道外，还可以将一幅图像中的某个颜色通道，以新建通道的形式复制到另外一幅图像中。比如在木质图像中选中蓝通道中的图像并且复制，切换到梨图像。创建一个Alpha1通道，并且进行粘贴。返回复合通道，得到如图16–22所示的效果。

图16–19　两幅不同图像的显示

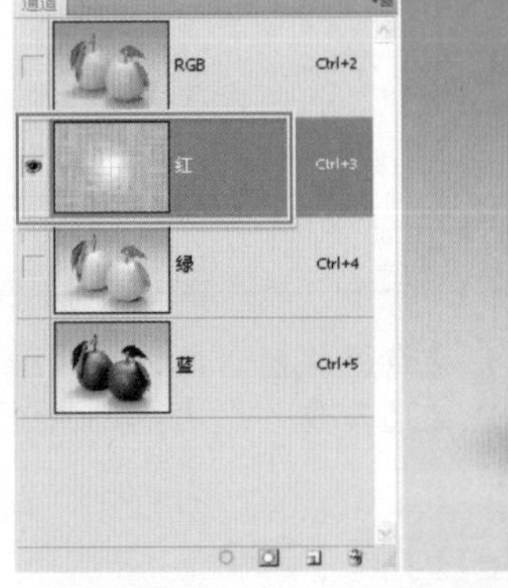

图16–20　两幅图像通道之间的灰色图像复制

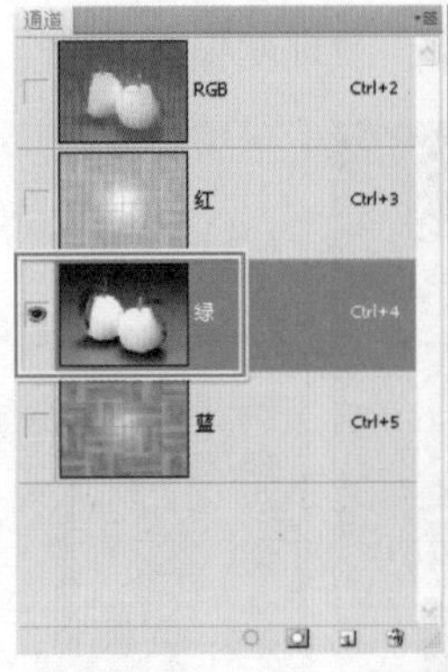

图16–21　两幅图像反顺序的通道图像复制的效果

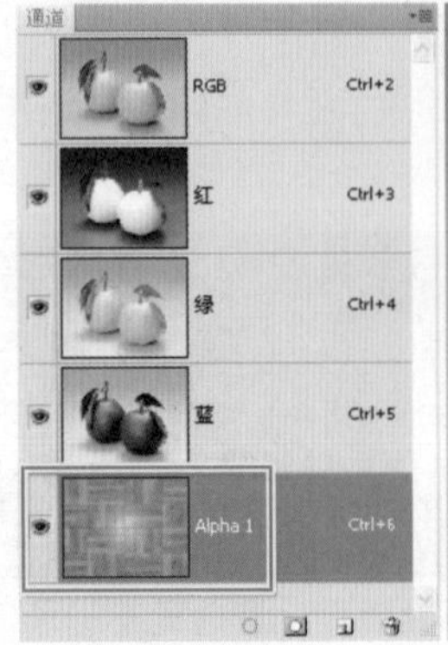

图16–22　将通道图像复制到空白通道中

双击 Alpha1 通道，在【通道选项】对话框中，单击【颜色】选项色块，更改颜色后，整幅图像色调发生变化，如图 16–23 所示的左图。如果要使 Alpha 通道中的图像更加清晰，可以设置【通道选项】对话框中的【不透明度】选项，如图 16–23 所示的右图。

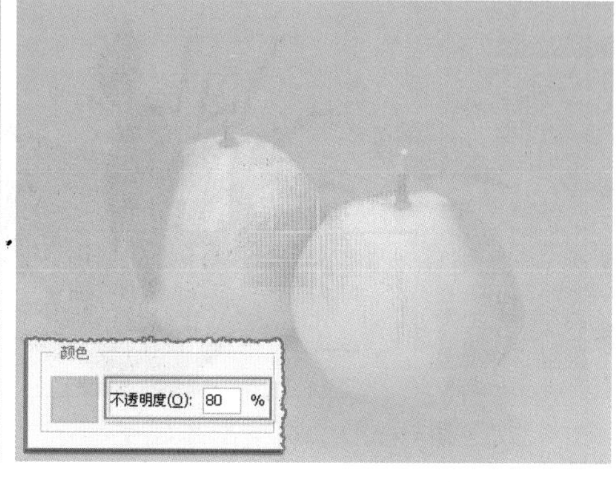

图16–23　改变图像纹理

技巧

如果要在保持Alpha通道属性不变的情况下，使该通道中的图像纹理清晰或者模糊，可以在选择通道时，选择对比强度大或者小的颜色通道复制。

既然是两幅图像，就可以将其反之。在梨图像中选中对比强烈的通道全选并且复制后，在木质图像的 Alpha1 通道中进行粘贴，即可得到不同的图像效果，如图 16–24 所示。

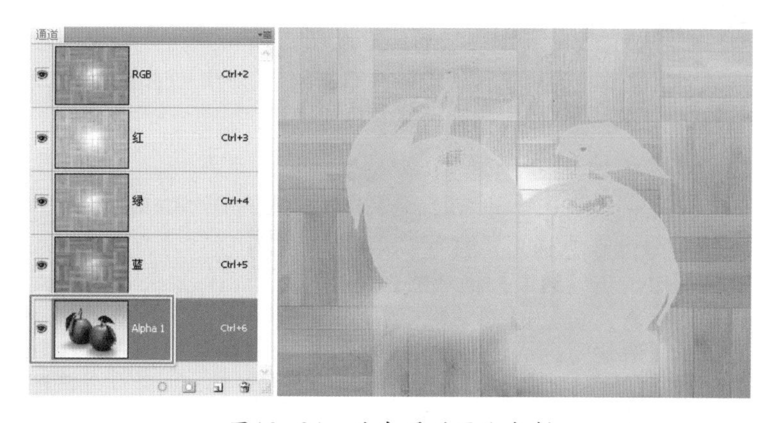

图16–24　反向通道图像复制

4．通过颜色通道提取图像

颜色通道是图像自带的单色通道，要想在不改变图像色彩的基础上，通过通道提取局部图像，需要对颜色通道的副本进行编辑。这样既可以得到图像选区，又不会改变图像颜色。

例如，首先打开一幅图像的【通道】面板，选择对比较为强烈的单色通道。将其拖动至【创建新通道】按钮，创建颜色通道副本。如图 16–25 所示，复制的是【蓝】通道。

图16–25　复制单色通道

接着在“蓝副本”通道中，就可以随意使用颜色调整命令，加强该通道中的对比关系，直到呈现黑白双色图像，如图 16–26 所示。

这样就可以在没有改变图像色彩的情况下，提取边缘较为复杂的布局图像，如图 16–27 所示。

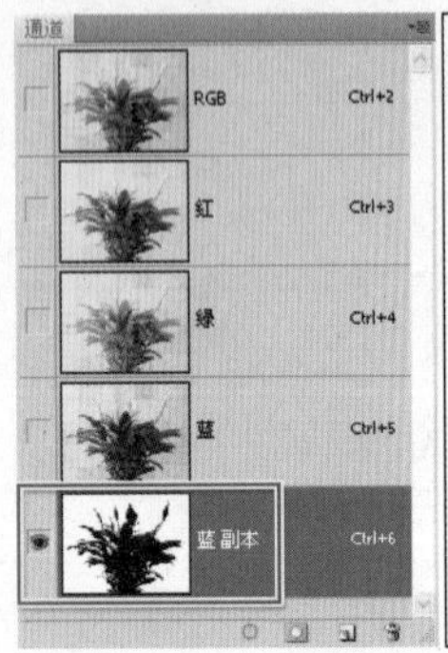

图16–26　调整副本通道

图16–27　提取局部图像

16.5 专色通道

专色通道主要用于替代或补充印刷色（CMYK）油墨。在印刷时，每种专色都要有专用的印版，一般在印刷金、银色时需要创建专色通道。

1. 创建和编辑专色通道

在 Photoshop 中创建与存储专色的载体为专色通道。按住 Ctrl 键的同时单击【通道】面板底部的【创建新通道】按钮。在弹出的【新建专色通道】对话框中，单击【颜色】色块，选择专色，得到专色通道，如图 16–28 所示。

提示

因为专色颜色不是用CMYK油墨打印的，所以在选择专色通道所用的颜色时，可以完全忽略色域警告图标。

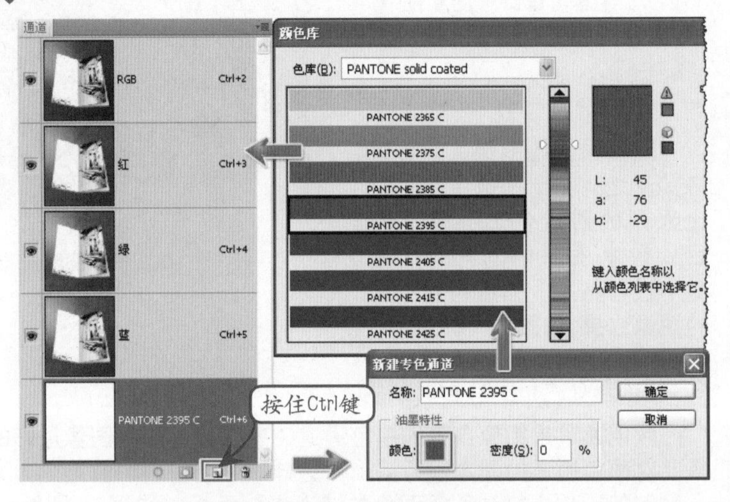

图16–28　创建专色通道

创建的专色通道为空白通道，需要在其中建立图像，才能够显示在图像中。在专色通道中，既可以使用绘图工具绘制图像，也可以将外部图像的单色通道图像复制到专色通道中，使其呈现在图像中。

例如，将另外一幅图像中的蓝色通道选中并复制，返回新建的专色通道进行粘贴。发现人物以专色的形式在图像上面显示，如图 16–29 所示。

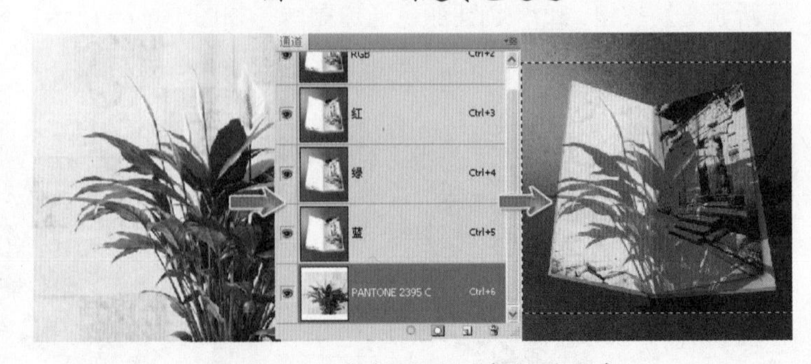

图16–29　复制通道到专色通道中

使用【多边形套索工具】选择书页外部区域，为选区内填充白色后，使其成为透明区域，如图 16–30 所示。

专色通道的属性设置与 Alpha 通道相似。同样是双击通道，在弹出的【专色通道选项】对话框中，设置专色通道的【颜色】与【密度】选项，从而得到不同的效果。图 16–31 为设置【密度】选项得到的展示效果。

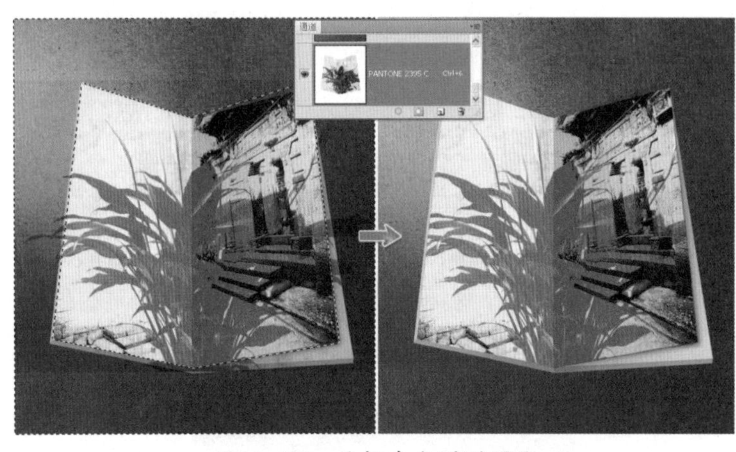

图16–30　编辑专色通道图像

技巧

【密度】和【颜色】选项只影响屏幕预览和复合印刷，不影响印刷的分离效果。另外，尽量不要修改专色的名称，以便其他程序能够识别它们，否则可能无法打印此文件。

图16–31　设置专色通道属性

2. 合并专色通道

专色通道中的信息与 CMYK 或者灰度通道中的信息是分离的，大多数家用台式打印机不能打印包含专色的图像。要想使用台式打印机正确地打印出图像，需要将专色融入图像中。

Photoshop 虽然支持专色通道，但是添加到专色通道的信息不会出现在任何图层上，甚至也不会显示在"背景"图层上。这时单击【通道】面板右边的下三角按钮，执行【合并专色通道】命令，使专色图像融入图像中，如图 16–32 所示。

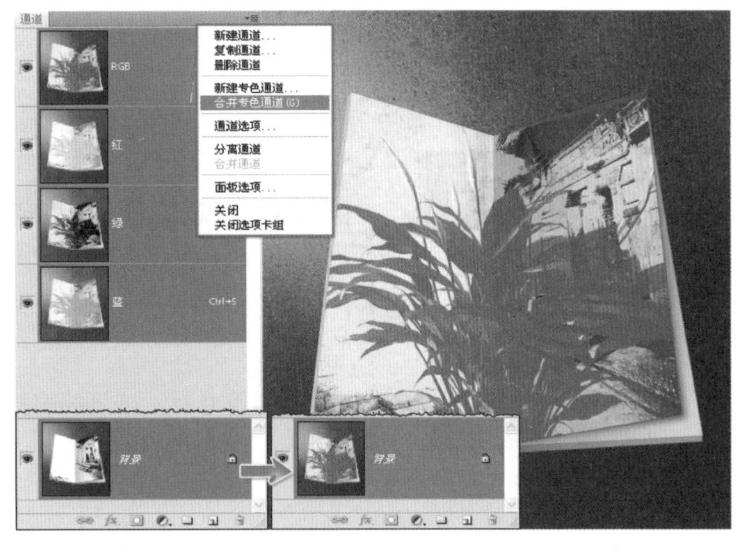

图16–32　合并专色通道

创意+：Photoshop CS4中文版图像处理技术精粹

16.6 分离和合并通道

当需要在不能保留通道的文件格式中保留单个通道信息时，可以将通道分离，生成灰度图像。此时，既可以保存或者编辑灰度图像，也可以将这些灰度图像重新合并，生成新图像，并且能够分别存储和编辑新图像。

1．通道分离

当需要保留单个通道信息时，可以通过分离通道来创建灰度图像。比如打开 RGB 模式图像，单击【通道】面板右上角小三角按钮，执行【分离通道】命令，将彩色图像拆分为 3 个灰度图像，如图 16–33 所示。分离通道后，原文件被关闭，生成 3 个灰度模式的图像文件。

原图

灰度图1

灰度图2

灰度图3

图16–33　分离通道

2．颜色通道合并

分离通道后，还可以合并通道。合并通道的方式有多种，既可以还原最初的彩色图像，也可以改变通道顺序合并成其他色调的彩色图像，还可以合并成其他颜色模式的彩色图像。

> **提示**
>
> RGB模式图像是由3个不同的灰度图像组成的；CMYK模式图像是由4个不同的灰度图像组成的。单色通道不同，所生成的灰度图像也会有所不同。

合并RGB模式通道

当彩色图像被分离成单个的灰度图像后，任意选中一个灰度图像，在其【通道】面板右上角单击小三角按钮，执行【合并通道】命令。在【模式】下拉列表中选择 RGB 选项，选择默认的【指定通道】选项，得到的是原始彩色图像。如果任意选择【指定通道】选项中的【红色】、【绿色】和【蓝色】选项，会得到不同色调的彩色图像，如图 16–34 所示。

RGB中的GBR组合

RGB中的BRG组合

RGB中的RBG组合

RGB中的BGR组合

图16–34　组合不同色彩的RGB模式通道

合并Lab模式通道

由于只有 3 个灰度图像，所以在合并通道时，还能够选择 Lab 模式。在 Lab 模式下，同样可以任意选择【指定通道】中的【明度】、【a】和【b】选项，得到不同颜色的彩色图像，如图 16–35 所示。

Lab中的RGB组合　　Lab中的GBR组合　　Lab中的BRG组合　　Lab中的RBG组合

图16－35　组合不同色彩的Lab模式通道

合并多通道模式通道

无论是任何模式的图像，分离后均能够组合成多通道模式图像。比如将RGB模式分离后的灰度图像合并为多通道模式，然后启用所有通道中的可见性，显示单色图像，如图16－36所示。

多通道模式中的通道为普通Alpha通道，所以能够任意更改其通道颜色，从而得到多彩色图像。比如设置Alpha1通道的颜色为黄色，Alpha3通道的颜色为蓝色，得到如图16－37所示的彩色图像。

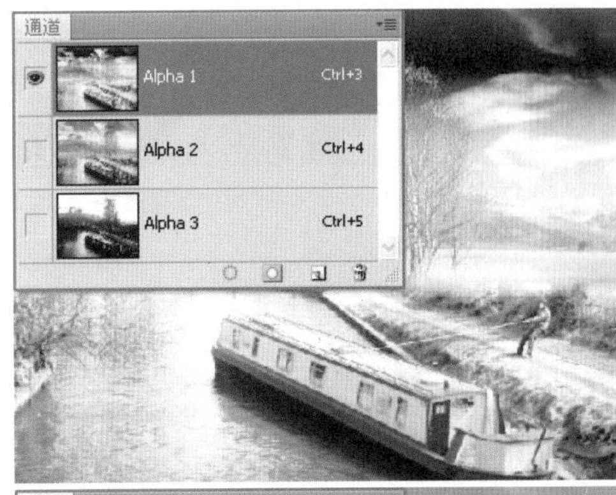

图16－36　组合多通道模式图像

图16－37　更改通道颜色

由于通道在面板中的位置决定其印刷的先后顺序，排在最上方的通道最先印刷，而后印刷的油墨会覆盖掉一部分先印刷的油墨。所以改变通道位置，得到的图像色调各不相同，如图16－38所示。

技巧

由于组合后的多通道模式的通道能够任意改变其顺序，所以无需在【合并多通道】对话框中特别设置【指定通道】选项。

图16－38　调整通道顺序

3．综合通道合并

当 Photoshop 中存在第 4 个灰度图像文档，或者【通道】面板中新建 Alpha 通道时，不仅能够合并 RGB 模式、Lab 模式与多通道模式图像，还可以合并 CMYK 模式的图像。

加入外部通道

分离 RGB 模式通道后，打开另外一幅灰度图像文档时，如图 16–39 所示。执行【合并通道】命令后，【模式】下拉列表中的 CMYK 选项也处于可用状态。

灰度图1

灰度图2

灰度图3

灰度图4

图16–39　4幅灰度图像

选择 CMYK 颜色模式后，将第 4 个灰度图像设置在【黑色】通道中，得到的图像如图 16–40 所示。

提示

当Photoshop中存在4个灰度图像时，既可以合并两个通道（多通道模式），也可以合并3个通道（RGB、Lab与多通道模式），还可以合并4个通道（CMYK与多通道模式）。

图16–40　合并CMYK颜色模式通道

在合并 CMYK 颜色模式的图像时，【指定通道】选项也可以随意选择，得到的图像效果均不相同。如图 16–41 示出了其中的几种效果。

图16–41　CMYK模式的其他效果

合并原图像通道

根据相同的原理，还可以将 RGB 模式的图像转换为 CMYK 模式的图像。比如在 RGB 模式图像的【通道】面板中，新建一个普通通道——Alpha1 通道，并且编辑该图像。这里复制的是其他图像通道，如图 16–42 所示。

然后将通道分离后，再合并通道。合并通道时，选择 CMYK 颜色模式，即可生成 CMYK 模式的图像，如图 16-43 所示。

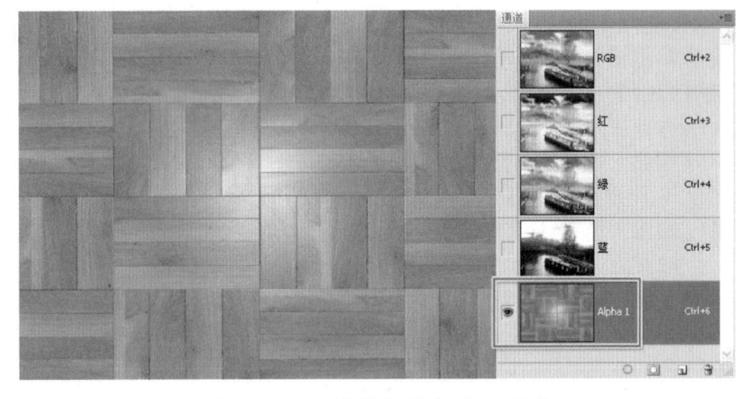

图16-42　创建与编辑Alpha通道

图16-43　合并CMYK模式通道

16.7 通道应用

在 Photoshop 中处理图像时，通道无处不在。从基本的选区到图层蒙版，甚至图层，或多或少地都可以找到通道的身影。而在所有命令中，【计算】与【应用图像】命令则是专门针对通道设计的图像编辑命令。

1. 选择中的通道

要想将临时存在的选区永久地保持，可以通过执行【选择】|【存储选区】命令，将其保存在通道中。或者是添加图层蒙版后，在【通道】面板中自动建立图层蒙版通道，如图 16-44 所示。

注意

载入普通通道中的选区，可以通过执行【选择】|【载入选区】命令来实现；而载入颜色通道中的选区，则必须单击【通道】面板底部的【将通道作为选区载入】按钮 来实现。

图16-44　图层蒙版通道

【通道】面板中的复合通道与颜色通道显示的信息会随着【图层】面板中的图层叠加而所有改变。比如当图像文档中只包括一个图层时，【通道】面板中只显示该图层的通道信息，如图 16–45 所示。

如果在【图层】面板中显示多个图层，那么【通道】面板中将显示这些图层的复合通道信息，如图 16–46 所示。

图16–45　单个图层通道显示

2. 计算命令中的通道

【计算】命令是专门制作选区的，该命令用于混合两个来自一个或者多个源图像中的单色通道，然后将结果应用到新图像、新通道或者现有的图像选区中。

比如，打开一个图像文档，执行【图像】|【计算】命令。在对话框中选择不同的单色通道，并且设置【混合模式】选项，得到新通道，如图 16–47 所示。

将通道载入选区后，按 Ctrl＋J快捷键复制选区中的图像。隐藏“背景”图层，会发现图片的主题物和水花已经抠取出来，这样就可以换上其他的背景图片，如图16–48所示。

图16–46　多图层通道显示

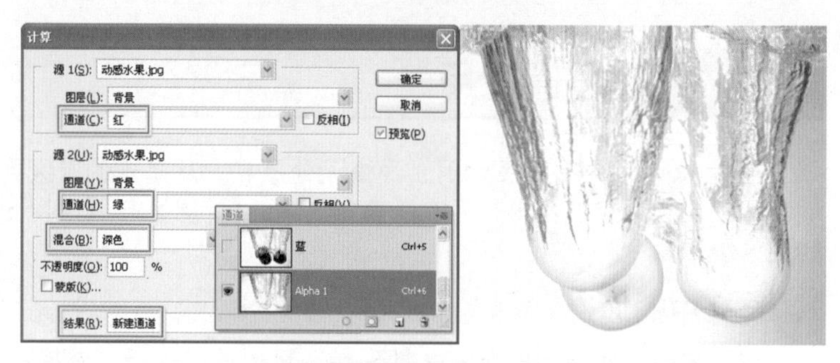

图16–47　创建新通道

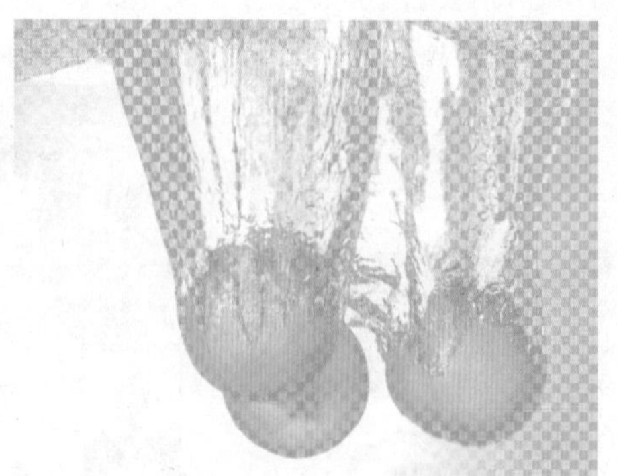

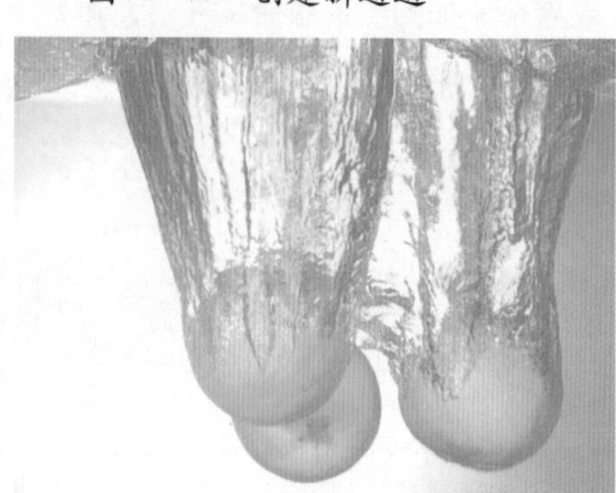

图16–48　提取图像

3. 应用图像中的通道

【应用图像】命令不仅可以将一个图像（源）的图层和现有图像（目标）的图层混合，还可以将一个图像（源）的通道和后者混合，从而得到意想不到的混合色彩。

例如，选择目标图像，执行【图像】|【应用图像】命令，选择源图像中的某个通道，进行混合，得到两幅图像混合的彩色效果，如图16-49所示。

【应用图像】命令不但可以混合两张图片，而且还可以对单张图片的复合通道和单个通道进行混合，实现特殊的效果，如图16-50所示。

图16-49　两幅图像之间的混合效果

提示

要想灵活地运用【计算】命令提取图像，首先要熟练地掌握混合模式的原理，以及单色通道之间的关系。

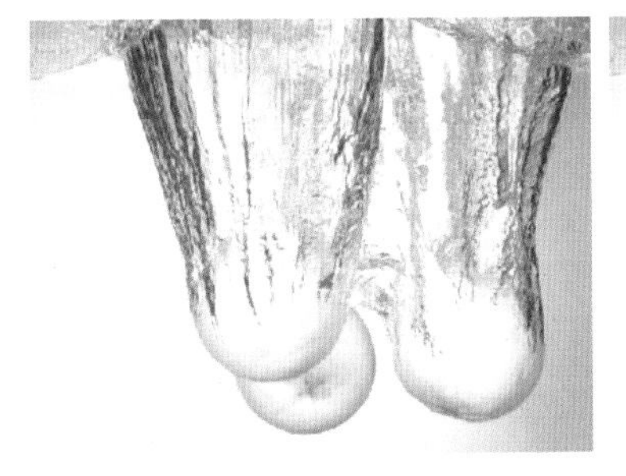

红通道与复合通道的变亮混合

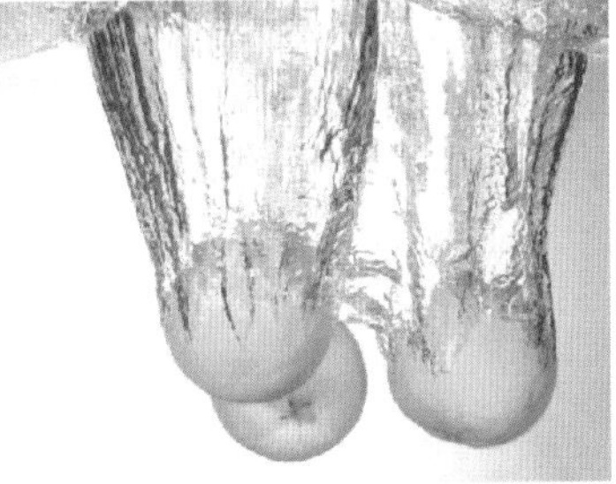

绿通道与复合通道的变亮混合

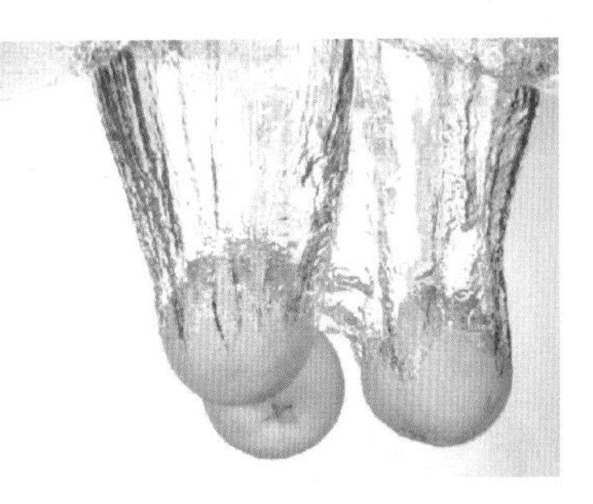

蓝通道与复合通道的变亮混合

图16-50　单幅图像通道间的混合效果

16.8　实例：蒲公英的天空

抠图的方法有很多，利用通道抠图的方法比较适合于毛发、半透明物体，例如本例所要抠取的图像，结构复杂且没有清晰的轮廓，如图16-51所示。

本例抠取的图像复杂，通过运用通道的原理，将主题物蒲公英抠取出来。首先在红、绿、蓝3个通道中找到一个对比强烈的通道，通过【曲线】的调整，使其黑白对比更为突出。之后建立选区，添加蒙版。最后为其添加上合适的背景，制作成一幅完美的作品。

图16-51　绘制流程图

创意⁺：Photoshop CS4中文版图像处理技术精粹

操作步骤：

STEP|01 打开配套光盘的素材图片“蒲公英.jpg”，如图16-52所示。

图16-52　打开素材

STEP|02 在【通道】面板中选择一个对比比较明显的通道，这里选择“红”通道并复制，如图16-53所示。

图16-53　复制通道

STEP|03 按Ctrl＋L快捷键，执行【色阶】命令，设置如图16-54所示，增强黑白色调之间的对比。

图16-54　执行【色阶】命令

STEP|04 设置前景色为黑色，使用【画笔工具】在“红副本”通道上涂抹黑色，如图16-55所示。

图16-55　使调整通道

STEP|05 按住Ctrl键的同时单击“红副本”通道，载入选区。返回到【图层】面板，按Ctrl＋J快捷键，执行【通过拷贝的图层】命令或单击【图层】面板中的【添加图层蒙版】按钮，如图16-56所示。

图16-56　抠出图像

提示

在【通道】面板中，白色可以作为选区载入，灰色可以作为羽化的选区载入，黑色不能作为选区载入。

STEP|06 将抠出的图像移动至背景素材中，并调整其位置，如图16-57所示。

图16–57　调整图像

STEP|07 使用【画笔工具】绘制蒲公英的投影，然后使用【横排文字工具】T添加文字，如图16–58所示。

图16–58　绘制投影和添加文字

16.9 实例：运用计算命令制作铁锈

本例为运用计算命令制作铁锈效果，如图16–59所示。主要是运用【计算】命令中的减去混合模式，以及通过【计算】命令得到的复杂、自然的纹理效果。在制作过程中，要注意单色通道的选择，这样才能够得到清晰的纹理效果。下面就运用【计算】命令中的【减去】模式为匕首添加铁锈效果。

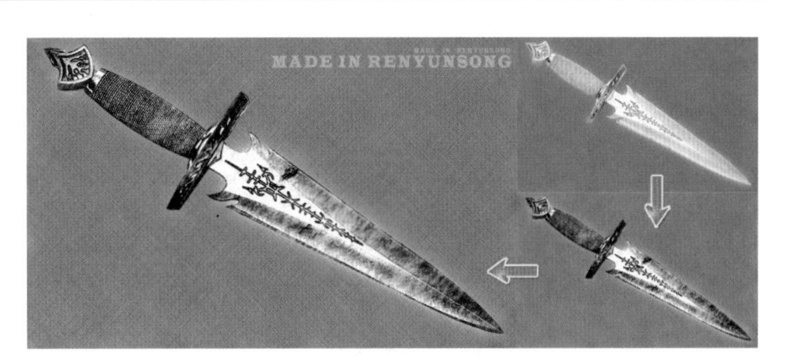

图16–59　制作流程图

操作步骤：

STEP|01 首先将两幅素材图片放置在一个文档中。上面的为“纹理”图层，下面的为“匕首”图层，如图16–60所示。

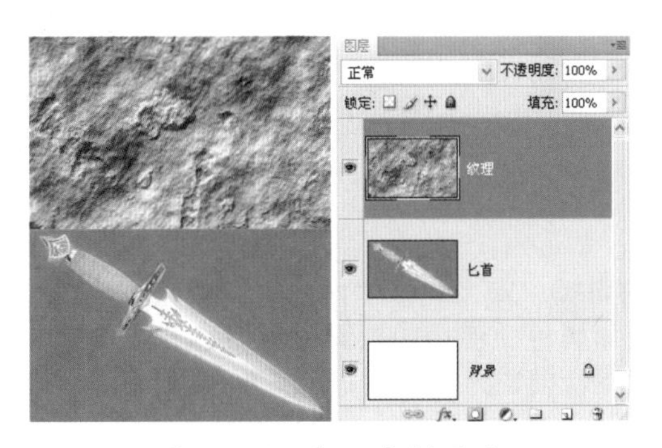

图16–60　打开素材图片

STEP|02 执行【图像】|【计算】命令，并设置选项，如图16–61所示。

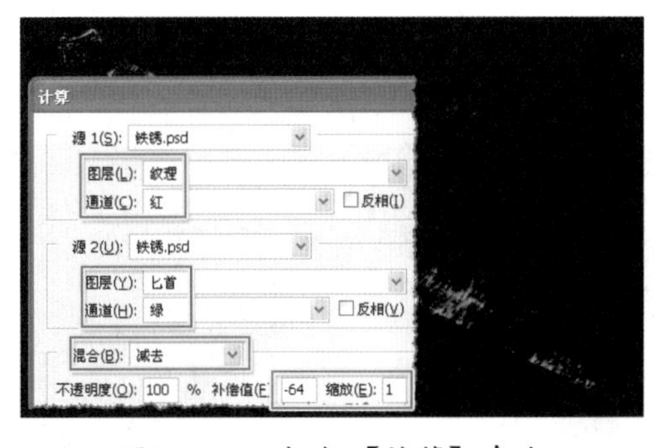

图16–61　执行【计算】命令

注意

不能对复合通道应用【计算】命令。

STEP|03 打开【通道】面板，选择新建的"Alpha1"通道，执行【色阶】命令显示出更多的纹理，如图16-62所示。

图16-62　调整新通道

STEP|04 在"Alpha1"通道中全选，然后执行【复制】命令，回到【图层】面板。执行【粘贴】命令，并设置其混合模式，如图16-63所示。

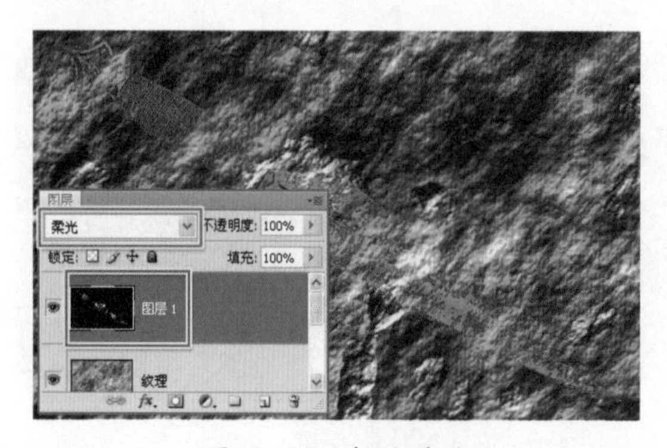

图16-63　粘贴通道

STEP|05 选择纹理图层，设置混合模式为"颜色加深"，使纹理图层与匕首相融合，如图16-64所示。

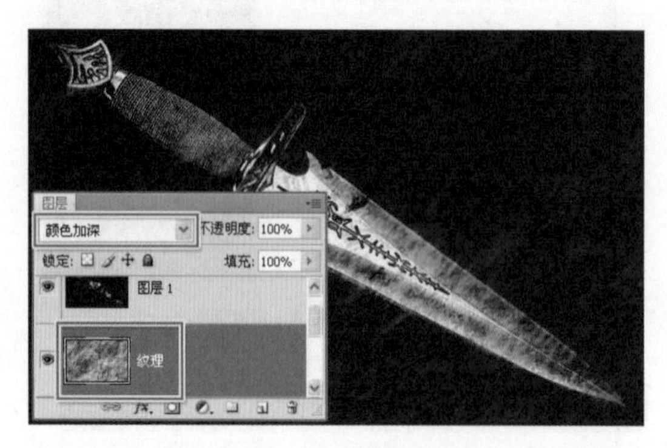

图16-64　设置混合模式

STEP|06 为"纹理"图层创建一个图层蒙版，将匕首以外的区域隐藏，效果如图16-65所示。

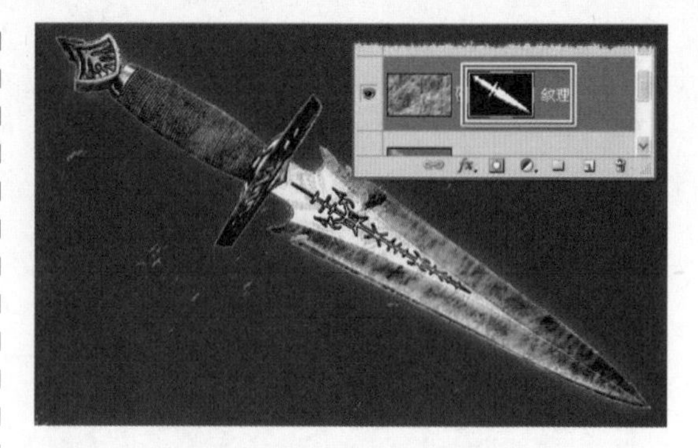

图16-65　隐藏部分纹理

STEP|07 同样为"图层1"图层添加图层蒙版，隐藏匕首以外的区域，如图16-66所示。

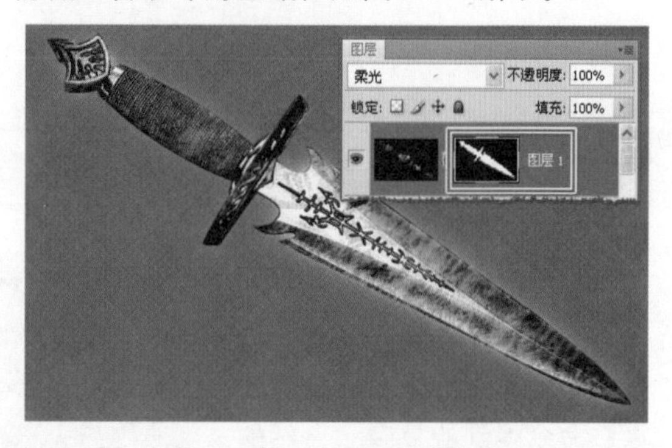

图16-66　添加图层蒙版

STEP|08 在图层顶部创建一个"色阶1"调整图层，整体提亮图像的色调，设置如图16-67所示。

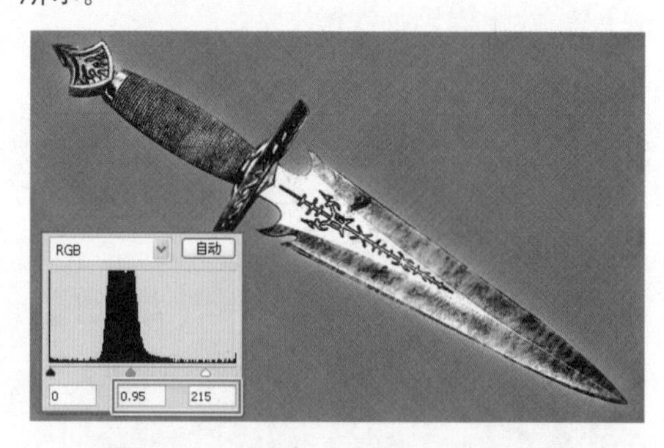

图16-67　创建"色阶1"调整图层

STEP|09 在"匕首"图层上方新建图层，并且添加颜色。使用图层蒙版隐藏匕首图像后，设置混合模式为"色相"，如图16-68所示。

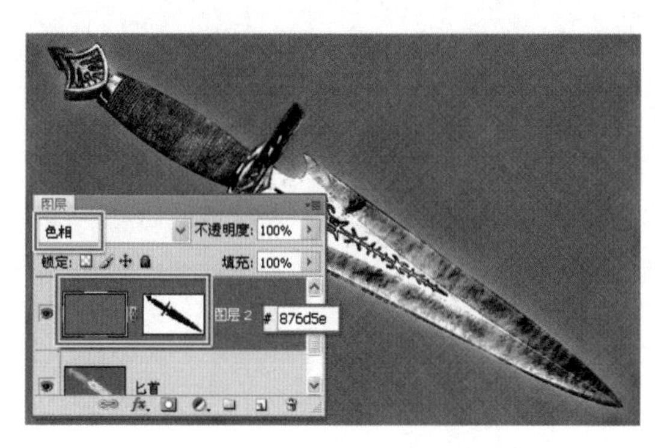

图16—68　更换背景颜色

STEP|10　在所有图层最上方新建“色彩平衡1”调整图层，调整参数如图16—69所示。最后添加上文字效果，完成整个效果的制作。

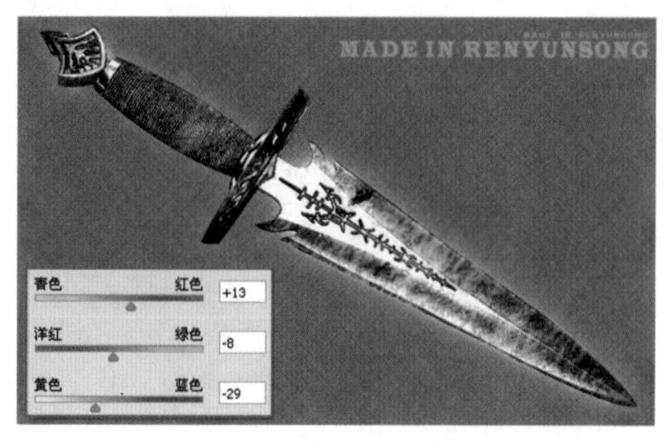

图16—69　调整图像色调

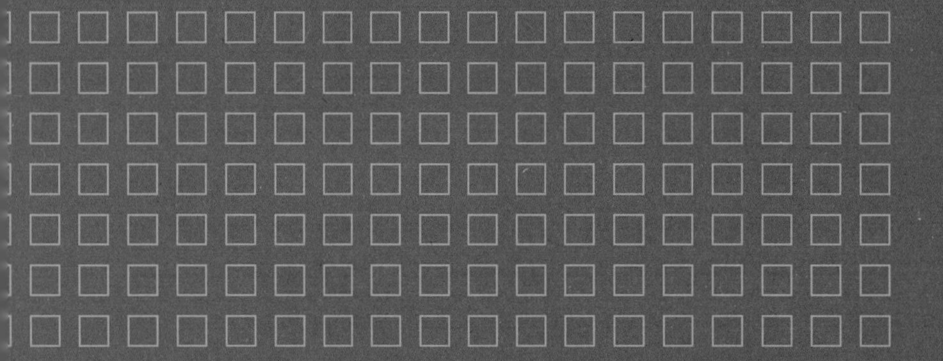

17 滤镜

滤镜的主要作用是实现图像的各种特殊效果，它在分析图像中各个像素值的基础上，根据相应的参数设置，调用不同的运算程序来处理图像，以达到希望的图像变化效果。

滤镜的操作比较简单，但是真正用起来却很难恰到好处。滤镜通常需要同通道、图层等联合使用确良，才能取得最佳的艺术效果。滤镜的功能强大，用户需要在不断地实践中积累经验，从而创作出具有迷幻色彩的计算机艺术作品，这就是本章的学习目的。

17.1 滤镜概述

使用滤镜可以对图像进行修饰和变形。除了 Photoshop CS4 自带的很多滤镜之外，第三方开发的滤镜也可以以插件的形式安装在“滤镜”菜单下，此类滤镜的种类繁多，极大地丰富了软件的图像处理功能。

原图

径向模糊

拼凑图

染色玻璃

图17—1 矫正滤镜效果

1. 滤镜的分类

就滤镜的功能和效果而言，可以大致分为矫正性滤镜和破坏性滤镜两类。

- **矫正性滤镜** 多数情况下此类滤镜用作对图像进行细微的调整和校正，处理后的效果很微妙，常作为基本的图像润饰命令使用。常见的有模糊滤镜组、锐化滤镜组、视频滤镜组和杂色滤镜组等，如图17—1所示。
- **破坏性滤镜** 除上述几种矫正性滤镜外，其他的都属于破坏性滤镜。破坏性滤镜常产生特殊的效果，对图像的改变也十分明显，而这些是Photoshop工具和矫正性滤镜很难做到的，如果使用不当，原有的图像将会面目全非，如图17—2所示。

Photoshop 中的所有滤镜都放置在【滤镜】菜单下。这些滤镜都归类在各自的滤镜组中，按照安装属性可以分为如下 3 类。

- **内阙滤镜** 内嵌于Photoshop程序内部的滤镜，它们不能被删除。即使删除了，在Photoshop目录下的plug－ins目录中，这些滤镜依然存在。共有6组24个滤镜。
- **内置滤镜** Photoshop自带的滤镜，默认安装时，安装程序自动安装到plug－ins目录下的滤镜，共12组76个滤镜。
- **外挂滤镜** 也就是第三方滤镜，由第三方厂商开发的程序插件，可以作为增效工具使用，它们品种繁多，功能强大，如常用的KPT、Eye Candy、KnockOut、MaskPro、Digital FilmTools 55mm、Neat Image等。

绘图笔

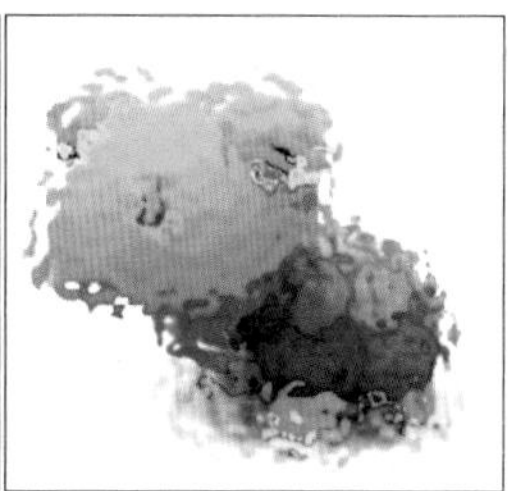
海洋波纹

水波

大风

图17—2 破坏性滤镜

2. 使用滤镜应注意的问题

影响滤镜效果的因素有很多，包括图像的属性、像素的大小等。并不是所有的图像都可以添加滤镜，下面是使用滤镜时应注意的一些问题。

滤镜的执行效果以像素为单位，所以滤镜的处理效果与图像分辨率有关。即使是同一幅图像，如果分辨率不同，处理的效果也会不同，如图 17—3 所示。

对于 8 位／通道的图像，可以应用所有滤镜；部分滤镜可以应用于 16 位图像；少数滤镜可以应用于 32 位图像。

有些滤镜完全在内存中处理，如果可用于处理滤镜效果的内存不够，系统会弹出提示对话框。

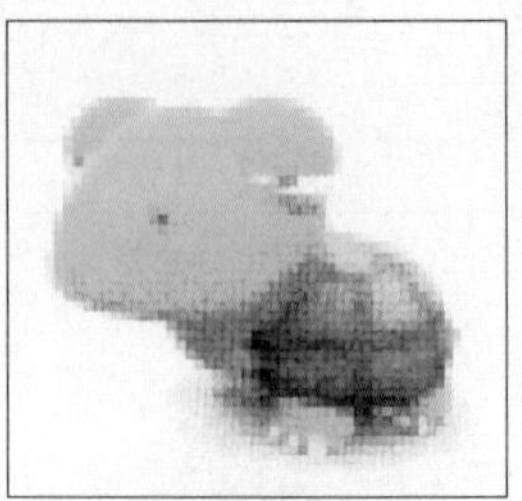

270×250像素　　500×470像素

图17-3　不同像素的图像使用同一滤镜效果

注意

如果当前图层被隐藏或者锁定，滤镜将无法应用该图层或选区中的图像；不能将滤镜应用于位图模式或索引颜色的图像；有些滤镜在CMYK模式下是禁用的，只对RGB图像起作用。

17.2 应用滤镜库

在【滤镜库】对话框中，可以预览和应用多个滤镜的效果，并且可以打开或关闭滤镜的效果、复位滤镜的选项以及更改应用滤镜的顺序。对于这种一站式的访问，可以更直观地了解和对比多个滤镜之间的区别和特点，然后选择出最适合的滤镜来处理图像。

执行【滤镜】|【滤镜库】命令，打开【滤镜库】对话框。单击滤镜类别中的滤镜缩览图，可在预览区域查看到添加滤镜后的图像效果，如图 17-4 所示为【拼缀图】对话框。在参数设置区域，可以根据提供的滤镜参数，改变滤镜效果。

图17-4　【拼缀图】对话框

使用滤镜库可以方便、直观地为图像添加滤镜效果。在对话框中间部分，不同的滤镜组分别放置在不同的文件夹中。单击其中一个文件夹即可显示该滤镜组中的滤镜缩略图，单击缩略图即可应用该滤镜。应用滤镜后，还可以在对话框右侧设置该滤镜的参数，从而得到不同的效果。

滤镜库的特别之处在于，应用滤镜的显示方式与图层类似。默认情况下，滤镜库中只有一个效果层，想要保留滤镜效果的同时，添加其他滤镜效果，可以单击对话框右下角的【新建效果图层】按钮，创建与当前相同的效果图层，然后单击应用其他滤镜即可，如图 17-5 所示。

当建立多个效果图层后，得到的是其合成效果。但是效果图层的堆放顺序也影响最终的效果，单击拖动放置在其他效果图层的上方或者下方即可，如图 17-6 所示。

与【图层】面板中的普通图层相似，当建立了两个或多个效果图层，不想显示某个滤镜而又不想删除该滤镜效果时，单击该效果图层左侧的眼睛图标即可。

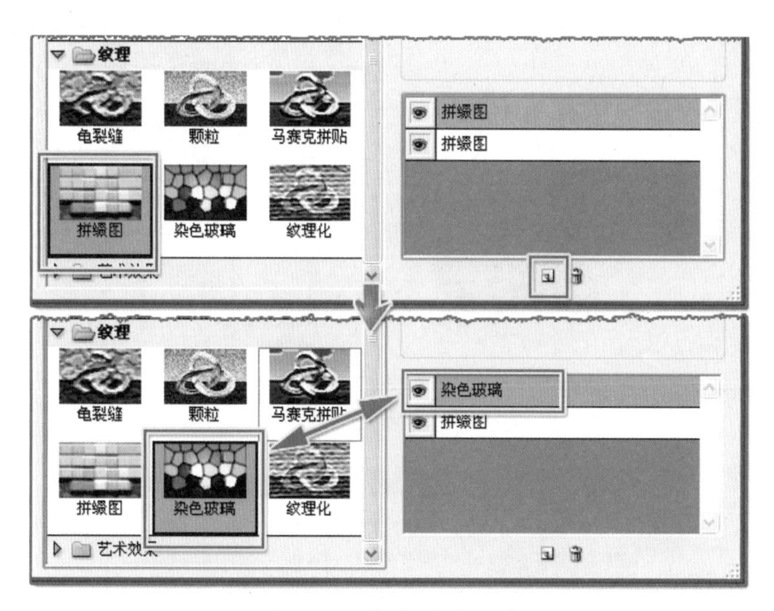

图17—5　新建效果图层

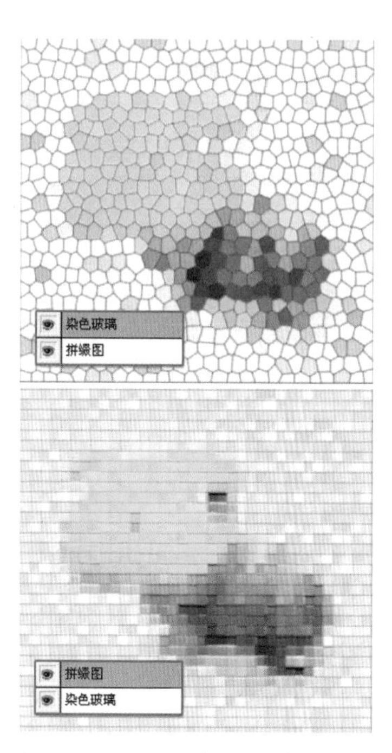

图17—6　不同效果图层顺序得到的图像

17.3 智能滤镜

智能滤镜可以在添加滤镜的同时，保留图像的原始状态不被破坏。添加的滤镜可以像添加的图层样式一样存储在【图层】面板中，并且可以重新将其调出以修改参数。使用【滤镜】菜单中的【转换为智能滤镜】命令，可以将当前图像文档中的选定图层设定为智能对象。

在执行滤镜命令之前，先执行【滤镜】|【转换为智能滤镜】命令，当前图层缩览图中会出现智能对象图标，然后再执行其他滤镜命令，如图 17–7 所示。

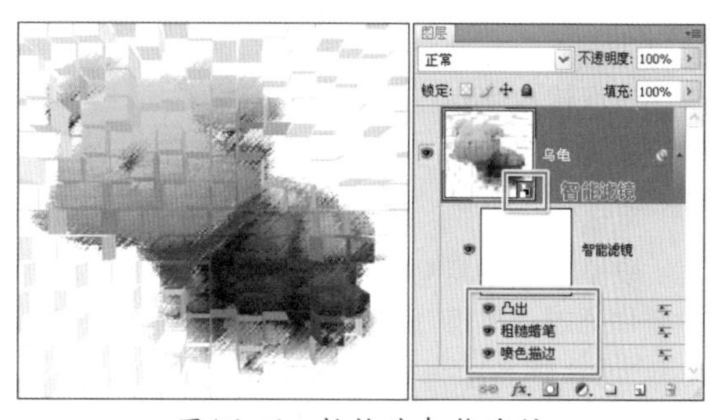

图17—7　转换为智能滤镜

1. 修改智能滤镜

普通添加滤镜的方法一旦关闭滤镜对话框，就无法再次调整参数。而在智能滤镜状态下，添加的滤镜效果可以反复进行参数的调整。在滤镜效果名称上双击鼠标，重新打开所对应的滤镜对话框，以重新设定参数，修改添加的滤镜效果，如图 17–8 所示。

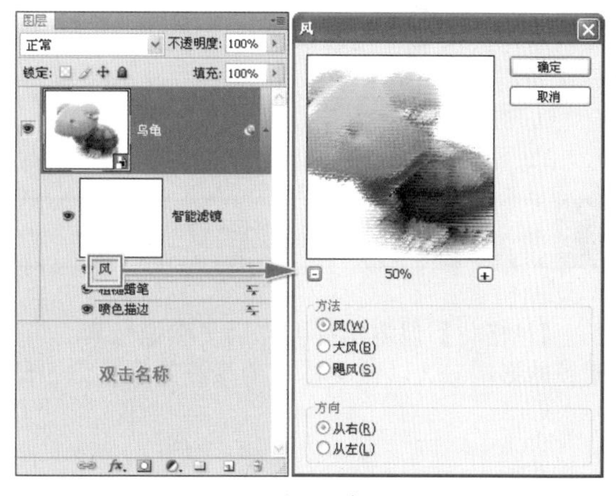

图17—8　修改智能滤镜

注意

智能滤镜不能应用于单个通道，即使选中单个通道后执行【转换为智能滤镜】命令，也会返回复合通道。

2．显示或隐藏智能滤镜

单击智能滤镜图层前的眼睛图标，可隐藏或显示添加的所有滤镜效果，以对比添加滤镜后的图像和原始效果；若单击单个滤镜前的眼睛图标，可隐藏或显示单个的滤镜，如图 17–9 所示。

图17–9　隐藏智能滤镜

3．删除智能滤镜

拖动智能滤镜图层或是单个滤镜效果至【删除图层】按钮处，将添加的所有滤镜或者选择的滤镜效果删除。

4．编辑滤镜混合选项

在【图层】面板中双击滤镜名称右侧的图标，可打开【混合选项】对话框。在该对话框中，展开【模式】下拉列表，从中可选择一种混合模式，以改变当前滤镜与下面滤镜或者图像的混合效果。设置【不透明度】参数栏，可以改变该滤镜应用到图像中的强度，如图 17–10 所示。

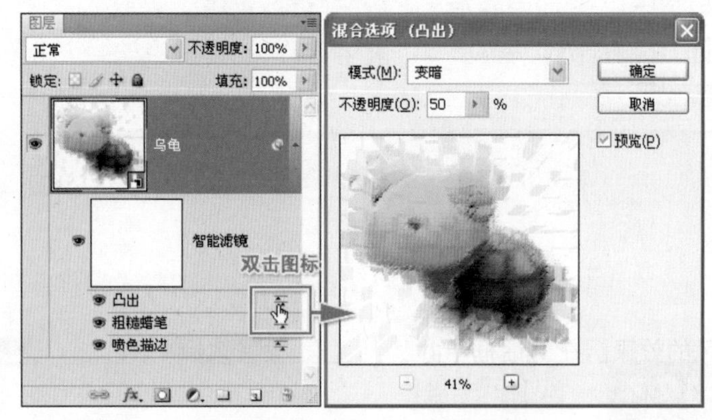

图17–10　设置路径混合选项

5．滤镜蒙版

滤镜蒙版是用来控制滤镜的作用范围，单击滤镜效果蒙版缩略图，使其进入编辑状态，即可像编辑图层蒙版一样进行操作。滤镜蒙版只作用于整个滤镜效果，而每个滤镜效果图层不能单独添加蒙版，如图 17–11 所示。

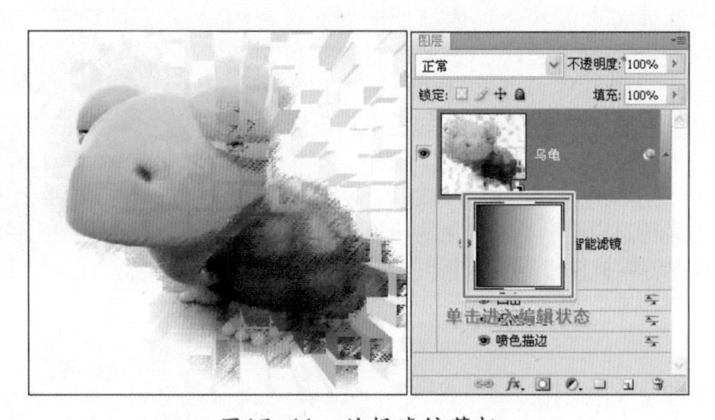

图17–11　编辑滤镜蒙板

17.4 风格化滤镜组

【风格化】滤镜组主要作用于图像像素，可以强化图像的色彩边缘，所以图像的对比度对此类滤镜的影响较大。此类滤镜的最终效果类似于印象派的画作，如图 17–12 所示。

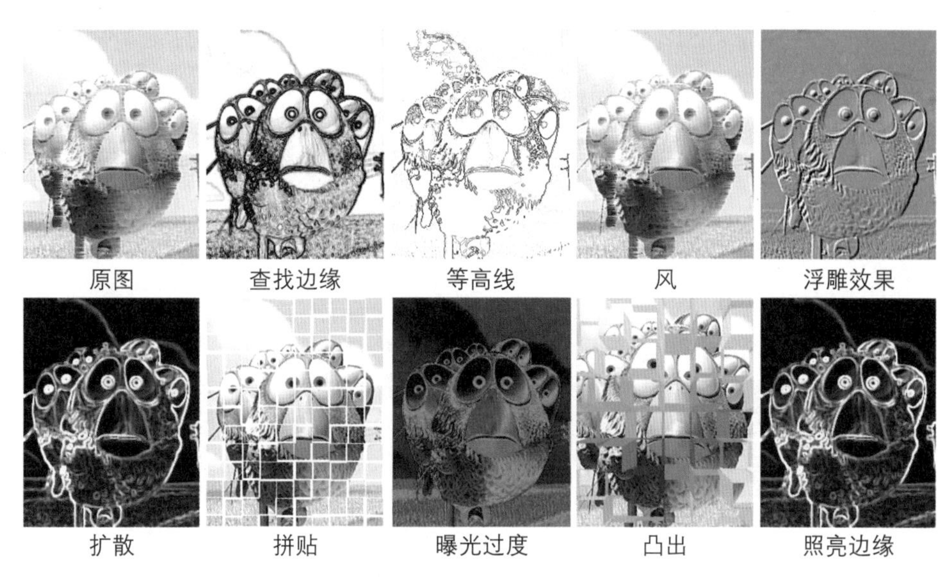

17—12 风格化滤镜效果图

【风】滤镜是风格化滤镜中比较特殊的一种，它以一个像素的水平条带来估算选区，然后在图像中偏移这些条带，模拟风的效果。在对话框中共有 3 种选项：风、大风、飓风，如图 17—13 所示。

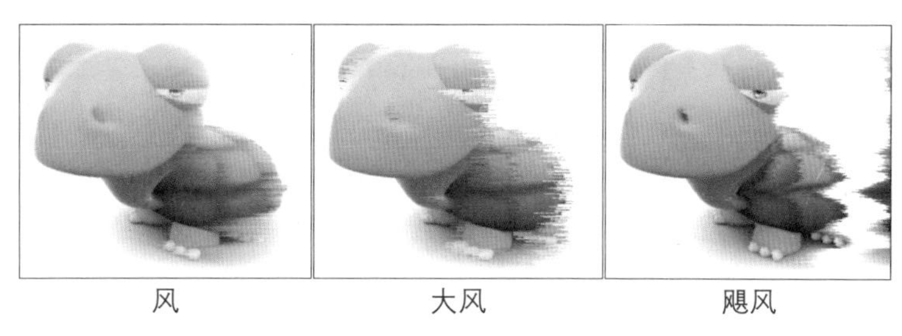

图17—13 【风】滤镜中的3种风效果

17.5 画笔描边滤镜组

该滤镜组与艺术效果滤镜相似，可使用不同的画笔和油墨对图像添加描边效果，以创造出绘画效果的外观。其中有些滤镜可以添加颗粒、绘画、杂色、边缘细节或纹理，如图 17—14 所示。该滤镜组不能应用在 CMYK 和 Lab 模式下。

17—14 画笔描边滤镜效果图

17.6 模糊滤镜组

【模糊】滤镜组主要是使区域图像柔和，通过减小对比来平滑边缘过于清晰和对比过于强烈的区域。使用模糊滤镜就如同为图像生成许多副本，使每个副本向四周以 1 像素的距离进行移动，离原图像越远的副本，其透明度越低，从而形成模糊效果。执行【滤镜】|【模糊】命令，弹出各个模糊命令，如图 17–15 所示。

图17–15　模糊滤镜组效果图

【高斯模糊】命令使用可调整的量快速模糊选区。高斯是指当 Photoshop 将加权平均应用于像素时生成的钟形曲线。执行【高斯模糊】命令，可打开该滤镜对话框，通过在【半径】参数栏中输入不同的数值或者拖动滑块，可控制模糊的程度：数值小，则产生较为轻微的模糊效果；数值大，可将图像完全模糊，以至看不到图像的细节，如图 17–16 所示。

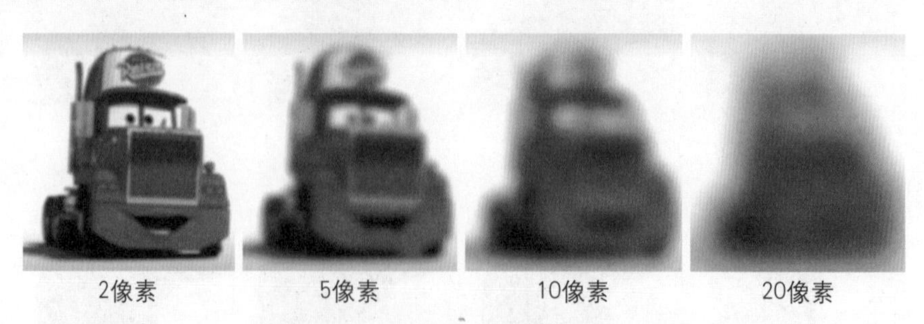

图17–16　不同程度的高斯模糊效果

17.7 扭曲滤镜组

【扭曲】滤镜通过对图像中的像素进行拉伸、扭曲和振动等操作实现各种效果。虽然有点类似于【变换】命令，但不同的是【变换】命令最多由12个控制点来使图像变形，而【扭曲】滤镜则提供了几百个控制点，所有的控制都用于影响图像不同的部分。该滤镜能使图像产生三维或其他形式的扭曲，创建出3D或其他整形效果，如图17–17所示。

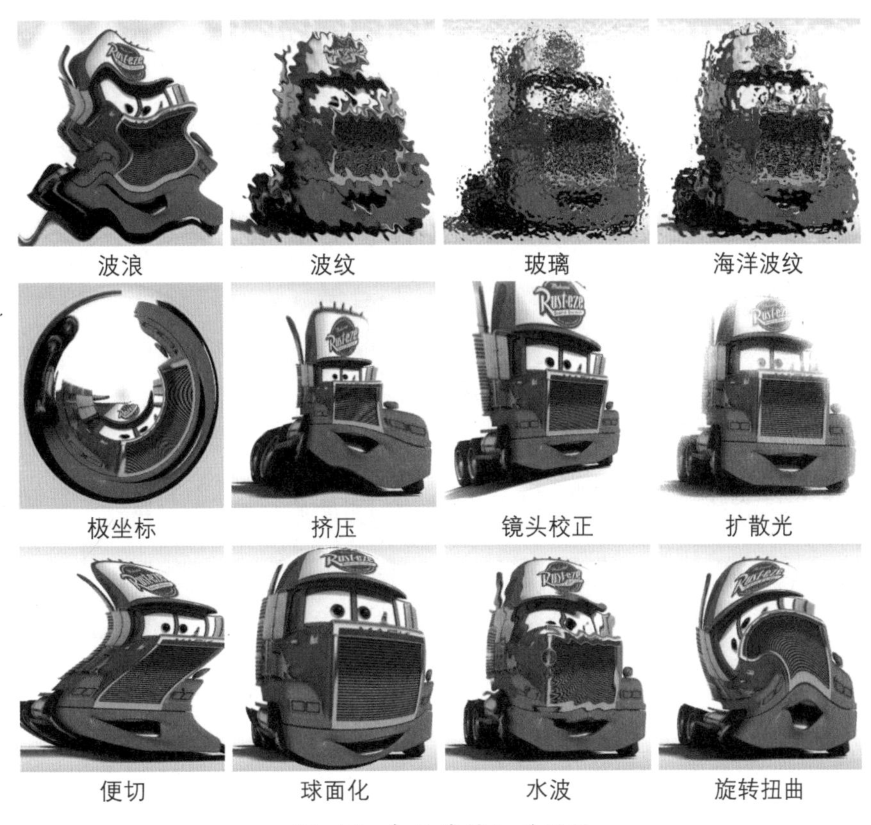

17–17　扭曲滤镜组效果图

【水波】滤镜命令根据图像中像素的半径将图像径向扭曲。在对话框中，还有3种样式可以选择，以模拟不同情况下所产生的水纹效果，如图17–18所示，这是在【数量】和【起伏】数值相同的情况下的效果。

图17–18　【水波】滤镜的3种模式

创意⁺：Photoshop CS4中文版图像处理技术精粹

17.8 素描滤镜组

【素描】滤镜组用于创建手绘图像的效果，给图像添加一些纹理，还适用于创建美术或手绘外观，其中许多滤镜在重绘图像时将需要设置前景色和背景色，如图 17–19 所示。除了【铬黄渐变】和【水彩画纸】滤镜之外，其他的滤镜都和前景色或背景色相关。该滤镜组同样在 CMYK 和 Lab 模式下不能应用。

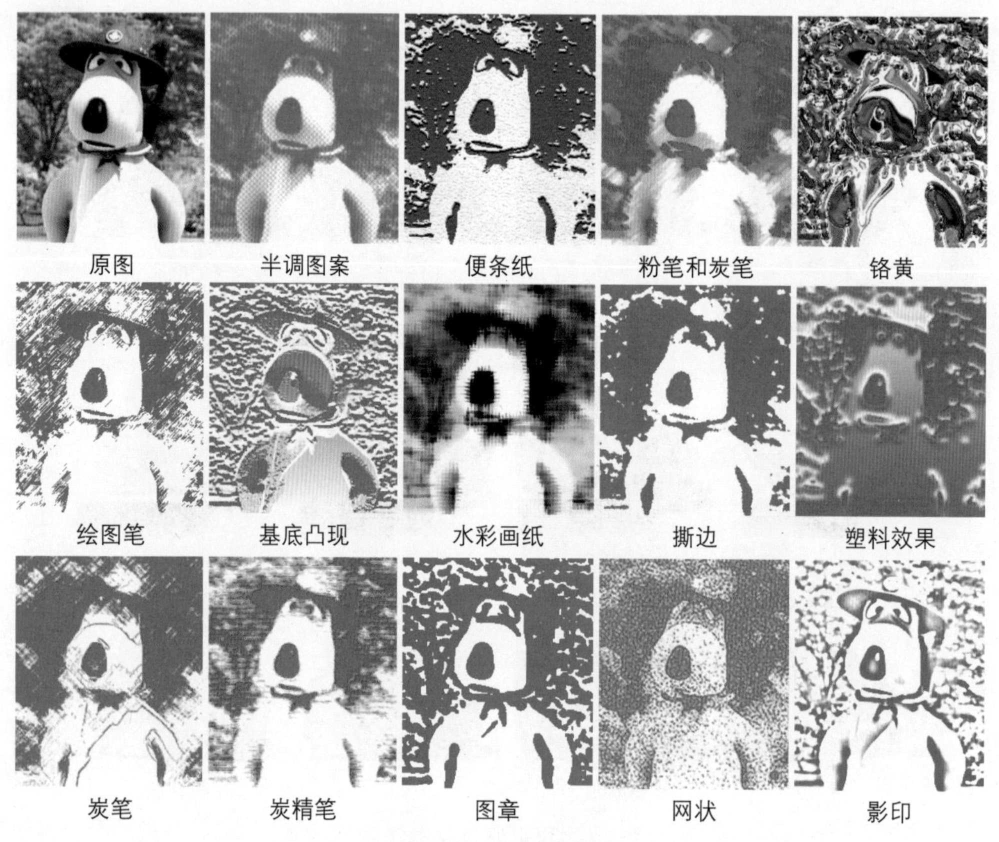

图17–19 素描滤镜组

【炭精笔】滤镜在图像上模拟深颜色和纯白的炭精笔纹理。该滤镜在图像的暗部使用前景色，在亮部使用背景色。为了获得较为逼真的视觉效果，可以在添加滤镜之前，设置好前景色和背景色，以获得减弱的效果，然后再应用滤镜，如图 17–20 所示。

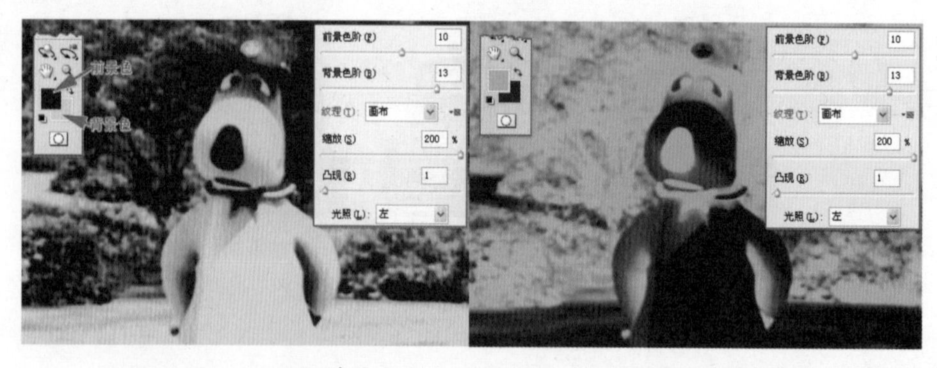

图17–20 不同的前景色和后景色使用【炭精笔】滤镜的效果

17.9 纹理滤镜组

该滤镜组可以模拟具有深度或物质感的图像外观，或者添加一种器质外观。它可以为图像创造出多种纹理材质，如拼缀效果、染色玻璃或砖墙等效果，如图17—21所示。

该滤镜组中的【纹理化】和【颗粒】命令最为常用，其中【纹理化】命令可在图像表面创建绘画纹理，如布纹或砂岩（图17—22）。【纹理】选项的右侧有一项【载入纹理】的选项，通过它可以载入任何PSD格式的图像来作为纹理使用。

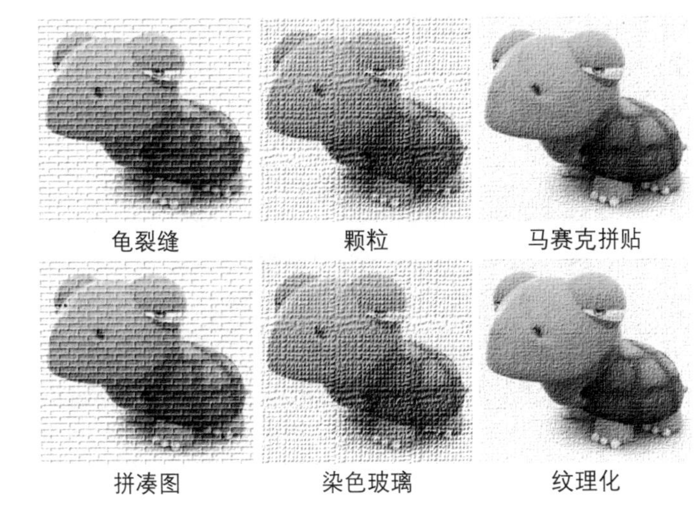

图17—21　纹理滤镜效果图

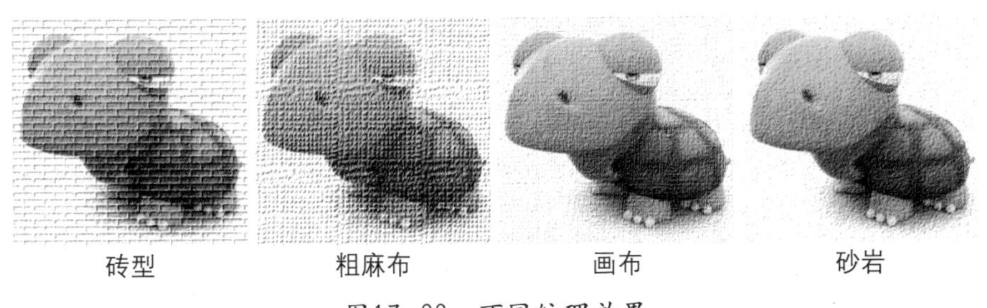

图17—22　不同纹理效果

17.10 像素化滤镜组

像素化滤镜组可以将图像分成一定的区域，并将这些区域转变为相应的色块，再由色块构成图像，以达到对图像变形的目的。比如使用【彩色半调】滤镜，它是模拟在图像每个通道上使用半调网屏效果，将一个通道分解为若干个矩形，然后用圆形替换掉矩形。圆形的大小与矩形的亮度成对比，创建印刷网点的特殊效果，如图17—23所示。

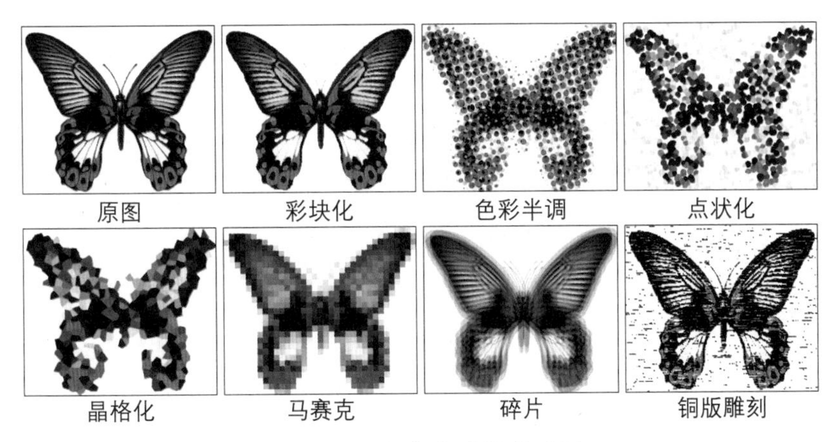

图17—23　像素化滤镜效果图

17.11 渲染滤镜组

渲染滤镜组可在图像中创建云彩图案、折射图案和模拟的光反射。它可在 3D 空间中操纵对象，并从灰度文件创建纹理填充，以产生类似三维的光照效果。使用【云彩】和【分层云彩】滤镜可以在图像上随机产生一层云雾效果，【云彩】滤镜将覆盖原图像；而【镜头光晕】可产生闪光和折射效果；【纤维】命令主要表现物质的纹理，如图 17–24 所示。

分层渲染

光照效果

镜头光晕

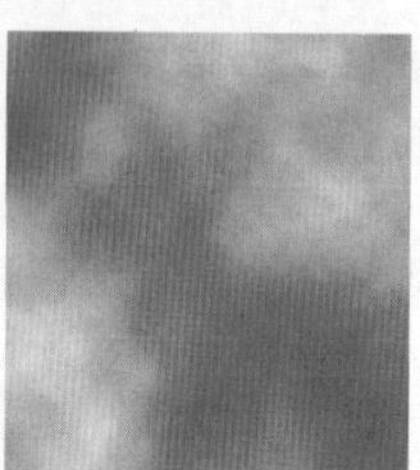
彩云

图17–24　渲染滤镜效果图

该滤镜组中的光照效果可以设置 17 种光照样式，这 17 种光源分为 3 种类型：点光、全光和平行光。通过调整对话框中的参数来在 RGB 图像上产生无数种光照效果，如图 17–25 所示。在【样式】下拉列表中可选择不同的光照类型，在调整光照区域时还可以添加、删除或调整光源。

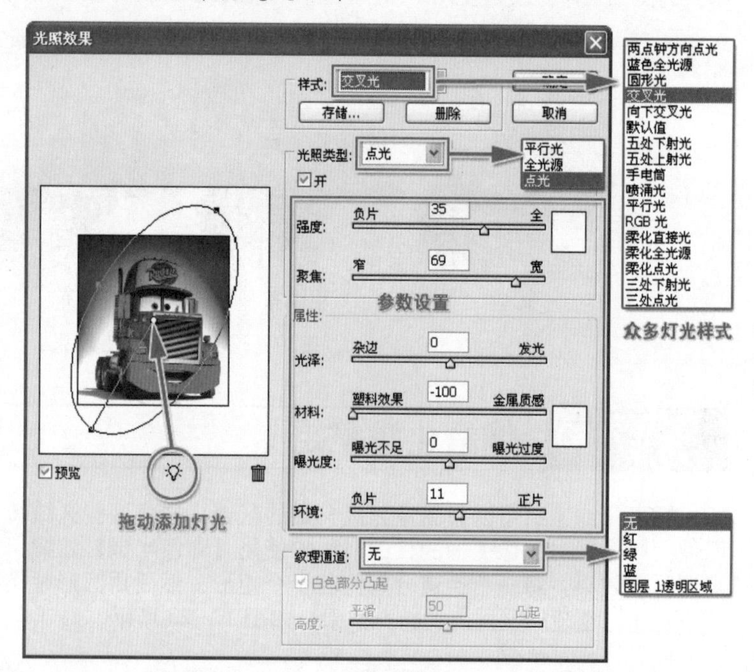

图17–25　【光照效果】滤镜对话框

17.12 艺术效果滤镜组

使用艺术效果滤镜组可以产生制图、绘画及那些摄影领域用传统方式所实现的各种艺术效果，模仿自然或传统介质效果，可以为美术或商业项目制作绘画效果或艺术效果，如图 17–26 所示。

虽然此类产生的效果不同，但设置方法大致相同，下面以【木刻】滤镜为例进行介绍。【木刻】滤镜命令使图像产生边缘粗糙的剪纸效果，如图 17–27 所示。高对比度的图像看起来呈剪影状，而彩色图像看上去是由几层彩纸组成的。

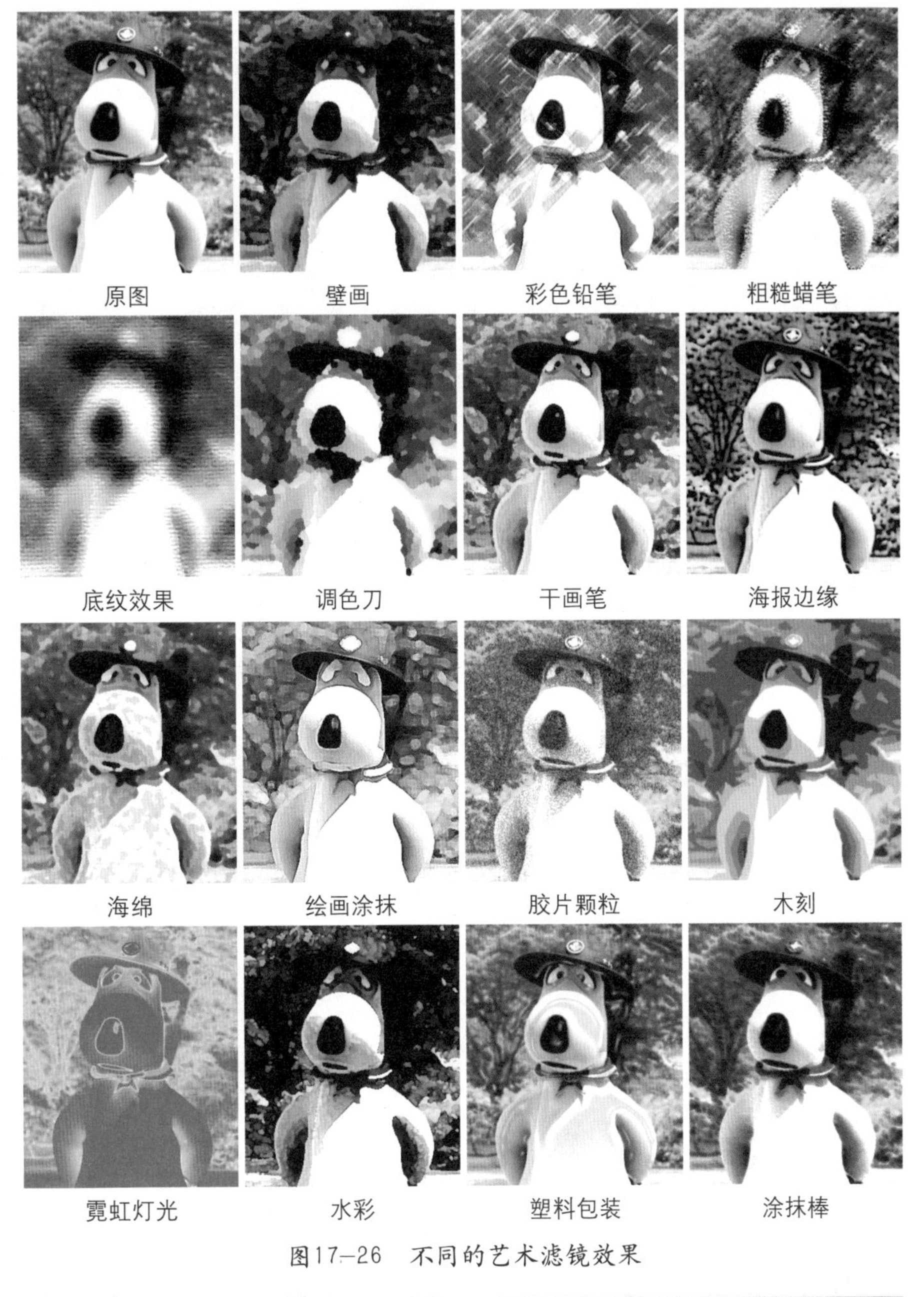

图17-26 不同的艺术滤镜效果

边缘简化度1

边缘简化度3

边缘简化度5

边缘简化度7

图17-27 不同程度的简化效果

17.13 杂色滤镜组

杂色滤镜是随机分布的彩色像素点，使用该组中的滤镜，可以添加或移去图像上的划痕和尘点，如图 17–28 所示。

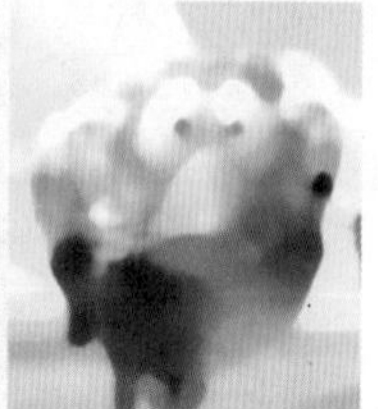
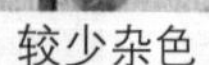

较少杂色　蒙尘与划痕　去斑　添加杂色　中价值

图17–28　不同的杂色滤镜效果

17.14 特殊滤镜

在【滤镜】命令中，还包括一些较为特殊的滤镜效果，这些命令不同于其他滤镜，它们不能够实现特效，而是能够实现辅助的对图像进行编辑、修饰的作用，比如液化和消失点命令。

1. 液化滤镜

【液化】滤镜可对图像进行变形处理，如推、拉、旋转、反射、折叠和膨胀图像的任意区域。所创建的扭曲效果可以是细微的也可以是剧烈的。相对于【变换】命令和【扭曲】滤镜组中的滤镜，【液化】滤镜具有更大的自由度和灵活性。执行【液化】命令，位于左侧的工具集中了全部的变形工具，并且可以在右侧的工具选项中设置笔刷的压力和大小等，如图 17–29 所示。

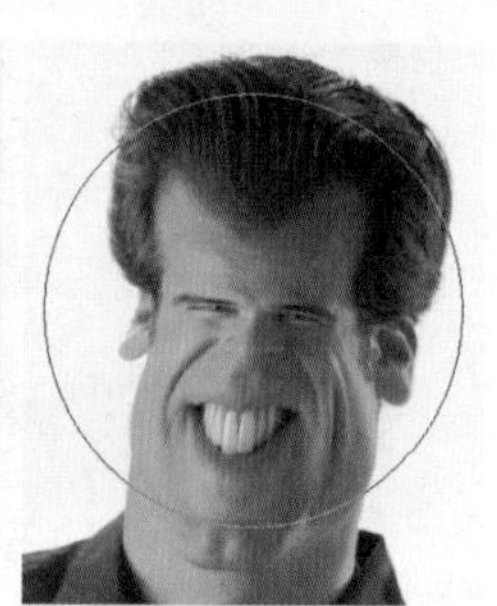

原图　向前变换工具　顺时针旋转扭曲工具　褶皱工具

膨胀工具　左推工具　镜像工具　湍流工具

图17–29　不同液化效果的对比

2. 消失点滤镜

使用该滤镜命令可以编辑制作带有透视效果的图像，执行【消失点】命令，在【消失点】对话框中包含了定义透视平面工具、编辑图像工具、测量工具和图像预览。消失点工具（选框、图章、画笔及其他工具）的工作方式与Photoshop主工具箱中的对应工具十分类似，可以使用相同的快捷键来设置工具选项。图17—30是将墙壁加长后的对比效果。

图17—30 加长透视物体

17.15 实例：制作木纹特效

不同的滤镜组合可以产生各种各样的丰富的特效。本实例将制作木纹特效，如图17—31所示。在制作的过程中，首先使用【添加杂色】命令和【模糊滤镜】命令制作出大致的条状纹理，然后利用【铬黄】滤镜命令产生和木制相似的纹理，再通过为图像着色、提亮图像色调等，使图像更接近木纹效果。

图17—31 完成效果

操作步骤：

1. 制作木纹质感

STEP|01 执行【文件】|【新建】命令，新建17×13厘米，分辨率为150像素/英寸的“木纹特效”文档。执行【滤镜】|【杂色】|【添加杂色】命令，效果如图17—32所示。

STEP|02 执行【滤镜】|【模糊】|【动感模糊】命令，设置【角度】为90度，设置【距离】参数栏为999像素，如图17—33所示。

STEP|03 再执行【滤镜】|【模糊】|【高斯模糊】命令，设置【半径】参数栏为5像素，如图17—34所示。

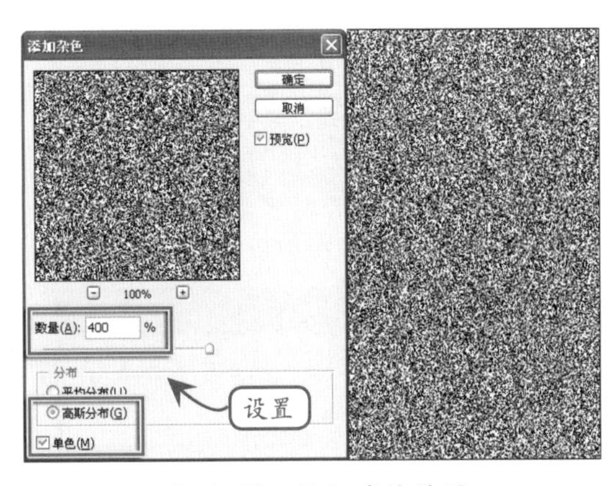

图17—32 添加滤镜效果

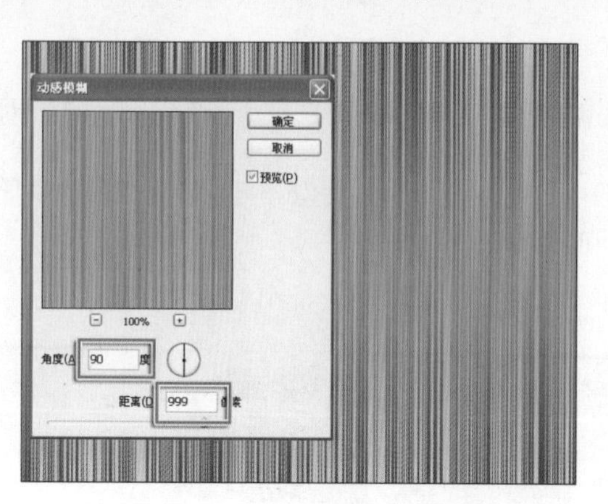

图17-33　添加动感模糊效果

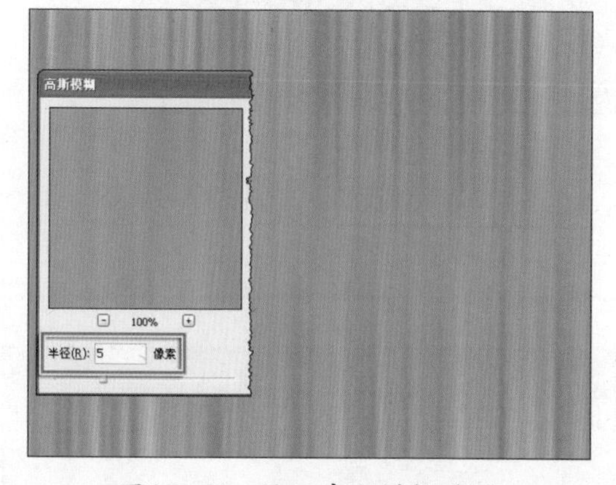

图17-34　添加高斯模糊效果

STEP|04　执行【滤镜】|【素描】|【铬黄】命令，为图像添加铬黄效果，如图17-35所示。

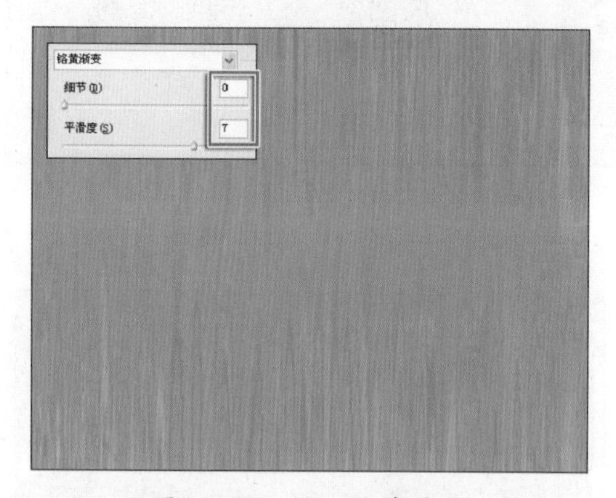

图17-35　添加铬黄效果

提示

该命令具有一定的随机性，读者可多尝试几次，以得到满意的效果。

STEP|05　执行【图像】|【调整】|【色相/饱和度】命令，启用对话框中的【着色】复选框，为图像着色，如图17-36所示。

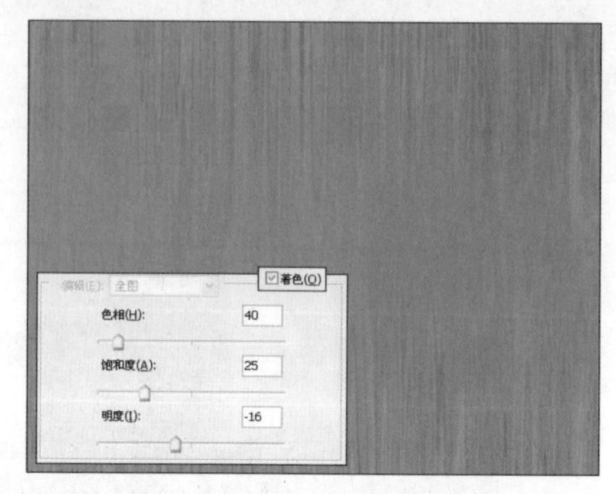

图17-36　为图像着色

STEP|06　执行【滤镜】|【液化】命令，对图像进行变形处理，如图17-37所示。

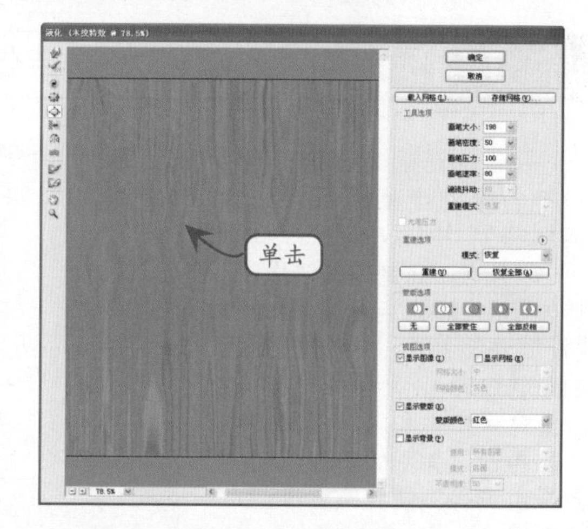

图17-37　变形图像

STEP|07　执行【图像】|【调整】|【曲线】命令，增强图像色调的对比度，如图17-38所示。

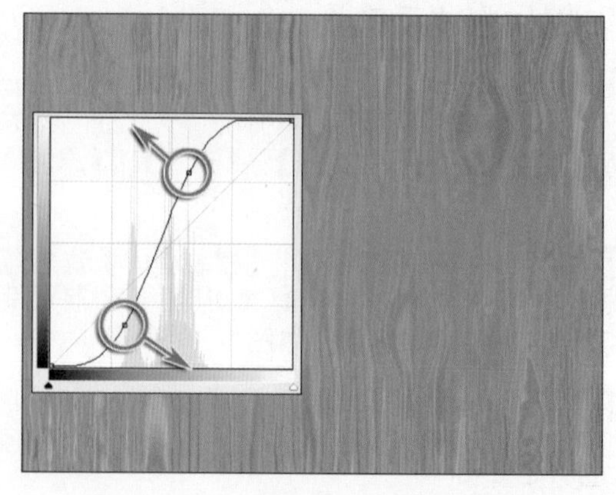
图17-38　增强图像色调的对比度

2. 制作木板

STEP|01 使用工具箱中的【矩形选框工具】绘制矩形选区，如图17-39中标识的位置。

图17-39　绘制选区

STEP|02 执行【编辑】|【拷贝】和【粘贴】命令，将图像放入文档中并调整位置，如图17-40所示。

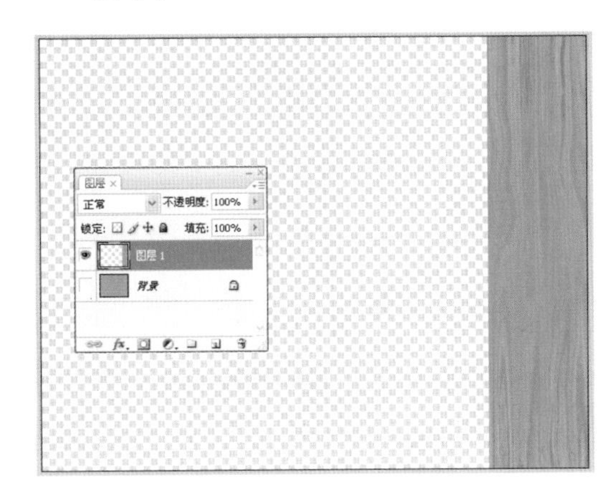

图17-40　创建新图像

STEP|03 使用相同的方法继续绘制选区，复制和粘贴图像，以打乱纹理的排列位置，如图17-41所示。

STEP|04 双击“图层1”名称右侧的空白处，为图像添加斜面和浮雕、内阴影效果，如图17-42所示。

> **提示**
>
> 在调整这一部分图像时，不必按照一定的顺序，可随意地从背景中选取。

图17-41　重新排列纹理

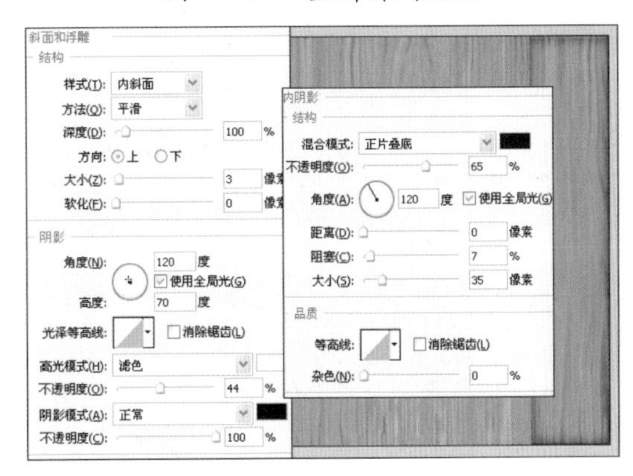

图17-42　添加立体效果

STEP|05 继续为其他的木板图像添加立体效果，如图17-43所示。

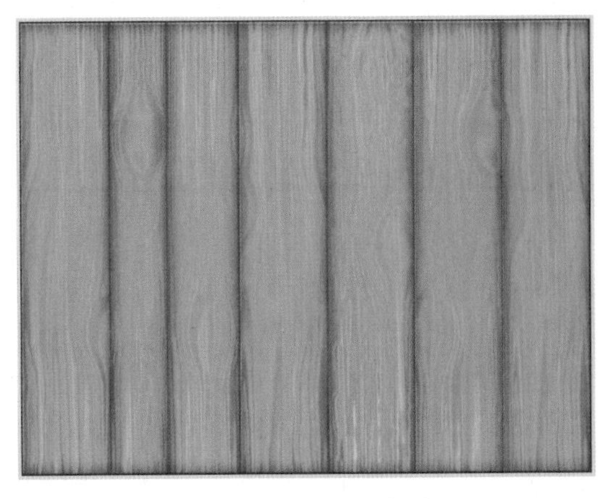

图17-43　设置立体效果

STEP|06 单击“图层1”，执行【自由变换】命令，将图像适当缩小一些，如图17-44所示。

图17-44　调整图像大小

STEP|07　分别将其他的木板图像缩小，使它们的宽度大致相同，如图17-45所示。

图17-45　调整图像大小

STEP|08　从木板图像中挑选3个不相邻的图像，将其复制，并填满空白，如图17-46所示。

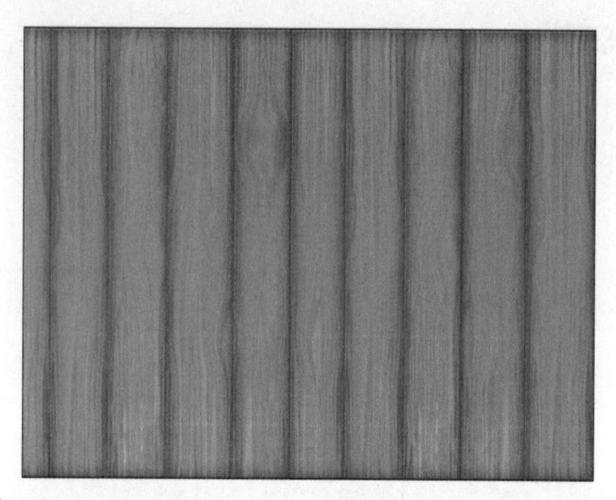

图17-46　填满空白处

STEP|09　执行【图像】|【调整】|【曲线】命令，将图像的色调提亮，如图17-47所示。

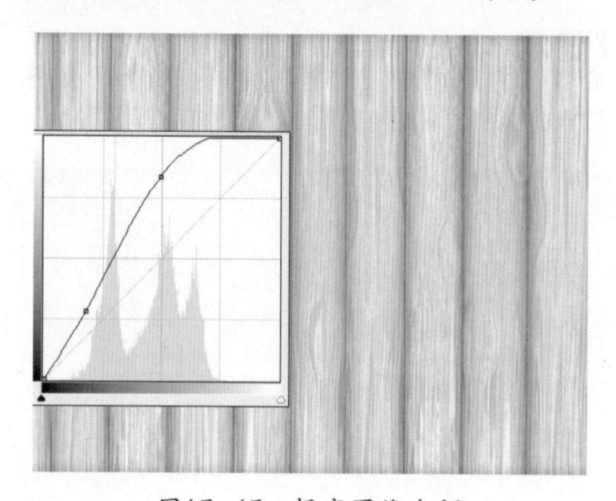

图17-47　提亮图像色调

17.16　实例：使用喷溅滤镜制作撕脸效果

本实例使用喷溅滤镜制作撕裂纸张的效果，如图 17-48所示。制作本实例时，主要用到通道、【喷溅】滤镜、图层样式，其中最关键的是确定撕脸边缘形状，然后再通过复制背景图层，将撕脸区域删除，并添加阴影效果，以完成该实例的创建。

图17-48　流程图

操作步骤：

STEP|01 打开素材图片，按Ctrl+J快捷键复制，得到“图层1”，按Ctrl+Shift+I快捷键去色，如图17-49所示。

图17-49 去色效果

STEP|02 使用【套索工具】创建选区，选区即为以后的撕脸区域，如图17-50所示。

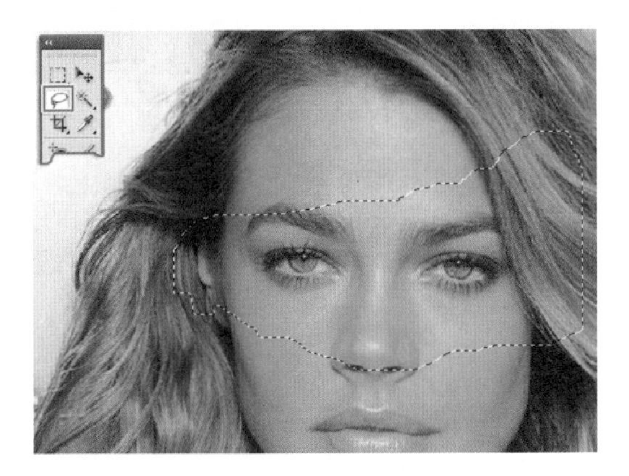

图17-50 建立选区

STEP|03 保持选区，回到通道模板中，新建通道Alpha1，在选区内充填白色，如图17-51所示。

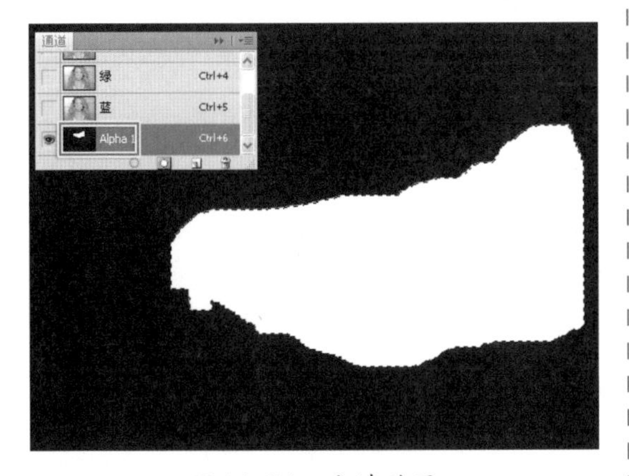

图17-51 充填效果

STEP|04 然后执行【滤镜】|【画笔描边】|【喷溅】命令，其应用效果如图17-52所示。

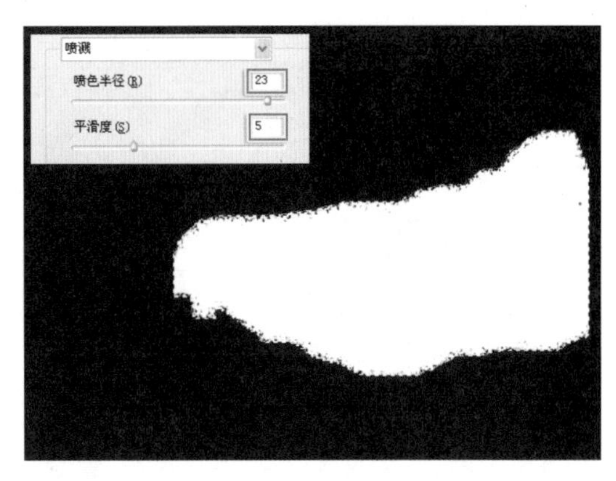

图17-52 喷溅效果

STEP|05 新建Alphal通道2，当前选中Alphal通道2，按住Ctrl键的同时单击Alphal通道1得到选区，然后执行【选择】|【修改】|【收缩】命令，向内收缩6个像素，将其充填为白色，如图17-53所示。

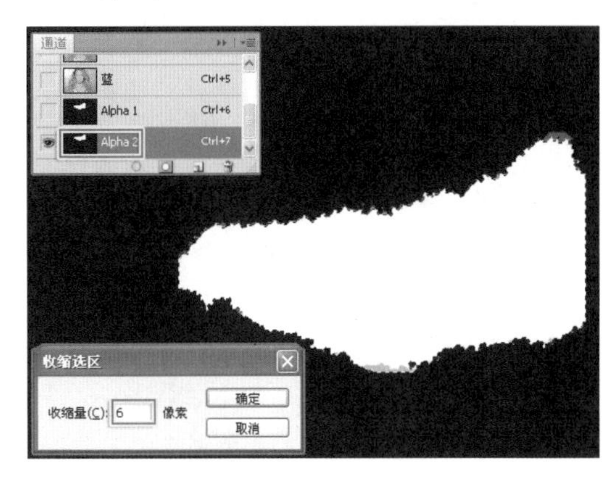

图17-53 收缩效果

STEP|06 回到图层，选择“图层1”，载入Alphal通道1选区，按Delete键删除，得到的效果如图17-54所示。

图17-54 得到的效果

STEP|07 再次复制背景图层，得到“背景副本”，载入alphal通道2的选区，如图17—55所示。

图17—55　载入通道2效果

STEP|08 选择“背景副本”图层，按Ctrl+Shift+I快捷键反选通道2的选区，充填白色，如图17—56所示。

图17—56　充填效果

STEP|09 按Ctrl+J快捷键，得到新的“图层2”。双击该图层，打开【图层样式】对话框，启用【内阴影】复选框，设置相应的参数，如图17—57所示。

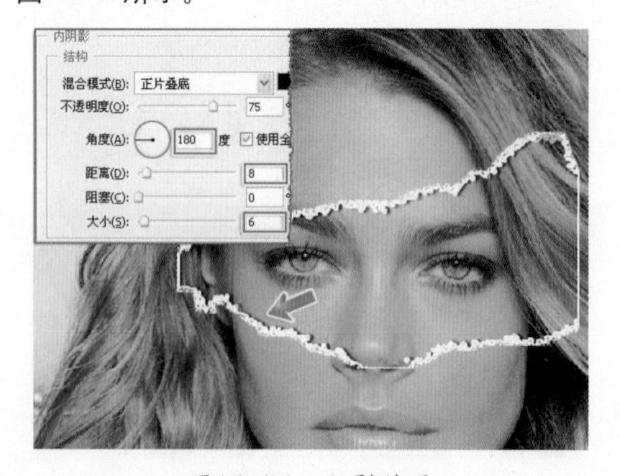

图17—57　阴影效果

STEP|10 选择“图层2”的选区，选择【矩形选框工具】，右击选区，执行【变换选区】命令，将变换中心点移动到右侧，再次右击选区，执行【水平翻转】命令，得到的效果如图17—58所示。

图17—58　变换选区

STEP|11 新建“图层3”，使用【渐变工具】选择【线性渐变】选项进行充填，得到的效果如图17—59所示。

图17—59　渐变效果

18

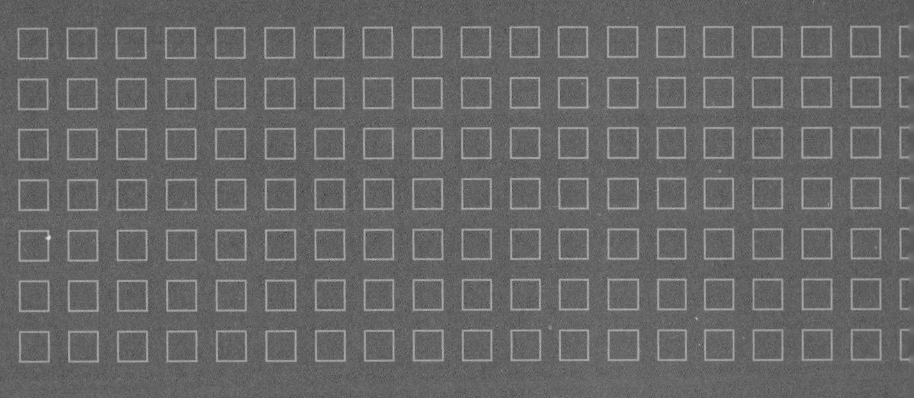

创建动画

Photoshop CS4能够直接创建动画，它将制作动画的功能全部集中在动画面板中。在该面板中，不仅能够创建常见的GIF逐帧动画与简单的过渡动画，还能够制作复杂的综合过渡动画以及视频动画。由于3D编辑功能的加入，还新增了3D图层动画。

本章将详细介绍两种动画面板的不同使用方法，以及各种动画的创建方法，使读者掌握逐帧动画、过渡动画、二维时间轴动画、三维时间轴动画以及视频动画的制作技巧。

Photoshop CS4

18.1 动画面板

动画是由若干静态画面快速交替显示而成的。因人的眼睛会产生视觉暂留，对上一个画面的感知还未消失，下一张画面又出现，因此产生动的感觉。可以说，动画是将静止的画面变为动态的一种艺术手段，利用这种特性可制作出具有高度想象力和表现力的动画影片。

计算机动画采用连续播放静止图像的方法产生景物运动的效果，即使用计算机产生图形、图像运动的技术。计算机动画的原理与传统动画基本相同，只是在传统动画的基础上将计算机技术用于动画的处理和应用，并可以达到传统动画无法实现的效果。由于采用数字处理方式，动画的运动效果、画面色调、纹理、光影效果等可以不断改变，输出方式也多种多样。如图 18–1 所示为猫咪奔跑的分解示意图。当连续播放时，即可产生奔跑的视觉效果。

图18–1 计算机动画

在 Photoshop 的【动画】面板中，可以完成所有关于创建、编辑动画的设置工作。在该面板中，可以以两种方式编辑动画，一种是以动画帧模式编辑动画，另外一种是时间轴编辑模式，它的工作模式同 Adobe 公司出品的视频编辑软件类似，都可以通过设置关键帧来精确地控制图层内容的位置、透明度或样式的变化。

1. 【动画（帧）】面板

【动画（帧）】面板编辑模式是最直接也是最容易让人理解动画原理的一种编辑模式。它是通过复制帧来创建出一幅幅图像，然后通过调整图层内容来设置每一幅图像的画面，将这些画面连续播放，就形成了动画。执行【窗口】|【动画】命令，打开【动画（帧）】面板，如图 18–2 所示。

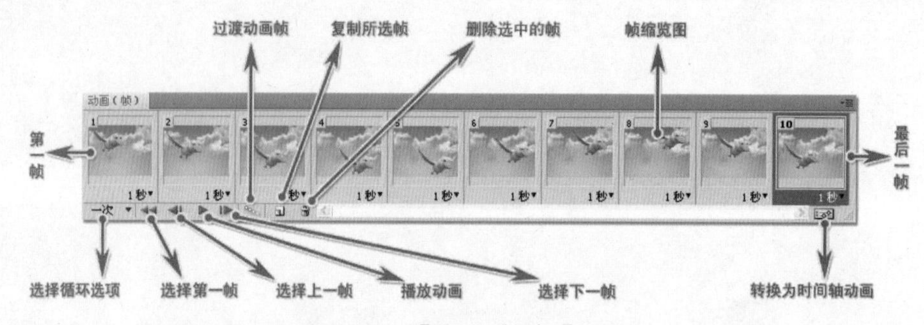

图18–2 【动画（帧）】面板

在帧动画模式下，可以显示出动画内每帧的缩览图。使用面板底部的工具可浏览各个帧、设置循环选项，以及添加、删除帧或是预览动画。其中的选项及功能见表 18–1。

表18–1 【动画（帧）】面板中的选项名称及功能

选项	图标	功能
选择循环选项	无	单击该选项的下三角按钮打开下拉菜单，可以选择一次循环或者永远循环，或者选择其他选项打开【设置循环计数】对话框，设置动画的循环次数
选择第一帧	◀◀	要想返回【动画】面板中的第一帧时，可以直接单击该按钮

续表

选项	图标	功能
选择上一帧		单击该按钮，选择当前帧的上一帧
播放动画		在【动画】面板中，该按钮的初始状态为播放按钮。单击该按钮后，该按钮显示为停止，再次单击后返回播放状态
停止动画		
选择下一帧		单击该按钮，选择当前帧的下一帧
过渡		单击该按钮，打开【过渡】对话框，该对话框可以创建过渡动画帧
复制所选帧		单击该按钮，可以复制选中的帧，也就是说通过复制帧创建新帧
删除选中的帧		单击该按钮，可以删除选中的帧。当【动画】面板中只有一帧时，其下方的【删除选中的帧】按钮不可用
选择帧延时时间	无	单击帧缩览图下方的【选择帧延迟时间】下三角按钮，弹出列表，以选择该帧的延迟时间，或者选择【其他】选项打开【设置帧延迟】对话框，设置具体的延迟时间
转换为时间轴动画		单击该按钮，【动画】面板会切换到时间轴模式（仅限Photoshop Extended）

2. 【动画（时间轴）】面板

在【动画（帧）】面板中单击【转换为时间轴动画】按钮，即可转到时间轴编辑模式，如图18-3所示。

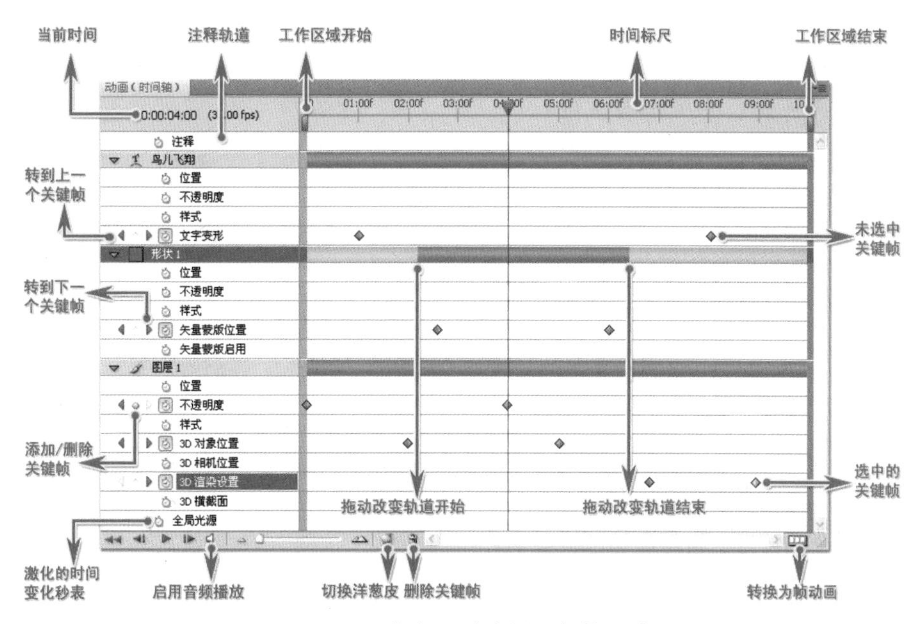

图18-3　【动画（时间轴）】面板

在时间轴中可以看到类似【图层】面板中的图层名字，其高低位置也与【图层】面板相同，其中每一个图层为一个轨道。单击图层左侧的箭头标志，展开该图层所有的动画项目。不同类别的图层，其动画项目也有所不同。如文字图层与矢量形状图层，它们共有的是针对【位置】、【不透明度】和【样式】选项的动画设置项目，不同的是文字图层多了一个【文字变形】选项，而矢量形状层多了两个与蒙版有关的项目。如果将普通图层转换为3D图层，那么除了共有的动画设置项目外，还增加了3D相关的动画设置项目。在该模式中，面板中的选项名称及功能如下。

- **缓存帧指示器** 显示一个绿条，以指示进行缓存以便回放的帧。
- **注释轨道** 执行【面板】|【编辑时间轴注释】命令，可在当前时间处插入注释。注释在注释轨道中显示为图标，并当指针移动到图标上方时作为工具提示出现。
- **转换为帧动画** 用于将时间轴动画转换为帧动画。
- **时间码或帧号显示** 显示当前帧的时间码或帧号（取决于面板选项）。
- **当前时间指示器** 拖动当前时间指示器，可导航帧或更改当前时间或帧。
- **全局光源轨道** 显示要在其中设置和更改图层效果（如投影、内阴影以及斜面和浮雕）的主光照角度的关键帧。
- **关键帧导航器** 轨道标签左侧的箭头按钮将当前时间指示器从当前位置移动到上一个或下一个关键帧。单击中间的按钮，可添加或删除当前时间的关键帧。
- **图层持续时间条** 指定图层在视频或动画中的时间位置。要将图层移动到其他时间位置时，可以拖动此条。要裁切图层（调整图层的持续时间），可以拖动此条的任一端。
- **已改变的视频轨道** 对于视频图层，为已改变的每个帧显示一个关键帧图标。要跳转到已改变的帧，可以使用轨道标签左侧的关键帧导航器。
- **时间标尺** 根据文档的持续时间和帧速率，水平测量持续时间（或帧计数）。（执行【面板】|【文档设置】命令，可更改持续时间或帧速率。）刻度线和数字沿标尺出现，并且其间距随时间轴的缩放设置的变化而变化。
- **时间-变化秒表** 启用或停用图层属性的关键帧设置。选择此选项，可插入关键帧并启用图层属性的关键帧设置。取消选择，可移去所有关键帧并停用图层属性的关键帧设置。
- **动画面板选项** 打开【动画】面板菜单，其中包含影响关键帧、图层、面板外观、洋葱皮和文档设置的各种功能。
- **工作区域指示器** 拖动位于顶部轨道任一端的蓝色标签，可标记要预览或导出的动画或视频的特定部分。
- **启用音频播放** 当导入视频文件并且将其放置在视频图层时，单击【启用音频播放】按钮，会在播放动画图像的同时播放音频。

时间码是【当前时间指示器】指示的当前时间，从右端起分别是毫秒、秒、分钟、小时。时间码后面显示的数值（30.00fps）是帧速率，表示每秒所包含的帧数。在该位置单击并拖动鼠标，可移动【当前时间指示器】的位置。

拖动位于顶部轨道任一端的蓝色标签（工作区域开始和工作区域结束），可标记要预览、导出的动画或视频的特定部分，如图18-4所示。

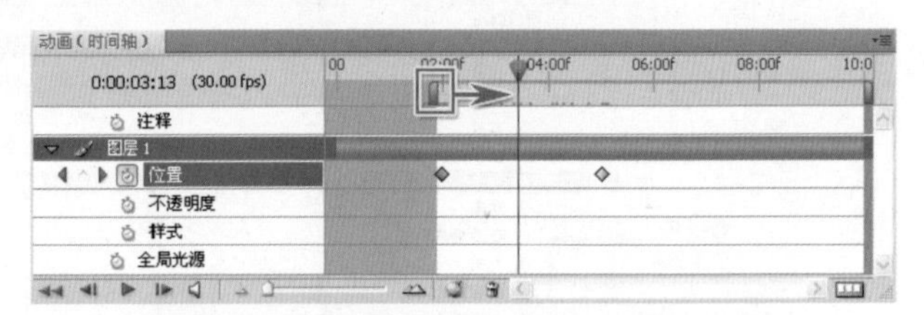

图18-4 改变动画的预览、导出时间

关键帧是控制图层位置、透明度或样式等内容发生变化的控件。当需要添加关键帧时，首先激活对应项目前的【时间－变化秒表】图标，然后移动【当前时间指示器】到需要添加关键帧的位置，编辑相应的图像内容。此时激活的【时间－变化秒表】图标所在轨道与【当前时间指示器】交叉处会自动添加关键帧，将对图层内容所做的修改记录下来，如图18-5所示。

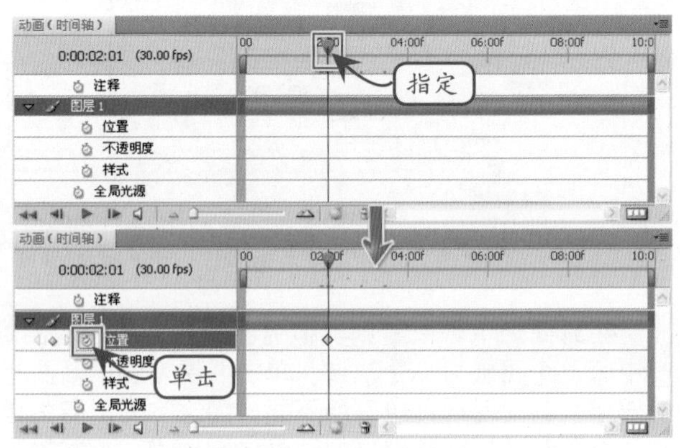

图18-5 创建关键帧

18.2 逐帧动画

逐帧动画就是一帧一个画面，将多个帧连续播放就可以形成动画。动画中帧与帧的内容可以是连续的，也可以是跳跃性的，这是该动画类型与过渡动画最大的区别。

在 Photoshop 中制作逐帧动画非常简单，只需要将动画与【图层】面板有机地结合起来，也就是说在【动画（帧）】面板中不断地新建动画帧，然后配合【图层】面板，对每一帧画面的内容进行更改。比如，当【图层】面板中存在多个图层时，只保留一个图层的可见性，打开【动画（帧）】面板，如图 18–6 所示。

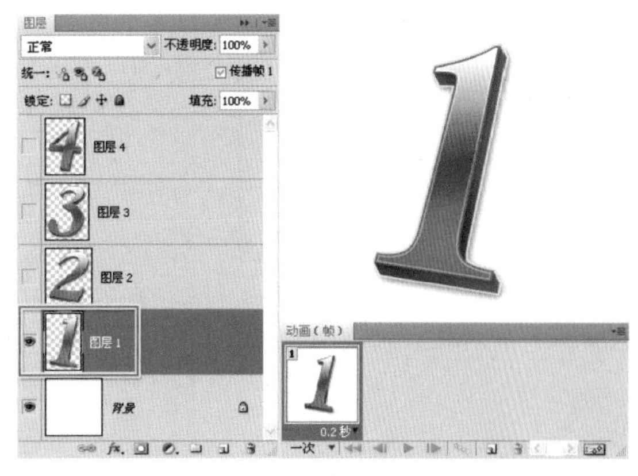

图18–6 隐藏图层可见性

提示

在使用【动画（帧）】面板创建动画之前，首先要设置帧延迟时间，这样才能够正确地显示动画播放时间。

单击【动画（帧）】面板底部的【复制所选帧】按钮，创建第 2 个动画帧。隐藏【图层】面板中的“图层 1”，并且显示“图层 2”，完成第 2 个动画帧的内容编辑，如图 18–7 所示。

图18–7 创建并编辑第2个动画帧

按照上述方法，依次创建第 3 个与第 4 个动画帧，并且进行编辑，完成逐帧动画的创建。这时单击面板底部的【播放动画】按钮，预览逐帧动画，如图 18–8 所示。

第1帧 第2帧 第3帧 第4帧

图18–8 预览逐帧动画

18.3 过渡动画

过渡动画是两帧之间所产生的形状、颜色和位置变化的动画。创建过渡动画时，可以根据不同的过渡动画设置不同的选项，参数选项在【过渡】对话框中，如图 18–9 所示。对话框中的选项及作用见表 18–2。

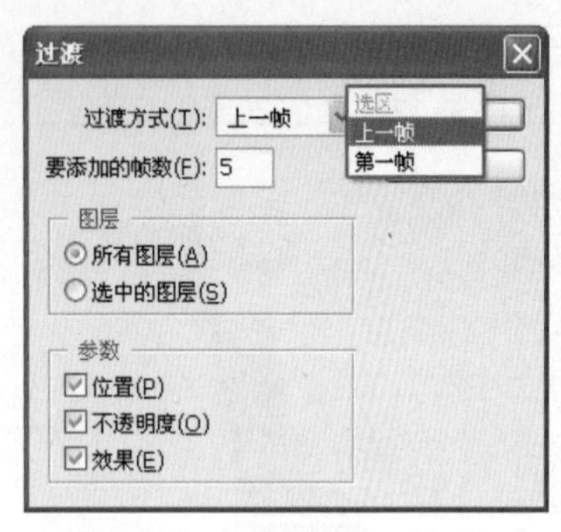

图18-9　【过渡】对话框

表18-2　【过渡】对话框中的选项及作用

选项		作用
过渡方式	选区	同时选中两个动画帧时，显示该选项
	上一帧	选中某个动画帧时，可以通过选择【上一帧】或者【下一帧】选项，来确定过渡动画的范围
	下一帧	
要添加的帧数		输入一个值，或者使用向上或向下光标键选取要添加的帧数，数值越大，过渡效果越细腻（如果选择的帧多于两个，该选项不可用）
图层	所有图层	启用该选项，能够将【图层】面板中的所有图层应用在过渡动画中
	选中的图层	启用该选项，只改变所选帧中当前选中的图层
参数	位置	启用该选项，在起始帧和结束帧之间均匀地改变图层内容在新帧中的位置
	不透明度	启用该选项，在起始帧和结束帧之间均匀地改变新帧的不透明度
	效果	启用该选项，在起始帧和结束帧之间均匀地改变图层效果的参数设置

1．位置过渡动画

位置过渡动画是同一图层中的图像由一端移动到另一端的动画。在创建位移动画之前，首先要创建起始帧与结束帧。打开【动画】面板后，确定主题位置，如图18-10所示。

然后复制第1帧为第2帧，并且在第2帧中移动同图层中的主题至其他位置，得到如图18-11所示的展示效果。

图18-10　确定起始帧中的主题位置

图18-11　确定结束帧中的主题位置

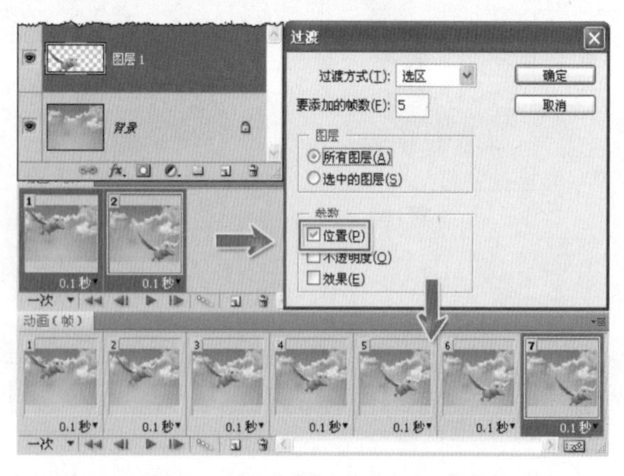

图18-12　创建位置过渡动画

接着按住 Shift 键的同时选中起始帧与结束帧，单击【动画】面板底部的【动画帧过渡】按钮 ，在【参数】选项组中启用【位置】复选框，其他选项默认。单击【确定】按钮后，在两帧之间创建过渡动画帧，如图 18–12 所示。

这时就可以单击面板底部的【播放动画】按钮 ，预览位置过渡动画。如果在创建过程中，启用【图层】选项组中的【选中的图层】复选框，那么得到的过渡动画帧效果会有所不同，如图 18–13 所示。

图18–13　过渡动画的两种效果

2．不透明度过渡动画

不透明度过渡动画是两幅图像之间显示与隐藏的过渡动画。与位置过渡动画的创建前提相同，必须创建过渡动画的起始帧与结束帧。在【动画】面板第 1 帧中，设置“图层 1”的【不透明度】选项为 100%。接着复制第 1 帧为第 2 帧，在第 2 帧中设置该图层的【不透明度】选项为 0%，如图 18–14 所示。

然后选中第 1 帧，单击【动画帧过渡】按钮 ，在【参数】选项组中启用【不透明度】复选框，单击【确定】按钮后，在两帧之间创建过渡动画帧，如图 18–15 所示。

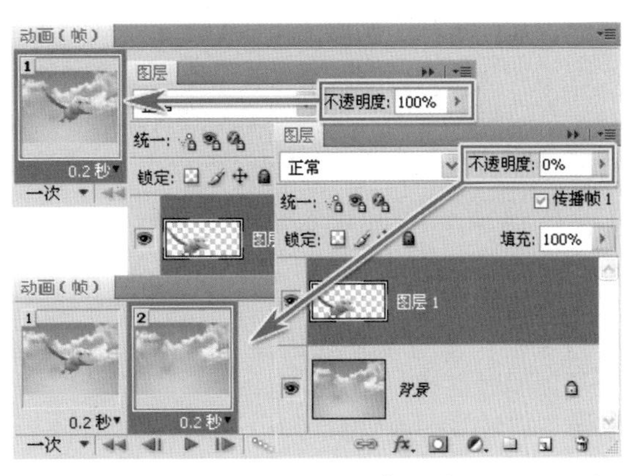

图18–14　设置起始帧与结束帧中的不透明度

图18–15　创建不透明度过渡动画

3．效果过渡动画

效果过渡动画是一幅图像的颜色或者效果的显示与隐藏的过渡动画。比如设置同一图层的【渐变叠加】或者【颜色叠加】图层样式的图像效果，或者是字体变形的过渡动画。

比如，背景图像的颜色过渡效果动画的创建。首先在第 1 帧中添加“图层 0”的【颜色叠加】图层样式，并且禁用该图层样式。然后复制第 1 帧为第 2 帧，启用该图层样式，如图 18–16 所示。

选中第2帧后，单击【动画帧过渡】按钮，在【参数】选项组中选中【效果】单选按钮，单击【确定】按钮后，在两帧之间创建过渡动画帧，如图18-17所示。

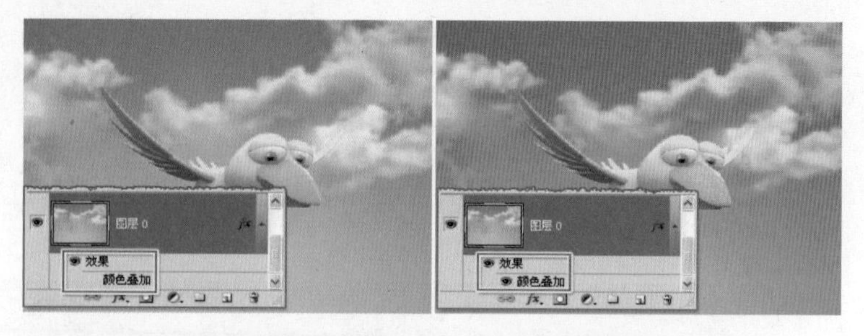

图18-16　为不同的动画帧设置图层样式

图18-17　效果过渡动画

18.4 二维图层时间轴动画

在二维图层中，不仅能够创建帧动画，还能够创建时间轴动画。要在时间轴模式中对图层内容进行动画处理，需要在将当前时间指示器移动到其他时间/帧上时，在【动画（时间轴）】面板中设置关键帧，然后修改该图层内容的位置、不透明度或样式。Photoshop将自动在两个现有帧之间添加或修改一系列帧，通过均匀地改变新帧之间的图层属性以创建运动或变换的显示效果。

在二维图层中，不同对象所在图层的属性会有所不同。而在时间轴模式中，二维图层主要分为普通图层、文本图层与蒙版图层。

1. 普通图层时间轴动画

普通图层的时间轴动画主要是针对位置、不透明度与样式效果的，既可以单独创建，也可以同时创建。其效果与帧动画中的过渡动画相似。

比如，位置时间轴动画的创建。当画布中存在图像时，执行【窗口】|【动画】命令，并且切换到【动画（时间轴）】模式中。确定【当前时间指示器】的位置后，单击【位置】属性的【时间-变化秒表】图标，创建第1个关键帧，调整该关键帧中对象的属性，如图18-18所示。

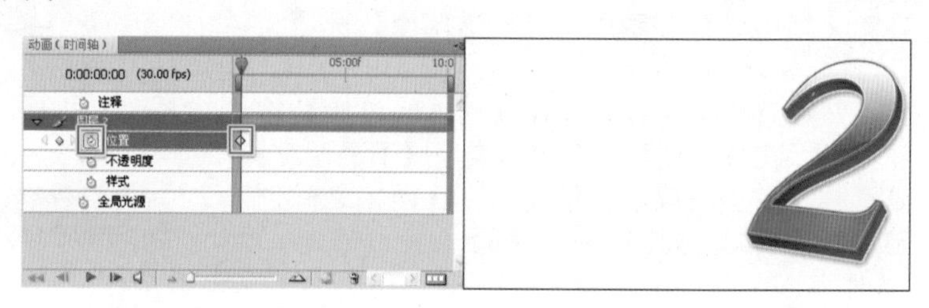

图18-18　创建第1个关键帧

向右拖动【当前时间指示器】，确定第2个关键帧的位置。单击【添加/删除关键帧】图标，创建第2个关键帧，并且移动对象位置，如图18-19所示。

图18-19　创建第2个关键帧

这时位置效果的时间轴动画创建完成，单击面板底部的【切换洋葱皮】按钮后，移动【当前时间指示器】，可以发现不同的时间，效果不同。图18–20表示了对象的移动走向。

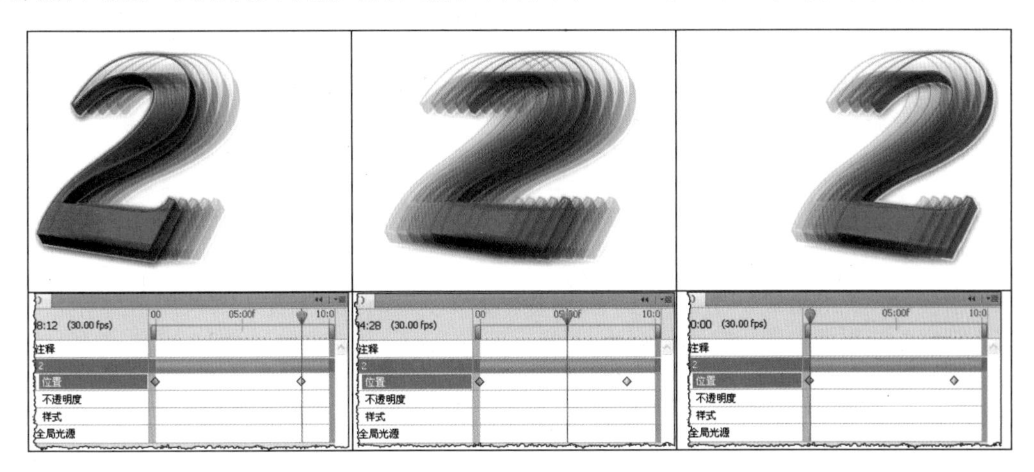

图18–20　切换洋葱皮

图层属性不透明度与样式的创建方法与位置相同。例如，在位置属性的关键帧位置创建样式时间轴动画，如图18–21所示。

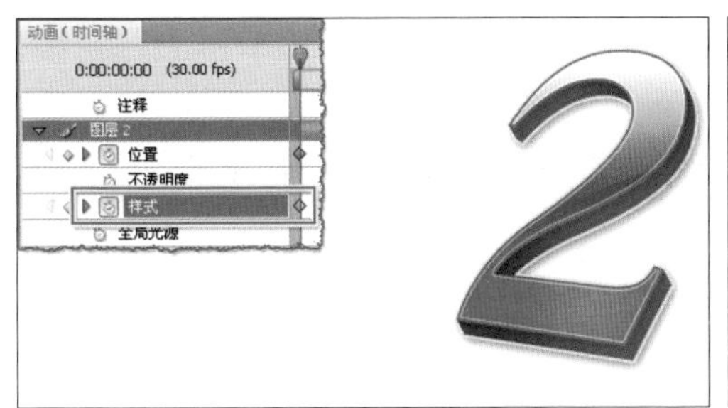

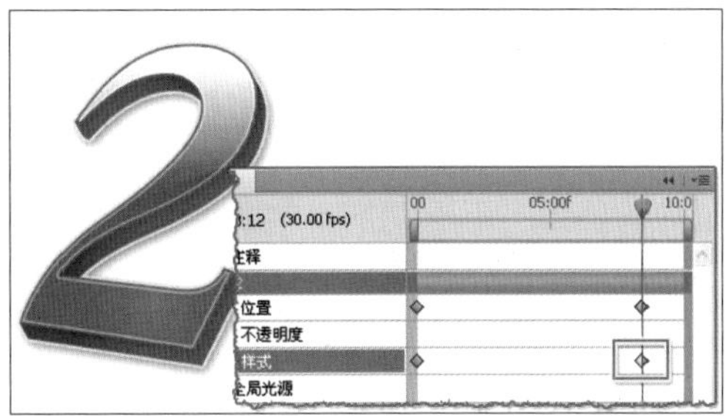

图18–21　创建样式时间轴动画

单击面板底部的【切换洋葱皮】按钮后，移动【当前时间指示器】查看时间轴动画过程，如图18–22所示。

图18–22　切换洋葱皮效果

2. 文本图层时间轴动画

文本图层的时间轴动画效果中，除了普通图层中的位置、不透明度与样式外，还包括文字变形属性，并且其创建方法与其他属性相同。

例如，输入文本，并且在文本变形属性中的不同位置创建两个关键帧。然后分别在不同的关键帧位置对文本进行变形，如图18–23所示。

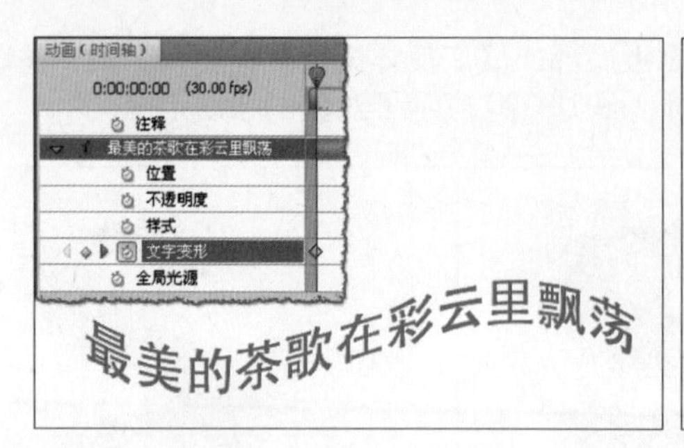

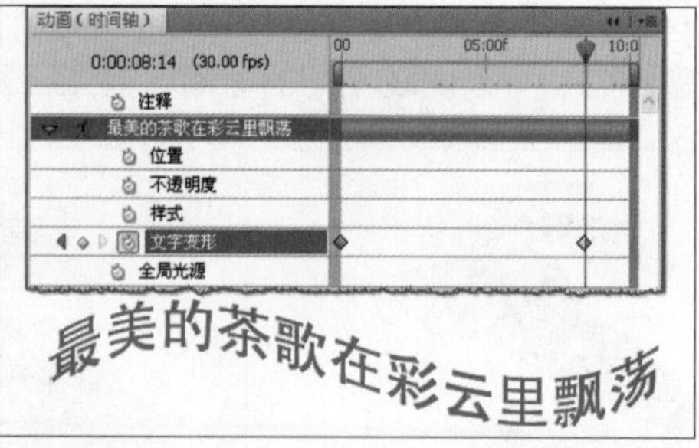

图18-23　在不同的关键帧位置对文本变形

单击面板底部的【播放】按钮，即可查看文字变形动画。如图 18-24 所示为单击【切换洋葱皮】按钮得到的展示效果。

图18-24　文字变形效果

3. 蒙版图层时间轴动画

在蒙版图层的时间轴动画效果中，除了普通图层中的位置、不透明度与样式外，还包括【图层蒙版位置】与【图层蒙版启用】两个属性。“图层蒙版位置”是针对蒙版图形在画布中的位置属性，而“图层蒙版启用”是在文档中的启用与禁用效果。

技巧

当洋葱皮效果不明显时，可以打开【动画（时间轴）】面板的关联菜单，执行【洋葱皮设置】命令。设置对话框中的【洋葱皮计数】与【帧间距】选项，即可改变洋葱皮效果。

蒙版位置动画

图层蒙版位置动画主要是利用蒙版图像的移动来创建的。为了不影响图层图像，必须禁用【指示图层蒙版链接到图层】图标。

当一个普通图层中创建图层蒙版后，单击图层蒙版位置的【时间－变化秒表】图标，创建第 1 个关键帧，如图 18-25 所示。

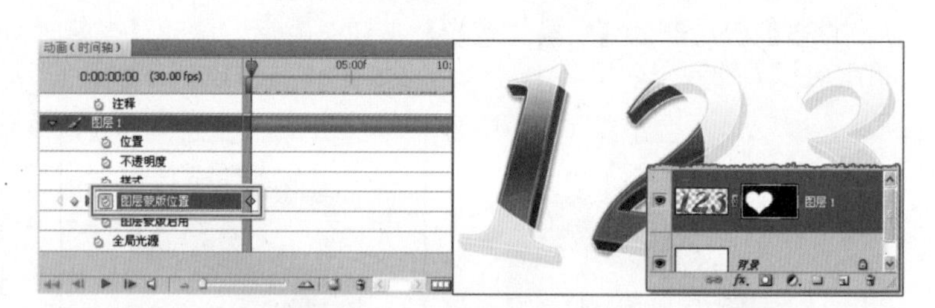

图18-25　创建第1个关键帧

确定【当前时间指示器】位置后，单击【添加/删除关键帧】图标，创建第 2 个关键帧。单击【图层】面板中的【指示图层蒙版链接到图层】图标，禁用链接功能，移动蒙版中的图形，如图 15-26 所示。

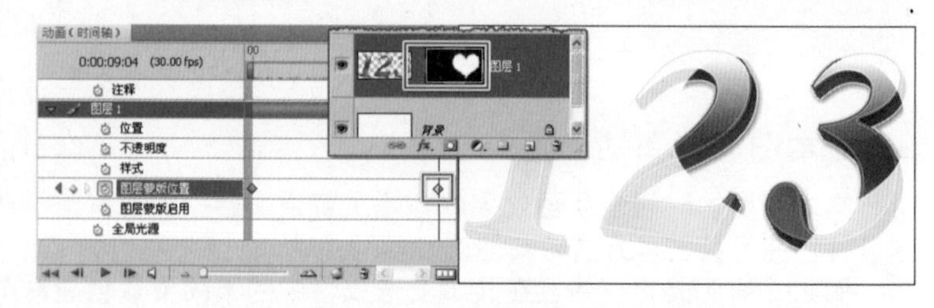

图18-26　创建并编辑关键帧中的内容

单击面板底部的【切换洋葱皮】按钮后，单击【播放】按钮。预览带有洋葱皮效果的动画，如图 18–27 所示。

图18–27 图层蒙版位置动画

>> 蒙版启用动画

蒙版图层中的【图层蒙版启用】属性是针对时间轴动画中蒙版的启用与禁用效果。其动画效果不是过渡效果，而是瞬间效果，所以其关键帧图标也会所有不同。

在【图层蒙版启用】属性中创建两个关键帧，并且选中第 2 个关键帧。在【蒙版】面板中单击【停用 / 启用蒙版】按钮，完成动画制作。这时单击调板底部的【播放】按钮，发现当【当前时间指示器】经过第 2 个关键帧时，整个画面瞬间显示为图像，如图 18–28 所示。

> **注意**
>
> 时间轴中的蒙版动画不仅能够创建图层蒙版动画，还针对矢量蒙版。当在【图层】面板中创建矢量蒙版后，【动画（时间轴）】面板中将显示为【矢量蒙版位置】与【矢量蒙版启用】属性。

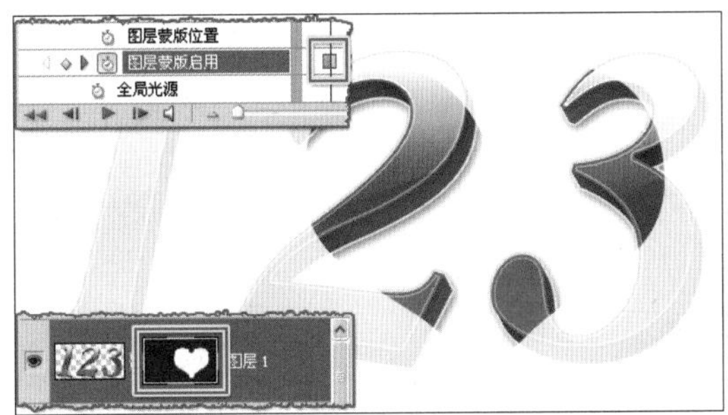

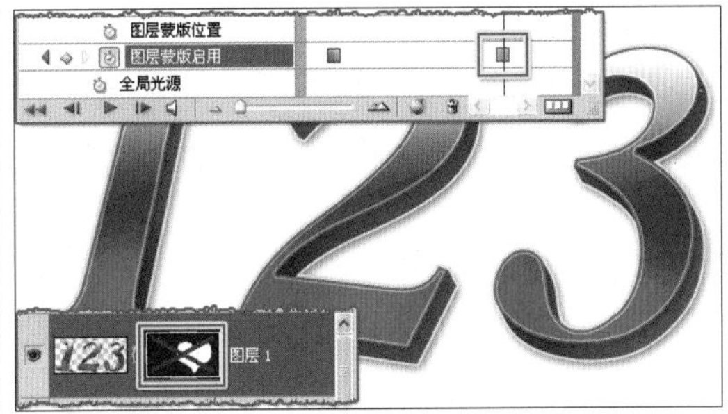

图18–28 图层蒙版启用动画

18.5 三维图层时间轴动画

3D 图层的增加不仅能够制作立体图像效果，还能够将 3D 对象动画化。并且根据 3D 对象不同的功能与属性设置，还可以创建不同的 3D 动画效果。

1. 3D移动时间轴动画 >>>>

使用 3D 位置或相机工具可移动 3D 对象或 3D 相机，在位置移动或相机移动之间创建帧过渡，以创建平滑的运动效果。

>> 3D对象位置时间轴动画

要使用 3D 对象工具创建动画，应该在【动画（时间轴）】面板的 3D 对象位置中添加关键帧。

比如，确定【当前时间指示器】位置后，单击【3D 对象位置】属性的【时间 – 变化秒表】图标，创建第 1 个关键帧，调整该关键帧中对象的位置，如图 18–29 所示。

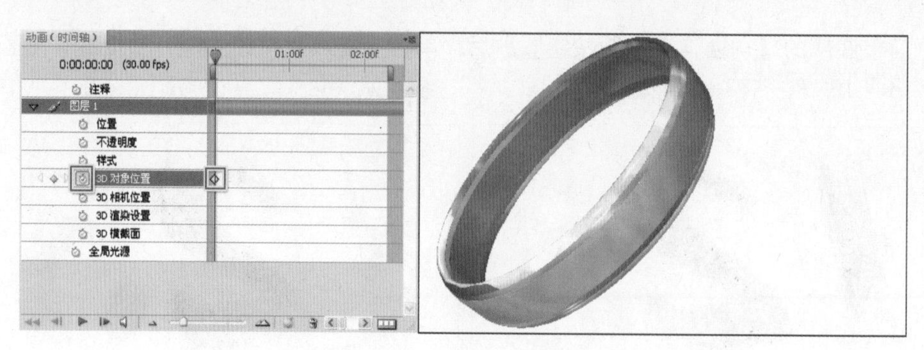

图18–29　在【3D对象位置】属性中创建第1个关键帧

向右拖动【当前时间指示器】，确定第2个关键帧位置，单击【添加／删除关键帧】图标◇，创建第2个关键帧。选择3D对象工具中的【3D旋转工具】，并且结合【3D平移工具】来调整3D对象的位置，如图18–30所示。

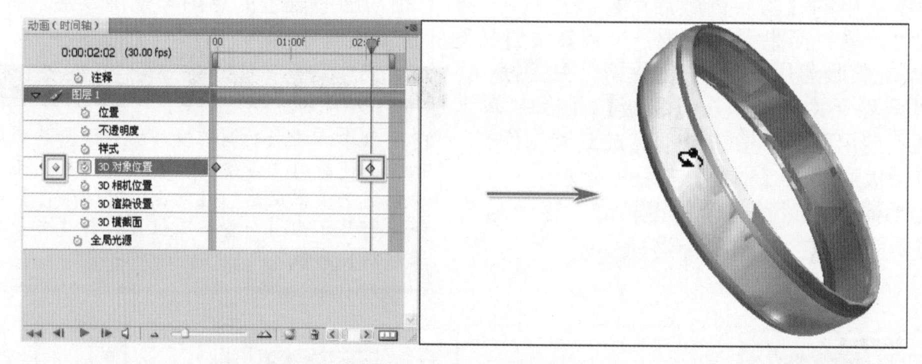

图18–30　创建第2个关键帧并确定3D对象位置

这时3D对象位置效果的时间轴动画的创建完成，单击面板底部的【切换洋葱皮】按钮后，移动【当前时间指示器】。可以发现不同的时间，效果不同。图18–31表示了对象移动与旋转的走向。

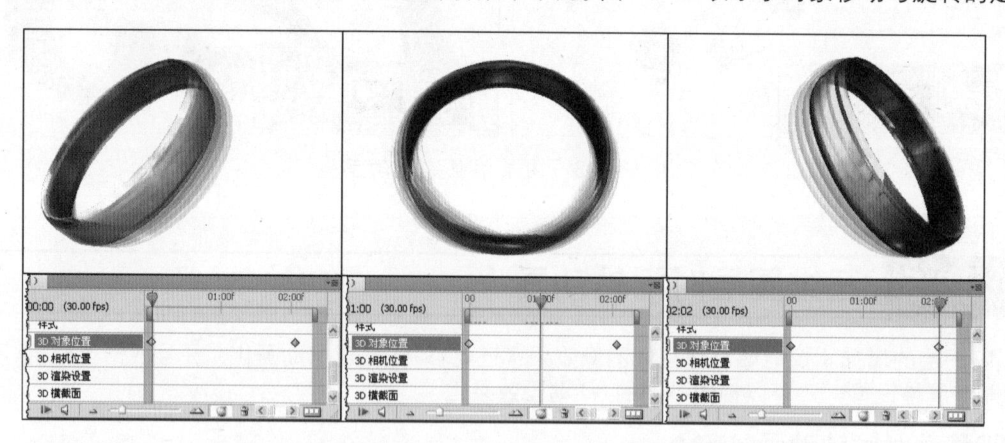

图18–31　切换洋葱皮

3D相机位置时间轴动画

如果要使用3D相机工具创建3D动画，那么就需要在【3D相机位置】属性时间轴中创建，其创建过程与【3D对象位置】属性动画相似。分别创建两个关键帧，并且使用3D相机工具分别设置不同关键帧中的相机位置，如图18–32所示。

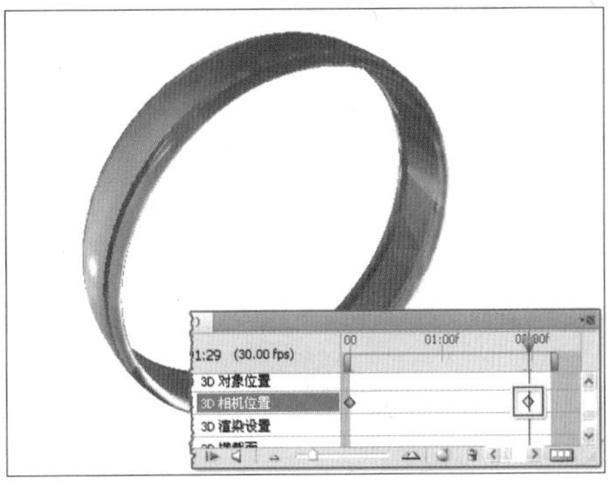

图18—32 创建3D相机位置动画

单击面板底部的【切换洋葱皮】按钮后,移动【当前时间指示器】以查看时间轴动画过程,如图 18—33 所示。

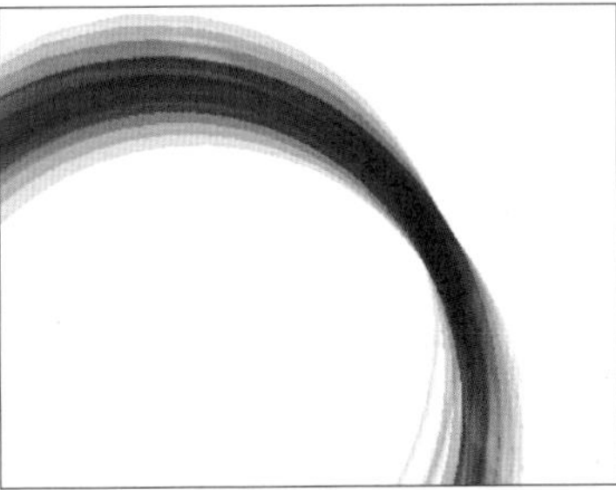

图18—33 切换洋葱皮效果

2. 3D展示时间轴动画

时间轴中的 3D 渲染动画与 3D 横截面动画是改变 3D 对象显示方式的动画。两种属性的 3D 对象动画只有显示方式之间的切换效果，没有中间的过渡效果。

> **提示**
>
> 两种属性的3D对象动画由于没有过渡效果，所以在播放时间轴动画时，只有在经过关键帧时，效果才会发生瞬间的改变。

3D渲染设置时间轴动画

3D 渲染设置动画在不同的关键帧中更改渲染模式，从而得到切换 3D 对象显示方式。在【动画（时间轴)】面板的【3D 渲染设置】属性中，分别在不同的时间段创建关键帧。然后在【3D{ 场景 }】面板中，设置后者关键帧中 3D 对象的渲染模式，得到 3D 对象的两个渲染模式显示的动画，如图 18—34 所示。

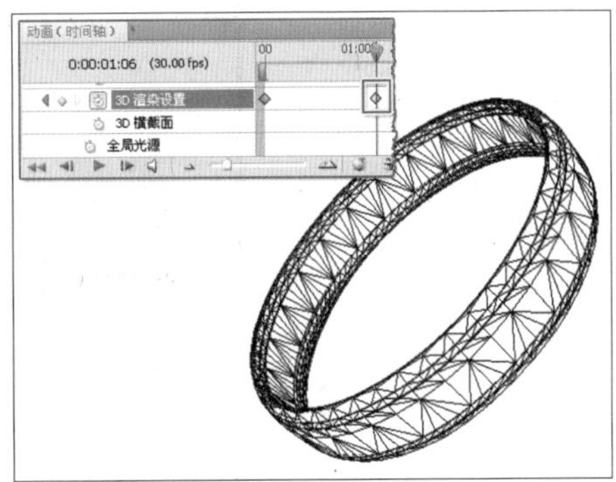

图18—34 3D渲染设置动画

3D横截面时间轴动画

3D横截面动画是旋转相交平面，以实时显示更改的横截面。更改帧之间的横截面设置，在动画中将高亮显示不同的模型区域。

在【动画（时间轴）】面板的【3D横截面】属性中，分别在不同的时间段创建关键帧。然后选中第2个关键帧，在【3D{场景}】面板中选中【横截面】单选按钮，并且设置【渲染模式】为"双面"，得到3D对象的横截面展示效果动画，如图18–35所示。

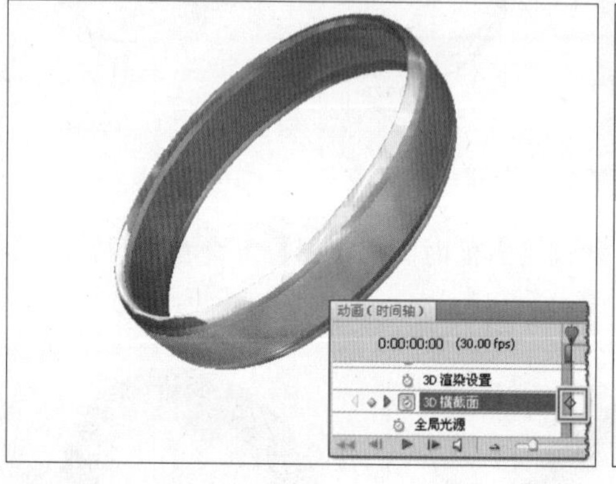

图18–35　3D横截面动画

18.6 视频动画

在Photoshop CS4中，除了能够创建二维平面动画与三维立体动画外，还可以创建视频动画。视频动画既可以通过外部视频文件或者图片创建，也可以通过创建空白视频图层创建视频动画。在该版本中，通过外部视频文件创建的视频动画还可以播放音频。

1．打开视频

在Photoshop中可以直接打开视频文件。方法非常简单，只要执行【文件】|【打开】命令，即可在【打开】对话框中选择视频文件，并且将其打开。这时图层为视频图层，如图18–36所示。

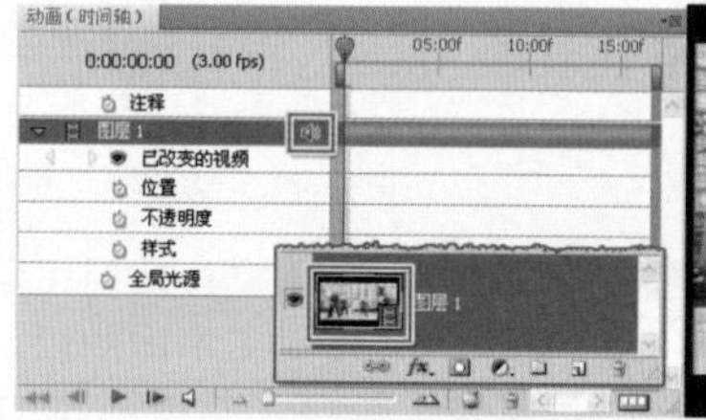

图18–36　打开视频文件

这时视频图层中除了包括【已改变的视频】属性外，还包括普通图层中的属性。所以在视频图层中还能够创建位置、不透明度与样式效果动画，并且创建方法相同。这里创建的是颜色叠加样式动画，如图18–37所示。

图18–37　创建样式动画

单击面板底部的【播放】按钮▶，预览视频动画。发现除了播放视频文件外，其画面色彩也随之变化，如图18–38所示。

图18—38　预览视频动画

提示

在播放视频动画之前，单击面板底部的【启用音频播放】按钮。那么在播放画面的同时，声音同步播放。

2. 导入视频

在 Photoshop 中打开视频文件，是将整个视频段制作成动画。要想将视频文中的某一部分制作成动画，可以通过导入的方式。该方式还可以将视频以帧动画的方式显示。

执行【文件】|【导入】|【视频帧到图层】命令，在【载入】对话框中选择视频文件后，打开如图 18—39 所示的对话框，这里选择的是 MPG 格式的视频。

图18—39　【将视频导入图层】对话框

在【将视频导入图层】对话框中，既可以直接单击【确定】按钮，将整个视频文件导入 Photoshop，也可以截取视频文件中的一部分导入其中。方法是选中【导入范围】选项组中的【仅限所选范围】单选按钮，拖动视频播放进度条中的滑块，确定起始点。然后，按住 Shift 键不放，再次拖动滑块至一定位置，确定结束点，如图 18—40 所示。

图18—40　确定视频的起始点和结束点

确定视频范围后，单击【确定】按钮，将截取的视频文件导入文档中。而【动画（帧）】面板中显示动画帧，【图层】面板自动创建相同数量的图层，如图 18—41 所示。

注意

如果在【将视频导入图层】对话框中禁用【制作帧动画】复选框。那么导入的视频将没有动画帧，只有图层。

如果在【将视频导入图层】对话框中启用【限制为每隔N帧】复选框，并且设置帧数为6帧，导入的视频会减少动画帧数与图层，如图18-42所示。相对地，也会提高视频速度。

图18-41　动画帧与图层显示

技巧

无论是在【动画（帧）】面板还是在【动画（时间轴）】面板中，均能够预览视频动画。

图18-42　设置限制帧选项

3. 创建视频动画

在视频动画中，默认视频动画是没有关键帧的。只有在为其创建属性动画时，才会添加关键帧。而视频动画的基础是创建视频图层，在Photoshop中主要分为两种：一种是空白视频图层，另外一种是通过文件创建视频图层。

创建空白视频图层

在文档中执行【图层】|【视频图层】|【新建空白视频图层】命令，会在【图层】面板中创建空白视频图层。当【当前时间指示器】放置在第1帧时，使用绘图工具在画布中绘制图形。这里使用【矩形工具】绘制了矩形，如图18-43所示。

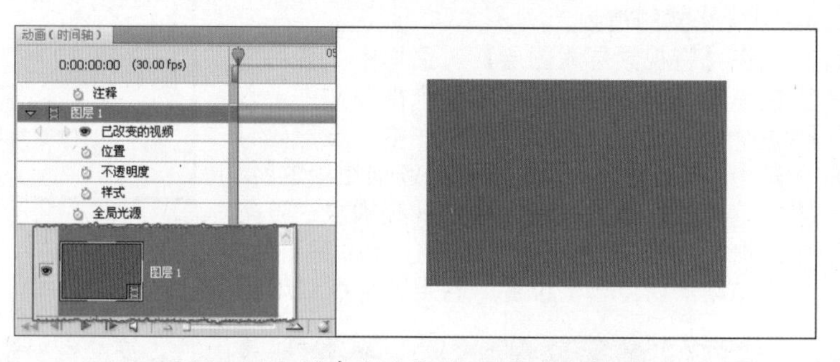

图18-43　创建空白视频图层并绘制图形

提示

当【当前时间指示器】指向第2帧时，画布与视频图层均为空白。而当绘制图形后，画布与视频图层均显示该动画帧中的内容。

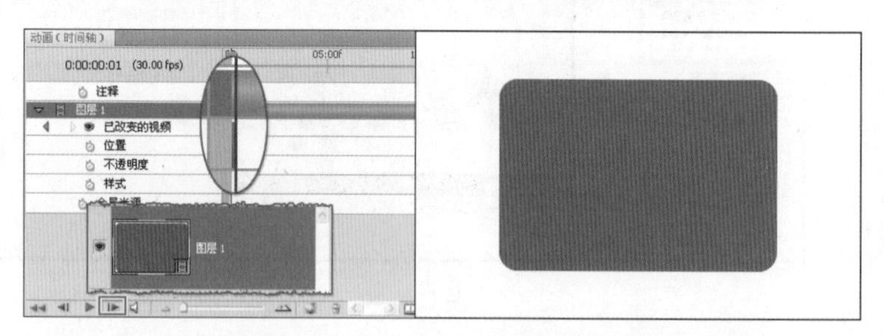

图18-44　在第2帧中绘制圆角矩形

然后单击【选择下一帧】按钮，在第2帧中的同一个位置绘制【半径】为20像素的相同尺寸的圆角矩形，如图18-44所示。

接着使用上述方式，分别在第3至6帧中绘制【半径】为40、60、80与100像素的圆角矩形。最后，在第7帧中绘制正圆。单击面板底部的【播放】按钮，预览动画效果，发现矩形变换为正圆，如图18-45所示。

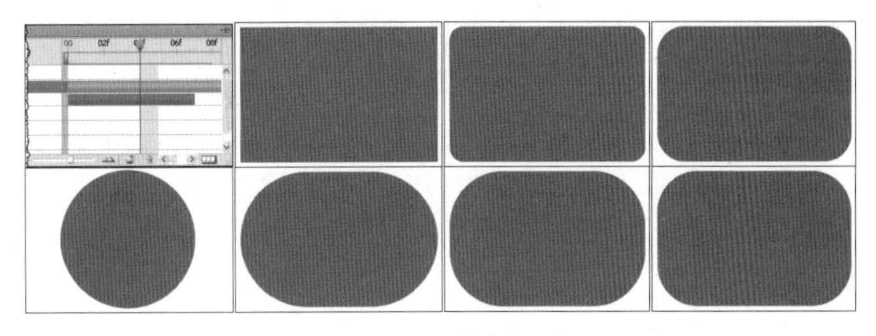

图18-45 预览视频动画

通过文件创建视频图层

在空白视频中，既可以通过绘制制作视频图形，也可以通过添加外部图像制作视频图形，其制作方法是相同的。如果是后者，还有一个更加快速的方法来创建视频动画，那就是通过文件创建视频图层。

执行【图层】|【视频图层】|【从文件新建视频图层】命令，在打开的【添加视频图层】对话框中选择一个图像文件，单击【打开】按钮，即可导入图像序列形成视频动画，如图18-46所示。

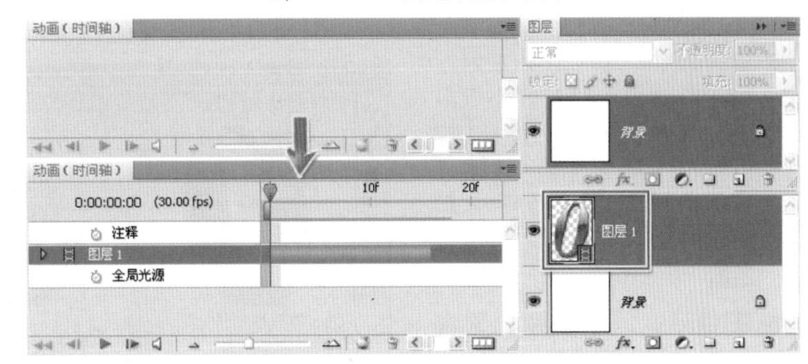

图18-46 通过文件创建视频图层

这时可以发现只有前15帧显示缓存帧指示器，单击【播放】按钮，可以预览视频动画，如图18-47所示。

图18-47 预览视频动画

当创建时间轴动画时，会出现工作区域与动画内容不符。这时可以通过调整【工作区域指示器】来预览或导出动画或视频的特定部分，如图18-48所示。

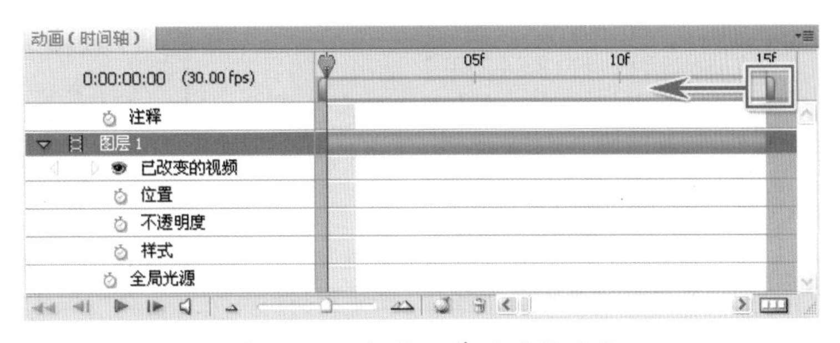

图18-48 调整工作区域指示器

18.7 输出与导出动画

在 Photoshop 中制作的任何动画，无论是通过【动画（帧）】面板中的【播放动画】按钮▶，还是通过【动画（时间轴）】面板中的【播放】按钮▶，只能在画布中预览效果。要想脱离软件查看动画效果，则需要将其导出为其他格式的文件。

1．输出GIF动画

完成动画的设计和制作后，执行【文件】|【存储为 Web 和设备所用格式】命令，弹出如图 18–49 所示的对话框。其中，对话框中的各个选项及作用如下。

- **查看切片** 在对话框左侧区域中包括查看切片的不同工具：【抓手工具】、【切片选择工具】、【缩放工具】、【吸管工具】与【切换切片可见性】。
- **图像预览** 在图像预览窗口中包括4个不同的显示方式：原图、优化、双联与四联。
- **优化选项** 在优化选项区域中，选择下拉列表中的不同文件格式选项，会显示相应的参数。
- **播放动画控件** 如果是针对动画图像进行优化，那么在该区域中可以设置动画播放选项。

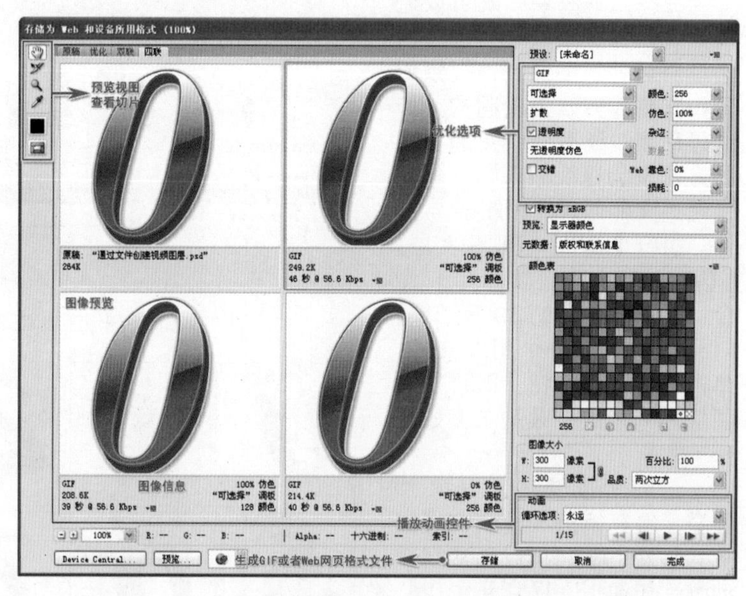

图18–49 【存储为Web和设备所用格式】对话框

技巧

通过【存储为Web和设备所用格式】命令还能够优化与导出用于建立网页文件的序列图像，以方便后期网页的组合。

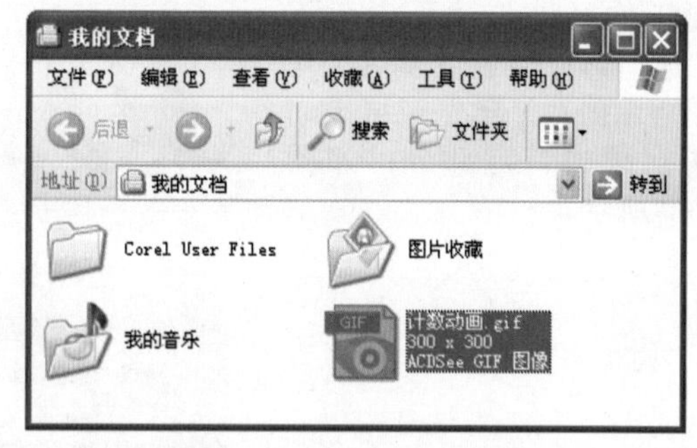

图18–50 GIF动画图像

在该对话框中选择【四联】选项，然后将其保存为【仅限图像（*.gif）】类型的文件格式，生成 GIF 动画图像，如图 18–50 所示。

2．导出视频

在 Photoshop CS4 中，可以将设计制作的动画文件输出为 QuickTime 影片格式文件，以便于其作为视频文件在其他设备上播放，便于更多的人浏览。选择要生成的动画文件，执行【文件】|【导出】|【渲染视频】命令，弹出如图 18–51 所示的对话框。其中，对话框中的各个选项如下。

- **名称** 该选项用来设置文件名称。
- **选择文件夹** 单击该按钮，可以选择文件的存储位置。
- **QuickTime导出** 启用该选项，可以将动画以视频形式导出。

- **图像序列**　启用该选项，可以将动画以图像序列形式导出。
- **大小**　该选项用来设置导出文件的尺寸。
- **范围**　该选项可以设置导出动画的范围。
- **渲染选项**　该选项组中的Alpha通道用来指定Alpha通道的渲染方式，帧速率用来决定渲染的视频每秒播放的帧数。

图18—51　【渲染视频】对话框

在对话框中选中【QuickTime 导出】单选按钮，单击【渲染】按钮，将动画导出为视频文件。然后通过 QuickTime 播放器查看效果，如图 18—52 所示。

3．导出图像序列

在 Photoshop 中制作的动画，还可以将其导出为一系列图像。通过生成的一系列图像文件来查看动画效果。

比如，在【渲染视频】对话框中选中【文件选项】选项组中的【图像序列】单选按钮，那么单击【渲染】按钮后，导出的是一系列图像文件，如图 18—53 所示。

图18—52　预览视频文件

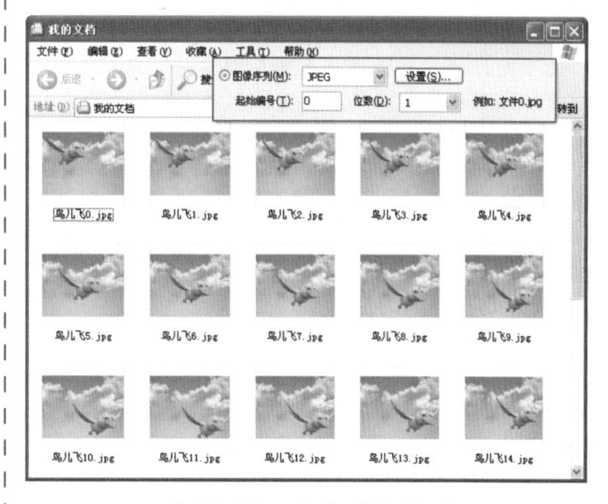

图18—53　导出图像序列

18.8　实例：镜头动画

本实例制作的是镜头运动动画效果，如图 18—54 所示。主要体现的是图像位置变换的动画效果，虽然该动画中运用了蒙版，但是只需要在时间轴的【位置】属性中创建动画即可。在制作过程中，为了实现镜头固定不动，而风景移动的效果，必须将图像与蒙版脱离。

图18—54　镜头动画过程图

操作步骤：

STEP|01 在新建的800×600像素的文档中，将风景素材放置其中后，缩小高度为600像素，宽度成比例缩小，如图18–55所示。

图18–55 缩小图像

提示

由于制作后的动画需要生成视频文件，所以该动画文档的分辨率应该为72像素/英寸。

STEP|02 为"图层1"添加图层蒙版后，进入图层蒙版编辑模式。将素材"镜头.png"中的图像复制到其中，由中心向外成比例放大，如图18–56所示。

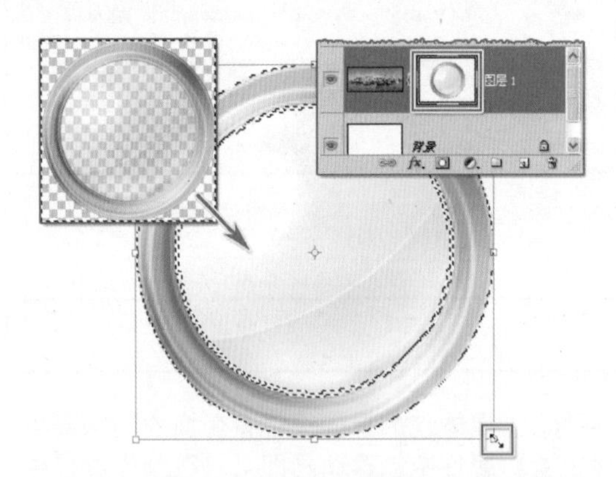

图18–56 创建与编辑图层蒙版

STEP|03 在灰色图像以外的区域中填充黑色后，执行【滤镜】|【艺术效果】|【绘画涂抹】命令，使灰色图像更加清晰，如图18–57所示。

图18–57 编辑蒙版图像

提示

为了使图像清晰，【绘画涂抹】滤镜中的选项参数不易过大。这里设置的【画笔大小】参数值为9，【锐化程度】参数值为7。

STEP|04 建立蒙版中的黑色区域后，返回图像编辑模式。在"背景"图层中添加颜色为#697982，如图18–58所示。

图18–58 制作背景

STEP|05 选中图层蒙版后，打开【蒙版】面板。设置其中的【浓度】选项，使圆形以外的图像呈现渐隐效果，如图18–59所示。

图18–59 设置蒙版选项

STEP|06 在【动画（时间轴）】面板中，单击该图层的【位置】属性的【时间–变化秒表】图标，创建第1个关键帧。禁用【图层】面板中的【指示图层蒙版链接到图层】图标，如图18–60所示。

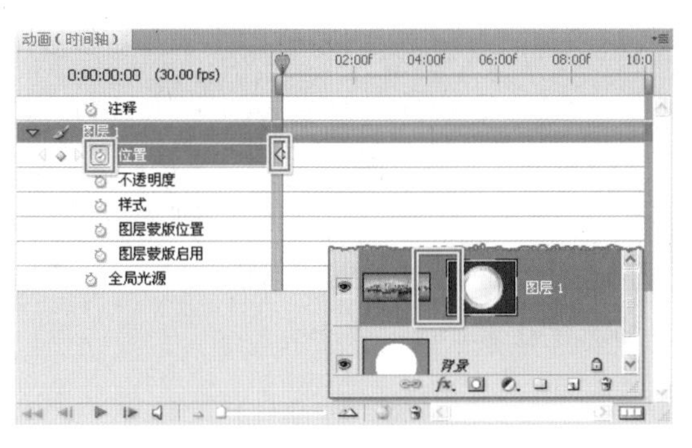

图18-60　创建第1个关键帧

STEP|07　向右拖动【当前时间指示器】，确定第2个关键帧位置。单击【添加/删除关键帧】图标◇，创建第2个关键帧，并且改变图像的位置，如图18-61所示。

图18-61　创建与编辑第2个关键帧

技巧

改变图像位置的方法是，单击图像缩览图，水平移动画布中的图像，使其与画布右对齐。

STEP|08　在5秒16位置创建第3个关键帧后，在9秒18位置创建第4个关键帧。然后将图像返回第1关键帧中的位置，如图18-62所示。

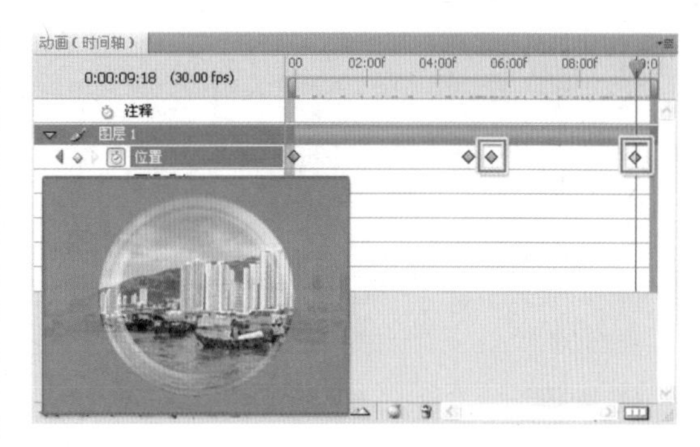

图18-62　创建其他关键帧

提示

第3个关键帧的创建是为了使动画有所停顿；第4个关键帧的创建则是为了创建循环动画。

STEP|09　至此，镜头动画制作完成。单击面板底部的【播放】按钮▶，即可预览动画。也可以执行【文件】|【导出】|【渲染视频】命令，通过视频预览动画，如图18-63所示。

图18-63　预览视频动画

18.9　实例：摇摆文字动画

本实例制作文字摇摆动画，如图 18-64 所示。在 Photoshop 中，文字摇摆动画既可以通过帧面板创建，也可以在时间轴面板中制作。只是后者在创建后能够任意地调整播放时间。该效果除了制作文字变形动画外，还与图像结合形成剪切蒙版，得到文字镂空效果。

图18-64 摇摆文字动画过程图

操作步骤：

STEP|01 在新建的800×600像素的文档中，使用【横排文字工具】输入大写字母FLOWER，并且在【字符】面板中设置文字属性，如图18-65所示。

图18-65 输入并设置字母

STEP|02 为字母添加3像素的黄色描边样式后，导入素材图像，并且成比例缩小该图像尺寸，效果如图18-66所示。

图18-66 设置样式与编辑图像

STEP|03 为“背景”图层填充深红色后，将“图层1”与文字图层编组，形成剪切蒙版，如图18-67所示。

STEP|04 选中文字图层，打开【动画（时间轴）】面板。调整工作区域后，单击该图层的【文字变形】属性的【时间-变化秒表】图标，创建第1个关键帧，如图18-68所示。

图18-67 创建剪切蒙版

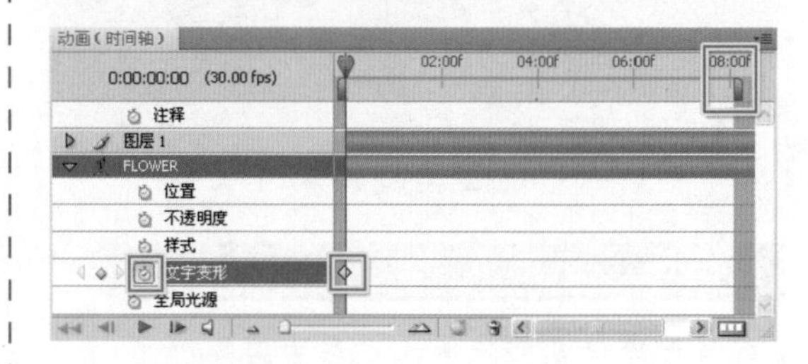

图18-68 调整工作区域

STEP|05 选择【横排文字工具】，单击工具选项栏中的【创建文字变形】按钮，设置变形选项，如图18-69所示。

图18-69 文字变形

STEP|06　将【当前时间指示器】拖至4秒后，单击【添加/删除关键帧】图标◈，创建第2个关键帧。再次打开【变形文字】动画，设置【弯曲】选项，如图18-70所示。

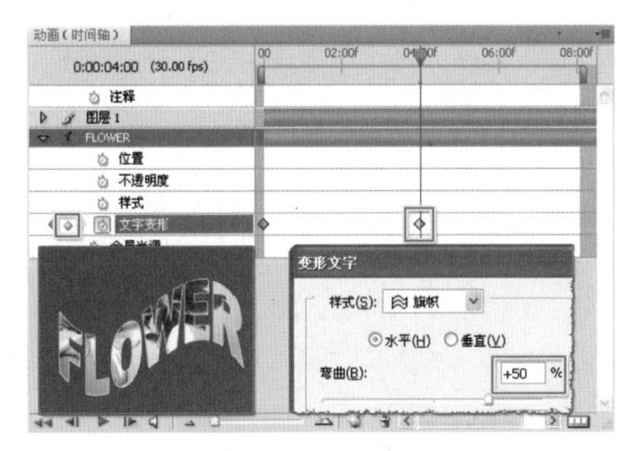

图18-70　创建第2个关键帧

STEP|07　最后在8秒的位置创建第3个关键帧，并且设置其文字属性，使其与第1个关键帧相同，如图18-71所示。

图18-71　创建第3个关键帧

注意

在不同的关键帧中设置文字变形时，要选择【横排文字工具】T后，直接单击【创建文字变形】按钮进行文字变形。如果选中文字对其变形，那么不会创建过渡动画。

STEP|08　执行【文件】|【导出】|【渲染视频】命令，通过视频预览动画，如图18-72所示。

图18-72　预览摇摆文字动画

19

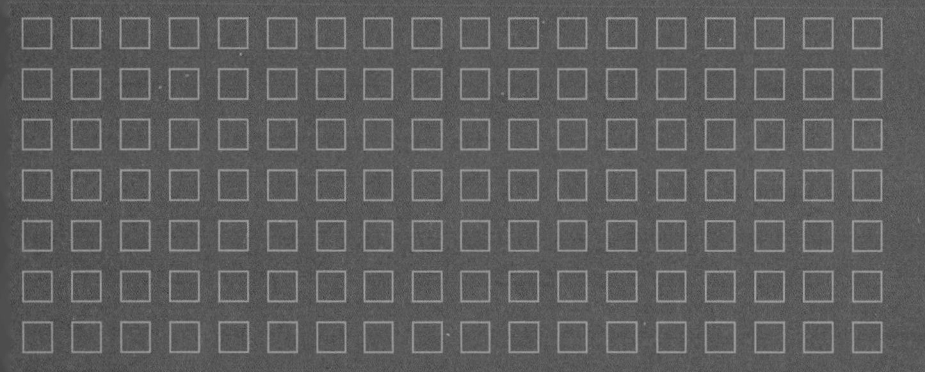

网页设计

网页设计作为一种视觉语言，网页图像的设计尤为重要。好的网页图像以其强有力的视觉冲击效果来吸引浏览者的注意，进而使特定的信息得以准确迅速地传播。Photoshop以其强大的图像编辑功能，设计各种风格、各种类型的网页图像，并且还可以使用切片工具，将图像切割为网页切片图像，从而可以方便地制作网页。

本章将详细介绍用于网页图像制作的专用工具和命令，以及通过Photoshop快速制作网页文件的方法，使读者能够熟练掌握网页图像的制作方法与技巧。

19.1 快速制作Web文件

直接上传到网络或者插入HTML文件的文件被称作为Web文件。在Photoshop中，可以直接制作网页中特殊效果的图像，也可以执行有关Web命令直接创建Web文件，而不用经过后期制作。

1. 创建翻转图像

翻转是网页上的一个按钮或者图像，当鼠标移动到它上方时会发生变化。要创建翻转，至少需要两个图像：主图像表示处于正常状态的图像，而次图像表示处于更改状态的图像。

比如，在一个图层上创建内容，然后复制并编辑图层，以创建相似内容，同时保持图层之间的对齐，如图19–1所示。

当创建翻转效果时，可以更改图层的样式、可见性或位置，调整颜色或色调，或者应用滤镜效果。这里为图像应用了预设图层样式，如图19–2所示。

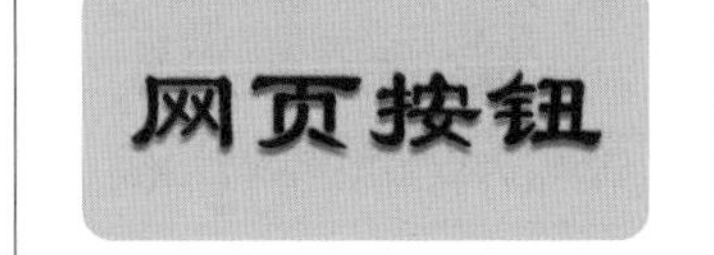

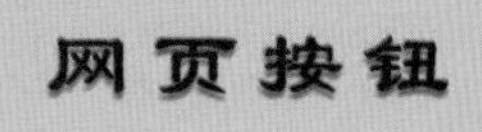

图19–1　复制并编辑图层

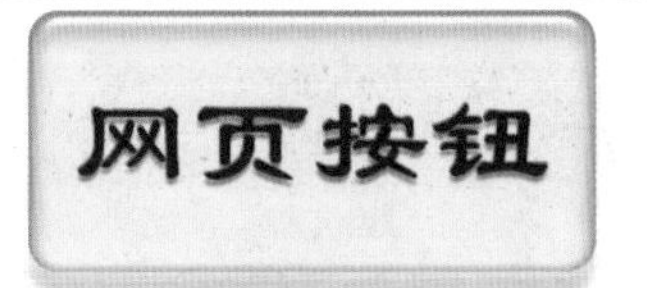

图19–2　应用图层样式

创建翻转图像组之后，分别保存图像，文件格式为JPG或者GIF格式。然后使用Dreamweaver将这些图像置入网页中并自动为翻转动作添加Javascript代码。

2. 导出为Zoomify

网络中的图像常规情况下均为小尺寸图像。为了将高分辨率的图像发布到Web上，以便查看者平移和缩放该图像，以查看更多的细节，Photoshop增加了可以直接生成图像查看器的命令——Zoomify命令。

在Photoshop中打开一幅较大尺寸图像，执行【文件】|【导出】|Zoomify命令，打开【Zoomify导出】对话框，如图19–3所示。其中各个选项及功能如下。

- **模板**　在该下拉列表中可以通过选择不同的模板来显示图像。
- **文件夹**　单击该按钮，可以选择生成文件所在位置。
- **基本名称**　在该文本框中可以设置生成为名称，该名称必须由字母、数字、代字符、句点、下划线和/或虚线组成。
- **图像拼贴选项**　该选项用来设置拼贴图像的品质。
- **浏览器选项**　该选项用来设置浏览图像窗口的大小。启用【在Web浏览器中打开】复选框，可以自动打开生成文件。

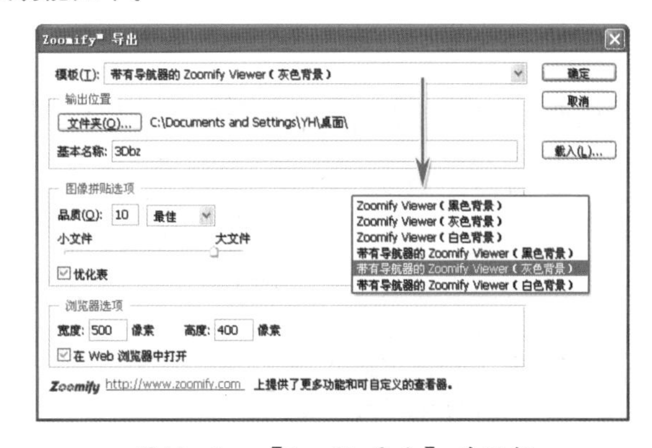

图19–3　【Zoomify导出】对话框

设置完成并且单击【确定】按钮后，在自动打开的IE窗口中预览图像，如图19–4所示。其中，可以随意放大图像，并且可以通过导航器或者按钮移动图像。

3．Web画廊

Web画廊是一个Web站点，它具有一个包含缩览图图像的主页和若干包含完整大小图像的画廊页。每页都包含链接，使访问者可以在该站点中浏览。例如，当访问者单击主页上的缩览图图像时，关联的完整大小图像便会载入画廊页。

在Adobe CS4中，Web画廊是在Adobe Bridge CS4中创建的。启动该软件，执行【输出】命令，界面切换为输出界面。单击【Web画廊】按钮，右侧显示相应的选项，如图19-5所示。其中主要包括【站点信息】、【颜色调板】、【外观】和【创建画廊】选项组，各个选项组中的选项及作用如下。

图19-4　预览Zoomify

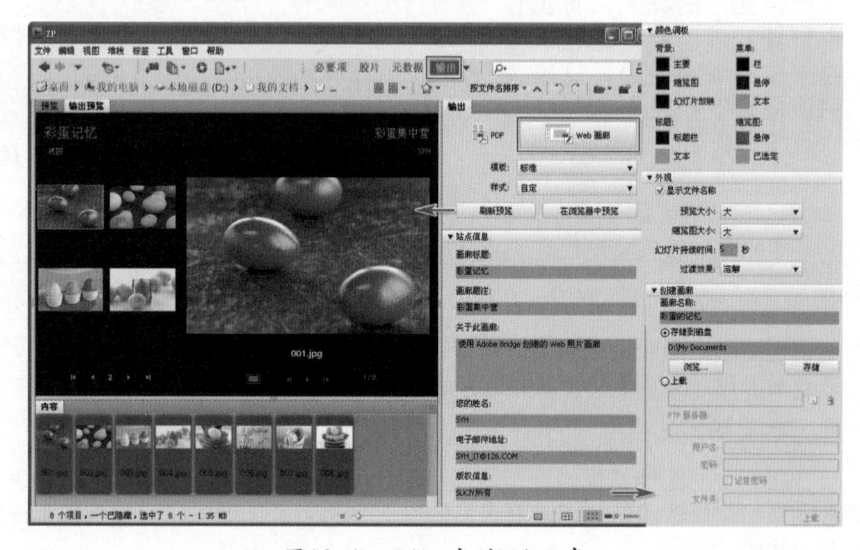

图19-5　Bridge中的Web画廊

站点信息

- **画廊标题**　该选项用于设置画廊的标题。
- **画廊题注**　该选项用于设置画廊的辅助标题。
- **关于此画廊**　该选项用于显示画廊的作用。
- **您的姓名**　该选项用于设置画廊创建者的名称。
- **电子邮件地址**　该选项用于设置创建者的联系方式。
- **版权信息**　该选项用于显示网页版权信息。

颜色调板

- **背景**　该选项用于设置画廊的背景颜色，分别包括主要背景、缩览图背景与幻灯片背景。
- **菜单**　该选项用于设置画廊菜单的背景颜色，分别包括栏背景、悬停背景与文字背景。
- **标题**　该选项用于设置画廊标题的背景颜色，分别包括标题栏背景与文字背景。
- **缩览图**　该选项用于设置画廊缩览图的背景颜色，分别包括悬停背景与已选定背景。

外观

- **显示文件名称**　启用该复选框，显示图片文件名称。
- **预览大小**　该选项用于设置幻灯片尺

寸，子选项包括特大、大、中、小。

- **缩览图大小**　该选项用于设置缩览图尺寸，子选项包括特大、大、中、小。
- **幻灯片持续时间**　该选项用于设置自动播放间隔时间，默认时间为5秒。
- **过渡效果**　该选项用于设置切换幻灯片的过渡效果，子选项包括渐隐、剪切、光圈、遮帘、溶解。

创建画廊

- **画廊名称**　该选项用于设置网页文件所在的文件夹名称。
- **存储到磁盘**　该选项用于保存网页文件，子选项包括用于存储位置的【浏览】按钮与【存储】按钮。
- **上载**　该选项用于设置网页上传到服务器，子选项包括FTP服务器名称、用户名、密码、文件夹名称等。

当在【内容】选项卡中选中多个图像缩览图，在右侧设置【模版】选项以及相关的选项后，单击【刷新预览】按钮，能够在【输出预览】选项卡中预览画廊网页效果。如果单击【创建画廊】选项组中的【存储】按钮，那么可以打开画廊网页的预览效果，如图19−6所示。

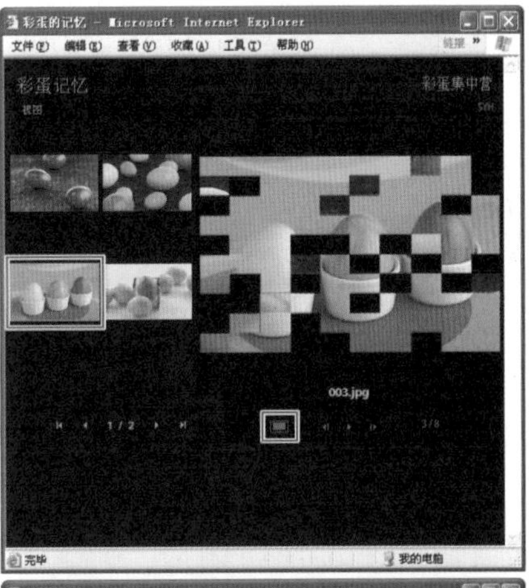

图19−6　预览画廊网页效果

19.2 创建切片

在Photoshop中制作网页图像，除了要设置成屏幕分辨率外，还需要通过切片工具将其裁切为小尺寸图像。这样才能够组合为网页，上传到网络中。

切片是使用HTML表或CSS图层将图像划分为若干较小的图像，这些图像可在Web页上重新组合。通过划分图像，可以指定不同的URL链接以创建页面导航，或使用其自身的优化设置对图像的每个部分进行优化。

切片按照其内容类型以及创建方式进行分类。使用【切片工具】创建的切片称为用户切片；通过图层创建的切片称为基于图层的切片。当创建新的用户切片或基于图层的切片时，将会生成附加自动切片来占据图像的其余区域。

1．基于参考线创建切片

基于参考线创建切片的前提是，文档中存在参考线。选择工具箱中的【切片工具】，单击工具选项栏中的【基于参考线的切片】按钮，即可根据文档中的参考线创建切片，如图19−7所示。

图19-7 基于参考线创建切片

2．使用切片工具创建切片

通过【切片工具】创建切片是裁切网页图像最常用的方法。在工具箱中选择【切片工具】后，在画布中单击并且拖动，即可创建切片，如图19-8所示。其中，灰色为自动切片。

图19-8 创建切片

3．基于图层创建切片

基于图层创建切片是根据当前图层中的对象边缘创建切片。方法是选中某个图层后，执行【图层】|【新建基于图层的切片】命令，即可创建切片，如图19-9所示。

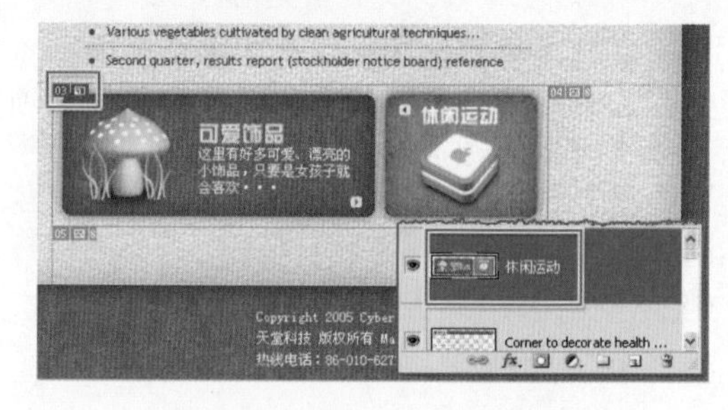

图19-9 基于图层创建切片

19.3 编辑切片

无论以何种方式创建切片，都可以对其进行编辑。只是切片类型的不同，其编辑方式也有所不同。其中，用户切片可以进行各种编辑，比如查看切片等；自动切片与基于图层的切片有所限制，并且有其自身的编辑方法。

1．查看与选择切片

当创建切片后发现，切片本身具有颜色、线条、编号与标记等属性，如图19-10所示。可以发现具有图像的切片、无图像切片、自动切片与基于图层的切片等标记有所不同。

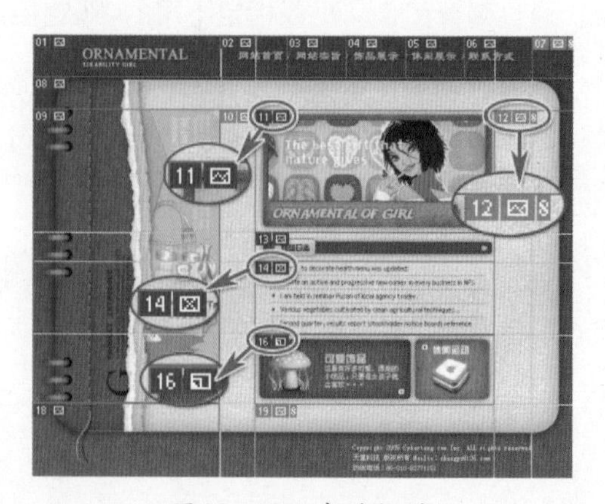

图19-10 查看切片

编辑所有切片之前，首先要选择切片。在Photoshop中选择切片时使用专门的工具，那就是【切片选择工具】。如选择【切片选择工具】，在画布中单击，即可选中切片，如图19-11所示。

如果要同时选中两个或者两个以上切片，那么可以在按住Shift键的同时连续单击相应的切片即可，如图19-12所示。

图19-12 选中多个切片

2. 切片选项

Photoshop中的每一个切片除了包括显示属性外，还包括Web属性，比如链接属性、文字信息属性、打开网页方式等。例如，使用【切片选择工具】选中一个切片后，单击工具选项栏中的【为当前切片设置选项】按钮，打开【切片选项】对话框，如图19-13所示。其中各个选项及作用见表19-1。

提示

URL选项可以输入相对URL或绝对（完整）URL。如果输入绝对URL，一定需要包括正确的协议（例如，http://www.baidu.com而不是www.baidu.com）。

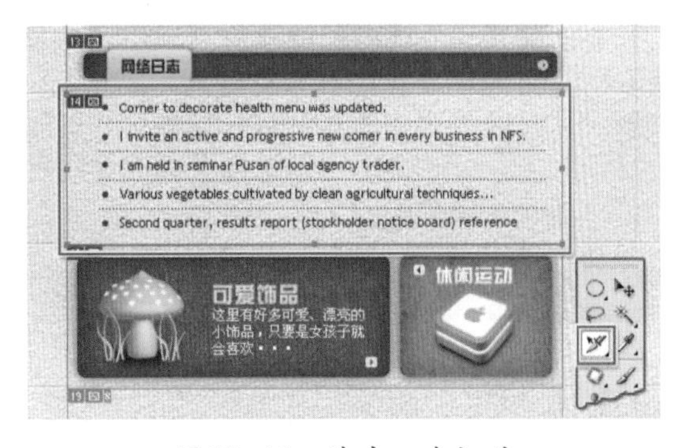

图19-11 选中一个切片

技巧

要想隐藏或者显示所有切片，可以按Ctrl+H快捷键；要想隐藏自动切片，可以在【切片选择工具】的工具选项栏中单击【隐藏自动切片】按钮。

图19-13 【切片选项】对话框

表19-1 【切片选项】对话框中的选项及作用

选项	作用
切片类型	该选项用来设置切片数据在Web浏览器中的显示方式，分为图像、无图像与表
名称	该选项用来设置切片名称
URL	该选项用来为切片指定URL，可使整个切片区域成为所生成Web页中的链接
目标	该选项用来设置链接打开方式，分别为_blank、_self、_parent与_top
信息文本	为选定的一个或多个切片更改浏览器状态区域中的默认消息。默认情况下，将显示切片的URL（如果有）
Alt标记	指定选定切片的Alt标记。Alt文本出现，取代非图形浏览器中的切片图像。Alt文本在图像下载过程中取代图像，并在一些浏览器中作为工具提示出现
尺寸	该选项组用来设置切片尺寸与切片坐标
切片背景类型	选择一种背景色来填充透明区域（适用于【图像】切片）或整个区域（适用于【无图像】切片）

当设置【切片类型】选项为【无图像】选项后，【切片选项】对话框更改为如图19–14所示。可以输入要在所生成Web页的切片区域中显示的文本，此文本可以是纯文本或使用标准HTML标记设置格式的文本。

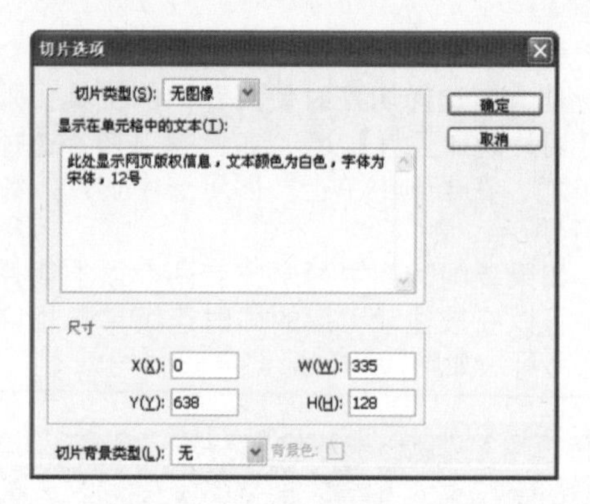

图19–14　【无图像】选项

提示

在【无图像】类型切片中设置的显示在单元格中的文本，在文档窗口中是无法显示的。要想查看，需要生成HTML网页文件。

3. 切片的移动、划分与提升

在Photoshop中，不同类型的切片可以进行不同的操作。其中，用户切片除了可以设置切片Web选项外，还可以移动其位置。方法是使用【切片选择工具】单击并且拖动用户切片，即可移动位置，如图19–15所示。

图19–15　移动用户切片

Photoshop中的自动切片不能进行移动操作，而要想对基于图层的切片进行移动，必须使用【选择工具】移动图层中的对象，如图19–16所示。

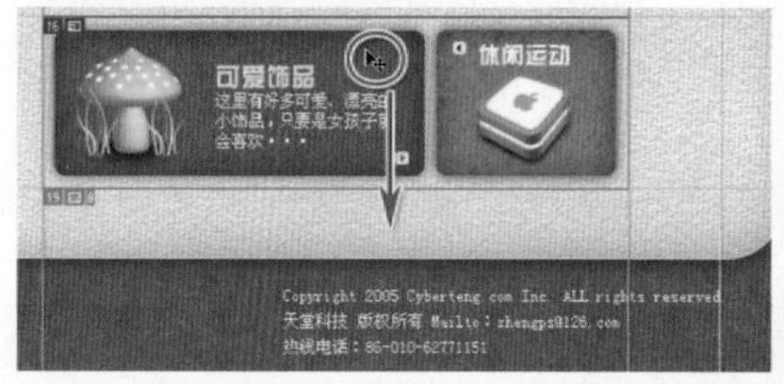

图19–16　移动基于图层的切片

Photoshop中的切片除了基于图层的切片不能进行划分外，其他两种切片均可以进行划分。比如选中切片后，单击工具选项栏中的【划分】按钮 划分... ，在弹出的【划分切片】对话框中，根据需要水平或者垂直划分切片。图19–17给出了用户切片划分为垂直的两个切片。

图19–17　划分用户切片

如果为自动切片划分，那么自动切片会转换为用户切片，如图19–18所示。划分切片时，还可以水平、垂直同时划分切片。

基于图层的切片与图层的像素内容相关联，而图像中的所有自动切片都链接在一起并共享相同的优化设置。如果要编辑前者，除了编辑相应的图层，需将该切片转换为用户切片；如果要为后者设置不同的优化设置，则必须将其提升为用户切片。

图19–18　划分自动切片

分别将两种切片转换为用户切片，方法非常简单，只要选中基于图层的切片或者自动切片，单击工具选项栏中的【提升】按钮 提升 即可。图19–19给出了基于图层的切片转换为用户切片。

图19–19　基于图层的切片转换为用户切片

19.4 优化切片图像

切片的创建只是完成网页图像的第一步，还需要通过【存储为Web和设备所用格式】命令保存切片图像。使用该命令还可以使用对话框中的优化功能，预览具有不同文件格式和不同文件属性的优化图像。

通过【预设】下拉列表可以选择系统制定的优化方案，可以在【优化的文件格式】选项中选择所需的格式，并对各优化选项进行设置。下面对选择不同格式所进行的选项设置进行介绍。

1．GIF和PNG–8格式

GIF和PNG–8是用于压缩具有单调颜色和清晰细节的图像（如艺术线条、徽标或带文字的插图）标准格式。与GIF格式一样，PNG–8格式可有效地压缩纯色区域，同时保留清晰的细节。这两种文件均支持8位颜色，因此可以显示多达256种颜色。确定使用哪些颜色的过程称为建立索引，因此GIF和PNG–8格式图像有时也称为索引颜色图像。为了将图像转换为索引颜色，Photoshop会构建一个颜色查找表，该表存储图像中的颜色并为这些颜色建立索引。如果原始图像中的某种颜色未出现在颜色查找表中，应用程序将在该表中选取最接近的颜色，或使用可用颜色的组合模拟该颜色。

该部分最重要的选项设置就是【损耗】参数栏，它通过有选择地扔掉数据来减小文件大小。【损耗】值越高，则会丢掉越多的颜色数据，如图19–20所示。通常可以应用5～10的损耗值，有时可高达50，而不会降低图像品质。该选项可将文件大小减小5%～40%。

图19–20　设置【损耗】参数栏

2．JPEG格式

JPEG是用于压缩连续色调图像（如照片）的标准格式。该选项的优化过程依赖于有损压缩，它有选择地扔掉颜色数据。

该部分最重要的选项设置就是【品质】参数栏，它可确定压缩程度。设置的值越高，压缩算法保留的细节越多，但是使用高品质设置比使用低品质设置生成的文件大。

3. PNG-24格式

PNG-24适合于压缩连续色调图像，所生成的文件比JPEG格式生成的文件要大得多。使用该格式的优点在于，可在图像中保留多达256个透明度级别。

通过设置【透明度】和【杂边】选项，可确定如何优化图像中的透明像素。【交错】选项可使下载时间感觉更短，并使浏览者确信正在进行下载。该选项会增加文件的大小。

4. WBMP格式

该格式是用于优化移动设备图像的标准格式。它支持1位颜色，即图像只包含黑色和白色像素，如图19-21所示。

图19-21　WBMP格式的图像

19.5 实例：商业网站导航图标制作

网站中的导航菜单多种多样，除了纯文字导航菜单和单色图标外，还可以利用具有水晶效果的图形来装饰导航菜单，如图19-22所示。在网站导航栏目中加入相应的图标，既可以美化网站，又形象地表达了栏目含义。而在制作具有水晶效果图时，特别要注意高光的制作。

图19-22　商业网站导航图标效果图

操作步骤：

STEP|01　在新建的550×400像素文档中，填充深灰色至“背景”图层中。使用【矩形工具】建立300×200像素的矩形路径，如图19-23所示。

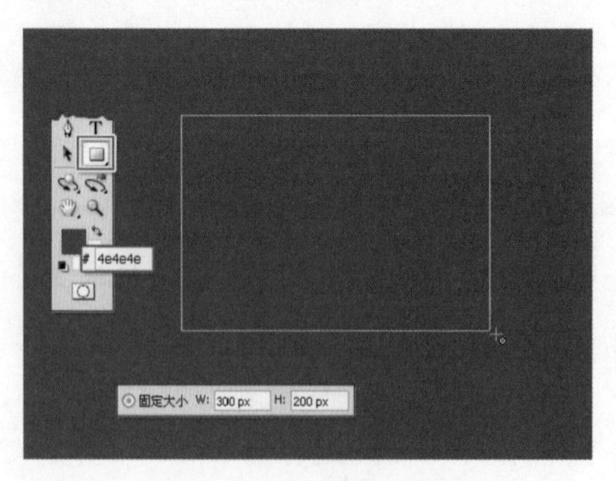

图19-23　建立矩形路径

STEP|02　使用【直接选择工具】和【转换点工具】，结合【自由变换】命令中的【透视】子命令，调整路径为向左旋转，效果如图19-24所示。

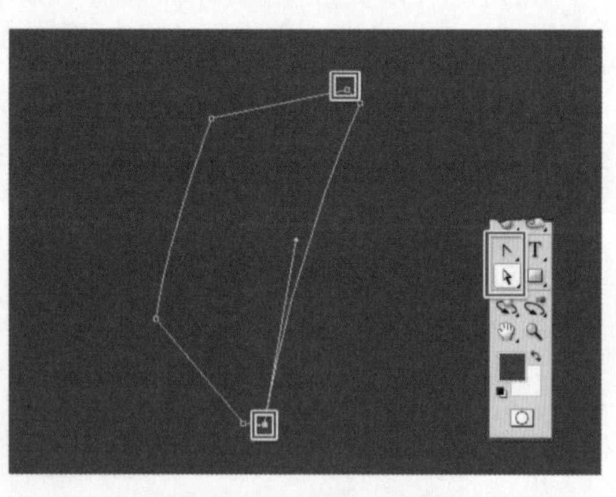

图19-24　调整路径

技巧

对于路径中多出的锚点，既可以使用【添加锚点工具】单击路径来添加。也可以右击路径，执行【添加锚点】命令来完成。

STEP|03 按Ctrl＋Enter快捷键将其转换为选区，在新建“图层1”中填充白色。取消选区后，为该图层添加【渐变叠加】图层样式，选项设置如图19–25所示。

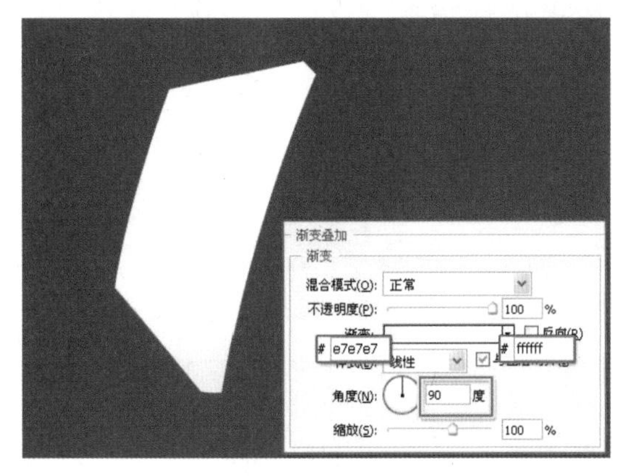

图19–25 添加图层样式

STEP|04 使用上述方法创建屏幕路径后，在新建“图层2”中填充白色，为该图层添加【渐变叠加】图层样式，选项设置如图19–26所示。

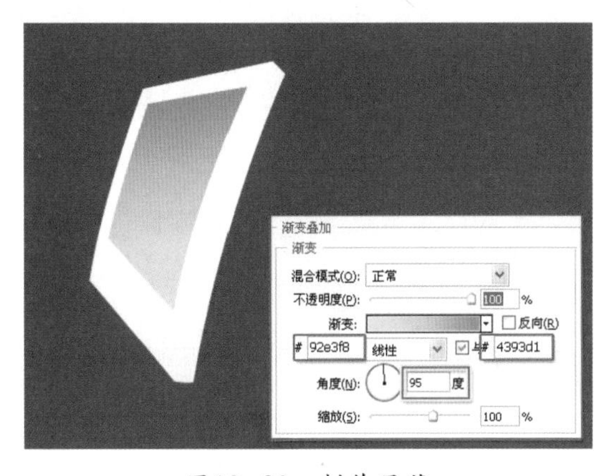

图19–26 制作屏幕

STEP|05 使用【钢笔工具】，在显示器右侧偏下位置连续单击，创建后支架路径。转换为选区后，在新建“图层3”中填充白色，完成液晶显示器的大致轮廓，如图19–27所示。

提示

显示器后支架图形所在“图层3”，应该放置在“图层1”下方。这样才能够遮盖不需要的区域。

图19–27 绘制显示器后支架形状

STEP|06 在屏幕所在图层上方新建“图层4”，显示“图层2”中的图像选区后，进行选区描边。然后使用【橡皮擦工具】将描边的下边缘和右边缘下半部分删除，如图19–28所示。

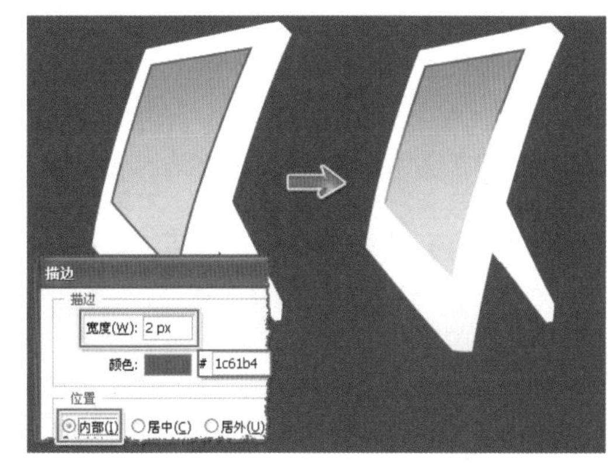

图19–28 制作屏幕凹陷的背光阴影图形

STEP|07 在屏幕右上角位置，使用【钢笔工具】建立具有弧度的三角形路径。将其转换为选区后，在新建“图层5”中，由上至下添加白色到透明的渐变，如图19–29所示。

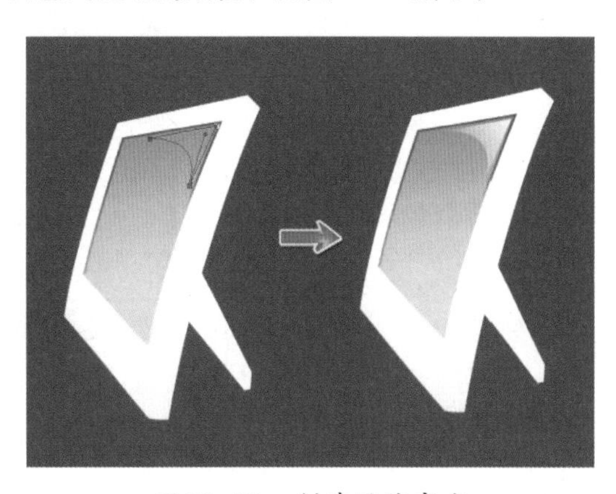

图19–29 创建屏幕高光

STEP|08 在“图层1”上方新建“图层6”，根据显示器右侧形状，创建其厚度路径。调整路径弧度后转换为选区，将其缩进1像素后，填充浅灰色，如图19–30所示。

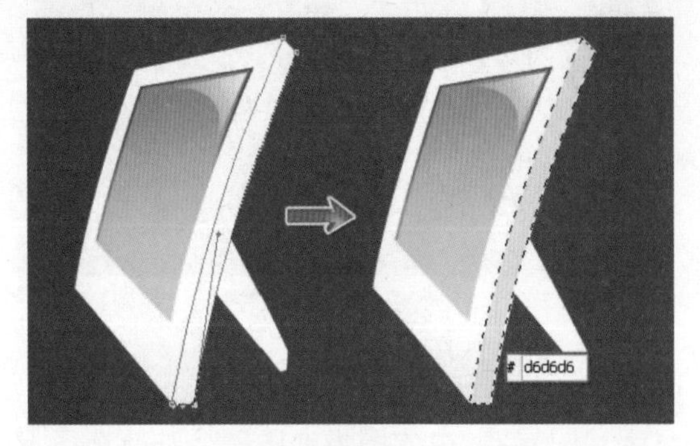

图19–30 创建屏幕厚度图形

STEP|09 在选区显示的状态下，执行【滤镜】|【模糊】|【高斯模糊】命令，创建显示器厚度效果，如图19–31所示。

图19–31 制作显示器厚度效果

STEP|10 因为显示器侧面摆放，所以还可以看到正面突起效果。使用上述方法，创建显示器正面突起效果，然后使用【钢笔工具】与【橡皮擦工具】，修饰显示器后支架效果，如图19–32所示。

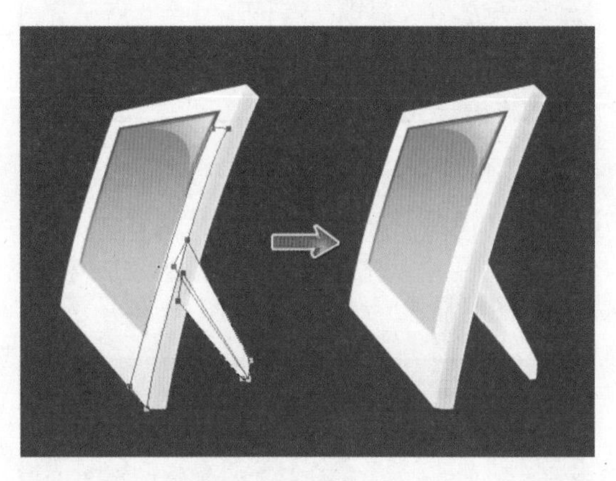

图19–32 细化显示器

STEP|11 至此，图标制作完成。隐藏“背景”图层后，合并所有显示图层。将其成比例缩小后，就可以放置在网页导航中应用。

19.6 实例：美容中心网站设计

Beauty美容中心网站为女士美容网站。网站的基本色调为紫红色，该色调表达了女士活力，而网站中还搭配了橙黄色等色相，使整个网站更能表达精力充沛的气息，如图19–33所示。在网页布局方面，该网站以拐角型网页布局为基础，并且加以变化，使网页既有展示产品的空间，也使版面更加灵活。整个网站的首页在设计过程中主要运用了同色系之间的渐变，并且通过白色描边分隔不同色系之间的区域。

图19–33 Beauty美容中心网站首页效果图

操作步骤：

STEP|01 在新建的1000×935的空白文档中选择【渐变工具】，并且设置渐变颜色，如图19-34所示，在整个画布中创建渐变颜色。

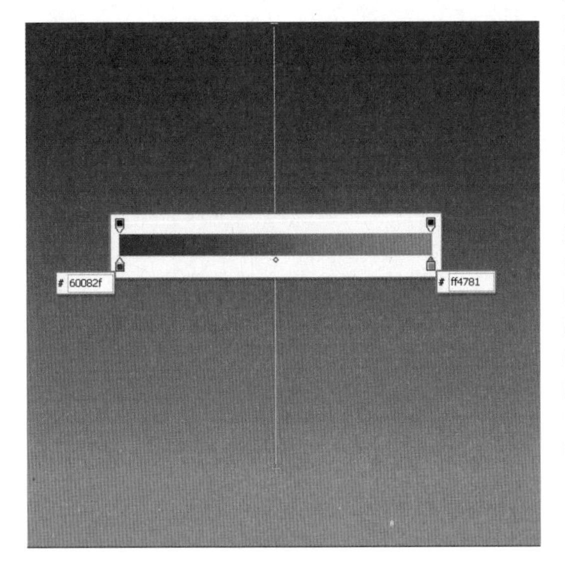

图19-34 创建渐变背景

STEP|02 在画布顶部同一个中心位置，绘制不同尺寸的黑、白两个矩形，形成10像素白色描边的黑色矩形效果。然后将素材LOGO拖入背景左侧，如图19-35所示。

图19-35 绘制导航背景

注意

白色描边的黑色矩形效果不能通过【描边】图层样式与【描边】命令制作，因为这样得到的白色描边具有圆角。

STEP|03 在LOGO右下角区域输入网站名称后，在黑色矩形右侧绘制白色圆角矩形，并且在内部输入导航栏目，文本属性如图19-36所示。

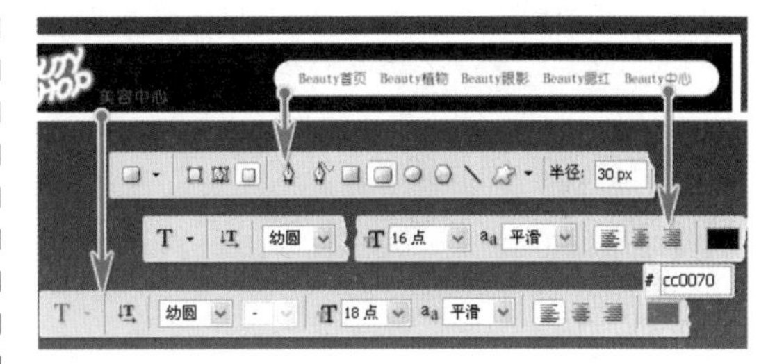

图19-36 制作导航栏目

STEP|04 在每一个导航栏目文本下方绘制红色矩形，如图19-37所示，作为鼠标经过图像。

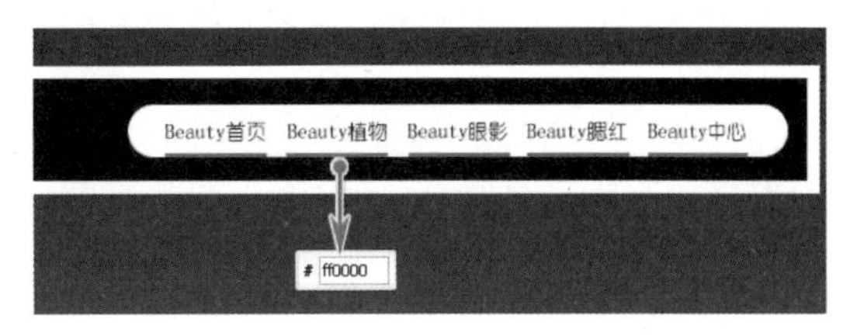

图19-37 制作鼠标经过图像

STEP|05 选择【画笔工具】并且设置参数，如图19-38所示。然后在画布上半部分单击，创建不同颜色的圆点。

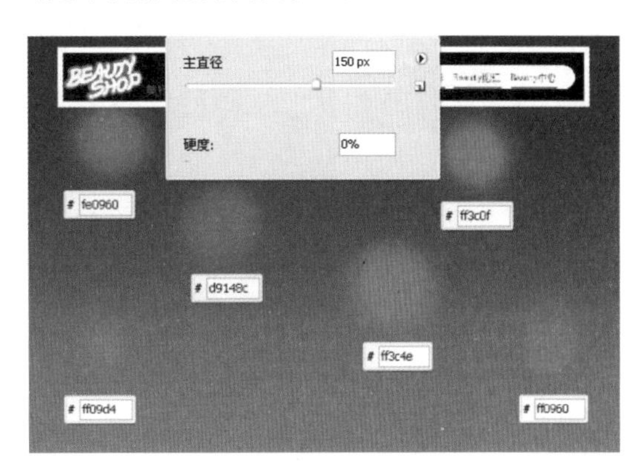

图19-38 绘制圆点

STEP|06 在导航栏下方载入素材"Banner图像"后，绘制不同颜色的矩形，为网页进行分区，如图19-39所示。

提示

立体效果的制作，需要将举行进行变形才能够制作完成。在制作过程中，要注意上下图层的顺序。

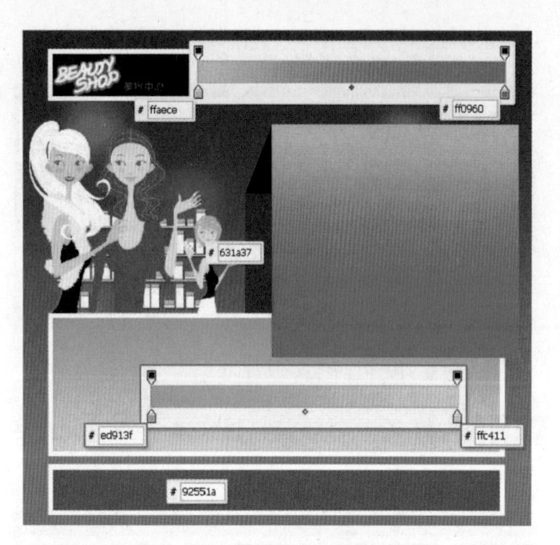

图19-39　绘制栏目区块

STEP|07　将素材图像与LOGO拖入紫红色渐变矩形底部后，在上方分别绘制不同颜色的圆形，并且设置【图层混合模式】选项，如图19-40所示。

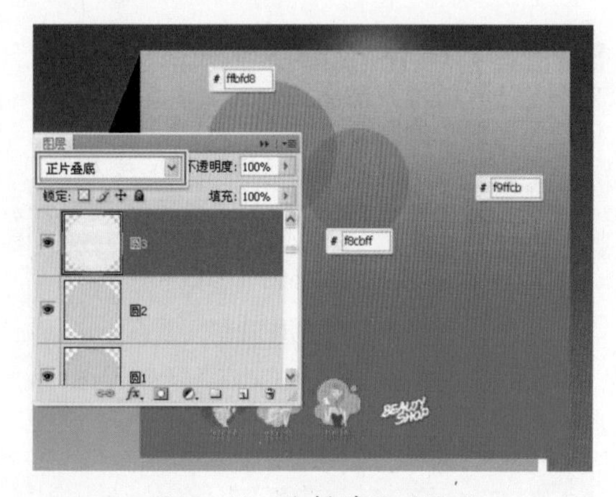

图19-40　绘制并设置圆形

STEP|08　在如图19-41所示的位置输入不同属性的文本后，分别为FOR YOU与1975文本添加不同的图层样式。

STEP|09　将素材"花"拖入橙黄色渐变矩形左上角后，分别绘制不同颜色、不同尺寸的圆角矩形与圆形，分别设置颜色，如图19-42所示。

STEP|10　选择【横排文本工具】T后，输入不同属性的文本，并且绘制浅褐色分隔线，如图19-43所示。

STEP|11　使用相同的方法制作右侧栏目内容。其中输入栏目标题文本后，为其添加多个图层样式加以修饰，如图19-44所示。

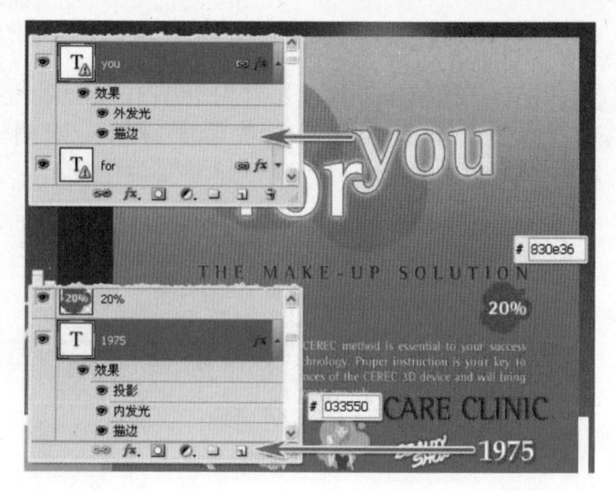

图19-41　输入并设置文本

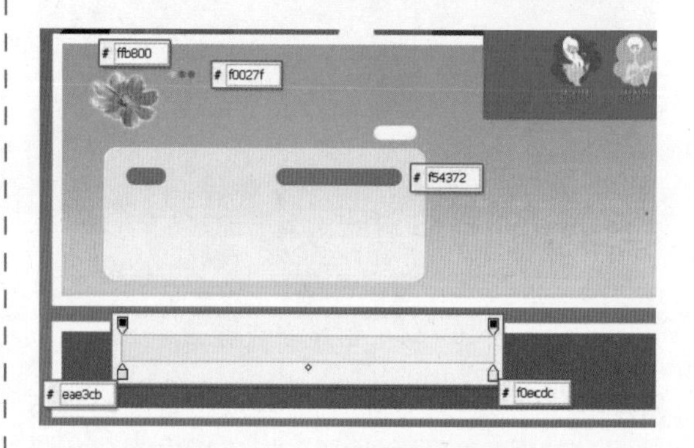

图19-42　绘制圆角矩形

图19-43　输入并设置文本

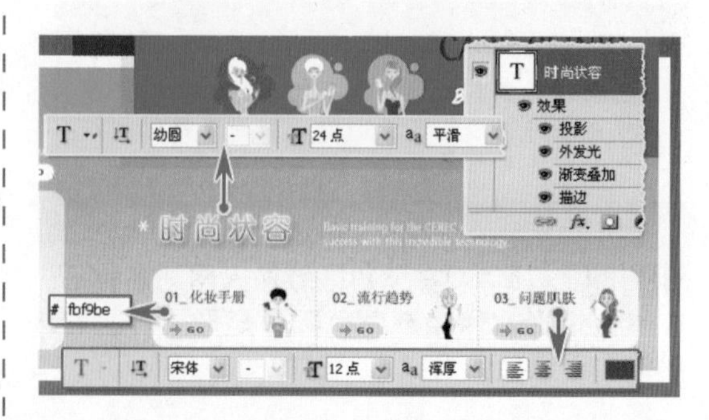

图19-44　制作"时尚状容"栏目

STEP|12　最后复制LOGO图像并且拖至版尾矩形左侧后，在其右侧输入版权信息文本，并且设置字符属性，如图19-45所示。

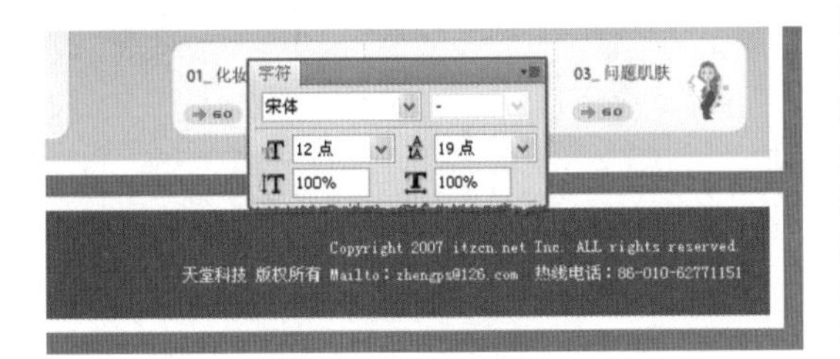

图19-45　制作版权信息

STEP|13　至此，网站首页制作完成，按Ctrl+R快捷键打开标尺，拉出参考线。选择工具箱中的【切片工具】，创建如图19-46所示的切片。

STEP|14　结合【切片选择工具】与【缩放工具】调整切片后，执行【文件】|【存储为Web和设备所用格式】命令，将所有的切片图像设置为GIF格式，然后将其保存为图像文件，如图19-47所示。

STEP|15　复制该文档后，将导航栏目的鼠标经过图像显示出来，然后在现有的切片基础上，保存切片图像，完成该文档的所有制作。

注意

因为该网页图像主要是通过渐变颜色制作而成的，所以在创建切片时，要区分渐变颜色。

图19-46　创建切片

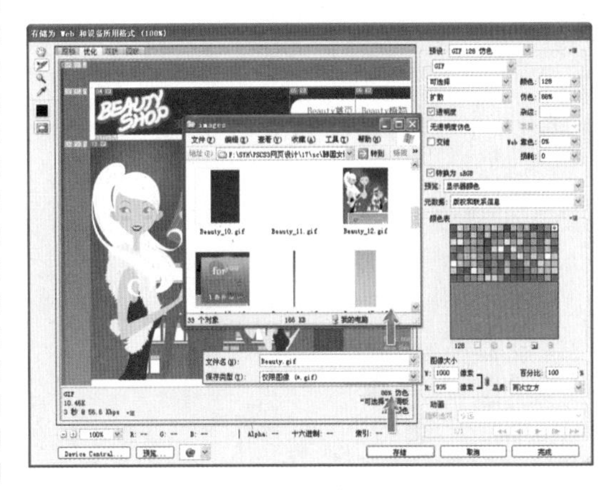

图19-47　保存切片图像

综合实例

在了解与学习了Photoshop中的所有工具与命令之后，下面综合运用这些功能制作各式各样的图像。本章分别通过不同方面的应用，制作相应的图像效果。在制作过程中，由于针对的应用不同，其制作要点也各不相同。

本章主要从风景照片处理、婚纱照片处理、建筑后期处理以及人物手绘等方面，介绍了制作方法与理念。

20.1 梦幻风景处理

风景照片的处理有很多种方法，下面所介绍的是梦幻风景的处理。此类风景都具有一个特点，很抽象但又有现实的元素存在于画面中，这就使画面呈现神秘感，如图20−1所示。

本案例的重点在于色彩变化的调整以及滤镜的应用。画面的整体色彩丰富，富有变化。运用蒙版和滤镜功能添加画面右上角的闪电和球形体，加强画面的梦幻效果。而背景主要运用图层混合模式结合蒙版功能来实现色彩的饱和度，运用【色相/饱和度】调整图层，改变图像的色调，运用滤镜调整大海的质感。

图20−1 梦幻风景

操作步骤：

STEP|01 打开配套光盘的素材图片，可以看到，由于天气的缘故，使照片光线不足，如图20−2所示。

图20−2 打开素材图片

STEP|02 按Ctrl＋Alt＋Shift＋L快捷键，执行【自动对比度】命令，使图像色彩对比更加强烈，如图20−3所示。

图20−3 执行【自动对比度】命令

STEP|03 使用【套索工具】圈选大海部分，添加图层蒙版。隐藏“背景”图层，可以看到，除了大海，其他区域已被隐藏，如图20−4所示。

STEP|04 设置“大海”图层的混合模式，使大海的色彩更加饱和，如图20−5所示。

STEP|05 使用上述方法，将天空抠取出来，创建图层蒙版。设置图层【混合模式】选项，如图20−6所示。加强色彩之间的对比，使天空富有层次感。

图20-4　添加蒙版

图20-5　修饰大海

图20-6　修饰天空

提示

蒙版的作用是在进行各项操作时可以保护源图像不被损坏。在蒙版缩览图中，黑色部分为透明区域，灰色部分为半透明区域，白色部分为不透明区域。

STEP|06　将画面中的其他元素提取出来，创建图层蒙版，并设置图层【混合模式】选项，如图20-7所示。

图20-7　修饰画面其他部分

STEP|07　按Ctrl+Shift+Alt+E快捷键，执行【盖印可见图层】命令。复制一份后，设置图层【混合模式】选项，提高画面的亮度，如图20-8所示。

图20-8　盖印可见图层

技巧

在Photoshop的菜单中无法找到【盖印可见图层】命令，用户可以在【历史记录】中看到。运用【盖印可见图层】命令可以将所有图层内容合并到一个图层中，而保留源图层的信息不变。

STEP|08　使用【套索工具】创建图中所示的选区，适当进行羽化。单击【创建新的填充或调整图层】按钮，执行【色阶】命令，如图20-9所示。

图20-9 创建“大海色阶”调整图层

STEP|09 在调整图层上双击【色阶】图标，在【调整】面板中，设置各项参数，如图20-10所示。

图20-10 修饰大海

STEP|10 创建一个新的图层，选择【渐变工具】在新图层上创建一个渐变填充，如图20-11所示。

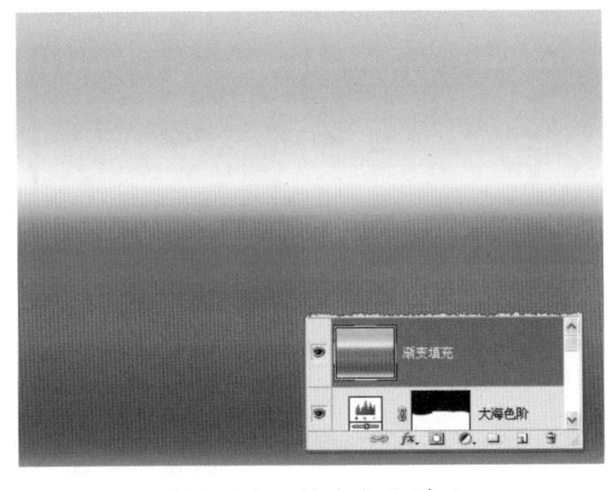

图20-11 创建渐变填充

STEP|11 设置“渐变填充”图层的混合模式，改变画面色调，使画面呈现梦幻色彩，如图20-12所示。

图20-12 改变画面色调

STEP|12 按Ctrl＋A快捷键创建选区，添加图层蒙版。设置前景色为黑色，使用【画笔工具】隐藏下半部分，如图20-13所示。

图20-13 添加图层蒙版

STEP|13 为了使天空的颜色更加艳丽，添加“色相/饱和度1”调整图层。按Alt＋Ctrl＋G快捷键，执行【创建剪贴蒙版】命令，使其只作用于下面一个图层，如图20-14所示。

STEP|14 新建一个图层，选择【渐变工具】，在图层上创建渐变填充，如图20-15所示。

STEP|15 设置图层【不透明度】参数，使画面成半透明状，效果如图20-16所示。

STEP|16 按Ctrl＋A快捷键，创建选区。添加图层蒙版，使用【画笔工具】在蒙版上半部分涂抹，效果如图20-17所示。

图20-14　创建剪贴蒙版

图20-15　创建渐变填充图层

图20-16　设置【不透明度】选项

图20-17　添加图层蒙版

STEP|17　设置图层【混合模式】选项，加深大海颜色，如图20-18所示。

图20-18　设置图层混合模式

STEP|18　为"大海颜色"图层创建一个"色相/饱和度2"调整图层。执行【创建剪贴蒙版】命令，使其只作用于下面一个图层，如图20-19所示。

图20-19　创建新的调整图层

STEP|19　执行【盖印可见图层】命令，创建"色相/饱和度3"调整图层。降低图像饱和度，统一画面色调，如图20-20所示。

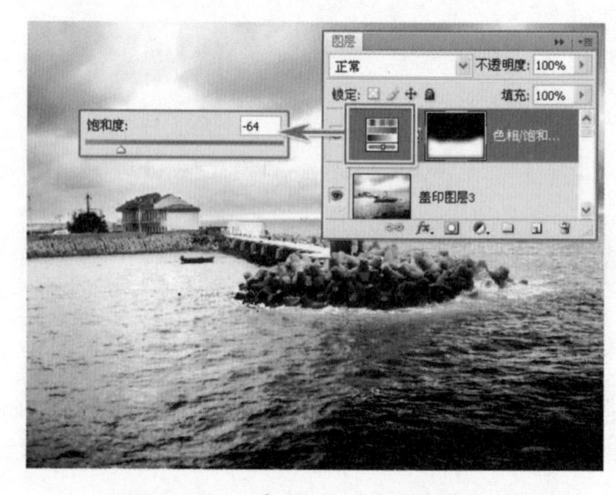

图20-20　降低大海颜色饱和度

STEP|20 再次盖印可见图层，创建“色相/饱和度4”调整图层，加强图像饱和度，如图20-21所示。

图20-21 盖印可见图层

STEP|21 使用【椭圆选框工具】，在新建图层上创建一个圆形选区，并且填充为白色，如图20-22所示。

图20-22 创建圆形图形

注意

在照片处理过程中，要随时创建盖印图层，这样能够在不影响图像设置参数的同时进行操作。

STEP|22 为该图层添加图层蒙版，设置前景色为黑色。使用【画笔工具】在蒙版缩览图上涂抹，隐藏部分区域，如图20-23所示。

图20-23 添加图层蒙版

STEP|23 按住Ctrl键的同时单击“图层10”图层缩览图，创建选区。选择“盖印图层6”图层，复制并粘贴，如图20-24所示。

图20-24 复制选区图像

STEP|24 执行【滤镜】|【风格化】|【照亮边缘】命令，设置参数，如图20-25所示。

图20-25 执行【照亮边缘】命令

STEP|25 为“图层11”图层创建选区，添加图层蒙版，使用【画笔工具】在蒙版缩览图上涂抹，隐藏部分区域，如图20-26所示。

图20-26 创建图层蒙版

STEP|26 复制“图层10”图层，使用【画笔工具】在蒙版缩览图上修饰，如图20-27所示。

STEP|27 创建一个新的文档，设置前景色为黑色，背景色为白色。执行【滤镜】|【渲染】|【分层云彩】命令，如图20-28所示。

图20-27 复制图层

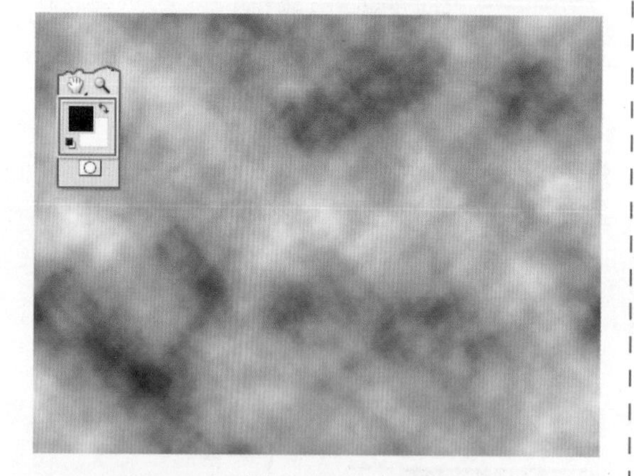

图20-28 执行【分层云彩】命令

STEP|28 按Ctrl+F快捷键，重复执行【分层云彩】命令2次，如图20-29所示。

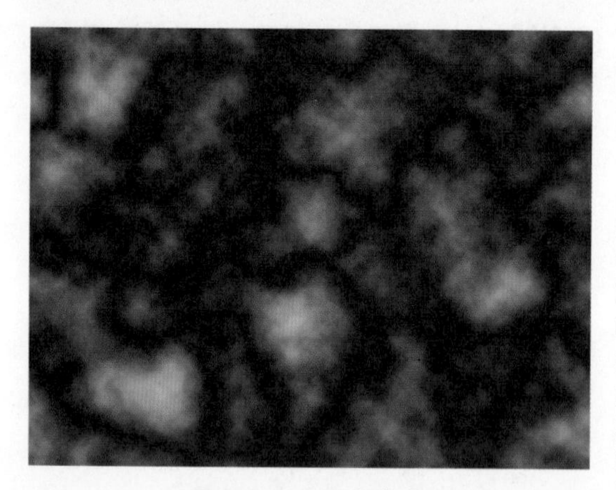

图20-29 重复命令

STEP|29 按Ctrl+I快捷键，执行【反相】命令，效果如图20-30所示。

STEP|30 按Ctrl+L快捷键，执行【色阶】命令，加强色彩之间的对比，如图20-31所示。

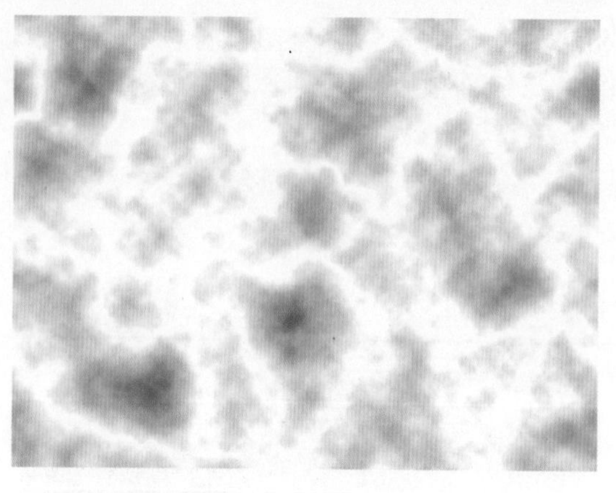

图20-30 执行【反相】命令

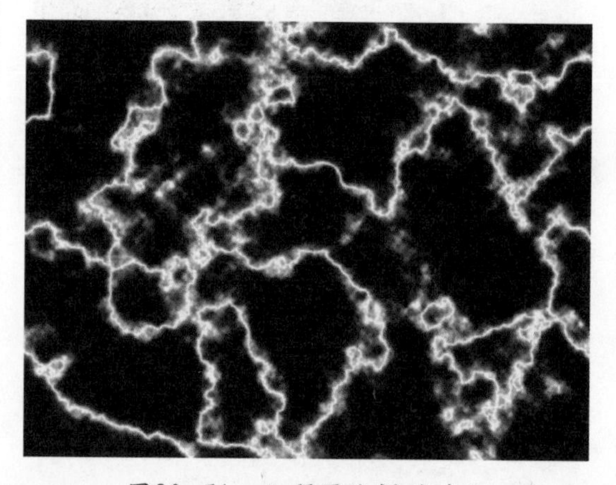

图20-31 加强图像间的对比

STEP|31 将制作好的闪电通过【通道】面板将其抠取出来，取其中部分放入梦幻风景文档中，如图20-32所示。

图20-32 制作闪电

STEP|32 为闪电图层创建图层蒙版，隐藏部分区域，如图20-33所示。

图20-33 创建图层蒙版

STEP|33 执行【图层】|【图层样式】|【混合选项】命令，在【图层样式】对话框中启用【外发光】复选框，设置参数，如图20-34所示。

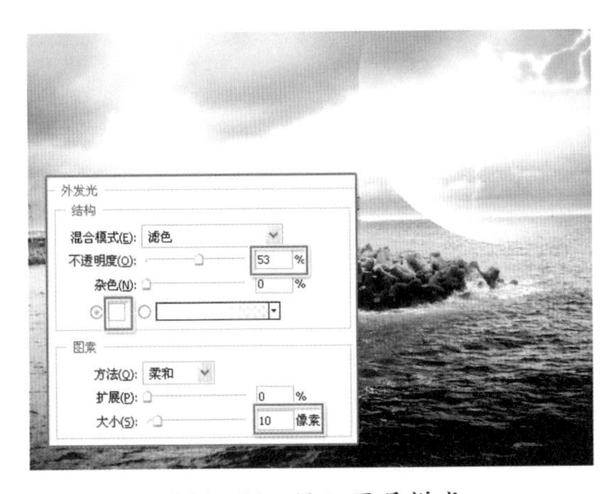

图20-34 添加图层样式

STEP|34 执行【盖印可见图层】命令，执行【滤镜】|【画笔描边】|【成角的线条】命令，设置参数，如图20-35所示。

图20-35 执行【成角的线条】命令

STEP|35 设置"盖印图层7"图层混合模式选项，使其与下面图层相融合，如图20-36所示。

图20-36 设置图层混合模式

STEP|36 为"盖印图层7"图层创建选区，添加图层蒙版。使用【画笔工具】，在蒙版缩览图上涂抹建筑物以及海中其他场景，如图20-37所示。

图20-37 添加图层蒙版

STEP|37 创建"色相/饱和度5"调整图层，增强图像饱和度，使其颜色更加鲜艳，如图20-38所示。

图20-38 执行【色相/饱和度】命令

STEP|38 复制“盖印图层7”图层，使用【画笔工具】在蒙版缩览图上进行修饰。设置图层【混合模式】选项，如图20-39所示。

图20-39 复制图层

STEP|39 至此制作完毕，最后使用【横排文本工具】添加说明性的文字，如图20-40所示。

图20-40 最终效果图

20.2 婚纱照片设计

下面对拍摄的婚纱照片进行合成处理，如图20-41所示。在制作时，用户需要把握将要处理的照片的整体风格，然后寻找或者制作与之相匹配的背景，使其保持相互统一的同时，还要突出主题。

在制作婚纱照片时，设计师需要根据新郎与新娘的服装和摄影师拍摄的场景，来设计相关主题的照片。当设计师处理系列婚纱照片时，可以安排大致相同的版式，但是使用不同色调，例如蓝色调、粉色调、绿色调等与照片内容相匹配。

在版式设计这一方面，由于人们视觉注意的前后与强弱，形成了重要与次要的区别。位置领先或形态显著的，容易引起人们的注意，因此显得重要；位置居后或形态一般的，不容易引起人们的注意，显得次要。一般来说，人的视线由左上向右下或其他位置移动时，其注目力度都在递减。因此，对于视觉流程的合理引导，可以更准确而迅速地达到其目的。在设计的时候就可以将主体放置在上部、左上侧、右上侧，以引起人们更好的关注。

图20-41 婚纱照片设计

20.2.1 蓝色之恋

在设计这套婚纱照时，由于新郎新娘的肢体语言较为亲密，使人们回想热恋时的感觉，那种情境尤如在脑海中回忆电影一样。因此，从设计创意上来讲，设计者以一张照片作为重点，其他则一张张并列地展示，犹如演电影。

操作步骤：

STEP|01 打开光盘文件“蓝色背景.jpg”和“婚纱照片01.jpg”，使用【移动工具】将后者图像拖动到前者文档中，得到“图层1”。设置该图层的【不透明度】参数为20%，效果如图20-42所示。

图20-42 移动图像

STEP|02 添加图层蒙版，设置【前景色】为黑色，【背景色】为白色。使用【渐变工具】在画布中由右上角向左上角拖动，得到图20-43所示的效果。

图20-43 添加图层蒙版

提示

用户可以通过为照片添加图层蒙版，使照片与背景相融合。

STEP|03 新建“图层3”，使用【矩形选框工具】绘制如图20-44所示的矩形选区。为选区填充白色，并设置其图层【不透明度】参数为20%。

图20-44 绘制并填充选区

STEP|04 打开素材“婚纱照片02.jpg”，将“婚纱照片02.jpg”拖动到“蓝色背景.jpg”中，得到“图层3”。按Ctrl+T快捷键，将图像成比例缩小后并调整位置，如图20-45所示。

图20-45 缩小并调整图像

STEP|05 选择【套索工具】，绘制如图20-46所示选区。按Ctrl+Alt+D快捷键，在弹出的【羽化选区】对话框中设置【羽化半径】选项为5像素。

STEP|06 确保选区存在，【前景色】为黑色的前提下，单击【图层】面板底部的【添加图层蒙版】按钮，得到如图20-47所示的效果。

图20-46 羽化选区

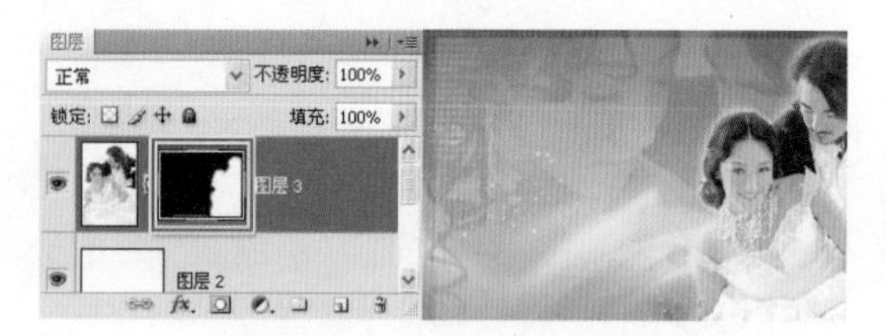

图20-47 为图像添加蒙版

STEP|07 新建“图层4”，绘制长方形矩形，填充白色，并设置该图层【不透明度】参数为20%。执行【旋转】命令，将其旋转后得到如图20-48所示的效果。

图20-48 绘制白色矩形

STEP|08 新建“图层5”，执行【编辑】|【描边】命令，在弹出的【描边】对话框中，设置【宽度】参数为1px，同样设置“图层 5”的【不透明度】参数为20%，如图20-49所示。

STEP|09 参考以上步骤，继续制作白色矩形，并为其设置描边效果，如图20-50所示。

图20-49 对白色矩形描边

提示

绘制白色矩形，并为其进行描边，为了使两个白色矩形具有层次，可以设置“图层 5”的【不透明度】参数为15%。

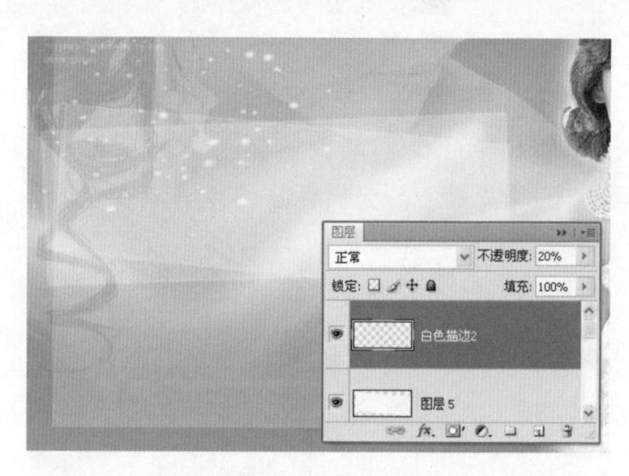

图20-50 制作白色矩形

STEP|10 继续绘制矩形选区，并对选区进行旋转。选择【渐变工具】，在工具选项栏中选择【径向渐变】选项，使用由深蓝色到浅蓝色渐变，对选区进行填充，如图20-51所示。

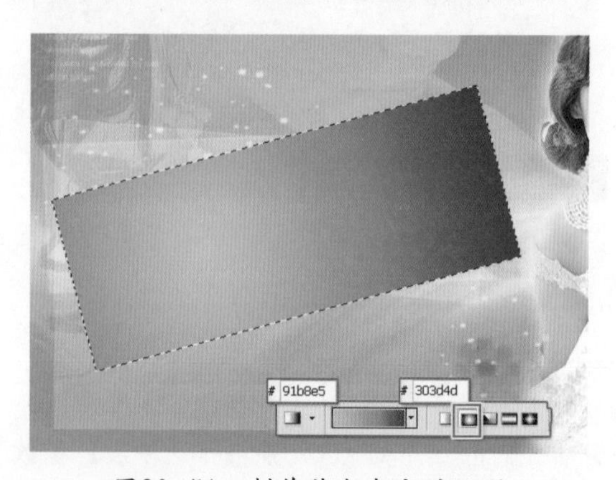

图20-51 制作蓝色渐变的矩形

STEP|11 设置“图层6”的【混合模式】为“叠加”，使其与背景相融合，但又比背景颜色清晰，效果如图20-52所示。

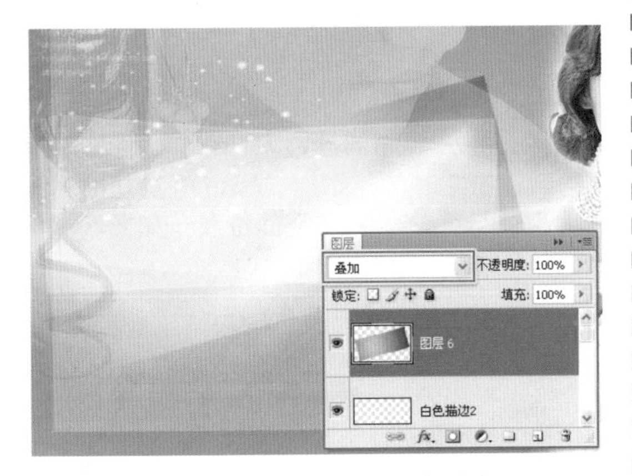

图20-52 设置图层混合模式

STEP|12 新建“蓝色描边”图层，绘制矩形选区，对选区旋转后进行如图20-53所示的描边。

图20-53 对选区进行描边

STEP|13 分别打开光盘文件“婚纱照片02.jpg”、“婚纱照片03.jpg”、“婚纱照片04.jpg”、“婚纱照片05.jpg”，逐一将其拖动至“蓝色背景.jpg”，然后调整大小与角度，得到如图20-54所示的效果。

STEP|14 为了使拖入的婚纱照片与图像的整体色调相协调，突出主题。分别设置“图层7”、“图层 8”、“图层 9”、“图层 10”的【混合模式】选项为【明度】，使在层次、视觉效果上位于主题之后，效果如图20-55所示。

图20-54 移动照片

图20-55 设置图层的混合模式

STEP|15 选择【横排文字工具】T，输入该婚纱照片的设计主题，以及相关文字信息，如图20-56所示。

图20-56 输入主题

20.2.2 粉红时节

对于“粉色时节”这组婚纱照片，由于摄影师在布景时，采用了许多花朵，尤其是粉红色花朵较多，为此，将“粉色时节”作为该组照片的主题，通过添加图层蒙版和设置图层的不透明度，来区分画面的重要与次要的层次，表达主题内容。

操作步骤：

STEP|01 打开光盘文件“粉红时节.jpg”和“新郎新娘01.jpg”，将后者图像拖动到前者文档中，得到“图层1”。调整大小与位置，如图20-57所示。

图20-57 调整图像大小

STEP|02 选择“图层1”，添加图层蒙版，按X键使用默认前景色。使用【渐变工具】在画面中拖动，不仅使照片与背景相结合，而且避开画面中的主题文字，如图20-58所示的效果。

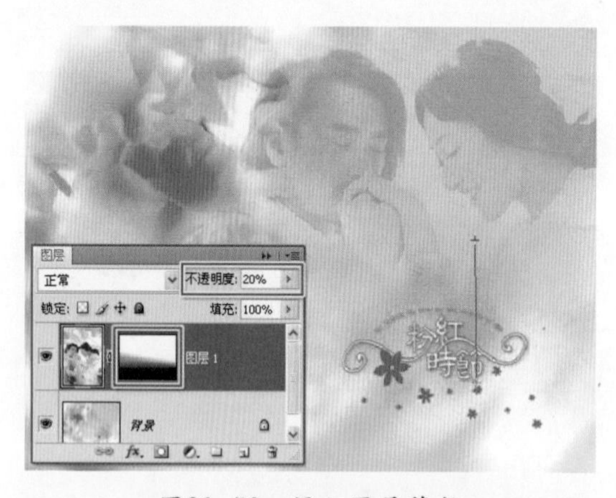

图20-58 添加图层蒙版

提示

降低照片所在图层的不透明度，使其渐隐与背景图层中。

STEP|03 打开“新郎新娘02.jpg”，将其图像拖动到“粉红时节.jpg”。按Ctrl+T快捷键对图像大小进行缩放，并调整其位置，如图20-59所示。

图20-59 调整图像大小与位置

STEP|04 选择【套索工具】，绘制如图20-60所示选区。按Ctrl+Alt+D快捷键，在弹出的【羽化选区】对话框中设置【羽化半径】选项为5像素。

图20-60 绘制选区

STEP|05 设置前景色为黑色，背景色为白色。单击【图层】面板下方的【添加图层蒙版】按钮，得到如图20-61所示的效果。

图20-61 添加图层蒙版

技巧

为照片添加图层蒙版，使其周围融入背景的同时，能够突出主题。

20.2.3 绿野邂逅

由于该组婚纱照片属于系列照片，所以在版式设计上，“绿野邂逅”与其“蓝色之恋”、“粉色时节”大同小异。但是该组照片由于采用了外景，并与绿色田野相结合，因此，使用了绿色背景的色调。

操作步骤：

STEP|01 打开光盘文件“绿野背景.jpg”和“外景婚纱照01.jpg”。将后者图像拖动到前者文档中，得到“图层1”。调整大小与位置，如图20-62所示。设置“图层1”的【不透明度】参数为35%。

图20-62 调整图像大小与位置

STEP|02 为“图层1”添加图层蒙版，设置【前景色】为黑色，【背景色】为白色。然后使用【渐变工具】在画布中由左上角向右上角拖动，得到图20-63所示的效果。

STEP|03 选择【套索工具】，绘制如图20-64所示选区。按Ctrl+Alt+D快捷键，在弹出的【羽化选区】对话框中设置【羽化半径】选项为6像素。

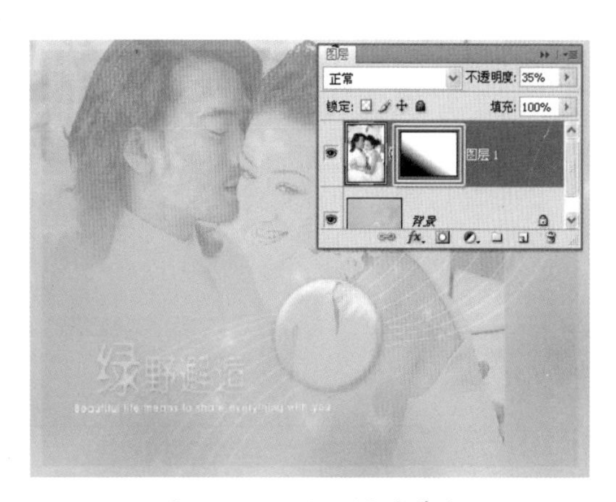

图20-63 添加图层蒙版

图20-64 绘制选区

STEP|04 设置默认颜色。单击【图层】面板下方的【添加图层蒙版】按钮，得到如图20-65所示的效果。

图20-65 添加图层蒙版

图20-66 调整图像大小与角度

STEP|05 分别打开素材“外景婚纱照01.jpg”、“外景婚纱照02.jpg”、“外景婚纱照03.jpg”，逐一将其拖动至“绿野邂逅.jpg”。然后调整大小与角度，得到如图20-66所示的效果。

STEP|06 为了使婚纱照片与图像整体色调相协调，使主题照片更加突出。分别设置“图层3”、“图层4”和“图层5”的混合模式为“明度”，使其层次上、视觉效果上位于主题之后，效果如图20-67所示。

图20-67 设置图层混合模式

20.3 楼盘广告设计

楼盘设计是房地产开发商的必要宣传手段，它是设计师与客户沟通的桥梁。下面就通过Photoshop为用户介绍一种楼盘广告设计的方法。

本例的难点在于光线与色彩的调整，画面整体呈暖色调，使人感到兴奋。背景通过图层混合模式加强色相饱和度，建筑模型则通过照片滤镜命令使其色调与背景统一，如图20-68所示。

图20-68 楼盘广告设计

操作步骤：

STEP|01 导入3D制作的效果图片，如图20-69所示。

图20-69 导入素材图片

STEP|02 使用【钢笔工具】在效果图上绘制图中所示路径，并创建选区。使用【渐变工具】在新建图层上创建渐变填充，如图20-70所示。

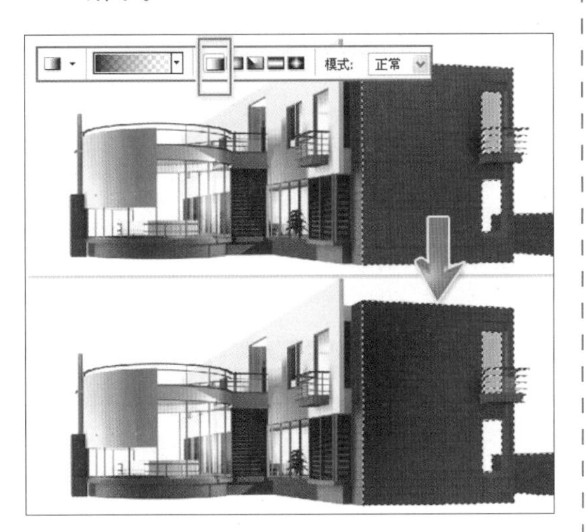

图20-70 创建渐变填充

STEP|03 继续使用【钢笔工具】对光线进行修正，如图20-71所示。

提示

由于在3D中光线渲染不到位，因此需要在Photoshop中对受光面和背光面进行调整。

STEP|04 选择图中所示部分，创建新的"照片滤镜"调整图层，设置如图20-72所示，加深背光面的色彩。

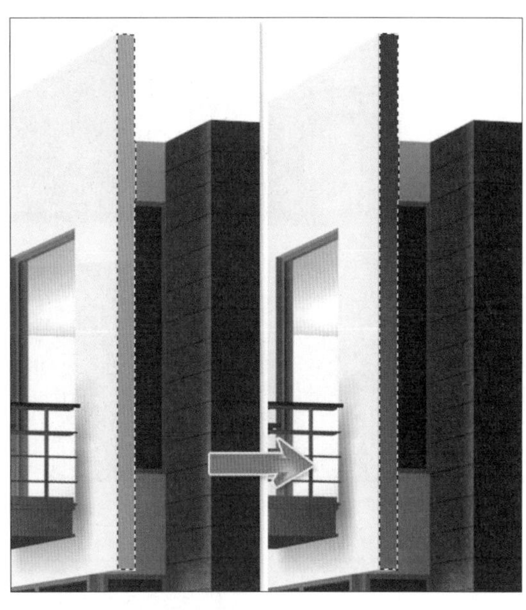

图20-71 修正光线效果

图20-72 创建"照片滤镜"调整图层

STEP|05 使用【钢笔工具】绘制图中所示的路径，并创建选区。使用【色阶】命令加深正面的背光区域色调，如图20-73所示。

STEP|06 使用【钢笔工具】在模型底部创建一个曲线路径，并填充为蓝色。使用【减淡工具】和【加深工具】进行修饰，如图20-74所示。

图20-73 加深正面的背光区域色调

图20-74 修饰模型底部

STEP|07 使用上述方法继续修饰模型底部，效果如图20-75所示。

图20-75 修饰模型底部

STEP|08 复制模型并执行【垂直翻转】命令，使用图层蒙版隐藏模型底部修饰区域，如图20-76所示。

STEP|09 为了使投影更加真实，复制投影，效果如图20-77所示。

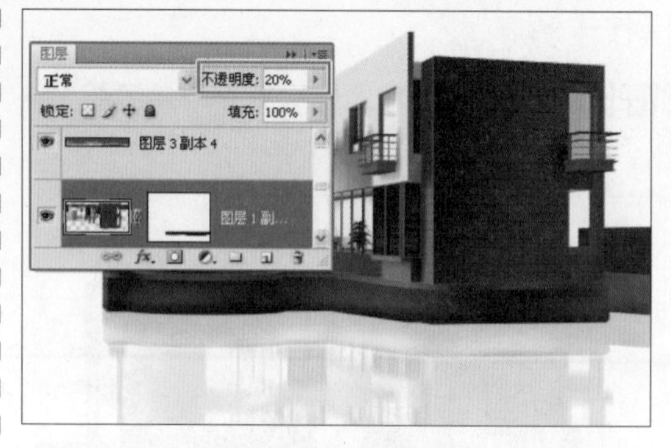

图20-76 制作投影

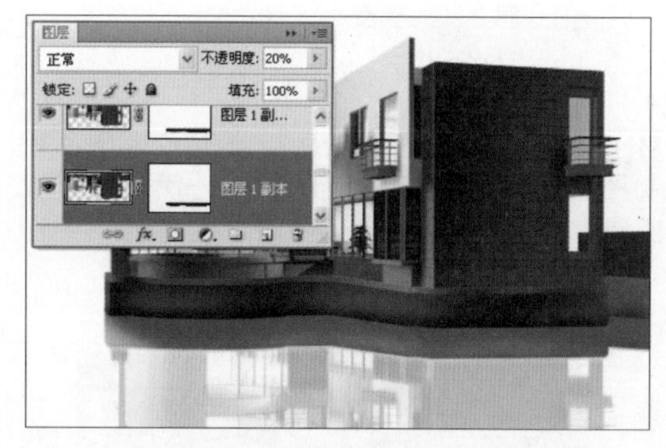

图20-77 复制投影

STEP|10 执行【文件】|【置入】命令，在对话框中选择素材图片所在的路径，双击置入图片，如图20-78所示。

图20-78 置入背景图片

STEP|11 复制导入的背景图片，并设置混合模式，使天空的色彩更加鲜艳，如图20-79所示。

STEP|12 隐藏建筑模型，选择导入背景图片副本，按Ctrl+Shift+Alt+E快捷键盖印可见图层，如图20-80所示。

图20-79　复制图层并设置混合模式

图20-80　盖印图层

注意

由于置入的素材图片过小，将图片放大后，像素与像素之间的距离拉大，会导致图片模糊。

STEP|13　执行【滤镜】|【纹理】|【纹理化】命令，设置参数如图20-81所示。为背景添加画布纹理，使模糊的背景清晰。

图20-81　执行【纹理化】命令

STEP|14　选择建筑模型，创建新的“色阶”调整图层，加强色彩之间的对比，如图20-82所示。

图20-82　创建【色阶】调整图层

STEP|15　由于调整图层是作用于下面的所有图层的，而所有处理的只是建筑模型。因此，选择调整图层，执行【图层】|【创建剪贴蒙版】命令，使“色阶1”调整图层只作用于建筑模型，如图20-83所示。

图20-83　创建剪贴蒙版

STEP|16　由于背景图片为晚霞风景，整体色调呈桔红色。建筑受到环境色的影响，色调需要统一。创建“照片滤镜2”调整图层，使建筑呈暖色调显示，如图20-84所示。

图20-84　改变建筑色调

STEP|17 复制晚霞风景图层，向文档右下角移动。调整图层混合模式，强调环境色的作用，如图20-85所示。

图20-85　复制图层

STEP|18 创建建筑模型选区，添加图层蒙版，隐藏其他区域。设置图层【不透明度】参数，如图20-86所示。

图20-86　调整图层【不透明度】参数

STEP|19 选择【矩形选框工具】，在新建图层上，制作如图20-87所示的花框。

图20-87　制作花框

STEP|20 导入花纹素材图片，分别设置在花框的4个边角，如图20-88所示。

图20-88　添加花纹

STEP|21 导入花边素材图片，复制多份放置在花框的边缘，如图20-89所示。

图20-89　修饰边框

STEP|22　设置花边图层【不透明度】参数，使花边与花框的色调统一，如图20-90所示。

图20-90　设置图层【不透明度】参数

STEP|23　使用【横排文字工具】T在文档中输入文字，如图20-91所示。为了使文字与背景分离，对标题文字进行2px的描边。

图20-91　输入文字

STEP|24　使用【矩形选框工具】，在新建图层上创建一个矩形选区，并填充为白色。调整图层【不透明度】参数，如图20-92所示。

图20-92　创建矩形图形

STEP|25　载入皇冠素材图片，在【图层样式】对话框中，启用【外发光】复选框，如图20-93所示。

图20-93　添加图层样式

STEP|26　选择【画笔工具】，在矩形图层上进行简单的修饰，如图20-94所示。

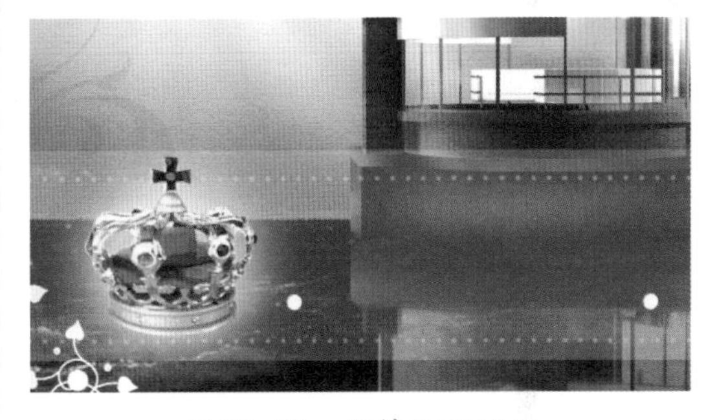

图20-94　修饰矩形图形

STEP|27　至此，楼盘广告制作完毕，最后添加上说明性的文字即可。最终效果如图20-95所示。

图20-95　最终效果图

20.4 绘制虞美人

本例为绘制虞美人，画面整体色调呈粉色，使画面具有温馨感。主要运用滤镜、【钢笔工具】、【画笔工具】结合图层蒙版实现人物的绘制。采用【画笔工具】绘制修饰背景图案，在人物周围添加光晕效果，使主题人物更加突出。重点在于人物的头发、皮肤的质感以及衣服的褶皱。制作流程如图20-96所示。

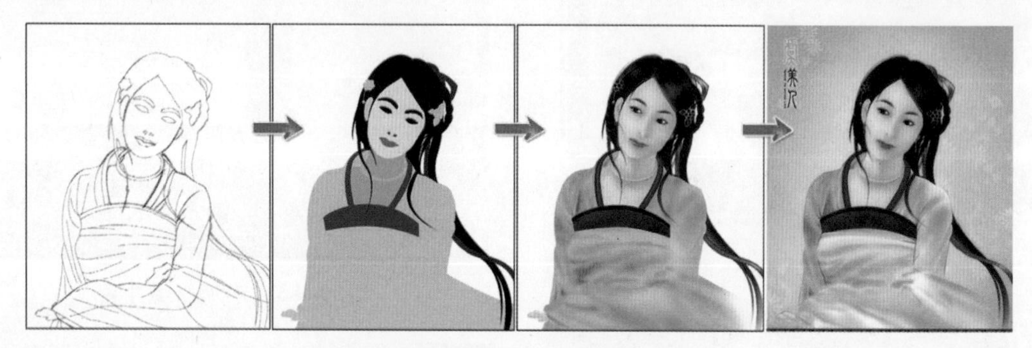

图20-96 制作流程图

操作步骤：

STEP|01 在绘制人物之前，首先使用铅笔在绘图纸上将人物的大致轮廓绘制出来，以确保在Photoshop中准确地把握人物的造型，如图20-97所示。

图20-97 绘制草图

STEP|02 通过扫描仪将草图输入到计算机中，使用【钢笔工具】 以草图为基础，细化人物的轮廓线，效果如图20-98所示。

图20-98 绘制人物的轮廓线

STEP|03　创建路径后，首先将人物分为各个部分，分别将路径转换为选区，以不同的颜色填充到各个图层中，效果如图20-99所示。

图20-99　填充颜色

STEP|04　创建一个新图层并填充为白色，按D键，恢复默认的拾色器颜色。执行【滤镜】|【渲染】|【纤维】命令，设置参数，如图20-100所示。

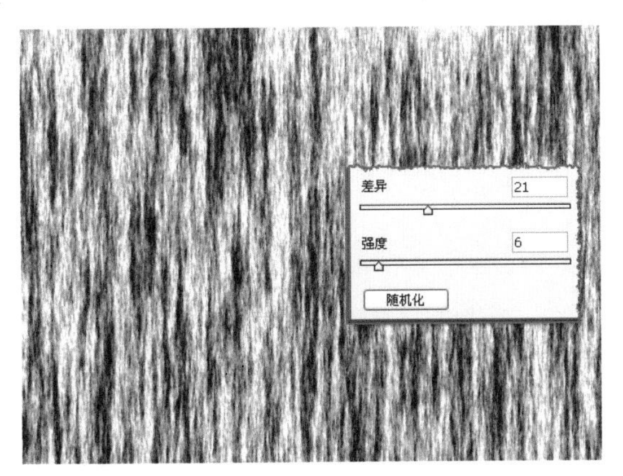

图20-100　执行【纤维】命令

STEP|05　执行【滤镜】|【模糊】|【动感模糊】命令，使纤维效果成为拉丝状，设置参数，如图20-101所示。

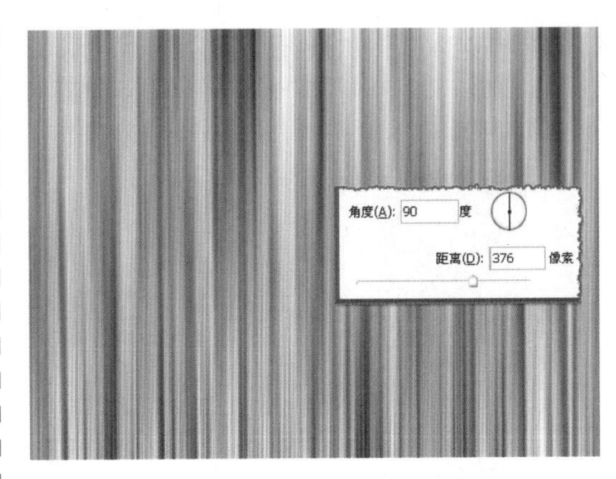

图20-101　执行【动感模糊】命令

STEP|06　打开【通道】面板，复制“红”通道。按Ctrl+L快捷键，执行【色阶】命令，参数设置如图20-102所示，以增强图像之间的对比。

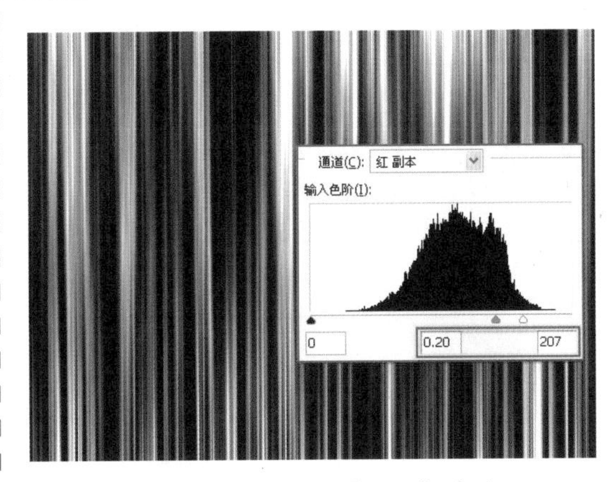

图20-102　执行【色阶】命令

STEP|07　按住Ctrl键的同时单击“红副本”通道，创建选区。打开【图层】面板，在新建图层上填充黑色，效果如图20-103所示。

图20-103　载入选区并填充

STEP|08 按Ctrl＋T快捷键，执行【自由变换】命令，选择右侧中间控制点向左拖动，将其收缩。效果如图20–104所示。

图20–104 变换图形

STEP|09 隐藏头发底色图层。复制一份制作好的纹理图层，隐藏源图层。选择副本图层，按Ctrl＋T快捷键，执行【自由变换】命令，使其外形适合于头部轮廓，如图20–105所示。

图20–105 自由变形图形

STEP|10 按住Ctrl键的同时单击纹理副本图层缩览图，创建选区。单击【添加图层蒙版】按钮，设置前景色为黑色。在工具选项栏中适当设置【不透明度】参数，隐藏部分区域，如图20–106所示。

图20–106 修饰纹理图层

STEP|11 依据上面的制作方法，将其他头发纹理制作完毕，效果如图20–107所示。

图20–107 变换其他发丝

提示

在制作其他头发纹理时，用户可以运用已制作好的纹理图层，经过【自由变换】命令，将纹理图层创建为头发纹理。

STEP|12 选择头发底色图层，创建一个高光图层，填充为白色。添加图层蒙版，使用【画笔工具】 进行修饰，将人物的辫子高光提取出来，如图20–108所示。

图20-108　提取辫子高光

STEP|13　使用【钢笔工具】在新建图层上绘制，如图20-109所示，然后利用【高斯模糊】命令结合图层蒙版对其进行修饰。

图20-109　制作脸部发丝

STEP|14　选择头花修饰图形，创建一个暗部图层，使用图层蒙版，将其暗部提出。然后添加其他修饰图案，效果如图20-110所示。

STEP|15　选择头绳图层，复制图层，为其添加图层蒙版。选择“头绳”图层，执行【图层】|【图层样式】|【混合选项】命令。在【图层样式】对话框中选中【描边】单选按钮，设置如图20-111所示。

STEP|16　为“头绳”图层创建一个润色图层，添加图层蒙版，使用【画笔工具】在蒙版缩览图上涂抹，效果如图20-112所示。

图20-110　制作头花

图20-111　描边头绳图形

图20-112　创建润色图层

STEP|17 为"头绳"图层创建一个高光图层，填充为白色。创建一个暗部图层，填充为黑色。使用图层蒙版结合【画笔工具】 对其进行修饰，提取高光和暗部色调，如图20-113所示。

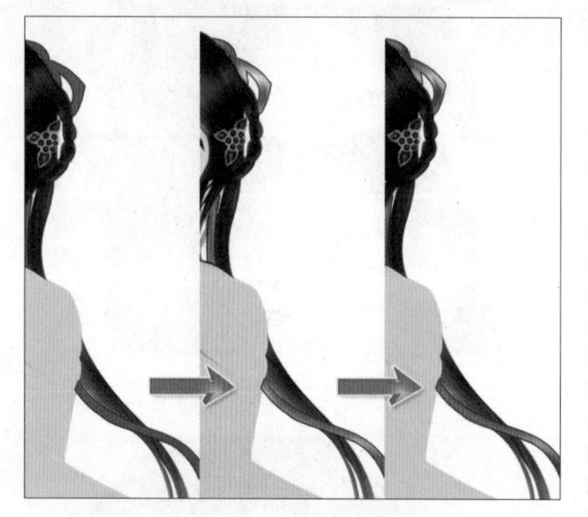

图20-113 添加高光和暗部色调

STEP|18 选择"眉毛"图层，执行【滤镜】|【模糊】|【高斯模糊】命令，设置参数，如图20-114所示。

图20-114 执行【高斯模糊】命令

STEP|19 设置前景色并填充，创建图层蒙版。使用【画笔工具】在蒙版缩览图上涂抹，隐藏边缘区域，效果如图20-115所示。

STEP|20 复制"眉毛"图层，填充为黑色。使用【画笔工具】在蒙版缩览图上涂抹，隐藏边缘部分，效果如图20-116所示。

STEP|21 选择"眼睛"图层，设置前景色为黑色，添加图层蒙版。使用【画笔工具】在蒙版缩览图上涂抹，将中间的颜色隐藏。效果如图20-117所示。

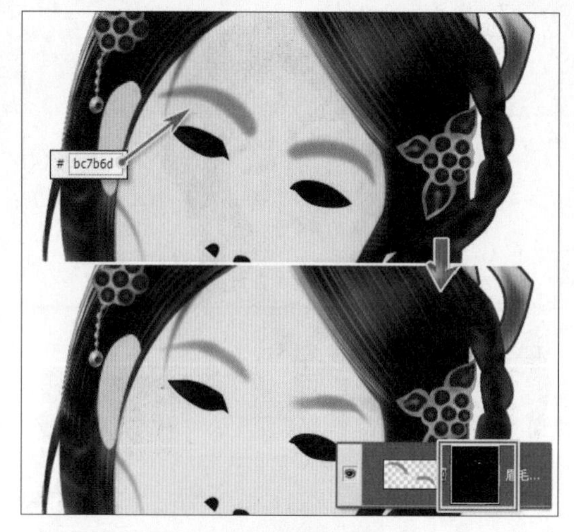

图20-115 添加图层蒙版

图20-116 修饰眉毛

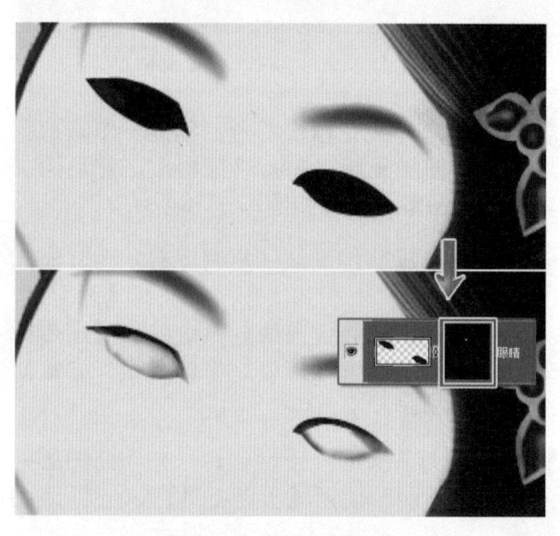

图20-117 添加图层蒙版

技巧

使用【画笔工具】在蒙版缩览图上涂抹时，可以借助于【钢笔工具】在指定的选区内涂抹。

STEP|22 使用【椭圆选框工具】在眼部添加眼珠。创建一个高光图层，填充为白色。添加图层蒙版，使用【画笔工具】进行修饰，提取高光，如图20–118所示。

图20–118　制作眼珠

STEP|23 为瞳孔添加一个高光图层，填充为白色。添加图层蒙版，使用【画笔工具】在蒙版缩览图上涂抹，提取高光。效果如图20–119所示。

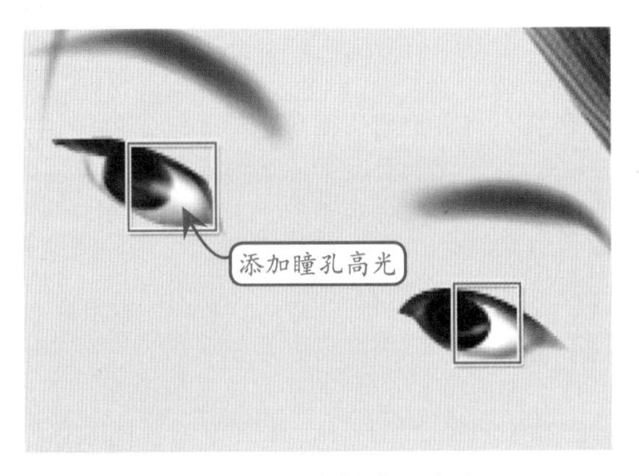

图20–119　绘制瞳孔高光

STEP|24 复制“眼睛”图层，选择【移动工具】使用向上光标键移动几个像素。然后使用【画笔工具】绘制出双眼皮效果，如图20–120所示。

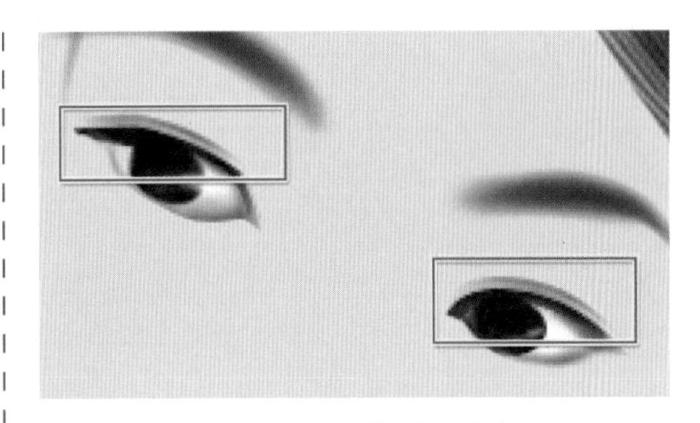

图20–120　绘制双眼皮

STEP|25 选择【画笔工具】，按F5快捷键，打开【画笔】面板，选择【沙丘草】笔触，在新建图层上绘制出如图20–121所示的图形。

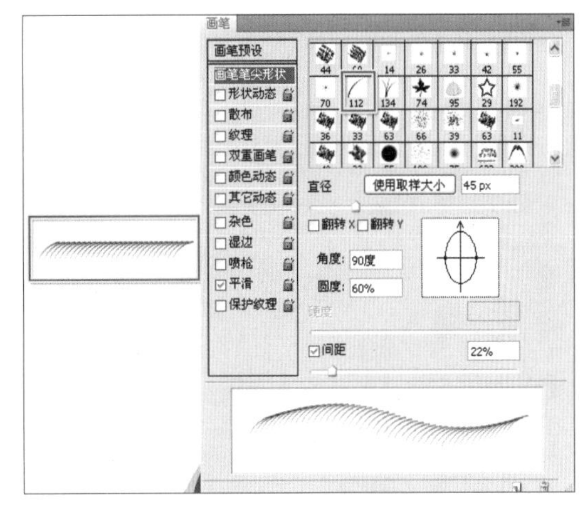

图20–121　绘制眼睫毛

STEP|26 复制眼睫毛图层，使用【自由变换】命令对其进行修饰。然后分别放置在眼睛下方。添加图层蒙版，使用【画笔工具】将眼睫毛绘制完毕。效果如图20–122所示。

STEP|27 选择【鼻孔】图层，执行【高斯模糊】命令，使图形边缘柔和。然后添加图层蒙版，使用【画笔工具】将鼻孔绘制完毕，如图20–123所示。

STEP|28 分别复制“上嘴唇”和“下嘴唇”图层，执行【高斯模糊】命令，让边缘颜色柔和，效果如图20–124所示。

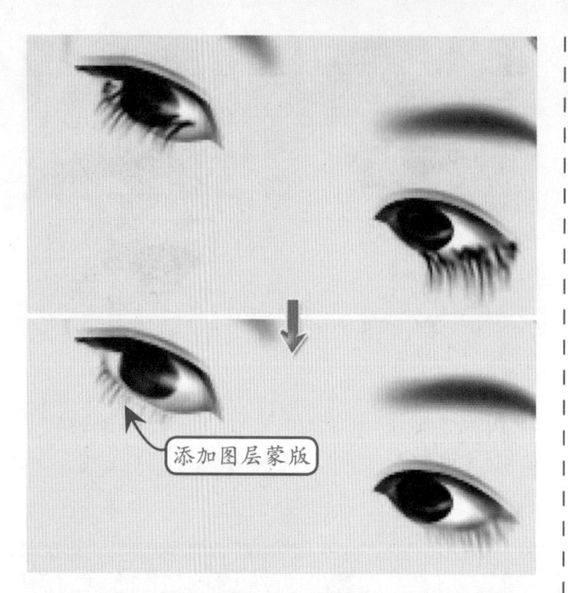

图20–122 绘制眼睫毛

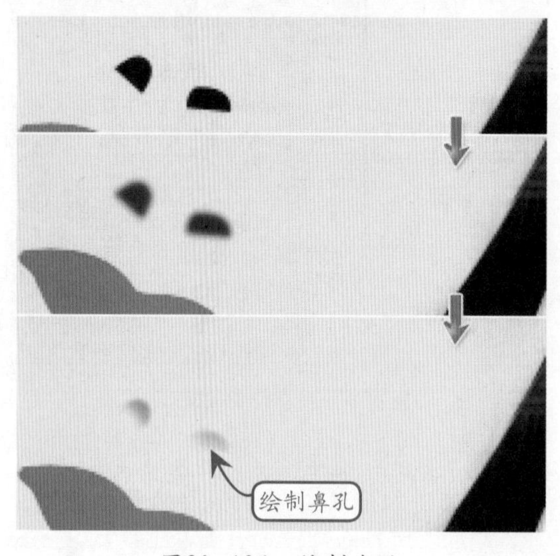

图20–123 绘制鼻孔

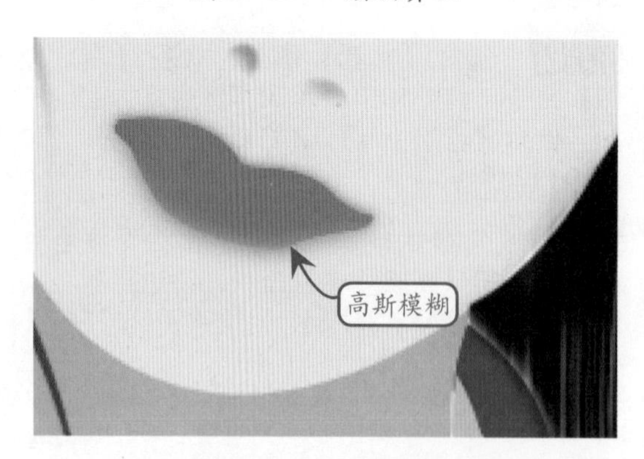

图20–124 模糊图形

STEP|29 分别为“上嘴唇”和“下嘴唇”添加暗部和高光色调，填充为黑色和白色。添加图层蒙版，使用【画笔工具】将暗部和高光提取出来，如图20–125所示。

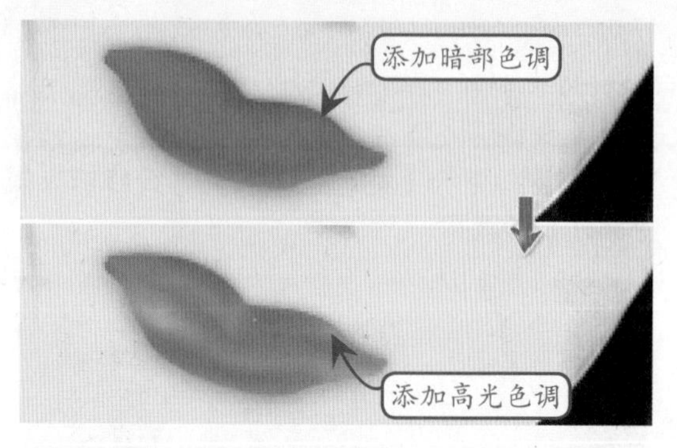

图20–125 添加嘴唇暗部和高光色调

STEP|30 使用【画笔工具】在工具选项栏中适当设置【不透明度】参数，调整画笔大小，分别在嘴角处绘制。单击，使嘴角与脸部皮肤相融合，如图20–126所示。

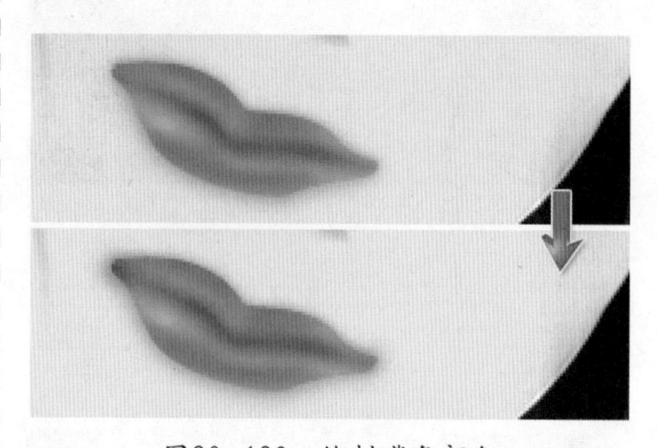

图20–126 绘制嘴角颜色

STEP|31 将嘴部所有图层创建到一个图层组中并复制，隐藏源图层组。选择图层组副本，使用【画笔工具】在蒙版缩览图上涂抹，减淡嘴唇边缘颜色。然后在其嘴唇下面添加到脸部皮肤的过渡图层，如图20–127所示。

STEP|32 选择脸部图层，添加一个暗部图层。选择“原色润色”图层，添加图层蒙版，将其暗部和中间调绘制出来，如图20–128所示。

STEP|33 为脸部图层创建一个高光图层，填充为白色。添加图层蒙版，使用【画笔工具】在蒙版缩览图上涂抹，提取高光色调，如图20–129所示。

图20-127　修饰嘴部

图20-128　绘制脸部暗部和中间调

图20-129　绘制脸部高光色调

技巧

一般运用暗部、中间调以及高光就可以表现出物体的立体质感。因此在绘制图形时，可以在暗部中绘制中间调，在中间调中绘制高光。

STEP|34　创建眼睛与脸部皮肤的过渡图层，添加图层蒙版，使用【画笔工具】在蒙版缩览图上涂抹，绘制出眼睛下方的过渡色，效果如图20-130所示。

图20-130　绘制眼部与脸部皮肤的过渡色调

STEP|35　依据脸部的绘制方法，将人物耳朵及颈部皮肤的暗部、中间调和高光绘制出来，使其呈现立体感，效果如图20-131所示。

图20-131　绘制耳朵及颈部皮肤

STEP|36 选择颈部“项环”图层并复制。按住Ctrl快捷键的同时单击“项环副本”图层，创建选区。将选区向下移动几个像素，然后按Delete键删除，如图20-132所示。

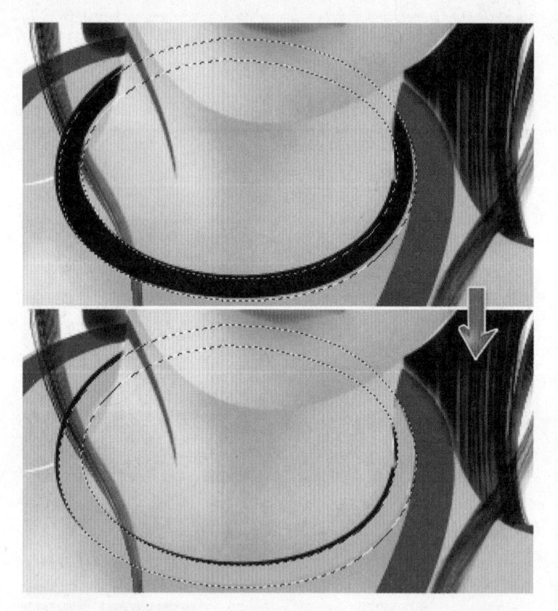

图20-132 创建项环上方暗部

STEP|37 执行【滤镜】|【模糊】|【高斯模糊】命令，设置参数，如图20-133所示，以使图形边缘与项环图形颜色相融合。

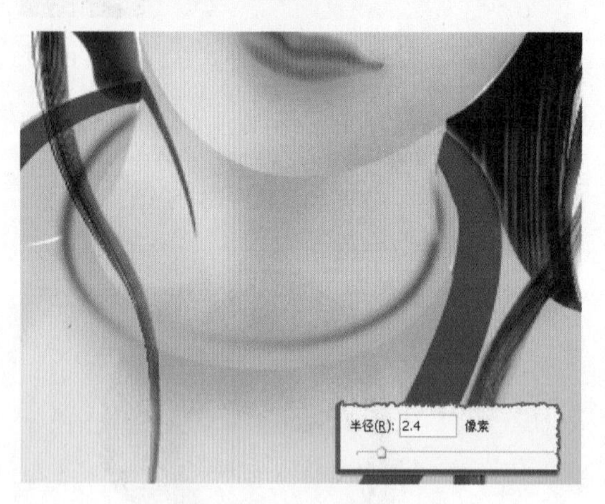

图20-133 模糊暗部图层

STEP|38 为“项环副本”图层添加图层蒙版，使用【画笔工具】将其颜色减淡，效果如图20-134所示。

STEP|39 使用上面相同的方法，绘制出项环的其他暗部和高光色调，效果如图20-135所示。

图20-134 减淡项环上方的暗部色调

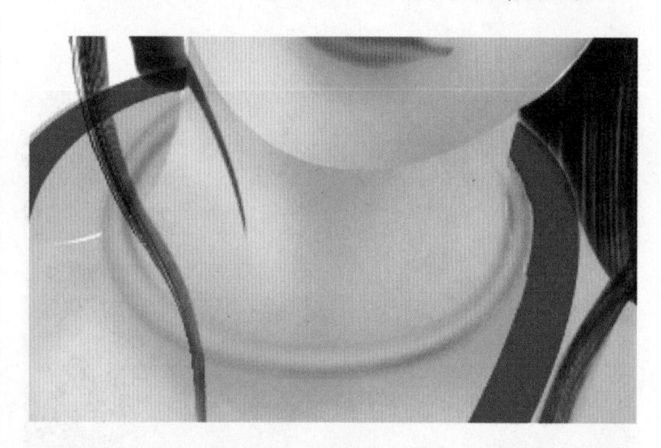

图20-135 绘制出项环的暗部和高光色调

STEP|40 将项环所有图层创建到一个图层组中复制并合并。隐藏源图层组，选择图层组副本，按Ctrl+L快捷键，执行【色阶】命令，增强色调之间的对比，效果如图20-136所示。

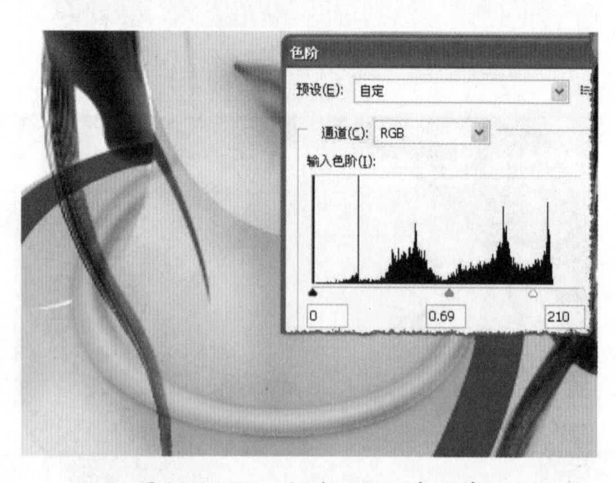

图20-136 调整项环对比度

STEP|41 选择“衣领”图层，创建一个高光图层，填充为黄色。添加图层蒙版，使用【画笔工具】对其进行修饰，效果如图20-137所示。

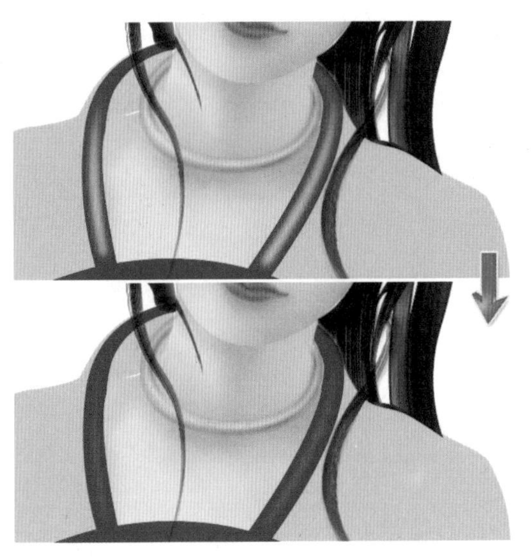

图20—137　绘制衣领高光

STEP|42　为“衣领”图层创建一个暗部图层，填充为黑色。添加图层蒙版，使用【画笔工具】将暗部色调绘制完毕，如图20—138所示。

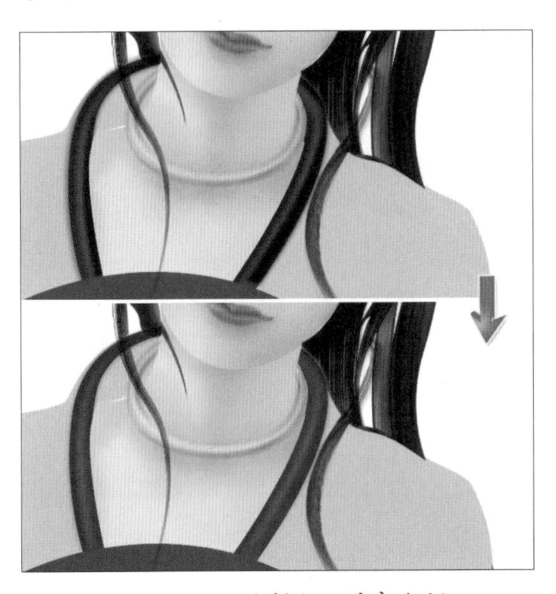

图20—138　绘制衣领暗部色调

STEP|43　选择“肚兜”图层并复制，分别设置前景色和背景色，执行【滤镜】|【素描】|【网状】命令，参数设置如图20—139所示。

STEP|44　为“肚兜副本”图层创建一个暗部，填充为黑色。添加图层蒙版，使用【画笔工具】进行修饰，效果如图20—140所示。

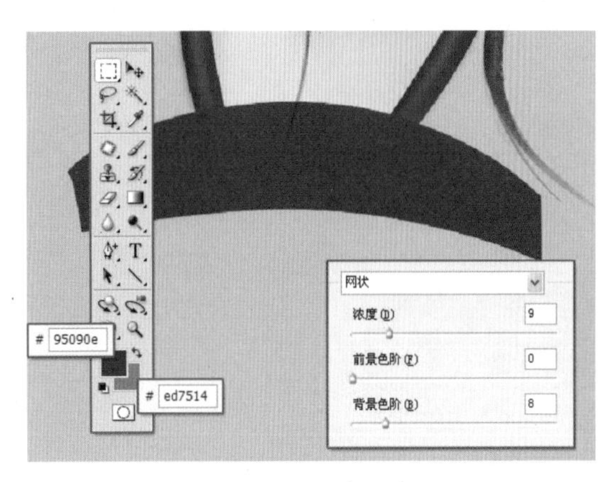

图20—139　制作肚兜纹理

图20—140　绘制肚兜暗部色调

STEP|45　创建一个新图层，填充为黑色。执行【滤镜】|【渲染】|【云彩】命令，效果如图20—141所示。

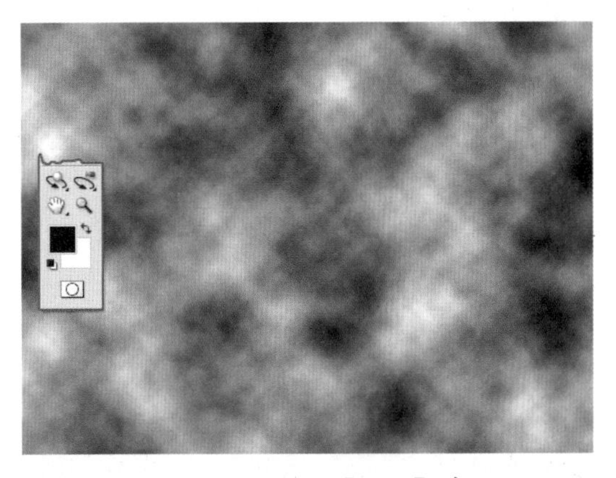

图20—141　执行【云彩】命令

STEP|46　执行【滤镜】|【渲染】|【分层云彩】命令。然后按Ctrl+I快捷键，执行【反相】命令，效果如图20—142所示。

注意

由于【云彩】和【分层云彩】命令所制作的效果为随机效果，因此用户不必追求完全相同，只要达到要求即可。

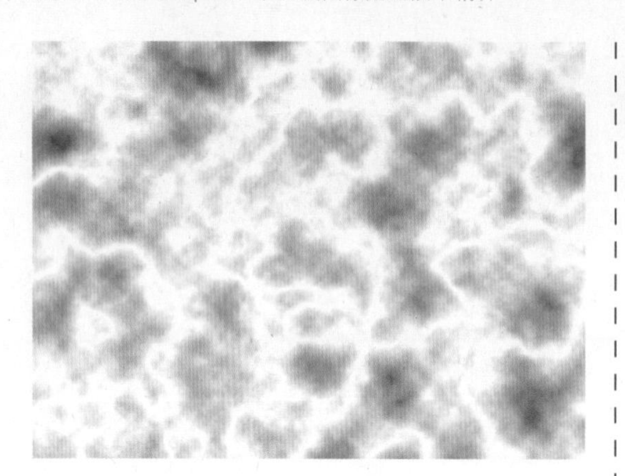

图20-142 执行【反相】命令

STEP|47 打开【通道】面板，复制“蓝”通道，按Ctrl+L快捷键，执行【色阶】命令，将中间灰场滑块移向最右端，效果如图20-143所示。

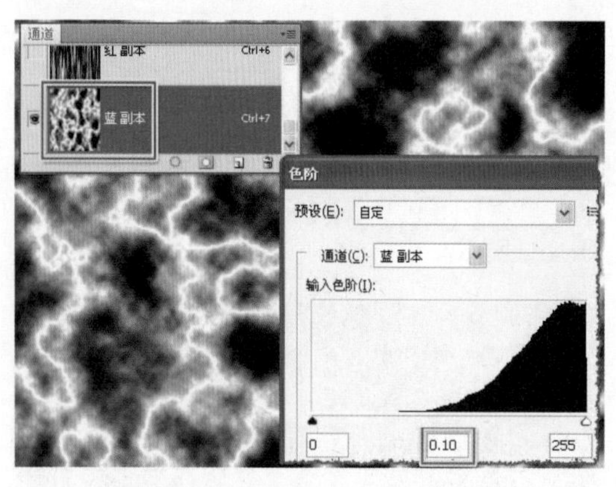

图20-143 执行【色阶】命令

STEP|48 继续执行【色阶】命令，选择灰场滑块，向右移动到适当位置，加深颜色之间的对比，效果如图20-144所示。

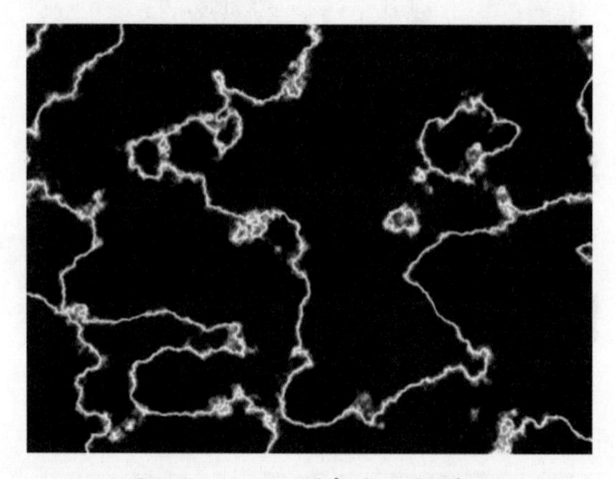

图20-144 加深颜色之间对比

STEP|49 按住Ctrl键的同时单击“蓝副本”通道，载入选区。打开【图层】面板，在新建图层上填充为黑色，效果如图20-145所示。

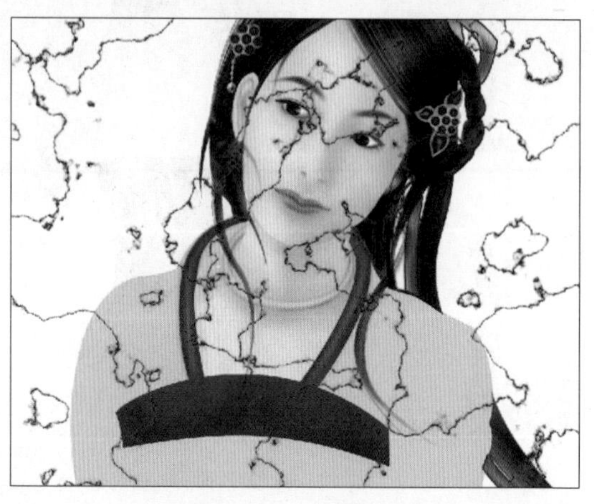

图20-145 创建纹理

STEP|50 将制作好的纹理填充为红色，添加图层蒙版，使用【画笔工具】进行修饰，效果如图20-146所示。

图20-146 创建肚兜纹理

技巧

选择纹理图层，用户可以执行【图层】|【创建剪贴蒙版】命令（快捷键Ctrl+Alt+G），将其创建到肚兜图层中。

STEP|51 使用【钢笔工具】创建出肚兜的边缘图形，填充为黑色。添加图层蒙版，使用【画笔工具】对其进行修饰。效果如图20-147所示。

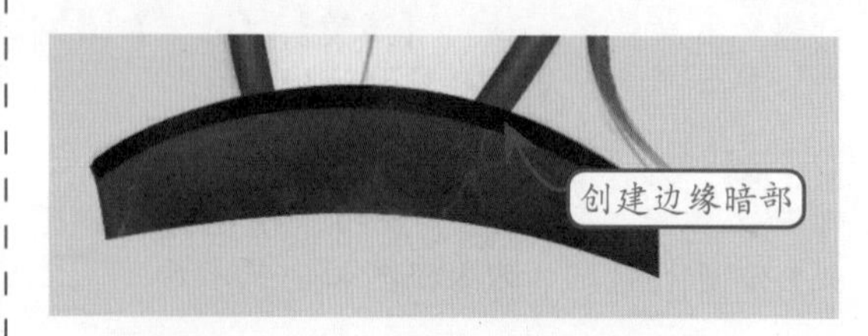

图20-147 创建肚兜边缘暗部

STEP|52 选择“衣服”图层，添加图层蒙版，使用【画笔工具】减淡人物左臂处衣服的颜色，效果如图20–148所示。

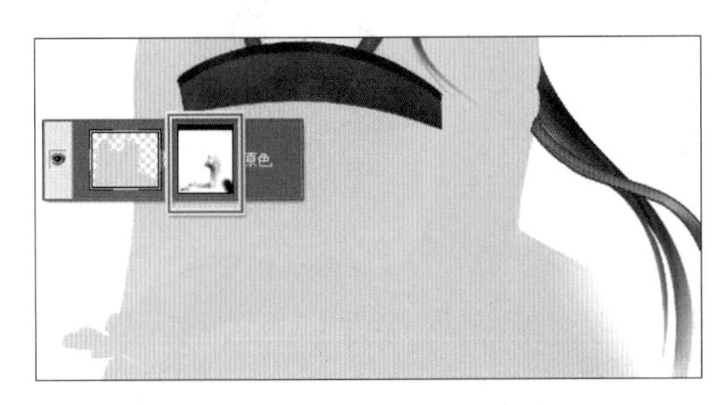

图20–148 减淡衣服颜色

STEP|53 为左臂创建一个高光图层，填充为白色。添加图层蒙版，使用【画笔工具】在蒙版缩览图上涂抹，效果如图20–149所示。

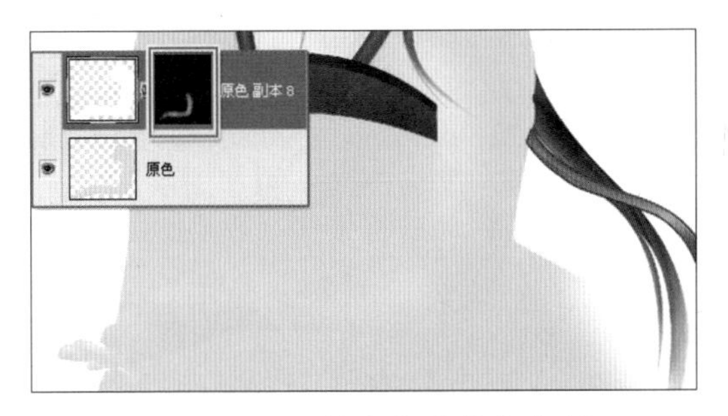

图20–149 创建左臂高光色调

STEP|54 为衣服图层创建一个暗部图层，填充为红色。添加图层蒙版，使用【画笔工具】在蒙版缩览图上涂抹，绘制衣服暗部褶皱，如图20–150所示。

图20–150 创建衣服暗部色调

技巧

在绘制衣服褶皱时，用户可以借助于【钢笔工具】绘制好圆滑的路径后，创建选区，在选区内进行绘制。

STEP|55 为衣服创建一个高光图层，填充为白色。填充图层蒙版，使用【画笔工具】对其进行修饰，绘制衣服的高光色调，如图20–151所示。

图20–151 绘制衣服高光色调

STEP|56 选择【钢笔工具】在新建图层上绘制衣服褶皱的轮廓线，然后在文档中右击鼠标，执行【描边路径】命令，效果如图20–152所示。

图20–152 绘制衣皱纹理

STEP|57 为“衣皱纹理”图层添加图层蒙版，设置前景色为黑色。在工具选项栏中适当设置【不透明度】参数，调整画笔的大小，在蒙版缩览图上涂抹，效果如图20-153所示。

图20-153 绘制衣皱纹理线

STEP|58 将人物的所有图层创建到一个图层组中，复制并合并。隐藏源图层组，选择“人物副本”图层组，再次复制。执行【高斯模糊】命令，稍微模糊，效果如图20-154所示。

图20-154 复制图层

STEP|59 继续复制“人物副本”图层，执行【高斯模糊】命令，设置图层混合模式和【不透明度】参数，效果如图20-155所示。

图20-155 复制图层

STEP|60 填充“图层1”为粉红色，分别创建一个润色图层和高光图层。添加图层蒙版，使用【画笔工具】进行修饰，效果如图20-156所示。

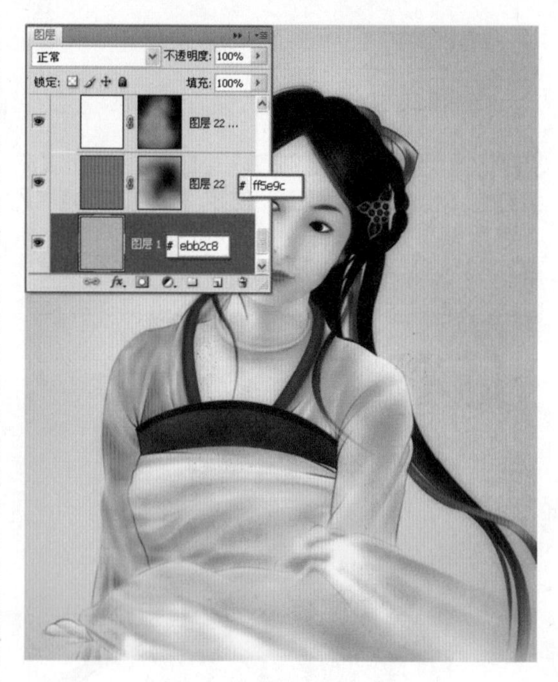

图20-156 创建背景

STEP|61 选择【画笔工具】在文档中右击鼠标，在弹出的对话框中单击右侧小下三角按钮，在下拉菜单中选择【特殊效果画笔】选项。然后运用设置【画笔】面板，在新建图层上绘制出修饰图案，效果如图20—157所示。

图20—157 绘制背景图案

STEP|62 利用【钢笔工具】、【画笔工具】结合图层蒙版绘制出人物耳坠，添加标题以及画面下方的修饰图形文字，如图20—158所示。

图20—158 修饰人物

检 7